黄河传统与现代防洪抢险技术

曹克军　编著

黄河水利出版社
·郑州·

内 容 提 要

本书全面、系统地总结了黄河防汛抢险知识、传统抢险技术和近几十年黄河下游大型机械抢险、新材料新工艺新方法等抢险新技术的在黄河抢险应用成果,包括黄河防洪抢险基本知识、黄河埽工技术、机械化抢险技术、新材料新工艺新方法抢险技术四篇25章107节。

该书可作为防洪抢险指挥人员、基层防汛抢险干部、技术人员、抢险队员的学习材料,

图书在版编目(CIP)数据

黄河传统与现代防洪抢险技术/曹克军编著 . —郑州:黄河水利出版社,2017.11

ISBN 978 - 7 - 5509 - 1904 - 4

Ⅰ. ①黄…　 Ⅱ. ①曹…　 Ⅲ. ①黄河 - 防洪工程

Ⅳ. ①TV882. 1

中国版本图书馆 CIP 数据核字(2017)第 293443 号

出 版 社:黄河水利出版社

地址:河南省郑州市顺河路黄委会综合楼 14 层　　　 邮政编码:450003

发行单位:黄河水利出版社

发行部电话:0371 - 66026940、66020550、66028024、66022620(传真)

E-mail:hhslcbs@ 126. com

承印单位:河南承创印务有限公司

开本:787 mm × 1 092 mm　 1/16

印张:34. 5

字数:800 千字　　　　　　　　　　　印数:1—3 000

版次:2017 年 11 月第 1 版　　　　　　印次:2017 年 11 月第 1 次印刷

定价:128. 00 元

《黄河传统与现代防洪抢险技术》
编著委员会

主　　编　曹克军

副主编　张兴红　苏茂荣

编　　写　张丙夺　赵雨森　刘景涛　石红波

　　　　　曹　勇　苏晓慧　刘　威　史红艳

　　　　　刘树利　闫鑫升　周　洲　高　超

前　言

洪水具有突发性,破坏力强,是人类经常遭受的最严重的自然灾害之一。我国是洪水灾害多发的国家,严重的洪水灾害,对社会生产力造成了很大的破坏,给社会经济的发展产生了深远的影响。尤其是黄河,洪水暴涨暴落,水势凶猛,历史上北侵海河、南夺淮河,多次改道迁徙,被称为"中国之忧患"。

中华人民共和国成立后,党和政府十分重视江河治理与防洪建设,通过几十年的努力,加高加固了黄河堤防、险工,并采取了整治河道、修建水库、开辟分滞洪区等措施,黄河下游已初步建成"上拦、下排、两岸分滞"的黄河防洪工程体系,战胜了历年洪水,保障了黄淮海平原的安全。但是,我国防御洪水灾害的整体能力还比较低,在防洪工程方面还存在不同程度的隐患和薄弱环节,防洪形势依然十分严峻。因此,做好防汛抢险工作及提高防洪抢险技能仍然是一项长期艰巨的任务。为此,黄河防总及河南河务局高度重视,结合抢险实战逐年进行防汛抢险知识培训和抢险演练,涌现出一大批防洪抢险新技术、新材料、新方法。为传承和发扬传统与现代黄河防洪抢险技术,编写了《黄河传统与现代防洪抢险技术》一书。

本书是由多年从事防洪抢险技术的抢险专家和研究人员,结合抢险实践,根据黄河险情特点和黄河埽工技术应用、抢险设备及料物筹集、新材料新工艺新技术等情况编著而成的。全书共分四篇,第一篇重点阐述了黄河防洪抢险基本知识,第二篇重点阐述了黄河埽工技术,第三篇重点阐述了机械化抢险新技术,第四篇重点阐述了黄河新材料新工艺新方法抢险技术。该书可作为防洪抢险指挥人员、基层防汛抢险干部、技术人员、抢险队员的学习材料,以便掌握防洪抢险知识和传统与现代抢险技术,为黄河工程抢险提供技术保障。

由于黄河防汛抢险情况复杂,加之编者水平有限,书中难免有不当或错误之处,敬请读者批评指正。

编　者
2017 年 10 月

目　录

第二篇　黄河埽工技术

第四篇　黄河抢险新材料新工艺新方法应用技术

第一篇 黄河防洪抢险基本知识

　　该篇内容重点阐述了洪水灾害与成因、防汛组织与工作制度、险情巡视与检查方法，以及堤防、河道整治及穿堤建筑物等工程发生险情的成因、抢护原则和抢护方法，防凌及堤防堵口的措施和方法。内容丰富全面，对指导各类险情抢护具有很强的针对性和可操作性。本书根据黄河下游河道管理运行体制对黄河防汛组织系统进行完善，对一些险情巡查、探摸以及抢护方法进行了优化，如删除了堤防工程漏洞探摸方法"数人并排探摸漏洞"，增加了"探堵器探摸漏洞方法""帆布蓬卷或复合土工布探堵漏洞方法"等内容，望在今后的防洪抢险中起到抛砖引玉的作用，更好地为治黄事业服务。

第一章　洪水与洪水灾害

洪水灾害是范围广、发生频繁、给人类带来较大损失的自然灾害。我国地域辽阔,地形复杂,年降水量集中,大部分地区受到洪水灾害的威胁。特别是我国各大江河中下游 100 多万 km² 的国土面积,集中了全国半数以上的人口和 70% 的工农业产值,这些地区地面高程有不少处于江河洪水水位以下,靠 20 余万 km 长的堤防保护安全,防洪问题尤为严重。

1998 年,长江、松花江、珠江流域的西江、闽江等主要江河发生了 20 世纪第一位或第二位的全流域性大洪水,在党中央的坚强领导下,广大军民发扬"万众一心、众志成城,不怕困难、顽强拼搏,坚忍不拔、敢于胜利"的伟大抗洪精神,依靠新中国成立以来兴建的防洪工程体系和改革开放以来形成的物质基础,抵御了一次又一次洪水袭击,保护了人民的生命财产安全,最大限度地减轻了洪水造成的损失,取得了抗洪抢险救灾的全面胜利。

但是,我国江河的防洪标准仍然比较低,水土流失、生态环境恶化等问题还很严重,随着人口增加,经济快速发展,这些问题日益突出,洪水灾害仍然是中华民族的心腹之患。因此,进一步强化全民防洪意识,提高对洪水灾害的认识水平,了解本地区洪水发生的一般规律,促进防洪减灾事业的发展,对各级防汛部门和参加抗洪斗争的广大军民,掌握防汛知识,提高抢险技能,是亟待解决的问题。

第一节　洪　　水

洪水是河流在较短时间内发生的水位明显上升、流量比较大的水流。洪水来势迅猛,具有很大的自然破坏力,常造成土地淹没、水工建筑物毁坏、堤防决口、河流改道,严重威胁人民生命财产安全和正常的社会生活,影响经济的发展,甚至国家的盛衰。为了有效地防御洪水,最大限度减少洪水灾害,我们需要了解洪水的形成条件和变化规律。其中,洪水按照形成原因的分类、描述洪水并供洪水信息传递的洪水特征值、洪水的一般特性等,是从事防洪抢险人员不可缺少的常识。

一、洪水的类型

河流洪水按其形成的原因,分为暴雨洪水、融雪洪水、冰凌洪水、溃坝溃堤洪水等。我国是一个多山多暴雨的国家,暴雨所形成的洪水是我国出现最多、危害最大的洪水。除上述四种洪水外,山洪和泥石流也属于洪水的范围。

(1)暴雨洪水。暴雨洪水是暴雨经过坡面漫流、河道汇流而形成的洪水。我国位于世界上最大的海洋与最大的陆地之间,大部分地区处于季风气候区,降水量主要集中在夏季,常发生大强度暴雨。1975 年 8 月河南省泌阳县林庄 6 h 降雨 830 mm,达到了世界纪录,造成洪汝河、沙颍河、唐白河特大洪水。1958 年 7 月,黄河三门峡至花园口区间普降暴雨,洛河仁村 1 d 降雨量达到 650 mm,形成黄河下游有实测资料以来的最大洪水。暴雨洪水因流域汇流条件的差异,形成不同的洪水特点。小河流、大河的支流或局部河段,其流域面积或区间面积较小,坡面及河槽调蓄能力小,暴雨往往形成猛涨猛落的洪峰;大江大河水系复杂,流域面积大,有干支流河道、水库或湖泊的调蓄,各支流的洪水汇集到干流相互叠加,传播到下游时,往往形成涨落平缓、历时较长的大洪水。

(2)融雪洪水。融雪洪水是冰川或积雪融化所形成的洪水。我国西部、北部严寒地区,或有冰川覆盖,或冬季积雪较厚,在春季到来以后,气温大幅度回升,冰层或积雪大量融化则形成洪水。这类洪水的特点是涨落十分平缓,洪水历时比较长。

(3)冰凌洪水。冰凌洪水是河流中因冰凌阻塞、水位壅高或槽蓄水量迅速下泄而引起显著的涨水现象。按洪水形成原因,它又可分为冰塞洪水、冰坝洪水和融冰洪水。黄河宁蒙河段、山东河段,以及松花江等江河水流自南而北,进入冬季,河段下游封冻早于上游。河流封冻后,冰盖下冰花、碎冰大量堆积,堵塞部分河道断面,或者大量流冰在河道内受阻,堆积成横跨断面的坝状冰体,造成上游水位壅高。当冰塞、冰坝破坏或堤防溃决时,槽蓄水量很快下泄而形成洪水。1955 年 1 月黄河利津站以下形成冰坝后,在 18 h 内利津水位上涨 4.29 m,导致堤防决口。据不完全统计,从 1875 年至 1938 年的 63 年内,黄河下游因冰凌洪水决口达 27 次。

(4)溃坝溃堤洪水。即拦河坝失事、堤防决口所造成的洪水。由于溃坝溃堤洪水具有突发性,其来势特别汹涌,因而其破坏力远远大于一般洪水。1975 年 8 月洪汝河上游降特大暴雨,河流洪峰流量达到同流域面积世界最大纪录,洪水进入板桥水库、石漫滩水库,水位超过防浪墙顶,两库失事,最大下泄流量分别达到 30 500 m³/s 及 78 800 m³/s。黄河下游 1761 年、1843 年,以及 1933 年、1951 年、1955 年的伏秋大汛和凌汛的决口溃堤洪水,虽不及溃坝洪水严重,但决堤洪水大面积漫流,造成居民伤亡、财产损失。

除了河流洪水,还有湖泊洪水、海岸洪水。从海岸洪水形成的原因来分类,又可分为天文潮、风暴潮和海啸。

二、洪水特征值

洪水特征值是在水文观测、预谋防洪对策、分析洪水形势、设计防洪工程、采取抗洪措施、传递防洪信息时,用来表述洪水大小及其特征的水文要素。通常用定性的办法描述洪水,分为特大洪水、大洪水、中常洪水和小洪水等,而要进行定量的描述则要素比较多,最主要的有洪峰流量、洪水总量、洪水历时、洪水传播时间、最高洪水位、最大含沙量等。

(1)洪峰流量。在一次洪水过程中,通过河道的流量由小到大,再由大到小,其中最大的流量称为洪峰流量。河流的流域面积不同,其洪峰流量的差异很大。以有实测资料以来最大洪水为例,1954 年长江大通站洪峰流量达 92 600 m³/s,1958 年黄河花园口站洪峰流量为 22 300 m³/s,1982 年沁河武陟县小董站洪峰流量为 4 130 m³/s。由此可见,河流洪水的大小用洪峰流量的绝对值是看不出来的,还必须引进一个相对的概念,即重现期。通常把大于 50 年一遇的洪水称为特大洪水;把 20~50 年一遇的洪水叫大洪水;把 10~20 年一遇的洪水叫中常洪水;把小于 10 年一遇的洪水叫一般洪水或小洪水。

(2)洪水历时。洪水历时是在河道的某一断面上,一次洪水从开始涨水到洪峰,然后落水到低谷所经历的时间。洪水历时与暴雨的时间和空间特性、流域的大小有关。一般地,大河历时长,小河历时短;南方河流历时长,北方河流历时短。黄河花园口站大洪水历时一般为 10～12 d,最长可达 45 d。

(3)洪水总量。洪水总量是一次洪水通过河道某一断面的总水量。洪水总量按时间长短进行统计,通常有 1 d 洪水总量、3 d 洪水总量、5 d 洪水总量、10 d 洪水总量等。1998年长江汉口站实测 30 d、60 d 洪水总量分别为 1 754 亿 m^3、3 365 亿 m^3,是有实测资料以来的最大洪水总量,其重现期为 100 年一遇。1958 年黄河花园口站实测 15 d 洪水总量为 101 亿 m^3,1982 年沁河五龙口站实测 7 d 洪水总量为 4.80 亿 m^3,都是本站最大实测记录。

(4)洪水传播时间。洪水传播时间是自河段上游某断面洪峰出现到河段下游某断面洪峰出现所经历的时间。洪水沿河道下泄的过程中,洪水历时不断增加,在没有区间加水的情况下,洪峰流量不断减小,因此河段上下游各断面洪水过程线形状并不一致。

入汛后的第一场洪水,河槽中底水较少,洪水的槽蓄量大,因而洪水过程自上而下变形较大,洪水传播时间就比较长;大洪水漫滩后,槽蓄量迅速增加,削峰作用很大,而滩地退水又较为迟缓,因而洪水传播时间也比较长;只有接近平滩流量的洪水或由许多洪峰组成的连续洪水,其传播时间才比较短。黄河下游花园口至孙口河段,当洪水在 5 000 m^3/s 左右时,传播时间约 44 h;而当流量大于 10 000 m^3/s 时,则传播时间要超过 60 h;入汛后第一场洪水,传播时间则可能达到 80 h。

(5)最高洪水位。最高洪水位是一次洪水过程中的最高水位。在岩石河床或比较稳定的河床上,最高洪水位出现的时间可能和洪峰流量出现的时间相同;而在多沙河流或不稳定河床上,最高洪水位往往与洪峰流量并不同时出现。当河床发生冲刷时,最高洪水位出现在洪峰流量以前。1958 年黄河下游发生有实测资料以来的最大洪水,花园口站 7 月 17 日 23 时 45 分出现最高洪水位 94.42 m,18 日 0 时出现洪峰流量 22 300 m^3/s;夹河滩站 18 日 10 时出现最高洪水位 74.31 m,14 时出现洪峰流量 20 500 m^3/s。当河床发生淤积或出现高含沙量洪水时,最高洪水位则往往出现在洪峰流量之后。

(6)最大含沙量。某一时段内河流单位体积浑水中所含悬移质干沙质量的最大值。洪水期间的最大含沙量是研究预测河道冲淤和水位变化的重要参数。由于含沙量测报较输沙率及时,在防洪实践中,很少以最大输沙率作为指标。黄河是世界上含沙量最高的河流,1974 年黄河支流窟野河温家川站实测最大含沙量达到 1 700 kg/m^3,1977 年黄河下游花园口站实测最大含沙量 546 kg/m^3。

三、洪水的一般特点

洪水类型多种多样,同一条河流,不同季节发生的洪水,其特点也不尽相同。黄河下游常将一年中的洪水分为桃汛、伏汛、秋汛和凌汛,而伏汛和秋汛往往连在一起称伏秋大汛或称主汛期、大汛期。灾害性的洪水主要是发生在主汛期的暴雨洪水,它具有季节性明显、洪水涨幅大、年际变化大,大洪水具有一定的重复性等特点。

(1)季节性明显。暴雨洪水有明显的季节性,发生的时序具有一定的规律,与夏季雨带南北移动、秋季台风暴雨有密切的关系。我国南方珠江流域在 5 月上旬进入汛期,长江鄱阳湖水系及洞庭湖水系的湘江、资水则早在 4 月中旬即进入汛期,我国大部分河流的大洪水发生在 7 月和 8 月。东北的松花江、辽河的汛期在 7 月中旬以后才到来,大洪水则发生在 8 月和 9 月。黄河主汛期在 7 月、8 月、9 月 3 个月,7 月、8 月为伏汛,9 月为秋汛。

(2)洪水涨幅大。一次洪水过程,流量和水位表现都有涨水、峰顶和落水三个阶段。山区河流河道纵比降大,洪水涨落迅猛;平原河流河道纵比降平缓,洪水涨落相对比较缓慢。大河流域面积大,洪水来源多,汇流至干流往往有连续的多个洪峰;而中小河流其洪水多为单峰。持续性降水形成的洪水往往有多次洪峰;孤独暴雨则形成单一洪峰。无论是何种形式的洪峰,其洪峰流量或水位表现的变化幅度都比较大,洪峰流量往往是起涨流量的几倍乃至几十倍。黄河花园口站 1958 年 7 月 15 日 0 时流量仅 2 330 m^3/s,至 18 日 0 时流量达 22 300 m^3/s,洪峰流量为起涨流量的 9.6 倍。

(3)洪水年际变化大。洪水的年际变化极不稳定,变化的幅度很大。我国南方河流,洪水的年际变化相对比较稳定,而黄河、海河和辽河则最不稳定。黄河花园口站,1991 年最大流量 3 180 m^3/s,仅为最大实测流量的 1/7。年最大流量的大小,通常用重现期来表示。黄河花园口站,在天然条件下千年一遇洪水为 42 300 m^3/s,百年一遇洪水为 29 200 m^3/s;若考虑三门峡、小浪底、陆浑、故县等水库的调节作用,则 1982 年型千年一遇洪水为 22 500 m^3/s,百年一遇洪水为 15 700 m^3/s。

(4)大洪水具有一定的重复性。大量的历史洪水调查研究发现,我国主要河流的大洪水在时间、空间上具有一定的重复性,这是因为大暴雨的天气形势、降水范围和强度有可能相似,因而暴雨洪水的特征也比较接近。从全国看,近期发生的重大灾害性洪水,在历史上差不多都可以找到类似的实例。黄河上游 1904 年与 1981 年洪水,中游 1843 年与 1933 年洪水,其气象成因和暴雨洪水的分布都有相似之处。这种重复性现象,说明大洪水的发生有一定的规律,因而通过历史洪水的研究,可以预示今后可能发生的大洪水情况。

第二节　洪水灾害

自古以来洪水就是人类严重的威胁。历史上关于洪水灾害的记载十分频繁,自公元前 206 年汉立国起至晚清 1840 年的 2 046 年中,发生较大洪水灾害 984 次。新中国成立后,大规模地开展了江河治理和水利建设,经过 70 年的奋斗,主要江河中下游的中小洪水基本得到控制,但是其防洪标准仍然比较低,遇到较大洪水,灾害依然很严重。

黄河是我国洪水灾害最严重的一条河流,自周定王五年(公元前 602 年)至 1938 年花园口扒口的 2 540 年间,黄河下游决口泛滥的年份有 543 年,决口达 1 593 次,重要改道 26 次,有 6 次是大迁徙。决口泛滥的范围,北到天津,南到长江下游,波及范围 25 万 km^2,不仅给下游两岸人民带来深重的灾难,也加剧了海河、淮河两大流域的洪水灾害。

1761 年 8 月黄河三门峡至花园口区间发生特大洪水,地方志书中记载甚详,是目前可以作出定量分析的历史上最大的一场洪水,推算花园口流量 32 000 m^3/s。这场洪水淹没偃师、巩义两城,所存房屋不过十之一二,沁阳、武陟、修武、博爱等县城被洪水所灌,水深 2~4 m;黄河堤防决口 27 处,灾情更重,其中河南被水冲 10 州(县),被水包围 17 州

（县），另有 16 州（县）田禾被淹；山东受淹 12 州（县），其中被水冲 2 州（县）；安徽受淹 4 州（县）。

1933 年 8 月黄河中游发生大暴雨，陕县站出现自 1919 年有实测水文记录以来最大的一场洪水，洪峰流量 22 000 m³/s，给黄河中下游造成严重灾害。黄河北岸温县堤防冲决 18 处，武陟县溃决 1 处，封丘县贯台以下冲垮华洋民埝，长垣县大车集至石头庄一带漫溢决口 30 余处，长垣、滑县、濮阳、范县、寿张、阳谷等县长 150 km、宽 5～25 km 范围尽成泽国；黄河南岸于兰考小新堤、四明堂及菏泽小庞庄决口，淹及河南、山东、江苏十余县，水域宽度几千米至三四十千米不等。这场洪水使黄河中下游 65 个县受灾，受灾人口 364 万人，死亡 1.27 万人，冲毁房屋 169 万间，淹没耕地 85.3 万 hm²，损失牲畜 6.36 万头，财产损失折合当时银元 2.07 亿元。

1938 年 6 月，国民党政府为阻止日本侵略军西进，扒开郑州花园口黄河大堤，泛水自河南入安徽，夺淮河干流，直抵江苏洪泽湖、高邮湖，使 44 县沦为泽国，受灾人口 1 250 万人，300 万人背井离乡、流离失所，死亡 89 万人。

1958 年 7 月中旬黄河三门峡至花园口（简称三花区间）发生了一场自 1919 年黄河有实测水文资料以来的最大的一场洪水，花园口站洪峰流量达 22 300 m³/s，横贯黄河的京广铁路桥因受到洪水威胁而中断交通 14 d。仅山东、河南两省的黄河滩区和东平湖湖区，淹没村庄 1 708 个，灾民 74.08 万人，淹没耕地 304 万亩，房屋倒塌 30 万间。

1982 年 8 月，黄河三门峡至花园口区间发生洪水，花园口站洪水洪峰流量 15 300 m³/s。黄河下游滩区除原阳、中牟、开封三处部分高滩外，其余全部被淹，共淹没滩区村庄 1 303 个，耕地 217.44 万亩，倒塌房屋 40.08 万间，受灾人口 93.27 万人。

1996 年 8 月，黄河花园口站发生 7 860 m³/s 洪水，但比 1982 年 15 300 m³/s 洪水还高 0.74 m，洪水造成河南、山东两省黄河滩区几乎全部进水，淹没耕地 301 万亩，240 万人受灾，其灾害程度超过了 1958 年和 1982 年，漫滩范围之广、滩区受灾之严重，为人民治黄以来所仅见。

2003 年 8～9 月，黄河下游遭遇了罕见的"华西秋雨"天气。渭河流域先后出现了 6 次洪峰，8 月 30 日咸阳洪峰流量 5 340 m³/s，咸阳、临潼和华县站均出现历史最高洪水位。洪水造成渭河干支流堤防决口 8 处，56.25 万人受灾，迁移人口 29.22 万人，受灾农田 137.8 万亩，倒塌房屋 18.72 万间。受"华西秋雨"影响，小浪底水库采取防洪运用，控制花园口站流量 2 500～2 700 m³/s。9 月 18 日，受畸型河势变化影响，兰考蔡集控导工程 28 坝与之相连的渠堤决口，造成兰考北滩、东明滩区全部被淹，滩区平均水深 2.9 m，最大水深 5 m，淹没耕地 25.14 万亩，谷营、焦元、长兴三个乡 152 个村 11.42 万人被水围困，共迁移人口 3.21 万人，倒塌房屋 0.43 万间。

第三节　洪灾成因

洪水是自然界水循环中的一种现象，气候异常、天气形势时空变化特殊，是造成洪水灾害的主导因素；流域的产流、汇流特点，洪水的组成与遭遇，对于洪灾的形成有着直接的影响;而人类的活动对于气象、下垫面条件的改变,则可能控制洪水灾害或增加洪灾的危害程度。研究洪灾成因,着重于分析人类活动对防洪影响的诸多因素,从而从工程措施及非工程措施入手,为减轻洪水灾害而努力。

一、人类活动对自然生态环境的破坏

地面植被起着拦截雨水、调蓄地面径流、固结土体、改良土壤性状及防止土壤侵蚀的作用,由于采伐森林、盲目开垦土地等人类社会经济活动,地面植被不断遭到破坏,加剧了水土流失。我国是一个水土流失严重的国家,水土流失面积目前为 367 万 km^2,占国土总面积的 38%。水土流失在各大江河流域都存在,以黄河流域、长江流域最为严重。黄河泥沙主要来自黄河中游的黄土高原。黄土高原是世界上水土流失最严重的地区,水土流失面积达 43 万 km^2,占这一区域总面积的 70%以上。黄河多年平均输沙量 16 亿 t,其中12 亿 t 输入大海,4 亿 t 淤积在下游河道内,使河床成为高于两岸地面 3~10 m 的"悬河",其洪水威胁着 25 万 km^2 土地、1 亿多人口的安全。长江流域水土流失严重的地区主要在上游,水土流失面积 35 万 km^2,占这一区域总面积的 35%。长江多年平均输沙量约7.4 亿 t。水土流失改变了流域的产流、汇流条件,增加了洪峰流量和洪水总量;水土流失使河流的输沙量增加,导致河道、湖泊严重淤积,排洪、滞蓄洪能力下降,给河流下游的防洪造成很大的危害。1998 年长江大洪水过后,国务院下发了《关于灾后重建、整治江湖、兴修水利的若干意见》,把封山植树、退耕还林,加大水土保持工作力度,改善生态环境作为江湖治理的首要措施,要求全面停止长江、黄河上中游天然林采伐,重点治理长江、黄河流域生态环境严重恶化地区,大力实施植树种草工程,逐步实施 25°以上坡地退耕还林,以小流域为单元形成水土保持综合防护体系。

二、人类与水争地,降低了江湖的滞洪、蓄洪能力

我国淡水湖面积曾在世界上首屈一指,由于社会经济发展和人口增长,人们不断与湖争地,水面面积不断缩小,有些湖泊已完全消失。据不完全统计,1949 年长江中下游地区共有湖泊面积 25 828 km^2,到 1977 年仅剩 14 073 km^2,减少了 45.5%;1949 年长江中下游通江湖泊面积 17 198 km^2,目前只剩下洞庭湖、鄱阳湖仍与长江相通,面积仅 6 000 多km^2。近 30 年来,湖南、湖北、江西、安徽、江苏 5 省,围垦湖泊面积就在 12 000 km^2 以上,比现在的 4 个洞庭湖还大;近 40 多年来,洞庭湖因淤积围垦减少面积 1 600 km^2,减少容积 100 多亿 m^3,鄱阳湖减少面积 1 400 km^2,减少容积 80 多亿 m^3。湖泊调蓄能力的降低,增加了堤防的防洪负担。除对湖泊进行围垦外,围垦河道行洪滩地和行洪、滞洪区的情况也相当普遍。黄河下游滩区曾一度被生产堤所围,致使一般洪水不能漫滩,滩地淤积速度减缓,而主槽淤积加重,形成"二级悬河",给防洪带来严重的影响。人类与水争地的结果,增加了堤防的防洪负担,因此 1998 年灾后,党中央、国务院要求做好平垸行洪、退田还湖工作。

三、江河缺少控制性工程,堤防的防洪能力偏低

中华人民共和国成立以来,对全国各主要江河均进行了不同程度的规划治理,部分江

河已初步建成防洪工程体系。截至 1990 年，全国各类堤防长度已达 21.6 万 km，保护耕地面积 3 200 万 km²，约占全国耕地面积的 1/3，其中七大江河流域堤防长 20 万 km，保护耕地面积 2 000 多万 hm²（约 4 亿亩）。全国已建成大、中、小型水库 84 000 多座，总库容 4 700 亿 m³，其中位于七大江河流域内的有 67 533 座，总库容 3 637 亿 m³。主要江河建有蓄滞洪区 98 处，总面积 3.45 万 km²，计划可滞洪 1 000 亿 m³。尽管国家已投入大量资金进行江河治理，但目前主要江河的防洪标准仍然偏低。黄河下游的防洪标准为 60 年一遇，长江中下游防洪标准为 10 ~ 20 年一遇，海河为 20 ~ 50 年一遇，淮河中下游为 50 年一遇，松花江、辽河为 20 年一遇，珠江干流及主要围堤为 20 ~ 50 年一遇。遇到超过防御标准的洪水，就显示出控制性工程偏少或堤防高度不足；若遇到特大洪水，人力则无法抗御，洪水灾害难于幸免。

四、防洪工程的强度达不到设计的要求

堤防及其他防洪工程的防洪强度主要体现在抗冲稳定、抗滑稳定和渗流稳定几方面。我国堤防大部分是土堤，堤身不能抗御水流冲刷或风浪淘刷，因而在经常靠水的堤段，通常修筑护岸、垛、丁坝等堤岸防护工程，这些工程如果坦石或根石坡度太陡、土石结合部反滤不好、根石块小易于走失、根石附近河床发生强烈的局部冲刷等均可能导致坝岸失稳而坍塌。1952 年 9 月黄河保合寨险工前发生"横河"，主流顶冲险工，不仅使险工护岸塌入水中，堤顶也塌去一半，经过几昼夜抢护，才化险为夷。堤防在高水位下充分浸润，若水位大幅度骤降，因饱和的水体不能及时排出，可能导致堤坡失去稳定而产生坍塌或滑坡，危及堤防安全。堤身在长历时的洪水浸泡下，部分土壤达到了饱和状态，形成了浸润线，当渗流出逸比降大于堤身土体允许比降时，则有可能发生管涌或流土现象，堤防出现漏洞引起溃决。我国堤防历史悠久，主要江河堤防大部分是在老堤防上逐渐加培所形成的，由于历史原因，堤身内存在着许多古河道、老口门、遗留的构筑物、虚土层、透水层等隐患；有些堤防施工质量比较差，压实质量达不到设计要求；堤防还存在着生物破坏问题，南方的白蚁，北方的獾、狐、鼠类，对堤防的破坏作用很大；堤防也有老化的问题，堤体长期浸润，易于产生液化、沉陷变形，而长期脱水则可能产生裂缝，这些都将严重影响堤防安全。此外，堤基地质情况不清，没有进行渗流稳定分析，7 度地震烈度区的堤防没有采取抗震措施，堤防上的建筑物没有满足防洪要求等，亦可能引起堤防失事，造成水灾。

五、防洪非工程措施不完善或执行不力

防洪非工程措施是通过法令、政策、经济和防洪工程以外的各种技术手段，以减少洪水灾害的工作。《中华人民共和国防洪法》的颁布实施，为依法防洪创造了条件。在 1998 年长江特大洪水紧急时刻，沿江各省相继宣布进入紧急防汛期，各级防汛指挥部依法征用料物、交通工具等防汛抢险急需物资，清除江河行洪障碍，严肃惩处失职的防汛责任人，依法防洪在抗洪斗争中发挥了很大作用。有法不依，执法不严，往往能滋生洪水灾害。气象情报、水文情报是防汛准备和采取防汛措施的重要环节，洪水预报则是防汛决策的依据，这些工作的实时性和精确性，直接对防汛指挥造成影响。1998 年汛前，国家防汛抗旱总

指挥部根据气象部门的预报提早作出了长江可能发生全流域性大洪水的判断,并对防汛抗洪作出全面部署,公布了行政首长防汛责任名单,落实了各项防洪预案,为战胜洪水奠定了基础。根据历年防汛抢险的经验与教训,国家计划用 5 年左右的时间,逐步建成全国重点防洪地区防汛指挥系统,加速发展气象卫星和天气雷达网,加强暴雨洪水预警系统建设,加强抗洪抢险方面的科研工作,建成了一批现代化抢险队伍。自 2005 年水管体制改革以来,黄河下游抢险队人员纳入工程运行科管理,实行"一岗双责",抢险队员既负责工程管理工作,又负责工程抢险,每逢汛期往往会顾此失彼,再加上抢险设备老化,已超过报废期,抢险队应突发险情灾情的能力降低。2013 年国家防总对全国抢险队建设与管理工作进行调研,并下发了抢险队建设管理指导意见。根据指导意见,黄河防总上报的《黄河防汛机动抢险队建设规划》得到国家防总批复,近年来正在逐步实施,黄河下游专业机动抢险队应对险情灾情的能力将进一步得到加强。

第二章　防汛组织与工作制度

防汛是人们同洪水灾害做斗争所组成的一项社会活动。由于洪水危害关系到国家经济建设和人民生命财产的安全,涉及整个社会生活,国家历来都把防汛作为维护社会安定的一件大事。

《中华人民共和国防洪法》中规定:"各级人民政府应当组织有关部门、单位,动员社会力量,做好防汛抗洪和洪涝灾害后的恢复与救济工作。""任何单位和个人都有保护防洪工程设施和依法参加防汛抗洪的义务。"还规定:"县级以上地方人民政府水行政主管部门在本级人民政府的领导下,负责本行政区域内防洪的组织、协调、监督、指导等日常工作。"对县级以上各级人民政府防汛指挥机构的职责权限等,也都作出原则规定。为加强防汛工作,国务院还颁发了《中华人民共和国防汛条例》,对防汛的任务、组织、职责等都做了明确规定。实践证明,建立强有力的防汛组织机构和制定严格的责任制度是做好防汛抢险工作的保证。

为加强防汛工作的组织领导,做到统一指挥,统一行动,上下游、左右岸统筹兼顾,密切协作,团结抗洪,从中央到地方都建立防汛指挥部负责这项工作,实行防汛岗位责任制,并建立相应的办事机构和抢险队伍,明确职责范围和工作制度,做到思想、组织、工具料物和抢险技术四落实。汛前有计划地进行防汛抢险技术培训和实战演练,抗洪抢险时达到招之即来、来之能战、战之能胜的要求。同时,建立奖惩制度,严格组织纪律,以确保防汛抢险组织领导和抢险队伍的高度组织性、纪律性。

第一节　防汛的任务与方针

一、防汛的基本任务

防汛的基本任务是:积极采取有力的防御措施,力求减轻洪水灾害的影响和损失,保障人民生命财产安全和经济建设的顺利发展。为完成防汛任务,主要的防汛工作包括:

(1)做好组织宣传工作,提高广大群众防汛减灾的意识。

(2)有计划、有组织地协同有关部门推进防汛工作。

(3)完善防洪工程措施和非工程措施。

(4)制订防御不同类型洪水的预案,研究洪水调度和防汛抢险最优决策方案。

(5)掌握洪水规律和汛情信息。

(6)探讨和研究应用现代防汛抢险技术。

汛期灾害性洪水除暴雨洪水外,还有融雪、冰凌产生的洪水,山区暴发的山洪泥石流,沿海地区热带气旋、台风引起的风暴潮等。上述各种类型洪水灾害,是人类经常遭受的最严重的自然灾害。因此,各地应根据所处的地理环境、气候条件、工程设施以及社会经济条件的不同,确定不同的防汛任务。

要把防汛作为一项长期的任务。这主要是因为:

(1)我国地域辽阔,跨越寒、温、热三带,受季风影响强烈,降雨的时空分布和年际之间量级极不均匀,各地均具有产生不同类型洪水的条件。

(2)我国江河防洪标准较低,当前主要江河只能防御常遇的洪水,对于历史上曾经发生过的特大洪水还缺乏控制。一般中小河流的防洪标准则更低。虽然国家在不断加强江河防洪建设,但在一定时期内尚难做到完全控制洪水,只得依赖于汛期加强防守,采取各种有效的防御措施。

(3)随着人口的不断增加和经济发展,今后洪水灾害造成的经济损失和人员伤亡将更加严重,对防洪则不断提出更高的要求。因此,保障社会安定、减轻洪水灾害的任务日益加重。

二、防汛方针

根据上述防汛任务,当前防汛工作的方针是:"安全第一,常备不懈,以防为主,全力抢险"。防汛的方针是根据每个时期防洪工程建设情况、经济状况以及防洪任务的不同要求而提出的。例如,在新中国成立初期,面临江河防洪工程的残破局面,洪水灾害威胁严重,为了社会安定,恢复生产,当时提出"防治水患,兴修水利",作为水利建设各项工作的基本方针。以后,随着水利建设的迅速发展,对大量堤防进行了整修加固,防洪工程设施增多,控制江河洪水的能力有所提高。在此情况下,20 世纪 60 年代防汛工作强调了"从最坏处打算,向最好方面努力"的指导思想,提出"以防为主,防重于抢,有备无患"的方针。这主要是强调一个"防"字,无论是洪水前的准备工作,还是洪水期的防守工作都要立足于防。对于出现的超标准洪水,也要本着"有限保证、无限负责"的精神,积极防守,力争把灾害减小到最低限度。强调"防重于抢"主要是要克服麻痹思想,要重视平时的防汛准备和防汛检查,而不能把战胜洪水寄托在临时抢险上;要防患于未然,把各种险情消灭在萌芽状态。当前我国防汛体系已逐渐健全,江河防洪工程系统已进一步完善,对于各种类型的洪水制订了不同的防御方案,加强了非工程防洪措施的建设,开展了分洪区、蓄滞洪区的安全建设与管理,提高了暴雨、洪水预报精度,加强了通信报警系统,建立了以行政首长负责制为核心的各项责任制度,防汛工作进入了新阶段,因而制定了"安全第一,常备不懈,以防为主,全力抢险"的方针,这是总结了多年的实践经验而提出的。

第二节 防汛组织机构与职责

防汛工作担负着发动群众、组织社会力量、从事指挥决策等重大任务,而且具有多方面的协调和联系,因此需要建立起强有力的组织机构,负责有机的配合和科学的决策,做到统一指挥、统一行动。本节简要介绍现行各级防汛组织机构及其职责权限。

一、防汛的组织机构

国务院设立国家防汛抗旱总指挥部,由国务院副总理任总指挥,领导全国的防汛工作。国家防汛抗旱总指挥部成员由中央军委总参谋部和国务院有关部门负责人组成。其日常办事机构即办公室,设在国务院水行政主管部门。全国防汛组织系统如图2-1所示。

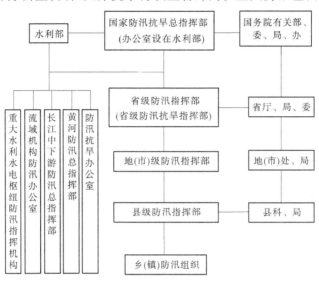

图2-1　全国防汛组织系统

有防汛任务的各省(自治区、直辖市)以及县级以上地方人民政府,成立防汛指挥部(有的是防汛抗旱指挥部,有的是防汛抗旱防风指挥部),由同级人民政府有关部门、当地驻军和人民武装部负责人组成,各级人民政府首长任指挥。其办事机构设在同级水行政主管部门,或由人民政府指定的其他部门,负责所辖范围内的防汛日常工作。

水利部所属的流域管理机构内部组成防汛办事机构。黄河、长江等跨省(自治区、直辖市)的重要河流设防汛总指挥部,由有关省(自治区、直辖市)人民政府首长和流域机构负责人组成,负责协调指挥本流域的防汛抗洪事宜。如黄河成立黄河防汛总指挥部,由河南省省长任总指挥,黄河水利委员会主任任常务副总指挥,山东、河南、山西、陕西四省分管农业的副省长和济南军区副参谋长任副总指挥,负责组织领导黄河防汛抢险工作。长江成立长江中下游防汛总指挥部。河道管理机构、水利水电工程管理单位建立防汛抢险和调度运行专管组织,在上级防汛指挥部领导下,负责本工程的防汛调度工作。

黄河防汛组织系统如图2-2所示。

水利、电力、气象、海洋等有水文、雨量、潮位测报任务的部门,汛期组织测报报汛站网,建立预报专业组织,向上级和同级防汛指挥部门提供水文、气象信息和预报。

城建、石油、电力、铁道、交通、航运、邮电、煤炭以及所有有防汛任务的部门和单位,汛期建立相应的防汛机构,在当地政府防汛指挥部和上级主管部门的领导下,负责做好本行业的防汛工作。

防汛工作按照统一领导、分级分部门负责的原则,建立健全各级、各部门的防汛机构,有机地协作配合,形成完整的防汛组织体系。防汛机构要做到正规化、专业化,并在实际工作中不断加强机构的自身建设,提高防汛人员的素质,引用先进设备和技术,逐步提高信息系统、专家系统和决策支持系统的水平,充分发挥防汛机构的指挥战斗作用。

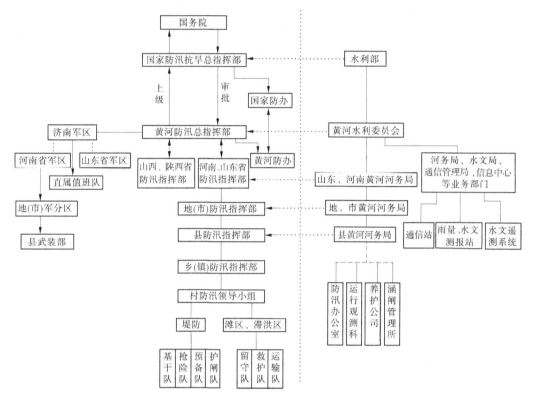

图 2-2　黄河防汛组织系统

二、防汛机构的职责

各级防汛指挥部在同级人民政府和上级防汛指挥部的领导下,是所辖地区防汛的权力机构,它具有行使政府防汛指挥权和监督防汛工作的实施权。根据统一指挥、分级分部门负责的原则,各级防汛机构要明确职责,保持工作的连续性,做到及时反映本地区的防汛情况,果断执行防汛抢险调度指令。防汛机构的职责一般是:

(1)贯彻执行国家有关防汛工作的方针、政策、法规和法令。为深入改革开放,实现国民经济持续、稳定、协调发展,做好防汛安全工作。

(2)制订和组织实施各种防御洪水方案:①重要江河的防御特大洪水方案;②分洪区、蓄滞洪区的防汛预案;③水库汛期调度计划;④在建工程的度汛计划;⑤防台风、防凌、防山洪、防泥石流等对策方案。

(3)掌握汛期雨情、水情和气象形势,及时了解降雨地区的暴雨强度,洪水流量,江河、闸坝、水库等的水位,长、中、短期水情和气象分析预报结果。必要时发布洪水、台风、凌汛预报、警报和汛情公报。

(4)组织检查防汛准备工作,即每年汛前做好如下检查:①检查树立常备不懈的防汛意识,克服麻痹思想;②检查各类防洪工程是否完好,加固工程完成情况,有无防御洪水方案;③检查河道有无阻水障碍及其清除完成情况;④检查水文测报、预报准备工作;⑤检查防汛料物准备情况;⑥检查分洪区、蓄滞洪区安全建设和应急撤离准备工作;⑦检查防汛通信准备工作;⑧检查防汛队伍组织的落实情况;⑨检查备用电源是否正常等。

（5）负责有关防汛物资的储备、管理和防汛资金的计划管理。资金包括列入各级财政年度预算的防汛岁修费、特大洪水补助费以及受益单位缴纳的河道工程修建维护管理费、防洪基金等。对防汛物资要制订国家储备和群众筹集计划,建立保管和调拨使用制度。

（6）负责统计掌握洪涝灾害情况。

（7）负责组织防汛抢险队伍,调配抢险劳力和技术力量。

（8）督促蓄滞洪区安全建设和应急撤离转移准备工作。

（9）组织防汛通信和报警系统的建设管理。

（10）组织汛后检查。主要检查:①汛期防汛经验教训;②本年度暴雨洪水特征;③防洪工程水毁情况;④防汛物资的使用情况;⑤防洪工程水毁修复计划;⑥抗洪先进事迹表彰情况等。

（11）开展防汛宣传教育和组织培训,推广先进的防汛抢险技术。

三、有关部门的防汛职责

防汛是一项社会性防洪抗灾工作,需要动员和调动各部门各行业的力量,在政府和防汛指挥部的统一领导下,同心协力共同完成抗御洪水灾害的任务。各有关部门的防汛职责是:

（1）各级水行政主管部门负责所辖已建、在建江河堤防、圩垸、闸坝、水库、水电站、分（蓄、滞）洪区等各类防洪工程的维护管理,防洪调度方案的实施,以及组织防汛抢险工作。

（2）水文部门负责汛期各水文站的测报报汛。当流域内降雨、冰凌和河道、水库的水位、流量达到一定标准时,应及时向防汛部门提供雨情、水情和有关预报。

（3）气象、海洋部门负责暴雨、台风、潮位和异常天气的监测与预报,按时向防汛部门提供长期、中期、短期气象预报和有关公报。

（4）电力部门负责所辖水电工程的汛期防守和防洪调度计划的实施。

（5）邮政、通信部门汛期为防汛提供优先通话和邮发水情电报的条件,保持通信畅通,并负责本系统邮政、通信工程的防洪安全。

（6）建设部门根据江河防洪规划方案做好城区的防洪、排水规划,负责所辖防洪工程的防汛抢险,并负责检查城乡房屋建筑的抗洪、抗风安全等。

（7）物资、商业、供销部门负责提供防汛抢险物资供应和必要的储备。

（8）铁道、交通、民航部门汛期优先支援运送防汛抢险料物,为紧急抢险及时提供所需车辆、船舶、飞机等运输工具,并负责本系统所辖工程设施的防汛安全。

（9）民政部门负责灾民的安置和救济。发生洪灾后地方政府要立即进行抢护转移,使群众尽快脱离险区,并安排好脱险后的生活。各工农业生产部门组织灾区群众恢复生产和重建家园。

（10）公安部门负责防汛治安管理和安全保卫工作。制止破坏防洪工程和水文、通信设施以及盗窃防汛料物的行为,维护水利工程和通信设施安全。在紧急防汛期间协助防汛部门组织撤离洪水淹没区的群众。

（11）中国人民解放军及武装警察部队负有协助地方防汛抢险和营救群众的任务。汛情紧急时负有执行重大防洪措施的使命。

（12）其他有关部门均应根据防汛抢险的需要积极提供有利条件，完成各自承担的防汛抢险任务。

第三节　防汛责任制度

防汛是一项责任重大的工作，必须建立健全各种防汛责任制度，实现正规化、规范化，做到各项工作有章可循，各司其职。防汛责任制度包括以下几个方面。

一、行政首长负责制

为战胜洪水灾害，不仅平时要组织动员广大群众、干部，使其在思想上、组织上做好充分准备，克服各种麻痹思想。一旦发生洪水需要抗洪抢险，一个地方、一个区域应将其作为压倒一切的大事，尽快动员和调动各部门各方面的力量，发挥各自的职能优势，同心协力共同完成。特别是在发生特大洪水时，抗洪抢险和救灾不只是政府的事，党、政、军都要全力以赴投入抗洪抢险救灾，甚至在紧急情况下，要当机立断作出牺牲局部、保存全局的重大决策。因此，需要各级政府的主要负责人亲自主持，全面领导和指挥防汛抢险工作。

1987年4月11日国务院听取防汛工作汇报后，发出会议纪要指明"要进一步明确各级防汛责任制"，并规定"地方的省（自治区、直辖市）长、地区专员、县长要在防汛工作中负主要责任，并责成一名副职主抓防汛工作"。统称为"防汛行政首长负责制"。根据这一精神，确定全国范围内的防汛由国务院负责，国家防汛抗旱总指挥部负责具体工作，对一个省、一个地区来说，防汛的总责就落在省长、市长、专员、县长的身上。行政首长负责制的主要内容归纳起来有以下几个方面：

（1）贯彻落实有关防汛的方针政策。督促建立健全防汛机构，配备专职人员。教育广大干部服从统一指挥，统一调度，树立以大局为重、以人民利益为重的思想，防止本位主义。克服麻痹思想，树立有备无患意识。宣传动员群众积极参加防汛抢险工作。

（2）根据统一指挥、分级分部门负责的原则，协调各有关部门的防汛责任，建立防汛指挥系统，部署有关防洪措施和督促检查各项防汛准备工作。

（3）督促检查重大防御洪水措施方案、调度计划、度汛工程措施和各种非工程措施的落实。

（4）批准管辖权限内的洪水调度方案、分蓄滞洪区运用以及采取紧急抢救措施等重大决策。对关系重大的抗洪抢险，应亲临第一线，坐镇指挥，调动所辖地区的人力、物力有效地投入抗洪抢险斗争。

二、分级责任制

根据江河堤防、闸坝、水库等防洪工程所处的行政区域、工程等级和重要程度以及防洪标准等，确定省（自治区、直辖市）、地（市）、县各级管理运用、指挥调度的权限责任。

在统一领导下实行分级管理、分级调度、分级负责。

三、分包责任制

为确保重点地区和主要防洪工程的汛期安全,各级政府行政负责人和防汛指挥部领导成员实行分包工程责任制。例如,分包水库、分包河道堤段、分包蓄滞洪区、分包地区等。为了"平战"结合,全面熟悉工程情况,将同一河段的岁修、清障、防汛三项任务,实行三位一体纳入分包工程责任内,做到一包到底。

对于分部门承担的防汛任务和所辖防洪工程实行分部门防汛责任制。

四、岗位责任制

汛期管好用好水利工程,特别是防洪工程,对搞好防汛、减少灾害是至关重要的。工程管理单位的业务处室和管理人员,以及护堤员、防汛人员、抢险队员等要制定岗位责任制,明确任务和要求,定岗定责,落实到人。对岗位责任制的范围、项目、安全程度、责任时间等,要作出条文规定,要有几包几定,一目了然。要规定评比和检查制度,发现问题及时纠正,以期圆满完成岗位任务。在实行岗位责任制的同时要加强政治思想教育,调动职工的积极性,强调严格遵守纪律。

五、技术责任制

在防汛抢险中为充分发挥技术人员的技术专长,实现优化调度,科学抢险,提高防汛指挥的准确性和可行性,凡是有关预报数据、评价工程抗洪能力、制订调度方案、采取抢险措施等技术问题,应由各专业技术人员负责,建立技术责任制。关系重大的技术决策,要组织相当技术级别的人员进行咨询,博采众议,以防失误。

六、值班工作制度

汛期容易出现风云骤变,突然发生暴雨洪水、台风等灾害,而且防洪工程设施又多在自然环境下运行,也容易出现异常现象。为预防不测、应变及时,各级防汛机构汛期均应建立防汛值班制度,使防汛机构及时掌握和传递汛情,加强上下联系,多方协调,充分发挥枢纽作用。汛期值班主要责任事项如下:

(1)了解掌握汛情。汛情一般指水情、工情、灾情。具体内容是:①水情。按时了解雨情、水情实况和水文、气象预报。②工情。当雨情、水情达到某一数值时,要主动向所辖单位了解河道堤防、水库、闸坝等防洪工程的运用和防守情况。③灾情。主动了解受灾地区的范围和人员伤亡情况以及抢救措施。

(2)按时请示、传达、报告。按照报告制度,对于汛情及灾情一定要及时向上级汇报。对需要采取的防洪措施要及时请示批准执行。对授权传达的指挥调度命令及意见,要及时准确传达。

(3)熟悉所辖地区的防汛基本资料和主要防洪工程的防御洪水方案及调度计划。对所发生的各种类型洪水要根据有关资料进行分析研究。

(4)了解掌握各地防洪工程设施发生的险情及其处理情况。

（5）对发生的重大汛情要整理好值班记录，以备查阅，并归档保存。

（6）严格执行交接班制度，认真履行交接班手续。

（7）做好保密工作，严守国家机密。

七、班坝责任制

班坝责任制一般指专业防守险工坝岸的工程班组及个人分工管理与防守险工和控导工程的责任制度。根据工程长度与坝垛多少及防守力量等情况，把管理和防守任务落实到班组或个人，并提出明确任务要求，由班组制订实施计划，认真落到实处，确保工程完整与安全。

八、防汛工作制度

针对防汛工作的全过程，从工作项目、工作方法、工作步骤、工作要求、工作时间等方面，建立各项工作制度。根据各地经验和防汛工作的需要，应重点建立健全请示汇报、值班、检查、防洪和水资源运用计划的编报、防御水旱灾害方案及其实施步骤的修订、总结及评比考核等制度，并建立健全气象、雨情、水情、旱情预报测报和会商，水旱灾情统计报告，工程防守和运用，通信管理，河道清障，人员的安全转移，经费、物资管理等方面的制度，以及防汛联系汇报、巡堤查险、险工坝岸探摸、河势观测、险情抢护制度等，并逐项落实，使防汛工作有条不紊地进行。

第四节　防汛队伍

为取得防汛抢险斗争的胜利，除发挥工程设施的防洪能力外，更重要的是组织好防汛抢险队伍。总结历史上防汛成功的经验，重要的一条就是"河防在堤，守堤在人，有堤无人，与无堤同"。所以，每年汛前必须组织一支"招之即来，来之能战"的防汛队伍。防汛队伍的组织，要坚持专业队伍和群众队伍相结合，实行军（警）民联防。各地防汛指挥部应根据当地实际情况，研究制定群众防汛队伍和专业防汛抢险队的组织方法，它关系到防汛安全与成败，必须组织严密，行动迅速，服从命令，听从指挥，并建立技术培训、抢险演习等制度，使之做到思想、组织、抢险技术、工具料物、责任制"五落实"，达到"招之即来，来之能战，战之能胜"的要求。

一、专业队

专业队是防汛抢险的技术骨干力量，它分为经常性专业抢险队和机动抢险队两类，分述如下。

（一）经常性抢险队

由河道堤防、水库、闸坝等工程管理单位的管理人员、护堤员、护闸员等组成，平时根据掌握的管理养护情况，分析工程的抗洪能力，划定险工、险段的部位，做好抢险准备。进入汛期即进入防守岗位，密切注视汛情，加强检查观测，及时分析险情。专业队要不断学习管理养护知识和防汛抢险技术，并做好专业培训和实战演习。黄河下游防汛专业队主要由黄委系统 2 万多名职工组成。

（二）专业机动抢险队

为了提高抢险效果，目前在一些主要河（湖）堤段和重点工程组建了训练有素、技术熟练、反应迅速、战斗力强的专业机动抢险队，承担重大险情的紧急抢护任务。专业机动抢险队要与管理单位结合，人员相对稳定。平时结合管理养护，学习提高技术，参加培训和实战演习。专业机动抢险队应配备必要的交通运输工具和施工机械、照明、通信等设备。

为确保黄河防洪安全，从 1991 年开始在黄河下游建立了业务熟练、技术过硬、组织严密、设备装备精良、反应迅速，承担重点河段、堤段和关键性工程重大险情的紧急抢险任务的专业机动抢险队。专业机动抢险队由黄河防汛指挥部组织，由熟练掌握抢险技术的工人和工程技术人员组成，技术熟练，人员精干。一般一支机动抢险队 50 人左右，配有挖掘机、装载机、推土机等机械，以及交通、照明、通信、运输等设备。汛期集中待命，非汛期"平战"结合，参加工程建设施工等任务。长江、黄河抗洪抢险实践证明，组建这样的机动抢险队非常必要，效果很好。

二、群众防汛队伍

黄河、长江及其他江河的群众防汛队伍组织，并不完全统一，多是从实际出发，因地制宜，一般是以沿江河的乡（镇）为主，组织青壮年或民兵汛期上堤分段防守。以黄河为例，防汛队伍一般以沿黄地（市）、县的群众为主，根据防守任务和群众居住地距堤远近情况，划分为一、二、三线防汛区。一般把紧靠黄河的乡（镇）列为防汛第一线，以本辖区的临黄堤长度为责任段，平时安排专职护堤员，加强对堤防工程管理，汛期组织队伍上堤防守。由于沿黄乡（镇）群众熟悉黄河情况，比较懂得防汛抢险知识，是群众防汛队伍的基本力量，一般洪水主要靠群防队伍防守。沿黄县（市、区）的非沿黄乡（镇），一般都作为防汛第二线。组织防汛队伍，准备防汛料物，对口支援一线乡（镇）。一线基干力量不足时，也由二线补充。为防御大洪水或特大洪水，沿黄地（市）都安排部分非沿黄县（市）作为防汛第三线，根据实际防汛需要安排防汛力量。组织形式按团、营、连、排、班军事建制，主要任务是当发生大洪水或特大洪水时，参加抗洪抢险和运输抢险料物。

（一）基干班（巡堤查险队）

防汛基干班是群众防汛队伍的基本组织形式，人数比较多，由沿河道堤防两岸和闸坝、水库工程周围的乡、村、城镇街道居民中的民兵或青壮年组成。常备防汛队伍组织要健全，汛前登记造册编成班组，要做到思想、工具、料物、抢险技术四落实。汛期达到各种防守水位时，按规定分批组织出动。另外，在蓄滞洪区、库区，也要成立群众性的转移救护队伍，如救护组、转移组、留守组等。

黄河下游以大堤上的公里桩（间距 0.5~1.0 km）或堤防责任段作为基本防守单位，根据洪水情况安排一定数量的基干班防守。一般每班 12 人，设正、副班长各 1 人。其主要任务是洪水漫滩偎堤后上堤防守，巡堤查险。为了保持防汛队伍的连续性和战斗力，有的县（市）实行义务服役制，并建档立卡，以加强对基干班的培训管理。

(二) 抢险队

抢险队是为堤坝工程汛期出险专门组织的一支抢护力量。抢险是抢护工程设施脱离危险的突击性活动,关系到防汛的成败,这项活动既要迅速及时,又要组织严密,指挥统一。所有参加人员必须服从命令听指挥。汛前,在群众防汛队伍中选拔有抢险经验的人员组成抢险队。汛期当发生险情时立即抽调抢险队员,配合专业队投入抢险。

由沿河乡(镇)群众组成的群众抢险队,一般每个乡(镇)组织 1 个或 2 个,每队 35～50 人,担负抢护一般险情,并协助专业抢险队抢险的任务;每队设正、副队长各 1 人。汛前进行一定抢险技术培训,熟知与掌握一般抢险技能。

(三) 护闸队

护闸队主要承担水工建筑物(如涵闸、虹吸、穿堤管线等)的抢护任务。建筑物险情多发生在土石结合部,高水位时渗水、管涌、漏洞、塌陷、建筑物闸门关闭失灵和漏水、闸门震动、闸墩底板和护坦裂缝、倾倒等险情经常发生。建筑物一旦发生险情,抢护难度大、技术性强、险情发展快,必须加倍警惕,加强观测,严密防守。为加强防护,确保安全,一般按照涵闸、虹吸、穿堤管线的实际情况,组织专业抢护队伍,人员多少视建筑物规模大小和安全情况而定。要明确行政和技术负责人,进行水位、沉陷、位移观测,巡查建筑物各部位的险情和抢护工作。

(四) 分滞洪区、行洪区、滩区群众救护队、留守队

为把分滞洪区、行洪区、滩区群众损失减少到最低限度,必须事前将迁移救护工作组织好。当预报可能洪水漫滩或需要分滞洪、行洪时,按照迁安计划方案,先将老弱病残和妇女儿童及贵重物资迁入安全区。洪水到来时,救护队协同救护,留守队负责治安保卫。

(五) 防汛预备队

防汛预备队是为防御特大洪水和抢护严重险情而组织的一支后备力量。沿河第一线乡镇年龄为 18～50 岁的男劳动力,除参加基干班、抢险队者外,均编入预备队。主要任务是抢修防洪工程和运输抢险料物。

黄河下游每年汛期组织各类防汛抢险队伍一般在 260 万人以上。据统计,1998 年汛期,全国参加抗洪抢险的干群在 8 月下旬最高峰达 800 多万人,其中长江沿线达 670 万人,东北地区达 110 万人。

三、人民解放军、武警部队

中国人民解放军、武警部队是历年确保防洪安全、迁移救护群众的坚强后盾,是抗洪抢险的中流砥柱。尤其是在 1998 年长江、嫩江、松花江抗洪抢险中,人民解放军、武警部队积极响应党中央、国务院、中央军委的号召,投入抢险总兵力达 36.24 万人,动用车辆56.67 万台次,舟艇 3.23 万艘次,飞机 2 241 架次。广大指战员以最快的速度奔赴抗洪抢险第一线,在极端紧张、艰苦、困难的条件下,冒高温,战酷暑,以血肉之躯筑起坚不可摧的抗御洪水的钢铁长城。他们以"水涨堤高,人在堤在,誓与大堤共存亡"的铿锵誓言日夜坚守堤防,不断抢堵管涌、漏洞,及时排除各类险情,堵复决口,发扬"一不怕苦,二不怕死"和连续作战的作风,终于战胜一次次洪峰,令得抗御洪水的全面胜利,获得社会各界与国内外的同声赞扬和高度评价。黄河、长江、淮河、海河以及松花江等河流历年抗洪抢险的事实证明,人民解放军、武警部队是党和人民完全可以信赖的无坚不摧、无险不克的常胜军队。

人民解放军、武警部队是防汛抢险的突击力量,在大洪水和紧急抢险时,承担防汛抢险、救护任务。各级人民政府防汛指挥部汛前应主动与当地驻军联系,介绍防御洪水方案,明确部队防守堤段和迁安救护任务,组织交流防汛抢险经验,并及时通报有关汛情和水情。

第五节　防汛抢险技术的培训与演习

汛期江河大堤、坝岸、涵闸等水工建筑物,因受洪水浸渗冲刷出现各种险情,为此所采取的抢护科学措施,通称为抢险技术。

我国劳动人民几千年与洪水作斗争,积累了丰富的抗洪抢险经验。中华人民共和国成立后,在继承和发扬传统抢险技术经验的基础上,在抗洪抢险中应用新技术、新材料取得了显著效果。对堤防工程发生的渗水、管涌、脱坡、裂缝、漏洞、坍塌等险情的抢护,以及河道控导工程和涵闸等水工建筑物险情的抢护,已形成一套比较完整、科学、实用的经验和方法。

为把抗洪抢险技术一代代不间断地传下去,并不断提高抢险人员的技术水平,以利于迎战发生的各类不同险情,进行抢险技术培训是非常必要的。

一、抢险技术培训要求

抢险技术培训应从实际出发,因地制宜,理论联系实际。为达到较好的学习效果,一般可请既有理论知识,又有防汛抢险实践经验的工程技术人员、老干部、老河工授课,将抗洪抢险技术经验传授给青年一代,使抢险队员达到应知应会的要求。

二、培训方法

防汛抢险技术培训,可采用学习班、研讨会、实战演练、拉练、知识竞赛和技术比武等方式进行,也可结合实际施工、抢险,理论联系实际,有针对性地传授某一种抢险技术,还可采用挂图、模型或录像等形式进行教学。总之,应注意理论联系实际,注重学习效果,达到学以致用的目的。

三、抢险技术演练形式

(一)现场演练

在演练现场修筑围堤,充入一定水量,抬高水位,制造人造漏洞等险情。由防汛抢险队伍实地操作,演练各种防汛抢险技术。

诸如抢堵堤防漏洞,抢护险工坝岸墩蛰、崩塌、滑坡、垮坝等险情,修做柳石搂厢、捆抛柳石枕、编抛铅丝笼等抢护技术。黄河防总每年在汛前都要组织多支抢险队在一起进行比武式的实战演练,力求熟练掌握各种常用的防汛抢险技能。

(二)岗位练兵

汛前或进入汛期,各级防汛指挥部组织有关业务人员,进行知识竞赛,或通过组织测试等手段,提高干部的业务素质,以利更好地完成防汛任务。

(三)模拟演练

通过虚拟洪水和假想的防汛战场,对各级防汛指挥人员与防汛队伍实施演习。在演习过程中,各级防汛指挥部根据模拟的水情发展,预估可能发生的险情,及时作出应变部署,确定对险情采取的抢护措施与实施步骤。防汛抢险队伍按照上级命令及部署,根据实战要求,进行操作,以提高指挥人员应变决策能力与防汛队伍抢险战斗力。

(四)紧急演习

一般以乡(镇)为单位选择白天或夜间某一时间,对抢险队或基干班实行全副武装紧急集合,通过紧急抢险集合检验防汛抢险队伍是否官兵相识,抢险工具、料物携带是否齐全,组织性、纪律性是否严密,是否能达到"招之即来,来之能战,战之能胜"的要求。对紧急演习中暴露出的问题,有针对性地及时纠正,进一步促进组织、工具、料物和技术四落实。

第六节　防汛抢险的纪律与奖惩

一、纪律

纪律具有客观性、自觉性、严格性、统一性的特征。任何人都没有不受纪律约束的特权。严明纪律,坚持纪律面前人人平等的原则,是社会主义现代化建设和改革开放事业胜利的保证,也是确保抗洪抢险斗争取得胜利的重要保证。1958 年、1982 年黄河大洪水和1998 年长江大洪水,就是靠严明的纪律保证,靠百万军民大团结取得抗洪抢险胜利的。在防汛抢险中必须做到个人服从组织,下级服从上级,一切行动听指挥,要严格执行各项防汛纪律和规定,团结抗洪。

二、奖励

在防汛抗洪斗争中,广大干部、群众和人民解放军、武警部队指战员,为抗御洪水灾害,保障国家经济建设的顺利进行和人民生命财产的安全作出了重大贡献,涌现出一大批先进集体和先进个人,有的还为此献出了宝贵的生命。《中华人民共和国防汛条例》规定,每年根据各地不同情况分别由国家防汛抗旱总指挥部与各省、自治区、直辖市防汛指挥部组织进行表彰。《中华人民共和国防汛条例》规定了单位和个人嘉奖表彰的事迹,归纳起来有如下内容:

(1)防汛指挥得当,组织严密,分工合理,布置适宜,计划周到,防守得力,出色完成任务者;

(2)坚持巡堤查险,发现险情报告及时,积极组织抢护,奋力抗洪抢险,成绩显著者;

(3)在危急关头,组织抢救群众,保护国家财产和人民生命财产有功者;

(4)为防汛调度、抗洪抢险献计献策,效益显著者;

(5)气象、雨情、水情测报和预报准确及时,情报传递迅速且时效显著,减轻重大洪水灾害者;

（6）为防汛提供充足的料物和工具、器材，供应及时，爱护防汛器材，节约经费开支，对保证完成防汛抢险有显著效果者；

（7）克服困难，沟通联络，确保通信线路畅通、防汛信息畅通传递者；

（8）在防汛抢险中有其他特殊贡献或成绩显著者。

三、惩罚

在防汛抢险中，有下列行为之一者，视情节和危害后果，由其所在单位或者上级主管机关给予行政处分；应当给予治安管理处罚的，依照《中华人民共和国防汛条例》的规定处罚；构成犯罪的，依法追究刑事责任：

（1）拒不执行经批准的防御洪水方案，或者拒不执行有管辖权的防汛指挥机构的防汛调度方案或防汛抢险指令的；

（2）由于指挥失误，造成重大损失的；

（3）在抗洪抢险关键时刻，擅离职守、失职、渎职、玩忽职守、临阵逃脱的；

（4）非法扒口决堤或者开闸的；

（5）挪用、盗窃、贪污防汛抢险或救灾的钱款或者物资的；

（6）阻碍防汛指挥机构工作人员依法执行职务的；

（7）拖延、推诿，导致或者加重毗邻地区或其他单位洪灾损失的；

（8）在巡堤查险、抢险救灾工作中，由于麻痹大意，疏于防守，造成漏查、误报的；

（9）盗窃、毁损或者破坏堤防、护岸、闸坝等水工建筑物和防汛工程设施，以及水文监测、测量、气象测报、河岸地质监测、通信照明等设施的；

（10）阻塞防汛道路，阻挡抢险场地使用，破坏防汛设施，给工程抢险造成损失的；

（11）其他危害防汛抢险工作的。

总之，防汛抢险必须依法进行，严格执法。1998年长江、松花江、嫩江汛情紧急时，江西、湖南、湖北、黑龙江等省宣布进入紧急状态，各级防汛指挥部依法征用料物、交通工具，调运防汛抢险物资，清除行洪障碍等。严肃查处防汛失职的防汛责任人和表彰勇于献身的对防汛抢险有功人员，保证了抗洪的胜利。

第三章 险情巡视与检查

为贯彻执行"安全第一,以防为主,常备不懈,全力抢险"的方针,必须在坚持日常管理、全面进行"体检"的基础上,加强汛期特别是暴雨、台风、地震、江河水位骤升骤降及持续高水位行洪期间的巡视检查,及时发现并尽快把堤坝上的隐患和险情消灭在萌芽阶段,以确保堤坝安全。因此,加强巡视检查是堤坝及河道工程安全管理和防汛抢险的重要工作内容之一,要给予高度重视。

第一节 险情类型

一、堤防险情

堤防是沿河流、湖泊和海岸,或行洪区、分洪区(蓄、滞洪区)、围垦区边缘修筑的挡水建筑物。堤身及地基经常出现的险情有漫溢、漏洞、管涌、渗水、脱坡、裂缝、陷坑和风浪冲刷等。

(1)漫溢。漫溢是出现超标准洪水,水位上涨,堤高不够,洪水从其顶面溢出的险情。

(2)漏洞。漏洞是贯穿堤身或地基中的缝隙或孔洞流水的现象。堤防出险最危险的是漏洞,堤防决口多数为漏洞所致。

(3)管涌。管涌是在一定渗流作用下,堤身或地基土体中的细颗粒沿着骨架颗粒所形成的孔隙涌出流失的翻沙鼓水现象。因逸出口在背河堤脚、更远的地面或堤脚外的坑塘、水洼等处,常冒出小泉眼或出现沙环,也叫地泉。检查方法,主要是在背河堤脚、地面用脚在水下试探,感觉水温变凉,即应加以怀疑,然后检查是否有漩涡或冒水(清水或带褐色水)现象。含沙者为"浑涌",无沙者为"清涌"。

(4)渗水。渗水也叫散浸,是堤防等防洪工程在高水位作用下,背河坡面及坡脚附近地面出现的土壤渗水现象,其特征是土壤表面湿润、泥软或有纤流。渗水原因主要是堤身断面单薄,土壤孔隙率大、有裂缝、压实不好,堤身有隐患,地基透水性强等,致使渗径减短,渗透加重,发展成为渗水险情。渗水严重时,有发展成为管涌、流土或漏洞的可能。

(5)脱坡。脱坡也叫滑坡,是堤、坝边坡失稳,局部土体下滑,堤脚处土壤被推挤向外移动或隆起,致使堤坝破损、断面削弱的险情,在堤防临背水坡均可发生。

(6)裂缝。堤坝在洪水长时间作用下,其顶部或坡面出现纵向或横向(垂直堤坝轴线)裂缝,使堤坝破损,危及堤坝安全。除脱坡前先发生裂缝外,黏土干缩、大堤沉陷、两工段接头不好、存在松散土层等因素都可能发生裂缝。裂缝以横缝最危险;缩裂缝多在表层,呈不规则形态,要注意鉴别。

(7)风浪。江、河、湖泊汛期涨水,水面加宽,水深增大,风浪高,堤坝边坡在风浪涌动连续冲击淘刷下,易遭受破坏。轻者造成坍塌险情,重者严重破坏堤身,以致决口成灾。

（8）陷坑。陷坑也称跌窝，即在高水位或雨水浸注情况下，堤身、戗台及堤脚附近发生的局部凹陷现象。陷坑发生原因主要是堤身或临河坡面下存有隐患，土体浸水后松软沉陷，或堤内涵管漏水导致土壤局部冲失发生沉陷，有时伴随漏洞发生。察看堤坡等处有无沉陷时，若发现低洼陷落处，其周围又有松落迹象，上有浮土，即可确定为陷坑。

（9）坍塌。也称冲塌，是指堤防洪水偎堤走溜，造成堤坡及堤顶坍塌险情，是堤防冲决的主要原因，主要有崩塌和滑脱两种类型，其中以崩塌比较严重，坍塌险情如不及时抢护，将会造成冲决灾害。

二、河道整治工程险情

河道整治工程包括堤防险工及控导护滩工程，其坝垛经常出现的险情有坦石或根石墩蛰、根石走失、坝体滑动坍塌、坝身蛰裂和洪水漫顶等。

（1）坦石或根石墩蛰。坦石或根石墩蛰是坝垛在水流顶冲下，坝基或河底被淘刷后出现的险情，按其墩蛰程度与速度可分为大墩大蛰（也叫猛墩猛蛰）、平墩慢蛰两种。

大墩大蛰是坝垛坦石、根石甚至部分土坝基突然发生大体积的快速墩蛰现象，险情一般都非常严重，短暂的时间内就会危及坝垛的安全。出险原因主要为坝垛基础浅、护根石不足、水流冲刷深度大、坝基下部埽体腐烂、河床底部为层淤层沙格子底等。

平墩慢蛰是坝垛坦石、根石在较大范围内的下沉蛰陷现象，为常见险情，多发生在坝垛有一定基础或河床底部为沙基、胶泥滑底时。此险情较为缓和，易于抢护。

根石蛰动，坝垛基础块石活动下沉，发展为水面以上有凹陷塌落现象。

（2）根石走失。根石走失是坝垛受到急流顶冲，根石外坡表面石块被揭走、坡面变陡的险情，一般发生在坝垛前头、上跨角和迎水面以下 1/3 水深处。

（3）坝体滑动坍塌。坝体滑动坍塌又称溃膛，是坝垛局部塌陷或整体坍落倒塌破坏、坝身失稳的险情，坍塌严重时有坝身塌断，甚至跑坝的危险。出险原因主要是水流冲刷，坝基淘深，水位骤降导致坝后侧压力增大及反向渗透压力作用，坝垛坦石、根石后填土被水淘空，坝垛断面不足，安全系数小等。

（4）坝身蛰裂。坝身蛰裂是指坝垛临水侧坝顶发生顺坝方向裂缝，裂缝外侧坝基与坦石出现不均匀沉陷的险情。除因水中进占施工、埽体下沉产生蛰裂外，主要出险原因是坦石过陡、根石薄弱、强度不均匀。

（5）洪水漫顶。洪水漫顶是当险工和控导护滩工程的坝垛遇到超标准洪水，或由于泥沙淤积等原因形成异常高水位洪水，或风浪较大时，洪水漫过坝顶损毁坝垛的险情。险工坝垛防洪标准与堤防相同，超标准洪水漫顶险情与堤防漫溢险情具有相同的危险性。

三、水工建筑物险情

涵闸险情主要有土石结合部渗水、闸身滑动、翼墙倾倒、闸下游护坦海漫处冲塌与渗水、闸后脱坡、闸底板或侧墙断裂、闸门启闭失灵和漏水等。虹吸及穿堤管道工程险情主要是管壁锈蚀或破裂漏水、管道封闭不严和铁石土结合部渗漏等。

（1）土石结合部渗水。堤防上的涵闸与土壤结合部位，如岸墙、翼墙、涵洞与土结合部，由于土体回填不实、止水失效、动物打洞或雨水冲刷造成缝隙，从而发生渗流或管涌险情。

（2）闸身滑动。由于超标准挡水使渗压水头过大，建筑物设计、施工质量差，不能满足抗滑稳定要求，闸身发生严重位移、变形。此类险情一般比较严重。

（3）翼墙倾倒。涵闸上下游翼墙、护坡等建筑物迎水面及底脚，因急流冲刷，特别是在高水位时，受水流顶冲淘刷与水中漂浮物冲击而引起的倾斜或倒塌的险情。

（4）闸下游消力池、海漫处渗水。由于基础施工质量不好，止水设施破坏，反滤设施不能满足要求等原因，在闸下游消力池、海漫或其他部位会出现渗水，甚至管涌现象。

（5）闸后脱坡。闸后脱坡与堤防、坝垛脱坡类似。

（6）涵闸底板或侧墙裂缝。因基础处理不好，承载力不足，基础不均匀沉陷，使涵闸蛰裂，多在底板或翼墙等处发生裂缝。

（7）闸门启闭失灵。由于启闭机损坏、闸门扭曲变形等原因造成闸门启闭失灵的险情。

（8）闸门漏水。闸门构造不严或有损坏，止水设施损毁或门顶封闭不严等，均会造成闸门漏水。

（9）虹吸及穿堤管道工程险情。虹吸及穿堤管道工程险情主要是由于管道破坏、管路短导致渗径不足、管壁与土石结合不好等，在背河堤坡或静水池发生漏水、渗水。

第二节　防汛检查

一、检查形式

（一）经常检查

经常检查是指为保证工程设施正常运行，管理人员按岗位责任制要求进行的检查，包括对獾狐洞穴、裂缝的追踪检查，护堤（坝）员雨后检查，闸管人员对启闭机械设备的日常检查等。对经常性检查发现的问题，要按规定及时进行处理。

（二）定期检查

定期检查主要指由基层管理单位按有关规定组织的全面普查。基层管理单位对定期检查要填写检查记录，并写出报告报上级主管部门。包括：春季工程普查，每年3月、4月进行，发现问题必须于汛前组织处理；汛后工程普查（结合冬季獾狐洞普查），每年10月、11月要全面检查工程在汛期运用后出现的问题，并据以拟订次年岁修工程计划；定期组织河势查勘和根石探摸。

（三）特殊检查

特殊检查是指当发现工程存在较复杂问题时，需要进行的检查。一般由基层管理单位组织，邀请上级主管部门及有关部门参加，或申请上级主管部门直接组织进行。特殊检查要对检查项目提出鉴定意见。主管单位编写专题报告，呈报上级主管部门。

（四）汛期安全检查

对各项工程都应制定汛期安全检查制度，包括警戒标准划分，检查内容，检查路线、程序、方法，责任制，交接班规定，报告制度和险情处理措施等。

对工程检查道路和查水道路都应铲除杂草,疏通整平。在险工和控导护滩工程的沿子石后坝面应铲出宽度不小于 1 m 的检查面。

二、堤防检查

堤防是抗御洪水的主要设施。但是,堤防工程受大自然和人类活动的影响,工作状态和抗洪能力都会不断地变化,出现一些新的情况,若汛前未能及时发现和处理,一旦汛期情况突变,往往会造成被动局面。因此,每年汛前对所有堤防工程必须进行全面的检查。对于影响安全的问题,要制订度汛措施和处理方案,务必使工程保持良好状态投入汛期运用。堤防工程重要程度不同,防洪设计标准、结构性能以及工作条件也不相同,应针对每段堤防情况,具体分析,认真检查。

(一)堤防的类别及要求

堤防(包括海堤)具有就地取材、修筑简易的特点,大量建于江河两岸、湖泊周边、沿海滩涂等地,用以约束水流和抵御洪水、风浪、潮汐的侵袭。但是堤防线长量大,经常暴露于旷野,受风蚀雨淋,虫兽危害,极易发生破坏,汛期导致溃堤事故,确有"千里大堤、溃于蚁穴"之虑。因此,对于堤防的防汛任务和工程结构要有明确的要求。

1. 堤防的类别

我国现有堤防长度已达 20 多万 km。按其修筑的位置不同,分为河堤、江湖堤、海堤及水库、蓄(滞)洪区、低洼地区的围堤等;按其功能可分为干堤、支堤、子堤、遥堤、隔堤、行洪堤、防潮堤、围堤、防浪堤等;按建筑材料分有土堤、石堤、土石混合堤和混凝土防洪墙等。堤防的等级划分应根据保护对象的大小及重要性确定,详见《堤防工程设计规范》(GB 50286—2013)有关规定。

2. 堤防的基本要求

每段堤防应根据防洪规划和堤防现状,确定防汛水位。

(1)警戒水位。河道洪水普遍漫滩或重要堤段漫滩偎堤,堤防险情可能逐渐增多时的水位,定为警戒水位。达到该水位,要进行防汛动员,调动常备防汛队伍,进行巡堤查险。

(2)设计洪水位。是指堤防设计水位或历史上防御过的最高洪水位。接近或达到该水位,防汛进入全面紧急状态,堤防临水时间已长,堤身土体可能达饱和状态,随时都有出险的可能。这时要密切巡查,全力以赴,保护堤防安全,并根据"有限保证,无限负责"的原则,对于可能超过设计洪水位的抢护工作也要做好积极准备。

堤顶在设计洪水位之上要有足够的堤顶超高,堤顶超高值由波浪爬高、风壅增水高度和安全加高组成,如图 3-1 所示。一般背水坡不应出现渗水,或虽有渗透现象,但不得发生流土或管涌;在一般河道流速和水位骤降的情况下,临水坡不致发生坍塌险情;对重要堤防断面,要符合滑坡稳定和渗流稳定分析要求;堤身土体应密实,不得有塌陷、断裂、缝隙等隐患。

堤线一般应与洪水流向平行,两岸堤距应尽量一致,保持河道水面线平顺。

堤基要有一定宽度,符合允许承载力和渗透坡降要求,强透水地基要有控制渗透设施。

靠近河槽的堤段,有可能发生冲刷时,应有堤岸防护工程。为防御洪水或风暴潮对堤防的淘刷,临水面要有防冲护坡。

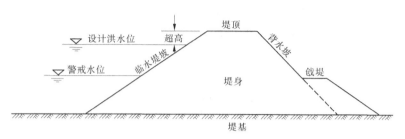

图 3-1　堤防断面示意图

（二）堤防检查的主要内容

1. 堤防外部检查

堤身表面应保持完整,管护范围内的各项管理设施、标点、界桩等应完好无缺。检查堤身有无雨淋沟、浪窝、脱坡、裂缝、塌坑、洞穴以及害虫害兽活动痕迹;有无人为取土、挖窑、埋坑、开挖道口、穿堤管线等;护岸护坡、险工坝段、控导工程有无松动、脱落、淘刷、架空、断裂等现象;植物护坡和防浪林木是否完好,有无妨碍巡堤查险的杂草、荆条等;防汛料物是否齐备,土牛、料场、料堆是否符合储备定额要求;通信设施是否完好畅通。

2. 堤防断面检查

堤顶现有高程是否达到设计防洪水位的要求;堤防的安全超高是否符合设计标准;河床有无冲淤变化,实测水位流量关系与设计水位流量关系是否相符;根据堤身、堤基土质和洪水涨落持续时间,检查堤身断面是否符合边坡稳定和渗透安全要求;检查堤顶宽度是否便于通行和从事防汛活动。

3. 堤身隐患检查

堤身隐患是削弱堤防抗洪能力,造成汛期抢险的主要原因。不论是汛前检查还是平时管理养护,都要把它视作险点。检查内容有:检查有无动物破坏,如狐、獾、鼠、蛇、白蚁等掏穿的洞穴;堤内有无因树根、树干、桩木等年久腐烂而形成的空隙;有无施工时处理不当埋在堤内的排水沟、暗管、废井、坟墓等;施工中有无因局部夯压不实,或填有冻土、大土块经固结和蛰陷形成的暗隙;堤身有无裂缝,一般应注意检查修筑时夯压不均匀处、分界线和新旧堤结合部位有无裂缝,或者因干缩、湿陷和不均匀沉陷而生成的裂缝。

4. 堤防渗流检查

堤防和土坝一样,堤身和堤基都有一定的透水性,但由于堤线过长、洪水期短、防渗工程量大等原因,汛期堤防发生渗流是普遍的,甚至还会出现散浸、流土、管涌、脱坡等险情。汛前应着重检查以下几个方面:检查以往汛期发生渗漏的实况记载,是否进行了处理,分析渗漏发展与洪水位的关系,确定渗漏部位,仔细查找产生渗漏的原因;检查了解过去渗水的浑浊情况和渗水出口的水流现象;检查沿堤两侧有无水塘、取土坑、潭坑等穿透覆盖层的情况;检查堤防附近有无打井、锥探、挖掘坑道等情况;检查穿堤建筑物周边有无蛰陷、开裂和上下游水头差增大等现象;检查建在强透水地基上的堤防,为防止渗流破坏而修建的防渗、导流和减压工程设施等有无破坏。

（三）堤防检查方法

堤防检查除沿堤实地察看和调查访问外,还应采取一些简易的探测方法,尽早发现和

消除隐患,达到确保堤防安全的目的。常用的检查方法有以下几种:

(1)对堤顶高程应定期进行水准测量,发现高程不够,应检查分析原因。如因堤身正常固结、沉陷而降低的,应当培修加高;如因堤基变动或堤身受外力作用而引起的,应进行观察分析,制订处理方案,在未得到处理前,要加强防守或降低防洪标准。

(2)人工锥探。这是多年来处理堤身隐患的简便方法,不仅可以查找堤身隐患,也是加固堤防的一项措施。其做法是:用直径 12 ~ 19 mm、长 6 ~ 10 m 的优质圆钢钢锥,锥头加工成上面为圆形,尖端为四瓣或五瓣,如图 3-2 所示。由 4 人操作,自堤顶或堤坡锥至堤基,根据锥头前进的速度、声音和感觉,可判别出锥孔所遇土质、石块、树根、腐木以及裂缝、空洞等。在锥探中还可对照向锥孔内灌细砂或泥浆量多少进行验证,必要时则重点进行开挖检查。

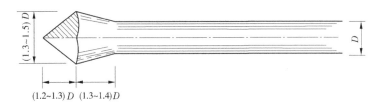

图 3-2　人工锥探锥头示意图

(3)机械锥探。机械锥探是用打锥机代替人力,所用锥杆较人工的粗,锥头直径为 30 mm,锥杆直径 22 mm,锥探方法有压挤法、锤击法、冲击法三种。锥探的孔眼布置要适当,有的排成孔距 0.5 ~ 1.0 m 的梅花形。机械锥探判别堤身有无隐患,要在钻孔中利用灌浆或灌水发现。

(四)判断堤防渗流破坏参考资料

堤防临水后出现渗透水流,轻则发生堤后散浸或渗水,重则引起堤身或堤基渗透变形,由此造成溃决的屡见不鲜,所以在检查时必须对堤防渗透问题给予高度重视,认真分析研究。现将通常判别渗流破坏的参考资料举例介绍如下。

1. 堤身渗流的临界浮动坡降

堤防持续受高水位洪水浸透,渗透水流有可能将土壤中的微粒带走,破坏堤身土壤结构,在渗流出逸处发生土粒浮动,甚至造成流土或管涌。对于渗流出逸处土粒浮动的判别,可直接由水力坡降进行简单分析。一般土粒临近浮动状态的水力坡降称为临界浮动坡降,其值可由下式求得:

$$i_f = (1 - n)(G_s - 1) \tag{3-1}$$

式中　i_f——临界浮动坡降;

　　　n —— 土壤空隙率;

　　　G_s —— 土粒比重。

出逸处水力坡降的安全系数可用下式求之:

$$K = i_f / i_E$$

$$i_E = h/L$$

式中　i_E—— 实际出逸坡降;

h—— 内外水头差,m;

L—— 渗径长度,m。

土壤空隙率 n 和土粒比重 G_s 须由试验测定。根据多数试验结果,在一般土质中,出逸坡降达到 $0.6 \sim 0.8$ 时,即开始出现浮动现象,故分析堤身断面时,应检查出逸坡降是否小于临界浮动坡降,并应具有一定的安全系数。

2. 堤基和地面渗流破坏的临界坡降

南京水利科学研究院提出的渗流方向自下而上时管涌的临界坡降 i_F 公式:

$$i_F = 42d_3/(k/n^3)^{1/2} \tag{3-2}$$

式中　d_3——相应于含量为3%的粒径,cm;

　　　n——土壤空隙率;

　　　k——渗透系数,参照经验数据选用,cm/s。

当实际坡降超过上式求出的临界坡降时,即可能发生管涌。

对于流土现象,如渗透动水压力作用的方向与流向一致、向上的动水压力超过土体重量时,土体即被托起形成流土,据此可求得流土的临界坡降 i_F。

$$i_F = \gamma_1/\gamma - (1 - n) \tag{3-3}$$

式中　γ_1——土的干密度;

　　　γ——水的密度;

　　　n——土壤空隙率。

当实际渗透坡降超过临界坡降时,将发生流土现象。

3. 无黏性土的渗流稳定性分析

对于砂土及沙砾土的渗流破坏,试验说明由于土粒直径和孔隙大小的几何关系不同,渗流破坏的主要形式取决于不均匀系数,即 $C_u = d_{60}/d_{10}$(式中 d_{60} 为控制粒径,d_{10} 为有效粒径)。根据苏联学者伊斯托明娜试验结果,渗流破坏坡降,或称临界坡降,与不均匀系数相关,其特性如下:

不均匀系数 $C_u \leq 10$ 的土,渗流破坏的主要形式是流土,即土粒为全部"悬浮"或者有部分喷涌、部分悬浮;不均匀系数 $C_u > 20$ 的土,渗流破坏的主要形式是个别的细小颗粒被带出(机械管涌);不均匀系数 $10 < C_u \leq 20$ 时,主要的破坏可以是流土,也可携带出土粒形成管涌。

上升渗流的允许水力坡降值 i_A 可以参考下列数值:①对于 $C_u \leq 10$ 的土,$i_A = 0.3 \sim 0.4$;②对于 $10 < C_u \leq 20$ 的土,$i_A = 0.2$;③对于 $C_u > 20$ 的土,$i_A = 0.1$。

三、水闸(涵洞)检查

水闸是修建在河道堤防上的一种低水头挡水、泄水工程,用途十分广泛。汛期与河道堤防和排水、蓄水工程相配合,发挥控制水流的防洪作用。

(一)水闸的类别及基本要求

1. 水闸的类别

按照水闸的作用,主要分为以下几种:①节制闸(或称拦河闸),用来控制和调节河道的水位与流量,一般洪水时闸门打开宣泄洪水,避免水闸上游河道水位壅高;②进水闸

（包括分洪闸、分水闸），用来从河道、湖泊、水库内引取水流，分洪闸是防止河道洪水自行泛滥成灾，在分洪道或蓄洪区进口修建的水闸；③排水闸（包括挡潮闸），用来排泄江河两岸的涝水，但又要防止江河洪水倒灌，建在沿海排水河道出口的排水闸，除具有排水作用外，还要防止海潮的倒灌，其结构必须考虑双向挡水；④冲沙闸是为排除进水闸或拦河闸的泥沙淤积而修建的，是大含沙量河道上引水枢纽不可缺少的组成部分。水闸如按闸厢结构形式分则有开敞式、胸墙式、涵洞式等。

2. 水闸的等级划分

水闸工程设计一般按照水利部颁发的《水闸设计规范》（SL 265—2001）进行。凡构成水利枢纽工程的水闸及位于堤防上的水闸，其等级标准还应参照主体工程的等级确认。

通常管理和统计上划分水闸的等级，按过闸校核流量分为三级，即大型水闸，校核流量大于 1 000 m^3/s；中型水闸，校核流量 100～1 000 m^3/s；小型水闸，校核流量 10～100 m^3/s，无校核流量按设计流量计。

3. 水闸的工作条件和基本要求

具备水闸所在河道的水位流量关系和设计洪水流量（或排水流量）资料，以及闸上下游设计水位指标等；分洪闸要有河道控制断面或闸前启闭水位规定，要有闸前河道水位与上游河段来水及下游河段安全泄量的相关关系资料；水闸承受上下游最大水位差时，要符合抗滑和抗倾覆稳定要求；在各种设计水位的作用下，闸基和两岸土体要符合渗透稳定要求，不得发生渗透变形；闸下游扩散段的布置要符合最优水流形态的要求，要有有效的消能防冲设施，防止下游河床和两岸发生冲刷；闸门和启闭设备要符合水闸运行操作的要求，在各种运行情况下，都要有充分的可靠性，做到启闭灵活。

（二）水闸检查的主要内容

河道上的水闸边界条件较为复杂，有其自身的安全问题，同时还关系到所在河道堤防的防洪安全。因此，汛前应结合河道堤防一并进行检查。检查的主要内容如下。

1. 水力条件检查

水闸的运用主要是上下游水位的组合。要对照设计检查上下游河道水流形态有无变化，河床有无淤积和冲刷，控制调节水位和流量的设计条件有无变化。检查闸门开启程序是否符合下游充水抬升的条件和稳定水流的间隙时间要求，要按照水闸下游尾水位变化的要求，检查闸门同步开启或间隔开启后下游水流状态是否满足要求，有无水闸启闭控制程序。

2. 闸身稳定检查

水闸受水平和垂直外力作用产生变形，应检查闸室的抗滑稳定。检查闸基渗透压力和绕岸渗流是否符合设计规定；为削减渗透压力设置的铺盖、止水、截渗墙、排水等设施是否失效；两岸绕渗薄弱部位有无渗透变形；闸基有无冲蚀、管涌等破坏现象。

3. 消能设施检查

水闸下游易发生冲刷，要根据过闸水流流态观测记录，对照检查水闸消能设施有无破坏，消能是否正常。检查下游护坦、防冲槽有无冲失，过闸水流是否均匀扩散，下游河道岸坡和河床有无冲刷。

4.建筑物检查

对土工部分,包括附近堤防、河岸、翼墙和挡土墙后的填土、路堤等,检查有无雨淋沟、浪窝、塌陷、滑坡、兽洞、蚁穴以及人为破坏等现象;对石工部分,包括岸墙、翼墙、挡土墙、闸墩、护坡等,检查石料有无风化,浆砌石有无裂缝、脱落,有无异常渗水现象,排水设施是否失效,伸缩缝是否正常,上下游石护坡是否松动、坍塌、淘空等;水闸多为混凝土或钢筋混凝土建筑,在运行中容易产生结构破坏和材料强度降低等问题,应检查混凝土表面有无磨损、剥落、冻蚀、碳化、裂缝、渗漏、钢筋锈蚀等现象,建筑物有无不均匀沉陷,伸缩缝有无异常变化,止水缝填料有无流失,支承部位有无裂缝,交通桥和工作桥桥梁有无损坏现象等。

5.闸门检查

闸门的面板(包括混凝土面板)有无锈穿、焊缝开裂现象,格梁有无锈蚀、变形,支承滑道部位的端柱是否平顺,侧轮、端轮和弹性固定装置是否转动灵活,止水装置是否吻合,移动部件和埋设部件间隙是否合格,有无漏水现象;对支铰部位,包括牛腿、铰座、埋设构件等,检查支臂是否完好,螺栓、铆钉、焊缝有无松动,墩座混凝土有无裂缝;对起吊装置,检查钢丝绳有无锈蚀、脱油、断丝,螺杆、连杆有无松动、变形,吊点是否牢固,锁定装置是否正常。

6.启闭机械检查

水闸所用启闭设备,多是卷扬式起重机或螺旋式起重机,其特点是速度慢,起重能力大,主要检查内容有:闸门运行极端位置的切换开关是否正常,启闭机起吊高度指示器指示位置是否正确;启闭机减速装置,各部位轴承、轴套有无磨损和异常声响;当荷载超过设计起重量时,切断保安设备是否可靠,继电器是否工作正常;所有机械零件的运转表面和齿轮咬合部位应保持润滑。润滑油盒油料是否充满;移动式启闭机的导轨、固定装置是否正常,挂钩和操作装置是否灵活可靠;螺杆式启闭机的底脚螺栓是否牢固。

7.动力检查

电动机出力是否符合最大安全牵引力要求;备用电源并入和切断是否正常,有无备用电源投入使用的操作制度;电动和人力两用启闭机有无汛期人力配备计划,使用人力时有无切断电源的保护装置;检查配电柜的仪表是否正常,避雷设备是否正常。

四、河道整治工程检查

充分发挥河道泄洪能力是防止洪水灾害的重要措施,为此对河道治理要力争顺应河势,巩固堤岸,彻底清除泄洪障碍,尽可能保持河道稳定,以提高河道泄洪能力。但因河道受自然因素影响较多,变化较难预测,只有经常观察,熟悉河性,方能找出趋利避害的规律。特别是每年汛前要通过河道检查,判别利害趋势,查找存在的问题,以便进行处理和加强防守,做到安全度汛。现对河道形态和检查的主要内容简介如下。

(一)河道的形态分类

对防洪关系重大的平原河道,基本形态分为三类:

(1)蜿蜒型河道。黄河上、中游部分河道演变形成蜿蜒型河道,如图3-3所示。其形态大致有以下特点:平面形状由正反向的弯道和介于其间的过渡段相连接,形成S形;基本河槽多为窄深断面。宽深比 B/h 值较小(B 为水面宽,h 为水深);在弯道的上游过渡段,主流线(亦称动力轴线)偏靠凸岸,在弯顶部位主流线偏靠凹岸;主流线位置的变化规律常表现为"低水傍岸,高水居中",或者是"小水坐弯,大水取直",常说的险工河势"低(小)水上提,高(大)水下挫",都是这个道理;弯道深槽和过渡段浅滩年内常发生周期性的冲淤变化。

图 3-3　黄河上游蜿蜒型河道

(2)游荡型河道。游荡型河道的一般特点是:在较长河段内宽窄相间,在窄河段水流集中,宽河段出现沙滩和河汊,河床变化快。主流摆动不定,河势极不稳定;河道断面一般比较宽浅,滩槽的高差较小,宽深比 B/h 值较大;河槽年内的冲淤变化,一般是汛期主槽冲刷。而非汛期淤积,但大含沙量的河道多半是淤积,河床不断抬高。游荡型河道多分布在华北及西北地区的河道中下游。如图3-4所示为黄河中下游游荡型河段。这种河型对防洪和河道整治都极为不利。

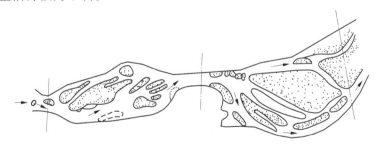

图 3-4　黄河下游游荡型河道

(3)分汊型河道。分汊型河道的一般特点是:河道内江心洲较多,外形复杂,不同河段的断面、流量、输沙量以及边界条件等因素变化很大;河床在分汊入口处常形成倒坡;在分汊入口处水面壅高,形成横比降和环流,在分汊出口处的汇流区形成小的漩涡;河道分汊多由水流进入宽河段后泥沙堆积而引起。分汊型河道是河道中下游常见的一种河型,如长江城陵矶以下、珠江的西江和北江下游、松花江中下游等基本上属于这种河型,如图 3-5 所示。

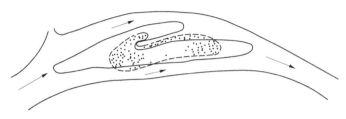

图 3-5　分汊型河道

(二)河工建筑物的类型与基本要求

为稳定河势和保护堤岸而修建的水工建筑物,通常称为河工。河工建筑物的种类很多,按照修建的目的分,有护岸工程(如护坡、护脚、矶头、坝垛等)、整治工程(如丁坝、顺坝、潜坝、锁坝等)、防护工程(如混凝土模袋、三维网垫护坡等)。按照结构形式分,有坡式护岸、桩式护岸、墙式护岸、坝式护岸以及埽工、沉排等。以建筑材料分,有轻型工程和重型工程,用梢料、薪柴、土工合成材料修筑的为轻型工程,大部分可以就地取材;用石料、混凝土修筑的为重型工程,如砌石坝、混凝土坝和防洪墙等。

河工建筑物对水流要有足够的抵抗能力,要保持抗倾覆、抗滑动的稳定性。河工建筑物直接修筑在河底或河岸上,一般无特殊的基础处理措施,建筑物应连接紧密,不应有空段和开裂。同时为适应河床边界的变化,河工建筑物常采用散抛石和沉排防护,这种防护要随着河床的变化自相适应。利用梢料或芦柴修做河工建筑物,一般用于水下,耐久性尚好,不宜用在时干时湿(即水位变动区)的部位,以免加速霉烂。

(三)主要河工建筑物

1. 抛石护脚

在水位以下利用抛石护脚是最常见的一种形式。抛石时应考虑块石规格、稳定坡度、抛护深度和厚度等。抛石护脚的稳定坡度根据抛护段的水流速度、深度而定。一般河道抛石边坡应不陡于 1:1.5,在水流顶冲严重河段应不陡于 1:2。抛石厚度关系工程的效果和造价。一般用抛石粒径的倍数确定抛石厚度。如规定不少于 0.8~1.0 m,约相当于块石粒径 0.3 m 的 3 倍。抛石护脚断面如图 3-6 所示。

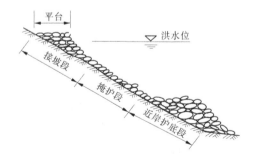

图 3-6　抛石护脚横断面

2. 块石护坡

块石护坡工程除受水流冲击外,还受风浪淘刷和地下水渗流影响。因此,护坡砌石要求扣紧,而且护坡应首先做好护脚,保持稳定。为防止边坡土壤被风浪和渗水带走,造成护坡底层淘空而坍塌,块石护坡底部须铺设反滤垫层。块石护坡分散抛、干砌和浆砌3种,多采用干砌块石护坡。干砌块石护坡断面如图3-7所示。

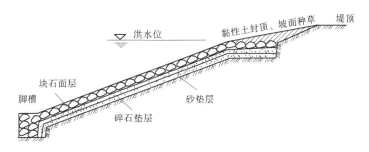

图 3-7　干砌块石护坡横断面

3. 丁坝

丁坝由坝头、坝身和坝根组成,主要用于调整河宽,迎托水流,保护堤岸。由于丁坝对水流和近岸河床有剧烈影响,工程不易稳固,尤其在水深溜急、河面狭窄处修建更要慎重实施。丁坝的长度决定于整治线位置,但也与坝高有关,一般出水的丁坝较短,潜水丁坝较长,有的伸向河心。丁坝轴线与水流方向的夹角对溜势影响很大,一般为托溜外移,不漫水的丁坝修成下挑,漫水丁坝有的修成上挑。丁坝结构中坝根和坝头最为重要,坝根应嵌入堤岸,并在相邻范围内设有护岸。坝头附近因河床易冲刷,下层多铺设柴排、模袋或铅丝笼等护底。根据丁坝的位置条件,结构形式可采用土心丁坝、抛石丁坝、沉排丁坝、柳石丁坝等。抛石丁坝结构如图3-8所示。

4. 顺坝

顺坝多沿整治线修建成潜水式,其高度按整治水位确定。顺坝与河岸的连接与丁坝相同,但边坡较平缓,以利承受水流冲刷。顺坝中间可建格坝,格坝的间距一般为长度的2~3倍。

5. 柳石枕坝

柳石枕是柳梢包石结构,一般直径1 m,长8~10 m。用麻绳或12号铅丝捆扎,绳距0.5~0.7 m。捆好后依次推至预定位置沉放。水深溜急时,可在枕内加串筋绳,控制枕体平稳入水,以防柳石枕前爬和走失。柳石枕除做坝工外,在抢险中用途也很大。除以上所举河工建筑物外,还有铰链混凝土沉排、土工模袋、三维网垫护坡等。

(四)河工建筑物的工作状况

丁坝、挑水坝、矶头、坝垛等工程,由于其阻水作用,在它们的上游水位壅高,流速场发生剧烈变化,形成回流及泡漩,强烈冲刷坝的上腮(上跨角)和坝根。在坝头部位,发生水流集中绕流现象,造成明显的冲坑,威胁坝头的安全。在坝的下游,由于水流离解现象,也形成回流及泡漩区,造成坝下腮(下跨角)的冲刷,如图3-9所示。

水流的紊流现象,均造成坝上下腮(上下跨角)、坝头、坝根部位的坍塌出险。冲刷严重时,坝头塌陷入水,坝身、坝根也相继塌陷,甚至发生后溃险情。

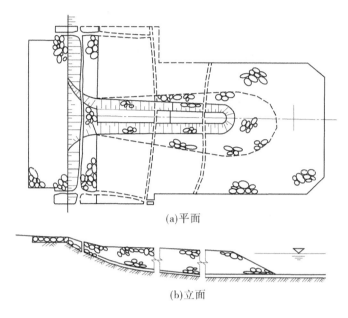

(a)平面

(b)立面

图 3-8　抛石丁坝结构

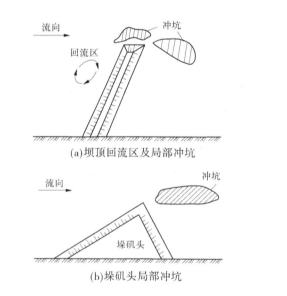

(a)坝顶回流区及局部冲坑

(b)垛矶头局部冲坑

图 3-9　丁坝(矶头)冲坑示意图

　　坝垛、矶头等是起短丁坝的作用。矶头群对水流结构有一定程度的改变,虽没有丁坝强烈,但当大溜顶冲垛矶头时,也会在垛矶头头部或其附近偏下部位,产生较大的回流,冲成深坑,产生崩窝,使岸线凹进。单独的垛矶头产生水流冲刷现象有的也很严重,如图 3-9所示。一般来说,护岸、顺坝等对近岸水流结构影响比较小,只是能够使河床横向摆动得到控制,岸坡不被冲刷,但却不能制止河床的淘深。河流凹岸受水流冲刷,在未修筑护岸工程前,顶冲点和着溜段迫使河岸向横向发展。河岸发生崩塌,而冲深可能较小。

当修筑了护岸工程之后,横向冲刷力受阻,转向纵向发展,因而在护岸、护坡(坦)的前沿,常冲成深槽,如图 3-10 所示。

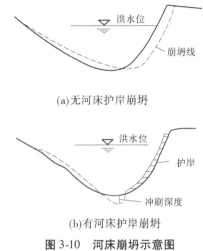

(a)无河床护岸崩坍

(b)有河床护岸崩坍

图 3-10　河床崩坍示意图

河道防护建筑物前沿淘刷深度,一般根据水流与建筑物交角、流量、流速、含沙量、水深、河岸坡度、土质等情况而定,各河不一。黄河上有句谚语叫"够不够三丈六",就是说一般冲深 10～12 m。但若遇横河顶冲,局部最大冲深可达 20 余 m。

有的护坡,受风浪和船行波冲击,水位往复上壅下落,也容易遭受破坏。当水位突然下降或地下水向河道补给。护岸工程失去平衡,发生不稳定状态时,也会出险,发生滑动或坍塌。

北方河流上的防护工程,还因受冰凌的撞击和冰压力作用,而遭到破坏。

为了使险工的防护部位稳固,有的虽在设计时针对可能发生的冲刷情况,采取了预防措施,如深做基础,采用沉井、灌注桩把基础修筑到可能冲刷深度以下,或用沉排、预堆护根石料,随着水流冲刷而下沉,以起保护作用等。但因施工时,往往由于基础开挖困难,做不到可能冲刷的深度,汛期由于流量、水位和河势的变化,险工上的顶冲点也时常上提下挫等原因,防护工程出险的机会很多。特别是新建的防护工程,未经大水考验更容易出险。因此,防护工程建成后并不等于竣工,还要储备料物,针对各种险情进行抢护。为了使河道险工上的各种防护工程保持稳定,发挥预期的作用,从思想上和措施上要做好抢险准备。

(五)河道整治工程检查的主要内容

1. 河势检查

河势是河道内水流平面形态变化的表现,它的变化规律反映河道的稳定与不稳定。预测河势发展,掌握防守重点,对指导防汛是非常必要的。汛前河势检查,一般是对照本河段不同时期的观测结果,进行分析,找出趋势。代表河势变化的特征主要有以下几点:

(1)检查主流线(又称水流动力轴线)位置。主流线是水流沿程各断面最大垂直流速的连线,它的位置变动最能代表河势的变化。一般天然河道的主流线,在弯道进口段偏靠凸岸,进入弯道后,即逐渐转向凹岸,至弯顶部位离岸最近,而后再转移出去,多数河道主流线有大水趋中、低水傍岸的明显规律。要检查主流线位置变化是否正常,是否与河道险工护岸相吻合,河道整治工程控制点有无变化,有无新发生坐弯出险趋势。

（2）检查河弯段的顶冲点位置。一般河道主流线和最大水深线均靠近弯顶附近,此点即所谓顶冲点,附近常布设防御护岸工程。顶冲点随流量的变化常具有上提下挫的规律,一般是低水上提,高水下移,另外顶冲点与河道曲率有关,如形成急弯,低水位时也将出现下移,可能发生河势变化。所以,要检查顶冲点位置有无变动,水流出流方向是否与弯道保持吻合。

（3）检查河道各部位的冲淤变化。泥沙与河床在运动中常互相转换,水流中的泥沙沉积后形成河床的一部分,当河床的泥沙被水流挟起后又成水流的一部分,这种水流输沙的不平衡是促使河道演变的根本原因。一般河道凹岸流速大易冲刷,凸岸底层流速小易落淤,有的是大水冲、小水淤,有的则是汛期洪水淤、汛后枯水冲。对各个河段应根据黄河泥沙的冲淤变化规律,检查有无异常变化。

（4）检查串沟、河汊、洲滩的变化。河道自然形成的河汊、串沟、洲滩等分布是河道形态的组成部分,其位置的变化、范围的大小以及分流比例的改变,对河势变化会有较大影响,汛前要逐个进行检查。

2. 河工建筑物检查

河道水流和河床在相互作用中,常发生崩塌坐弯冲刷现象,汛前应对河工建筑物进行检查,应着重检查以下方面:

（1）检查砌石、抛石护岸、坝垛、裹头有无开裂、蛰陷、松动、架空等现象。顶部高程有无下沉,潜水部分的坝顶防护是否完整。铅丝笼有无锈蚀断筋,柴排柳捆有无霉腐等。

（2）检查坝岸工程的根石、基础有无淘刷、走失、下沉等。凡修建坝岸防护后,水流不能直接冲蚀河岸,反而从近岸河底取得泥沙补给,将河床刷深,岸坡变陡,这是形成根基破坏的起因,检查时要用探水杆、铅鱼、超声波测深仪等进行水下探测,切实摸清情况。

（3）检查抛石护岸的稳定。抛石护岸的稳定对汛期保护堤岸安全很重要,一般控制稳定的标准主要是抛石坡度、厚度、河槽深度和石料尺寸等。由于各条河的具体条件不同,各项要求尚难进行理论计算,多采用经验数值。例如,黄河下游根石平均坡度为1:1.1～1:1.5,局部埋深15～19 m,采用块石重50～150 kg。

（4）检查坝岸工程附近的水流流态。坝岸工程建成后,不同程度地改变了近岸河床的边界条件,引起近岸流态的相应变化,这些变化规律应当符合兴建时的设计要求。如平顺护岸对流态无显著变化,只是凹岸深槽加深,流量和平均流速随之加大。丁坝护岸附近水流一般有三个回流区,即在坝头形成集中绕流的主流区,坝上游形成回流及泡漩区,坝下游形成较长回流及泡漩区。矶头护岸附近的水流流态与丁坝类似,只是上游面具有良好的导流作用,上回流区范围较小,汛前应检查坝岸防护工程所产生的流态有无异常变化,如有变化要分析其原因,找出规律。

3. 检查河道阻水障碍

河道内的阻水障碍物是降低河道泄洪能力的主要原因,要通过清障检查,查找阻水障碍,核算阻水程度,制订清障标准和清障实施计划,按照谁设障、谁清除的原则进行清除。清障检查主要内容为:

（1）检查河道滩地上有无片林,影响过洪能力计算应从过水断面中扣除片林所占的面积,对于不连续的分散片林,可求出影响过水的平均树障宽度。

（2）检查河道内有无打坝圈围、建房和堆积垃圾、废渣、废料,造成束窄河道,减小行洪断面,抬高洪水位。

（3）计算障碍物对行洪断面的影响程度,将设障的水面线与原水面线进行比较。

（4）检查河道内的水陂、引水堰、路基、渠堤、漫水桥等有无阻水现象,这种横拦阻水不仅壅高水位,降低泄洪能力,而且促使泥沙沉积抬高河床。

（5）检查河道上的桥梁墩台、码头、排架等有无阻水现象,有些河道上桥梁、码头的阻水壅水现象很突出,由于壅高水位,不仅降低河道的防洪标准,而且过洪时也威胁桥梁、码头的安全。

（6）检查河道糙率有无变化,一般平原河道如系复式河床,滩地常有茂密的植物生长,使糙率加大,影响过洪流量。有的河道由于上游修建水库,平时河道流量很小,甚至出现长期断流,河道形成沙浪荒丘,芦苇杂草丛生,较原设计糙率加大,河道的行洪能力降低。如北方有的在河道滩地种植高秆作物,经调查测算,糙率较原设计加大了 1.5 倍,而河道泄量减少了 30% 多。

另外,河口淤积使河道比降变缓,山洪泥石流堆积堵塞河道,以及码头、栈桥、引水口附近的河势变化等,都是影响泄洪的因素,在检查中都应予以注意。

五、蓄滞洪区检查

蓄滞洪区是防洪体系的重要组成部分,是牺牲局部、保护全局、减轻洪水灾害的有效措施。为了保障蓄滞洪区内群众安全,顺利运用蓄滞洪区,除按规划逐步进行安全建设和加强管理外,汛前要着重检查落实各项安全措施准备情况。检查的主要内容如下。

（一）蓄滞洪区管理

检查蓄滞洪区管理系统是否健全,蓄滞洪区的运用方案和避洪方案是否确立,分蓄洪水位、蓄水量、受淹面积、水深以及持续时间等有无变化,受淹人口的分布是否查实,蓄洪安全宣传是否做到家喻户晓,有无洪水演进数值模拟显示图表;检查蓄滞洪区的农业生产结构和作物种植是否适应蓄洪要求,有无经营农副业生产;检查蓄滞洪区内的机关、学校、商店、医院等单位有无避洪措施,蓄滞洪后的粮食、商品供应和医疗组织是否做好安排,工厂、油田、粮站、仓库等单位有无防洪安全设施,蓄滞洪区内有无存放有毒和严重污染的物资,如有是否已做了妥善处理。

（二）就地避洪设施

检查围村埝、村台、安全楼、安全房等避洪设施的高程是否符合蓄洪水位的要求,是否留有足够的防风浪高度和超高,圈村埝有无隐患,路口、雨淋沟等是否破坏,临水坡有无防风浪设施,埝内有无排水设备,管理养护、防守组织是否建立;村台、避水台周边护坡及排水设施(水簸箕)是否完整,有无冲刷坍塌,台边的挡水埝、防浪墙有无断裂、倒塌现象;对安全楼、平顶房、框架避水台等要检查安全层高程是否符合要求,混凝土基础、框架、墙体等结构有无裂缝、下沉、倾斜等现象,建筑物墙体、楼板的预垮部位是否符合要求,有无验收登记使用手续。

（三）撤离转移措施

检查撤离道路是否连通、转移方向、路径是否安排合理，撤离所经的桥梁是否满足要求；检查撤离转移所需车辆、船只有无准备，撤离的时程是否满足洪水演进的时间要求；检查撤离人员的安置准备工作，安置对口村庄住户是否落实，有关生活、医疗、供应等是否做好准备。

（四）通信和报警设施

蓄滞洪区各级通信系统是否开通，无线通信频道是否落实，蓄滞洪的预报方案是否制订，测报分洪水位、流量、水量和控制分洪时间的部署是否明确。警报系统是否建立，各种警报信号的管理、发布是否有明确规定。

（五）群众紧急救生措施

蓄滞洪区内除按规划建设的各项安全设施外，每户居民还应有自身的紧急救生准备，如临时扎排、搭架、上树等。要检查紧急救生措施是否落实到户、到人，是否已逐户登记造册，搭架的木料、绑扎材料等是否齐备，检查防汛部门为紧急救生储备的各种救生设备是否完好，使用时是否安全可靠，有无运输、投放准备。

（六）运用准备工作

检查是否做好蓄滞洪的运用方案和实施调度程序，有无进行各类洪水演进数值模拟演算，有无风险分析的成果和组织指导撤离程序；检查分洪口门和进洪闸的开启准备，有闸门控制的要检查闸门的启闭是否灵活，无控制的要落实口门爆破方案和过水后的控制措施；检查蓄滞洪后的巡回救援准备工作，蓄滞洪后有无与区内留守指挥人员的通信联系设备，有无蓄洪后巡回检查所需的船只交通工具，有无灾情核实与反馈制度等；检查有无治安保卫工作的安排。

第三节　查险方法

一、巡堤查险

江河防汛除工程和防汛料物等物质基础外，还必须有坚强的指挥机构和精干的防汛队伍。巡堤查险是防汛队伍上堤防守的主要任务。

（一）巡查任务

要战胜洪水，保证堤防坝垛安全，首先必须做好巡堤查险工作，组织精干队伍，认真进行巡查，及时发现险情，迅速处理，防微杜渐。

（1）堤防上，一般 500～1 000 m 设有一座防汛屋或以公里桩界及乡（镇）界牌防汛责任队（连、队）。以村或企事业单位为基层防守单位，设立防守点。每个点根据设防堤段具体情况组织适当数量的基干班（组），每班（组）12 人，设正、副班长各 1 人。基干班（组）一般以防汛屋（或临时搭建的棚屋）为巡查联络地点。作为防守的主力，防汛基干队成员在自己的责任段内，要切实了解堤防、险工现状，并随时掌握工情、水情、河势的变化情况，做到心中有数，以便预筹抢护措施。

（2）防汛队伍上堤防守期间，要严格按照巡堤查水和抢险技术各项规定进行巡堤查险,发现问题,及时判明情况,采取恰当处理措施,遇有较大险情,应及时向上级报告。

(3)防汛队伍上堤防守期间,要及时平整堤顶,填垫水沟浪窝,捕捉害堤动物,检查处理堤防隐患。清除高秆杂草。在背河堤脚、临背河堤坡及临河水位以上0.5 m处,整修查水小道,临河查水小道应随着水位的上升不断整修。要维护工程设施的完整,如护树草、护电线、护料物、护测量标志等。

(4)发现可疑险象,应专人专职做好险象观测工作。

(5)提高警惕,防止一切破坏活动,保卫工程安全。

(二)巡查方法

洪水偎堤后,各防守点按基干班(组)分头巡查,昼夜不息。根据不同情况,其巡查范围主要分临河、背河堤坡及背河堤脚外50~100 m范围内的地面,对有积水坑塘或堤基情况复杂的堤段,还需扩大巡查范围。巡查人员还要随身携带探水杆、草捆、土工布、铁锹、手灯等工具。具体巡查方法是:

(1)各防汛指挥机构汛前要对所辖河段内防洪工程进行全面检查,掌握工程情况,划分防守责任堤段,并实地标立界桩,根据洪水预报情况,组织基干班巡堤查险。

(2)基干班上堤后,先清除责任段内妨碍巡堤查险的障碍物,以免妨碍视线和影响巡查,并在临河堤坡及背河堤脚平整出查水小道,随着水位的上涨,及时平整出新的查水小道。

(3)巡查临河时,一人背草捆在临河堤肩走,一人(或数人)拿铁锹走堤坡,一人手持探水杆顺水边走。沿水边走的人要不断用探水杆探摸和观察水面起伏情况,分析有无险情,另外2人注意察看水面有无漩涡等异常现象,并观察堤坡有无裂缝、塌陷、滑坡、洞穴等险情发生。在风大溜急、顺堤行洪或水位骤降时,要特别注意堤坡有无坍塌现象。

(4)巡查背河时,一人走背河堤肩,一人(或数人)走堤坡,一人走堤脚。观察堤坡及堤脚附近有无渗水、管涌、裂缝、滑坡、漏洞等险情。

(5)对背河堤脚外50~100 m范围以内的地面及坑塘、沟渠,应组织专门小组进行巡查。检查有无管涌、翻沙、渗水等现象,并注意观测其发展变化情况。对淤背或修后戗的堤段,也要组织一定力量进行巡查。

(6)发现堤防险情后,应指定专人定点观测或适当增加巡查次数,及时采取处理措施,并向上级报告。

(7)每班(组)巡查堤段长一般不超过1 km,可以去时巡查临河面,返回时巡查背河面。相邻责任段的巡查小组巡查到交界处接头的地方,必须互越10~20 m,以免疏漏。

(8)巡查间隔时间,根据不同情况定为10~60 min。巡查组次,一般有如下规定:当水情不太严重时,可由一个小组临背河巡回检查,以免漏查;水情紧张或严重时,两组同时一临一背交互巡查,并适当增加巡查次数,必要时应固定人员进行观察;水情特别严重或降暴雨时,应缩短巡堤查水间隔时间,酌情增加组次及每小组巡查人数。各小组巡查时间的间隔应基本相等,特殊情况下,要固定专人不间断巡查。这时责任段的各级干部也要安排轮流值班参加查险。

(9)巡查时要成横排走,不要成单线走,走堤肩、堤坡和走水边堤脚的人齐头并进拉网式检查,以便彼此联系。

（三）巡查工作要求、范围及内容

汛期堤坝险情的发生和发展，都有一个从无到有、由小到大的变化过程，只要发现及时，抢护措施得当，即可将其消灭在初期，及时地化险为夷。巡视检查则是防汛抢险中一项极为重要的工作，切不可掉以轻心，疏忽大意。具体要求是：①巡视检查人员必须挑选熟悉堤坝情况、责任心强、有防汛抢险经验的人担任，编好班（组），力求固定，全汛期不变。②巡视检查工作要做到统一领导，分段分项负责。要确定检查内容、路线及检查时间（或次数），把任务分解到班（组），落实到人。③汛期当发生暴雨、台风、地震、水位骤升骤降及持续高水位或发现堤坝有异常现象时，应增加巡视检查次数，必要时应对可能出现重大险情的部位实行昼夜连续监视。④巡视检查人员要按照要求填写检查记录（表格应统一规定）。发现异常情况时，应详细记述时间、部位、险情并绘出草图，同时记录水位和气象等有关资料，必要时应测图、摄影或录像，并及时采取应急措施，上报主管部门。

检查范围及内容为：①检查堤顶、堤坡、堤脚有无裂缝、坍塌、滑坡、陷坑、浪坎等险情发生；②堤坝背水坡脚附近或较远处积水潭坑、洼地渊塘、排灌渠道、房屋建筑物内外容易出险又容易被人忽视的地方有无管涌（泡泉：翻沙鼓水）现象；③迎水坡砌护工程有无裂缝损坏和崩塌，退水时临水边坡有无裂缝、滑塌。特别是沿堤闸涵有无裂缝、位移、滑动、闸孔或基础漏水现象，运用是否正常等。巡视力量按堤段闸涵险夷情况配备；对重点险工险段，包括原有和近期发现并已处理的，尤应加强巡视。要求做到全线巡视，重点加强。

二、漏洞探测方法

巡堤查险时一旦发现背河堤坡或堤脚出现漏洞流水，首先要在临河侧找出漏洞进水口，主要有如下方法。

（一）撒糠皮法

漏洞进水口附近的水流易发生漩涡，撒糠皮、锯末、泡沫塑料、碎草等漂浮物于水面，观察漂浮物是否在水上打漩或集中于一处，可判断水面漩涡位置，并借以找到水下进水口。此法适用于漏洞处水不深，而出水量较大的情况。

（二）竹竿吊球法

在水较深，且堤坡无树枝杂草阻碍时，可用竹竿吊球法探测洞口，其方法是：在一长竹竿上（视水深大小定长短）每间隔 0.5 m 用细绳拴一网袋，袋内装一小球（皮球、木球、乒乓球等），再在网袋下端用一细绳系一薄铁片（或螺丝帽）以配重，铁片上系一布条。持竹竿探测时，如遇洞口布条被水流吸到洞口附近，则小球将会被拉到水面以下。

（三）竹竿探摸法

一人手持竹竿，一头插入水中探摸插入水中一端捆上布条，遇到洞口竿头被吸至洞口附近，通过竹竿移动和手感来确定洞口。此法较适用于水深不大的险情。如果水深过大，竹竿受水阻力增大，移动度过小，手感失灵，难以准确判断洞口位置。

（四）自动报警器法

自动报警器是多节轻质钢管组接（便于携带），一端安装特制的探头，一端安装一个报警系统（两种型号：一种是小喇叭，一种是指示灯），钢管可根据水深加长或缩短，探头用直径 60 ～ 80 cm 的钢镀锌圈附加一层高弹性布幕制成，布幕与钢圈设有若干个触点，如发现洞口,利用流水动力,即可引发自动报警器或指示灯闪烁。使用方法:在临河大堤偎水堤段,用自动报警器在水下探摸洞口,前后、左右推拉移动均可,一旦发现漏洞,即可发出警报,指示灯闪烁或小喇叭发出"发现漏洞、发现漏洞"。该自动报警器既适合于白天探摸,也适合于夜间探摸,便于携带、操作方便。

(五)探堵器探堵漏洞法

探堵器由探杆和探头两部分组成,探杆部分由竹竿或钢管制成,探头部分用直径6 mm钢筋制成圆形或椭圆形骨架,骨架直径1~2 m,钢筋骨架内(上)缝制帆布或土工布(透水性越小越好),固定在骨架上的布成"凹入型",使圆头略成兜状。使用探堵器探摸漏洞时,将探杆和探头旋紧牢固,由1~3人操作(根据探头大小、水深水浅确定探摸人数),1人手持探杆,2人拉绳(探杆上拴系绳缆)协助探头在水下大堤坦坡上前后、左右移动,一旦发现漏洞,探头受阻、难于移动,即发现漏洞,固定探堵器。该方法把探漏洞和堵漏洞融合为一体,较传统撒麸皮探漏,铁锅、门板盖堵漏洞进水口方法简便,易于操作。

(六)布幕、编织布探摸法

将布幕或编织布等用绳拴好,并适当坠以重物,使其易于沉没水中,贴紧堤坡移动,如感到拉拖突然费劲,并辨明不是有石块、木桩或树根等物阻挡,并且出水口水流减弱,就说明这里有漏洞。

(七)浮漂探漏自动报警法

浮漂探漏自动报警器是利用水流在漏洞进口附近存在流速场,靠近洞口的物体能被吸引的原理设计的。浮漂报警器分为探测系统与报警系统两部分。探测系统由探杆、细绳、浮漂、吸片及配重组成,是装置的核心。报警系统属于辅助装置,其作用是探测系统发现漏洞后,发出警报,提醒观测者,夜间也能发挥正常效用。探杆选用直径40 mm的铝合金多节杆,长3~5 m,杆芯安装警报装置。浮漂、吸片、配重及触片通过无弹性细绳连接,绳上系浮漂,浮漂下面系透水性小的纱巾布作吸片,配重置于吸片中下部(见图3-11)。

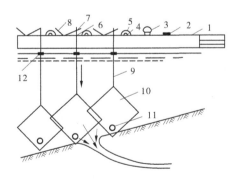

1—探杆;2—总开关;3—蜂鸣器;4—灯泡;5—灯罩;6—触头;
7—触片;8—绕绳架;9—细绳;10—吸片;11—配重;12—浮漂

图3-11　浮漂探漏自动报警器示意图

操作运用时,一根探杆可根据需要安装6~8个吸片。探测人员平持探杆手柄在漏洞可能出现的范围从上游将吸片放入水中,然后向下游缓慢行走。在行走过程中应注意观察浮漂沉浮和报警显示装置,一旦发现某块浮漂下沉拉动触片与触头相接,该处灯泡立即发光,蜂鸣器同时鸣叫,即可初步判断在浮漂下方有漏洞存在。

浮漂探漏自动报警器结构简单,操作方便,覆盖面大,且查洞速度快、灵敏度高。该仪器大小漏洞都能显示,并且漏洞口直径越大探测速度越快,效果也越明显。因其易受堤坡植被影响,适于在堤坡植被薄、无高秆杂草、漫滩静水、水流速度较小或风浪较小等条件下操作。

三、河势及河道整治工程工情观测

(一)河势查勘

河势查勘是在以往查勘河势的基础上,进一步了解河势变化过程,结合其他现象的观测,积累资料,分析研究,从而预测不同时期的河势变化规律,预估河势发展趋势,为防汛抢险、河道整治及航运、引水等工作服务。

1. 查勘项目与要求

结合目前实际情况,要求每年汛前、汛后各进行一次全面河势查勘。汛前一次作为一年河势的基本图,汛前有变化由各市、县河务局指定专人负责,进行观测比较。汛后查勘可为次年防洪工程建设安排提供依据。具体观测项目为:

(1)河流水边线与河岸线。根据滩岸上固定标志桩,准确地进行测量。

(2)主溜的方位。可利用望远镜、测距仪或凭经验估出。在河面宽阔、摆幅大的河段,有沙滩汊流时,需估出各股流量占总流量的百分数及其平面形状。

(3)大溜对河道工程和自然弯道顶冲的位置、变化的范围及与流量的关系。

(4)滩岸的坍塌与河心滩的位置、大小及其出没水中情况,对河势变化影响很大。因此,对滩岸坍塌尺度与速度,河心滩出没水中过程,均需进行观测,必要时可通过钻探取土了解滩岸的土质分布。

(5)串沟的大小、位置、过流情况(起始过水水位、过水流量、流速、水深),滚河的可能性以及对堤防的威胁,均需进行观测。

2. 查勘方法及成果

(1)汛前查勘由省级河务局主持,组织有关市、县河务局参加,乘车或乘船顺流而下统一进行,查勘过程中需利用CARMINGPS野外踏勘专用手持机定位,激光测距仪测距,在1/50 000河道地形图上绘出查勘时河势流路,标明主、汊流位置和流向,流量分配百分数,沙洲分布情况等,并标注查勘日期及相应水文站的流量与水位。查勘结束后写出包含河湾变化、滩岸坍塌、串沟口门位置、滩面淤积、坝垛、溜势顶冲坝垛位置及变化范围等内容的文字说明。

汛前另一种河势查勘方法是黄委信息中心利用卫星遥感技术进行汛前河势查勘,每年汛前由黄河防总办公室统一安排河势查勘时间,由河南、山东负责提供坝、垛及护岸靠河信息,水文局负责提供水流深泓点信息,由黄委信息中心负责对黄河下游河道进行遥感成像及处理各类信息,并绘制河势图,该河势查勘方法较传统河势查勘方法观测成果准确、速度快、效率高。

(2)汛期查勘由市、县河务局分别进行,具体查勘时间由省河务局视水情和洪水演进情况统一部署。

（3）汛后查勘由流域机构主持，并组织省、市、县河务局参加，乘船查勘。查勘过程中除绘制河势变化图外，沿途要分河段组织座谈，研究突出的河势变化，分析其产生原因，讨论相应措施，为次年防洪工程建设提供参考意见。查勘后套绘河势图，写出河势查勘报告，并结合汛期河势观测情况编制年度河势总结，其内容包括河势查勘经过、年内河势基本情况、河势演变的规律及其分析、次年初防洪工程建设初步意见。

（二）河道工程河势及工情观测

河势及工情观测的目的是及时掌握河势变化情况，了解河道工程（包括临堤险工及控导护滩工程）日常运行状况，随时发现并及时处理堤防和河道工程险情，保证工程安全。

1. 河势及工情观测

对河道工程中，每处靠河行溜工程，都要常年固定人员负责巡查河势及工程运行状况，观测河势、水位、工情、险情，填写工程靠河形势及工情日志。随时记载平日观测到的河势变化情况、河中主溜与河道工程相互作用的现象。因此，各县河务局须建立河道工程河势及工情记载簿，在观测中，除应对河道工程河势的变化进行观测外，对工程上下有控制性作用的滩岸或河道工程与河势变化的关系，须连续起来进行观测。

河势及工情观测，汛期一般每5 d观测一次，当发生较大洪峰，或该工程河势变化较大时，可每天观测一次或两次（或更多）；非汛期一般10 d观测一次，如遇重大河势变化必须随时观测。河势工情记载表见表3-1。观测时间均自月初开始，遇有变化比较大的河段、滩岸陡弯及工程，应根据具体情况进行专门的观测记载。

表3-1　河势工情记载表

工程名称：　　　起讫桩号：　　　工程长度：　　　坝垛数：

观测日期			水尺读数(m)			零点高度(m)	水位(m)	风向	风力	波浪高度(m)	河势平面图	靠河形势		
月	日	时	开始	终了	平均							靠河	大溜	边溜
河势变化简要说明			1.（参阅查勘项目及要求）2.3.											

观测：　　　　　记录：　　　　　校核：

2. 险情观测

主要包括堤防的散浸、管涌、漏洞、裂缝、跌窝、脱坡、坍塌等险情及河道工程根石走失、根石蛰陷、坝体坍塌、坝身蛰裂和洪水漫顶等险情的观测。

在观测险情时,应详尽记载发生时间、分布范围、具体尺度与位置,并随时观察其发展过程,叙述发生险情情况,并附以简图。险情记载表见表3-2。

表 3-2　险情记载表

市县局（名称）	出险工程名称或桩号及坝号	出险时间	××水位（m）	险情类别	出险部位及尺度（m）	出险原因	险情概况	简图

观测记录:　　　　　　　　　　校核:　　　　　　　抢险单位负责人:

3. 河工出险后的探测方法

勘查分析河势变化和探测防护工程前沿或基础被冲深度,是判断险情轻重和决定抢护方法的首要工作,必须认真进行。

勘查分析河势变化,一般应注意下列几点:根据以往上下游河道险工水流顶冲点的相关关系,以及上下游河势有无新的变化,分析险工发展趋势;根据水文预报的流量变化和水位的涨落,估计河势在本险工段可能上提或下挫位置。参考以上两点,综合分析研究,判定出险重点部位及其原因,做好抢险准备。

探测防护工程前沿或基础冲刷深度的方法主要有以下几种:

(1)探水杆法。探水杆多用粗竹竿或木杆制作,杆长 5 ~ 6 m,上面刻画尺度,在防护工程的岸边或船上,人工将探水杆垂直插入水中,量出水深并凭感觉判断河底土质和工程基础大致被冲情况。此法适用于水深小于 4 m、出险位置距岸边较近的情况。

(2)铅鱼法。用尼龙绳拴一个较重的铅鱼,从测船支架放入防护工程前面水中,测量水深并判断河底的土石情况。在一个断面上,如进行多点测量后。根据测点深度和距防护工程的水平距离。即可绘出防护工程的水下断面图,并可大体得到护根石的分布状况,此法适用于水深溜急处。

(3)超声波测深仪法。将超声波测深仪安装在测船的悬臂上,船在测区行驶,在一个断面上用仪器连续测量水深,可绘出水下断面和地形图,以判断冲刷深度和冲刷范围,此法适用于含沙量小于 60 kg/m³、水深在 20 m 以内的水域。

(三)河道整治工程根石探测

1. 探测任务

探摸根石一般在每年汛前、汛期、汛后各进行一次。

(1)汛后探测一般在 10 月或 11 月进行,对当年靠过溜的坝垛普遍探摸,了解并分析根石变化情况,研究防止根石走失的措施,作为整险计划的依据。凡过去多年来未探摸过根石的坝垛,应在根石普查时探摸查清,并填入坝垛鉴定表;坝、垛整险、加固根石后,应再探摸一次根石,以检验整修后的根石坡度是否达到要求,并作为竣工验收的资料依据;对经过严重抢险的坝垛,抢险结束后进行一次探摸,能藉以了解其在抢险后水下根石坡的变化情况。

(2)汛前探测在每年4月底前完成。对上年汛后探测以来河势发生变化后靠大溜的坝垛进行探测,探测坝垛数量不少于靠大溜坝垛的50%。

(3)汛期对靠溜时间较长或有出险迹象的坝垛应及时进行探测,并提出适当加固措施。

2. 根石探测要求

绘出1∶300～1∶500的坝垛平面图。将根石探摸断面位置标绘于图上,以便于探摸资料的整理分析。

(1)设置固定探摸断面。在探摸根石的坝面上,以小石桩或小混凝土桩设立固定断面桩。每个断面需有前后两个桩确定断面的方向。探测断面方向应与坝垛裹护面垂直。

(2)断面的间距。应在坝头、上下跨角设3～5个断面,其他部位10～20 m设一个断面。垛的断面应不少于前头和上、下跨角3个断面。

(3)断面编号。每个坝垛上的断面桩要自上坝根(迎水面后尾)经坝头至下坝根(背水面后尾)依次排序,统一编号,固定位置,标绘于断面图上,以便观测对比。

(4)断面测点间距。水上部分沿断面水平方向对各变化点进行测量,水下部分沿断面水平方向每隔2 m探测一个点。遇根石深度突变或情况特殊时,应酌情增加测点。滩面或水面以下的探测深度应不少于8 m,当探测不到根石时,应再向外2 m、向内1 m各测一点,确定根石的深度。

(5)探摸根石时要记录滩面高程、锥点的水深与河床土质,并标绘在断面图上。

3. 探测方法

1)人工探测

一般采用人工锥杆或导杆探测。对采用新材料、新结构修建的坝垛,可视具体情况,采用相应的探测方法。

(1)根石探测必须明确技术负责人,并有不少于两名熟悉业务的技术人员参加。

(2)锥探用的锥杆在探测深度10 m以内时可用钢筋锥;探测深度超过10 m时,为防止锥杆弯曲,采用钢管锥。

(3)根石探测断面,以坦石顶部内沿为起点。

(4)探测时,测点要保持在施测断面上,其位置要求和坝顶上的断面桩连成一条直线。量距要水平,下锥要垂直。测量数据精确到米。

(5)探测时,要测出坝顶高程、根石台高程、水面高程、测点根石深度。根石探测数据要分断面认真填入记录表。高程系统应与所在工程的高程系统一致。

(6)水中探测根石。可在锥杆外设套管,利用冲沙技术清除根石上方泥沙覆盖层,减轻探测难度。水上作业时要注意安全,作业人员均应佩戴救生衣等救生器材。

2)机械探测

机械探测即机械锥探式根石探测船探测,在船上设置2条轨道和根石探测设备(沿船长方向),轨道长20 m左右,轨道间距约1.0 m,轨道中间过船体(底)每2 m设置进锥探测孔。锥杆采用直径5～6 cm的细钢管,长度3～5 m,锥杆两端一端设丝头与丝母便于接长锥杆。船头和船尾各安装小型卷扬机以便固定船位。

根石探测时,探测船轴线方向沿坝岸探测断面布置,1人操作探测设备操控平台,在轨道上行走自如,并操控进锥和起锥操作;1人扶锥杆及接长锥杆,进锥靠对轮向下挤压锥杆,起锥则反之。当锥杆探测到根石时,锥杆在对轮之间振动而锥不下行。优点:安全、探测速度快,缺点:在大溜中探测船难于固定。

3)剖面仪探测

剖面仪探测即采用 X – STAR 全谱扫频式数字水底剖面仪探测技术,形成了具有根石探测、数据存储、计算机信息管理系统。在探测船前端,安装剖面仪和计算机操控平台,并把坝垛信息输入计算机信息管理系统。外业探测时,探测船只沿探测断面行进,计算机显示探测船只运动轨迹及地质剖面信息。内业资料整理时,分析探测数据、绘制断面图、计算缺石工程量。目前,黄河下游根石探测多采用这种形式。优点:探测速度快、效率高、安全;缺点:探测船行至大溜时,不易在探测断面走直线,影响探测精度。

4. 探测抢险水深

如在抢险时需要准确探测抢险水深,可利用水深探测仪探测,若精度要求不高,可直接采用探水杆探测。

四、水工建筑物险情探查

(一)渗漏进水口探查

水工建筑物的混凝土或砌石体与土体结合处发生渗漏时,在抢护前,要尽快查明进水口位置,其探查方法与漏洞探测方法相同。

(二)渗流险情探查

1. 表面检查

对涵闸等建筑物,详细检查沉陷缝、止水有无破坏,主闸室结构本身有无裂缝,是否出现集中渗流、岸墙、翼墙、护坡与堤坝结合部位以及闸下游有无冒水冒沙情况。如险情处于隐蔽部位,需要现场探测时,一般采用电位剖面法,先在远离探测地点选一相对电位零点,设置固定电极,另一活动电极沿剖面线,一般每隔 5~10 m 设一测点,测读各点与相对电位零点的电位差,绘出整个剖面的电位曲线。根据电位曲线出现异常情况,分析确定隐患的位置。

2. 分析测压管水位变化

当汛期或高水位时,要密切监视测压管水位变化情况,分析上下游水位与各测压管间的水位变化规律是否正常。如出现异常现象,水位明显降低的测压管周围,可能有短路通道,出现集中渗漏。对重要部位的渗漏,要密切监视,特别是长期处于高水位运行或当水位超过历史最高水位时,更要密切注视测压管水位变化。

(三)冲刷险情探查

1. 表面检查

观察输、泄水建筑物进口水流状态有无明显回流、折冲水流等异常现象;观察上下游裹头、护坡、岸墙及海漫有无沉陷、脱坡,与堤坝结合面有无裂缝等。

2. 冲刷坑探测

按照预先布置好的平面网格坐标,在船上用探水杆或用尼龙绳拴铅鱼或铁砣探测基础面的深度,与原来工程高程对比,确定冲刷坑的范围、深度,计算冲刷坑的容积。

使用超声波测深仪对水下冲刷坑进行探测,绘制冲刷坑水下地形图,与原工程基础高程对比,算出冲刷坑的深度、范围,并确定冲失体积。

(四)滑动险情监测

建筑物滑动险情监测,主要依据是变位观测结果。在原工程主体部位安设固定标点,观测其垂直和水平位移量。与原观测位移资料比较,分析工程各部位在外荷载作用下的变位规律和发展趋势,从而判断有无滑动、倾斜等险情出现。

五、仪器监测

(一)堤防隐患探测技术

1. 电探法

应用电探法探测堤防内部隐患,是近年研究发展起来的新方法,已经取得了一定的应用价值。利用电探方法,对堤内裂缝、蚁穴、空隙、管道等隐患进行探测,效果较好的有电阻率法(又称中间梯度法)。该方法电场稳定,旁侧影响小,布极方便,施测效率较高。探测时先用仪器进行野外测量,再进行资料成果分析,找出异常形态,判断隐患的部位。

2. 恒定电场法

恒定电场法是在电法探测堤坝隐患的基础上发展的一种新的探测方法。山东黄河河务局为此种方法研制出 ZDT-I 型智能堤坝隐患探测仪,利用其所具有的独特功能,如连续测深、现场观测二次场衰变曲线、扫描测量电位配合恒定电场快速探测坝体漏水以及隐患"成像"等,保留并提高了常规电法仪器的性能和功用。可广泛应用于江河水库等堤坝工程隐患探测与地质勘探。

(二)堤坝裂缝探测技术

堤防主要由沙壤土或粉质黏土构成,可视为均质体。但由于历史遗留原因,坝身质量参差不齐,基础不好,在重力作用下产生不均匀沉陷,形成纵、横裂缝以后,均质体遭到破坏,裂缝部位电阻率发生变化;潜水面以上因裂缝充填空气,电阻率增高;潜水面以下因裂缝充填水,电阻率减小。因此,裂缝部位与无裂缝的堤段之间存在明显电性差异,为直流电阻率法和地质雷达探测提供了良好的物理前提。由于地质雷达探测裂缝需具一定规模,特别是裂缝发育带才有反应,对宽度较小的单一裂缝探测效果不佳。直流电阻率法对解决高阻裂缝最有效,它可以了解沿测线左右一定范围及向下某一深度内,在水平方向上的电性变化情况。若遇到隐患,所测参数就发生畸变。根据参数的相对变化,结合工程情况,可推断出堤坝裂缝部位和埋深。

直流电阻率法是以电阻率作为主要参数来分析堤坝隐患的,它是利用电场理论,通过两个供电电极向地下供电形成人工电场,然后利用测量电极测出物体的一系列电阻率,按照数值的大小判断隐患是否存在。黄河勘测规划设计有限公司确定堤防裂缝探测采用的方法有中间梯度法和高密度电阻率法,两者综合分析确定裂缝位置、产状、顶部埋深及下延深度。

第四节　查险制度

一、巡堤查险工作制度

防汛责任堤段内承担防汛指挥的各级干部、基干队员、工程管护人员,都要根据水情、工情和上堤人数进行轮流值班,坚守岗位,认真进行巡堤查险并做好巡查记录。

(一)巡查制度

江河流域各级防汛部门,要对上堤人员明确责任,介绍本堤段历史情况和注意重点,并制定巡堤查险细则、办法,经常检查指导工作。巡查人员必须听从指挥,坚守阵地,严格按照巡查办法及注意事项进行巡查。发现险情及时报告。

(二)交接班制度

巡视检查必须进行昼夜轮班,并实行严格交接班制度,上下班要紧密衔接。接班人要提前上班,与交班人共同巡查一遍。上一班必须在巡查的堤线上就地向下一班全面交待本班巡查情况(包括工情、险情、水情、河势、工具料物和需要注意的事项等)。对尚未查清的可疑险情,要共同巡查一次,详细介绍其发生、发展变化情况。相邻队(组)应商定碰头时间,碰头时要互通情报。

(三)值班制度

凡负责带领防守的各级负责人,以及带领防守的干部必须轮流值班、坚守岗位,掌握换班和巡查组次出发的时间,了解巡查情况,做好巡查记录,向上级汇报及指挥抢护险情等。

(四)汇报制度

交班时,班(组)长向带领防守的值班干部汇报巡查情况,值班干部要按规定的汇报制度向上级汇报。平时一日一报巡查情况,发现险情迅速上报并进行处理。

(五)请假制度

加强对巡查人员的纪律教育,休息时就地或在指定地点休息,严格请假制度,不经批准不得随意下堤。

(六)奖惩制度

要加强政治思想工作,工作结束时进行检查评比。对工作认真、完成任务好的要表扬,作出显著贡献的给予奖励;对不负责任的要批评教育,对玩忽职守造成损失的要追究责任;情节、后果严重的要依据法律追究刑事责任,严肃处理。

(七)黄河防洪工程查险责任制

堤防工程查险由所在堤段县、乡人民政府防汛责任人负责组织,群众防汛基干班承担,当地黄河河务部门岗位责任人负责技术指导。

险工、控导(护滩)工程和涵闸虹吸工程的查险在大河水位低于警戒水位时,由当地黄河河务部门负责人组织,河务部门岗位责任人承担;达到或超过警戒水位后,由县、乡人民政府防汛责任人负责组织,由群众防汛基干班承担,黄河河务部门岗位责任人负责技术指导。

各级防汛抗旱指挥部应根据工程情况,按照组建防汛队伍的有关规定,在每年6月

15日前落实各堤段、险工、控导(护滩)工程和涵闸虹吸工程的防汛责任人和群众查险队伍。县、乡人民政府防汛指挥部应在6月30日前集中组织防汛队伍进行查险技术培训,黄河河务部门负责查险培训的技术指导。

进入汛期后,黄河河务部门的工程班及涵闸管理人员应坚守岗位,严格执行班坝责任制和涵闸检查观测制度,按规定完成工程检查、河势和水位观测等各项工作任务。

根据洪水预报,黄河河务部门岗位责任人应在洪水偎堤前8 h驻防黄河大堤。县、乡人民政府防汛责任人应根据分工情况,在洪水偎堤前6 h驻防黄河大堤,群众防汛队伍应在洪水偎堤前4 h到达所承担的查险堤段(工程)。各责任人应按规定完成查险的各项准备工作,并对工程进行普查,发现问题及时处理。

群众防汛队伍上堤后,县、乡防汛指挥部应组建防汛督察组,对所辖区域内工程查险情况进行巡回督察。黄河河务部门组成技术指导组巡回指导群众查险。

巡堤查险人员必须严格执行各项查险制度,按要求填写查险记录。查险记录由带班责任人和堤段责任人签字。

堤段责任人应将查险情况以书面或电话形式当日报县黄河防汛办公室。

(八) 黄河防汛报险制度

防洪工程报险应遵循"及时、全面、准确、负责"的原则。

险情依据严重程度、规模大小、抢护难易等分为一般险情、较大险情、重大险情3级(划分标准见表3-3)。险情报告除执行正常的统计上报规定外,一般险情报至地(市)黄河防汛抗旱办公室,较大险情报至省黄河防汛抗旱办公室,重大险情报至黄河防汛抗旱总指挥部办公室。

查险人员发现险情或异常情况时,乡(镇)人民政府带班责任人与黄河河务部门岗位责任人应立即对险情进行初步鉴别,较大险情、重大险情在10 min内电话报至县黄河防汛办公室。

县黄河防汛办公室在接到较大险情、重大险情报告后,应立即进行核实,在研究抢护措施、及时组织抢护的同时,在30 min内电话报至地(市)级黄河防汛办公室,1 h内将险情书面报告报至地(市)级黄河防汛办公室。地(市)级及其以上黄河防汛办公室在接到险情书面报告后,应尽快报上一级黄河防汛办公室。

一般险情和较大险情的报告,由黄河防汛办公室负责人或河务部门负责人签发,重大险情由本级政府防汛指挥部负责人签发。

县级黄河防汛办公室险情报告的基本内容为:险情类别,出险时间、地点、位置,各种代表尺寸,出险原因,险情发展经过与趋势,河势分析及预估,危害程度,拟采取的抢护措施及工料和投资估算等。有些险情应有特殊说明,如渗水、管涌、漏洞等的出水量及清浑状况等。较大险情与重大险情应附平面图和断面示意图。

各级黄河防汛办公室在接到较大险情、重大险情报告并核准后,应在10 min之内向同级防汛指挥部指挥长报告。对重大险情,黄河防总办公室应在10 min内报告常务副总指挥。

表 3-3　黄河防洪工程主要险情分类分级

工程类别	险情类别	险情级别与特征		
		重大险情	较大险情	一般险情
堤防工程	漫溢	各种情况		
	漏洞	各种情况		
	渗水	渗浑水	渗清水,有砂粒流动	渗清水,无砂粒流动
	管涌	出浑水	出清水,出口直径大于 5 cm	出清水,出口直径小于 5 cm
	风浪淘刷	堤坡坍塌高度 1.5 m 以上	堤坡淘刷坍塌高度 0.5~1.5 m	堤坡淘刷坍塌高度 0.5 m 以下
	坍塌	堤坡坍塌堤高 1/2 以上	堤坡坍塌堤高 1/2~1/4	堤坡坍塌堤高 1/4 以下
	滑坡	滑坡长 50 m 以上	滑坡长 20~50 m	滑坡长 20 m 以下
	裂缝	贯穿横缝、滑动性纵缝	其他横缝	非滑动性纵缝
	陷坑	水下,与漏洞有直接关系	水下,背河有渗水、管涌	水上,背河无渗水、管涌
险工护岸工程	根石坍塌	根石台墩蛰入水 4 m 以上	根石台局部墩垫入水 2~4 m	根石台局部墩垫 2 m 以内
	坦石坍塌	坦石顶墩垫入水	坦石顶坍塌至水面以上坝高 1/2	坦石局部坍塌
	坝基坍塌	根坦石与坝基同时墩蛰入水	非裹护部位坍塌至坝顶	其他情况
	坝裆后溃	坍塌坝高 1/2 以上	坍塌坝高 1/2~1/4	坝高坍塌 1/4 以内
	漫溢	各种情况		
控导护滩工程	根石坍塌			各种情况
	坦石坍塌		坦石入水 2 m 以上	坦石未入水
	坝基坍塌	根坦石与坝基同时墩蛰入水	非裹护部位坍塌 1/2 以上	非裹护部位坍塌小于 1/2
	坝裆后溃	联坝坡冲塌 2/3 以上	联坝坡冲塌 1/3~2/3	联坝坡冲塌小于 1/3
	漫溢	裹护段坝基冲失	坝基原形全部破坏	坝基原形尚存
涵闸虹吸工程	闸体滑动	各种情况		
	漏洞	各种情况		
	管涌	出浑水	出清水	
	渗水	渗浑水,土与混凝土结合部出水	渗清水,有沙粒流动	渗清水,无沙粒流动
	裂缝	因基础渗透破坏等原因产生		非基础破坏原因产生

(九)巡堤查险工作十法

根据黄河堤防查险管理办法及长江1998年特大洪水经验,总结出巡堤查险的10条措施是:

(1)分段包干。以村、组为单位分段包干,各村设立指挥分所,负责所在堤段巡堤查险及抢险除险工作的组织指挥和检查督办。

(2)分组编班。以村民小组为单位分组编班,每组6人,每班2 h,滚动轮换,实行24 h拉网式不间断巡查。

(3)登记造册。各村将各村民小组班次安排、带班班长、各班人员登记造册,一式3份,报乡(镇)指挥部、管理区指挥所并留存备查。

(4)领导带班。每班由村组干部、党员担任班长,负责把三项工作抓到位,即班次接到位、人员督到位、任务抓到位。

(5)巡查培训。对上岗巡查人员进行查险抢险知识培训,使其对不同险情的特点及抢护处理方法做到心中有数,判断准确,处理得当。

(6)挂牌佩标。各村民小组将当班班长及成员名单挂于哨棚,巡查人员佩戴"巡查"袖标,强化责任,接受监督。

(7)精心查险。巡堤查险做到"四个三",即"三有"(有照明用具、有联络工具、有巡查记录)、"三到"(眼到、脚到、手到)、"三清"(险情查清、标志做清、报告说清)、"三快"(发现险情要快、报告要快、处理要快)。巡查中人员横排定位,即堤顶1人,迎水面1人,背水面1人,堤脚2人,堤脚外1人。重点加强对闸、泵站等建筑物以及堤身附近的坑塘、沼泽地等部位的巡查。对重点险情险段设立坐哨,5人一班,6 h一轮换。

(8)交接签字。交班人要向接班人详细交代巡查情况及需要注意的事项,并在巡查登记簿上做好详细记载,班长签字。

(9)三级督察。建立三级不间断督察责任制,即市级领导抽查,乡(镇)领导督察,村组干部检查。督察人员对照登记名册和挂牌名单督察到人。市级督察重点是查各级干部是否坚守岗位、组织指挥群众查险抢险;巡查的领导、劳力是否到位;是否按照规定的要求开展巡查;各项制度措施是否落实到位等。以后半夜、吃饭时、交班时、刮风下雨时作为重点督察时段。

(10)奖罚分明。对及时发现、报告和抢护险情的巡查人员实行奖励。对发现一般险情者,奖励30~50元;对发现较大险情者,奖励300~500元,对发现重大险情的奖励1 000~6 000元。对组织不力、玩忽职守、贻误战机的党员干部和消极怠工、寻衅滋事的人,要视其情节轻重按照党纪国法及防汛纪律给予批评教育、通报警告、经济处罚,直至开除党籍、撤销职务的处分,触犯刑律的则送交司法部门从重从快处理。

二、黄河堤防工程隐患电法探测管理制度

黄河堤防工程隐患探测是工程管理的一项重要内容,探测的结果将为黄河汛期防守、堤防除险加固及维护管理提供科学依据。

(一)管理组织

黄河堤防工程隐患探测实行项目管理制度,河道主管单位(甲方)与承担探测任务的

队伍(乙方)采用合同管理制度。

省河务部门要明确专门的处室负责辖区内堤防工程隐患探测规划制定、组织安排,监督指导探测工作的实施。

探测任务必须由有资质的队伍承担,探测队伍由地(市)河务局选定。

探测人员要持证上岗,由省河务局统一组织技术培训。

各地(市)河务局要积极培训人员,参与堤防隐患探测工作,提高黄河堤防探测的技术水平。

(二)探测计划

黄河堤防工程隐患探测分为探测普查和探测专项检查两种。探测普查是日常工作中掌握堤防工程动态的重要手段,对于及时发现和处理堤防隐患有着重要作用,对安排除险加固和工程维修具有一定的指导意义。

探测专项检查是在工程除险加固前通过探测确定堤防隐患性质、特征,以利于制订堤防工程除险加固方案,达到提高投资效益的目的。探测普查和专项检查应避免近堤高压线、大地强电场等因素干扰,探测过程中要有消除干扰的技术手段。

探测普查要有规划、有计划进行,原则上每 10 年须对全部设防大堤普查一次。年度计划由黄委下达,省河务局根据下达的计划组织各单位实施。

探测普查结束后须提交探测堤段隐患的定性分析报告,包括隐患性质、数量、大小、分布等技术指标。

探测专项检查的年度计划应根据堤防除险加固和工程维修的需要,由省河务主管部门在上年末提出堤防探测专项检查建议计划书,报黄委审查立项后实施。

探测专项检查建议计划书包括的主要内容如下:①任务、目的和措施;②探测堤段工程地质、历史隐患、险情、加固情况等;③野外施测的工作方法与技术要求,质量与安全保证;④计划工作量及生产进度安排;⑤提交探测成果报告的时间。

探测专项检查结束后须提交探测堤段定性和定量分析意见,除满足探测普查结论外,还应提供堤防隐患位置、埋深、尺寸、走向等定量分析结论。

年度计划下达后,各单位要根据计划安排,积极组织完成野外探测工作,及时进行资料分析,编制报告,提交成果。

(三)外业探测

堤防隐患普查,应从上界桩号自上而下顺堤布设测线。测线间距一般采用 3～4 m,险工和薄弱堤段须不少于 3 条,点距以 2 m 为宜。堤防隐患详查时,测线布置要与隐患走向垂直,可适当加密测线。

为保证探测记录桩号与大堤桩号一致,避免造成位置分析误差,在探测过程中,每测试 1 km 要与大堤桩号校准一次。

为保证仪器探测精度,探测时仪器量测的性能指标要满足《水利水电工程物探规程》(SL 326—2005)的技术要求,严格遵守各种仪器操作规程,并及时进行检验、检查和维护;保持仪器的良好工作状态。

探测人员要按要求认真做好现场测试记录,保证探测资料的准确与完整。

探测过程中,技术人员要做好探测数据的解释判断工作,随时检查和分析各种因素对观测结果的影响,必要时要做补充观测。避免和减少各种干扰因素对判断结果带来的误差和错误。

(四)资料分析

(1)资料验收。乙方分析人员对外业探测记录要及时检查验收,发现问题应通知测试人员补测。资料验收应满足下列要求:①使用的仪器设备符合规定的技术指标;②测线间距、极距、点距选择正确;③按合同要求进行了测试。

(2)数据整理。对普测中所得到的数据,除用计算机处理成图外,还要在方格纸上绘制视电阻率剖面图,在电剖面曲线横坐标的下方应标明桩号,推断隐患的位置、性质、特征等;对于电测深法进行详测的数据,要绘制电测深曲线或视电阻率等值线剖面图(p_s灰阶图),有条件的可绘制成彩色分级断面图,以便对典型异常进行定量分析。

(3)资料分析。要结合堤防探测的历史沿革、洪水观测统计资料以及现场具体情况,对探测资料进行定性和定量分析。电剖面法的探测数据主要是为分析解释堤身质量提供定性资料,也就是从视电阻率剖面图中,根据视电阻率变化的幅度值来判断隐患异常点,一般情况下,幅度值大于正常允许值的1.3倍可视为异常。对于通过电剖面法测出的异常较突出的点,要用电测深法进行详测。电测深法是在定性分析的基础上判断普测中探明的异常点是否可靠,分析隐患的定量指标。根据视电阻率异常的分布、形态及异常幅值等,定量解释隐患的性质、形态、大小、深度等参数。定量分析隐患的埋深,可在视电阻率剖面图上用半悬长法估算。底部埋深可在电测深曲线上用拐点切线法估算,隐患性质可结合视电阻率剖面图、视电阻率等值线图和其他资料进行综合分析。对典型隐患异常点要进行综合分析。提交隐患性质和特征值,在核对分析后,提出隐患处理意见报上级主管部门。

在异常点分析的基础上,要从总体上对视电阻率剖面图进行分析,以掌握堤防总体质量状况,以p_s值相近的堤段作为一个电性段,用平均值代替该电性段的阻值,将探测堤段分为若干相对高阻段和低阻段,结合洪水观测和其他资料,对堤防总体质量作出综合评价。

(五)报告编写

在完成野外探测和资料整理分析后,乙方须按要求编写探测技术总结报告。

探测技术总结报告应包括探测堤段概况、探测方法与技术要求、资料分析与解释、结论与建议、有关附图附表等内容。

探测堤段概况。介绍探测堤段的基本情况,包括地形、地质、历次大洪水中出现的主要质量问题,加固处理情况等。

探测方法与技术要求。主要说明探测分析工作情况,包括探测工作开展时间、探测起止桩号、探测方法、测线布置、布极方式、工作量等内容。

资料分析与解释。介绍资料分析选用的参数,对探测中发现的异常点的定性和定量分析。

结论与建议。提出本次探测工作中发现的隐患情况,对探测堤段评价意见,以及隐患处理方案和效益分析,并对探测过程中存在的问题提出意见。

报告附表要有各桩号对应异常点统计,包括异常点桩号(顺序排列)、位置、主要特征值和必要的文字说明。

报告须附有视电阻率剖面图,对较大堤防隐患须附电测深曲线或视电阻率等值线剖面图等。

报告编制完成后,须经乙方技术负责人审核签字后,报请甲方有关部门验收。

甲方要及时组织对探测任务的验收,验收通过后,双方要严格按照合同要求落实有关事宜。

隐患探测普查报告由河务主管单位逐级上报,省河务局汇总分析后,提出意见,于当年11月底前上报黄委;专项检查报告是堤防除险加固专项报告中的必备材料,随堤防除险加固专项报告一并上报有关部门。

三、黄河下游堤防工程獾狐洞穴普查处理和捕捉害堤动物的有关制度

(1)各地(市)县河务部门应有专人负责此项工作并逐级实行岗位责任制。主管人员和护堤专业人员的职责是:组织对獾狐普查、捕捉,处理洞穴;研究捕獾和处理洞穴的技术,执行奖罚政策;进行统计、整理资料和总结经验等,经常检查、及时报告。捕捉獾狐、协助处理洞穴是护堤员的职责之一,要写入合同任务书,列为评比项目。

(2)各单位都应认真执行每年冬季和汛前两次普查、护堤员经常巡查和重点监视相结合的检查制度。冬季普查应于11月底前结束,汛前普查结合汛前工程检查一并进行。检查要认真仔细,特别注意草丛、料垛、坝头等隐蔽处和獾狐多发堤段,做到无遗漏。汛前普查发现有獾狐洞的堤坝应列为汛期重点监视堤段,每天检查1次。直至确认没有獾狐活动为止。

(3)认真处理洞穴。每年冬季普查出的洞穴,要在当年安排处理。汛前普查发现的洞穴必须于当年6月底前处理完毕。处理洞穴一般都应开挖翻筑,要保证回填质量,真正做到消除隐患。汛期发现的洞穴应及时处理,因度汛不能立即开挖翻筑的,要采取灌浆等临时措施,并制订防守方案,落实抢险措施。

(4)各单位应按有关规定采取坚决措施清除堤坝上的树丛、杂草,清理旧土牛、旧房台,整理料垛和备防石,消除便于獾狐生存、活动的环境条件。

(5)认真收集、整理资料,不断总结经验。对捕捉獾狐的时间、堤坝桩号、洞穴位置及尺寸、周围环境、处理情况等要有记录、有图表照片,及时整编归档。省河务局应有年度总结并于次年1月底上报。

(6)落实奖罚政策,调动捕捉害堤动物的积极性。

四、河势及河道整治工程工情观测工作制度

(一)河势查勘工作制度

1. 资料的报送

(1)凡每年汛前、汛后流域机构统一组织的河势查勘,各省、市、县河务局在查勘过程中自行复制河势图带回本单位,进行对比分析研究。

(2)由各省、市、县河务局分别进行的汛期河势查勘,在统一部署进行河势查勘的同时,决定报送资料时间。一般情况在每月1~5日进行查勘,6~7日报送查勘资料,洪水

期要求根据汛情加报。

2. 河势分析

每次查勘前要在 1/50 000 河道地形图上,套绘前一次查勘时绘制的河势图,或套绘近期发生重大变化的河势,以便查勘时分析研究河势变化突出河段或河湾,查找河势变化的原因。必要时可将近 3 年汛后河势套绘在一起研究,或写出文字说明。

3. 主溜线演变分析

为了解河道主溜位置、流向、各水力要素(包括弯道曲率半径、中心角、过渡段长度、河湾弯曲幅度和弯顶距等)的变化规律和发展趋势,每隔 3 ~ 5 年绘制一次河道主溜线套绘图进行分析研究。

(二)汛期河势报告制度

为了解汛期河势变化,须坚持汛期河道工程河势报告制度。

1. 报告办法

(1)一般汛期(7 ~ 10 月),每月上旬报告一次险工河势变化情况,其中 1 ~ 5 日为市、县河务局向省河务局报告时间,并由市河务局汇总整理,每月进行河势总结。6 ~ 10 日为各省河务局向上级主管单位报告时间。

(2)工程河势发生大的变化(如发生重新靠河或脱河现象)时,所属县河务局应立即逐级报告。

(3)当发生较大洪峰时,由省河务局临时通知,增报大水河道工程河势变化情况。

2. 报告内容

河势报告内容包括:河道工程靠河、脱河的时间及原因,来溜、出溜方向及地点,靠河(分靠河、边溜、主溜)工程坝号及长度,河面宽度(最大、最小、一般),河势发展趋势估计及工程存在的问题等。

(三)河道整治工程险情报告制度

1. 报险内容

(1)河道整治工程出险后,要及时记录出险河势、大河流量和水位、出险点情况以及出险长度、宽度、高度,探测坝前水深,立即拟订抢护方案,计算抢险所需工料,按照审批权限上报批准之后进行抢护。审批单位在行使其审批权限的同时,应将险情及所批抢护方案报上级主管单位备查。

(2)抢险过程中,险情发生变化,原定抢护方案不适应时,应修订抢护方案另行上报。

(3)对未能及时发现或不及时报告险情造成重大事故者;对不经请示擅自抢护,因抢护方法或采用结构不当造成严重浪费者;对虽经请示,不按批复抢护方案执行者;对扩大险情或隐瞒险情者,要查明原因并追究责任。

(4)报险时,要报告河势情况,预估河势发展趋势。"报险人"应是工地固定专职人员。

2. 报险时间

若险情紧急或因通话受阻不能及时报告,可一面抢护,一面设法报告,但报告到审批单位时间不得迟于抢险开始后 4 h。

3. 关于抢险坝数(指单位工程,包括坝、垛、护岸)、次数的计算

(1)抢险坝次写法。一道坝出险一次者写作 1/1(分母表示坝垛道数,分子表示出险

次数);同一道坝出险两次,写作2/1;两道坝出险三次时写作3/2。其余类推。

(2)抢护次数的计算法。原则上按出险的部位数计算,即在一道坝上,只有一个部位出险的,按出险一次计;若有两个(或三个)不相连接的部位(如迎水面和坝前头)同时出险的,则按出险两次(或三次)计;若一次出险的长度横贯于两个(或以上)部位者(如上跨角至坝前头),仍按出险一次计。

4. 抢险用石料批准权限及原则

一次抢险过程,单坝抢险累计300 m³以下的由水管单位批准,300~1 000 m³(含300 m³)、1 000~2 000 m³(含1 000 m³)、2 000 m³(含2 000 m³)以上的分别报市级河务局、省级河务局、黄委批准。

报请上级审批的抢险用料,必须逐级上报,均以电话、电报、传真形式逐级上报。紧急险情应边报险情边组织力量抢护,不能听任险情发展,但是不论出现何种险情,均应按前述规定逐级上报。石料使用原则上应先动用坝面原有备石,再根据动用情况和备石补充计划足额补充到位。可以采取过磅的办法计量,要按照规范码方、整理、验收。

5. 险情总结

险情抢护结束后,要及时逐级上报实际用料、实用工日、实际投资、抢护负责人等。一次抢险过程凡一次单坝用石在300 m³以内,报险后限3 d内上报抢险结果;凡一次单坝用石在300~1 000 m³,报险后限5 d内上报抢险结果;凡一次单坝用石在1 000~2 000 m³,报险后7 d内上报抢险结果。较大、重大和特大险情,按照抢险有关规定,逐日填报用工、用料及设备租赁等相关资料,抢险结束后,要写出专题总结报省河务局及上级主管部门。

(四)根石探摸工作制度

1. 根石探测资料整理与分析

每次探摸的资料都要绘制平面图和断面套绘图(为本次探摸资料与上次探摸资料套绘,断面套绘图纵横比例要统一),整理分析探测资料,绘制有关图表,编制探测报告。

根石探测报告内容包括探测组织、探测方法、工程缺石量及存在问题,并分析不同结构坝垛的水下坡度情况,根石易塌失的部位、数量、原因及预防措施。

2. 资料的报送

每年10月15日前,县局应根据所辖工程汛期靠河、抢险及维护情况,编制下年度非汛期根石探测计划,逐级上报至黄委建管局。按照分级管理原则和工程管理正规化、规范化要求,省级主管单位须于每年4月底前将当年非汛期根石探测的成果报告一式三份报上级管理单位。

3. 根石断面图

根石断面图应根据记录,经校对无误后绘制。断面图纵横比例必须一致,一般取1:100或1:200。险工以根石台外口、控导护滩工程以坝顶坦石的外口作为断面的起迄点。根石坡度的计算,以根石顶的外口为起点,当根石顶宽超过1.5 m时,以1.5 m处为起点;超过2 m时,以2 m处为起点。如无根石台,以坦石顶外口为起点。图上须标明坝号、探摸时间(日期)、断面编号、坝顶高程、根石台高程、根石底部高程、测量时的水位或滩面高程。

4. 坝垛缺石量计算

缺石量采用缺石坝垛两个相邻探测断面的断面算术平均缺石面积乘以两断面间的裹护周长计算。以实测断面绘制的根石断面分别与坡度为 1∶1.0、1∶1.3、1∶1.5 的标准断面（按设计要求考虑标准断面的根石台顶宽，但最宽不得超过 2 m）进行比较，即可计算出各个断面的缺石面积。断面之间裹护周长，险工坝垛及有台的控导护滩工程坝垛，其直线段断面之间裹护周长采用根石台外缘长度，根石的控导护滩工程段采用坝顶外缘长度。险工、控导工程坝头圆弧的周长采用根石或坝顶外缘长度乘以系数 2 确定。

河道整治工程根石探测情况统计表见表3-4。探测后分别按 1∶1.0、1∶1.3、1∶1.5 的标准，测算当年各工程的缺石坝垛数和缺石量，以县（市、区）级主管单位汇总测算缺石总量并上报。根石探测资料要及时存档，并尽可能实行微机储存、分析成果并汇总。

表3-4　河道整治工程根石探测情况统计表

单位	工程名称	坝号	根石深度（m）			缺根石量（m³）		
			最深	最浅	平均	1∶1.0	1∶1.3	1∶1.5

审定：　　　　校核：　　　　填表：　　　　日期：

第五节　报　警

一、警号规定

（1）吹哨警号。凡发现渗水、陷坑、裂缝等险情，必须迅速进行抢护并吹哨报警。

（2）锣（鼓、钟）警号。在窄河段规定左岸备鼓、右岸备锣，以免混淆。凡发现漏洞或严重的裂缝、管涌、脱坡等较大险情时，即敲锣（鼓）报警或鸣枪报警。

（3）对空鸣枪（放火）报警。在狂风暴雨交加时，堤坝出现重大险情，有可能溃决时，可以对空鸣枪（放火）报警。

（4）电话报警。若发现险情，派人去电话处向指挥部报警。

（5）其他报警。有条件的地方，也可用手机、对讲机、电台、报警器报警。

紧急抢险地点，白天悬挂红旗，夜间悬挂红灯（应能防风、防雨）或点火，作为抢险人员集合的目标。

二、报警守则

（一）报警办法

（1）吹哨报警，由巡堤查险人员掌握。

（2）敲锣（鼓、钟）报警,点火报警,手机、对讲机报警,由检查队（组）长掌握或指定专人负责,不得乱发。

（3）鸣枪报警由责任段负责人掌握,指定专人执行,不得乱发。

（二）报警守则

（1）发出警号同时抢护。警号发出的同时,应立即组织抢护,并火速报告上级指挥部。

（2）上级部门接到报警信号后,应立即组织人力、料物赶赴现场,大力抢险,但检查工作不得停止和中断。

（3）继续巡查。基层防汛组织指挥部听到警报后,应立即组织人员增援,同时报告上一级指挥部,但原岗位必须留下足够的人员继续巡查工作,不得间断。上、下防汛屋（或临时帐篷）基干班人员除坚持巡查的人员外,其余人员都要急驰增援。

（4）宣传警号。所有警号、标志,应对沿河乡（镇）广泛宣传。在洪水期间严禁敲钟、击鼓、打锣及吹哨,以免发生混淆和误会。

第六节　信息传输

为防御洪水灾害和有效利用水资源,各大江大河建立有对气象、水文要素进行观测、传输、处理,发布预报、警报功能的信息系统。洪水警报系统与洪水预报系统有的互相联系,有的单独建立,它们都是防洪非工程措施的重要组成部分。目的是争取时间,及时掌握水情、堤防或工程险情及发展态势,以便研究对策,采取措施,减免洪水造成的损失。

一、信息系统组成

信息系统包括数据的观测、传输、处理与分析,以及发布预报、警报。

（1）观测。测报数据的水情站网是系统的基础,包括雨量站、水位站、水文站,按规定的项目和次数进行观测。

（2）传输。传输手段有电报、电话、传真、微信、专用微波通信网及卫星遥感等。水情站有人工观测和自动遥测两种。及时将所取得的水文资料按统一规定向预报单位及有关单位传递。

（3）发布预报。预报单位接到雨情、水情后进行数据整理和分析计算,发布洪水预报。设立自动遥测站的流域或地区,遥测站与预报中心计算机联网,直接输入雨情、水情,计算机自动运行,输出水情报表和作出洪水预报,称为自动遥测联机实时预报系统。

洪水预报的内容主要是洪峰水位、流量、出现时间,洪水流量过程和洪水总量等。

（4）发布警报。有关部门根据预报流量大小做好防御准备。将要发生严重洪水时,即由防汛主管部门或地方政府用电报、电话、广播等向可能被淹没地区发布洪水警报,发布内容一般为水位、洪峰流量、预计到达时间、可能淹没范围等,使当地群众及时采取避洪措施或迁移。

二、信息传输

江河防洪信息主要通过电话、传真、微波通信网实现传输。沿江、沿河市、县防汛主管部门均建有防洪指挥中心,能直接与堤防、河道工程管护人员联系,接收和发送信息。在接到洪水警报后各部门能及时布置防汛工作,监视并定时向上级主管单位报告洪水演进中实际表现、沿程水位、河势、堤防和河道工程工情、险情,相应防护措施等信息。此外,地方无线传呼通信系统必要时也可为防汛服务。

第七节　注意事项

一、巡堤查险应遵守事项

巡堤查险是一项艰苦细致、事关大局的工作,必须严肃认真,慎重对待。巡查人员执勤时,必须首先摸清责任段基本情况,做到心中有数。

(一)注意事项

(1)巡查工作要做到统一领导,分段分项负责。要确定检查内容、时间(或次数),把任务分解到班组,落实到人。

(2)巡查次数要根据水情及时调整,当遇到临河水位上升、水流冲刷堤防、大风、下雨等情况时,要增加巡查次数,对可能出现较大险情的部位,还要专人昼夜连续监视。

(3)检查是以人的观察或辅以简单工具,对险情进行检查分析判断。夜间检查要持照明工具。巡查时必须带铁锨、口哨、探水杆等工具。除随身背的草捆外,其他料物及运土工具可分放堤顶,以便随时取用。夜间巡查,一人持手电筒或应急电灯在前,一人拿探水杆探水,一人观测水的动静,聚精会神仔细查看。

(4)巡查人员要挑选责任心强、有防汛抢险经验的人担任,编好班组,力求固定,全汛期不变。

(5)检查、休息、交接班时间由带领检查的队(组)长统一掌握。检查进行中不得休息,规定当班时间内,不得离开岗位。

(6)各队(组)检查交界处必须搭接一段,一般重叠检查 10~20 m。

(7)检查中发现可疑迹象,应派专人进一步详细检查,探明原因,采取处理措施,并及时向上级报告。

(8)检查人员必须精神集中,认真负责,不放松一刻,不忽视一点,必须注意"五时",做到"五到""四勤""三清""三快"。

"五时":①黎明时(人最疲乏);②吃饭及换班时(思想易松劲、检查容易间断);③黑夜时(看不清容易忽视);④狂风暴雨交加时(最容易出险,出险不容易判断);⑤落水时(人的思想最易松劲麻痹)。这些时候最容易疏忽忙乱,注意力不集中,容易遗漏险情。特别是对已处理的险情和隐患,还要注意检查,必须警惕险情变化。

"五到":①眼到。要看清堤面、堤脚有无崩坎、跌窝、裂缝、獾穴或漏洞、翻沙鼓水等现象,看清堤外水边有无浪坎、崩坎,近堤水面有无漩涡等现象。②手到。当临河堤身上有搂厢、柳枕、挂柳、防浪排等防护工程时,用手来探摸和检查堤边签桩是否松动。堤上绳缆、铅丝是否太松,风浪冲刷堤坡是否崩塌淘空,以及随时持探水杆探摸等。③耳到。用耳听水流有无异常声音,漏洞和堤岸崩垮落水都能发出特殊的声音,尤其在夜深人静时伏地静听,对发现险情是很有帮助的。④脚到。用脚检查,特别是黑夜雨天,水淌地区不易发现险情时,要以赤脚试探水温及土壤松软情况。水温低感觉刺骨,就要仔细检查,可能是从地层深处或堤内渗流出来的水;土壤松软,内层软如弹簧,亦非正常;跌窝崩塌现象,一般也可用脚在水下探摸发现。⑤工具料物随人到。巡查人员在检查时,应随身携带铁锹、探水杆、草捆、十丁编织布等,以便遇险情及时抢堵。

"四勤":眼勤、手勤、耳勤、脚勤。

"三清":①出现险象要查清,即要仔细鉴别险情并查清原因;②报告险情要说清,即报告险情时要说清出险时间、地点(堤防桩号)、险象、位置(临河、背河、距堤根距离、水面以上或以下等)等;③报警信号要记清,即报警信号和规定要记清,以便出险时及时准确地报警。

"三快":①发现险情快,争取抢早、抢小、打主动仗;②报告险情要快,以便于上级及时掌握出险情况,采取措施,防止失误;③抢护快,根据险情,迅速组织力量及时抢护,以减少抢险困难和危险程度。

这样才能做到及时发现险情,分析原因,小险及时报告,迅速处理,防止发展扩大;重大险情,报告后集中力量及时处理,避免溃决失事,造成灾害。

(二)巡查要求

1. 巡查、休息、接班要求

巡查、休息、接班时间,由负责人以组为单位加以掌握。执行巡查任务时带班领导途中不得休息,不到规定时间不得随意离开工作岗位。如是一个责任段一个负责干部,干部的休息时间可采取邻屋互助的办法,即一个干部临时兼管两段,轮流工作和休息,其他人就地休息不得远离。

2. 巡查工具、料物

巡查时必须带铁锹、口哨、探水杆等工具。料物(草捆、麦秸、网兜、木桩、编织袋和土工反滤布等)及运土工具可分放堤顶,以便随时就地使用。夜间巡查,一人持灯具在前,中间两人携带工具、料物随后。缓步前进,聚精会神仔细查看。提灯应装设灯罩,使光线集中下照。应急灯、手电筒在需要时照看。

3. 注意详查

每到夜间或风雨天,要特别注意巡查,对可疑险段要加强巡查力量。涨水时要注意,退水时也不能疏忽。

巡查时要认真细致,如遇可疑迹象,应抽专人进一步详细检查,探明原因,迅速处理。

4. 加强检查

各级领导还要加强检查工作,深入实际,亲自掌握,看巡查组织的分工是否明确具体;巡查人员对巡查方法和抢险技术是否了解;工具料物准备是否齐全、管用;巡查工作是否按规定方法认真进行。同时,对每次洪水的水印都应该切实记下来。

二、河势及堤防、河道整治工程观测注意事项

(一)河势查勘注意事项

河势查勘主要就是找主溜的溜势及其与坝垛、滩岸的相互作用,因此查勘时首先要看主溜的位置,一般河道主溜是大溜紧,颜色发红(含沙重大),但遇到风天,特别是逆流风向时,以及宽广河道,主溜不易找出,应慎重勘测。有汊流河段,首先找出每股水流的主溜位置,各股过水流量多凭各股水流过水断面比例估计,往往下水船所航行的河汊为主汊,分流量最大,如结合大断面施测工作来判断每股水流流量则更为准确。

在研究河势变化时,除应重点研究险工坝垛或控导护滩工程及控制性滩岸的坍塌对溜势的影响外,局部的河势变化应与全河道河势变化特性的相互影响结合起来分析研究,才可根据历年河势变化,结合现场查勘具体情况,预测河势的变化发展,并探索河势变化的规律。

(二)根石探摸注意事项

为规范根石探测工作,提高工程管理正规化、规范化水平,掌握河道整治工程根石分布状况,争取防洪抢险主动,根石探测要严格执行根石探测管理办法,注意总结经验,发现问题及时向上级主管部门反馈。

(三)堤防工程隐患探测注意事项

要按照堤防隐患探测管理办法不断提高堤防隐患探测技术水平,研究和引进新技术,提高科学化管理水平。观测阶段以电法探测为主,在分析历史资料的基础上,综合评价堤防质量。

第四章　堤防险情抢护

堤防是防洪的主要屏障。当堤防出险后,要立即查看出险情况,分析出险原因,有针对性地采取有效措施,及时进行抢护,以防止险情扩大,保证安全;否则,不但不能把险情抢护好,反而可能使险情加剧,甚至造成堤防溃决。

第一节　漫　溢

漫溢是洪水漫过堤、坝顶的现象。堤防、土坝为土体结构,抗冲刷能力极差,一旦溢流,冲塌速度很快,如果抢护不及时,会造成决口。

一、险情

由于江、河、湖围堤(坝)低矮,当遭遇超标准洪水,根据洪水预报,洪水位(含风浪高)有可能超越堤顶时,为防止漫溢溃决,应迅速进行加高抢护。据记载,黄河下游自汉文帝十二年(公元前 168 年)到清道光二十年(1840 年)的 2 008 年中有 316 年决溢;从 1841 年到 1938 年的 98 年中有 52 年决溢。黄河下游每次决溢多是由于堤防低矮、质量差、隐患多,发生大暴雨漫溢造成的。由于黄河系"地上河",决口后洪水一泻千里,水冲沙压,田庐人畜荡然无存,灾情极为严重。常常有整个村镇甚至整个城市或其大部分被淹没的惨事,造成毁灭性的灾害。1855 年 6 月,黄河兰阳至三堡堤段漫决(即铜瓦厢决口)夺流,原下游河道断流。决溢水流向西北斜注,淹没封丘、祥符县,复折转东北,漫淹兰阳、仪封、考城及长垣等县,至张秋镇穿运河,自此以下改道大清河经利津入海,发生一次漫溢决口重大改道。同样,长江遇到超标准洪水,水位暴涨并超过堤顶高程,抢护不及而漫溢成灾的事例也屡有发生。如 1931 年 7 月底湖北长江四包公堤肖家洲洪水位高出堤顶近 2 m,造成全堤漫决。1988 年 7 月中旬以后,东辽河流域连降大暴雨,老虎卧子堤段洪峰流量超过设计流量近 1 倍。7 月 30 日 4 时该堤段漫顶溢流,迅速发生决口,口门宽 330 m,最大冲深达 7 m,最大过流流量约 1 077 m^3/s,过流历时 603 h,溢洪量达 11.69 亿 m^3,造成严重灾害。

漫溢同样是造成水库垮坝的主要原因之一。据不完全统计,至 1975 年,国外已建 15 800 座水库中,有 150 座失事,其中因漫溢而垮坝的 61 座,占 40.7%。我国 241 座大型水库前后发生过 1 000 次事故,其中因漫坝而失事的占 51.5%。1960～1987 年,安徽省小型水库垮坝 119 座,其中漫溢垮坝 64 座,占 53.8%。因此,对洪水漫溢造成的灾害应高度重视。

二、原因分析

一般造成堤防漫溢的原因是:①由于发生大暴雨,降雨集中,强度大、历时长,河道宣泄不及,洪水超过设计标准,洪水位高于堤顶;②设计时,对波浪的计算与实际不符,致使在最高水位时浪高超过堤顶;③施工中堤防未达设计高程,或因地基有软弱层,填土碾压不实,产生过大的沉陷量,使堤顶高程低于设计值;④河道内存在阻水障碍物,如未按规定在河道内修建闸坝、桥涵、渡槽以及盲目围垦、种植片林和高秆作物等,降低了河道的泄洪能力,使水位壅高而超过堤顶;⑤河道发生严重淤积,过水断面缩小,抬高了水位;⑥主流坐弯,风浪过大,以及风暴潮、地震等壅高水位。

三、抢护原则

对这种险情的抢护原则主要是"预防为主,水涨堤高"。当洪水位有可能超过堤(坝)顶时,为了防止洪水漫溢,应迅速果断地抓紧在堤坝顶部,充分利用人力、机械,因地制宜,就地取材,抢筑子堤(埝),力争在洪水到来之前完成。

四、抢护方法

防漫溢抢护,常采用的方法是:运用上游水库进行调蓄,削减洪峰,加高加固堤防,加强防守,增大河道宣泄能力,或利用分、滞洪和行洪措施,减轻堤防压力;对河道内的阻水建筑物或急弯壅水处,如黄河下游滩区的生产堤和长江中下游的围垸,应采取果断措施进行拆除和裁弯清障,以保证河道畅通,扩大排洪能力。本节对子堤、坝顶部一般性抢护方法介绍如下。

(一)纯土子堤(埝)

纯土子堤应修在堤顶靠临水堤肩一边,其临水坡脚一般距堤肩0.5~1.0 m,顶宽1.0 m,边坡不陡于1∶1,子堤顶应超出推算最高水位0.5~1.0 m。在抢筑前,沿子堤轴线先开挖一条结合槽,槽深0.2 m,底宽约0.3 m,边坡1∶1。清除子堤底宽范围内原堤顶面的草皮、杂物,并把表层刨松或犁成小沟,以利新老土结合。在条件允许时,应在背河堤脚50 m以外取土,以维护堤坝的安全,如遇紧急情况可用汛前堤上储备的土料——土牛修筑。在万不得已时也可临时借用背河堤肩浸润线以上部分土料修筑。土料选用黏性土,不要用砂土或有植物根叶的腐殖土及含有盐碱等易溶于水的物质的土料。填筑时要分层填土夯实,确保质量(见图4-1)。此法能就地取材,修筑快、费用省,汛后可加高培厚成正式堤防,适用于堤顶宽阔、取土容易、风浪不大、洪峰历时不长的堤段。

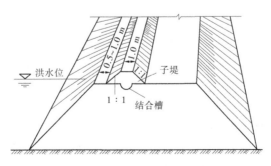

图 4-1　纯土子堤示意图

(二)土袋子堤

土袋子堤适用于堤顶较窄、风浪较大、取土较困难、土袋供应充足的堤段。一般用草袋、麻袋或土工编织袋，装土七八成满后，将袋口缝严，不要用绳扎口，以利铺砌。一般用黏性土，颗粒较粗或掺有砾石的土料也可以使用。土袋主要起防冲作用，要避免使用稀软、易溶和易于被风浪冲刷吸出的土料。土袋子堤距临水堤肩0.5～1.0 m，袋口朝向背水，排砌紧密，袋缝上下层错开，上层和下层要交错掩压，并向后退一些，使土袋临水形成1∶0.5最陡1∶0.3的边坡。不足1.0 m高的子堤，临水叠砌一排土袋，或一丁一顺。对较高的子堤，底层可酌情加宽为两排或更宽些。土袋后面修土戗，随砌土袋，随分层铺土夯实，土袋内侧缝隙可在铺砌时分层用砂土填垫密实，外露缝隙用麦秸、稻草塞严，以免土料被风浪抽吸出来，背水坡以不陡于1∶1为宜。子堤顶高程应超过推算的最高水位，并保持一定超高（见图4-2）。

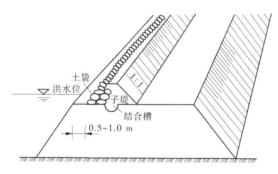

图4-2 土袋子堤示意图

在个别堤段，如即将漫溢，来不及从远处取土时，在堤顶较宽的情况下，可临时在背水堤肩取土筑子堤（见图4-3）。这是一种不得已抢堵漫溢的措施，不可轻易采用。待险情缓和后，即抓紧时间，将所挖堤肩土加以修复。

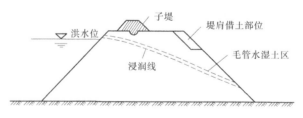

图4-3 堤肩取土筑子堤示意图

土袋子堤适用于常遇风浪袭击、缺乏土料或土质较差、土袋供应充足的堤段，它的优点是用土少而坚实，耐水流风浪冲刷。在1958年黄河下游抗洪抢险和1954年、1998年长江防汛抢险中广泛应用。

(三)桩柳(木板)子堤

当土质较差、取土困难，又缺乏土袋时，可就地取材，采用桩柳(木板)子堤，其具体做法是：在临水堤肩0.5～1.0 m处先打一排木桩，桩长可根据子堤高而定，梢径5～10 cm。木桩入土深度为桩长的1/3～1/2，桩距0.5～1.0 m。将柳枝、秸料或芦苇等捆成长

2~3 m,直径约 20 cm 的柳把,用铅丝或麻绳绑扎于木桩后(亦可用散柳厢修),自下而上紧靠木桩逐层叠放。在放置第一层柳把时,先在堤面上挖深约 0.1 m 的沟槽,将柳把放置于沟内。在柳把后面散放秸料一层,厚约 20 cm,然后再分层铺土夯实,做成土戗。土戗顶宽 1.0 m,边坡不陡于 1:1,具体做法与纯土子堤相同。此外,若堤顶较窄时,也可用双排桩柳子堤。排桩的净排距 1.0~1.5 m,相对绑上柳把、散柳,然后在两排柳把间填土夯实。两排桩的桩顶可用 16~20 号铅丝对拉或用木杆连接牢固。在水情紧急缺乏柳料时,也可用木板、门板、秸箔等代替柳把,后筑土戗。常用的几种桩柳(木板)子堤见图 4-4。

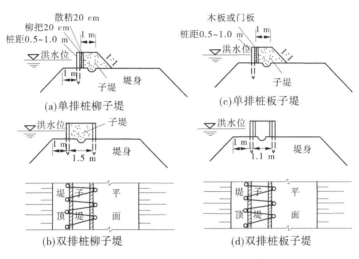

图 4-4　桩柳(木板)子堤示意图

(四)柳石(土)枕子堤

当取土困难,土袋缺乏而柳源又比较丰富时,适用此法。具体做法是:一般在堤顶临水一边距堤肩 0.5~1.0 m 处,根据子堤高度,确定使用柳石枕的数量。如高度为 0.5 m、1.0 m、1.5 m 子堤,分别用 1 个、3 个、6 个枕,按品字形堆放。第一个枕距临水堤肩 0.5~1.0 m,并在其两端最好打木桩 1 根,以固定柳石(土)枕。防止滚动,或在枕下挖深 0.1 m 的沟槽,以免枕滑动和防止顺堤面渗水。枕后用土做戗,戗下开挖结合槽,刨松表层土,并清除草皮杂物,以利结合。然后在枕后分层铺土夯实,直至戗顶。戗顶宽一般不小于 1.0 m,边坡不陡于 1:1,如土质较差,应适当放缓坡度(见图 4-5)。

(五)防洪(浪)墙防漫溢子堤

当城市人口稠密缺乏修筑土堤的条件时,常沿江河岸修筑防洪墙;当有涵闸等水工建筑物时,一般都设置浆砌石或钢筋混凝土防洪(浪)墙。遭遇超标准洪水时,可利用防洪(浪)墙作为子堤的迎水面,在墙后利用土袋加固加高挡水。土袋应紧靠防洪(浪)墙背后叠砌,宽度、高度均应满足防洪和稳定的要求,其做法与土袋子堤相同(见图 4-6),但要注意防止原防洪(浪)墙倾倒。可在防浪墙前抛投土袋或块石。

(六)编织袋土子堤

使用编织袋修筑子堤,在运输、储存、费用,尤其是耐久性方面,都优于以往使用的麻袋、草袋。最广泛使用的是以聚丙烯或聚乙烯为原料制成的编织袋。用于修做子堤的编织袋,一般宽为 0.5~0.6 m,长 0.9~1.0 m,袋内装土质量为 40~60 kg,以利于人工搬

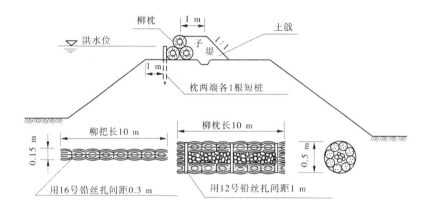

图 4-5　柳石(土)枕子堤示意图

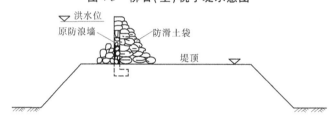

图 4-6　防洪(浪)墙土袋子堤示意图

运。当遇雨天道路泥泞又缺乏土料时,可采用编织袋装土修筑编织袋土子堤(最好用防滑编织袋),编织袋用土填实,防止涌水。子堤位置同样在临河一侧,顶宽 1.5 ~ 2.0 m,边坡可以陡一些。如流速较大或风浪大,可用聚丙烯编织布或无纺布制成软体排,在软体下端缝制直径 30 ~ 50 cm 的管状袋。在抢护时将排体展开在临河堤肩,管状袋装满土后,将两侧袋缝合,滚排成捆,排体上端压在子堤顶部或打桩挂排,用人力一齐推滚排体下沉,直至风浪波谷以下,并可随着洪水位升降变幅进行调整(见图 4-7)。

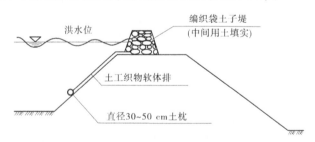

图 4-7　编织袋土子堤示意图

(七)编织袋及土混合子堤

修筑编织土袋与土组成的混合子堤,方法基本上与土袋子堤相同,只是用编织袋代替草袋或麻袋,如流速较大或风浪大,同样使用软体排防护(见图 4-8)。

(八)土工织物土子堤

土工织物土子堤的抢护方法,基本与纯土子堤相同,不同的是将堤坡防风浪的土工织物软体排铺设高度向上延伸覆盖至子堤顶部,使堤坡防风浪淘刷和堤顶防漫溢的软体排

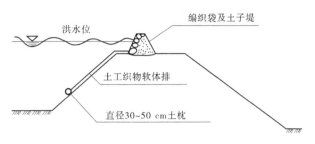

图 4-8　编织袋及土混合子堤示意图

构成一个整体收到更好效果(见图 4-9)。

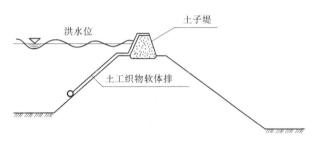

图 4-9　土工织物土子堤示意图

五、注意事项

防漫溢抢险应注意的事项是:①根据洪水预报估算洪水到来的时间和最高水位,做好抢修子堤的料物、机具、劳力、进度和取土地点、施工路线等安排。在抢护中要有周密的计划和统一的指挥,抓紧时间,务必抢在洪水到来之前完成子堤。②抢筑子堤务必全线同步施工,突击进行,决不能做好一段,再加一段,决不允许留有缺口或部分堤段施工进度过慢的现象存在。③抢筑子堤要保证质量,派专人监理,要经得起洪水期考验,绝不允许子堤溃决,造成更大的溃决灾害。④临时抢筑的子堤一般质量较差,要派专人严密巡视检查,加强质量监督,加强防守,发现问题,及时抢护。

第二节　渗水(散浸)

一、险情

汛期高水位历时较长时,在渗压作用下,堤前的水向堤身内渗透,堤身形成上干下湿两部分。干湿部分的分界线,称为浸润线,浸润线与背河坡的交点称出逸点。如果堤防土料选择不当,施工质量不好,渗透到堤防内部的水分较多,浸润线也相应抬高。在背水坡出逸点以下,土体湿润或发软,有水渗出的现象,称为渗水(见图 4-10)。渗水也叫散浸或洇水,是堤防较常见的险情之一。即使渗水是清水,当出逸点偏高,浸润线抬高过多时,也要及时处理。若发展严重,超出安全渗流限度,即可能成为严重渗水,导致土体发生渗透变形,形成脱坡(或滑坡)、管涌、流土甚至陷坑或漏洞等险情。如 1954 年长江大水,荆江江堤段发生渗水险情 235 处,长达 53.45 km。1958 年黄河发生大洪水,下游堤段发生渗水险情,长达 59.96 km。

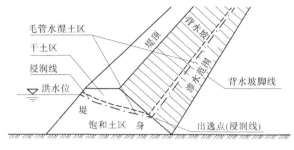

图 4-10　堤身渗水示意图

二、原因分析

堤防发生渗水的主要原因是:①水位超过堤防设计标准,持续时间较长;②堤防断面不足、背水坡偏陡,浸润线抬高,在背水坡上出逸;③堤身土质多沙,尤其是成层填筑的砂土或粉砂土,透水性强,又无防渗斜墙或其他有效控制渗流的工程设施;④堤防修筑时,土料多杂质,有干土块或冻土块,碾压不实,施工分段接头处理不密实;⑤堤身、堤基有隐患,如蚁穴、树根、鼠洞、暗沟等;⑥堤防与涵闸等水工建筑物结合部填筑不密实;⑦堤基土壤渗水性强,堤背排水反滤设施失效,浸润线抬高,渗水从坡面逸出等。

三、抢护原则

以"临水(河)截渗,背水(河)导渗",减小渗压和出逸流速,抑制土粒被带走,稳定堤身为原则。即在临水坡用黏性土壤修筑前戗,也可用篷布、土工膜隔渗,以减少渗水入堤;在背水坡用透水性较强的砂石、土工织物或柴草反滤,通过反滤,将已入渗的水,有控制地只让清水流走,不让土粒流失,从而降低浸润线,保持堤身稳定。切忌在背水坡面用黏性土压渗,这样会阻碍堤身内的渗流逸出,势必抬高浸润线,导致渗水范围扩大和险情加剧。

在抢护渗水险情之前,还应首先查明发生渗水的原因和险情的程度,结合险情和水情。进行综合分析后,再决定是否采取措施及时抢护。如堤身因浸水时间较长,在背水坡出现散浸,但坡面仅呈现湿润发软状态,或渗出少量清水,经观察并无发展,同时水情预报水位不再上涨,或上涨不大,可加强观察,注意险情变化,暂不作处理。若遇背水坡渗水很严重或已开始出现浑水,有发生流土的可能,则证明险情在恶化,应采取临河防渗、背河导渗的方法,及时进行处理,防止险情扩大。

四、抢护方法

(一)临河截渗

为增加阻水层,以减少向堤身的渗水量,降低浸润线,达到控制渗水险情发展和稳定堤身堤基的目的,可在临河截渗。一般根据临水的深度、流速,对风浪不大,取土较易的堤段,堤背抢护有困难时,必须在临水侧进行抢护;对堤段重要,有必要在临背同时抢护的堤段,均可采用临河截渗法进行抢护。临河截渗有以下几种方法。

1. 黏土前戗截渗

当堤前水不太深、风浪不大、水流较缓,附近有黏性土料,且取土较易时,可采用此法。具体做法是:①根据渗水堤段的水深、渗水范围和渗水严重程度确定修筑尺寸。一般戗顶宽3～5 m,长度至少超过渗水段两端各5 m,前戗顶可视背水坡渗水最高出逸点的高度决定,高出水面约1 m,戗底部以能掩盖堤脚为度。②填筑前应将边坡上的杂草、树木等杂物尽量清除,以免填筑不实,影响戗体截渗效果。③在临水堤肩准备好黏性土料,然后集中力量沿临水坡由上而下、由里向外,向水中缓慢推下,由于土料入水后的崩解、沉积和固结作用,即成截渗戗体(见图4-11)。填土时切勿向水中猛倒,以免沉积不实,失去截渗作用。如临河流急,土料易被水冲失,可先在堤前水中抛投土袋作隔堤,然后在土袋与堤之间倾倒黏土,直至达到要求高度。

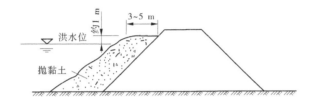

图4-11　黏土前戗截渗示意图

2. 桩柳(土袋)前戗截渗

当临河水较浅有溜时,土料易被冲走,可采用桩柳(土袋)前戗截渗。具体做法如下:①在临河堤脚外用土袋筑一道防冲墙,其厚度及高度以能防止水流冲刷戗土为度。如临河水较深,因在水下用土袋筑防冲墙有困难,可做桩柳防冲墙,即在临水坡脚前1～2 m处打木桩或钢管桩一排,桩距1 m,桩长根据水深和溜势决定。桩一般要打入土中1/3,桩顶高出水面约1 m。②在已打好的木桩上,用柳枝或芦苇、秸料等梢料编成篱笆,或者用木杆、竹竿将桩连起来,上挂芦席或草帘、苇帘等。编织或上挂高度,以能防止水流冲刷戗土为度。木桩顶端用8号铅丝或麻绳与堤顶上的木桩拴牢。③在抛土前,应清理边坡并备足土料,然后在桩柳墙与堤坡之间填土筑戗。戗体尺寸和质量要求与上述抛填黏土前戗截渗相同。也可将抛筑前戗顶适当加宽,然后在截渗戗台迎水面抛铺土袋防冲(见图4-12)。

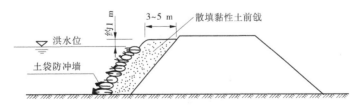

图4-12　土袋前戗截渗示意图

3. 土工膜截渗

当缺少黏性土料时,若水深较浅,可采用土工膜加保护层的办法,达到截渗的目的。防渗土工膜种类较多,可根据堤段渗水具体情况选用。具体做法是:①在铺设前,应清理铺设范围内的边坡和坡脚附近地面,以免造成土工膜的损坏。②土工膜的宽度和沿边坡的长度可根据具体尺寸预先黏结或焊接(用脉冲热合焊接器)好,以满铺渗水段边坡并深入临水坡脚以外1 m以上为宜。顺边坡宽度不足可以搭接,但搭接长应大于0.5 m。③铺设前,一般在临水堤肩上将长8~10 m的土工膜卷在滚筒上,在滚铺前,土工膜的下边折叠粘牢形成卷筒,并插入直径4~5 cm的钢管加重(如无钢管可填充土料、石块等),以使土工膜能沿边坡紧贴展铺。④土工膜铺好后,应在其上满压一两层内装砂石的土袋,由坡脚最下端压起,逐层错缝向上平铺排压,不留空隙,作为土工膜的保护层,同时起到防风浪的作用(见图4-13)。

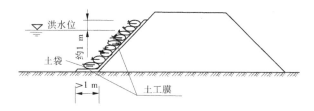

图4-13　土工膜截渗示意图

(二)反滤沟导渗

当堤防背水坡大面积严重渗水时,应主要采用在堤背开挖导渗沟、铺设反滤料、土工织物和加筑透水后戗等办法,引导渗水排出,降低浸润线,使险情趋于稳定。但必须起到避免水流带走土颗粒的作用,具体做法简述如下。

1. 砂石导渗沟

堤防背水坡导渗沟的形式,常用的有纵横沟、"Y"字形沟和"人"字形沟等。沟的尺寸和间距应根据渗水程度和土壤性质而定。一般沟深0.5~1.0 m,宽0.5~0.8 m,顺堤坡的竖沟一般每隔6~10 m开挖一条。在施工前,必须备足人力、工具和料物,以免停工待料。施工时,应在堤脚稍外处沿堤开挖一条排水纵沟。填好反滤料。纵沟应与附近地面原有排水沟渠连通,将渗水排至远离堤脚外的地方。然后在边坡上开挖导渗竖沟,与排水纵沟相连。逐段开挖,逐段填充反滤料,一直挖填到边坡出现渗水的最高点稍上处。开挖时,严禁停工待料,导致险情恶化。导渗竖沟底坡一般与堤坡相同,边坡以能使土体站得住为宜,其沟底要求平整顺直。如开沟后排水仍不显著,可增加竖沟或加开斜沟,以改善排水效果。导渗沟内要按反滤层要求分层填放粗砂、小石子、卵石或碎石(一般粒径0.5~2.0 cm)、大石子(一般粒径4~10 cm),每层厚要大于20 cm。砂石料可用天然料或人工料,但务必洁净,否则会影响反滤效果。反滤料铺筑时,要严格掌握下细上粗,边细中间粗,分层排列,两侧分层包住的要求,切忌粗料(石子)与导渗沟底、沟壁土壤接触,粗细不能掺和。为防止泥土掉入导渗沟内,阻塞渗水通道,可在导渗沟的砂石料上面铺盖草袋、席片或麦秸,然后压上土袋、块石加以保护(见图4-14、图4-15)。

2. 梢料导渗沟(又称芦柴导渗沟)

开沟方法与砂石导渗沟相同。沟内用稻糠、麦秸、稻草等细料与柳枝或芦苇、秫秸等粗料,按下细上粗、两侧细中间粗的原则铺放,严禁粗料与导渗沟底、沟壁土壤接触。

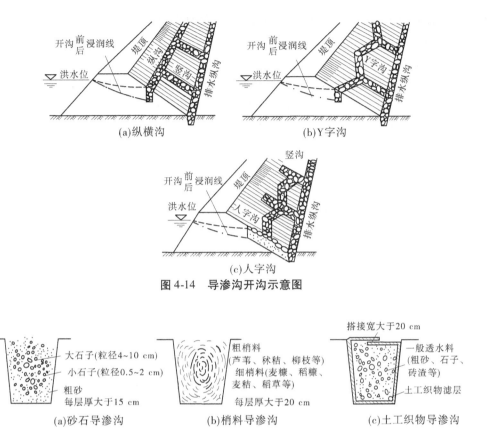

图 4-14 导渗沟开沟示意图

图 4-15 导渗沟铺填示意图

铺料方法有两种:一种先在沟底和两侧铺细梢料,中间铺粗梢料,每层厚大于 20 cm,顶部如能再盖以厚度大于 20 cm 的细梢料更好,然后上压块石、草袋或上铺席片、麦秸、稻草,顶部压土加以保护;另一种是先将芦苇、秫秸、柳枝等粗料扎成直径 30 ~ 40 cm 的把子,外捆稻草或麦秸等细料厚约 10 cm,以免粗料与堤土直接接触,梢料铺放要粗枝朝上,梢向下,自沟下向上铺,粗细接头处要多搭一些。横(斜)沟下端滤料要与坡脚排水纵沟滤料相接。纵沟应与坡脚外排水沟渠相通。梢料导渗层做好后,上面应用草袋、席片、麦秸等铺盖,然后用块石或土袋压实(见图 4-16、图 4-17)。

3. 土工织物导渗沟

土工织物导渗沟的开挖方法与砂石导渗沟相同。土工织物是一种能够防止土粒被水流带出的导渗层。如当地缺乏合格的反滤砂石料,可选用符合反滤要求的土工织物,将其紧贴沟底和沟壁铺好,并在沟口边沿露出一定宽度。然后向沟内细心地填满一般透水料,如粗砂、石子、砖渣等,不必再分层。在填料时,要避免有棱角或尖头的料物直接与土工织物接触,以免刺破土工织物。土工织物长宽尺寸不足时,可采用搭接形式,其搭接宽度不小于 20 cm。在透水料铺好后,上面铺盖草袋、席片或麦秸,并压土袋、块石保护。开挖土层厚度不得小于 0.5 m。在坡脚应设置排水纵沟,并与附近排水沟渠连通,将渗水集中排向远处。在紧急情况下,也可用土工织物包梢料捆成枕放在导渗沟内,然后上面铺盖土料保护层。在铺放土工织物过程中应尽量缩短日晒时间,并使保护层厚度不小于 0.5 m(见图 4-16、图 4-17)。

(三)反滤层导渗

当堤身透水性较强,背水坡土体过于稀软;或者堤身断面小,经开挖试验,采用导渗沟确有困难,且反滤料又比较丰富时,可采用反滤层导渗法抢护。此法主要是在渗水堤坡上满铺反滤层,使渗水排出,以阻止险情的发展。根据使用反滤材料不同,抢护方法有以下几种。

1. 砂石反滤层

在抢护前,先将渗水边坡的软泥、草皮及杂物等清除,清除厚度 20～30 cm。然后按反滤的要求均匀铺设一层 15～20 cm 的粗砂,上盖一层厚 10～15 cm 细石,再盖一层厚 15～20 cm、粒径 2 cm 的碎石,最后压上块石厚约 30 cm,使渗水从块石缝隙中流出,排入堤脚下导渗沟(见图 4-16)。反滤料的质量要求、铺填方法及保护措施与砂石导渗沟铺反滤料相同。

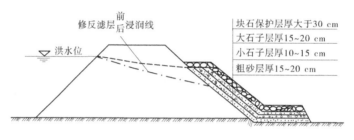

图 4-16　砂石反滤层示意图

2. 梢料反滤层(又称柴草反滤层)

按砂石反滤层的做法,将渗水堤坡清理好后,铺设一层稻糠、麦秸、稻草等细料,其厚度不小于 10 cm,再铺一层秫秸、芦苇、柳枝等粗梢料,其厚度不小于 30 cm。所铺各层梢料都应粗枝朝上,细枝朝下,从下往上铺置,在枝梢接头处,应搭接一部分。梢料反滤层做好后,所铺的芦苇、稻草一定露出堤脚外面,以便排水;上面再盖一层草袋或稻草,然后压块石或土袋保护(见图 4-17)。

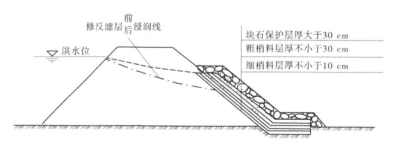

图 4-17　梢料反滤层示意图

3. 土工织物反滤导渗

当背水堤坡渗水比较严重、堤坡土质松软时,采用此法。具体做法是,按砂石反滤层的要求,清理好渗水堤坡坡面后,先满铺一层符合反滤层要求的土工织物。铺时应使搭接宽度不小于30 cm。其下面是否还要满铺一般透水料,可据情况而定,最后再压块石、碎石或土袋进行压载(见图4-18)。

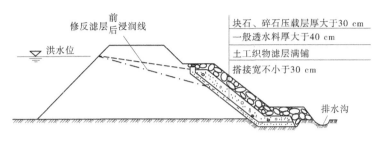

图 4-18　土工织物反滤层示意图

当下游堤坡出现渗水时,可覆盖土工织物、压重导渗或做导渗沟(见图4-19)。

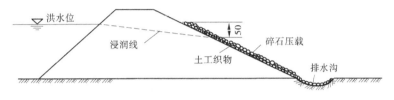

图 4-19　背水坡散浸压坡

在选用土工织物作滤层时,除要考虑土工织物本身的特性外,还要考虑被保护土壤及水流的特性。根据土工织物特性和大堤的土壤情况,常采用机织型和热粘非机织型透水土工织物,其厚度、孔隙率、孔眼大小及透水性不随压应力增减而改变。目前,生产的土工织物有效孔眼通常为 0.03 ~ 0.6 mm。针刺型土工织物,随压力的增加有效孔眼逐渐减小,为 0.05 ~ 0.15 mm。对于被保护土壤的特性,常采用土壤细粒含量的多少或土壤特征粒径表示,如 d_{10}、d_{15}、d_{50}、d_{85}、d_{90},发展到考虑土壤不均匀系数($C_u = d_{50}/d_{10}$)或相对密度、水力坡降等因素,比较细致和完善地进行分析研究和计算。

(四)透水后戗(即透水压渗台)

此法既能排出渗水,防止渗透破坏,又能加大堤身断面,达到稳定堤身的目的。一般适用于堤身断面单薄,渗水严重,滩地狭窄,背水堤坡较陡或背河堤脚有潭坑、池塘的堤段。当背水坡发生严重渗水时,应根据险情和使用材料的不同,修筑不同的透水后戗。

1. 砂土后戗

在抢护前,先将边坡渗水范围内的软泥、草皮及杂物等清除,开挖深度 10 ~ 20 cm。然后在清理好的坡面上,采用比堤身透水性大的砂土填筑,并分层夯实。砂土后戗一般高出浸润线出逸点 0.5 ~ 1.0 m,顶宽 2 ~ 4 m,戗坡 1:3 ~ 1:5。长度超过渗水堤段两端至少3 m。采用透水性较大的粗砂、中砂修做后戗,断面可小些;相反,采用透水性较小的细砂、粉砂修做后戗,断面可大些(见图4-20)。

2. 梢土后戗

当附近砂土缺乏时,可采用此法。其外形尺寸以及清基要求与砂土后戗基本相同。地基清好后,在坡脚拟抢筑后戗的地面上铺梢料厚约 30 cm。在铺料时,要分三层,上下层均用细梢料,如麦秸和秫秸等,其厚度不小于 20 cm,中层用粗梢料,如柳枝、芦苇和秫

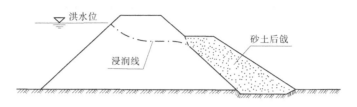

图 4-20 砂石后戗示意图

秸等,其厚度 20～30 cm。粗料要垂直堤身,头尾搭接,梢部向外,并伸出戗身,以利排水。在铺好的梢料透水层上,采用砂性土(忌用黏土)分层填土夯实,填土厚 1.0～1.5 m,然后在此填土层上仍按地面铺梢料办法(第一层)再铺第二层梢料透水层,如此层梢层土,直到设计高度。多层梢料透水层要求梢料铺放平顺,并垂直堤身轴线方向,应做成顺坡,以利排水,免除滞水(见图 4-21)。在渗水严重堤段背水坡上,为了加速渗水的排出,也可顺边坡隔一定距离铺设透水带,与梢土后戗同时施工。在边坡上铺放梢料透水带,粗料也要顺堤坡首尾相接,梢部向下,与梢土后戗内的分层梢料透水层接好,以利于坡面渗水排出,防止边坡土料带出和戗土进入梢料透水层,造成堵塞。

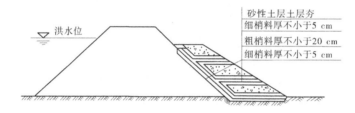

图 4-21 梢土后戗示意图

五、注意事项

在渗水抢险中应注意以下事项:

(1)对渗水险情的抢护,应遵守"临水截渗,背水导渗"的原则。但临水截渗,需在水下摸索进行,施工较难。为了避免贻误时机,应在临水截渗实施的同时,更加注意在背水面做反滤导渗。

(2)在渗水堤段坡脚附近,如有深潭、池塘,在抢护渗水险情的同时,应在堤背坡脚处抛填块石或土袋固基,以免因堤基变形而引起险情扩大。

(3)在土工织物、土工膜等合成材料的运输、存放和施工过程中,应尽量避免或缩短其直接受阳光暴晒的时间,完工后,其表面应覆盖一定厚度的保护层。尤其要注意准确选料。

(4)采用砂石料导渗,应严格按照反滤质量要求分层铺设,并尽量减少在已铺好的面上践踏,以免造成反滤层的人为破坏。

(5)导渗沟开挖形式,从导渗效果看,斜沟("Y"形与"人"形)比竖沟好,因为斜沟导渗面积比竖沟大。可结合实际,因地制宜选定沟的开挖形式,但背水坡面上一般不要开挖纵沟。

（6）使用梢料导渗，可以就地取材，施工简便，效果显著。但梢料容易腐烂，汛后须拆除，重新采取其他加固措施。

（7）在抢护渗水险情中，应尽量避免在渗水范围内来往践踏，以免加大加深稀软范围，造成施工困难和险情扩大。

（8）切忌在背河用黏性土做压渗台，因为这样会阻碍堤内渗流逸出，势必抬高浸润线，导致渗水范围扩大和险情恶化。

第三节　管　涌

堤防挡水后，出于临水面与背水面的水位差而发生渗流，若渗流出逸点的渗透坡降大于允许坡降，则可能发生管涌或流土等渗流破坏，导致堤防溃决或建筑物沉陷、倾倒等险情。

一、险情

当汛期高水位时，在堤防下游坡脚附近或坡脚以外（包括潭坑、池塘或稻田中），会发生翻沙鼓水现象。从工程地质特征和水力条件来看，有两种情况：一种是在一定的水力梯度的渗流作用下，土体（多半是沙砾石）中的细颗粒被渗流冲刷带至土体孔隙中发生移动，并被水流带出，流失的土粒逐渐增多，渗流流速增加，使较粗粒径颗粒亦逐渐流失，不断发展，形成贯穿的通道，称为管涌（又称泡泉等）；另一种是黏性土或非黏性土、颗粒均匀的砂土，在一定的水力梯度的上升渗流作用下，所产生的浮托力超过覆盖的有效压力时，则渗流通道出口局部土体表面被顶破、隆起或击穿发生"沙沸"，土粒随渗水流失，局部成洞穴、坑洼，这种现象称为流土。在堤防工程险情中，把这种地基渗流破坏的管涌和流土现象统称为翻沙鼓水。

翻沙鼓水一般发生在背水坡脚或较远的坑塘洼地，多呈孔状出水口冒水冒沙，出水口孔径小的如蚁穴，大的可达几十厘米。少则出现一两个，多则出现冒孔群或称泡泉群，冒沙处形成"沙环"。又称"土沸"或'沙沸"。有时也表现为地面土皮、土块隆起（"牛皮包"）、膨胀、浮动和断裂等现象。如翻沙鼓水发生在坑塘，水面将出现翻沙鼓泡，水中带沙色浑。随着大河水位上升，高水位持续时间增长，携带沙粒逐渐增多，沙粒不再沿出口停积成环，而是随渗水不断流失，相应孔口扩大。如不抢护，任其发展，就将把堤防工程地基下土层淘空，导致堤防工程骤然坍陷、蛰陷、裂缝、脱坡等险情，往往造成堤防溃决。因此，如有管涌发生，不论距大堤远近，不论是流土还是潜流，均应引起足够重视，严密监视。对堤防附近的管涌应组织力量，备足料物，迅速进行抢护。"牛皮包"常发生在黏土与草皮固结的地表土层，它是由于渗压水尚未顶破地表而形成的。发现"牛皮包"亦应抓紧处理，不能忽视。

二、原因分析

堤防背河出现管涌的原因，一般是堤基下有强透水砂层，或地表虽有黏性土覆盖，但由于天然或人为的因素。土层被破坏。在汛期高水位时，渗透坡降变陡，渗流的流速和压力加大。当渗透坡降大于堤基表层弱透水层的允许渗透坡降时,即发生渗透破坏,形成管涌。或者在背水坡脚以外地面,因取土、建闸、开渠、钻探、基坑开挖、挖水井、挖鱼塘等及历史溃口留下冲潭等。破坏表层覆盖,在较大的水力坡降作用下冲破土层,将下面地层中的粉细砂颗粒带出而发生管涌(见图4-22)。

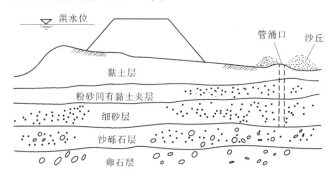

图 4-22　翻沙鼓水险情示意图

三、抢护原则

堤防发生管涌,其渗流入渗点一般在堤防临水面深水下的强透水层露头处,汛期水深流急,很难在临水面进行处理,所以险情抢护一般在背水面,其抢护应以"反滤导渗,控制涌水带沙,留有渗水出路,防止渗透破坏"为原则。对于小的仅冒清水的管涌,可以加强观察,暂不处理;对于流出浑水的管涌,不论大小,均必须迅速抢护,决不可麻痹疏忽,贻误时机,造成溃口灾害。"牛皮包"在穿破表层后,应按管涌处理。对管涌险情抢护,临时采用修筑后戗平台等压的办法,企图用土重或提高水体来平衡渗水压力,经实践证明是行不通的。有压渗水会在薄弱之处重新发生管涌、渗水、散浸,对堤防安全极为不利,因此防汛抢险人员应特别注意。

四、抢护方法

(一)反滤围井

在管涌出口处,抢筑反滤围井,制止涌水带沙,防止险情扩大。此法一般适用于背河地面或洼地坑塘出现数目不多和面积较小的管涌,以及数目虽多,但未连成大面积,可以分片处理的管涌群。对位于水下的管涌,当水深较浅时,也可采用此法。根据所用材料不同,具体做法有以下几种。

1. 砂石反滤围井

在抢筑时,先将拟建围井范围内杂物清除干净,并挖去软泥约 20 cm,周围用土袋排垒成围井。围井高度以能使水不挟带泥沙从井口顺利冒出为度。并应设排水管,以防溢流冲塌井壁。围井内径一般为管涌口直径的 10 倍左右。多管涌时四周也应留出空地,以5 倍直径为宜。井壁与堤坡或地面接触处,必须做到严密不漏水。井内如涌水过大,填筑反滤料有困难时,可先用块石或砖块袋装填塞,待水势消杀后,在井内再做反滤导渗,即按反滤的要求,分层抢铺粗料、小石子和大石子,每层厚度 20 ~ 30 cm,如发现填料下沉,可继续补充滤料,直到稳定为止。如一次铺设未能达到制止涌水带沙的效果,可以拆除上层填料,再按上述层次适当加厚填筑,直到渗水变清为止(见图4-23)。

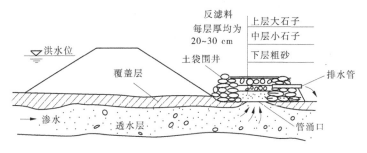

图4-23　砂石反滤围井示意图

对小的管涌或管涌群,也可用无底粮囤、筐篓,或无底水桶、汽油桶、大缸等套住出水口,在其中铺填砂石滤料,亦能起到反滤围井的作用。在易于发生管涌的堤段,有条件的可预先备好不同直径的反滤水桶(见图4-24)。在桶底桶周凿好排水孔,也可用无底桶,但底部要用铅丝编织成网格,同时备好反滤料,当发生管涌时,立即套好并按规定分层装填滤料。这样抢堵速度快,也能获得较好效果。

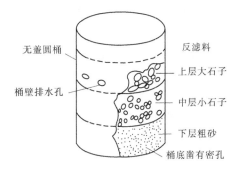

图4-24　反滤水桶示意图

2. 梢料反滤围井

在缺少砂石的地方,抢护管涌可采用梢料代替砂石,修筑梢料反滤围井。细料可采用麦秸、稻草等,厚20~30 cm;粗料可采用柳枝、秫秸和芦苇等,厚30~40 cm;其他与砂石反滤围井相同。但在反滤梢料填好后,顶部要用块石或土袋压牢,以免漂浮冲失(见图4-25)。

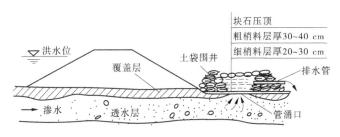

图4-25　梢料反滤围井示意图

3. 土工织物反滤围井

土工织物反滤围井的抢护方法与砂石反滤围井基本相同,但在清理地面时,应把一切带有尖、棱的石块和杂物清除干净,并加以平整,先铺符合反滤要求的土工织物。铺设时块与块之间要互相搭接好,四周用人工踩住土工织物,使其嵌入土内,然后在其上面填筑40~50 cm厚的一般砖、石透水料(见图4-26)。

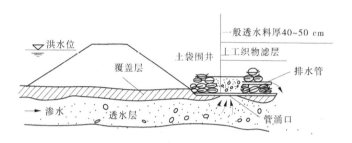

图 4-26　土工织物反滤围井示意图

(二)无滤减压围井(或称养水盆)

根据逐步抬高围井内水位减小水头差的原理,在大堤背水坡脚附近险情处抢筑围井,抬高井内水位,减小水头差,降低渗透压力,减小渗透坡降,制止渗透破坏,以稳定管涌险情。此法适用于当地缺乏反滤材料,临背水位差较小,高水位历时短,出现管涌险情范围小,管涌周围地表较坚实完整且未遭破坏,渗透系数较小的情况。具体做法有以下几种。

1. 无滤层围井

在管涌周围用土袋排垒无滤层围井,随着井内水位升高,逐渐加高加固,直至制止涌水带沙,使险情趋于稳定为止,并应设置排水管排水(见图4-27)。

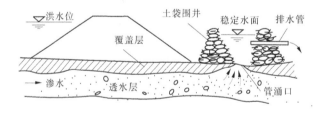

图 4-27　无滤层围井示意图

2. 无底滤水桶

对个别或面积较小的管涌,可采用无底铁桶、木桶或无底的大缸,做成无底滤水桶,紧套在出水口上面,四周用土袋围筑加固,靠桶内水位升高,逐渐减小渗水压力,制止涌水带沙,使险情得到缓解。

3. 背水月堤(又称背水围堰)

当背水堤脚附近出现分布范围较大的管涌群险情时,可在堤背出险范围外抢筑月堤,截蓄涌水,抬高水位。月堤可随水位升高而加高,直到险情稳定,然后安设排水管将余水排出。背水月堤必须保证质量标准,同时要慎重考虑月堤填筑工作与完工时间是否能适应管涌险情的发展和保证安全(见图4-28)。

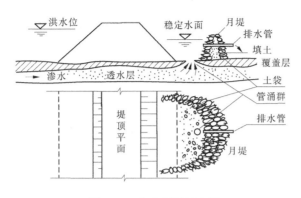

图 4-28　背水月堤示意图

(三)反滤压(铺)盖

在大堤背水坡脚附近险情处,抢修反滤压盖,可降低涌水流速,制止堤基泥沙流失,以稳定险情。此种方法一般适用于管涌较多,面积较大,涌水带沙成片,涌水涌沙比较严重的堤段。对于表层为黏性土,洞口不易迅速扩大的情况,可不用围井。

根据所用反滤材料不同,具体抢护方法有以下几种。

1.砂石反滤压(铺)盖

此法需要铺设反滤料面积较大,相对用砂石料较多,在料源充足前提下,应优先选用。在抢筑前,先清理铺设范围内的软泥和杂物,对其中涌水带沙较严重的管涌出口,用块石或砖块抛填,以消杀水势。同时在已清理好的大片有管涌冒孔群的面积上,普遍盖压一层粗砂,厚约 20 cm,其上再铺小石子或大石子各一层,厚度均约 20 cm,最后压盖块石一层,予以保护(见图 4-29)。如 1983 年 7 月 2 日在湖北省浠水永保支堤先后发现 5 处严重的管涌冒沙,一处距堤脚 350 m,口径达 80 cm,涌水水流色黄流急,出水流量约 0.1 m^3/s,冒沙 5 m^3;另一处距堤脚 400 m,口径 40 cm,涌水高 0.5 m,开始抛小卵石也稳不住,后集中抛石,消杀水势。采用反滤导渗的原理,分层抢铺砂石反滤料,险情逐渐得到缓解。

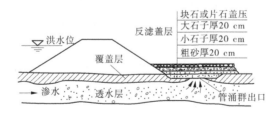

图 4-29　砂石反滤压盖示意图

2.梢料反滤压(铺)盖

梢料反滤压(铺)盖的清基要求、消杀水势措施和表层盖压保护均与砂石反滤压盖相同。在铺设时,先铺细料,如麦秸、稻草等,厚 10 ~ 15 cm,再铺粗料,如芦苇、秫秸和柳枝等,厚 15 ~ 20 cm,粗细梢料共厚约 30 cm,然后上铺席片、草垫等。这样层梢层席,视情况可只铺一层或连续数层,然后上面压盖块石或砂土袋,以免梢料漂浮。必要时再盖压透水性大的砂土,修成梢料透水平台。但梢层末端应露出平台脚外,以利渗水排出,总的厚度以能制止涌水挟带泥沙、浑水变清水、稳定险情为度(见图 4-30)。

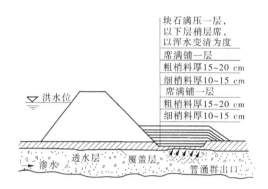

图 4-30　梢料反滤压盖示意图

3. 土工织物反滤压(铺)盖

抢筑土工织物反滤压(铺)盖的要求与砂石反滤压盖基本相同。在平整好地面、清除杂物,并视渗流流速大小采取抛投块石或砖块措施消杀水势后,先铺一层土工织物,再铺一般砖、石透水料厚 40~50 cm,或铺砂厚 5~10 cm,最后压盖块石一层(见图 4-31)。在单个管涌口,可用反滤土工织物袋(或草袋)装粒料(如卵石等)排水导渗。如对 1989 年齐齐哈尔嫩江大堤两处管涌,均采用此法控制了险情。

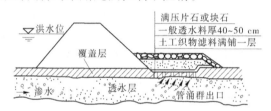

图 4-31　土工织物反滤压盖示意图

4. 装配式橡塑养水盆

此法适用于直径 0.05~0.1 m 的漏洞、管涌险情,根据逐步壅高围井内水位减少水头差的原理,利用自身的静水压力抵抗住河水的渗漏,使涌泉渗流稳定。

装配式橡塑养水盆采用有机聚酯玻璃钢材料制成,为直径 1.5 m、高 1.0 m、壁厚0.005 m 的圆桶,每节重 68 kg,节与节之间用法兰盘螺丝加固连接而成。底节分别做成1:2、1:3坡度的圆桶。它具有较高的抗拉强度和抗压强度,能满足 6 m 水头压力不发生变形的要求。使用装配式橡塑养水盆具体方法是:先以背河出逸点为中心,以 0.75 m 为半径,挖去表层土深 20 cm,整平,按照 1:2、1:3坡度安装底节。迅速用粉质黏土沿桶内壁填筑 40 cm,防止底部漏水。紧接着,用编织袋装土,根据水头差围筑外坡为 1:1 的土台,从而增强养水盆的稳定性。采用装配式橡塑养水盆的突出特点是速度快,坚固方便,可抢在险情发展的前面,使漏水稳定,达到防止险情扩大的目的(见图 4-32)。如在底节铺设一层反滤布,则成为反滤围井。

(四)透水压渗台

在河堤背水坡脚抢筑透水压渗台,可以平衡渗压,延长渗径,减小水力坡降,并能导渗滤水,防止土粒流失,使险情趋于稳定。此法适用于管涌险情较多、范围较大、反滤料缺

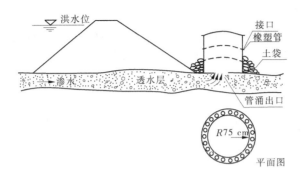

图 4-32　装配式橡塑养水盆示意图

乏,但砂土料丰富的堤段。具体做法是:先将抢筑范围内的软泥、杂物清除,对较严重的管涌或流土的出水口用砖、砂石填塞,待水势消杀后,用透水性大的砂土修筑平台,即为透水压渗台。其长、宽、高等尺寸视具体情况确定。透水压渗台的宽、高,应根据地基土质条件,分析弱透水层底部垂直向上渗压分布和修筑压渗台的土料物理力学性质,分析其在自然容重或浮容重情况下,平衡自下向上的承压水头的渗压所必需的厚度,以及因修筑压渗台导致渗径的延长、渗压的增大,最后所需要的台宽与高来确定,以能制止涌沙,使浑水变清为原则(见图 4-33)。1985 年辽宁台安县博家镇辽河大堤发生管涌,先在其上铺草袋,上压树枝 0.3 m,再修筑透水压渗台,取得了良好的效果。

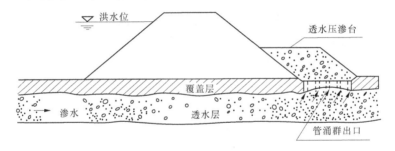

图 4-33　透水压渗台示意图

(五)水下管涌抢护

在潭坑、池塘、水沟、洼地等水下出现管涌时,可结合具体情况,采用以下方法。

1. 填塘

在人力、时间和取土条件允许时,可采用此法。填塘前应对较严重的管涌先抛石、砖块等填塞,待水势消减后,集中人力和抢护机械,采用砂性土或粗砂将坑塘填筑起来,以制止涌水带沙。

2. 水下反滤层

如坑塘过大、填塘贻误时间,可采用水下抛填反滤层的抢护方法。在抢筑时,应先填塞较严重的管涌,待水势消杀后,从水上直接向管涌区内分层按要求倾倒砂石反滤料,使管涌处形成反滤堆,不使土粒外流,以控制险情发展。这种方法用砂石较多,亦可用土袋做成水下围井以节省砂石反滤料。

3. 抬高坑塘、沟渠水位

此法的抢护、作用原理与减压围井(即养水盆)相似。为了争取时间,常利用涵闸、管道或临时安装抽水机引水入坑,抬高坑塘、沟渠水位,减少临背水头差,制止管涌冒沙现象。

(六)"牛皮包"的整理

草根或其他胶结体把黏性土层凝结在一起组成地表土层,其下为透水层时,渗透水压未能顶破表土而形成的鼓包现象称为"牛皮包"险情,这实际上是流土现象,严重时可造成漏洞。抢护方法是:在隆起部位,铺青草、麦秸或稻草一层,厚 10 ~ 20 cm。其上再铺柳枝、秫秸或芦苇一层,厚 20 ~ 30 cm。厚度超过 30 cm 时,可横竖分两层铺放。铺成后用锥戳破鼓包表层,使内部的水和空气排出,然后再压土袋或块石进行处理。

五、注意事项

(1)在堤防背水坡附近抢护管涌险情时,切忌使用不透水的材料强填硬塞,以免截断排水通路,造成渗透坡降加大,使险情恶化。各种抢护方法处理后排出的清水,应引至排水沟。

(2)堤防背水坡抢筑的压渗台,不能使用黏性土料,以免造成渗水无法排出,违反"背水导渗"的原则,必然会加剧险情。

(3)对无滤层减压围井的采用,必须具备减压围井中所提条件。同时由于井内水位高、压力大,井壁围堰要有足够的高度和强度,以免井壁被压垮,并应严密监视围堰周围地面是否有新的管涌出现。同时,还应注意不应在险区附近挖坑取土,否则会因井大抢筑不及,或围堰倒塌,造成决堤的危险。

(4)严重的管涌险情抢护,应以反滤围井为主,并优先选用砂石反滤围井和土工织物反滤围井,辅以其他措施。反滤盖层只能适用于渗水量较小、渗透流速较小的管涌,或普遍渗水的地区。

(5)应用土工合成材料抢护各种险情时,要正确掌握施工方法:①土工织物铺设前应将铺设范围内地表尽力进行清理、平整,除去尖锐硬物,以防碎石棱角刺破土工织物。②若土工织物铺设在粉粒、黏粒含量比较高的土壤上,最好先铺一层 5 ~ 10 cm 的砂层。使土工织物与堤坡较好地接触,共同形成滤层,防止在土工织物(布)的表层形成泥布。③尽可能将几幅土工织物缝制在一起,以减少搭接,土工织物铺设在地表不要拉得过紧,要有一定宽松度。④土工织物铺设时,不得在其上随意走动或将块石、杂物重掷其上,以防人为损坏。⑤当管涌处水压力比较大时,土工织物覆盖其上后,往往被水柱顶起来,原因是重压不足,应当继续加石子,也可以用编织袋或草袋装石子压重,直到压住为止。⑥要准备一定数量的缝制、铺设器具。

(6)用梢料或柴排上压土袋处理管涌时,必须留有排水出口,不能在中途把土袋搬走,以免渗水大量涌出而加重险情。

(7)修筑反滤导渗的材料,如细砂、粗砂、碎石的颗粒级配要合理,既要保证渗流畅通排出,又不让下层细颗粒土料被带走,同时不能被堵塞。导滤的层次及厚度要根据反滤层的设计而定,此外,反滤层的分层要严格掌握,不得混杂。

第四节　漏　洞

漏洞是贯穿于堤身或堤基的流水通道。漏洞水流常为压力管流,流速大,冲刷力强,险情发展快,是堤防最严重险情之一。

一、险情

在汛期或高水位情况下,堤防偎水时间长时,背水坡及坡脚附近出现横贯堤身或堤基的流水孔洞,称为漏洞。洞径小的几厘米,大的达几十厘米。漏洞又分清水漏洞和浑水漏洞。清水漏洞系堤身散浸所形成,在高水位、堤坡陡、偎水时间长的堤段,漏洞伴随散浸出现。特别是在堤身透水性大、渗流集中的背河堤坡的薄弱点出逸,由于渗流量小,土粒未被带走,流出的是清水,这表明水从洞中流出,没有带出堤内土颗粒,危险性比浑水漏洞小,但如不及时处理亦可演变为浑水漏洞,同样会造成决口危险。浑水漏洞有的是由清水漏洞演变而来的;有的是因为堤内有孔洞,洪水直接贯通流出。如不积极进行抢堵,或抢护不当,堤防随时有发生蛰陷、坍塌甚至溃决的危险,后果非常严重。因此,当发生漏洞险情时,必须慎重、认真、严肃对待,要全力以赴迅速进行抢堵。

1958年黄河下游大洪水时发生严重漏洞18处,由于及时发现进行抢护而避免决口。但是,1951年、1955年凌汛期在利津河段发生冰坝壅高水位,堤防发生严重漏洞而导致两次堤防决口的重大灾害。

二、原因分析

堤防出现漏洞的原因是多方面的,但主要原因是:①堤身土料填筑质量差,如修筑时土料含沙量大,有机质多,土块没有打碎,产生架空现象,碾压不实,分段填筑接头未处理好等;②堤身存在隐患,如蚁、鼠、獾、狐等动物在堤内挖的洞穴,以及树根、裂缝等;③堤身位于决口老口门和老险工处,筑堤时,对原抢险所用木桩、柴料等腐烂物未清除或清除不彻底;④对沿堤旧涵闸、战沟、碉堡、地窖和埋葬的棺木等,未拆除或拆除不彻底,所有这些都给水的渗漏提供了通道;⑤沿堤修筑闸站等建筑物时,建筑物与土堤结合部填筑质量差,在高水位时浸泡渗水、水流集中,汇合出流,其流速能够冲动泥土,而细土料被带出,以致形成漏洞。

三、抢护原则

抢护漏洞的原则是:"前堵(截)后导、临背并举",即在抢护时,要抢早抢小,一气呵成。首先在临河找到漏洞进水口,及时堵塞,截断漏水来源;同时,在背河漏洞出水处采取滤导措施,制止土壤冲刷流失,防止险情扩大。切忌在背河漏洞出水处用不透水材料强塞硬堵,以免造成更大险情。一般漏洞险情发展很快,特别是浑水漏洞,更容易危及堤防安全,所以堵塞漏洞要抢早抢小,一气呵成,切莫延误时机。

四、洞口探摸

在抢护漏洞前,为了截断水源,必须探找到进水口的位置,主要的探找方法详见第三章第三节。

五、抢堵方法

(一)临水截堵

当探摸到漏洞进水口较小时,一般可用软性材料堵塞,并盖压闭气;当洞口较大,堵塞不易时,可利用软帘、网兜、薄板等覆盖的办法进行堵截;当洞口较多,情况又复杂,洞口一时难以寻找,且水深较浅时,可在临河抢筑月堤,截断进水,或者在临水坡面用黏性土料帮坡,以起防渗作用,也可铺放布篷、土工膜等隔水材料堵截。

1. 塞堵法

当漏洞进水口较小,周围土质较硬时,除急用棉絮、棉被、草包或编织袋包等填塞外,还可用预制的软楔、草捆堵塞。这些方法适用于水浅、流速小,只有一个或少数洞口,人可下水接近洞口的地方,具体做法如下:

(1)软楔堵塞。用绳结成圆锥形网罩,网格约 10 cm × 10 cm。网内填麦秸、稻草等软料,为防止入水漂浮,软料里可裹填一部分黏土。软楔大头直径一般为 40 ~ 60 m,长度为 1.0 ~ 1.5 m。为抢护方便,可事先结成大小不同的网罩,在抢险时根据洞口大小在罩内充填料物后选用(见图 4-34)。

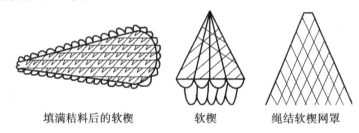

填满秸料后的软楔　　　软楔　　　绳结软楔网罩

图 4-34　软楔示意图

(2)草捆堵塞。把稻草或麦秸等用绳捆扎成锥体,粗头直径一般为 40 ~ 60 cm,长度为 1.0 ~ 1.5 m,务必捆扎牢固。为防止漂浮,也应裹入黏土,并应在汛前制作储备一定数量,以备抢险急需。在抢堵时,首先应把洞口的杂物清除,再用软楔或草捆以小头朝洞口塞入洞内。小洞可以用一个,大洞可用多个。洞口用软楔堵塞后,最好再用棉被、篷布铺盖,用土袋压牢,最后用黏性土封堵闭气,直到完全断流为止。

采用堵塞法堵漏,若洞口不只一个,要注意不要顾此失彼,扩大险情。如主洞口没有探摸清楚,也容易延误抢险时间,导致口门扩大,情况更趋严重,在堵塞时应予注意(见图 4-35)。

(3)水布袋堵漏。水布袋堵漏具有适应能力强且适应洞口形状等特点。

(4)软罩堵漏法。软罩是受门板、铁锅堵漏法的启发,研制的一种抢险堵漏工具(见图 4-36)。具有抢堵漏洞快,适应于不同形状洞口,软罩与洞口接触密实,操作简便,造价低,易携带等特点。

（5）软袋塞堵漏洞法。软袋塞堵漏洞法,是在草捆塞堵、铁锅盖堵的基础上改进而来的。袋内充填软料,用袋塞堵漏洞口。袋子以不透水材料为好,麻袋也可。袋内软料用土、锯末、麦糠、软草等掺和而成,掺和比例以使软料容重略大于水容重为度,以保证软袋在水中一个人能抱起或按下,易于操作。袋中软料充八成满,然后封口,软袋大小随意。

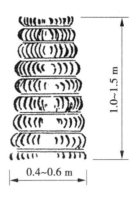

图 4-35　草捆略图

（6）探堵器探堵漏洞技术。探堵器(见图 4-37)制作简单、操作方便,具有探找漏洞口并同时进行封堵的作用,为完全堵复漏洞争取了时间。其缺陷是,是否找到洞口凭手感,所以敏感性和直观性差。

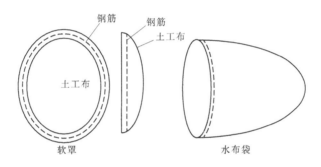

图 4-36　软罩及水布袋示意图

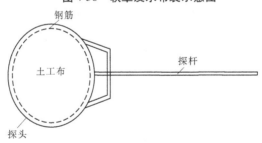

图 4-37　探堵器

2. 盖堵法

用铁锅、软帘、网兜和木板等覆盖物盖堵漏洞的进水口,待漏洞基本断流后,在上面再抛土袋或填黏土盖压闭气,以截断漏洞的流水。根据覆盖材料不同,有如下几种抢护方法:

（1）铁锅盖堵。此法适用于洞口较小,水不太深,洞口周边土质坚硬的情况。一般可用直径比洞口大的铁锅,正扣或反扣在漏洞进水口上,周围用胶泥封闭,可以立即截断水流。如铁锅略小于洞口,可将铁锅用棉被等物包住后再扣,待铁锅压紧后,应立即抛压土袋,并抛填黏性土,达到封堵严密、闭气断流的目的(见图 4-38)。

（2）软帘盖堵。此法适用于洞口附近流速较小,土质松软或周围已有许多裂缝的情

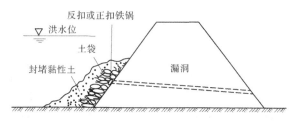

图 4-38　铁锅盖堵示意图

况。一般可选用草帘、苇箔、篷布或十丁织物布等重叠数层作为软帘,也可临时用柳枝、秸料、芦苇等编扎软帘。软帘的大小应根据洞口具体情况和需要盖堵的范围决定。软帘的上边可根据受力大小用绳索或铅丝拴牢于堤顶的木桩上,下边坠以块石、土袋等重物,以利于软帘沉贴边坡。在盖堵前,先将软帘卷起,置放在洞口的上部。盖堵用木横顶推,使其顺堤坡下滚,把洞口盖堵严密后,再盖压土袋,并抛填黏性土,达到封堵闭气的目的(见图 4-39)。

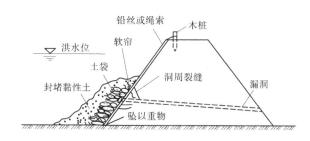

图 4-39　软帘盖堵示意图

(3)网兜盖堵。在洞口较大的情况下,也可以用预制的长方形网兜在进口盖堵。制作网兜一般采用直径 1.0 cm 左右的麻绳或 0.5 cm 的尼龙绳,织成网眼为 20 cm × 20 cm 的网,周围再用直径 3 cm 的麻绳作网框,网宽一般 2 ~ 3 m,长度应为进水口底部以上至堤顶的边长 2 倍以上。在抢堵时,将网折起,两端一并系牢于堤顶的木桩上,土网中间折叠处坠以重物。将网顺边坡沉下成网兜形,然后在网中抛填柴草、泥土或其他物料,以盖堵洞口。待洞口覆盖完成后,再抛压土袋,并抛填黏土,封闭洞口。

(4)土工布软帘盖堵。当漏洞进水口较大或附近洞口较多时,为解决软帘覆盖不到位的问题,而研究采用篷布或复合土工膜布抢护。采用复合土工膜布人工助推抢护的具体方法如下:

先将复合土工膜布(幅面宽一般 10 m 左右)上下两端各缝制一个套圈,在一上端套圈内穿一根直径 10 cm 左右的钢管,下端套圈内穿一根直径约 30 cm 的钢管(用钢筋混凝土管亦可),把复合土工膜布全卷在下端钢管上,并准备一部分细长钢管。临河堤肩上打 2 根木桩,将卷好的复合土工膜布的上端放在堤肩上,准备盖堵漏洞口的上方,让木桩挡住软帘卷筒;软帘滚筒的两端各安装 1 个套环,套环上接钢管制成的助推杆助推。当覆盖到位后,可旋转导杆,将导杆抽回重复使用。当盖堵洞口向下滚时,用人推动卷膜钢管滚动入水,使膜沿堤坡铺设,将漏洞口盖住。若一次不成,可在旁侧续投铺放,直至把洞口盖堵住。但在投放时,要注意两排块体间的搭接应不小于 0.5 m。接着在膜面上要迅速抛投土工织物袋土加以压重,防止漂浮和冲走(见图4-40、图4-41)。

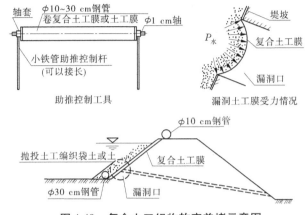

图 4-40　复合土工织物软帘盖堵示意图

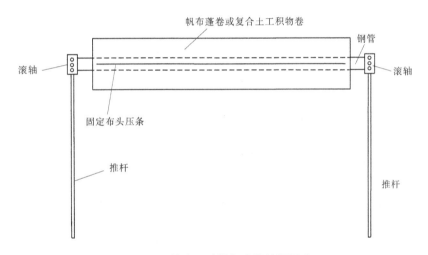

图 4-41　软帘手动推杆式抢堵漏洞法

当堤较高、堤坡较平缓,且坡面障碍物较多时,投放滚动难度大,因此需要制作专用工具,即将复合土工膜布卷在钢管上,并将钢管两侧安上堵头,在堵头中心焊接 1 根直径 1 cm、长 10 ~ 20 cm 的轴,用 2 根细长钢管作为助推控制杆,安装上套轴圈,将两根助推控制杆上的套圈与钢管卷筒两侧套住。投放时沿着堤坡同步向下滚动铺设复合土工膜布,直至推到漏洞以下,全部盖住进水口。

(5)电动式软帘抢堵漏洞(见图4-42)。该机具在软帘滚筒的一端安装一个 5 kW 的电机,由一个正、倒向开关控制,给软帘滚筒一个同轴心的转动力,迫使软帘滚筒向下推进。为了降低转速,加大扭矩,在电机一端设置变速箱。为保证电机在水下工作,做一个防水外壳,将电机和变速箱密封在里面。由人工控制能伸缩的操纵杆,保证电机和软帘滚筒的相对转动,准确掌握软帘推进的尺度,确保软帘覆盖到位。为封严软帘四周,防止漂浮、进水,解决软帘不能贴近坡面,易引发新漏洞的问题,把软帘滚筒做成两端粗(直径为30 cm)、中间细(直径为15 cm)的形状,可确保整个软帘拉平,贴近堤坡。

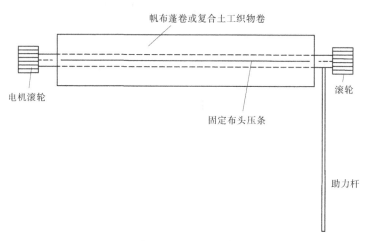

图 4-42　电动式软帘抢堵漏洞法

操作时先在堤顶上固定两根 0.5 m 长的木桩或数根 30 cm 长的铁桩,再把固定拉杆、拉绳拴于桩上,然后一人手持操纵杆,接通电源,展开软帘,依据漏洞位置,视覆盖到位情况。关闭电源,进入抢险第二阶段。如果确信软帘没有盖住漏洞入水口,开关置于倒向把软帘卷上来,调整位置重新展开软帘。

该机具主要设备有:1 台 5 kW 电机,1 块 10 m × 15 m 大篷布,1 个长 10 m、两端粗、中间细的滚筒钢笼子,1 个直径 30 mm、长 10 m 的固定拉杆,伸缩操纵杆 2 根,每根长 10 m。展开及卷起一次需 90 s。

(6)软体排覆盖。采用复合土工膜布、聚乙烯塑料绳,将若干幅的膜布缝制成宽 5 ~ 10 m,长度根据堤的高度而定,在上下端缝上直径 30 cm 左右的管状袋,两侧缝上直径 0.5 m 左右的竖袋,沿竖袋缝上直径 0.5 cm 的聚乙烯塑料绳作拉筋的软体排,以增加拉力和固定排位。在抢护时,将软体排铺放在漏洞口相应的堤肩,横向袋装满土(装土均匀),再将两侧缝合成土枕,滚排成捆,打桩挂排。投放排体时,用人力一齐排滚,使软体排沿堤坡下滚沉到漏洞口以下。当盖住洞口后,迅速从上游侧依次往下游边抛投压重,用装好的土袋往纵袋内投放,直到纵向袋超出水面,使软体排紧贴堤坡,堵截水流,使漏洞闭气(见图 4-43)。

按前述方法将复合土工膜布或土工织物制成软体排,将软体排在漏洞口相应的堤肩立定桩位,将排体上的加筋绳系在桩上,排体折叠在船上,船慢慢离岸行驶,船上卷扬机逐渐放开连接排体筋绳,将排体展开在水面上方,排体周边原有相连的土枕或系牢的重块,在逐渐松绳沉排过程中,运盖土枕、土袋或石块的船进入排体水面上,尽快并均匀地投压重物,直到软体排沉至底层盖堵住漏洞为止。

(7)铺盖 PVC 软帘堵漏。此法适用于堤坝渗水、管涌时的查漏、堵漏,也可用于堤坝的防波浪冲刷。

软帘制作。每卷软帘宽 4 m、厚 1.2 m,与坡同长。上端设直径 5 cm 钢管,下端设直径 20 cm 混凝土圆柱。涉险堤坝每 200 ~ 300 m 备份一组,每组 4 ~ 6 卷。

PVC 卷材具有一定柔性,在漏洞水力吸引下能迅速将漏洞封堵。该材料又具有其他

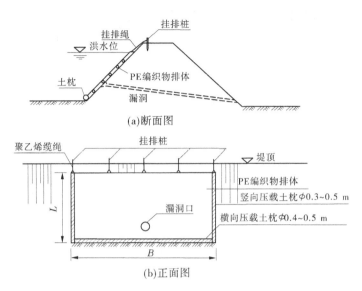

图 4-43　软体排覆盖堵漏洞示意图

柔性材料没有的一定刚性,因此受水冲摆影响小,易入水。软帘入水靠配重沿堤坡自然伸展开,软帘与堤坡的摩擦力及流水的冲浮力最小、入水角度最佳。

软帘铺盖可采取概略铺盖和拖动铺盖两种方式。概略铺盖即在渗漏的概略范围内迅速铺盖一组软帘,软帘上端钢管固定在堤肩上,利用下端混凝土与软帘自重入水,封压砂石笼或砂石袋即可(见图 4-44)。软帘从下游逆流铺设,压接宽度 30 ~ 50 cm。拖动铺盖就是在软帘的两边设牵引绳索,分别由人力及操舟机动力牵引拖动,视渗水量确定渗漏点位置,渗漏点确定后,固定软帘封压砂石笼或砂石袋(见图 4-45)。

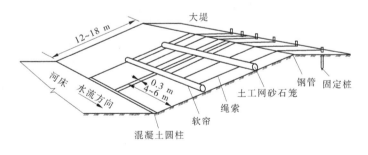

图 4-44　堤坝铺盖 PVC 软帘快速堵漏示意图

该法性能特点是:软帘入水迅速,铺盖灵活,查漏、堵漏快速可靠;操作安全简便,人员不需下水,不用电动及大型机械;汛后 PVC 软帘等主要材料可回收再用。

(8)背水坡封堵漏洞。当堤身发生漏洞或裂缝时,临水坡以软体排覆盖;背水坡一般可铺无纺土工织物,上盖足够量透水料。如出水过猛,可以先在出流处压盖一层土工织物,并在四周用土袋或土枕迅速围堆一反滤井至高出临水面水位 20 cm,并内投透水料压重,见图 4-46。

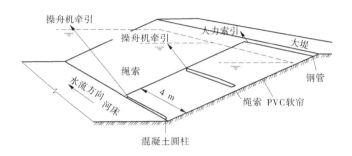

图 4-45   拖动 PVC 软帘快速堵漏示意图

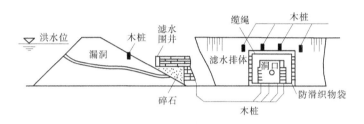

图 4-46   背水坡封堵漏示意图

3. 戗堤法

当堤防临水坡漏洞口较多、范围较大或地形复杂时,以及漏洞口位置在水下较深,或发生在夜间不易找到的情况下,可采用抛土袋和黏土填筑前戗或临水筑月堤的办法进行抢堵。具体做法如下:

(1)抛筑黏土前戗。根据漏水堤段的水深和漏水严重程度,确定抛筑前戗的尺寸,一般顶宽 2~3 m,长度最少超过漏水堤段两端各 3 m,戗顶高出水面约 1.0 m。水下坡度应以边坡稳定为度。抛填前可将边坡上的草、树木和杂物尽量清除,以免抛填土不实,影响戗体截渗效果。要提前在临水堤肩备好黏土,然后集中力量沿临水坡由上而下、由里向外,向水中均匀推进。土料入水后崩解、沉积和固结,即成截漏戗体(见图 4-47)。如发现土料向洞内流失,可适当加抛袋土或在背水坡出水处采取反滤措施。抛土时切忌用车拉土向水中猛倒,以免沉积不实,降低截渗效果。

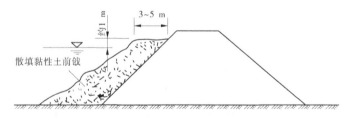

图 4-47   黏土前戗截漏示意图

(2)临水抢筑月堤。如临水水深较浅、流速较小,也可在洞口范围内用土袋修成月形围堰,将漏洞进水口围在堰内,再填筑黏土进行封闭(见图 4-48)。

(二)背河导渗

探找漏洞进水口和抢堵,均在水面以下摸索进行,要做到准确无误不遗漏,并能顺利

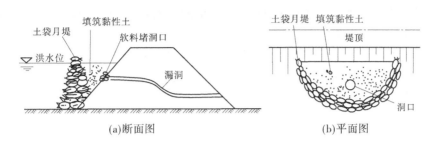

图 4-48 临水月堤堵漏示意图

堵住全部进水口,截断水源,难度很大。为了保证安全,在临水截堵漏洞的同时,还必须在背河漏洞出口处抢做反滤导渗,以制止泥沙外流,防止险情继续扩大。通常采用的方法有反滤围井法、反滤铺盖法和透水压渗台法等(适用于出水小而漏洞多的情况)。

(三)抽槽截洞

抽槽截洞是处理穿堤漏洞的措施之一。漏洞经前堵后导处理后,由于漏洞出口较低,水头压力大,虽设置了反滤井,可能还不够安全。若探得漏洞穿堤部位较高,同时堤顶较宽、堤身断面较大,可以考虑在堤顶抽槽截断漏洞。如 1954 年长江荆江大堤祁家渊、孙家屏的漏洞就是采用此法处理脱险的。但此法比较危险,必须具有一定条件:

(1)首先探测确定漏洞穿堤的深度和位置,选定采取的处理措施。

(2)要有较宽堤顶和堤身断面,抽槽后堤身仍能保持一定抗洪能力,必要时可以加宽堤身断面,不致发生意外。

(3)做好一切抢护准备,如人员组织、器材料物(土料、土袋、棉絮等)等。开工后要一鼓作气迅速完成,中途不得停工。当挖出漏洞后,先堵死进口,排干积水,清除淤泥,再堵塞出口,然后用黏性土回填夯实。

(4)抽槽截洞处理险情的措施,挖深以不超过 2 m 为宜,挖得太深会发生塌方,增加抢护难度。在高水位时此法危险性较大,必须慎重,除特殊情况外,一般不予采用。

六、注意事项

在堵漏抢护中,应注意的事项是:

(1)抢护漏洞险情是一项十分紧急的任务,一定要做到组织严密、统一指挥、措施得当、行动迅速,要尽快找到漏洞进水口,充分做好人力、料物准备。力争抢早抢小,一气呵成。

(2)在抢堵漏洞进水口时,切忌乱抛砖石等块状料物,以免架空,使漏洞继续发展扩大。

(3)在漏洞出水口处,切忌用不透水材料强塞硬堵,以免堵住一处,附近又出现多处,愈堵漏洞愈大,导致险情扩大和恶化,甚至造成堤防溃决。实践证明,在漏洞出口抛散土、土袋填压都是错误做法。

(4)采用盖堵法抢护漏洞进水口时,须防止在刚盖堵时,由于洞内断流、外部水压力增大,从洞口覆盖物的四周进水。因此,洞口覆盖后应立即封严四周,同时迅速用充足的黏土料封堵闭气;否则一次堵复失败,洞口扩大,增加再堵的困难。

（5）无论对漏洞进水口采取哪种办法探找和盖堵，都应注意探漏抢堵人员的人身安全，落实切实可行的安全措施。

（6）漏洞抢堵闭气后，还应有专人看守观察，以防再次出现漏洞。

（7）凡发生漏洞险情的堤段，大水过后，一定要进行锥探或锥探灌浆加固。必要时，要进行开挖翻筑。

第五节　滑　坡

堤坡（包括堤基）部分土体失稳滑落，同时出现趾部隆起外移的现象，称为滑坡。滑坡（亦称脱坡）有背河滑坡和临河滑坡两种，从性质上又可分为剪切破坏、塑性破坏和液化破坏，其中剪切破坏最为常见。

一、险情

堤防出现滑坡，主要是边坡失稳下滑造成的。开始时，在堤顶或堤坡上发生裂缝或蛰裂，随着险情的发展，即形成滑坡。根据滑坡的范围，一般可分为堤身与基础一起滑动和堤身局部滑动两种。前者滑动面较深，呈圆弧形，滑动体较大，堤脚附近地面往往被推挤外移、隆起，或沿地基软弱层一起滑动；后者滑动范围较小，滑裂面较浅，虽危害较轻，也应及时恢复堤身完整，以免继续发展。滑坡严重者，可导致堤防溃口，须立即抢护。由于初始阶段滑坡与崩塌现象不易区分，应对滑坡的原因和判断条件认真分析，确定滑坡性质，以利采取抢护措施。1954 年长江荆江大堤及其他干堤共发生脱坡 361 处，长达 13.8 km。1958 年洪水黄河下游发生脱坡长达 238.79 km。

二、原因分析

（1）高水位持续时间长，在渗透水压力的作用下，浸润线升高，土体抗剪强度降低，在渗水压力和土重增大的情况下，可能导致背水坡失稳，特别是边坡过陡时，更易引起滑坡。

（2）堤基处理不彻底，有松软夹层、淤泥层和液化土层，坡脚附近有渊潭和水塘等。有时虽已填塘，但施工时未处理，或处理不彻底，或处理质量不符合要求，抗剪强度低。

（3）在堤防施工中，由于铺土太厚，碾压不实，或含水量不符合要求，干容重没有达到设计标准等，致使填筑土体的抗剪强度不能满足稳定要求。冬季施工时，土料中含有冻土块，形成冻土层，解冻后水浸入软弱夹层。

（4）堤身加高培厚时，新旧土体之间结合不好，在渗水饱和后，形成软弱层。

（5）高水位时，临水坡土体处于大部分饱和、抗剪强度低的状态下。当水位骤降时，临水坡失去外水压力支持，加之堤身的反向渗压力和土体自重大的作用，可能引起失稳滑动。

（6）堤身背水坡排水设施堵塞，浸润线抬高，土体抗剪强度降低。

（7）堤防本身稳定安全系数不足，加上持续大暴雨或地震、堤顶堤坡上堆放重物等外力的作用，易引起土体失稳而造成滑坡。

三、滑坡的检查观测与分析判断

滑坡对堤防安全威胁很大,除经常进行检查外,当存在以下情况时,更应严加监视:①高水位时期;②水位骤降时期;③持续特大暴雨时;④春季解冻时期;⑤发生较强地震后。发现堤防滑坡征兆后,应根据经常性的检查资料并结合观测资料,及时进行分析判断,做到心中有数,采取得力措施,一般应从以下几方面着手:

(1)从裂缝的形状判断。滑动性裂缝主要特征是,主裂缝两端有向边坡下部逐渐弯曲的趋势,两侧往往分布有与其平行的众多小缝或主缝上下错动。

(2)从裂缝的发展规律判断。滑动性裂缝初期发展缓慢,后期逐渐加快,而非滑动性裂缝的发展则随时间逐渐减慢。

(3)从位移观测的规律判断。堤身在短时间内出现持续而显著的位移,特别是伴随着裂缝出现连续性的位移,而位移量又逐渐加大,边坡下部的水平位移量大于边坡上部的水平位移量;边坡上部垂直位移向下,边坡下部垂直位移向上。

(4)从浸润线观测资料分析判断。根据孔隙水压力观测成果判断,有孔隙水压力观测资料的堤防,当实测孔隙压力系数高于设计值时,可能是滑坡前兆,应及时进行堤坡稳定校核。根据校核结果,判断是否滑坡。

四、抢护原则

造成滑坡的原因是滑动力超过了抗滑力,所以滑坡抢护的原则是:减小滑动力和增加抗滑力。其做法可以归纳为"上部削坡与下部固脚压重"。对因渗流作用引起的滑动,必须采取"前截后导",即临水帮戗,以减少堤身渗流的措施。上部减载是在滑坡体上部削缓边坡,下部压重是抛石(或沙袋)固脚。如堤身单薄、质量差,为补救削坡后造成的堤身削弱,应采取加筑后戗的措施予以加固。如基础不好,或靠近背水坡脚有水塘,在采取固基或填塘措施后,再行还坡。必须指出的是,在抢护滑坡险情时,如果江河水位很高,则抢护临河坡的滑坡要比背水坡困难得多。为避免贻误时机,造成灾害,应临、背坡同时进行抢护。

五、抢护方法

(一)滤水土撑(又称滤水戗垛法)

在背水坡发生滑坡时,可在滑坡范围内全面抢筑导渗沟,导出滑坡体渗水,以减小渗水压力,降低浸润线,消除产生进一步滑坡的条件。至于因滑坡造成堤身断面的削弱,可采取间隔抢筑透水土撑的方法加固,防止背水坡继续滑脱。此法适用于背水堤坡排渗不畅、滑坡严重、范围较大、取土又较困难的堤段。具体做法是:先将滑坡体松土清理,然后在滑坡体上顺坡到脚直至拟做土撑部位挖沟,沟内按反滤要求铺设土工织物滤层或分层铺填砂石、梢料等反滤材料,并在其上做好覆盖保护。顺滤沟向下游挖明沟,以利渗水排出。抢护方法同渗水抢险采用的导渗法。土撑可在导渗沟完成后抓紧抢修,其尺寸应视险情和水情确定。一般每条土撑顺堤方向长 10 m 左右,顶宽 5 ~ 8 m,边坡 1∶3 ~ 1∶5,间距 8 ~ 10 m,撑顶应高出浸润线出逸点 0.5 ~ 1.0 m。土撑采用透水性较大土料,分层填筑夯实。如堤基不好,或背水坡脚靠近坑塘,或有溃水、软泥等,需先用块石、沙袋固基,用砂性土填塘,其高度应高出溃水面 0.5 ~ 1.0 m。也可采用撑沟分段结合的方法,即在土撑之间,在滑坡堤上顺坡做反滤沟,覆盖保护。在不破坏滤沟前提下,撑沟可同时施工(见图 4-49)。

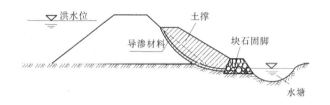

图 4-49　滤水土撑示意图

(二)滤水后戗

当背水坡滑坡严重,且堤身单薄,边坡过陡,又有滤水材料和取土较易时,可在其范围内全面抢护导渗后戗。此法既能导出渗水,降低浸润线,又能加大堤身断面,可使险情趋于稳定。具体做法与上述滤水土撑法相同。其区别在于滤水土撑法土撑是间隔抢筑,而滤水后戗法则是全面连续抢筑。其长度应超过滑坡堤段两端各 5 ~ 10 m。当滑坡面土层过于稀软不易做滤沟时,常可用土工织物、砂石或梢料做反滤材料代替,具体做法详见抢护渗水的反滤层法。

(三)滤水还坡

凡采用反滤结构恢复堤防断面、抢护滑坡的措施,均称为滤水还坡。此法适用于背水坡,主要是由土料渗透系数偏小引起堤身浸润线升高、排水不畅而形成的严重滑坡堤段。具体抢护方法如下。

1. 导渗沟滤水还坡

先在背水坡滑坡范围内做好导渗沟,其做法与上述滤水土撑导渗沟的做法相同。在导渗沟完成后,将滑坡顶部陡立的土堤削成斜坡,并将导渗沟覆盖保护后,用砂性土层土层夯,做好还坡(见图 4-50)。

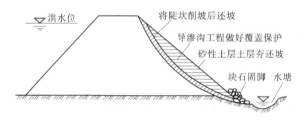

图 4-50　导渗沟滤水还坡示意图

2. 反滤层滤水还坡

此法与导渗沟滤水还坡法基本相同,仅将导渗沟改为反滤层。反滤层的做法与抢护渗水险情的反滤层做法相同(见图 4-51)。

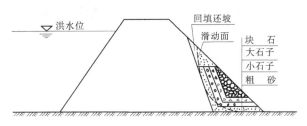

图 4-51　反滤层滤水还坡示意图

3. 透水体滤水还坡

当堤背滑坡发生在堤腰以上,或堤肩下部发生蛰裂下挫时,应采用此法。其做法与上述导渗沟和反滤层做法基本相同。如基础不好,亦应先加固地基,然后对滑坡体的松土、软泥、草皮及杂物等进行清除,并将滑坡上部陡坎削成缓坡,然后按原坡度回填透水料。根据透水体材料不同,可分为以下两种方法:

(1)砂土还坡。其作用和做法与抢护渗水险情采用的砂土后戗相同。如采用粗砂、中砂还坡,可恢复原断面;如用细砂或粉砂还坡,边坡可适当放缓。回填土时亦应层层夯实(见图 4-52)。

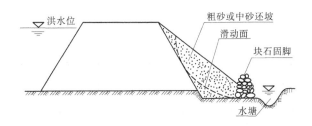

图 4-52　砂土还坡示意图

(2)梢土还坡。其作用和具体做法与抢护渗水险情采用的梢土后戗及柴土帮戗基本相同。其区别在于抢筑的断面是斜三角形,各坯梢土层是下宽上窄不相等(见图 4-53)。

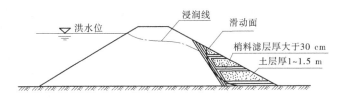

图 4-53　梢土还坡示意图

4. 前截戗渗(又称临水帮戗法)

此法主要是在临河用黏性土修前戗截渗。当背水坡滑坡严重、范围较大,在背水坡抢筑滤水土撑、滤水后戗及滤水还坡等工程需要较长时间,一时难以奏效,而临水坡又有条件抢筑截渗土戗时,可采用此法。也可与抢护背水堤坡同时进行。其具体做法与抢护渗水险情采用的抛投黏性土方法相同。

5. 护脚阻滑

此法在于增加抗滑力,减小滑动力,制止滑坡发展,以稳定险情。具体做法是:查清滑坡范围,将块石、袋(或土工编织土袋)、铅丝石笼等重物抛投在滑坡体下部堤脚附近,使其能起到阻止继续下滑和固基的双重作用。护脚加重数量可由堤坡稳定计算确定。滑动面上部和堤顶,除有重物时要移走外,还要视情况削缓边坡,以减小滑动力。

6. 土工织物反滤土袋还坡

在背水坡发生严重滑坡,又遇大风、暴雨的情况下采用此法。即在滑坡堤段范围内,全面用透水土工织物或无纺布铺盖滤水,以阻止土粒流失,此法亦称贴坡排水(见图4-54)。对大堤滑坡部位使用编织袋土叠砌还坡,以保持堤防抗洪的基本断面。如高邮湖天长具境内堤段,汛期发生严重滑坡险情,堤防很快就要溃决,迅速调来土工编织袋加固大堤,应用土工编织袋土还坡衬砌,控制住险情,转危为安。

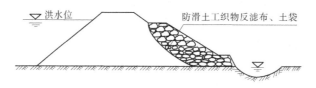

洪水位　　　　　　　　　　　　　防滑土工织物反滤布、土袋

图4-54　土工织物反滤布及土袋还坡示意图

六、注意事项

在滑坡抢护中,应注意以下事项:

(1)滑坡是堤防重大险情之一,一般发展较快,一旦出险,就要立即采取措施。在抢护时要抓紧时机,事前把料物准备好,一气呵成。在滑坡险情出现或抢护时,还可能伴随浑水漏洞、严重渗水以及再次滑坡等险情,在这种复杂紧急情况下,不要只采取单一措施,应研究选定多种适合险情的抢护方法,如抛石固脚、填塘固基、开沟导渗、透水土撑、滤水还坡、围井反滤等,在临、背水坡同时进行或采用多种方法抢护,以确保堤防安全。

(2)在渗水严重的滑坡体上,要尽量避免大量抢护人员践踏,造成险情扩大。如坡脚泥泞,人上不去,可铺些芦苇、秸料、草袋等,先上少数人工作。

(3)抛石固脚阻滑是抢护临水坡行之有效的方法,但一定要探清水下滑坡的位置,然后在滑坡体外缘进行抛石固脚,才能制止滑坡土体继续滑动。严禁在滑动土体的中上部抛石,这不但不能起到阻滑作用,反而加大了滑动力,会进一步促使土体滑动。

(4)在滑坡抢护中,也不能采用打桩的方法。因为桩的阻滑作用小,不能抵挡滑坡体的推动,而且打桩会使土体震动,抗剪强度进一步降低,特别是脱坡土体饱和或堤坡陡时,打桩不但不能阻挡滑脱土体,还会促使滑坡险情进一步恶化。只有当大堤有较坚实的基础,土压力不太大,桩能站稳时才可打桩阻滑,桩要有足够的直径和长度。

(5)开挖导渗沟,应尽可能挖至滑裂面。如情况严重,时间紧迫,不能全部挖至滑裂面,可将沟的上下两端挖至滑裂面,尽可能下端多挖,也能起到部分作用。导渗材料的顶部必须做好覆盖防护,防止滤层被堵塞,以利排水畅通。

(6)导渗沟开挖填料工作应从上到下分段进行,切勿全面同时开挖,并保护好开挖边坡,以免引起坍塌。在开挖中,松土和稀泥土都应予以清除。

(7)在出现滑坡性裂缝时,不应采取灌浆方法处理。因为浆液中的水分将降低滑坡体与堤身之间的抗滑力,对边坡稳定不利,而且灌浆压力也会加速滑坡体下滑。

(8)对由水流冲刷引起的临水堤坡滑坡,其抢护方法可参照"坍塌抢险"一节介绍方法进行。在滑坡抢险过程中,一定要做到在确保人身安全的情况下进行工作。

(9)背水滑坡部分,土壤湿软,承载力不足,在填土还坡时,必须注意观察,上土不宜过急、过量,以免超载影响土坡稳定。

第六节　跌　窝

一、险情

跌窝又称陷坑,一般是在大雨、洪峰前后或高水位情况下,经水浸泡,在堤顶、堤坡、戗台及坡脚附近,突然发生局部凹陷而形成的一种严重险情。这种险情既破坏堤防的完整性,又常缩短渗径,有时还伴随渗水、漏洞等险情发生,严重时有导致堤防突然失事的危险。1954 年洪水,长江荆江大堤发生跌窝 162 处。1981 年汛期,长江入洞庭湖的松西河,由于在堤顶堆放抢险麻袋,堤防突然塌陷,长 8 m,宽 4 m,麻袋也陷入其中,幸亏当时洪水位不高,否则难免失事。黄河下游 1958 年洪水时发生跌窝 156 处。

二、原因分析

跌窝险情的发生,主要原因是:

(1)施工质量差。主要表现在:堤防分段施工,两段接头未处理好;土块架空;水沟浪窝回填质量差;堤身、堤基局部不密实;堤内埋设涵管漏水;土石、混凝土结合部夯实质量差等。出于堤身内渗透水流作用或暴雨冲蚀,形成跌窝。

(2)堤防本身有隐患。堤身、堤基内有獾、狐、鼠、蚁等动物洞穴、坟墓、地窖、防空洞、刨树坑夯填不实等人为洞穴,以及过去抢险抛投的土袋、木材、梢杂料等日久腐烂形成的空洞等。这些洞穴遇高水时浸透或暴雨冲蚀,周围土体湿软下陷而形成跌窝。

(3)伴随渗水、管涌或漏洞形成。由于堤防渗水、管涌或漏洞等险情未能及时发现和处理,堤身或堤基局部范围内的细土料被渗透水流带走、架空,最后土体支撑不住,发生塌陷而形成跌窝。

三、抢护原则

根据险情出现的部位及原因,采取不同的措施,以"抓紧翻筑抢护,防止险情扩大"为原则,在条件允许的情况下,可采用翻挖分层填土夯实的方法予以彻底处理。当条件不允许时,如水位很高、跌窝较深,可进行临时性的填土处理。如跌窝处伴有渗水、管涌或漏洞等险情,也可采用填筑反滤导渗材料的方法处理。

四、抢护方法

(一)翻筑夯实

凡是在条件许可,而又未伴随渗水、管涌或漏洞等险情的情况下,均可采用此法。具体做法是:先将跌窝内的松土翻出,然后分层填土夯实,直到填满跌窝,恢复堤防原状为止。如跌窝出现在水下且水不太深,可修土袋围堰或桩柳围堰,将水抽干后,再行翻筑(见图4-55)。如跌窝位于堤顶或临水坡,宜用防渗性能不小于原堤土的土料,以利防渗;如跌窝位于背水坡,宜用透水性能不小于原堤土的土料,以利排水。

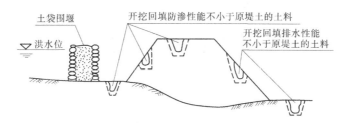

图 4-55　翻筑夯实跌窝示意图

(二)填塞封堵

当跌窝发生在堤身单薄、堤顶较窄堤防的临水坡时,首先沿跌窝周围开挖翻筑,加宽堤身断面,彻底清除堤身的隐患。如发现漏洞应立即堵住,以阻止水注入,同时可用草袋、麻袋或土工编织袋装黏性土或其他不透水材料直接在水下填实跌窝,待全部填满后再抛黏性土、散土加以封堵和帮宽。要封堵严密,不使水在跌窝处形成渗水通道(见图4-56)。

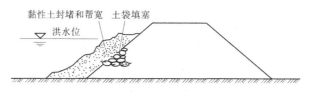

图 4-56　填塞封堵跌窝示意图

(三)填筑滤料

跌窝发生在堤防背水坡,伴随发生渗水或漏洞险情时,除尽快对堤防迎水坡渗漏通道进行截堵外,对不宜直接翻筑的背水跌窝,可采用此法抢护。具体做法是:先清除跌窝内松土或湿软土,然后用粗砂填实,如涌水水势严重,按背水导渗要求,加填石子、块石、砖块、梢料等透水材料,以消杀水势,再予填实。待跌窝填满后,可按砂石反滤层铺设方法抢护(见图4-57)。

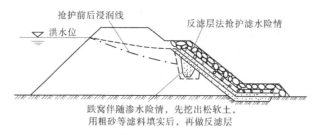

图 4-57　填筑滤料抢护跌窝示意图

五、注意事项

(1)抢护跌窝险情,应先查明原因,针对不同情况,选用不同方法,备足料物,迅速抢护。

(2)在翻筑时,应根据土质情况留足坡度或用木料支撑,以免坍塌扩大,并要便于填筑。需筑围堰时,应适当围得大些,以利抢护工作和漏水时加固。

(3)在抢护过程中,必须密切注意上游水位涨落变化,以免发生安全事故。

第七节　坍　塌

一、险情

坍塌是堤防、坝岸临水面土体崩落的重要险情。发生坍塌的主要条件,一是有环流强度和水流挟沙能力大的洪水,二是坍塌部位靠近主流,三是堤岸抗冲能力弱。坍塌险情如不及时抢护,将会造成溃堤灾害。

堤岸坍塌主要有两种类型:一是崩塌,二是滑脱。

(1)崩塌。由于水流将堤岸坡脚冲淘刷深,岸坡变陡,上层土体失稳而崩塌,其岸壁陡立,每次崩塌土体多呈条形,其长度、宽度、体积比弧形坍塌小,简称条崩。当崩塌在平面上和横断面上均为弧形阶梯式土体崩塌时,其长度、宽度、体积远大于条崩,简称窝崩。

(2)滑脱。滑脱是堤岸一部分土体向水内滑动的现象。

这两种险情,以崩塌比较严重。造成堤岸崩塌的原因是多方面的,故抢护的方法也比较多。

此类险情在黄河下游是经常发生的,而且比较严重。近年来,在河南黄河堤段的郑州市郊保合寨,武陟县北围堤、老田庵,开封市郊黑岗口,温县大玉兰,封丘曹岗;山东黄河堤段的济南市王家梨行,阳谷县陶城铺等处都发生过严重坍塌险情。三门峡库区潼关至三门峡库岸多为黄土类土质,一遇蓄水土质就饱和,岸坡被水流冲蚀造成严重塌岸。

二、原因分析

因水流冲刷堤身,土体内部的摩擦力和黏结力抵抗不住土体的自重和其他外力,使土体失去平衡而坍塌。堤防发生坍塌有以下几种情况:

(1)横河、斜河,水流直冲堤防、岸坡,加之溜靠堤脚,且水位时涨时落,溜势上提下挫,在土质不佳时,常易引起堤防坍塌险情。

(2)水位陡涨骤降,变幅大,堤坡、坝岸失去稳定性。在高水位时,堤岸浸泡饱和,土体含水量增大,抗剪强度减低;当水位骤降时,土体失去了水的顶托力,高水位时渗入土内的水,又反向河内渗出,促使堤岸滑脱坍塌。

(3)堤岸土体长期经受风雨的剥蚀、冻融,黏性土壤干缩或筑堤时碾压质量不好,堤身内有隐患等,常使堤岸发生裂缝,破坏了土体整体性,加上雨水渗入,水流冲刷和风浪振荡的作用,促使堤岸发生坍塌。

（4）堤基为粉细砂土,不耐冲刷,常受溜势顶冲而被淘空,或因地震使砂土地基液化,也将造成堤身坍塌。

三、抢护原则

抢护坍塌险情要以固基、护滩、护脚、防冲为主,即护脚抗冲,缓流挑溜,减载加帮,护岸、护坡,增强堤岸的抗冲能力,维持尚未坍塌堤岸的稳定性,制止险情继续扩大。在实地抢护时,应因地制宜,就地取材,抢小抢早。

四、抢护方法

（一）护脚固基防冲

当堤防受水流冲刷,堤脚或堤坡冲成陡坎时,针对堤岸前水流冲淘情况,可采用此法。尽快护脚固基,抑制急溜继续淘刷。根据流速大小可采用土（沙）袋、长土枕、块石、柳石枕、铅丝笼及土工编织软体排等防冲物体,加以防护。因该法具有施工简单灵活,易备料,能适应河床变形的特点,因此使用最为广泛（见图 4-58 ～ 图 4-60）。具体做法如下:

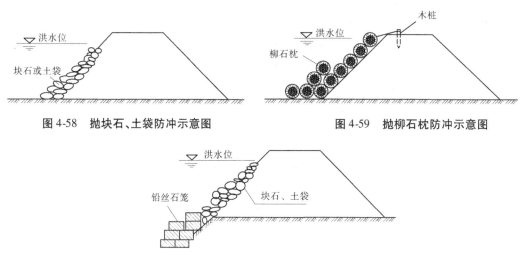

图 4-58　抛块石、土袋防冲示意图　　　　图 4-59　抛柳石枕防冲示意图

图 4-60　抛铅丝石笼防冲示意图

（1）探摸。先摸清坍塌部分的长度、宽度和深度,以便估算所需劳力和料物。

（2）制作。①柳石枕一般直径为 1.0 m、长 10 m（也可根据需要而定）,外围柳料厚 0.2 m,以柳（或苇）捆扎成小把,也可直接包裹柳料,石心直径约 0.6 m,再用铅丝或麻绳捆扎成枕。溜急处应拴系"龙筋绳"和"底钩绳",以增强抗冲力。操作程序是:打顶桩,放垫桩、铺捆绳、腰绳,铺柳排石,置龙筋绳,铺顶柳,然后进行捆抛。柳排石的体积比一般掌握在 1:2 ～ 1:2.5。铺放柳枝应在垫桩前部,底宽 1 m 左右,压宽厚为 15 ～ 20 cm,分两层铺平放匀。并应先从上游开始,根部朝上游,要一铺压一铺,上下铺相互搭接在 1/2 以上。排石要中间宽、上下窄,枕的两端各留 40 ～ 50 cm 不放石,以便捆扎枕头。排石至半高要加铺细柳一层,以利放置"龙筋绳"。捆枕方法,现多采用绞杠法（见图 4-61）。②铅丝石笼制作,已由过去人工操作逐步推广使用了"铅丝笼网片自动编织机",工效提高 10 倍左右。铅丝石笼装好后,使用抛笼架抛投。③长管袋(长土枕)采用反滤土工织物制作,管袋进行抽沙充填,直径一般为1 m,长度据出险情况而定。在长土枕下面铺设褥垫沉排布连接为整体和保护布下的床沙不被水流带走,填补凹坑或加强单薄堤身。长土枕不仅适用于堤防抢险,同样适用于河道整治工程,作为护坡护底新技术,效果良好(见图4-62)。

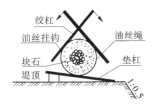 

图 4-61　绞杠法捆枕示意图　　　图 4-62　长土枕护坡护底抢护示意图

(3)抛护。在堤顶或船上沿坍塌部位抛投块石、土(沙)袋、柳石枕或铅丝笼。先从顶冲坍塌严重部位抛护,然后依次上下进行,抛至稳定坡度为止。水下抛填的坡度一般应缓于原堤坡。抛投的关键是实测或探摸险点位置准确,避免抛投体成堆压垮坡脚。水深溜急之处,可抛铅丝石笼、土工布袋装石等。

(二)沉柳缓溜防冲

此法适用于堤防临水坡被淘刷范围较大的险情,对减缓近岸流速、抗御水流比较有效。对含沙量大的河流,效果更为显著(见图4-63)。具体做法如下:

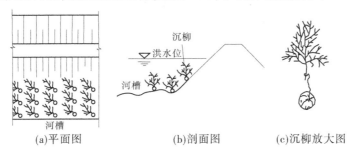

(a)平面图　　　　(b)剖面图　　　　(c)沉柳放大图

图 4-63　沉柳护脚示意图

(1)先摸清堤坡被淘刷的下沿位置、水深和范围,以确定沉柳的底部位置和数量。

(2)采用枝多叶茂的柳树头,用麻绳或铅丝将大块石或土(沙)袋捆扎在柳树头的树杈上。

(3)用船抛投。待船定位后,将树头推入水中。从下游向上游,由低处到高处,依次抛投,务使树头依次排列,紧密相连。

(4)如一排沉柳不能掩护淘刷范围,可增加沉柳排数,并使后一排的树梢重叠于前一排树杈之上,以防沉柳之间土体被淘刷。

(三)挂柳缓溜防冲

由于水流冲击或风浪拍打,堤岸坡脚已出现坍塌或将要坍塌时,可用此法缓和溜势,减缓流速,促淤防塌(见图4-64)。具体做法如下:

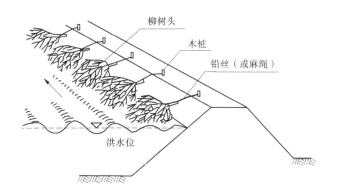

图 4-64　挂柳缓溜防冲示意图

（1）选柳。应选用枝叶茂密的柳树头，一般要求干枝长 1.0 m 以上，直径 0.1 m 左右。如柳树头较小，可将数棵捆在一起使用。

（2）挂柳。用 8 号铅丝或绳缆将柳树头根部拴在堤顶预先打好的木桩上，然后树梢向下，推柳入水。应从坍塌堤段下游开始，顺序压茬，逐棵挂向上游，棵间距离和悬挂深度应根据溜势和坍塌情况而定。如系边溜，可挂得稀一些，靠近主溜，应挂得密一些；如堤岸淘刷严重，可以密排挂柳。

（3）坠压。柳枝轻浮，若连系或坠压不牢，不但容易走失，而且不能紧贴堤坡，将影响缓溜落淤效果。因此，在推柳入水时，要用铅丝或麻绳将大块石或装砂石（砖）麻袋（或编织袋）捆扎在树杈上。坠压数量以使其紧贴堤坡不再漂浮为度。

（四）桩柴护岸（含桩柳编篱抗冲）

在水流不太深的情况下，堤坡、堤脚受水流淘刷而坍塌时，可采用此法（见图 4-65），效果较好。具体做法如下：

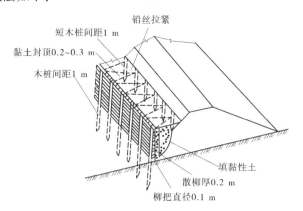

图 4-65　桩柴护岸示意图

（1）先摸清坍塌部位的水深，以确定木桩的长度。一般桩长应为水深的 2 倍，桩入土深度为桩长的 1/3 ~ 1/2。

（2）在坍塌处的下沿打桩一排，桩距 1.0 m，桩顶略高于坍塌部分的最高点。如一排不够高可在第一级护岸基础上再加为二级或三级护岸。

（3）木桩后从下到顶单个排列密叠直径约 0.1 m 的柳把（或秸把、苇把、散柳）一层。用 14 号铅丝或细麻绳捆扎成柳把，并与木桩拴牢。其后用散柳、散秸或其他软料铺填厚 0.2 m 左右，软料背后再用黏土填实。

（4）在坍塌部位的上部与前排桩交错另打长 0.5 ~ 0.6 m 的签桩一排，桩距仍为 1.0 m，略露桩顶。用麻绳或 14 号铅丝将前排桩拉紧，固定在签桩上，以免前排桩受压后倾斜。最后用 0.2 ~ 0.3 m 厚黏性土封顶。

此外，如遇串沟夺溜，顺堤行洪，水流较浅，还可横截水流，采取桩柳编篱防冲法，以达缓溜落淤防冲之目的。其做法是：横截水流，打桩一排，桩距 1.0 m，桩长以能拦截水流为准，桩顶略高于水面。然后用已捆好的柳把于桩上编成透水篱笆。一道不行可打几道。如所打柳木桩成活，还可形成活柳桩篱，长时期起缓溜落淤作用。

（五）柳石软搂

在险情紧迫时，为抢时间常采用此法（见图 4-66）。尤其在堤根行溜甚急，单纯抛乱石、土袋又难以稳定，抛铅丝石笼条件不具备时，采用此法较适宜。如溜势过大，在软搂完成后于根部抛柳石枕围护。具体做法如下：

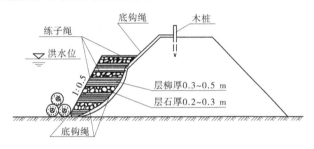

图 4-66　柳石软搂示意图

（1）打顶桩。在堤顶距临水堤肩 2 ~ 3 m 以外，根据软搂底钩绳数的需要打顶桩（桩长 1.5 ~ 1.7 m、入土 1.2 ~ 1.3 m，梢径 12 ~ 14 cm，顶径 14 ~ 16 cm）单排或双排。桩距一般 0.8 ~ 1.0 m，排距 0.3 ~ 0.5 m，前后排向下游错开 0.15 m，以免将堤顶拉开。

（2）拴底钩绳。在前排顶桩上拴底钩绳，绳的另一端活扣于船的龙骨上。如无船时可自水中搂回活扣于堤顶设置的支架上。此项绳缆应根据水流深浅、溜势缓急，选用三股麻绳（即六丈、七丈、八丈或十丈绳，直径分别为 3 ~ 4 cm、4 ~ 5 cm、5 ~ 6 cm，详见《黄河埽工技术》，下同）或三合股 12 号铅丝绳。

（3）填料。在准备搂回的底钩绳和堤坡已放置的底钩绳之间，抛填层柳层石或层柳层淤、层柳层土袋（麻袋、草袋、编织袋），一般每层铺柳枝厚 0.3 ~ 0.5 m，石淤或土袋厚 0.2 ~ 0.3 m，逐层下沉，追压到底，以出水面为度。每次加压柳石，均应适当后退，做成 1∶0.3 ~ 1∶0.5 的外坡，并要利用搂回的底钩绳加拴扎柳石层的直径 2.5 ~ 3 cm 的麻绳（即核桃绳，又称捆扎柳石层用的练子绳）或 12 号铅丝一股，系在靠堤坡的底钩绳上，以免散柳被水冲失。最后，将搂回的底钩绳全部拴拉固定在顶桩上（双排时拴在第二排顶桩上）。

（4）沉柳。若水流冲刷严重，亦可在柳石软搂外再加抛沉柳，以缓和溜势。

（5）柳石混杂（俗称"风搅雪"）。在险情过于紧迫时，个别情况下来不及实施与软搂有关的打顶桩和拴底钩绳、练子绳等措施,单纯采取层柳层石,甚至采取柳石混杂抢护的措施时,要严密注意观察溜势,必要时及时配合其他防护措施,加以补救。

(六)柳石搂厢

在大溜顶冲,堤基堤身土质不好,水深流急,险情正在扩大的情况下,可以采用此法,具体做法详见第十章第二节。

(七)土工编织布软体排

用聚丙烯编织布、聚氯乙烯绳网构成软体排,设置在坍塌险点处,然后用混凝土块或土工布土、石袋压沉于坍塌堤段处。

(八)修坝挑溜

不少堤防发生坍塌险情,都与流量大小和溜势变化有关,需要修坝御溜导流。至于在什么位置、选什么坝型、尺寸大小、用什么材料等具体措施,均视河势而定。如在主流贴岸、溜势过急坍塌堤段,可采用块石,石枕、铅丝石笼、砂石袋等抛堆成短坝挑溜外移,坝长以不影响对岸为准。

除上述方法外,必要时也可削坡减载,加筑后戗。为了抑制坍塌险情继续扩大,维持尚未坍塌堤防稳定,可对坍塌后壁立土体进行削坡减载。当坍塌段堤身断面过小,坍塌已临近堤肩时,应在堤背水坡抢筑后戗或加高培厚堤身。如坍塌险情发展特别严重,还需要在坍塌段堤后一定距离抢修月堤,建立第二道防线,以策安全。

五、注意事项

在堤防坍塌抢险中,应注意以下事项:

(1)要从河势、水流势态及河床演变等方面分析坍塌发生原因、严重程度及可能发展趋势。堤防坍塌一般随流量的大小而发生变化,特别是弯道顶点上下,主流上提下挫,坍塌位置也随之移动。汛期流量增大,水位升高,水面比降加大,主流沿河道中心曲率逐渐减小,主流靠岸位置移向下游;流量减小,水位降低,水面比降较小,主流沿弯曲河槽下泄;曲率逐渐加大,主流靠岸位置移向上游。凡属主流靠岸的部位,都可能发生堤岸坍塌,所以原来未发生坍塌的堤段,也可能出现坍塌。因此,在对原出险处进行抢护的同时,也应加强对未发生坍塌堤段的巡查,发现险情,及时采取合理抢护措施。

(2)在涨水的同时,不可忽视落水出险的可能。在大洪水、洪峰过后的落水期,特别是水位骤降时,堤岸失去高水时的平衡,有些堤段也很容易出现坍塌,切勿忽视。

(3)在涨水期,应特别注意迎溜顶冲造成坍塌的险情,稍一疏忽,会有溃堤之患。

(4)坍塌的前兆是裂缝,因此要细致检查堤、坝岸顶部和边坡裂缝的发生和发展情况,要根据裂缝分布、部位、形状以及土壤条件,分析是否会发生坍塌,可能发生哪种类型的坍塌。

(5)对于发生裂缝的堤段,特别是产生弧形裂缝的堤段,切不可堆放抢险料物或其他荷载。对裂缝要加强观测和保护,防止雨水灌入。

(6)圆弧形滑塌最为危险,应采取护岸、削坡减载、护坡固脚等措施抢护,尽量避免在堤、坝岸上打桩,因为打桩对堤、坝岸震动很大,做得不好,会加剧险情。

第八节　裂　缝

一、险情

堤坝裂缝是最常见的一种险情,有时也可能是其他险情的预兆,有些裂缝可能发展为渗透变形,甚至发展为漏洞,应引起高度重视。裂缝按其出现的部位可分为表面裂缝、内部裂缝;按其走向可分为横向裂缝、纵向裂缝、龟纹裂缝;按其成因可分为不均匀沉陷裂缝、滑坡裂缝、干缩裂缝、冰冻裂缝、震动裂缝。其中以横向裂缝和滑坡裂缝危害性较大,应加强监视,以便及时抢护。

二、原因分析

裂缝产生的主要原因是:

(1)堤坝基础地质条件、物理力学性质差异很大。基础边界条件变化,填土高差悬殊,压缩变形不相同,土壤承载能力差别大,均可引起不均匀沉陷裂缝。

(2)堤防与刚性建筑物结合处,由于结合不良,在不均匀沉陷以及渗水作用下,引起裂缝。

(3)在堤坝施工中,当采取分段施工时,由于进度不平衡,填土高差过大,未做好结合部位处理,形成不均匀沉陷裂缝。

(4)背水坡在高水位渗流作用下抗剪强度降低,临水坡水位骤降或堤脚被淘空,均有可能引起滑坡性裂缝,特别是背水坡脚有坑塘、软弱夹层时,更易发生。

(5)在施工中,由于质量控制不严,土料含水量大,或采用黏性土填筑,易引起干缩或冰冻裂缝。

(6)在施工时,对土料选择控制不严,把淤土、冻土、硬土块或带杂质土运上大堤填筑,或碾压不实,新旧结合部位未处理好,在渗流的作用下,易出现各种裂缝。

(7)由于堤防本身存在隐患,如蚁穴、獾、狐、鼠洞等,在渗流作用下,也易引起局部沉陷裂缝。

(8)震动及其他因素影响。如地震或附近爆破造成堤防基础或堤身砂土液化,引起裂缝等。

总之,造成裂缝的原因往往不是单一的,常常是两种以上原因同时存在,其中有主有次。应根据裂缝严重程度,针对不同原因,采取有效的抢护措施。

三、抢护原则

裂缝险情抢护的原则是:首先要判明产生裂缝的主要原因,对属于滑坡的纵向裂缝或不均匀沉陷引起的横向裂缝,应先从抢护滑坡或裂缝着手。对于最危险的横向裂缝,如已贯穿堤身,水流易于穿过,使裂缝冲刷扩大,甚至形成决口,因此必须迅速抢护;如裂缝部分横穿堤身,也会因渗径缩短,浸润线抬高,导致渗水加重,引起堤身破坏。因此,对横向裂缝,不论是否贯穿堤身,均应迅速处理。纵向裂缝,如较宽较深,也应及时处理;如裂缝较窄较浅或呈龟纹状,一般可暂不处理,但应注意观测其变化,堵塞缝口,以免雨水进入,待洪水过后处理。对较宽较深的裂缝,可采用灌浆或汛后用水洇实等方法处理。

四、抢护方法

裂缝险情的抢护方法,可概括为开挖回填、横墙隔断、封堵缝口等。

(一)开挖回填

采用开挖回填方法抢护裂缝比较彻底,适用于没有滑坡可能性,并经检查观测已经稳定的纵向裂缝。在开挖前,用经过滤的石灰水灌入裂缝内,便于了解裂缝的走向和深度,以指导开挖。在开挖时,一般采用梯形断面,深度挖至裂缝以下 0.3 ~ 0.5 m,底宽至少0.5 m,边坡要满足稳定及新旧填土结合的要求,并便于施工。开挖沟槽长度应超过裂缝端部 2 m。开挖的土料不应堆放在坑边,以免影响边坡稳定。不同土料应分别堆放。在开挖后,应保护坑口,避免日晒、雨淋和冻融。回填土料应与原料相同,并控制在适宜的含水量内。填筑前,应检查坑槽底和边壁原土体表层土壤含水量,如偏干,则应在表面洒水湿润;如表面过湿或冻结,应清除,然后再回填。回填要分层夯实,每层厚度约 20 cm,顶部应高出堤顶面 3 ~ 5 cm,并做成拱形,以防雨水灌入(见图 4-67)。

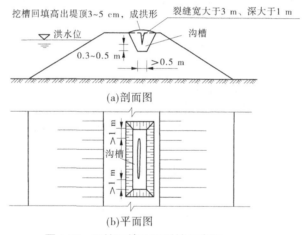

图 4-67 开挖回填处理裂缝示意图

(二)横墙隔断

此法适用于横向裂缝抢护,具体做法是:①除沿裂缝开挖沟槽外,并在与裂缝垂直方向每隔 3 ~ 5 m 增挖沟槽,槽长一般为 2.5 ~ 3.0 m,其余开挖和回填要求均与上述开挖回填法相同。②如裂缝前端已与临水相通,或有连通可能,在开挖沟槽前,应在裂缝堤段临水面先做前戗截流。在沿裂缝背水坡已有漏水时,还应同时在背水坡做好反滤导渗,以避免堤土流失。如裂缝一端临水尚未连通,并已趋于稳定,可采用"横墙隔断"方法处理。但开挖施工应从背水面开始,分段开挖回填。③当漏水严重、险情紧急或者河水猛涨来不及全面开挖时,可先沿裂缝每隔 3 ~ 5 m 挖竖井截堵。待险情缓和后,再伺机采取其他处理措施(见图 4-68)。

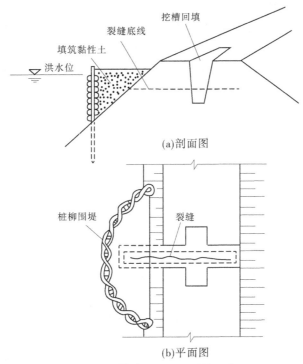

(a)剖面图

(b)平面图

图 4-68　横墙隔断处理裂缝示意图

(三)封堵缝口

1.灌堵缝口

对宽度小于 3~4 cm、深度小于 1 m,不甚严重的纵向裂缝和不规则纵横交错的龟纹裂缝,经检查已经稳定时,可采用此法。具体做法是:①用干而细的沙壤土由缝口灌入,再用板条或竹片捣实;②灌塞后,沿裂缝筑宽 5~10 cm、高 3~5 cm 的拱形土埝,压住缝口,以防雨水浸入;③灌完后,如又有裂缝出现,证明裂缝仍在发展,应仔细判明原因,根据情况,另选适宜方法处理。

2.灌浆堵缝

对缝宽较大、深度较小的裂缝,可采用自流灌浆法处理。即在缝顶开宽、深各为 0.2 m 的沟槽,先用清水灌一下,再灌水土重量比为 1:0.15 的稀泥浆,然后灌水土重量比为 1:0.25 的稠泥浆。泥浆土料为两合土,灌满后封堵沟槽。

如缝深大,开挖困难,可采用压力灌浆法处理。灌浆时可将缝口逐段封死,将灌浆管直接插入缝内,也可将缝口全部封死,由缝侧打眼灌浆,反复灌实。灌浆压力一般控制在 0.12 MPa 左右,避免跑浆。压力灌浆方法对已稳定的纵缝都适用,但不能用于滑坡性裂缝,以免加速裂缝发展。

(四)土工膜盖堵(或土工织物盖堵)

洪水期堤防常发生纵、横向裂缝。如发生横缝,深度大,又贯穿大堤断面,可采用此法。应用防渗土工薄膜或复合土工薄膜、土工织物,在临水堤坡全面铺设,并在其上用土帮坡或铺压土袋、沙袋等,使水与堤隔离起截渗作用;在背水坡采用透水土工织物进行反滤排水,保持堤身土粒稳定。

使用土工薄膜或复合土工薄膜抢堵裂缝险情的另一种方法是:在抢堵时,由插板机对准垂直横缝,将土工薄膜从堤顶打入到堤基,堵截水流。插板机由振动器、导架和两块钢板(中间夹土工薄膜)组成,总厚度 80 mm,宽度可根据埋设深度、土壤情况及振动器的有效范围确定,一般 1 m 左右。施工时先挖沟槽,插板随着开挖沟槽定位,利用振动器将插板插入地下。堤身若系砂性土,8 h 可安插薄板 20～40 m。还可利用压力水冲射法,即设置一个喷射支架,振动器附着在支架上,利用高压水流喷射和振动使土松动,将插板插入土中,然后将钢板提出,把土工薄膜留在土中,起到截断水流作用。据目前用于埋设地锁(Geojock)的情况和设备,每天可安插薄板 300～500 m²(土工薄膜的特点是:透水性小,渗透系数小于 1×10^{-10} cm/s,并具有较高的抗拉强度)。

五、注意事项

裂缝险情抢护应注意如下事项:①对已经趋于稳定并不伴随有坍塌、滑坡等险情的裂缝,才能选用上述方法进行处理。②对未堵或已堵的裂缝,均应注意观察、分析,研究其发展情况,以便及时采取必要措施。③对伴随有滑坡、坍塌险情的裂缝,应先抢护坍塌、滑坡,待脱险并趋于稳定后,必要时再按上述方法处理裂缝本身。④采取"横墙隔断"措施时是否需要做前戗、反滤导渗,或者只做前戗或反滤导渗而不做隔断墙,应当根据实际情况决定。⑤在采用"开挖回填""横墙隔断"等方法抢护险情时,必须密切注意水情、雨情的预报,并备足料物,抓住晴天,保证质量,突击完成。此外,当发现裂缝后,应尽快用土工薄膜、雨布等加以覆盖保护,不让雨水流入缝中,并加强观测。

第九节 风 浪

一、险情

汛期江河涨水以后,堤坝前水深增加,水面加宽。当风速大,风向与吹程一致时,形成冲击力强的风浪。堤防临水坡在风浪一涌一退地连续冲击下,伴随着波浪往返爬坡运动,还会产生真空作用,出现负压力,使堤防土料或护坡被水流冲击淘刷,遭受破坏。轻者把堤防临水坡冲刷成陡坎,重者造成坍塌、滑坡、漫水等险情,使堤身遭受严重破坏,以致溃决成灾。

二、原因分析

(1)堤坝抗冲能力差。如土质不合要求,碾压不密实,护坡质量差,断面单薄,高度不足等,造成抗冲能力差。

(2)风大浪高。堤防前水深大、水面宽、风速大、风向和吹程一致,则形成高浪及强大的冲击力,直接冲击堤坡,形成陡坎,侵蚀堤身。

(3)风浪爬高大。由于风浪爬高大,增加水面以上堤身的饱和范围,降低土壤的抗剪强度,造成崩塌破坏。

（4）堤坝顶高程不足，低于浪高时，波浪越顶冲刷，造成决口。

三、抢护原则

防风浪抢护，以削减风浪对临水坡冲击力，加强临水坡抗冲为主。可采用漂浮物防浪和增强临水坡抗冲能力两种方法。利用漂浮物防浪，拒波浪于堤防临水坡以外的水面上，可削减波浪的高度和冲击力，这是一种行之有效的方法。由于波浪的能量多半集中在水面上，所以把漂浮物放置在临水坡前。波浪经过漂浮物以后，其运动的规律被打乱，能量减小，浪高变低，冲击力减弱，对堤防临水坡的破坏作用也就减轻。增强临水坡抗冲能力，利用防汛料物，经过加工铺压，保护临水坡免遭冲蚀。

四、抢护方法

（一）挂柳防浪

受水流冲击或风浪拍击，堤坡或堤脚开始被淘刷时，可用此法缓和溜势，减缓流速，促淤防塌。

我国江河堤防种柳很多，挂柳防浪是比较常用的方法（具体做法见本章第七节，图4-64）。一般在4～5级风浪以下，效果比较显著。其优点是：由于柳的枝梢面大，消浪的作用较好，可以防止堤岸的淘刷，并能就地取材。其缺点是：时间稍长，柳叶容易腐烂脱落，防浪效能减低。同时，由于枝杈摇动，也会损坏堤防。

（二）挂枕防浪

挂枕防浪适用于水深不大、风浪较大的堤段。挂枕防浪一般分单枕和连环枕两种。具体做法如下。

1. 单枕防浪

（1）用柳枝、芦苇或秸料扎成直径0.5～0.8 m的枕，长短根据堤段弯曲情况而定。堤弯用短枕，堤直用长枕，最长的枕可达30～50 m。在枕的中心卷入两根直径5～7 cm的竹缆或直径3～4 cm的麻绳做芯子（俗称龙筋）。枕的纵向每隔0.6～1.0 m用10～14号铅丝捆扎。

（2）在堤顶距临水堤肩2～3 m以外打1 m长木桩一排，间距3 m。再用间距与桩距相同、条数与木桩相同的绳缆把枕拴牢，其长度依枕拴在木桩上后可随水面涨落为度。最好能随着绳缆松紧，使枕可以防御各种水位的风浪。

（3）将枕用绳缆与木桩系牢后，把枕沿堤推入水中。枕入水后，使其漂浮于距堤2～3 m（相当于2～3倍浪高）的地方。随着水位涨落，随时调整绳缆，使之保持距离，可起到消浪的作用。

（4）如果枕位不稳定，可在枕上适当拴坠块石或土袋，使其能起到消浪防冲作用为度。如风浪骤起，来不及捆枕，可将已准备好的秸料、芦苇或其他梢料捆沿堤悬挂，也能起到防风浪冲刷作用（见图4-69）。

2. 连环枕防浪

当风力较大、风浪较高，一枕不足以防止冲刷时，可以挂用两个或更多个枕，用绳缆、木杆或竹竿将多个枕捆紧联系在一起，做成连环枕，又称枕排。迎水最前面的枕直径要大

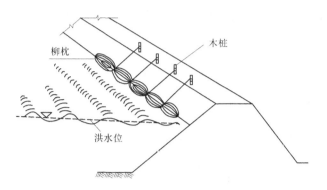

图 4-69　单枕防浪示意图

些,容重要小些,使其高浮于水面,碰击风浪。后面枕的直径逐渐减小,容重增大(可酌加柳枝),以消除余浪。连环枕比单枕牢固,防浪效果也较好,一般可以防水面较宽、风力较大的风浪。如果枕位不稳定,可以在枕上适当拴坠块石或沙袋(见图 4-70)。

(三)湖草排防浪

在防汛期间,根据预报,在大风到来以前,将湖区生长的菱草、茭草、皮条或其他浮生水面的草类割下来,并编扎成草排防浪,是一些湖区和部分中等河流上常采用的一种就地取材、费用小、做法简便的防浪方法。具体做法如下:

(1)利用湖中自然生长或人工培育的浮生草类,采割起来并编织成长 5～10 m、宽 3～5 m 的湖草排。蔓殖的草类,本身相互交织,取之就可使用。若不牢固,可用木杆或竹

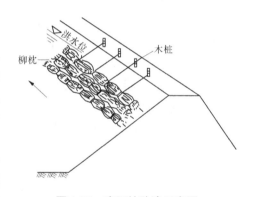

图 4-70　连环枕防浪示意图

竿捆扎加固。用船拖运到需要防浪的堤段,再用铅丝或绳缆将草排固定在堤顶的木桩上;也可用锚固定草排,使草排浮在距堤坡 3～5 m 远的水面上成为防浪草排(见图 4-71)。有的地方把这种防浪草排叫作浮墩。在风浪较大的地方,可以用几块连接在一起,以提高防浪效能。

(2)在缺少湖草的江河上,汛期洪水时,江河上游常漂来许多软草,也可以代替湖草。有时,也可以利用其他杂草、麦秸、芦苇等编织成草排。

(四)柳箔防浪

在风浪较大、堤坡土质较差的堤段,可采用此法。具体做法是:

(1)用 18 号铅丝将散柳捆扎成直径约 0.1 m、长约 2 m 的柳把,两端再用铅丝或麻绳连成柳箔。

(2)在堤顶距临水堤肩 2～3 m 处,打 1 m 长木桩一排,间距约 3 m。将柳箔上端用 8 号铅丝或绳缆系在木桩上,柳箔下端则适当坠以块石或土袋。然后将柳箔放于受冲的堤坡上。出水、入水高度可按水位和风浪情况决定。其位置除靠木桩和坠石固定外,必要时在

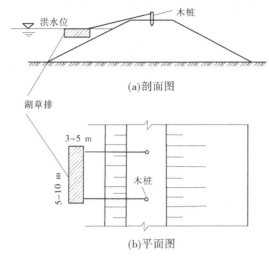

(a)剖面图

(b)平面图

图 4-71 湖草排防浪示意图

柳箔面上再压块石或土袋,以免漂浮或滑动。在风浪顶冲严重的地方,可用双排柳箔防护。

（3）如缺乏柳枝,也可用苇把、秸把代替。有时也可用散柳、芦苇或其他梢料直接铺在堤坡上,但要多用横木、块石、土袋等压牢,以防冲走（见图4-72）。

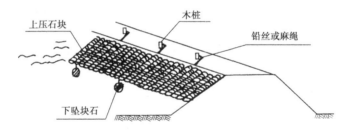

图 4-72 柳箔防浪示意图

（五）木（竹）排防浪

木（竹）排防浪的具体做法如下:

（1）木排捆扎。一般选用直径 5 ~ 15 cm 的圆木,用铅丝或绳缆扎成木排,重叠三四层,总厚度 30 ~ 50 cm,宽度 1.5 ~ 2.5 m,长度 3 ~ 5 m。按水面的宽度和预计防御风浪的大小,用一块或几块木排连接起来。

（2）圆木排列的方向应当和波浪传来的方向相垂直。圆木间的空隙约等于圆木直径的一半。

（3）木排长度、厚度和水深的关系。根据试验,同样的坡长,木排越长,消浪效果越好。木排的厚度为水深的1/10 ~ 1/20 时,消浪的效果最好。

（4）锚定的位置。防浪木排应锚定在堤身以外 10 ~ 40 m 的距离,视水面宽度而定。水面宽,距离就应大一些,以免木排撞击破坏堤身。锚链长一般应大于水深,以免锚链受拉力过大,容易被拔起。如果锚链放得过长,会降低消浪效果。一般链长超过水深 2 倍以上时,木排可以自由移动,对消浪就无显著效果。如果木排较小,也可用绳缆或铅丝拴系在堤顶的木桩上,随着水位的涨落,可紧松绳缆,调整木排的位置,但要防止木排撞击堤防边坡。

(5)木排位置。木排距堤临水坡相当于浪长的(两个浪峰之间距离)2~3倍时,消浪的效果较好。如距堤太近,很容易和堤防相冲撞;如距堤太远,木排以内的水面增宽,仍将产生波浪,失去防浪效果。

(6)在竹源丰富的地区。常采用竹排代替木排防浪,其效果亦佳。在编竹排或木排时,竹木之间均可夹以芦柴捆、柳枝捆等,以节省竹木用量,降低造价。这时应在竹木排下适当坠以块石或砂石袋,以增强防浪效果(见图4-73)。

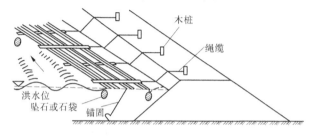

图 4-73　木(竹)排防浪示意图

(六)土袋防浪

这种方法适用于土坡抗冲性能差,当地缺少秸、柳等软料,风浪冲击较严重的堤段。具体做法如下:

(1)用草袋、麻袋或土工编织袋装土、砂、碎石、砖等,每袋装七八成后,用细麻绳捆(缝)住袋口,有利于搭接密实。水上部或水深较浅时,在土袋放置前,将堤坡适当削平,然后铺放土工织物,如无土工织物,可铺一层厚约0.1 m的软草,以代替反滤层,防止风浪将土淘出。

(2)根据风浪冲击的范围摆放土袋,袋口向里,袋底向外,依次排列,互相叠压,袋间排挤严密,上下错缝,以保证防浪效果。一般土袋以高出水面1.0 m或略高出浪高为宜。

(3)堤坡较陡时,则需在最下一层土袋前面打木桩一排,长度约1.0 m,间距0.3~0.4 m,以防止土袋向下滑动(见图4-74)。

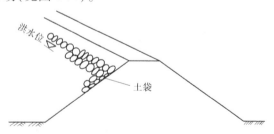

图 4-74　土袋防浪示意图

(七)桩柳防浪(柴草防浪)

在堤坡受风浪冲击范围的下沿先顺堤坡打签桩一排,再将柳枝、芦苇、秫秸等梢料分层顺铺在堤坡与签桩之间,直到高出水面1.0 m,再压以块石或土袋,以防梢料漂浮。水位上涨,防护高度不足时,可采用同法,再退后做第二级或多级桩柳防浪(见图4-75)。

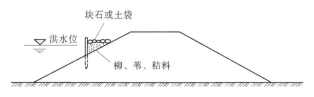

图 4-75　桩柳(柴草)防浪示意图

(八)土工织物(膜)防浪

用土工织物或土工膜布铺设在堤坡上,以抵抗波浪对堤防的破坏作用。使用这种材料,造价低,施工容易,便于推广。具体做法如下:

(1)在制作时,土工织物(膜)的宽度应按堤坡受风浪冲击的范围决定,一般不小于4 m,较高的堤防可宽达8～9 m。宽度、长度不够时,应按需要预先粘贴或焊接牢固。膜的长度短于保护堤段的长度时,允许搭接,顺堤搭接长度不小于1.0 m,并应在铺设中钉压牢固,以免被风浪揭开。

(2)在铺设前,应清除铺设范围内堤坡上的块石、树枝、杂草和土块等,以免造成土工织物的损伤。

(3)铺设时,土工织物的上沿一般应高出洪水位1.5～2.0 m,其四周用间距为1.0 m的平头钉与堤坡钉牢,上下平头钉的排距不得超过2.0 m。超过时可在土工织物的中部加钉一排或多排。平头钉由面积400 cm²、厚0.5 cm的钢板中心焊上一个长30～50 cm、直径2 cm的钢筋制成。如平头钉制作有困难,可以用长宽各30 cm、厚20 cm的预制混凝土块或碎石袋压住土工织物,其位置与平头钉相同。如用土袋代替,在水流冲击作用下,土料有被冲失的可能。堤坡如陡于1:3,所压块石和土袋有可能沿土工织物滑脱。因此,只有在险情紧迫时采用土袋,适当多压,并加强观察,随时采取补救措施,以保证防浪效果(见图4-76)。

(九)土工织物软体排防浪

应用土工织物防浪的又一种方法,是将聚丙烯编织布或无纺布缝制成简单排体,宽度按5～10 m,长度根据风浪高和超高确定,一般5～8 m,在编织布下端横向缝上直径0.3～0.5 m的横枕袋子。投放时,将排体置于堤顶,对横枕装土(装土要均匀),并封好口,滚成捆,用人力推滚排体沿堤坡滚动,下沉至浪谷以下1 m左右,并在上面抛投压载土袋或土枕,防止土工织物排体被卷起或冲走。当洪水位下降时,仍存在风浪淘刷堤坡的危害,应及时放松排体挂绳下滑。实践证明,用土工编织布或无纺布排体防风浪,效果是比较好的,同时具有施工速度快、土工织物可回收利用的特点(见图4-77)。

五、注意事项

(1)抢护风浪险情,尽量不要在堤坡上打桩,必须打桩时,桩距要大,以免破坏土体结构,影响堤防抗洪能力。

(2)防风浪一定要坚持"预防为主,防重于抢"的原则。平时要加强管理养护,备足防汛料物,避免或减少出现抢险被动局面。

(3)汛期抢做临时防浪措施,使用料物较多,效果较差,容易发生问题。因此,在风浪

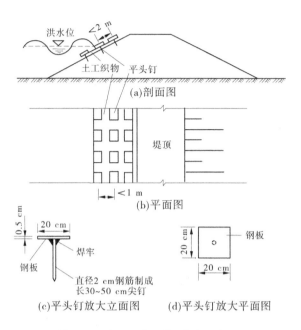

图 4-76　土工织物(膜)防浪示意图

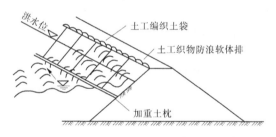

图 4-77　土工织物软体排防浪

袭击严重的堤段,如临河有滩地,应及早种植防浪林并应种好草皮护坡,这是一种行之有效的堤防防风浪的生物措施。

(4)应大力推广用土工膜、土工织物防浪的措施,它具有铺设速度快、灵活、效果好等特点,但在铺设中一定要压牢,以防被风浪卷起漂浮。

第十节　地　震

地震是指地壳发生突然震动,一般分 3 类,即构造地震、火山地震和陷落地震。世界上大多数地震属于构造地震,它是地壳在内外动力作用下产生震动弹性波,从震源向四周传播引起的地面颤动,地面上的防洪工程也可能由此遭受破坏。

一、险情

在地震区域内的防洪工程的破坏取决于地震成因、震源深度和地震强烈程度。凡地震波及河道范围的堤坝、涵闸(分洪闸、退水闸)等水工建筑物,超过原来抗震能力时,都会不同程度地遭到破坏。对堤坝,可能发生堤坝身蛰陷、土体破碎、液化、纵横裂缝、滑坡、坍塌等险情;对涵闸等水工建筑物,可能造成断裂、倾倒、滑动、闸门启闭失灵等险情。尤其是有的堤坝、涵闸、桥梁等水工建筑物,建在饱和无黏性土或少黏性土地基上,土的不均匀系数小,在地震作用下,土中孔隙水压力上升,抗剪强度降低,丧失承载能力。此时砂粒逐渐脱离相互间接触,悬浮在水中,砂土像液体一样发生流动。当发生液化时,堤坝、涵闸等水工建筑物将沉陷入堤下,完全失去抗洪能力。特别是构造性地震,活动频繁、影响范围大、破坏性强,造成的灾害往往是毁灭性的。

二、成因分析

地震险情主要原因如下:

(1)工程地质条件差。黄河下游位于华北陆块东端,地质条件复杂,河道及两侧为黄河冲积层,堤坝基多为壤土、沙壤土、粉砂、细砂、中砂以及少量黏土,有机质含量高、空隙率大、土质疏松,具有强压缩性和膨胀性,土粒不均匀系数小,一遇地震极易发生液化。此外,在历史决口堤段,堤基内有堵口用秸料、柳料、桩绳等,洪水时易出现裂缝、渗水、管涌、流土等险情。

(2)地震。黄河下游地区断裂构造发育,它与活动性断裂、断陷盆地及地幔上隆等有密切关系,郯庐、太行、方梁以及郑郯、聊考等大断裂近期活动强烈。因此,黄河下游处于强烈地震带。据分析,黄河下游地震烈度一般为7度左右,个别地方达9度。

(3)堤坝工程抗震能力低。黄河下游防洪工程属1级建筑物。根据我国水工建筑物抗震设计规范,设计地震烈度应在地震基本烈度的基础上提高1度,事实上安全性是很难达到的。经对黄河下游险工抗震稳定计算,安全系数一般为0.702～0.98,对于防止液化问题更加复杂,难有保障。

三、抢护原则

对遭受地震破坏的防洪工程的抢护,应以预防为主,重点进行加固处理。在洪水期发生破坏性地震,应全力抢护,尽量降低灾害程度。

四、抗震抢护方法

根据可能发生地震的强度,采取如下方法。

(一)放淤固堤

经初步勘测计算进行抗震,可采取临河坡放缓边坡、堤背放淤的措施。淤背体宽度不小于30 m,厚度应高出浸润线出逸点1.5 m以上。边坡为1∶3,以加强堤身稳定。2002年开始,黄河下游进行标准化堤防建设,设计堤顶宽度12 m,堤顶硬化6 m,临河种植50 m防浪林,背河100 m宽淤区,淤区高程与2000年设防水位平,淤成后种植适生林。

(二)盖重处理

若堤脚附近为粉细砂、沙壤土,为防止发生液化,也可采取盖重措施,修筑前戗或后戗,以加固堤防。具体做法见本章第二节。

(三) 其他措施

当堤基发生液化,堤身出现滑塌、沉陷、裂缝以及堤背发生渗透、管涌等险情时,其抢护原则、方法和注意事项可参照本章有关部分。

五、注意事项

(1)对堤基及两侧堤脚附近的土壤要进行全面测试,对易于液化的堤段做到心中有数,力争震前做好抗震加固。

(2)应密切注意震情预报,做好抗震准备。

(3)在汛期发生地震时,要严密检查堤防等防洪工程遭受地震破坏的程度、部位和发展状况,发现问题立即处理,尤其是在高水位时期,更应特别注意。

(4)切不可忽视余震的影响。

第五章　河道整治工程险情抢护

第一节　概　述

本章所述河道整治工程是指为控导主溜、控制河势所修建的坝、垛、护岸工程。坝指从堤身或河岸伸出,在平面上与堤或河岸线构成丁字形的坝,亦称丁坝;垛指轴线长度为10~30 m的短丁坝,平面类似鱼鳞形、燕翅形、磨盘形、人字形等,山东称为堆(如石堆、柳石堆),长江称为矶头;护岸指平顺护岸,即沿堤线或河岸所修筑的防护工程。

一、河道整治工程组成

河道整治工程由险工、控导和护滩工程组成(见图5-1)。

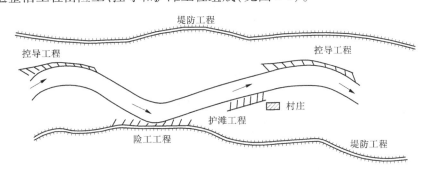

图5-1　河道整治工程图

(一)险工

险工是依托堤防修建的坝、垛、护岸工程,主要作用是防止水流直接冲刷堤防,并兼具控制河势的作用。坝顶高程与堤顶高程相同或略低,但都超出堤防设计洪水位,即洪水发生时坝顶不淹没。

(二)控导和护滩工程

控导和护滩工程是修建在滩岸上的坝、垛、护岸工程,其区别在于控导工程修建的主要目的是控导主流,而护滩工程修建的主要目的是保护滩地、村庄、码头等,次要目的是约束水流,控制河势。控导和护滩工程坝顶高程与当地滩面平或略高,但都低于堤防设计洪水位,即在较大洪水发生时,坝顶将被淹没。

二、坝垛结构

坝垛结构均由两大部分组成,一是土坝基,由壤土修筑,是裹护体依托的基础;二是裹护体,由石料等材料修筑。裹护体是坝基抗冲的"外衣"。坝基依靠裹护体保护维持其不被水流冲刷,保其安全;裹护体依靠坝基而维持其自身的稳定,发挥抗冲作用。裹护体的上部称为护坡或护坦,下部称为护根或护脚。上下部的界限一般按枯水位划分,也有按特定部位如根石台顶位置划分的。裹护体的材料多数采用石料,少数采用其他材料如混凝土板,或石料与其他材料结合使用,如护坡采用石料,护根采用模袋混凝土、冲沙土袋等沉排。

石护坡依其表层石料(俗称沿子石)施工方法不同,一般分为乱石护坡、扣石护坡、砌石护坡 3 种(见图 5-2),分别称为乱石坝、扣石坝、砌石坝。乱石护坡坡度较缓,一般坡度为 1:1.0 ~ 1:2.0,沿子石由块石中选择较大石料粗略排整,使坡面大致保持平整;扣石护坡坡度与乱石护坡相同,沿了石由大块石略作加工,光面朝外斜向砌筑,构成坝的坡面;砌石护坡坡度陡,一般仅为 1:0.3 ~ 1:0.5,沿子石光面为矩形,朝外砌筑,与扣石护坡不同的是沿子石不是斜向砌筑,而是水平砌筑,光面竖直而与坡面不一致,为保持砌筑坡度,上下两层沿子石呈台阶状。

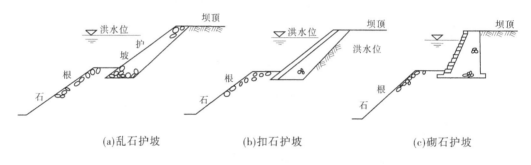

(a)乱石护坡　　　　　(b)扣石护坡　　　　　(c)砌石护坡

图 5-2　坝垛护坡形式

护根除少数为排体外,一般由柳石枕、乱石、铅丝笼等抛投物筑成。护根是护坡的基础,护根的强弱,即护根的深度、坡度、厚度对护坡的稳定起着决定性的作用。一般护根的深度达到所在部位河床冲刷最大深度,坡度达到设计稳定的坡度,厚度达到护根后面的土体不被冲刷时,坝垛才能稳定。

三、坝垛施工

坝垛施工步骤一般是先修坝基,然后修建裹护体。裹护体施工以石料为主要材料时,一般先修护根,后修护坡。当坝前为滩地时可挖槽修建护根。护根的深度取决于坝前施工时的水深即床面高程,而非最大冲刷深度,滩地挖槽深度一般为 1 ~ 2 m,如地下水位不高,也可采用施工机械增大挖深。

坝垛施工时的护根深度与坝垛运用时可能发生的最大冲刷深度有较大差值。对于像长江等具有明显深槽的河流,差值相对较小;对于像黄河下游等无明显深槽的宽浅河流,差值相对较大。黄河下游坝垛施工最大深度,一般为 3 ~ 5 m,个别达 8 ~ 10 m,实际最大冲刷深度可达 15 ~ 20 m。这种差值是在运用过程中通过不断增抛根石来逐步消除的。坝垛修建的这一特点与一般水工建筑物的施工有明显区别,即一般水工建筑物的施工是一次开挖好基坑,先修建好最下部的基础,然后由下而上逐步修筑,而坝垛是先修中上部工程、靠水流冲刷增补块石护根,由上向下修筑根基。坝垛这一施工特点决定了坝垛出险的必然性。

四、坝垛险情

坝垛出险的因素很多,有设计方面的原因,如坝垛布局不当、标准不足、护根过浅等;有施工方面的原因,如坝基土质差、未压实、护根护坡坡度陡、使用石块小等;有管理方面的原因,如观测不及时、抢护不力、反滤失效等;有水流方面的原因,如河势不稳、大溜顶冲、水位高、流速大等;有地质方面的原因,如沙质河床、层淤层沙格子底等。但最根本的一点是坝垛的强度与水流的强度是否相适应。在一定的水流强度下,坝垛强度大,不出险;坝垛强度弱,易出险。坝垛强度反映在许多方面,如坝基土质及压实质量、护坡设计与施工质量等,但最主要的是护根的深度,其次是护根的坡度和厚度。护根深度满足不了冲刷深度,护根体要坍塌下滑使其上部扩坡甚至坝基连带破坏出险。当护根深度达到冲刷深度,护根坡度陡、厚度小,承受不了上部土石压力时,仍可能发生坍塌破坏出险。如护根深度、坡度、厚度均不足,则会出大险。

坝垛险情一般有四种,即坍塌、滑动、漫溢、溃膛。

(1)坍塌险情。坍塌险情有护根坍塌、护坡坍塌、护坡与护根同时坍塌及部分坝基与护根护坡整体坍塌等。坍塌的速度取决于工程根基强弱,老工程一般是以平墩慢蛰的形式出现,新修工程则多以猛墩猛蛰的形式出现,即突然发生大体积的坍塌险情。

(2)滑动险情。滑动险情主要发生在险工上,当坝高较大、坡度较陡、基础较差时,有可能发生"圆弧滑动"式险情,护坡、护根及坝基(部分)整体向下滑塌。

(3)漫溢险情。漫溢险情主要发生在控导护滩工程上,由于坝顶允许漫溢且又无抗冲材料防护,当过坝水流流速较大时,对土坝基顶部就造成冲刷破坏。

(4)溃膛险情。溃膛险情发生在护坡与坝基结合部,当土体被冲,形成凹坑时,护坡即发生塌陷破坏。

五、坝垛抢险

坝垛抢险贵在及时。一旦发现险情要立即采取措施,奋力抢护。抢险不及时,会使小险发展成大险,抢护更加艰难,甚至出现坝长截短、坝基冲断及垮坝等现象。险工坝垛冲垮,堤防直接受到威胁,甚至有决口的危险。

(一)抢险原则

坝垛抢险原则是"护土固根"。所谓"护土",即尽量保护坝基土不被冲刷或少被冲刷。或"老坝以护根为主,新坝以护胎为主"。坝垛出险时水流流速较大,如护坡坍塌入水,坝基将裸露,土体直接受水流冲刷破坏,难以维持坝体完整。因此,抢险的首要任务是抛投防冲材料使其出水,保持坝基不再被冲后退。如坝基也有部分坍塌入水,则要采用大体积抛投物,一面使护坡出水,一面恢复水上坝基形状。所谓"固根",即是当坝垛出现险象如坝顶裂缝、护根石小范围坍塌时,说明护根不足,需要抛投料物加固,以防出大险。当护坡坍塌入水,坝基受冲时,应首先"护土",而不能首先"固根"。此时固根也不是一定要采取的抢险措施,只有经过分析,认为坍塌的护根护坡体不足以维持坝体安全而需要加固根基时,方可加抛护根体,加固根基。

单一坝垛出险抢护比较容易,因为险情集中于一个坝垛。抢险力量、料物可集中使用,易于化险为夷,但河道顶冲坝垛少则 3~5 个,多则 10 余个;另外,随着流量的变化,河势的变化,主溜顶冲工程位置也会变化,如上提下挫等,因此一处工程出险坝垛数常会较多。对于这种丛生险情,抢护的原则是"确保重点,兼顾一般"或"抢点顾线",即对重点坝垛险情必须全力以赴抢护,防止垮坝后使其他坝垛抢护艰难,同时对其他坝垛的重要部位如坝前头、迎水面等险情尽量兼顾,控制险情发展。这时首先要保护各坝土坝基不被冲垮,加固根基工程可暂不进行。力量允许时,在保证重点坝垛或重大险情抢护安全的条件下,才对其他坝垛或一般险情给予全力抢护。

(二)抢险方案

抢险方案的核心内容是"人力、料物、技术",俗称抢险三要素。欲保证抢险成功,三要素缺一不可。人力是指抢险队伍的人员组成、人数及素质,没有人或人员不够就完不成抢险任务。料物是指抢险所需要的各种料物及机具,料物缺乏或不足、上料迟缓常是导致抢险失败的主要原因。技术措施是抢险的关键,抢险措施得当,方法对头,常事半功倍,很快转危为安;相反,则事倍功半,久抢不息,十分被动。抢险时间紧、任务重,除要确保技术措施合理可靠外,还要把握险情的发展趋势,注意观测气象、水情及河势变化,调整抢险策略。如后续来水加大,河势有下挫趋势,抢险的重点应放在将要下挫靠溜的坝垛上;相反,后续来水减少,河势有上提趋势,则抢险重点应放在将要上提靠溜的坝垛上。如河势上提或下挫范围内坝垛无险情,则应做好抢险准备。因此,制订抢险方案时对河势要进行预估,抢险过程中还要根据新的变化了的情况及时调整抢险方案,确保万无一失。

第二节　险情监测

抢护险情一定要"抢早抢小",即坝垛出现险情要早抢护,在较小的情况下抢护,只有这样才能使抢险容易成功,确保工程安全;抢晚了,险情发展大了,不仅耗费大量的人力物力,而且会使险情变得复杂,抢护难度大,甚至导致抢险失败,工程被冲垮。要达到险情"抢早抢小",必须做好险情监测工作,及早发现险情,及早抢护险情,把险情消灭在萌芽状态,因此险情监测在抢险中占有重要地位。

坝垛出险一般取决于两个条件:一是水流条件,水流条件即河势溜向及对坝垛的影响程度。河势变化大,工程出险坝头多,抢险战线长;河势变化小,工程出险坝头少,抢险战线短。二是工程条件,即坝垛根基深度、坡度和厚度,根基坡度陡、深度浅、厚度薄,易出险。因此,险情监测从宏观上讲首先应对河势及工程基础进行监测。在河势及工程基础一定的条件下,险情监测的对象是对具体坝垛具体险情的监测。

一、河势观测与分析

(一)河势观测

河势是河道水流的平面形势及其发展趋势。平面形势主要指河道水流在平面上的分汊状况和主溜对防洪及滩区的影响状况。河道水流分散,支汊多,主溜变化无常,险工、控导护滩工程脱河,堤防安全或滩区群众生产生活受到威胁,显然是不利河势;相反,河道水流单一规顺,主溜变化不大,按照规划修建的工程都能靠河着溜,发挥作用,显然是有利河势。河道水流的发展趋势是指在现状河势及今后上游来水来沙条件下主溜变化的趋势。一般地说,如现状河势不利,今后发展亦不利,则是恶化河势;如现状河势有利,今后发展不利,是不利河势;如现状河势有利,今后发展亦有利,或现状河势不利,今后发展有利,则是有利河势。河势变化的关键是主溜,主溜位置比较稳定,河势变化小;主溜位置不稳定,河势变化大。主溜位置稳定与否,主要取决于水沙条件的变化和河岸抗冲强度。大流量主溜趋直,小流量主溜变弯;河岸抗冲能力强,主溜相对稳定,河岸抗冲能力弱,主溜不稳定。

河势观测的任务即对现状河势进行全面观测了解并绘出河势图,然后进行分析。河势分析即对现状河势状况进行剖析,对其发展趋势进行预估,在此基础上做出评价,得出是有利河势还是不利河势。从坝垛抢险角度出发,即这种河势对抢险是有利还是不利。

坝垛抢险时河势观测的范围一般是抢险坝垛所在工程上游两三个河弯,对其河势状况进行观测,只有这样,河势分析才能有全面性和准确性。河势观测方法依河道宽窄确定,宽河道宜乘船观测,窄河道可沿河岸观测。观测结果应绘出河势图,包括两岸水边线,心滩位置及大小,各汊河过流量占整个河道过流的百分比,主汊及支汊的主溜线位置,滩面的出水高度,滩岸坍塌后退长度、速度,各河弯河道整治工程靠溜状况等。在绘制河势图时,主溜线的位置应尽量准确画出,河道整治工程着溜状况应尽量标示准确。一处河道整治工程靠溜状况分四种:大溜、边溜、回溜、无溜(静水)。

抢险河势分析落脚点在于抢险坝垛河势稳定程度。根据上游两三个河弯河势状况、塌滩状况,结合来水状况,分析预估未来抢险坝垛河势是否会发生变化,由此确定或调整抢险方案。可能会遇到以下三种情况:一是河势处于稳定状态,短期内不可能发生大的变化,这时抢险要按打阵地战、持久战作准备。对于临时护滩工程的抢险,这种河势是不利的,因为投入大,效益差。对于按规划修建的永久性工程,则通过抢险加固了坝垛的根基,是一种施工性质的抢险,投入大,避免或减少今后抢险,效益好。虽然抢险紧张,但仍是一种有利河势。二是因来水增加,河势大幅度下滑,甚至主溜趋中,整个工程各坝垛均不靠大溜,则抢险是暂时的,险情会得到缓解。三是河势极不稳定,在工程范围内提挫变化范围大,易生险情,这时抢险要打拉锯战、持久战、被动战,这是最为不利的一种河势。

(二)河势分析方法

一般是根据经验判断,这就要求河势分析人员平时注重掌握河势一般演变规律,当地河势演变的具体特点,当地河道两岸边界条件状况及对河势变化的影响,上游来水来沙对本河段河势的影响等,然后再结合查勘观测现状,运用已有经验,进行具体问题具体分析,最后提出河势的发展趋势,指导抢险。

二、坝垛根基探测

坝垛护根基础的坡度及深度对坝垛在运用中是否出险影响很大,为此需要不断对坝垛基础进行探测,及时掌握变化情况,发现问题就要采取加固措施,防止出险。

(一)根基探测的要求

根基探测分定期探测和不定期探测。定期探测一般是在汛前、汛后对坝垛进行普遍探测。汛前探测是为了使坝垛根基存在的问题得到及时反映,并对根基薄弱的坝垛进行加固,以利安全度汛。汛后探测是为了了解坝垛在汛期运用过程中根基发生的变化情况。为编制整修加固计划提供基本资料。不定期探测一般在洪水过程中、抢险过程及加固根基施工过程中进行。在一场洪水过程中,特别是有些坝垛长期受大溜顶冲,根基被毁严重时,不断探测,可及时发现根基坡度过陡现象,预估险情能否发生及发生后的严重程度,据此采取相应加固措施,防止重大险情发生,以利防守主动;在抢险抛根或维修加固施工过程中都要不断进行根基探测,以便掌握所抛石料或铅丝笼等抛投物到位情况,最终达到计划或设计要求,保证质量标准。

坝垛根基探测是在预先设置的固定观测断面上进行的。观测断面一般由 2 个固定点决定,一个是在坝顶上口,一个是在坝顶轴线部位或坝坡上或根石台顶上。观测断面数量依坝垛长短确定,一般 100 m 长丁坝,迎水面设置 2 个或 3 个观测断面,在上跨角、坝前头、下跨角、背水面各设一个断面。

观测成果包括断面图、缺石工程量及分析报告三部分。断面图是按一定比例绘制的坝垛临河侧轮廓线图,一般由坝顶、护坡、根石、河床四部分组成。坝顶不一定全部绘出,可绘 2 ~ 3 m 宽,护坡可按实测或原竣工资料绘制,根基坡度及深度按探测资料绘制,河床宽仅绘靠坝根附近范围,如 2 ~ 4 m。每一个断面图都必须标注工程名称、坝垛编号、断面位置及编号、坝顶高程、根石顶高程、河床床面高程、探测日期及当地流量和水位、探测方法。由于探测是了解根基情况,因此除根据探测资料准确绘制根基坡度形状外,还应用适线法绘出探测的根基平均坡度及设计稳定坡度,必要时应将上一次探测断面套绘于同一断面上,以便对比分析。探测报告包括三个方面内容:一是对根基断面的分析,二是缺石量的计算,三是拟采取的抢险或加固措施。根基断面分析是对实测现状根基坡度与设计稳定根基坡度进行对比分析。黄河上抛石护根设计稳定根石坡度近期确定为 1∶1.3 ~ 1∶1.5,当实测根石平均坡度小于 1∶1.3 时,说明根石处于不稳定状态,要考虑加固;当根石平均坡度为 1∶1.3 ~ 1∶1.5 时,说明根石处于基本稳定状态,是否采取加固措施,需根据坝垛靠溜及投资等情况确定;当根石平均坡度等于或大于 1∶1.5 时,说明根石处于稳定状态,不需进行加固。实际操作中还有一个危险临界坡度,即当根石平均坡度等于或小于 1∶1.0 时,任何情况下都需要采取措施进行加固,如在汛期发现,说明可能有险情出现,应立即加固。坝垛缺石量是指根石平均坡度小于设计稳定坡度时所缺石料数量。计算方法是将根石平均坡度与设计稳定坡度之间所围成的面积乘以该面积所代表的长度,即得一个断面的缺石量。将一个坝垛各断面的缺石量相加即得该坝垛的总缺石量,类推可求出一处工程所有坝垛总缺石量。计算时要注意的是坝头的断面代表长度应取断面重心处的长度而不能在坝顶上取裹护体长度。抢险时在出险范围内可根据出险长度临时增设探测断面并据此计算抢险抛投物工程量,以求准确。在确定采取工程措施进行加固时,主要依据断面坡度,其次考虑根基深度及靠溜状况等。所计算的缺石量实际是所缺的体积,即抛投物的工程量。对于散抛块石护根,抛投物一般仍采用块石,在大溜顶冲的坝垛上跨角及前头部位可考虑抛投大块石或铅丝笼。对于新修工程因根基浅,可考虑抛投柳石枕;对于抢险坝垛,柳石搂厢、柳石枕、散抛石、铅丝笼等均有可能采用,应依据抢险方案确定。

探测报告是在对各坝垛具体分析的基础上编写的,在宏观上应进行一处工程甚至是整个河务部门所辖各工程的统计分析,包括工程数量、坝垛数量、根基不稳定、基本稳定、稳定的坝垛数量及所占百分比,总缺石量及急需解决的抛石量,汛期可能出险坝垛预估等。

(二)根基探测方法

根基探测方法很多,大致可分为人工探测和专用仪器探测两类。人工探测依使用工具不同有锥探、绳探等方法,仪器探测依使用仪器不同有地层剖面仪等方法。

1. 人工探测

人工探测是采用锥探测量根基表面某点深度,用皮尺测量子距,然后据此绘出根基断面图。锥杆为由直径 16 ~ 19 mm 优质圆钢制成,下端加工成锥形或用丝扣连一锥形锥头,以便在锥探时能穿过抛投物上的沉积土层。具体操作步骤是:在设置断面坝坡外口或根石台外口用皮尺每隔 1 ~ 2 m 测一根基抛投物表层深度。如抛投物为石料,则以锥头遇到石块为止;如锥头锥入河床泥土内一定深度后仍遇不到石块,应继续测两三个点;如仍遇不到石块,则表明已超出根石深度,即以最后遇石一点的深度作为根石深度。在测量根基断面时,如坝前无水,锥探可在旱滩上进行,锥用支架固定支撑;如坝前有水,锥在船上支撑,如水深超过 10 m 或坝前流速很大,可改用绳拴重物加测。锥探根基简单易行,精度较高,但是在水深流急时不仅固定船困难,而且精度不易保证,甚至会出事故。

2. SP – 2 型浅地层剖面仪探测

SP – 2 型浅地层剖面仪为日本制造,是依据声学原理,采用声学电子技术探测水下几十米地层分层结构的仪器,由发射换能器、接收换能器、发射器、接收机、记录机五个部分及辅助设备稳频同步电源、汽油发电机组成。可探测地层深度 50 m,可分辨出厚度大于 0.3 m 的淤泥、砂卵石、块石等地层,地质断面可直接显示和连续记录。1976 年长江荆江大堤护岸工程使用 SP – 2 型浅地层剖面仪探测水下块石分布范围,效果较好。工作船功率 132.3 kW(180 马力),吃水深 1 m,各施测断面间距为 40 ~ 50 m,并视情况加密,断面测点用经纬仪前方交会定位,5 ~ 15 s 定位 1 次。探测结果与历年工程施工和探摸结果基本相符,仅抛石区外缘记录图像不甚清晰。

3. X – STAR 剖面仪探测

X – STAR 剖面仪全称为"X – STAR 全谱扫频式数字浅地层剖面仪",由黄河设计公司引进的"948"项目,是目前较先进的水下工程基础探测仪器,其工作原理是:基于河水、沉积泥沙、根石界面之间波阻抗差异,当声波入射到水与沉积泥沙界面及沉积泥沙与根石界面时,会发生反射,仪器记录来自不同波阻抗界面的反射信号,同时将 GPS 定位系统测量的三维坐标记录到采取的信号中,使探测数据与定位数据实时同步,对信号进行识别、数据处理得到水下根石的分布信息。

三、险情监测

一处河道整治工程坝垛险情监测包括险情检查、险象观测、抢险观测三个方面的内容。

(一)险情检查

险情检查即查险,分定期查险和不定期查险。定期查险即每周或每月对靠河着溜坝垛进行巡查,发现险情及时报告。不定期查险一般在洪水期或中水大溜长时间顶冲坝垛时进行,必要时全天候巡查,确保险情及时发现、及早抢护。

　　一处工程查险重点首先要放在着溜较重的坝垛上,其次是着溜较轻但根基薄弱的坝垛,另外要根据河势上提下挫变化,对新靠河着溜的坝垛加强观测,防止突发险情发生。

　　在对某一具体坝垛进行查险时,重点是坝前头和上跨角部位。如迎水面较长,靠溜较紧时也应注意观测。如坝上游或坝下游回溜较大,应加强迎水面后尾或背水面的观测,防止坝基未裹护部分甚至联坝被冲刷塌退。

　　查险方法主要是目测和探测。目测是观测根石台是否有坍塌现象,坦石是否有坍塌现象,坝顶是否有纵向裂缝等。探测是手持长杆深入水中,探测根石坡度变化情况。

　　查险时要做好记录。发现险情险象必须详加记载,主要内容有发现时间、坝号、部位、长度、高度、宽度、坍塌体入水深度、出险原因等。遇有重大险情要派专人立即上报,并迅速组织人力进行抢护。

　　(二)险象观测

　　坝垛出现轻微破坏不需要采取抢护措施的现象称为险象。险象是坝垛可能出险的征兆,因此必须引起重视,加强观测。坝垛险象一般有根石坡局部蛰动、扣石和砌石护坡裂缝、坝顶裂缝等。

　　根石水上局部蛰动反映水下根石已发生走失现象,如继续大量走失,可导致上部根石甚至坦石坍塌出险。这时要详细记录蛰动尺度,为以后观测提供比较基础。如多次观测比较发现坍塌速度加快,出险尺度增大,应视为险情,立即组织人员进行抢护。

　　扣石和砌石坝坡出现裂缝可能是根基蛰动引起的,也可能是腹石或坝基土胎变形引起的。前者可能是较大险情的征兆,后者则可能是一般险情的征兆。对护坡裂缝险象的观测主要是选择若干固定点观测缝宽、缝长及护坡裂缝两侧高差的变化。对因基础薄弱蛰动产生的裂缝,观测次数应适当增加。

　　坝顶裂缝多发生在土坝基靠近临河侧,走向与坝轴线基本平行,两端略呈弧形且向临河外口方向延伸,裂缝一般为1条,有时为2条或3条,如有多条裂缝则必有一条主缝,主缝缝宽、缝长都较大。新工程如为搂厢进占修筑或柳石枕抛护,此时坝顶裂缝有时为软料压缩变形引起,一经出现很快发展,对工程安全无大的影响,可以用填土覆盖裂缝处理而无须观测。但是坝顶裂缝大都是由根基薄弱引起的,新修工程经常发生,一些老工程尤其是砌石坝工程也常发生。对于因根基薄弱产生的裂缝要作为重点严加观测,特别是坝前受大溜顶冲时更不能忽视,因为这种裂缝可能是重大险情出现的征兆。坝顶裂缝出现后要测量记录各条裂缝的长度、最大及平均缝宽、最大及平均缝深,并绘出平面草图。选择若干固定观测点,在裂缝两侧做好标志以便观测缝宽及沉降变化。对确定观测的裂缝要严加保护,防止雨水进入。与此同时要进行根基探测,发现根基坡度过陡或有明显凹陷要采取加固措施,防止重大险情出现。

　　(三)抢险观测

　　河势溜向观测一般是观测出险坝垛上游来溜方向及分析稳定程度,对于重大险情,河势溜向观测范围须向工程上游延伸两三个河湾,以便分析准确。如上游各河湾溜势均处于稳定状态,根据水情预报,短期内流量也不会发生大的变化,则出险坝垛河势可能稳定一段时间,即险情有朝恶化方向发展的可能,抢护措施要加大力度,抛投重型料物,并按

"持久战"做好抢险及加固工作。如上游各河湾之一或全部溜势处于不稳定状态,或短期内大河流量会有较大变化,表明出险坝垛溜势不稳,可能上提下挫至其他坝上,险情不会持续发展,抢险措施按"游击战"准备,即以抛投轻型临时料物为主,维系坝垛安全,加固料物抛投可适当减少或不进行,以节省人力物力用于其他坝垛抢险。由此可以看出,在抢险中加强河势溜向观测可以对险情发展有一准确估计,从而采取合理措施予以抢护,既能保持出险坝垛安全,也能使其他坝垛出险时有较充分的人力物力抢护,做到正确决策,确保整体工程安全。

在抢护过程中应不断探测坝前水深及根基坡度变化状况。坝前水深大,根基坡度陡,抢险抛投料物就要多,反之则少,由此可决定抛投物强度及数量。抛投物强度即每小时抛投量,抛投量不足,满足不了坝前河床冲刷体积或抛投物走失体积,险情得不到控制,即使临时控制,过一段时间还会发展,甚至出现更大的险情。因此,在抢险过程中要根据探测水深及根基坡度修订抢护方案,筹足抢险料物、机具、人力,确保抢险成功。

在整个抢险过程中应对险情直接进行不间断的观测,特别是遇有重大险情、多坝出险、河势变化大等复杂情况时应特别加强。观测的重点是所采取的抢险措施对险情的控制程度、险情稳定或发展扩大程度、新的险情发生与发展趋势等,由此确定或变更抢险方法,筹足抢险料物,以满足抢险需要。观测内容和方法因险情而异。一般根石坍塌或坦石坍塌主要观测坍塌长度有无变化;按计划抛石或石笼达到一定数量能否恢复原有标准,如不能恢复则应分析原因,判断险情是否仍在发展,如是,应改变抢护措施。当根石、坦石同时坍塌入水,采用抛散石抢护时,应观测抛投一定数量散石后水下坦石上升高度,分析坍塌是否还在继续发展,如是,应加大抛投量,如对坝基不构成威胁,则应同时考虑固根措施;如坝基已发生坍塌,则应考虑抛投柳石料或土袋首先保坝基。如根坦石坍塌的同时土坝基也有大量坍塌,这时险情很严重,要注意观测水流对坝基冲刷情况。如冲刷量大,应用搂厢先抢护土坝基,此时应注意观测搂厢与土体之间是否过水,出现后溃险情。柳石枕无论在护根方面还是护坦方面都有很好作用,抢险中常被采用。但有时会遇到抛投大量柳石枕后出水很少、险情得不到控制的现象,这时可能遇到淤泥滑底,所抛柳石枕有前爬现象,因此要进行根基探测,如有前爬枕现象应抛石笼固脚。

总之,在抢险过程中加强险情监测,不断进行分析,及时改变抢险方法,可尽快使险情化险为夷,以到事半功倍之效。

第三节　溃　膛

一、险情

坝垛溃膛也叫淘膛后溃(或串塘后溃),是坝胎土被水流冲刷,形成较大的沟槽,导致坦石陷落的险情。具体地说,就是在中常洪水位变动部位,水流透过坝垛的保护层及垫层,将其后面的土料淘出,使坦石与土坝基之间形成横向深槽,导致过水行溜,进一步淘刷土体,坦石塌陷;或坝垛顶土石结合部封堵不严,雨水集中下流,淘刷坝基,形成竖向沟槽直达底层,险情不断扩大,使保护层及垫层失去依托而坍塌,为纵向水流冲刷坝基提供了条件。

　　坝垛溃膛险情发生初始,根石、坦石未见蛰动,仅是坦石后的坝基土出现小范围的冲蚀。随着冲蚀深度、冲蚀面积的逐渐扩大,最终坦石失去依托而坍塌。坦石坍塌后并不能使溃膛停止,相反常因石间空隙增加,进一步加剧冲刷,使险情恶化。

二、出险原因

　　(1)乱石坝。因护坡石间隙大,与土坝基(或滩岸)结合不严,或土坝基土质多沙,抗冲能力差,除雨水易形成水沟浪窝外,当洪水位相对稳定时,受风浪影响,水位变动处坝基土逐渐被淘蚀,坦石下塌后退,失去防护作用而导致险情发生。

　　(2)扣石坝或砌石坝。水下部分有裂缝或腹石存有空洞,水流串入土石结合部,淘刷形成横向沟槽,使腹石错位坍塌,在外表反映为坦石变形下陷。

三、抢护原则

　　抢护坝垛溃膛险情的原则是"翻修补强",即发现险情后拆除水上护坡,用抗冲材料补充被冲蚀土料,加修后膛,然后恢复石护坡。

四、抢护方法

(一)抛石抢护法

　　此法适用于险情较轻的乱石坝,即坦石塌陷范围不大、深度较小且坝顶未发生变形(见图5-3),用块石直接抛于塌陷部位,并略高于原坝坡,一是消杀水势,增加石料厚度;二是防止上部坦石下塌,险情扩大。

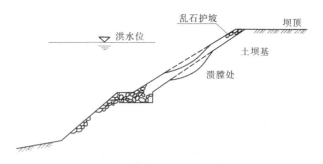

图 5-3　抛石抢护示意图

(二)抛土袋抢护法

　　若险情较重,坦石滑塌入水,土坝基裸露,可采用土工编织袋、麻袋、草袋装土等进行抢护(见图5-4)。即先将溃膛处挖开,然后用无纺土工布铺在开挖的溃膛底部及边坡上作为反滤层。用土工编织袋、草袋或麻袋装土,每个袋充填度为70%~80%,用尼龙绳或细铅丝扎口,在开挖体内顺坡上垒,层层交错排列,宽度1~2 m,坡度1:1.0,直至达到计划高度。在垒筑土袋时应将土袋与土坝基之间空隙用土填实,使坝与土袋紧密结合。袋外抛石或石笼恢复原坝坡。

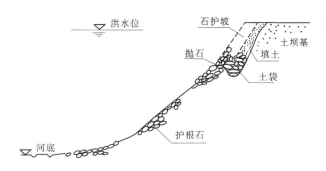

图 5-4　抛土袋抢护示意图

(三)抛枕抢护法

如果险情严重,坦石坍塌入水,坝基裸露,土体冲失量大,险情发展速度快,可采用大柳石枕(又叫懒枕)、柳石搂厢等方法进行抢护。柳石枕按其使用方法和位置的不同,又分为抛投枕和懒枕。抛投枕是指在坝岸上制作,拴系留绳,推抛于水下抗冲。懒枕是在坝岸塌陷部位,紧贴土体捆柳石枕不拴系留绳,不抛投,高水位时起闭气防冲作用。

懒枕即就地捆枕(见图 5-5)。其做法是:

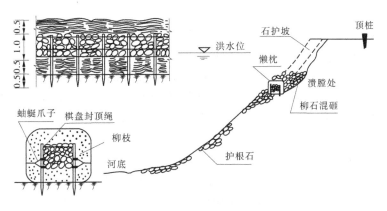

图 5-5　抛枕抢护示意图　(单位:m)

(1)首先抓紧时间将溃膛挖开至过水深槽,开挖边坡为 1:0.5 ~ 1:1.0。然后,沿临水坝坡以上打根桩多排。前排拴底钩绳,排距 0.5 m,桩距 0.8 ~ 1.0 m,沿着拟捆枕的部位间隔 0.7 m 垂直于柳枕铺放麻绳一条。

(2)铺放底坯料。在铺放好的麻绳上放宽 0.7 m、厚 0.5 m(压实厚度)的柳料,作为底坯。

(3)设置家伙桩。在铺放好的底坯料上,两边各留 0.5 m,间隔 0.8 m 安设棋盘家伙桩一组,并用绳编底。在棋盘桩上顺枕的方向加拴群绳一对,并在棋盘桩的两端增打 2 m 长的桩各一根。构成蚰蜒爪子。

(4)填石。在棋盘桩内填石 1.0 m 高,然后用棋盘绳扣拴缚到顶,即成宽 0.8 m、高 1.0 m 的枕心。这种结构的优点是不会出现断枕、跑石现象。

(5)包边与封顶。在枕心上部及两侧裹护柳厚约 0.5 m。

(6)捆枕。先将枕用麻绳捆扎结实,再将底钩绳搂回拴死于枕上,形成高宽各为 2.0

m、中间有桩固定的大枕。

（7）在桩上压石，或向蛰陷的槽子内混合抛压柳石，以制止险情发展。

汛后水位降低后，将出险处开挖，重新处理，修做垫层，再恢复原工程结构。

五、注意事项

（1）抢护坝垛溃膛险情，首先要通过观察找出串水的部位进行截堵，消除冲刷。在截堵串水时，切忌单纯向沉陷沟槽内填土，以免仍被水流冲走，扩大险情，贻误抢险时机。

（2）坝体蛰陷部分，要根据具体情况相机采用懒枕或柳石搂厢等法抢护。

（3）坝垛前抛石或柳石枕维护，以防坝体滑塌前爬。

（4）水位降低后或汛后，应将抢险时充填的料物全部挖出，按照设计和施工要求进行修复。

第四节　漫　溢

一、险情

漫溢是指洪水漫过坝垛顶部并出现溢流现象。漫溢对坝垛有 3 种类型的影响：一是当漫溢水流流速小于水流所含泥沙沉降速度时，则坝垛顶部将会发生淤积，一场洪水过后可淤积 1.0 m 以上；二是当漫溢水流流速大于水流所含泥沙沉降速度，但小于坝基顶土的抗冲流速时，则坝垛顶部不冲不淤；三是当漫溢水流流速大于坝基顶土的抗冲流速时，坝垛顶部将发生冲刷破坏，甚至出现断坝、垮坝等事故。因此，第一、二类漫溢不作为险情，只有第三类漫溢才是险情。

漫溢出险以丁坝为例，一般过程是土坝基受揭顶冲刷，拉成若干条水沟。然后出现主沟，主沟冲刷扩大成槽，流速进一步增大，冲刷加剧，槽底下切，至一定程度后，冲槽以展宽为主向两边发展，冲槽如距坝头较近，则坝头土体很快被冲失，仅存护坡坍塌石料，至此垮坝已成定局。这一过程可能发生在洪水起涨阶段，也可能发生在漫溢出现冲沟后的洪水降落阶段。

险工作为河道整治工程之一，因临堤修建，坝顶修筑较高，一般不会出现漫溢垮坝事故。控导护滩工程坝顶设计标准低，允许洪水漫溢，以利滩地滞洪滞沙。根据洪水预报推算，如控导护滩工程可能出现漫溢但水深不大，滩区滞洪滞沙量甚微，为减少水毁后修复投资，亦可考虑防护措施，防止漫溢险情发生。

二、出险原因

造成坝垛漫溢的原因是：

（1）发生大洪水时，河道宣泄不及，洪水超过坝垛设计标准，水位高于坝顶，或施工中遇到漫顶洪水。

（2）设计时对波浪的计算与实际差异较大，实际浪高超过计算浪高，并在最高水位时越过坝垛顶部。

（3）施工中坝垛未达到设计高程，或因地基有软弱夹层，填土夯压不实，产生过大的沉陷量，使坝垛顶高程低于设计值。

（4）由于潜坝、控导护滩工程顶部设计标准较低，在较大洪水时，出现漫顶险情。

三、抢护原则

当确定对坝垛漫溢进行抢护时，采取的原则是："加高止漫，护顶防冲"。即根据预报和江河实际情况，抓紧一切时机，尽全力在坝岸顶部抢筑子堤，力争在洪水到来以前完成，防止漫溢发生；也可采取措施在坝顶铺置防冲材料，保护顶部免受冲刷。

四、抢护方法

（一）修筑子堤

由于抢护时间紧，战线长，为节省工程量，加高坝垛顶部一般常采用子堤的形式。常见的子堤类型有：

（1）土料子堤。在坝垛顶部距上游坝肩 0.5～1.0 m 处筑埝。埝顶宽 0.6～1.0 m，边坡 1∶1.0～1∶1.5，顶高超过预估最高水位 0.5～1.0 m。在抢筑时，沿子堤轴线先开挖一条结合槽，槽深约 0.2 m，底宽约 0.3 m，边坡 1∶1，清除子堤底宽范围内的草皮、杂物，并将表层刨松或犁成小沟，以利新老土结合。填筑子堤土料宜选用黏性土，尽量避免用砂土或腐殖土。填筑时应分层夯实，保证质量。

（2）土袋子堤。用土工编织袋或麻袋、草袋装土（或柳石枕），装七八成满，以利铺砌。一般用黏性土料。土袋于上游坝肩处分层交错叠垒，顶宽 1 m，坡度 1∶1。土袋后修后戗宽 1.0 m 左右，边坡 1∶1.0～1∶1.5，子堤加高至洪水位以上 0.5～1.0 m。此法适用于坝前靠溜或风浪较大处。

（3）柳石（土）枕子堤。当取土困难，土袋缺乏而柳料又比较丰富时，适用此法。具体做法是：根据子堤高度，确定使用柳石枕的数量。如高度为 0.5 m、1.0 m、1.5 m 的子堤，分别用 1 个、3 个、6 个，按品字形堆放。第一枕前面至坝肩留宽 0.5～1.0 m，并在其两端各打木桩 1 根，以固定柳石（土）枕，或在枕下挖深 1 m 的沟槽，以免滑动和渗水。枕后用土做戗，戗下开挖结合槽，清除草皮杂物，刨松表层土，以利结合。然后在枕后分层铺土夯实，直至戗顶。其顶宽一般不小于 1 m，边坡不陡于 1∶1，如土质较差，应适当加宽戗顶并适当放缓坡度。

另外，还有桩柳（木板）子堤、堆石子堤、防浪墙等方法用于防漫溢抢护，这里不再介绍。

（二）护顶防漫

当预报水位较高、子堤抢护难以奏效时，漫溢不可避免。为防止过坝水流冲刷破坏，可在坝顶铺设防冲材料防护，常用方法有：

（1）柳把护顶。在坝顶前后各打一排桩，用绳或铅丝将柳捆成直径 0.5 m 左右的柳把，然后将柳把相互搭接铺在坝顶上，再用小麻绳或铅丝绑扎在桩上，防止坝顶被冲。如漫坝水流水深流急，可在两侧木桩之间直接铺一层厚 0.3～0.5 m 的柳料，再在柳料上面压块石，以提高防冲能力（见图 5-6）。

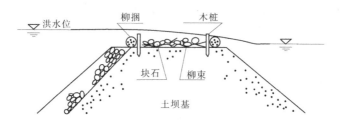

图 5-6　柴柳护顶示意图

（2）土工布护顶。将土工布铺放于坝顶,用木桩将土工布固定于坝顶,木桩数量视具体情况而定。一般行间距 3 m。为使土工布与坝顶结合严密,不被风浪掀起,可在其上铺压土袋一层。

五、注意事项

（1）根据洪水预报,估算洪水到达当地的时间和最高水位,抓紧拟订抢护方案,积极组织实施,务必抢在洪水漫溢之前完成。

（2）抢筑子堤必须全线同步施工,突击进行,不能做好一段,再做另一段。决不允许中间留有缺口或低洼段等。

（3）抢筑子堤要保证质量,做好防守抢险加固准备工作,不能使子堤溃决,失去防护作用。

第五节　坍　塌

一、险情

坍塌险情是坝垛最常见的一种较危险的险情。坝垛在水流冲刷下,局部出现沉降的现象称为坍塌险情。坍塌险情又可分为塌陷、滑塌和墩蛰 3 种。塌陷是坝垛坡面局部发生轻微下沉的现象。滑塌是护坡在一定长度范围内局部或全部失稳发生坍塌下落的现象。墩蛰是坝垛护坡连同部分土坝基突然蛰入水中,是最为严重的一种险情,如抢护不及就会产生断坝、垮坝等重大险情。

二、出险原因

坝垛出现坍塌险情的原因是多方面的,它是坝前水流、河床组成、坝垛结构和平面形式等多种因素相互作用的结果。当水流作用于坝垛时,水流会沿坝垛表面扩散。扩散的水流一般由三部分组成,第一部分平行坝面向下游运行;第二部分沿坝面折向坝垛底脚,冲刷河床;第三部分向第一部分的相反方向运行,也就是人们常称的“回流”。扩散水流各部分的强度与来流方向密切相关,来流方向与坝垛轴线之间的夹角越小,第一部分水流强度越大;相反,第二部分及第三部分水流的强度越大。在一定工程基础条件下,这三部分水流强度的大小及不同组合决定了坍塌险情的大小及表现形式。

(一)坝垛根石走失

1. 根石走失临界粒径的常用计算方法

坝垛根石在水流的冲击作用下有两种主要运动形式:一是在水流的挟带力作用下表层部分块石向下游或坑底滚动;二是随着冲刷坑的逐步发展,大量块石失稳,向坑底塌落。把根石的这两种运动形式统称根石位移。

有关根石走失现象的研究,由于实测资料难以获得,现有的研究成果大多是由泥沙颗粒的起动原理结合模型试验得出的,有一定的局限性。目前在工程上应用较为广泛的是武汉水利电力大学及 B. H. 岗察洛夫给出的坡面上块石的起动流速公式

$$v_0 = 5.45kh^{0.14}d^{0.36} \tag{5-1}$$

$$k = \left[m^2 - m_0^2 / (1 + m^2) \right]^{0.25}$$

式中　v_0——块石的起动流速,m/s;

　　　h——水深,m;

　　　d——块石粒径,m;

　　　m——坡面边坡系数;

　　　m_0——块石的水下自然休止角的正切值。

式(5-1)是由分析形状较为规则的泥沙颗粒和粒径小于 100 mm 的卵石得出的,来考虑块石相互之间的钳制作用,计算值可能偏大,但仍被大多数工程师所采用。

黄河水利科学研究院张红武等提出利用下式计算黄河下游根石走失的临界粒径:

$$D = 0.38v_0^2/R^{1/3} \tag{5-2}$$

式中　R——水力半径(黄河下游可用断面平均水深替代);

　　　其余符号含义同前。

根石走失的去向主要有三:一是在折冲水流的作用下沿坝前向冲刷坑底滚动,这部分块石一般块体较大,使丁坝根基加深加厚,下部坡度变缓,有利于丁坝稳定;二是沿丁坝挑流方向顺流而下,这部分块石一般块体较小;三是沿回流所刷深槽分布,且在走失量和体积上沿程递减。

2. 根石走失与坍塌险情

假设坝垛的初始坡面是稳定的,且流经坝垛的水流流速不足以造成坡面块石的起动。如逐步增加冲向坝垛坡面的水流强度,块石便开始起动走失,并将形成块石起动的某一流速维持一段时间,直至坡面上没有块石能够起动。坡面上未起动的块石有两种情况:一种是粒径大于该水流条件下的起动临界粒径;另一种是虽然粒径小于临界粒径,但受到周围其他块石的钳制作用而无法起动。这时坡面上的每一点均是稳定的。继续增大流速,又会有部分块石起动,而受其钳制的块石可能由于钳制作用的突然解除而丧失稳定,发生向下或侧向的位移,这种现象往往产生连锁反应,从而导致坡面局部失稳出险。由于水流的流速分布规律是上大下小,因此这类险情主要表现为坝垛裹护体断面中上部块石发生塌陷或滑动,属坍塌险情中较轻的险情,图 5-7 是黄河下游某丁坝坝头附近根石断面经过一个汛期后的变化情况。

3.防止根石走失的基本方法

从根石走失临界粒径的计算公式可以看出,根石走失与水流形态、块石粒径、坝垛根

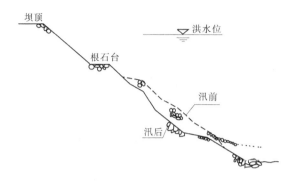

图 5-7　根石断面示意图

石断面形式等多种因素有关,防止根石走失所采用的常规方法是增大块石粒径和减缓坝面坡度。

(1)增大块石粒径,特别是增大坡面外层块石的粒径可从根本上防止根石的走失。当块石粒径受开采及施工条件的限制不可能增加过大时,可采用铅丝石笼或混凝土结构块防止根石走失;也可采用混凝土连锁排或网罩网护坡面上的块石,防止起动走失。

(2)减缓坝面坡度不但有助于提高块石起动流速,同时也可大大降低坝面折冲水流对坡脚附近河床的冲刷,增强坝垛整体的稳定性。

(3)基础较好的坝垛坡面块石进行平整或排砌,也有助于提高块石的临界起动流速,从而减少根石走失。

(二)坝前冲刷坑的形成与坝垛出险

一般来说,完全由根石走失引发坝垛出险的情况是较少的,由于床沙粒径远小于坝垛块石粒径,因而伴随着根石的走失河床局部常常发生剧烈冲刷,形成冲刷坑,冲刷坑的形成和发展是造成坝垛坍塌险情的根本原因。当冲刷坑形成时,坝高相对增加,自重增大,稳定性明显减弱,特别是当冲刷坑逼近坝根时,会造成坝垛原有坡脚破坏,导致根石及坦石失稳滑塌落入坑内,形成险情。在水流强度较弱时,坝前冲刷坑的发展比较缓慢,丁坝险情较轻,这时如上部抢险料物跟进及时,丁坝基础会迅速得到加固,险情不会扩大,故出险是坝垛自身调整的过程,抢险是加深加大坝垛基础的一种施工方式,是丁坝修建的延续。但是由于这种丁坝基础的抢险加固是被动的,视上游来流和发现险情的及时程度而定,因而往往由于冲刷坑发展过快,险情发现较迟或抢险料物抛入不及时,造成坝身土胎外露,土体迅速被水流带走,险情恶化。轻者,增大抢险费用;重者,会因抢护不及而导致坝垛被水流冲毁。图 5-8 为黄河控导工程丁坝出险前、后断面图。要做好险情预报和在险情发生后及时提出切实可行的抢护方案,有必要了解坝前冲刷坑的形成和分布情况。

1.河床组成与冲刷坑的形成

当大溜顶冲坝垛时,会产生折向坝垛底脚的水流,即折冲水流,它对坝垛威胁最大,也是形成坝前冲刷坑的主要因素。床沙的大小和组成决定着河床的抗冲性,同时坝垛附近冲刷坑的大小和分布还与坝垛的平面形式和断面形态密切相关。对不规则的平面形式与断面形态的分析研究,由于受研究手段和观测设备的限制,目前尚未有成熟的理论和经验公式。而对规则的平面型式和断面以上介绍了几种均质床沙组成的沙质河床的坝前冲刷

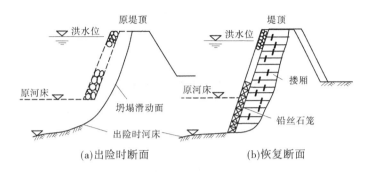

图5-8　控导工程丁坝出险前、后断面示意图

坑的计算公式。对于非均质河床还需要考虑床沙颗粒级配和粗颗粒对细颗粒的保护作用,当河床由黏性细颗粒泥沙或固结黏性土组成时,因计算方法比较复杂,这里不多介绍。但需要指出的是,有些河流受上游来水来沙影响,河床冲淤变化剧烈。因前期淤积条件不同,常常存在细颗粒的黏土夹层(黄河上俗称"格子底"),其抗冲性远比粉细砂强,水流冲刷初期,冲刷坑发展缓慢,当黏土层被冲蚀露出粉细砂后,随着粉细砂的迅速流失,黏土夹层下部淘空,从而形成一种较特殊的冲刷坑。

2. 冲刷坑的分布

冲刷坑的分布与来流情况和坝垛平面密切相关。丁坝由于其伸向河心较多,阻水作用大,坝上游水位壅高,形成回流,冲刷迎水面,在坝头附近发生集中绕流,流速场发生剧烈变化,强烈冲刷坝的上跨角(上腮)和坝根,形成明显的冲坑。在坝下游,由于水流的离散现象,也会形成回流,当水流强度较大且顶冲丁坝时,该坝的下游回流场与下一坝的上游回流场叠加,使回流强度大大加强,造成坝的下跨角(下腮)和下一道坝的迎水面冲坑加大。垛(矶头)由于坝长较丁坝短,所以冲刷坑分布范围和深度都不及丁坝。护岸因其不挑流,坝前冲刷坑以条状沟槽形式出现。

冲刷坑分布一般遵循如下基本规律:

(1)坝前冲刷坑的范围及深度随单宽流量的增加而增加。

(2)行进水流与坝垛的夹角越大,冲刷坑范围也就越大。

(3)受大溜顶冲的坝垛,不仅坝前局部冲坑水深大,而且最大冲刷水深所在的部位距坝也较近。

(4)单坝挑流坝前冲刷坑大于群坝(由间距较小、坝长较短的坝组成的丁坝群,一般沿河流凹岸布设)坝前冲刷坑。冲刷坑的分布也有明显的不同。单坝冲刷坑沿坝头分布,且冲刷坑深度较大;而群坝由于间距小,受上、下游丁坝迎、送溜作用,水流相对平稳,因而坝前最大冲刷坑相对较小。其形状为平行坝头连线的一条深泓线,位置在上跨角至圆头前半部,见图5-9。

3. 坝垛冲刷坑的形成与坍塌险情

(1)滑塌险情。当折冲水流冲刷河床时,冲刷坑开始形成。随着冲刷坑沿坝垛坡脚向下发展,坝高相对增加,自重加大,坝垛稳定性逐步降低,当其不能满足坝垛自身要求时,坝垛就会出险。对于以块石等散状物为主要防冲材料的坝垛首先表现为坡脚的破坏,随即带动裹护体局部或全部失稳塌落。

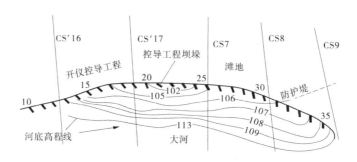

图 5-9　开仪控导工程冲坑水下地形图（模型试验）

（2）墩蛰险情。墩蛰险情主要是由于坝垛的自身调整作用不能适应河床的剧烈变化而导致的突发性险情。一般认为有以下几种情况易导致墩蛰险情的发生：①坝垛基础浅，冲向坝垛的流速大，冲刷坑发展迅速且紧靠坝垛，坝垛突然墩蛰入水；②坝垛基础坐落在有黏土夹层的砂性河床上，随着冲刷坑的发展，黏土夹层下部被淘空，当悬空的黏土夹层不能承受上部压力时，会突然断裂，造成坝垛裹护体连同部分土坝基同时落入冲刷坑内；③以搂厢为基础的坝垛多是靠坝身内桩绳控制维持其稳定的，在急流冲刷下，冲刷坑进一步加深加大，搂厢体下部部分或全部悬空，绳缆抗拉强度不足被拉断，造成裹护体失去支撑，发生墩蛰。

三、抢护原则

在抢护坝塌险情时，抢护原则是："老坝以固根为主，新坝以护胎为主"。且做到"抢早、抢小、抢了"。

四、抢护方法

坝垛坍塌险情常用的抢护方法有如下几种。

（一）塌陷险情的抢护

一旦发现塌陷险情，应本着"抢早、抢小、快速加固"的原则进行抢护，一般是采用抛石、抛笼的方法进行加固。即利用机械或人工将块石（混凝土块）或铅丝笼抛投到出险部位，加固坝垛坡脚，提高坝体的抗冲性和稳定性，并将坝坡恢复到出险前的设计状况（见图 5-10）。

抛石加固应注意以下几点：

（1）抛石要以固根为主，兼顾护坦。

（2）抛石要到位。有航运条件的河流可采用船只定位抛投。

（3）水深流急、险情发展较快时，应尽量加大抛石粒径，抛石粒径除用前面介绍的临界起动流速计算外，也可采用公式 $v_0 = 6\sqrt{d}$ 估算（d 块石粒径，m）。当块石粒径不能满足要求时可抛投铅丝笼、混凝土块等，同时采用施工机械加快、加大抛投量，限制险情发展，争取抢险主动。

（4）铅丝笼一般用于坝前头、迎水面、上跨角等流速较大的部位抛投。由于装填铅丝笼及抛投需多道工序，加固速度较慢，一般仅用于土坝基未暴露，以加固性质为主的抢护。

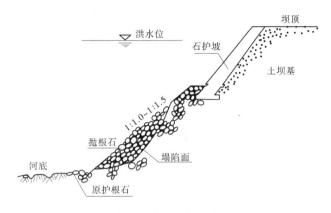

图 5-10　抛石护根示意图

（5）抛石后要及时探测，检查抛投质量，发现漏抛部位要进行补抛。

（二）滑塌险情的抢护

滑塌险情的抢护要视险情的大小和发展的快慢程度而定。一般的坦石滑塌宜用抛石（混凝土块）、抛笼方法抢护。当坝身土坝基外露时，可先采用柳石枕、土袋或土袋枕抢护滑塌部位，防止水流直线淘刷土坝基，然后用铅丝笼或柳石枕固根，加深加大基础，提高坝体稳定性。具体方法如下。

1.抛块石或铅丝笼

其抛投方法同抛石加固，但块石抛投量和抛投速度要大于塌陷险情，有航运条件的河流可采用船抛和岸抛同时进行，以使险情尽快得到控制。

2.抛土袋

当块石短缺或供给不足时也可采用抛土袋等方法进行临时抢护。方法是：在草袋、麻袋、土工编织袋内装入土料，每个土袋质量应大于 50 kg，土袋装土的饱满度为 70% ~ 80%，以充填砂土、沙壤土为好，装土后用铅丝或尼龙绳绑扎封口，土工编织袋应用手提式缝包机封口。

抛土袋护根最好从船上抛投，或在岸上用滑板滑入水中，层层压叠。流速较大时，可将几个土袋用绳索捆扎后投入水中；也可将多个土袋装入预先编织好的大型网兜内，用吊车吊放入水，或用船、滑板投放入水。抛投土袋所形成的边坡掌握在 1:1.0 ~ 1:1.5（见图 5-11）。

3.抛柳（秸）石枕

当坝基土胎外露，险情较严重时，水流会淘刷土坝基，仅抛块石抢护速度慢、耗资大，这时可采用抛柳石枕进行抢护。枕长一般 5 ~ 10 m，直径 0.8 ~ 1.0 m，柳、石体积比 1:0.25，也可按流速大小或出险部位调整比例。柳石枕构造及抢护结构见图 5-12。

具体做法如下：

（1）平整场地。在出险部位临近水面的坝顶选好抛枕位置，平整场地，在场地后部上游一侧打拉桩数根。再在抛枕的位置铺设垫桩一排，垫桩长 2.5 m，间距 0.5 ~ 0.7 m（适用秸料）或 0.8 ~ 1.8 m（适用柳料），两垫桩间放一条捆枕绳，捆枕绳一般为麻绳或铅丝，垫桩小头朝外。

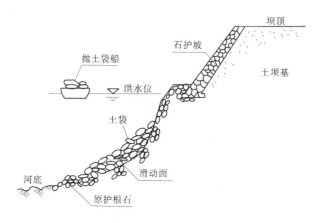

图 5-11　抛土袋护根示意图

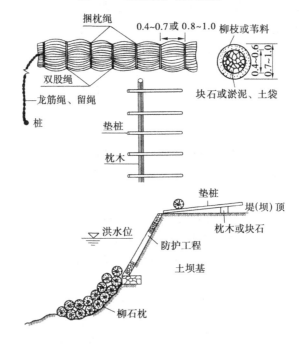

图 5-12　抛柳（秸）石枕剖面示意图　（单位:m）

（2）铺放柳石。以直径 1.0 m 的枕为例,先顺枕轴线方向铺柳枝(苇料、田菁或其他长形软料)宽约 1 m,柳枝根梢要压茬搭接,铺放均匀,压实后厚度 0.15~0.20 m。柳枝铺好后排放石料,石料排成中间宽、上下窄,直径约 0.6 m 的圆柱体,大块石小头朝里、大头朝外排紧,并用小块石填满空隙或缺口,两端各留 0.4~0.5 m 不排石,以盘扎枕头。在排石达 0.3 m 高时,可将中间拴有"十"字木棍或条形块石的龙筋绳放在石中排紧,以免筋绳滑动。待块石铺好后,再在顶部盖柳,方法同前。如石料短缺,也可用黏土块、编织袋(麻袋)装土代替。

（3）捆枕。将枕下的捆枕绳依次捆紧,多余绳头顺枕轴线互相连接,必要时还可在枕的两旁各用绳索一条,将捆枕绳相互连系。捆枕时要用绞棍或其他方法捆紧,以确保柳石枕在滚落过程中不折断、不漏石。在铺放捆枕绳时,若采用秸料(玉米秆、棉花秆等)。捆枕绳间距一般为 0.4 ~ 0.7 m;若采用梢料(柳树枝、杨树枝等料),捆枕绳间距一般为 0.8 ~ 1.0 m。

(4)推枕。推枕前先将龙筋绳活扣拴于坝顶的拉桩上,并派专人掌握绳的松紧度。推枕时要将人员分配均匀站在枕后,切记人不要骑在垫桩上,推枕号令一下,同时行动,合力推枕,使枕平稳滚落入水。

需要推枕维护的出险部位多受大溜顶冲,水深流急,根石坍塌后,断面形态各异,枕入水后难以平稳下沉到适当位置,这时应加强水下探测,除及时放松龙筋绳外,还可用底钩绳控制枕到预定位置。底钩绳应随捆枕绳一同铺放,间距为 2.5 ~ 3 m,强度介于龙筋绳与捆枕绳之间。

如果河床淘刷严重,应在枕前加抛第二层枕,再下沉再加抛,直至高出水面 1.0 m 为止,然后在枕前加抛散石或铅丝笼固脚。枕上用散石抛至坝顶。

4. 抛土袋枕

土袋枕是由编织布缝制而成的大型土袋,装土成形后形状类似柳石枕。由于空袋可预先缝制且便于仓储,当发现险情后可迅速运往出险地点装土抛投,因此土袋枕具有以下特点:①运输方便,操作简单,抢险速度快;②船抛、岸抛、人工抛、机械抛均可,适用范围广;③对土质没有特殊要求,用其代替抛石投资省;④用其替代柳石枕,有利于保护生态环境。

操作方法如下:

(1)缝制土袋,土袋由幅宽 2.5 ~ 3 m 的编织布缝制而成。长 3 ~ 5 m,宽、高均为 0.6 ~ 0.7 m,顶面不封口以便于装土(为了在抢险中提高工效,可在土袋外每间隔 0.5 ~ 0.7 m 缝制穿绳套孔一对,并穿好捆枕绳(也可配备打包机),土袋缝制好后存放备用。

(2)装土。将缝制好的土袋放在抛投架上,没有抛投架也可直接放在靠近坝垛出险部位的坝顶,开口部位朝上,装入土料并压实,以增加土袋枕抗冲性。

(3)捆枕。土袋装好土料后,盖上顶盖,用手提式缝包机封口,然后用捆枕绳扎紧,防止推枕时土袋扭曲撕裂或折断。

(4)推枕。用抛投架或人工推枕。人工推土袋枕方法同推柳石枕。

当险情发展较快,来不及缝制土袋枕时,可制作简易土袋枕进行抢护。具体做法是,在出险部位临近水面的坝顶平整出操作场地,选好抛投方向,并确定放枕轴线和抛枕长度,每间隔 0.5 ~ 0.7 m 垂直枕轴线铺放一条捆枕绳,将裁好的编织布沿轴线铺于地上,然后上土并压实。将平行轴线的两边对折,用缝包机先缝两端,再缝中间,然后用捆枕绳捆绑好后推入水中,推抛方法同柳石枕。

(三)墩蛰险情的抢护

墩蛰险情的抢护,应先采用柳石搂厢、柳石枕、土袋加高加固坍塌部位,防止水流直接淘刷土坝基,然后用铅丝笼或柳石枕固根,加深加大基础,提高坝体稳定性。

1. 抛土袋

当坝垛发生墩蛰险情时,土胎外露,这时急需对出险部位进行加高防护,防止土坝基进一步冲刷,险情扩大。对土坝基的加高防护可采用大量抛投土袋的方法,当土袋抛出水面后,再在前面抛块石裹护并护根。

2. 抛柳石枕

当墩蛰范围不大时,可采用抛柳石枕方法进行抢护,柳石枕的制作和抛投方法同基础滑塌险情的抢护,所不同的是,靠近坝垛的内层柳石枕必须紧贴土坝基,使其起到保护土体免受水流冲刷的作用。

3. 柳石搂(混)厢

柳石搂(混)厢是以柳(或秸、苇)、石为主体,以绳、桩分层连接成整体的一种轻型水工结构(见图5-13),主要用于坝垛墩蛰险情的抢护及在堤、岸严重崩塌处抢修工程。它具有体积大、柔性好、抢险速度快的优点,但操作复杂,关键工序的操作人员要进行专门培训。下面简要介绍柳石搂(混)厢的施工步骤,使读者能初步掌握这种传统的抢险方法(有关柳石搂(混)厢详细修做方法请参考《黄河埽工》等专业书籍,并深入抢险现场观摩实习)。

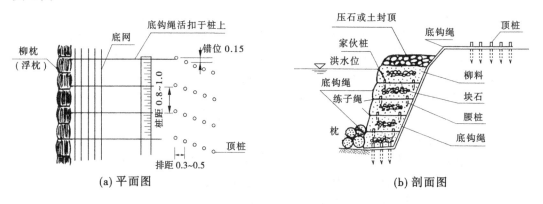

(a) 平面图　　　　　　　　　　　　　(b) 剖面图

图5-13　柳石搂厢示意图　(单位:m)

(1)准备工作。当坝垛出现险情后,首先要查看溜势缓急,分析上下游河势变化趋势,勘测水深及河床土质,以确定铺底宽度和使用的"家伙"(按不同排列组合形式盘系在一起的桩绳);其次是做好整修边坡、打顶桩、布置捆厢船或捆浮枕、安底钩绳等修厢前的准备工作。

(2)搂(混)厢。搂厢是一个程序复杂的工作,首先要在安好的底钩绳上用练子绳编结成网,其次在绳网上铺厚约1.0 m的柳(秸)料一层,然后在柳料上压0.2~0.3 m厚的块石一层,块石距埽边0.3 m左右,石上再盖一层0.3~0.4 m厚的散柳,保护柳石总厚度不大于1.5 m。柳石铺好后,在埽面上打"家伙桩"和腰桩。将底钩绳每间隔一根搂回一根,经"家伙桩"、腰桩拴于顶桩上,这样底坯完成。以后按此法逐坯加厢,每加一坯均需打腰桩,腰桩的作用是使上下坯结合稳固,适当松底钩绳,保持埽面出水高度在0.5 m左右,一直到搂厢底坯沉入河底。将所有绳、缆搂回顶桩,最后在搂厢顶部压石或压土封顶。

(3)抛柳石枕和铅丝笼。为维持厢体稳定,搂厢修做完毕后要在厢体前抛柳石枕或铅丝笼护脚固根。

4. 草土枕(埽)

当抢险现场石料缺乏时,可以用草土埽替代柳石枕或柳石搂厢。草土埽的做法是将麦秸(稻草)扎成草把,用草绳(铅丝)将其捆扎编织成草帘,在帘上铺黏土,并预设穿心绳,然后卷成直径 1.0~1.5 m、长 5~10 m 的枕,推放在出险部位,推枕方法同推柳石枕。

第六节　滑　动

一、险情

坝垛在自重和外力作用下失去稳定,护坡连同部分土胎从坝垛顶部沿弧形破裂面向河内滑动的险情称为"滑动险情"。坝垛滑动分骤滑和缓滑两种,骤滑险情突发性强,易发生在水流集中冲刷处,故抢护困难,对防洪安全威胁也大,这种险情看似与坍塌险情中的猛墩猛蛰相似,但其出险机制不同,抢护方法也不同,应注意区分。

二、出险原因

坝岸滑动与坝垛结构断面、河床组成、基础的承载力、坝基土质、水流条件等因素有关。当滑动体的滑动力大于抗滑力时,就会发生滑动险情。

(一)影响坝垛稳定的主要因素

1. 坝垛结构断面

滑动险情按滑动面的位置不同可分为裹护体滑动和坝身(裹护体连同部分土坝基)滑动,其中以裹护体的滑动较为常见。一般来说,坝垛护坡与护根为整体刚性结构时发生这类险情的概率较大。这是因为首先散粒或柔性结构各部位之间传送应力的能力较差,当某一部位向下的剪切力超过坝垛局部的承受能力时,可以通过坝体局部变形(滑塌)来调整剪切力分布;而整体刚性结构不具备这种性能,各部位所受的向下的剪切力集中后作用于裹护体后部的土胎,当土胎不能承受这种向下的剪切力时,坝垛出现滑动破坏。其次,刚性结构可以做成较陡的护坡,这种护坡虽可以减少材料用量,但却增大了单位土体所受的剪切力,不利于坝垛抗滑稳定,如挡土墙式混凝土或砌石坝垛远比抛石坝垛容易出现滑动险情。另外,坝垛土胎抗剪强度的大小对坝垛整体稳定也有一定影响,抗剪强度大的土质抗滑稳定性强。

2. 坝垛基础

坝垛底部的河床组成对坝垛的整体稳定影响很大。河床受淤积条件的限制,各河段河床组成不尽相同,有些地段甚至呈多元结构,个别地点存在软弱夹层。不同组成结构的抗剪力和抗滑力也不同,因此对坝垛整体稳定的影响不同。当河床浅层存在细颗粒黏性土层或软弱夹层,且坝垛基础又坐落在其上时,坝垛整体稳定性比较低。

3. 水流条件

不同的水流条件对坝垛的稳定影响也不同。当大溜顶冲坝垛时,坝垛附近往往形成较深的冲刷坑,冲刷坑的存在和发展使坝垛坡脚附近的止滑力显著降低,坝垛极易滑动;坝垛经过持续高水位运行,坝后土体饱和,抗剪力减弱,当水位骤降时,坝垛自重增加,容易产生滑动。另外,当地下水位高于河道内水面时,坝垛排水不良也会增加坝垛自重,不利于坝垛稳定。

(二)坝垛抗滑稳定分析

不仅新建坝垛必须进行稳定计算,当坝垛发生滑动险情需要抢险加固时也应进行稳定计算。

三、抢护原则及方法

坝垛整体滑动出险在坝垛险情中所占的比例较小,不同的滑动类别采用的抢护方法也不同。对"缓滑"应以"减载、止滑"为原则,可采用抛石固根等方法进行抢护;对"骤滑"应以搂厢或土工布软体排等方法保护土胎,防止水流进一步冲刷坝岸。

(一)抛石固根及减载抢护

抛石一定要选在坝垛坡脚附近,压住滑动面底部出逸点,避免将块石抛在护坡中上部,当水位比较高时,应选用船只抛投或吊车抛放。在固根的同时还应做好坝垛上部的减载,如移走备防石,拆除洪水位以上部分,放缓坝体边坡等,以减轻载荷。

(二)土工布软体排抢护

当坝垛发生"骤滑",水流严重冲刷坝后土胎时,除可采取搂厢抢护外,还可以采用土工布软体排进行抢护,具体做法如下。

1. 排体制作

用聚丙烯或聚乙烯编织布若干幅,按常见险情出险部位的大小缝制成排布,也可预先缝制成 10 m × 12 m 的排布,排布下端再横向缝 0.4 m 左右的袋子(横袋),两边及中间缝宽 0.4 ~ 0.6 m。6 m 的竖袋,竖袋间距可根据流速及排体大小来定,一般 3 ~ 4 m。横、竖袋充填后起压载作用。在竖袋的两侧缝直径 1 cm 的尼龙绳,将尼龙绳从横、竖袋交接处穿过编织布,并绕过横袋,留足长度作底钩绳用,再在排布上、下两端分别缝制一根直径 1 cm 和 1.5 cm 的尼龙绳。各绳缆均要留足长度,以便与坝垛顶桩连接(见图 5-14)。排体制作好后,集中存放,抢险时运往工地。

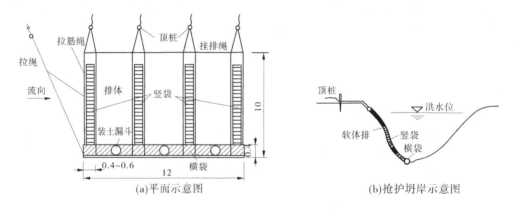

图 5-14　土工布软体排示意图　(单位:m)

2. 下排

在坝垛出险部位的坝顶展开排体。将横袋内装满土或砂石料后封口,然后以横袋为轴卷起移至坝垛边,排体上游边应与未出险部位搭接。在排体上、下游侧及底钩绳对应处的坝垛上打顶桩,将排体上端缆绳的两端分别拴在上、下游顶桩上固定,同时将缝在竖袋两侧的底钩绳一端拴在桩上。然后将排推入水中,同时控制排体下端上、下游侧缆绳,避免排体在水流的冲刷下倾斜,使排体展开均匀下沉。最后向竖袋内装土或砂石料,并依照横袋沉降情况适时放松缆绳和底钩绳,直到横袋将坝体土胎全部护住。

第七节　注意事项

黄河堤防、河道的防护工程(主要是坝、垛、护岸工程),按其所在位置可分为五类:位于堤防临河一侧,经常靠河的防护工程叫"险工";历史上靠过河的老险工,但现已长期脱河,这种工程叫"历史老险工";不论是整修的护堤老坝或新建的护堤旱坝,均叫"防洪坝";位于滩区河槽岸边,能控制河势及护滩保堤的河道工程,叫"控导护滩工程";单为保护村庄而修的护滩工程,叫"护村工程"。防护工程主要由坝、垛、护岸三种形式组成,它们之间是相辅为用的。

"堤防险工"一般修建历史较久,经过多次抢险,根石埋置较深,在一般顺溜情况下,很少再发生险情。但当河势顶冲、严重淘刷时,根石走失或因深度不足,仍会坍塌生险;"控导护滩"工程一般修建的历时较短,根基薄弱,在顺溜情况下,一般也会发生险情。当河势顶冲时,则往往会出现严重险情;"护村工程"的情况与控导护滩工程近似;防洪坝一般尚未经过靠河抢险(老的防洪坝过去多系秸料裹护,早已腐朽),一旦靠河,可能发生紧急险情。

总的抢护原则应是:老坝以固根为主,新坝以加深根基及护胎为主。坝坦部分则应视是否已露出土胎,尚未露出土胎的,尽量按原状恢复(原来系散石的,仍抛散石恢复,原系柳石工的,仍用柳石工恢复)。已露出土胎的,应暂以柳石(淤)工抢护。待汛后再按原状恢复。要根据险情的具体情况,因地制宜地灵活掌握。

一、抢险的一般知识

抢险斗争,如同作战一样,必须先有情况的详细了解,这包括:

(1)工程根基的埋置深度,河床土质的构成,工程裹护结构的强度;

(2)河势流向顺逆、边滩或心滩的消长及其抗冲导溜的影响;

(3)工程受冲作用的大小和时间长短等。

以上可以概括为抢险的"三要素"。必须弄清这三要素才能结合险情提出切合实际的抢护方法。

(一)坝垛为什么会出险

坝垛出险是水流和坝体相互作用的产物。水流是一种贯性流体,当水流遇坝受阻后,一般便一分为三,一股沿坝前下泄(顺坝溜),一股沿坝体逆流而上(回溜),另一股则垂直坝体下切(搜根溜)。其中后二者相遇后便形成一种具有强大牵引力的环流,导致横向输沙的不平衡。当环流与河床土质不能维持均衡时,河床即遭受破坏而变形,形成不规则的冲刷坑,冲刷坑的深度和流速成正比,与坝体的边坡系数成反比。当冲刷坑的深度超过工程根石的埋置深度时,坝体即下蛰而坍塌。这就是出险的根本原因。

(二)险情的一般类型

由于坝垛靠溜受冲部位的不同,河床土质的差异、坝体裹护结构的强度不同,一般容易发生的险情类型有根石(或坦石)下蛰、坝根后溃、串水溃膛、猛墩下蛰等。

二、抢险与河势的关系

抢险以前,首先要分析河势变化的原因,掌握其变化的幅度,估计河势提挫范围,据以对险情的发展做出接近正确的估计,达到心中有数。这是抢险工作中的一个重要环节。河势变化的主要原因在于输沙的不平衡及其所造成的边界(岸边)条件的变化,一般的规律如下:

(1)小水上提入湾,大水下挫冲尖(滩尖)。

当涨水时,流速增大,比降变陡,水流趋顺,主溜一般表现为脱湾下挫,冲刷滩尖,工程一般无险或有轻微险情;当河水下落时,则出现相反的情况,水流变得弯曲,主溜一般上提入湾而冲刷工程,则易出险或塌滩。

(2)此岸坐弯,则对岸出滩,滩湾相对。

湾道内,由于水流横向环流的作用,将泥沙推向凸岸,则出现"湾退则滩进,撤湾则失滩"的规律。一旦主溜入湾,则河面缩窄,流速加大而河床下切,形成所谓的"河脖"。此时,河湾内若有防护工程,则工程吃溜重,极易出险;若无防护工程,则河湾迅速向深化和下移发展。如湾下嘴有胶泥潜滩,则极易形成"入袖"河势,也叫"秤钩河"。

(3)上湾河势稳则下湾亦稳,上湾河势变则下湾亦变。

这是河流向下游传播的一种连锁反应,所谓"上湾河势稳则下湾亦稳"是指在边岸固定,来水来沙基本稳定的前提下,上下湾道的相互关系。也就是说,河湾的平面几何尺寸,在一定水流形态的作用下,能够产生一种比较(相对而言)固定的传播关系。因而在估计险情的发生或发展时,可根据上一湾的导溜情况来估计本湾的靠溜地点及提挫的大致范围。但这种关系是就比较单一、规顺的河势而言的。在犬牙交错,边、心滩密布的河段内,即使上湾河势下挫,因受过渡段边、心滩的阻水影响,下一湾的河势有时反而会上提,不遵循原来的传播关系。

(4)上下两湾的边界条件(如土质、高程等)差异过大,估计河势变化时要特别慎重。

一般来说,如果上湾边滩土质系淤土(即出现胶泥嘴),下湾是沙质土,则下湾河势多是逐渐上提;反之,如上湾系沙土(易于消逝),下湾是淤土,则下湾河势多是较快下挫。如果两种土质兼而有之,则情况就难以判断。同时,下湾的河势也会随着上湾的坐弯—打尖—再坐弯—再打尖的交替出现而提挫不稳。

三、河床土质与抢险的关系

黄河下游河道防护工程,都是建筑在黄河冲积层上,土壤的种类比较复杂,总的可分为砂土、淤土、两合土等数种类型。砂土,质松散、无黏性,易受冲而坍塌变形;淤土,颗粒密实,透水性小、黏性大,光滑,抗冲能力强;两合土则介于二者之间。另外,由于土层结构在纵向上有间隔,有的地方有层淤层砂,河工上叫作"隔子土"。这些不同的河床土质,对防护工程的稳定来说关系极大,砂土易蛰,淤土易滑,隔子土易于发生猛墩,故有"蛰砂土,滑淤土,猛墩猛蛰是隔子土"的说法。抢险时要针对不同的河底土质,采用不同的抢护结构和方法。

(一)砂质河床

受冲后,坝前会出现坡度较缓的冲刷坑,在抢护结构上宜用柳石搂厢、抛柳石枕,一则柳料滤水落淤,密实孔隙;二则桩绳捆扎(软家伙),整体性强;三则埽体可随河床变形而下蛰,与河床结合严密,尤其在防止串水溃膛、埽体前爬的险情时更为有效。

(二)淤土河床

受冲后,坝前易出现较深的陡槽,造成埽体前爬的条件。在抢护上对老工程宜在坝前抛铅丝笼或大块石,以加大河床糙率,改变河床条件;对新建工程宜采用加厢(加厢埽的底坯料上,应加透底桩以阻滑)偎根齐头并进,埽体才可稳蛰抓底。

(三)层淤层砂隔子底河床

首先要弄清隔子的厚度。若淤泥层的厚度在 1 m 以内,则很容易遭受破坏,就要把埽体做到足够的高度(包括淤层的厚度),扩大护根尺度,以防发生猛墩时,不致入水。如淤土厚度在 2 m 左右,土层的耐冲力较大,应尽量保护原土层结构,故埽体宜轻,护根部分宜肥大,伴以硬性家伙,硬揪、硬提,以防止墩蛰入水。

总之,不论河床属何种土质,抢埽出水是前提,及时偎根是关键,一鼓作气是根本。切忌中途停顿,造成淘底溃膛,功溃一篑。

四、抢护方法

(一)散抛块石

1. 适用范围

护根石被急溜冲刷走失,坝、垛坡脚被淘空,引起局部蛰动坍塌,在未露出土胎的情况下,可抛石抢护,以稳固坝基、恢复坝坦。

2. 抛护方法

抛护根石,所抛块石应选用大的,以免被水流冲到较远的地方,根据试验,块石的直径(各相对面的平均长度)不应小于流速平方的1/20。质量不够30 kg 的石块,不宜作抛护根石用。在坝的迎溜面和坝头水深溜急处,更应重点使用75 kg 以上的块石。

抛护坦石,块石质量应为 15 ~ 75 kg,小于 15 kg 的块石不宜作散抛石用。

抛石应先从坍塌严重的地方抛起,依次向上下游进行。

一般应少用向前滚抛的办法,尽可能先抛够应抛工段的下层,按照护根石的近似稳定坡度1∶1 ~ 1∶1.5,分层向后退收,以期上下压茬增强稳定。

3. 注意事项

(1)抛根石应在冲刷较深、溜势较缓时进行,使石块减少冲失,易于抛到河底深处,以免主溜顶冲淘刷时,再发生猛墩猛蛰等险情。

(2)如在水深溜急的情况下抛石,应先用较大石块把下游头抛成一条石埂,然后用一般石块抛向上游。如果在大溜顶冲时抢抛根石,要尽量选用大块石,并预先运放到推抛地点,俟急溜的间隙,大量突击抛下,以减少走失。

（3）由坝顶或根石台上向下抛石，要先抛一般石块，预留一部分较大石块，抛在坡面及顶部。

（4）在船上抛石，应由外向里，先抛较大石块，后抛一般石块，逐层抛向水面。

（5）抛石时，为避免砸坏坝岸，应采用滑板、抛石架等办法，以保持石块平稳下落，减少冲击滚动，以免碰损砸碎。

（二）石笼

1. 适用范围

（1）当防护工程遭受大溜顶冲，抛散石有被冲走的可能时，应抛铅丝笼、竹笼或其他代用品（如白腊条、荆条笼等）的石笼，以压护水下根石坡面，防止急溜冲揭走失。

（2）宜在有一定基础的根石的中、上部使用，因底部根石（5 m 以下）的走失小于中、上部。

（3）一般应在根石坍塌陡凹处使用，不宜用在平坦的坡面上。

2. 编铅丝笼方法

目前黄河上用的铅丝笼网片，多用 12 号铅丝编网，用 8 号或 10 号铅丝作框架。网眼 0.2 m，网分 3 m×4 m 及 3 m×4 m 两端带耳朵的两种（见图 5-15）。网片均于事先成批编好存放备用。编片方法如下：

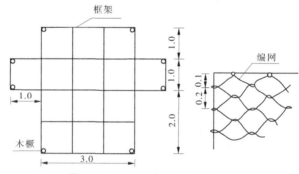

图 5-15　编网示意图　（单位：m）

编法之一（长 3 m、宽 1 m、高 1 m）：

（1）选择宽敞平整的场地，按笼子尺寸先打好小木橛。

（2）截框架（边条）：用 8 号或 10 号铅丝，按笼片围长加上接头约 0.15 m 截成。

（3）截网条：网条长短按所编笼折算，每米宽的网需 1.5～1.68 m，因起头以双条为宜（每 0.2 m 一根双条），所以按两根的长度截，如 3 m 宽的网编丝长为 3×1.5＝4.5 m，按两根长度截 9 m。

（4）盘条：网条截好后，先在正中间折印，再从网条的两端往中间盘，盘成扁圈，以便于编拧。

（5）编网：在伸好的框架上，把盘好的条按 0.2 m 一双（最边的一双留 0.1 m），从折印处套在框架上，并互拧 360°的死扣，拧时两手交叉，把盘好的条一次拧成，不要换手，否则就拧不紧。照上述方法，每隔 0.2 m 拧一双，把全部条一一拧上，然后再把已拧框架（边条）上各相邻的网条从一边依次相互拧起来，都拧成菱形孔，每拧到边上，用网条在网框架上绕一下。

（6）网片拧好后，把所拧网片四边向上收拢，用细铅丝将边缝合，笼即成。此步骤待推笼下水时才缝合，以便于存放。

编法之二（以长、宽、高均为 1 m 为例）：

（1）先截长铅丝 6 根，每根长 7.72 m，再截中丝 4 根，每根长 5.62 m，短丝 2 根，每根长 3.8 m，将截好的铅丝从两头盘圈，盘到适当尺度，长丝在 2.25 m 处、中丝在 1.12 m 处作记号，以便编底。

（2）在平地上，1 m 见方内，画上 0.2 m 见方的方格。

（3）将 6 根长铅丝铺在竖道上，铅丝上所作记号与画的横边线齐，再将短边铅丝在记号处与最边的长铅丝的记号处相交拧两扣，短铅丝顺横道与长铅丝一一相交。

相拧两扣后，再顺横道将 4 根中丝照上述方法拧上，最后再照样拧上另一根短铅丝，笼底就算编成了。这时在笼底四角方格内打 4 根 3 m 长的木桩，从地平面起以上每 0.2 m 作一记号，共 5 个记号，作为编网眼的标准。

（4）将四边的网丝收起，把四角相邻的长、短铅丝合起来（如合绳），合 2 m 高为止，再把角上的一根长铅丝向右（或向左）平倒与相邻的铅丝相拧三扣，第二根铅丝又平倒，与第三根相拧，依次类推，拧完一周后，再从相反的方向拧第二周，即正拧一周，反拧一周。四角的 4 根短铅丝不平倒，只顺角缠绕而上，一直到笼边。

（5）笼的四周编够 1 m 后，就只剩下 6 根长铅丝，将这 6 根长铅丝照前法编成网片，作为笼盖。

（6）笼编完后，每根铅丝应剩 15 cm 的头，以便在装石后封盖用。

编法之三：

将笼底编成，四面铅丝收起后，仍先将角上的长短丝合股，到 0.2 m 高时，长铅丝向右平倒与第二根相拧两扣，再将该长丝平倒，与第三根相拧两扣，以此类推与第四、五、六根相拧，但当与第六根相拧时，要拧三扣，则原平倒五空的长铅丝直起向上走；同时第六根也照样平倒，相拧五空后即向上走，每隔网眼（二、三眼）需 4 根平倒的铅丝，二、三、四、五层也照样拧成。

笼盖照上法拧成，四角的 4 根短铅丝顺角丝缠绕向上，直到笼口。

截铅丝的长度：长铅丝编成笼底、笼盖及两个边。底用 1 m，盖及两个边各用 2 m，两端留起口铅丝 0.3 m，拧 21 个扣用铅丝 0.42 m，共长 7.72 m；中铅丝编笼底及两边，底用 1 m，两边各用 2 m，两头起口铅丝留 0.3 m，拧 16 个扣用 0.32 m，共长 5.62 m，短铅丝编笼底及缠笼角，每根只需 3.8 m。

铅丝笼质量标准：网眼要均匀，眼差不得超过 ±2 cm；接头不得用挂钩，要拧紧；网边要直，网连脚程度不得超过 0.1 m。

编铅丝笼的劳力组合：19 个人一个大组，3 人截条供 8 个编网小组，每组 2 人编制（也可自截自编）。

3. 推铅丝笼

操作方法：

（1）先在坝下近水面约 0.5 m 处绑扎"抛笼架"。注意组棍、木桩、板子都要捆扎牢固

（在船上推较好）。

（2）在抛笼架上放3根垫桩，以便推笼时掀动。

（3）把笼铺在垫桩上，即可装石。装石时不要用力太猛，以免砸断铅丝，或在装石前在笼四周铺放薄柳。装石要满，四周要装实放稳。用铅丝编笼时，余的封口丝封笼口，系上留丝（或穿上贯条8号铅丝或3股14号铅丝）。

（4）推笼，可先推笼的上部，使石笼重心外移，再喊号一齐掀垫桩，使笼外移，一鼓作气把笼抛下水去。

（5）注意安全，推笼时应注意易被风条、贯条挂带下水。

质量标准：封笼每米长不少于4道；装石量不小于笼体积的110%～120%（自然方）。

劳力组合：共18人一个大组，分为两个小组，实行流水作业。一个小组8人负责装笼，其中5人运石，3人摆石；另一小组8人负责封笼、推笼，下余2人作截丝、递网及领工等。

注意事项：

（1）使用石料以一般石块或小块石为主，在装笼时，应把小块石放在里面或铺放一层柳枝，以免漏掉石块。

（2）石笼应抛压在主坝的上跨角和坝头局部淘刷严重处。

（3）抛笼之前，应摸清根石坡度情况，以决定装抛位置。如果拟抛地点凸凹不平或下部坡度过陡，应先抛一部分散石，然后进行抛笼。

（4）石笼一般要在根石顶部装封，利用窜板或撬棍，使之平稳滑入水内，不得过高，以免砸坏笼子。

（5）装排石块要轻放，不得猛力下砸，用大石排紧，小石填严空隙。如果是方笼，先装四角再装中间；如果是圆笼，要和柳石枕一样排成圆柱体，然后封扎结实。

（6）抛笼应自下而上层层上抛，尽量避免笼与笼接头不严的现象。如条件许可，还要自下游而上游抛完第一层再抛第二层，使上下笼头互相间错紧密压茬。

（7）笼抛完后，应再探摸一次，将笼顶部分和笼与笼接头不严之处用大块石抛填整齐。

（三）抛柳石（或土袋）枕

1. 适用范围

溜势顶冲，坝、垛坍塌严重，可用柳石捆枕抛护，如柳料不足，可掺杂其他梢料或苇料代替；石料缺乏时，可用碎砖或淤泥代替。

推抛柳石枕，是一种较好的水下护根工程，它能适应一切河底的情况，对于新修和抢险以及堵口合龙等工程均能适用，使用范围较广。

柳石枕的直径一般为1 m，最小应在0.7 m以上，其长度可视工地条件及需要而定，一般长10～15 m，最短不小于3 m。

2. 工作步骤

1）选料

（1）柳枝，以枝条直长柔韧的低柳和生长旺盛的树头柳为好，一般干枝直径2～3.5 cm，长2～3 m。老的树头柳多曲多杈柔韧性差，可去掉其中的粗枝硬股，掺杂一部分使用。如果使用这种柳枝，则应适当增加腰绳，一般每长0.5～0.7 m捆扎一道，老树头柳可

0.4~0.5 m捆扎一道。柳枝应随砍随用,在砍下后3 d之内用完。否则可将柳枝预先捆成直径15~20 cm并有适当长度的柳把,在柳把上铺石捆枕。

(2)枕内用石。石块要大、小搭配,使之排填密实。

如果用淤土捆枕,以黏性较大未经风化的大块淤土为好,并须具有适当水分。如用已经耕犁的散淤土,可用草袋、编织袋或蒲包装起,以免遇水走失。

(3)绳缆。捆枕腰绳以12号铅丝为好,水下麻绳、蒲绳都可使用,以蒲绳为经济;龙筋绳(也叫穿心绳,它的接长部分叫留绳)以竹缆为经济耐久,大麻绳也可使用;底钩绳一般可用三股12号或10号铅丝绳,或用竹绳及大蒲绳;留绳可使用蒲绳或苎麻绳。

2)探摸险情,铺设垫桩、枕木

捆枕之前,应先探摸水深、河底土质、流速和溜势等情况,选定抛枕位置,平整工作场地。需要使用底钩绳和留绳时,先在枕的后面打好拉桩,然后在拉桩的前面铺设垫桩一排。条件许可时,垫桩应设在靠近水边低处和根石顶上,以便推滚入水。如果必须在坝顶捆枕,下抛时有砸坏枕的危险或不易滚落入水时,可贴靠坝坡设置滑桩,使枕沿桩滑落入水。垫桩要直,以2.5 m长的木桩为宜,垫桩间距和捆枕绳间距相适应,最好是相同,一般0.5~0.7 m。或0.8~1.0 m(0.5~0.7 m适应用秸料捆枕,0.8~1.0 m适应于柳料捆枕)两垫桩之间放捆枕绳一条,桩的梢头朝向推枕方向,不可削尖。两端用横木支起(或用石块也可),使成约1/10的斜坡,以便推枕下水。桩头和横木要捆扎结实,以免铺柳推枕时活动(见图5-16)。

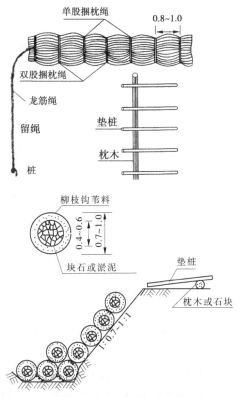

图5-16　柳石枕捆抛示意图　(单位:m)

3）铺放柳石

石、柳体积比：柳石枕按捆成体积来说，一般石、柳体积比应为1∶2.0～1∶2∶5。在急溜中抛枕及护根石的外围枕，要多用石，如果石少至1∶2.5以下时，则浮力大，下沉慢，急溜中不易抛至预定位置，甚至向外游动不起作用。

铺放柳枝：应在垫桩中部。直径1 m的枕，铺底柳枝宽约1 m，压实厚度15～20 cm，应分作两层铺放平匀。第一层（外层）由上游开始，根部向上游、梢部向下，一搭一搭地均匀铺放，次一搭的根端放在前一搭的1/2～3/5处，使吞压1/2以上，依次铺至下游头；第二层由下游开始，根部向下游，梢部向上游，同第　层吞压方法，依次铺至上头。铺好后，两端以根部向外再铺柳一搭，以加厚枕的两头，便于封口。

排石：石要排成中间宽、上下窄，直径约60 cm的圆柱体。排石时要分层，大石块小头向里、大头向外排紧，用小石填严空隙和缺口。排石至两端可稍细点，并留长0.4～0.5 m不排石，以便盘扎枕头。

排石至半高，可加铺较为柔韧的柳枝一层，其压实厚5～7 cm，用以加强石与石之间的连系和弹性，以利捆扎结实。如果使用龙筋绳，则把绳放在这层柳的中间（不铺柳时，绳可放在石的中间），并在距枕两头各1 m处及中间，绳上拴十字木棍或长形石块一个，以免龙筋绳滑动。石的顶部盖柳枝仍分两层，其铺盖方法与前铺法相同。

4）捆枕

捆枕必须注意质量，最好用绞棍或其他方法绞紧，然后用捆枕绳捆扎结实，要保证滚入水下不断腰、不漏石。或以五指扣扎紧，再将捆枕绳的余头互相连结。必要时，可在枕的两旁各用核桃绳一条，将枕绳再顺枕予以连系。紧绳时，临河2人、背河3人（临河2人往下压，防止绳断后张掉河里），1人喊号，用力拉紧，捆时要注意不得把垫桩捆在枕上，以免发生危险。

如果用柳把捆枕，柳把长度最好和枕长一致。铺底柳把5～6个，用麻绳或小蒲绳把它挤紧结成箔的形状，然后在其上排石，再盖上柳把，同上述捆枕法，捆扎结实即成（如时间紧迫，也可直接用柳把捆枕，但须捆扎结实）。

柳把捆法：事先须将柳把捆好备用。柳把直径0.15～0.2 m，长10～15 m，捆扎用18号铅丝或麻经子。柳梢应选用顺直长条，直径不宜超过2～3 cm，遇有粗大不易压实的枝叉劈开使用。柳把的捆扎是在地面木桩上进行的，捆扎时，一人集柳，先将柳梢粗头向外，另一头用一条长55～70 cm，两头各系一根30 cm小棍的套绳，裹扎柳把头。并用绞棍，使柳把紧密后即用铅丝或麻绳将把扎住，然后错茬续加柳梢（不要几根一齐续进去），每25 cm捆扎一道，直至捆到预定长度为止。

5）推枕

推抛柳枕之前，必须根据工程要求、水下情况和溜势缓急，做好一切抛枕措施。先将留绳以背扣挽于枕的两头，一条绳不足时可再接长，按水深留放，上系在留桩上，并由一技工掌握松绳。要做到不扭折、不下败，沉放位置适宜，避免枕与枕交叉裂挡、搁浅、悬空和坡度不顺等现象，应注意做到：

推枕人力要分配均匀，由指挥人喊口号，同时动作，使枕休平衡滚落入水。

若在大水急溜中推枕，要等待时机，趁激流间隙下推，并拉紧留绳和龙筋绳。

水深溜急，枕体顺溜方向推抛时，要在沉放地点稍靠上游一点推枕，入水后应有藏头的地方(上游枕头放在有掩护物的下边或回溜区),或加重枕头,使上游一头先下沉入水中,以免枕头倒转或冲走过远。

使用留绳和底钩绳时,推枕之前要伸入水下,看管的人不得在桩上打死结,随枕下沉迅速松放,以免断绳甚至发生事故。

在水深溜急情况下抛枕,首先须打顶桩铺好底钩绳。顶桩以两根连环起来为好(底钩绳间距 2.5~5.0 m,根据水流湍急程度酌定)。

条件许可时,应尽量使用长枕,如分段抛枕,最好数段同时进行,以免枕与枕之间接头不严。

在底钩绳兜内抛枕,如溜很急,还要适当使用留绳,以掌握枕的沉下位置,第一个枕沉到底后,把底钩搂回拉紧活扣在靠堤的底钩绳上,以免下沉枕滚动;第二个枕捆好后,再解开绳扣,使枕在底钩绳兜的控制下平稳入水,和第一个枕重叠在一起。以下各枕同此抛法。

如果大溜顶冲,河底继续淘刷,应在枕的前面再加抛几个枕,一般可高达原抛枕高的一半,使其随河底淘深自然下沉,起很护堤脚的作用。

在非大溜顶冲的工段抛枕,可多用柳、少用石,或用柳淤枕代替。

3.注意事项

(1)抛枕维护根石蛰动坍塌,多在水深溜急、大溜顶冲的情况下进行。根石坡度陡缓不一、凸凹不平,枕入水后难以平稳下沉。应加强摸水工作,多用留绳切实掌握。

(2)如果根石大坯坍塌蛰陷,入水较深较快,则系底脚淘刷所致。应摸清水下情况,用较长大的枕抛出水面。如用长枕有困难,也可用一般枕推抛,但应随抛随探摸。以便根据水下情况随时调整推抛位置和枕的长短。

(3)如果根石上部凸凹不平,水下 4~5 m 以下蛰塌走失甚烈,由坝上抛枕不易滚落到适当位置时,则除多用留绳外,还须酌加底钩绳,使枕在底钩绳兜的控制下依次沉至适当地点。

(4)如果根石中下部完好,仅中上部发生局部蛰动走失,则是急溜冲揭所致,最好用石笼或大块石压护。如蛰动走失面积较大,低水位以下可用枕抛护,其上应用大块石。

(四)柳石(淤)搂厢

这是黄河上传统的一种"埽工",应用于抢险("埽工"是以秸、柳、苇等及土石为主体,以桩绳为连系的一种水工建筑物),有就地取材、抢险迅速、节约石料等优点,适用于大溜顶冲,坝、垛坍塌破坏严重,或正在继续坍塌,需要紧急抢护的情况,见图5-17。

1.浮枕搂厢工作步骤

(1)首先了解溜势缓急和上下游溜向变化趋势,探明河水深浅和河床土质情况,以决定施修方法及铺底宽度。

(2)整坦:整理坍塌的坝(堤)坡,铲削平整,使成 1:0.5~1:1.0 的坡度,使埽体紧贴堤岸不致悬空。埽的上游一头要藏入堤岸或回溜区内,埽体迎溜部分成直线或平滑的弧线,不得部分突出,以免兜溜窝水。

(3)打顶桩:在坝(堤)顶距整理好的坡肩 2~3 m 的后边,根据底钩绳和坯数的需要,打顶桩(桩长 1.5 m 左右)单排或数排。桩距 0.8~1.0 m,如为数排,排距 0.3~0.5 m,前

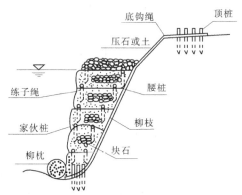

图 5-17　柳石搂厢示意图

后排向下游错开 0.15 m,以免将坝(堤)顶拉裂。

(4)捆浮枕:用柳枝等软料,捆成与计划搂厢段长度相等或略长、直径 1 m 的浮枕,漂浮水面,用以拴扣绳缆及挡护料物。捆枕时先以 2 m 长垫桩,间距约 0.5 m,平放在堤顶捆、抛枕处。桩间放捆枕绳(核桃绳或 12 号铅丝,绳的长度为枕周长 2.5 倍),然后将散柳铺在桩上,中间顺枕放"龙筋绳"(八至十丈绳或三合股 12 号铅丝一条,绳中间扣挽几根短木棍,防止绳在枕中左右滑动)。再压足散柳,捆成浮枕。

(5)推浮枕:先将龙筋绳活拴在上下首两根顶桩上,设专人看守,再以多人将垫桩掀起,推枕入水,同时松放龙筋绳,使枕浮靠于抢护工段岸边水中。

(6)铺设底钩绳:在顶桩上活拴底钩绳(八丈或十丈绳或三合股 12 号铅丝),间距 1 m左右,不宜过大过小,然后用引绳(预先活套在浮枕上的细绳),将底钩绳的另一端引过枕外,绕回拴在枕上。再从枕起向里,用核桃绳(大麻绳)或 12 号铅丝在底钩绳上横连数道,间距约 0.5 m,做成均匀的格子"底网",其宽度相当于底坯宽度,见图 5-18。

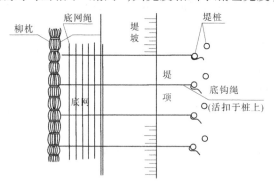

图 5-18　底钩绳编底网示意图

(7)底坯搂厢:用木杆将浮枕撑离岸边,至拟做底坯宽度(一般宽 1.5 m 左右,最宽不宜超过 2 m,搂厢完毕后,埽面 2～4 m),拉紧龙筋绳拴牢于顶桩上,然后于每条底钩绳上靠枕另拴核桃绳一条。

在"底网"上顺铺散柳一层,厚 0.5～1.0 m,其上从距边缘 0.3 m 处开始铺压块石一层,厚 0.2～0.3 m,要前重后轻,可按前六后四或前七后三的比数排压,以勿使入水为度,再盖柳一层,厚 0.3~0.4 m(总厚度不得超过 1.5 m),前后各打一排桩,将练子绳搂回,拉拴在后一排桩(腰桩)或底钩绳上(底坯也可不拴练子绳,将底钩绳预留一段作练子绳用)。这样底坯完成。铺散柳时顺铺一层后,再用细软柳枝横铺或斜铺一层,更有利于增强纵横的牵拉力,使埽体整固。

(8)逐坯加厢:先在前沿料边每米插立一根木棍(插干)作为拦料用,再在底坯上继续加厢,每坯厚 1.5 m 左右。程序与底坯同(拴练子绳、铺柳、压石、再铺柳、打桩及搂回练子绳等)。每加厢一坯在埽面前后各打 1.5~2.0 m 木桩一排(家伙桩),以起到上下坯结合稳固的作用。练子绳即可拴在后一排桩(腰桩)上,完成一坯。如此逐坯进行,适当松底钩绳,使一直追压到河底(到家)抓泥为止(当压到底,埽体下首有小翻花水泡泛起时,一般可说明已经"到家"),同时紧跟在埽前加抛柳石枕或铅丝笼偎根,再在埽顶压大土或大石,稳住埽体。

(9)封顶:压土或压石之后,再用柳枝周围缕口,务求土、石为柳料包裹严密,不使露面,然后再上薄料厚土及注意调整底钩绳及龙筋绳,直到埽体不再下蛰与河底结合严密,偎护稳固为止。压顶土或排石应注意掌握坡度比埽体坡度陡,以防重心偏后,推埽前爬。

2. 注意事项

(1)每加厢一坯,应适当后退,做成 1:0.3 左右的均坡,坡度宜陡不宜缓,不应超过 1:0.5,防止埽体仰脸或前爬。

(2)这里只介绍了浮枕搂厢,另外可用捆厢船及支架代替浮枕,做法大体相同。

(3)在搂厢之前及搂厢(尤其底坯)过程中,应注意随时摸水深,探明河底坡度、土质与淘刷情况,以便适当选用"家伙"和上料压土的尺度等。比如搂厢段遇淤泥滑底,或河床坡度较陡,在铺完底坯后,可据情加"满天星"或"五子""棋盘"等"家伙"桩绳,以增加防止前爬的阻力。如遇流沙或"格子底"(层淤层沙底),除赶抛柳石枕固根,还可据情下"硬家伙"增大往后的牵力,要根据具体情况采取相应措施,因地因时制宜。

(4)柳石搂厢,压土量应少于用秸料软搂。对于压埽土,不论是用石、用土或用淤,均需按操作步骤进行,即自两边上口、下口垫路到埽面前眉(埽眉)逐渐往后退压。一般可按每立方米软料压土 0.3 m³ 以上,并结合河底土质、坡度与软料容重做全面考虑。压土不可过多或过少,过少容易走失,过多容易前爬。

(5)柳石搂厢使用的家伙,因为埽面小,一般都很简单,多用羊角抓、鸡爪抓、三星等。每副家伙桩间距 2.5~3 m,最紧密间距不得小于 2 m。

(6)关于压土、压石的厚度。开始要薄,愈向上加厢,则逐坯稍加厚,总的原则是:在未抓泥前不能把埽压沉入水,抓泥后才能加大土,以资稳实。

(7)关于铺料和搂绳。搂厢不像丁厢那样必须铺好一坯再搂,而是铺料的向前铺料,后边跟着搂绳下家伙,边铺边搂。

(五)丁厢

在洪水溜势顶冲,坝、垛工程发生崩塌,险情严重之处,可用丁厢开埽抢护。具体做法见"埽工"部分。

(六)柳石混合滚厢(又名风搅雪)

1. 工作步骤

在大溜顶冲,翻花搜淘,水深溜急险情继续扩大,抛柳石枕不能生效时,可用柳石混合滚厢法抢护。具体做法如下:

(1)先了解河水深浅、河床土质情况,决定拟修尺度。

(2)整理坍塌处的坝坡,使料与坝岸紧密结合,不致悬空。

(3)在坝顶打1.5~2.0 m顶桩数排(按需要决定)。桩距0.8~1.0 m,要前后错开,互不对照。

(4)安设捆厢船上下牵拉,使船稳定于修筑工程地点。在第一排顶桩上拴底钩绳,另一端活扣于捆厢船龙骨上。

(5)在坝顶坍塌处的边缘,堆放散柳,够一坯使用,然后以全力推柳滚于底钩绳上,随将柳石混合抛压,待出水面0.2~0.5 m,是为一坯。另在厢眉前水面上,加束腰绳一对,使与各底钩绳紧系,束腰绳两端紧拴于坝顶束腰桩上。每隔1.6~2.0 m用三股12号铅丝拉缆一对,一头拴于束腰绳与底钩绳紧系的十字花上,另一头紧拴于坝顶桩上。

(6)再加厢第二坯,仍如前法。先将柳枝顺铅丝拉缆下滑,再将柳石混合抛压及加束腰绳与三股铅丝拉缆。

(7)如上逐坯加压,厢体向前滚厢并逐渐下沉。唯须有工程熟练员工,负责在顶桩及束腰桩附近,掌握绳缆的松紧。另一部分人在船上,专司活动底钩,加长底钩,使厢体徐徐下沉。以免发生危险。

(8)待柳石滚厢到底,厢体出水稳定,不再沉蛰时,可将底钩绳搂紧,通过腰桩的活扣,回拴于顶桩上。另在厢顶打家伙桩,拴紧家伙绳,通过腰桩的活扣,拴于顶桩上。再在厢顶排垒块石,厚约1 m,达到计划高度,即算厢修完成。

(9)为预防厢体发生墩蛰起见,在厢前捆抛柳石枕护根,以策安全。

这种厢法的特点,是柳石混合厢压,每坯另加束腰绳及拉缆,把柳石厢每坯均搂系在坝顶桩上,底钩绳虽在船上,但吃力不大,这样可以纠正柳石工程前爬的缺点,见图5-19。

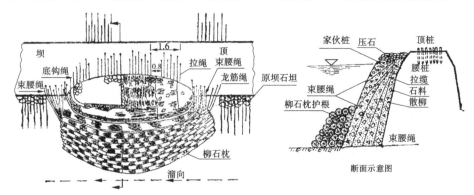

图5-19 柳石混合滚厢示意图

2. 注意事项

(1)同丁厢埽应注意事项。

（2）应特别注意，厢修之前，先将柳石充分准备于工作地点附近，工人集齐，一旦动手，即于柳枝滚下大部后，柳石继下，混合抛用，不得停留。并须有专人负责指挥，使柳石抛厢均匀，勿使轻重悬殊，发生危险。

（3）对于柳枝，以顺厢为主，唯在柳石混合厢压时，也可在体内分批横纵铺或斜铺，以增加柳枝间的互相牵拉力量。

（4）此法为滚厢，必须使柳枝紧包块石，才能结成整体，抵御水流冲刷，所以压石应特别留意，勿使块石抛到埽边，以免漏入水中，造成浪费。

（5）此种厢法，主要为用各种绳缆，紧兜埽体，利用压石重量，徐徐下沉，以达河底，不让前爬，所以对于活绳，应符合指挥人员的意见，有节制地使上下各坯绳缆作有机的配合松放。尤其对铅丝缆与大麻缆的延伸不同，更应注意使用，勿使断缆发生事故。

（6）此项滚厢法，在进行时，应随厢随摸，了解水下情况。俟下部已护住河底，即可将绳缆搂紧，分坯加高，达到计划高度，以免多费工料，造成浪费。

五、几种常用的抢险方法的优缺点和适用范围

（一）散抛石

该抢险方法适用于一般险情，由于体积较小，散状体互不连结，所以不易产生大幅度的猛墩猛蛰，技术性低，必要时可以动员大量人力集中抛投，速度较快（仅次于搂厢）；缺点是深水急流中容易走失。

（二）柳石枕

该抢险方法主要适用于抛护根基，优点是柳料可以就地取材，造价较低，透水性较小，可以拴留绳，避免走失。但比重轻，易滚动是其缺点。在偎根抗冲方面，远不如铅丝笼，最适于抢护基础较浅的新工程。因其有滤水落淤的特点，所以对护土基防冲蚀、防止溃膛后溃效果较显著，是铅丝笼所不及的。

（三）铅丝石笼

它的主要作用是防止根石走失，巩固基础。它有施工进度慢和空隙度较大和透水性大的缺点。但其整体重量大，抗冲和稳定性强，故比较适用于基础较深的老险工的抢护。尤其对光滑的淤土河底，容易抓底，因其糙率特大，不易前爬，同时由于其易于变形，便于与散状块石相结合。抢险时，应和其他方法（如搂厢、抛石等）配合使用，并置于其外侧。在装笼时，笼内垫一层柳料更好，它可以减少石笼的空隙率，有利于阻水拦泥，同时不易砸断石笼的铅丝。

如果使用于基础浅的新工，笼内如不加垫柳料，则会因其透水性大而引起溃膛；更不宜笼与秸柳工掺搅使用，这样会破坏各种河工结构的功能，促使险情恶化。例如埽内抛笼，或者笼上加厢都是害多利少的。

笼与枕配合使用，应根据各自的特性，靠近坝体土胎用枕裹护，反滤防冲，枕外围笼，用于固根防枕前滑，切忌枕笼掺搅使用。

（四）搂厢

在抢险中常用的搂厢主要有柳石搂厢、柳淤搂厢、秸土搂厢、柳石混合滚厢等，也叫捆厢和顺厢，它是各种抢险方法中进度最快、适用较广、技术性也较高的一种抢险方法，对于

大墩大蛰的紧急险情和一般险情,特别是新工险情,采用这种办法能很快扭转危险局面。为了防止搂厢体前爬,还可再在其前边抛枕、散石堆,或推笼护根固脚,则更稳妥。

六、对几种出险类型抢护方法的商榷

(一)猛墩猛蛰

产生这种险情的原因大体可分为三种:

(1)层沙层淤的格子底。由于河底淤、沙两种土质抗冲强度不一,往往会出现当坝下的沙层被冲走,而淤层却悬空留在河中,承托着埽体呈"上蓬底空"的状态。当沙层继续淘深,淤层承托不住埽体重量时,就会突然猛墩猛蛰。

(2)裹护工程下部有一层腐烂了的旧埽体,经急流冲击将旧埽体冲散时,上部工程就会发生猛烈下蛰。

(3)搂厢埽体受桩绳牵系,或其他结构由于内力的关系,其下虽经淘空,但也能暂不下蛰。当河底继续淘深,埽体不能继续保持平衡时,就会产生突然下蛰。

这类险情一般都表现得特别严重,在短暂的时间内,就会危及堤坝的安全。最好的抢护方法是:先搂厢,在搂厢体的外面抛枕或抛笼。

有的单位在搂厢体外抛枕,枕外又抛笼;还有的单位在坝基已经塌成深窝之后,全用散石抛起来。这些抢护方法均不够经济合理。

(二)平墩慢蛰

这种险情多出现在沙底、胶泥滑底或有一定基础的坝垛上,对这类险情一般采用在墩蛰部位外围垒铅丝笼,塘里捆"懒枕"的方法,效果良好;有的在淤泥滑底上也采用这种方法,结果出现了只能作出水面0.5~1 m高,再继续加高,就会出现加后再蛰,不加反而不蛰的现象。这是因为上部加高后压力增大,下边淤泥滑底承托不住,发生了根基前滑的现象。如1964年府君寺工程7垛曾在上跨角处连续抛铅丝笼52个;青庄7坝抢险后探摸根石情况,摸到在坝前河底有12 m宽的根石平台,都是根石前爬造成的。

这种险情的抢护方法,以在船上往下抛笼、抛石的办法较妥。

(三)根石未蛰,石坦土基蛰动

这种险情的表现形式,如在根石台的后面蛰成一个凹心形的深槽;石坦与土基之间形成一个深沟,甚至沟内过水行溜等。产生这种险情的原因,是水从石缝内钻入,将土基泡松或将土基淘空。抢护的方法是先在深槽内捆"懒枕",然后再在枕上压石,或以柳石向蛰陷的槽子内混砸,均能制止险情的发展。切忌单纯用向槽内倒土的方法,以免仍被水流冲走。

(四)坝裆后溃

垛或短丁坝之间容易受插挡河势或回溜冲刷,造成滩岸坍塌。使坝身裹护工程延长,甚至危及大堤或联坝的安全。抢护方法,一是在相邻两坝垛之间及时抢修散石护岸或柳石(淤)护岸。险情较轻时,也可用挂柳法来防护。二是在坝的适当部位抢修防回溜小垛,借以顶托插挡水流外出。总之,及时采用上述方法加以抢护要比让滩岸溃塌后,再在坝身的延长线上抢修裹护工程,或在坝裆间的大堤上或联坝上抢修护岸工程省工料,也较安全。

（五）在搂厢抢险中，对后边的土基产生裂缝的抢护方法

在搂厢抢险时，垛后土基（堤、坝或滩岸）突然产生了下蛰裂缝，如不及时抢护，待裂开缝的土基塌下来后，会将垛体拥跑，扩大险情。抢护方法是：赶紧将裂缝的土基挖成一个斜坡形，在后边的滩岸（或坝堤顶上）上，打连环桩重新伸绳，在所挖的土坡上做新垛，并和前边的老垛连结起来，可以扭转危险局面。

（六）基础较好的坝，出现局部险情的抢护方法

基础较深的坝，根石深达 10 m 以上，有时也会出现局部蛰陷出险。抢险时一般可采用与原结构相结合的办法。即原来是笼子的还抛笼，原来是散石的还抛散石，这样坡度一致，新旧结合较好。但是对已露出土胎的，应酌加反滤垫层。

（七）工程基础差或新修工程出险的一般抢护方法

工程基础较浅或新安设的工程（如旱工）蛰动出险的抢护方法，应以柳（淤）石结构为主。险情轻的，可单用块石抛铺，使与原来的护坦压根石相结合；险重时，用搂厢、抛枕抢护，并尽量下压入水，水上压散石护坡较为适宜。实践经验证明，长期处于水下的柳秸料，也能维持相当长的时间。同时它具有反滤作用，有利于保护坝基土胎。

（八）一处险工多处生险的抢护

同一处险工，多处同时出险，如果同时抢护，人力、料物都很难满足，人力分散，进度缓慢，甚至会贻误时机，造成跑坝的危险。在这种情况下，一是集中优势兵力，用打歼灭战的方法，首先抢护直接危及大堤安全的坝、垛。在确保重点的同时，抽出部分力量，抢护次要坝、垛，最后依次全部修复平稳。这样既防止了险情的恶化发展，也克服了人力、料物不足的困难。

另一种是对于一处全部新修旱工，突然全部或大部坝垛靠急溜，险情异常紧急，料物、人力又很不足，在这种危急情况下，应以保堤或联坝不致被冲断酿成重灾为原则，宜采取"舍车马保将帅"的办法。即着重抢护危及堤身安全最重要的坝垛，并先抢护迎水面的上跨角，然后根据河势发展渐次上抢，对次要的坝垛和次要部位宁可暂时放弃，待大水过后再行恢复。这种方法只能在万不得已才能采用。

（九）在较长的坝身上，出险岸线很长的抢护

可以根据靠溜情况，采取每隔一段距离，重点抛铅丝笼堆的方法，切断溜势顺堤身冲击，推溜外移。只要点上守得住，线上的险情就能大为减轻，这是一种节省料物、效果较显著的抢护方法。

以上所举九种险情和抢护方法，其抢护方法多是常用的有效方法，那么为什么还要商榷呢？因为每一种险情的出现，都不止一种抢护方法，同样的险情，甲地和乙地抢法也不尽同，各单位均有所长，各有自己的经验和好的抢护方法。上列险情的抢护方法，旨在抛砖引玉，希望能通过商榷探讨，集思广益，使抢护方法更加丰富和提高，以保证防洪安全。

第六章　穿堤建筑物险情抢护

第一节　险情监测

穿堤建筑物是指为控制和调节水流、防治水害、开发利用水资源,在沿江河大堤上修建的分洪闸、引水闸、泄水闸(退水闸)、灌排站、虹吸管以及其他管道等建筑物。如黄河下游大堤上就修建有分洪闸 14 座、引黄灌溉闸 94 座、虹吸管 11 处、其他管道工程 2 处,沁河大堤上建有泄(退)水闸、灌溉水闸 57 座。这些建筑物本身和建筑物与大堤结合部可能发生滑动、倾覆、渗漏、裂缝、冲刷等险情。本节对常见主要险情监测方法分述如下。

一、漏洞和管涌监测

造成漏洞或管涌的原因是裂缝、空洞。如涵闸的裂缝常出现在闸底板、消力池、洞身和闸墩等部位,在大堤与建筑物连接部位也常出现裂缝。漏洞和管涌的监测方法主要有以下几种。

(一)水面观察法

在水深较浅无风浪时,漏洞进口附近的水体易出现漩涡。如果看到漩涡,即可确定漩涡下有漏洞进口;如果漩涡不明显,可在水面撒麦糠、碎草或纸片等,若发现这些东西在水面打漩或集中于一处,即表明此处水下有漏洞进口。该法适用于漏洞、管涌进口处工程靠溜不紧、水势平稳、洞缝较浅的情况,简便易行。

(二)水上能见部分的表面裂缝探测

首先定出各建筑物的轴线,画出坐标,逐条量测裂缝的分布位置、走向和长度。裂缝宽度可通过在其两侧设带钉头的小木桩作标点直接进行观测,也可在缝的两侧设金属标点,用游标卡尺量测或采用差动式电子测缝计等监测。裂缝深度除可用细铁丝等简易办法探测外,还可用超声波探伤仪等进行探测。对贯穿性裂缝的错距,可在缝的两侧设三向测缝标点进行三个方向的量测。

从以上险情监测的时间、外因条件变化,可以预测其发展趋势,便于及时采取抢护措施。

(三)水下检查法

水下检查法主要由潜水员潜入水下通过目测、手摸进行直接检查,这是水下检查最常用的方法。近几年,随着计算机技术的发展,闭路电视、水下摄影等方法逐步发挥重要作用。

探摸漏洞进口的位置时,要特别注意预先关闭闸门,切忌在高速水流中潜水作业,以确保潜水人员的安全。潜水员潜水检查,当用空气作为呼吸气体时,最大极限深度为 50 m。

根据探测处水深情况,也可采用不同直径的钢制检查筒(柜)。如江苏省万寿闸管理处创建的自浮移动式气压沉柜,最大工作水深 12 m,最大工作面积 30 m²。该沉柜由沉柜主体、供气系统等成套设施组成,应用气压排水原理,为水下监测创造了无水检查和抢修作业的条件。当一处作业结束后,又能漂游移动到另一处。此外,也有的用机器人进行监测。

(四)探漏堵漏法

探漏堵漏法是抢险实践中探索出的新的探堵漏洞方法,主要有圆拍探堵器堵漏法和软罩探堵法,具有快捷、实用、高效、适用范围广等优点。

(五)电子探测漏洞法

在探测涵闸堤防漏洞方面,借助电子仪器等高技术手段,研制了不少新的器具,应用效果比较理想,如自动报警器,详见第三章。

二、渗漏险情监测

对水工建筑物及坝基在水头作用下所形成的渗流场内自由水面线、渗透压力、渗流量等进行监测,具体方法一般有如下几种。

(一)外部观察

对闸室或涵洞,详细检查止水、沉陷缝或混凝土裂缝有无渗水、冒沙等现象,并对出现集中渗漏的部位,如岸墙,护坡与土堤结合部,闸下游的底板、消力池等部位,检查渗流出逸处有无冒水冒沙情况。

(二)渗压管监测

洪水期要密切监测渗压管水位,分析上下游水位与各渗压管之间的水位变化规律是否正常。如发现异常现象,则水位明显降低的渗压管周围可能有短路通道,出现集中渗漏。应针对该部位检查止水设施是否断裂失效,并查明渗流短路通道。

(三)电子仪器监测

利用电子仪器监测闸基集中渗漏、建筑物土石结合部渗漏通道或绕渗破坏险情,经过 20 世纪 70 年代以来的大量探索,已开发研制成功多种实用有效的仪器。

ZDT-I 型智能堤坝探测仪、MIR-1C 多功能直流电探测仪,均具有智能型、高精度、高分辨率及连续探测、现场显示曲线的特点,可以借助计算机生成彩色断面图及层析成像,对监测涵闸、泵站及涵洞等工程的渗漏、管涌险情具有明显效果。其工作原理是根据探测剖面电位曲线的异常情况,分析确定隐患的位置。图 6-1 为某水闸沿闸孔轴线测得的电位曲线,图 6-2 为另一水闸岸墙与土结合部测得的电位曲线。ZDT-I 型智能堤坝探测仪曾于 1998 年 8 月长江大水时,准确地监测到九江市城防堤河口泵站等多处渗漏险情。

三、冲刷险情监测

泄水建筑物上下游的防护设施和岸坡,受到高速水流或高含沙水流的冲刷、空蚀作用可能遭受破坏。为此,常修建有护坦、消力池、海漫、防冲槽以及建筑物两侧翼墙、刺墙、边墙、导流墙、护坡等,与岸边连接的建筑物构成防冲体系。在引水、分洪时,为保证安全运用,需要及时进行监测。目前一般采用如下监测方法:

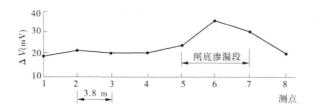

图 6-1　某水闸沿闸孔轴线电位曲线

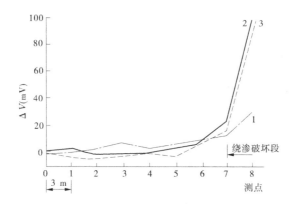

图 6-2　某水闸岸墙与土结合部电位曲线

（1）外观检查。观察闸上下游水流有无明显的回流、折冲水流等异常现象；观察上下游裹头、护坡、岸墙及海漫有无蛰陷、滑动，与土堤结合面有无裂缝等。

（2）人工测深检查。按照预先布置好的平面网格坐标，在船上用探水杆或尼龙绳拴铅鱼（球）探测基础面的深度，对比原来工程的高程，确定冲刷坑的范围、深度，计算冲刷坑的容积。同时，对可能发生的滑动、裂缝、前倾或后仰等进行分析。

（3）测深仪监测。采用超声波或同位素测深仪对水下冲刷坑进行探测，绘制冲刷坑水下地形图，与原工程基础高程相比较，找出冲刷坑的深度、范围，并确定冲失体积及分析建筑物可能出险的部位。

四、滑动、倾覆险情监测

水工建筑物的基岩土体，在建筑物、水压力等各种荷载组合作用下应具有抵抗滑动或剪切破坏的能力。水工建筑物除自重外，还承受高水位时水平向的水压力和基础扬压力但滑动力大于抗滑稳定力，挡水建筑物就要发生剪切破坏或滑动、倾覆。在中外的挡水建筑物史中，由于基础滑动或倾覆而导致失事的并不少见。因此，每年汛期都必须对水工建筑物在各种运用条件下的抗滑动和抗倾覆稳定进行监测，以确保防洪安全。

涵闸滑动主要有表面滑动和深层滑动两种基本类型。监测是依据变位观测资料，分析工程各部位在外荷载作用下的变位规律和发展趋势，从而判断有无滑动、倾覆等险情出现。涵闸变位观测是在工程主体部位安设固定标点，观测其垂直和水平方向的变位值。在洪水期间要加密观测次数，将观测结果及时整理分析，判断工程稳定状态是否正常。变位观测的具体施测方法和精度要求以及成果整编办法，按《水工建筑物观测工作手册》规定进行。

第二节 涵闸渗水及漏洞

涵闸、管道等建筑物某些部位,如水闸边墩、岸墙、翼墙、刺墙、护坡、管壁等与土基或土堤结合部产生裂缝或空洞,在高水位渗压作用下,沿结合部形成渗流或绕渗,冲蚀填土,在闸背水侧坡面、坡脚发生渗透破坏,出现管涌、漏洞等险情,导致涵闸、管道建筑物的破坏,从而造成洪水灾害。

一、出险原因

出险原因是:①涵闸边墩、岸墙、护坡的混凝土或砌体与土基或堤身结合部土料回填不实;②闸体与土堤所承受的荷载不均,引起不均匀沉陷、错缝,遇到降雨,地面径流进入,冲蚀形成陷坑,或使岸墙、护坡失去依托而蛰裂、塌陷;③洪水顺裂缝造成集中绕渗,根据岩土性质不同,基础渗漏在软基中以孔隙渗漏为主,通过沙砾石或壤土中的空隙产生渗漏,严重时在建筑物下游侧可造成管涌、流土,危及涵闸、堤防等建筑物的安全。

二、抢护原则及方法

抢护漏洞、渗水的原则是"上截下排"或上堵下导,即临水堵塞漏洞进水口,背水反滤导渗。在上游加强或增设防护体,首先应寻找漏洞、渗水进水口加以封堵,以切断漏水通道;在下游抢修反滤排水,以降低出水口处水压或浸润线,并导出渗水。

(一)堵塞漏洞进口

1. 篷布覆盖

该法一般适用于涵洞式水闸闸前临水堤坡上漏洞的抢护。覆盖用布可是篷布或土工布,幅面宽2~5 m,长度要能从堤顶向下铺放至将洞口严密覆盖,并留一定裕度。需用直径10~20 cm钢管一根(长度大于布宽约9.6 m)、长竹竿数根以及拉绳、木桩等。将布上下两端各缝一套筒,上端套上竹竿,下端套上钢管,捆扎牢固。把篷布卷在钢管上,在堤顶肩部打数根木桩,将卷好的篷布上端固定,下端钢管两头各拴一根拉绳,用人在堤上拉住,然后,两人用竹竿顶推篷布卷筒顺堤坡滚下,直至铺盖住漏洞进口,如图6-3所示。为提高封堵效果,在篷布上面抛压土袋"闭气"。

2. 水下堵漏法

当水下混凝土建筑物裂缝较大或有孔洞时,可用浸油麻丝、桐油灰掺石棉绳、棉絮等嵌堵;当裂缝、漏洞较小时,可用瓷泥、环氧砂浆黏堵并加压顶紧。对闸门渗(漏)水可用黏土、棉絮堵塞。

3. 草捆或棉絮堵塞

当漏洞口不大,且水深在2.5 m以内时,用草捆堵塞。草捆大头直径0.4~0.6 m,内包石块或黏土,草石(土)重量比1:1.5~1:2.5,还可用旧棉絮、棉衣等内裹石块用绳或铅丝扎成捆。抢险人员系上安全绳,挟带草捆或棉絮捆,靠近漏洞进口,用草捆(棉絮捆)小头端搋入洞口并用力压紧塞入,在其上压盖土袋,以使闭气。

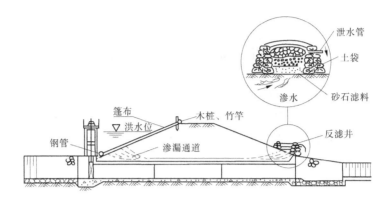

图6-3 篷布覆盖、反滤井示意图

4.草泥网袋堵塞

当漏洞口不大、水深在 2 m 以内时,可用草泥装入尼龙网袋填堵。填堵时分三组作业,一组装网袋,一组运网袋,一组在水中找准漏洞位置用网袋进行堵塞。

(二)背河导渗反滤

渗流已在涵闸下游堤坡出逸,为防止流土或管涌等渗流破坏,致使险情扩大,需在出逸处采取导渗反滤措施。

1.砂石反滤

使用筛分后的砂石料,对一般用壤土填筑的堤防,可按图6-4所示的三层反滤结构填筑,滤水体汇集的水流,可通过导管或明沟流入涵闸下游排走。

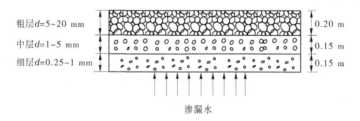

图6-4 砂石反滤层示意图

2.土工织物滤层

土工织物滤层使用幅宽 2 ~ 4.2 m、长 20 m、厚 2 ~ 4.8 mm 的有纺或无纺土工织物。据国内有些工程使用的经验,用一层 3 ~ 4 mm 厚的土工织物滤层,可代替砂石料反滤层。具体铺设如图6-5所示。

铺设前要对坡面进行平整,清除杂草,使土工织物与土面接触良好。铺放时要避免尖锐物体扎破织物。土工织物幅与幅之间可采用搭接,搭接宽度一般不小于 0.2 m。为固定土工织物,每隔 2 m 左右用"π"形钉将其固定在堤坡上。

3.柴草反滤

柴草反滤为用柴草秸料修做的反滤设施,如图6-6所示。在背水坡,第一层铺麦秸稻草厚约 5 cm,第二层铺秸料(或苇帘等)约 20 cm,第三层铺细柳枝厚约 20 cm。铺放时注

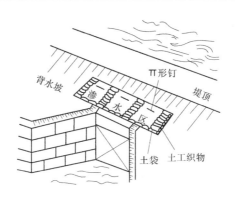

图 6-5 土工织物滤层铺设示意图

意秸料均须顺水流方向铺放,以利排出渗水。为防止大风将柴草刮走,在柴草上压一层土袋。

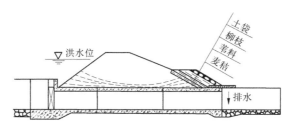

图 6-6 柴草反滤布置示意图

(三)中堵截渗

1.开膛堵漏

在临河漏洞进口堵塞、背水导渗反滤取得成效之后,为彻底截断渗漏通道,可从堤顶偏下游侧,在涵闸岸墙与土堤结合部开挖长 3 ~ 5 m 的沟槽,开挖边坡 1:1 左右,沟底宽 2 m。当开挖至渗流通道时,将预先备好的木板紧贴岸墙和流道上游坡面,用锤打入土内,然后用含水量较低的黏性土或灰土(灰土比 1:3 ~ 1:5)迅速分层将沟槽回填并夯实(见图 6-7)。在高水位、堤身断面小时,此法应慎重采用。

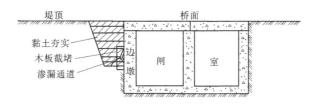

图 6-7 开膛堵漏示意图

2.喷浆截渗

高压喷射灌浆喷嘴的出口压力高达 20 MPa,喷射流具有破碎土体和输送固化物质的能力,从而使破碎土与固化剂搅拌混合并固结形成薄壁截渗墙体。高压喷射灌浆主要配套机具有灌浆泵、动旋喷或定向喷射的专用钻机以及空压机、高压水泵和浆液搅拌系统。组装情况如图 6-8 所示。

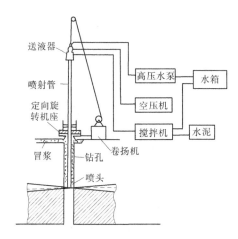

图 6-8 高压喷射灌浆设备组装示意图

喷射灌浆固化剂的主剂为普通硅酸盐水泥,为使截渗体早强固结,喷射浆液中可适量加入早强速凝剂。根据一些试验测试结果,浆液配合比及其在不同土体中的凝结时间如表 6-1 和表 6-2 所示。

表 6-1　浆液配合比

配方编号	配方成分	
	主剂	外加剂成分
1	425 号硅酸盐水泥	氯化钙 2%～4%
2	425 号硅酸盐水泥	铝酸钠 2%
3	425 号硅酸盐水泥	水玻璃 2%
4	425 号硅酸盐水泥	三乙醇胺 0.05%、氯化钠 1%
5	425 号硅酸盐水泥	氯化钙 3.5%、三乙醇胺 0.05%、氯化钠 1%
6	425 号硅酸盐水泥	亚硝酸钠 0.5%、三乙醇胺 0.05%、氯化钠 0.5%

表 6-2　浆液凝结时间

配方编号	粉细砂堤身		配方编号	淤泥土质堤身	
	初凝时间（时:分）	终凝时间（时:分）		初凝时间（时:分）	终凝时间（时:分）
素水泥浆	07:06	14:36	素水泥浆	07:40	14:50
1	03:15	06:25	1	04:20	08:30
2	05:13	09:25	4	05:05	08:50
3	04:47	18:31	5	04:05	07:20
			6	05:10	08:40

注:①试验水灰比 1.5:1,室温 15 ℃;②其他土质条件下须试验测定。

据试验,壤土筑成的堤,定向喷射形成的薄板墙厚度一般达到 15～20 cm。在土与混凝土或砌石体结合面进行喷射灌浆或喷射形成板状截渗墙,可延长渗流绕渗路径。此法适用于险情发展较缓慢的工程。

3. 灌浆阻渗

应用黄河-744 型和 ZK-24 型打锥机,配手摇泥浆泵(最大压力 0.5 MPa,出浆量 50 L/min)或 BW250/50、BW200/40 和 BW100/30 型泥浆泵(分子为出浆量,L/min;分母为最大压力,0.1 MPa)。

黏土浆的水土比为 1:1 ~ 1:1.4,泥浆密度 1.46 ~ 1.58 g/cm³;用壤土配制泥浆,其黏粒含量 15% ~ 20%,粉粒含量 70% ~ 80%,砂粒含量 5% ~ 10%,水与土的重量比为 1:1.3 ~ 1:1.6,泥浆密度 1.55 ~ 1.63 g/cm³。

在浸润线以下进行灌浆,须采用壤土与水泥混合浆液,水泥为 425 号或 525 号普通硅酸盐水泥,其用量为壤土的 10% 左右。为加速凝固,可添加适量水玻璃(占水泥重的 3% ~ 5%)或氯化钙。

施工时的灌浆压力须由小到大,一般不超过 0.3 MPa。沿结合部布孔,孔距由稀逐步加密。浆液浓度开始可稠些,随着吃浆量减小,将浆液调稀。

高压喷射薄板墙和压力灌浆阻渗法,一般适用于混凝土或砌石体与结合部渗漏不甚严重的险情,或作为堵漏后的加固措施。

(四)模袋堵漏法

对于涵闸土石结合部或闸基出现的大渗漏孔洞,可采用以灌浆方法充填好的土工膜袋堵塞渗漏通道。土工模袋具有透水不透浆的特点,能保证所充填的封堵材料快速固化。灌浆材料可充分利用当地廉价材料(如黏土、沙性土等),利用水泥作为主要固化剂。对闸基或土石结合部中的孔洞,模袋从钻孔中下入,然后通过连接的灌浆管进行模袋灌注,使模袋胀大阻水,而被灌注的材料不会被动水冲散。该项技术曾成功地应用于拔贡坝基岩溶堵漏,对高流速下流量达 27.4 m³/s 的渗漏有效地进行了封堵。

第三节　水闸滑动

修建在软基上的开敞式水闸,高水位挡水时,由于水平方向推力过大,闸基扬压力也相应增大,抗滑阻力不能平衡水平推力而产生建筑物向闸下游侧移动失稳的险情,如抢护不及,将导致水闸失事。滑动可分为三种类型:①平面滑动;②圆弧滑动;③混合滑动。其共同特点是基础已受剪切破坏,发展迅速。当基础发生滑动时,抢护是十分困难的,须在发生滑动征兆时采取紧急抢护措施。

一、出险原因

修建在软基上采用浮筏式结构的开敞式水闸,主要靠自重及其上部荷载在闸底板与土基之间产生的摩阻力维持其抗滑稳定,由于下列原因,可能使水闸产生向下游滑动失稳的险情:

(1)上游挡水位超过设计水位,下游水位低于设计水位,使水平水压力增加,同时渗透压力和上浮力也增大,降低了抗滑力,从而使水平方向的滑动力超过抗滑摩阻力。

（2）防渗、止水设施破坏,反滤失效,增大了渗透压力、浮托力,造成地基土壤渗透破坏甚至冲蚀。

（3）上游泥沙淤积产生新的水平推力。

（4）其他附加荷载超过原设计限值,如地震力等。

二、抢险原则与方法

抢险原则是增加阻滑力,减小水平推力,以提高抗滑安全系数,预防滑动。

(一)加载增加摩阻力

该法是在水闸的闸墩、公路桥面等部位堆放块石、土袋或钢铁等重物,加载量由稳定验算确定,适用于平面缓慢滑动险情的抢护。加载时要注意:①加载不得超过地基许可应力,否则,会造成地基大幅度沉陷;②具体加载部位的加载量不能超过该构件允许的承载能力;③堆放重物的位置,要考虑留出必要的通道;④一般不要向闸室内抛物增压,以免压坏闸底板或损坏闸门构件;⑤险情解除后要及时卸载,进行善后处理。

(二)下游堆重阻滑

该法是在水闸下游趾部可能出现的滑动面的下端,堆放土袋、沙袋、块石等重物,防止滑动,适用于对圆弧滑动和混合滑动两种险情的抢护。重物堆放位置及数量由阻滑稳定验算确定。堆重阻滑如图6-9所示。

(三)下游蓄水平压

在水闸下游一定范围内用土袋或上土料筑成围堤,适当壅高下游水位,减小上下游水头差,以抵消部分水平推力,如图6-10所示。修筑围堤的高度要根据壅水对闸前水平作用力的抵消程度进行分析,堤顶宽约2 m,土围堤边坡1:2.5,堆土袋边坡1:1,要留1 m左右的超高,并在靠近控制水位处设溢水管。如为防御黄河下游大洪水,每年汛前对部分不安全的涵闸在闸后临时填筑围堰,堰顶高程据情而定,堰顶宽4 m,边坡1:2以便于大洪水、高水位时在闸后形成养水盆。

若水闸下游渠道上建有节制闸,且距离较近,可关闸壅高水位,亦能起到同样的作用。

(四)圈堤围堵

在建筑物的临水面前沿滩地修筑临时圈堤,圈堤高度通常与闸两侧堤防高度相同,顶宽应不小于5 m,以利施工和抢险。圈堤边坡1:2.5～1:3。圈堤临河侧可堆筑土袋,背水侧填筑土戗,或者两侧均堆筑土袋,中间填土夯实,以减少土方量。土袋堆筑边坡1:1。如黄河下游徐庄、耿山口两座大型分洪闸因设防标准降低,就采用圈堤围堵措施处理。汛期闸不直接挡水,同时停止运行。

圈堤填筑工程量较大,且施工场地较小,短时间抢筑相当困难,一般在汛前将圈堤两侧部分修好,中间留下缺口,并备足土料、土袋、设备等,根据洪水预报临时迅速封堵缺口。

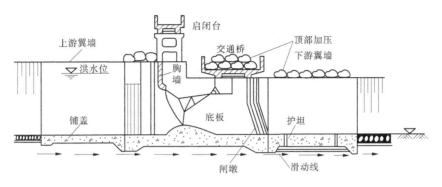

(a)平面滑动

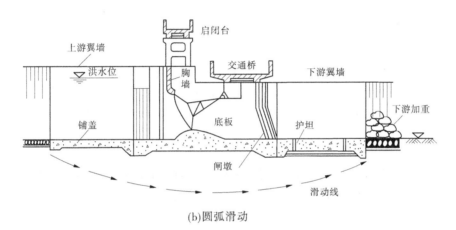

(b)圆弧滑动

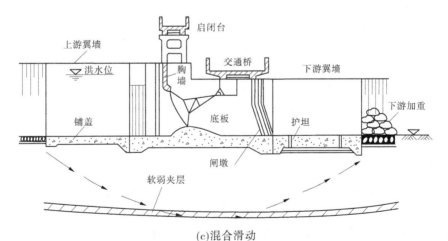

(c)混合滑动

图6-9 下游堆重阻滑示意图

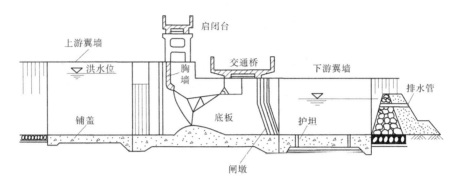

图 6-10　下游围堤蓄水示意图

第四节　闸顶漫溢

对于开敞式水闸,当洪水位超过闸墩顶部时,将发生闸墩顶部浸水或闸门溢流的险情。同时,河水对闸的水平推力和扬压力大为增加,可能导致水闸发生浮托滑动等严重险情。涵洞式水闸埋设于堤内,防漫溢措施与堤防的防漫溢措施基本相同。

一、出险原因

设计挡洪水位标准偏低或河道淤积,洪水位超过闸门或胸墙顶高程,如不及时采取防护措施,洪水会漫过闸门或胸墙跌入闸室,危及闸身安全。

二、抢护原则及方法

(一)无胸墙的开敞式水闸

当闸孔跨度不大时,可焊一个平面钢架,钢架网格尺寸不大于 0.3 m × 0.3 m。用门机或临时吊具将钢架吊入闸门槽内,放置于关闭的工作闸门顶上,紧靠门槽下游侧,然后在钢架前部的闸门顶部,分层叠放土袋,迎水面放置土工膜布或篷布挡水。土工膜布或篷布宽度不足时可以搭接,搭接长不小于 0.2 m。亦可用 2 ~ 4 cm 厚的木板,严密拼接后紧靠在钢架上,在木板前放一排土袋作为前戗,压紧木板防止漂浮。具体做法如图 6-11 所示。

(二)有胸墙开敞式水闸

利用闸前工作桥在胸墙顶部堆放土袋,迎水面压放土工膜布或篷布挡水,如图 6-12 所示。土袋应与两侧大堤衔接,共同抵御洪水。

为防止闸顶漫溢,抢筑的土袋高度不宜过高。若洪水位超过过高,应考虑抢筑围堤挡水,以保证闸的安全。如由于黄河下游河床逐年淤积抬高,曾有徐庄、耿山口、张庄、陈山口、清河门等多座分泄洪涵闸及沁河大堤上的灌排涵闸因挡水高程不足,采取了闸前围堵或拆除改建措施处理。长垣县贯孟堤上群众自建自管的左寨引黄闸,设计标准低,基础碾压不实,土石结合部回填质量差,1982 年因洪水位过高,造成土石结合部产生漏洞和漫顶,抢护不及而垮塌。

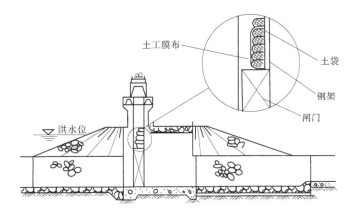

图 6-11　无胸墙开敞式水闸漫溢抢护示意图

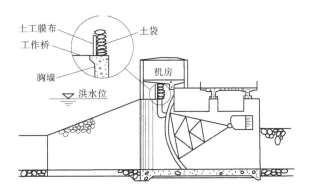

图 6-12　有胸墙开敞式水闸漫溢抢护示意图

第五节　闸基渗水或管涌

涵闸闸基在高水位渗压作用下,局部渗透坡降增大,集中渗流可能引起管涌和流土;由于止水防渗系统破坏或原设计渗径不足,当渗流比降超过地基土允许的安全比降时,非黏性土中的较细颗粒随水浮动或流失,在闸后或止水破坏处发生冒水冒沙现象,亦称"翻沙"或"地泉"。若险情继续发展扩大,可形成贯通临背水的管涌或漏洞险情,如不及时抢护,地基土大量流失出现严重塌陷,会造成闸体剧烈下沉、断裂或倒塌失事。因此,对涵闸本身及闸基产生的异常渗水甚至管涌、流土,要及时进行处理,以确保涵闸的渗透稳定,保证其安全度汛。

一、原因分析

涵闸地下轮廓渗径不足、渗流比降大于地基土允许比降,可能产生渗水破坏,形成冲蚀通道;或者地基表层为弱透水薄层,其下埋藏有强透水砂层,承压水与河水相通,当闸下游出逸渗透比降大于土壤允许值时,也可能发生流土或管涌,冒水冒沙,形成渗漏通道,危及闸体安全。

二、抢护原则与方法

抢护的原则是:上游截渗、下游导渗,或蓄水平压减小水位差。条件许可时,应以上截为主,以下排为辅。上截即是在上游侧或迎水面封堵进水口,以截断进水通道,防止入渗;下排(导)是在下游采取导渗和滤水措施将渗水排走,以降低基础扬压力。具体措施如下:

(1)上游阻渗。关闭闸门停泄;在渗漏进口处,由潜水人员下水用黏土袋填堵进口,再加抛散黏上封闭,或利用洪水挟带的泥沙,在闸前落淤阻渗,还可用船在渗漏区抛填黏土,形成铺盖层阻止渗漏。如图6-13所示。

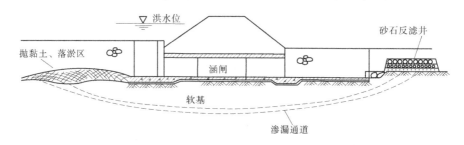

图6-13　上游阻渗和下游设反滤井示意图

(2)在下游管涌或冒水冒沙区修筑反滤围井(详见第八章第三节)。

(3)在下游修筑围堤蓄水平压,减小上下游水头差(详见第八章第三节)。

(4)下游滤水导渗。当闸下游冒水冒沙面积较大或管涌成片时,在渗流破坏区分层铺填中粗砂、石屑、碎石修筑反滤层,下细上粗,每层厚20~30 cm,上面压块石或土袋。如缺乏砂石料,亦可用秸料或细柳枝做成柴排(厚15~30 cm),上铺草帘或苇席(厚5~10 cm),再压块石或沙土袋。注意不要将柴草压得过紧,同时不可将水抽干再铺填滤料,以免使险情恶化。也可采用土工织物反滤层,上压土袋,但土工织物选择要符合反滤准则要求。

第六节　建筑物上下游坍塌

在汛期高水位时,水闸关门挡水或分洪闸开闸分洪,时常会出现下游防冲槽、消力池、海漫、岸墙及翼墙等建筑物受闸基渗流冲蚀、泄流冲刷,引起坍塌;或由于地基压实不够,在建筑物自重或外力作用下,地基发生变形,局部出现冲刷、蛰陷或坍塌等险情,如不及时抢护,必将危及水闸安全。

一、出险原因

闸前遭受大溜顶冲,风浪淘刷;闸下游泄流不匀,出现折冲水流,使消能工、岸墙、护坡、海漫及防冲槽等受到严重冲刷,砌体冲失、蛰裂、坍塌,形成淘刷坑。

二、抢护原则及方法

抢护原则是加强抗冲能力,填塘固基以降低水流冲刷能力。

(1)抛投块石或混凝土块。护坡及翼墙基脚受到淘刷时,抛石体可高出基面;护坦、海漫部位一般抛填至原设计高程。

(2)抛石笼。用铅丝或竹篾编笼,将块石或卵石装入笼内,抛入冲刷坑内。笼体一般容积为 $0.5 \sim 1.0 \ \mathrm{m}^3$,笼内装石不可过满,以利抛下后笼体变形减小空隙。

(3)抛土袋。在缺乏石料时。将土装入麻袋或编织袋,袋口扎紧或缝牢后抛入淘刷坑内。袋内装土不宜过满,以便搬运和防止摔裂,人工抛投以 50 kg 为宜,若用机械抛填,根据袋的强度,可加大重量。也可将土袋装入尼龙网中用机械抛填。

(4)抛柳石枕。用柳枝、苇等梢料裹块石或黏土块,捆扎成直径 $0.7 \sim 1.0$ m、长 $5 \sim 8$ m 的柳石枕,抛入冲刷坑内。

(5)土工织物抢护。由于闸下游水流冲刷或土石结合部渗流作用造成闸下游护坡坍塌时,可根据岸坡土质,选用土工织物反滤,上压土袋进行抢护。

(6)闸后修筑壅水坝。在闸后抢修壅水坝,抬高尾水位,减缓流速,其形式类似于下游围堤蓄水平压,其实质是截断或减轻冲刷水流,避免高速水流对涵闸上下游连接建筑物的冲刷破坏。

(7)围堵。闸前抢修围堤,堵截冲刷水流,达到保护涵闸上下游连接建筑物的目的。该方法适用于闸前滩地宽阔、便于修筑圈堤的情况。

第七节　建筑物裂缝及止水破坏

混凝土建筑物主体或构件,在各种外荷载作用下,受温度变化、水化学侵蚀以及设计、施工、运行不当等因素影响,会出现有害裂缝。按裂缝特征可分为表面裂缝、内部深层裂缝和贯通性裂缝。严重的可造成建筑物断裂和止水设施破坏,通常会使工程结构的受力状况恶化和整体性丧失,对建筑物的防渗、强度、稳定性有不同程度的影响,甚至可能导致工程失事。

一、出险原因

(1)建筑物强度不足、超载或受力分布不均,使工程结构拉应力超过设计安全限值。

(2)地基土壤遭受渗透破坏,出逸区土壤发生流土或管涌,冒水冒沙。使地基产生较大的不均匀沉陷,造成建筑物裂缝、断裂和止水设施破坏。

(3)地震力超出设计值,造成建筑物断裂、错动,止水设施破坏。

二、抢护方法

对建筑物裂缝,可采用下述方法进行抢修。

(一)防水快凝砂浆堵漏

在水泥砂浆内加入防水剂,使砂浆有防水和速凝性能。防水剂的配制,按表6-3的配合比进行。

表6-3　防水剂配合比

编号	材料名称		配合比 （重量比）	颜色
	化学名称	通称		
1	硫酸铜	胆矾	1	水蓝色
2	重铬酸钾	红矾	1	橙红色
3	硫酸亚铁	黑矾	1	绿色
4	硫酸铝钾	明矾	1	白色
5	硫酸铬钾	蓝矾	1	紫色
6	硅酸钠	水玻璃	400	无色
7	水		40	无色

把水加热到100℃,然后将1~5号材料或其中的三四种(其重量要达到5种材料总重,各种材料重量相等)加入水中,加热搅拌溶解后,降温至30~40℃,再注入水玻璃,搅拌均匀,半小时后即可使用。配制的防水剂要密封保存在非金属容器内。

防水快凝灰浆和砂浆的配合比如表6-4所示。

表6-4　防水快凝灰浆和砂浆的配合比

名称	配合比（重量比）				初凝时间 （min）
	水泥	砂	防水剂	水	
急凝灰浆	1		0.69	0.44~0.52	2
中凝灰浆	1		0.20~0.28	0.40~0.52	6
急凝砂浆	1	2.2	0.45~0.58	0.15~0.28	1
中凝砂浆	1	2.2	0.20~0.28	0.40~0.52	3

施工工艺:先将混凝土或砌体裂缝凿成深约2 cm、宽约20 cm的毛面,清洗干净后,在面上涂刷一层防水灰浆厚1 mm左右,硬化后即抹一层厚0.5~1 cm的防水砂浆,再抹一层灰浆,硬化后再抹一层砂浆,交替填抹直至与原砌体面齐平为止。

(二)环氧砂浆堵漏

防水堵漏用的环氧砂浆,可参考图6-14所示的程序进行配制,配合比见表6-5。

施工工艺:沿混凝土裂缝凿槽,槽的形状如图6-15所示。a 槽多用于竖直裂缝,b 槽多用于水平裂缝;c 槽一般用于坡面裂缝或有水渗出的裂缝。

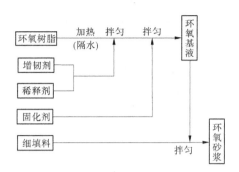

图 6-14　环氧砂浆的一般配制程序

表 6-5　环氧砂浆配合比

序号	配合比												
	环氧树脂	活性溶剂	590#固化剂	聚酰胺	多乙烯多胺	聚硫橡胶	304#聚酯树脂	二甲苯	丁醇	煤焦油	水泥	石膏粉	石棉线
1	100	20	25					35	35				
2	100		20	10~15	5			5~10	5~10	20	100		
3	100	20	20		5		20	5~10	5~10	20	100		
4	100			10~15	15			5~10	5~10			100	适量
5	100			50~60	5~10			10~20					
6	100				5~10	80		0~20					
7	100	5	25				30	5		80	100		适量

注:1.冷底子;2.粘贴用;3.环氧腻子;4、5.粘贴用;6.粘贴和涂层用;7.环氧煤焦油腻子用。

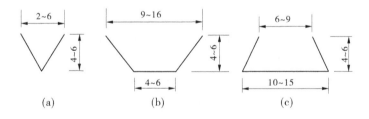

图 6-15　缝槽形状　（单位:cm）

　　浆砌石或混凝土块体砌缝及伸缩缝渗水严重,要先将缝中浮渣、杂物清除干净,用沥青麻丝或桐油麻丝填塞并挤紧,再用水玻璃掺水泥阻渗,然后用防水砂浆或环氧砂浆填密实并勾缝,见图 6-16。

(三)丙凝水泥浆堵漏

　　以丙烯酰胺为主剂,配以其他材料发生聚合反应,生成不溶于水的弹性聚合体,用以充填混凝土或砌体裂缝渗漏流速大的堵漏,其配合比见表 6-6。

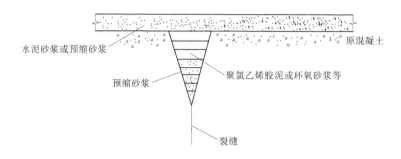

图 6-16　裂缝嵌补抢护示意图

表 6-6　丙凝灌浆材料的配合比(重量比)

材料名称	A 液							B 液	
	丙烯酰胺	HH-甲樟双丙烯酰胺	β-二甲胺基丙腈	三乙醇胺	硫酸亚铁	铁氰化钾	水	过硫酸胺	水
代号	(A)	(M)	(D)	(T)	(Fe^{2+})	(KFe)		(AP)	
作用	主剂	交联剂	还原剂(促进剂)		促进剂	缓凝剂	溶剂	氧化剂(引发剂)	溶剂
配方用量(%)	5~20	0.25~1	0.1~1		0~0.05	0~0.05		0.1~1	

浆液的配制:

(1)A 液。先将称好的丙烯酰胺、HH-甲樟双丙烯酰胺溶于 40~50 ℃的热水中,搅拌溶解后,过滤去掉沉淀物,再将称量好的 β-二甲胺基丙腈加入,最后加水至总体积的一半。

(2)B 液。将称好的过硫酸胺溶于水中,加水至总体积的一半,铁氰化钾用量视选定的胶凝时间而定。一般配成 10%浓度的溶液。

丙凝水泥浆中的水泥用量取决于丙凝与水泥之比,一般为 2:1~0.6:1。

丙凝水泥浆配制:在 A 液中加入所需水泥,搅拌均匀,再加 B 液搅拌均匀即成。

一般采用骑(裂)缝打孔、插管灌浆堵漏,灌浆压力 0.3~0.5 MPa,可用水泥泵、手摇泵或特制压浆桶进行。

(四)土工织物堵漏

根据土壤粒径选取土工织物规格,铺放堵塞漏洞,上部填筑碎石压重体。

三、新型防渗堵漏及补强材料

近年来,出现了多种新型防渗堵漏及补强材料,实践证明效果很好,广泛应用于防汛抢险的防渗堵漏及水工建筑物的补强中。现将其中一种简介如下。

据报道,辽宁省水利水电科学研究院近年研制的新型防渗堵漏及补强材料 PCC,已经成功地在全国近百处水利工程及建筑工程的防渗、堵漏和补强中应用,经多年实践,效果良好。与传统的防渗堵漏材料环氧树脂砂浆比较,PCC 材料费用仅为其 1/3,且施工简单,无毒害,与老混凝土黏结良好。

PCC 是由 P(高分子聚合物) + C(水泥) + C(填加剂) + 骨料(砂)拌和成砂浆(或混凝土),对渗漏或裂缝处进行修补。其主要技术指标为:

(1)强度。28 d 龄期达 285 标号,128 d 龄期达 680 标号(普通砂浆最大约为 250 标号)。

(2)抗老化系数 $K = 0.9$(普通砂浆为 0.85),抗渗性能达 141 MPa(普通砂浆为 6.5 MPa·h),抗冲磨强度 $r = 0.599$ h/(m³·kg)(普通砂浆为 0.305 h/(m³·kg))。

(3)黏结强度达 2.19 MPa(普通砂浆为 1.38 MPa)。

(4)耐酸性能。试件置于浓度为 40% 纯硫酸中煮沸 1 h,1 d 后检查无裂纹、掉角、疏松和膨胀现象,试件完好无损,浸酸安定性合格,试件重量损失率为 4.85%,强度降低率为 3.49%,能耐 pH 值为 2.3 的酸液(浸泡 45 d)。

(5)海水长期浸泡两年,贮水池无裂缝、疏松和膨胀现象,且表面光滑平整如新。

(6)碳化检测。在浓度为 20% ±3% 的 CO_2 中碳化 28 d,碳化深度为 9.5 mm;相当于自然界碳化 50 年。

(7)抗冻等级。冻融 300 次强度不变。

第八节 闸门失控及漏水抢堵

闸门失控及漏水不仅危及水闸本身的安全,而且由于控制洪水作用减弱或失去对洪水的控制,对闸下游地区或河流下游地区将造成严重危害,必须引起高度重视。

一、失控原因

由于闸门变形,闸门槽、丝杠扭曲,启闭装置发生故障或机座损坏、地脚螺栓失效以及卷扬机钢丝绳断裂等原因,或者闸门底坎及门槽内有石块等杂物卡阻,牛腿断裂,闸身倾斜,使闸门难以开启和关闭,造成闸门失控。有时某些水闸在高水位泄流时也会引起闸门和闸体的强烈振动。

闸门止水设备安装不当或老化失效,造成严重漏水,将给闸下游带来危害。

二、抢堵方法

出现闸门失控和漏水险情后,可采用如下方法抢堵:

(1)吊放检修闸门或叠梁屯堵。如仍漏水,可在工作门与检修门或叠梁门之间抛填土料,也可在检修门前铺放防水布帘。

(2)采用框架 - 土袋屯堵。对无检修门槽的涵闸,可根据工作门槽或闸孔跨度,焊制钢框架,框架网格 0.3 m×0.3 m 左右。将钢框架吊放卡在闸墩前,然后在框架前抛填土袋,直至高出水面,并在土袋前抛土,促使闭气,如图 6-17 所示。

(3)大型分泄水闸抢堵的临时措施主要是根据闸上下游场地情况,相机采用围堰

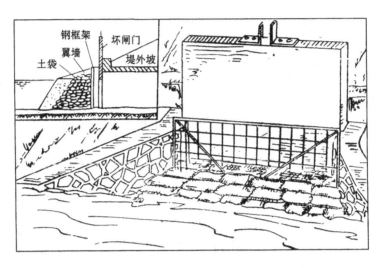

图 6-17　框架－土袋屯堵示意图

封堵。

（4）对闸门漏水险情，在关门挡水条件下，应从闸门下游侧用沥青麻丝、棉纱团、棉絮等填塞缝隙，并用木楔挤紧。有的还可用直径约 10 cm 的布袋，内装黄豆、海带丝、粗砂和棉絮混合物，堵塞闸门止水与门槽上下左右间的缝隙。对大型闸门，应在挡水前进行启闭试验，检查止水装置密封状况，密封不严要及时更换止水装置或进行维修养护。

第九节　启闭机螺杆弯曲抢修

一、事故原因

对使用手电两用螺杆式启闭机的涵闸，由于开度指示器不准确或限位开关失灵、电机接线相序错误、闸门底部有障碍物等原因，致使闭门力过大，超过螺杆许可压力而引起纵向弯曲，使启闭机无法工作。

二、抢修方法

在不可能将螺杆从启闭机上拆下时，可在现场用活动扳子、千斤顶、支撑杆及钢撬等器具进行矫直。方法是：将闸门与螺杆的连接销子或螺栓拆除，把螺杆向上提升，使弯曲段靠近启闭机；在弯曲段的两端，靠近闸室侧墙设置反向支撑；然后在弯曲凸面用千斤顶徐徐加压，将弯曲段矫直，如图 6-18 所示。若螺杆直径较小，经拆卸并支撑定位后，可用图 6-19 所示的手动螺杆矫正器将弯曲段矫直。

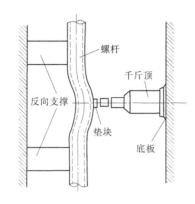

图 6-18　千斤顶矫正螺杆弯曲段示意图

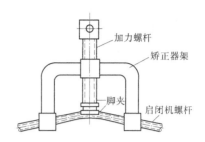

图 6-19　手动螺杆矫正器示意图

第十节　穿堤管道险情抢护

埋设于堤身的各种管道,如虹吸管、扬水站出水管、输油管、输气管等,一般为铸铁管、钢管或钢筋混凝土管。管道工作条件差,容易出现断裂、锈蚀及回填土体夯压不实引起冲蚀渗漏等险情,若遇大洪水,抢护非常困难,应予高度重视。

一、出险原因

(1)堤身不均匀沉陷、内外荷载超过管道设计极限等,造成管接头开裂或管道断裂。

(2)管道的安装漏水沿管壁冲蚀堤土。管内水流的吸力,将结合不严密的管道周围的堤土吸入管内泄去,造成堤身洞穴;或者管道周围填土不密实,且无截渗环,沿管壁与堤土接触面形成集中渗流;严重时堤内空洞坍陷形成坍坑。

(3)铸铁管道或钢管制造质量不高,又无有效防腐措施,在大气干湿交替或浸水条件下工作,钢材与水或电解质溶液接触,电化学、水化学长期作用,造成管接头开裂。管道本身锈蚀、断裂或管壁锈蚀穿孔,形成渗漏,淘刷堤身。

二、抢护原则及方法

抢护原则是临河封堵、中间截渗和背河反滤导渗。对于虹吸管等输水管道,发现险情应立即关闭进口阀门,排除管内积水,以利检查监视险情;对于没有安全阀门装置的,洪水前要拆除活动管节。用同管径的钢盖板加橡皮垫圈和螺栓严密封堵管的进口。

(1)临河堵漏。若漏洞口发生在管道进口周围,可参照本章第二节漏洞抢险方法,用"软楔"或旧棉絮等堵塞漏洞进口。有条件时,可在漏洞前用土袋抛筑月堤,抛填黏土封堵。

(2)压力灌浆截渗。在沿管壁周围集中渗流情况下,可采用压力灌浆堵塞管壁四周空隙或空洞。浆液用黏土浆或加 10% ~ 15% 的水泥,宜先浓后稀。为加速浆液凝结,提高阻渗效果,浆液内可适量加水玻璃或氯化钙等。

对于内径大于 0.7 m 的管道,可派人进入管内,用沥青或桐油麻丝、快凝水泥砂浆或环氧砂浆将管壁上的孔洞和接头裂缝紧密填塞。

(3)反滤导渗。若渗流已在背水堤坡或出水池周围逸出,要迅速抢修砂石反滤层或反滤围井进行导渗处理。

(4)背河抢修围堤,蓄水平压。

第七章　防凌抢险

　　我国北纬30°以北的河流,在寒冷季节里都有不同程度的冰情现象,对于水利(含防洪工程)、航运、交通、水力发电、供水、排水等影响很大,某些河流常因冰塞、冰坝壅高水位造成凌洪甚至决口,使广大人民群众的生命财产、工农业生产遭受严重损失。

　　我国冰凌灾害最严重的地区,主要在黄河下游和黄河上游的内蒙古河段。由于黄河下游是"地上悬河",河道上宽下窄、流向由低纬度向高纬度,故凌汛期经常发生凌汛决口,酿成重大灾害。据不完全统计,自1855～1938年84年中,有27年发生凌汛决口,平均3年一决;1951年和1955年亦因凌情严重、堤防薄弱而造成大堤决口,淹没耕地11万多 hm²,受灾人口26万人,给泛区造成很大损失。黄河内蒙古河段凌汛期,年年都有不同程度的凌灾发生,较大范围的淹没损失平均2年1次。历史上曾认为凌汛是人力不可抗拒的,故有"凌汛决口、河官无罪""伏汛好抢,凌汛难防"之说。

　　1962年1月,黄河刘家峡水电站下游河段出现了巨大的冰塞,最大冰花厚14～15 m,冰塞体积4 400万 m³。如此大规模的冰塞造成了严重的壅水,坝址附近的隧洞出口最高壅水位接近千年一遇的洪水位,水位超过围堰顶高达两个月之久,大坝基坑完全被浸入水下,200多座建筑物被淹,电站施工受到严重影响。同时在黑龙江、松花江、嫩江等河流都有冰害的记录。如黑龙江的洛古水文站,1960年开江时的冰坝壅高水位14 m。第二松花江白山水电站1962年武开江时大量冰排拥入木笼围堰,损失很大。1981年春,松花江依兰至富锦长365 km河段出现冰坝16处,高6 ～13 m,江河水位迅速上涨,造成了左右岸工厂、农场的大量淹没损失。黄河下游1955年凌汛,该年1月29日,黄河下游在开河过程中于山东利津河段受堵,流冰堆积成冰坝,沿河长达24 km,水位猛升,超保证水位1.5 m,堤顶仅高出水面0.5～1.0 m。堤防随之有出现漫溢的危险,同时堤防发生漏洞20余处,堤身裂缝、冒水,险象丛生。当地防汛部门立即组织抢修子堤,调集大批麻袋料物紧急抢护,因天寒地冻,冰坝难以破除,在山东利津五庄造成了堤防失事。

　　冰凌的撞击力和冰的膨胀力对水利工程及水工建筑物亦会造成很大的破坏。如1962年1月,黄河内蒙古河段开河时,马达铁路大桥桥墩受流冰的撞击,大桥发生猛烈摇晃,撞击力达1 580 kN,其振幅达2.13 mm,人几乎不能站立,比火车行驶的振幅大10多倍,曾造成停车。我国东北地区向阳水库,1981年11月初封时,冰层厚17～20 cm。坝前中、西半部冰层均产生爬坡现象,两岸边土坡多处隆起,高60 cm,与坝轴线斜交出现一条长700～800 m断裂隆起带,俗称独角龙,输水洞进水塔闸门启闭台支柱被推断,其他部位亦产生裂缝。根据分析,这种现象是由于冰层膨胀应力作用而产生的弯曲破坏形成的。

　　另外,冰的冻害、冰压力破坏、水电站冰害等均会带来经济损失。因此,研究防凌抢险技术和防治冰凌灾害,对国民经济建设和人民生命财产安全具有重要意义。

第一节　凌汛险情发生原因与特征

一、凌汛发生原因

凌汛是由于河道中产生冰凌阻水而引起的一种涨水现象。其生成一般有三个条件：一是河道有足够的流冰量；二是有适宜卡冰的气候因素；三是具有阻塞冰凌的河势条件。

（一）关于河道的流冰量变化

以黄河而言，黄河下游凌汛期间（冬春季节，即 12 月 1 日至次年 3 月 1 日）河道流量常保持在 500～1 000 m³/s。丰水年份可能更大。这样大的流量，一旦降温，河道中即会出现流冰、封冻等现象。而黄河以北的海河、辽河虽纬度高于黄河下游，但冰期流量常在 100～200 m³/s 甚至更小。就很少发生凌汛问题。黄河下游河道中的冰期流量变化还具有以下特点，从而导致凌汛的发生：

（1）从过程上看，表现为中间小、两头大。冬季河道流量，因受地下径流影响，是一个退水过程。黄河下游的来水过程则有所不同，常表现为由大到小，再由小到大的"马鞍形"过程。这是由于受上游内蒙古河段冰情的影响。内蒙古河段早于黄河下游封河，封河后初期冰下过流急剧减小，传播到下游则形成一个小流量过程，遇寒潮就会封河。这种小流量封河的不利条件是冰盖低，冰下过流面积小，难以适应后期内蒙古河段冰下过流增大的需要。此外，在黄河北干流及三门峡库区也常发生局部卡冰阻水或滑冰观象，从而使下游的来水过程经常出现忽大忽小的情况，容易产生冰凌阻塞现象。

（2）河道内蓄水量变幅大。河道蓄水量包括河道基量和蓄水增量两部分。蓄水增量在洪水期是随洪水涨落而变化的，而在凌汛期则表现为随着河道封冻呈增加趋势。从总的过程看，河道内出现冰冻后，蓄水量开始增大，封冻稳定期逐渐平衡，开河时蓄水增量可达最大值。槽蓄增量的变化随封冻位置变化而变化。由于黄河下游河道常出现数封数开现象，槽蓄增量也随之上下移动，变化较大。河槽蓄水增量是产生凌峰的主要因素，一旦有适宜的气候条件，则极易产生凌峰，形成冰坝，造成灾害。

（二）有适宜形成凌汛的气候条件

凌汛河段所处的地理位置是发生凌汛的主要条件。黄河内蒙古河段、黄河下游河段、黑龙江的额尔古纳河段等均为自低纬度向高纬度流动，气温变化规律是：上段河道冷得晚、回暖早；下段河段冷得早、回暖晚，负气温持续时间长。相应的冰情变化是上段河道流冰、封河晚，冰层薄，解冻开河早，封冻历时短；相反，下段河道流冰、封河早，冰层厚，解冻开河晚，封冻历时长。

另外，寒潮对凌汛的发生发展也有很大影响。寒潮的降温强度、持续时间以及次数多少对封河早晚、封河速度以及凌灾产生有较大影响。从黄河下游历年出现寒潮的日期看，几乎 80% 以上是在 12 月下旬和 1 月，黄河内蒙古河段多数发生在 11 月底到 12 月上旬，而历年内蒙古河段和黄河下游首先封冻的日期也多发生在该时段。由于强寒潮的侵袭和寒潮过后气温的大幅上升，使气温过程呈大幅度升降，直接影响河段封、开河日期。由于寒潮的原因，内蒙古河段历年封河日期可以相差 1 个多月，黄河下游河段则表现尤甚，属不稳定封河河段,封河日期可以相差两个多月。

(三)河势及河道边界条件

黄河下游河道上宽下窄,上段宽浅,河势散乱,下段弯曲。通常所说的河势与凌汛的关系,多着重于它的几何边界条件对冰情形态变化的影响。它主要表现在河势不顺的河段,容易造成冰凌卡塞。黄河内蒙古河段和下游河段以及松花江伊兰河段经常发生卡冰壅水的现象。

从以上所述可以看出,凌汛是由特定的地理特征、气候以及水流条件和河道边界条件等综合因素造成的。

二、影响凌情的主要因素

影响凌情的因素较多,主要有热力、水力和河道特征三个方面。

作用于水流的热力因素,主要有太阳辐射、大气与水的热交换、有效辐射及蒸发等。此外,地下水的加入、降水、河床与水体间的热传导以及水流的动力加热等,也或多或少影响着水流的增热或冷却的过程。冬季,由于太阳辐射的减弱,强冷空气的侵入,往往使气温迅速地、大幅度地下降,这时气温与水温的差值较大,它们之间热交换的结果,往往使水流急剧转化为冰。因此,对于影响凌汛的热力因素来说,气温的变化则具有决定性的作用。

水力因素主要包括流量、流速和水位等。在河面出现浮冰以后,如果流量大、流速快,则水流的输冰能力强,冰块就较难停止下来;反之,则水流的输冰能力弱,冰块流动慢。在河床断面形状、糙率特征和纵比降相对稳定的情况下,水位和流速的变化将主要受流量大小支配。所以,对于影响凌汛的水力因素来说,流量的变化则具有重要的作用。如凌汛时,河面形成水鼓冰开的武开河,就是水力因素作用的结果。

河道特征对凌汛的影响,通常多注重于它的几何边界条件对冰凌的卡塞作用。这一点确实是很重要的。然而,除此以外,河道的特征还可以通过改变河流的热力和水力状况而对凌汛施加影响。就范围大的平面形态而言,黄河下游河道和额尔古纳河流经地区的上暖下寒,就是直接影响凌汛的热力因素。至于局部河段的宽窄、河床纵比降的陡缓等,也都直接影响到该河段水流形态的变化,这就是河道特征通过水力作用对凌汛的影响。从这个意义上讲,着重分析热力因素和水力因素对凌汛的影响是十分必要的。

根据热力因素(气温)和水力因素(流量)这一对凌汛中主要矛盾的发展和变化规律,在当今人们尚不能调节、控制气温变化的条件下,利用河道上游已建的水库,按照水力因素和冰情形态演变之间的关系,调整冬季河道流量,也就是调整冬季河道流速的变化过程,充分发挥水力因素在控制河冰危害方面的作用,应是目前防凌中的合理措施。

三、凌汛险情抢护特点

(一)抢护难度大

凌汛与伏秋大汛不同,凌汛一般发生在数九寒天的隆冬季节,天寒地冻,人们行动极为不便,常常遭遇寒潮和东北风的侵袭,对查险和防守极为不利。尤其在冰水漫滩偎堤后,临河为冰水所覆盖,险情探摸和抢护都十分困难,人难以在冰水中坚持作业,如出现管涌、渗水、陷坑、漏洞等重大险情,由于土层冻结、取土困难,且工程质量也难以保证,因而抢险难以奏效。

(二)险情突发性强

凌汛出险突发性强,河道一旦被冰凌堵塞,数小时内水位可急剧上涨数米之多,壅水河段堤防不但偎水抢险,还可能遭受冰凌撞击、冰冻、冰压力等多种不同的冰害。特别是一旦形成冰坝,冰坝壅水段长达数十千米,出险地点也难以预料。如1951年黄河下游凌汛,1月30日在山东省利津县王庄上下河段产生冰凌堵塞,随之成为冰坝,到2月2日夜出险,发现3处漏洞,当时气温为 - 11.6 ℃,又有7级东北风,经奋力抢堵无效,2月3日晨堤身溃决,历时仅2 h 45 min。

四、冰凌对防洪及水电工程的影响

(一)冰凌对防洪的影响

我国北方河流,冰情比较复杂。如黄河上游内蒙古河段和黄河下游河段,其凌汛产生的最高水位往往超过伏秋汛最高洪水位,对局部河段造成严重威胁,其危害程度甚至超过伏秋汛。因此,在江河防洪措施和防凌抢险中,必须研究河流产生冰塞、冰坝的可能性,并估计冰凌壅水的严重程度,提出相应的防治方案和措施。

(二)冰凌对水力发电的影响

河水结冰不仅影响无调节电站的发电用水,而且可能使进水拦污栅被冰花阻塞造成进水困难,甚至会引起引水渠全部被冰花堵塞,造成停机事故。此外,冰花对水轮机的冲击、磨损,常常给水电站运行带来不安全因素。1961年新疆玛纳斯河四级水电站就是由于冰花阻塞拦污栅,导致引水渠道全部被冰花堵塞,因而被迫停止发电72 d。北京附近的十三陵水库,也常发生类似事故。

(三)冰凌对水工建筑物的破坏

河流结冰对水工建筑物的膨胀压力及流冰对水工建筑物的撞击作用,都可能因超过建筑物本身的强度而发生破坏。如黑龙江镜泊湖水库,由于冰压力等原因,使大坝产生局部裂缝、位移。另外,像桥墩、闸墩、护岸工程等被流冰冲毁的事故更是常见。

(四)冰凌对渠道引水的影响

冰冻也会给渠道引水造成困难。常见的现象是引水渠道因结冰盖而流速减缓,影响过水能力,甚者,渠道被冰花堵塞,而断绝水源。

另外,水结冰冻裂输水管道。结冰期天寒地冻,人们行动不便,在施工时,不仅要采取保暖措施,耗费较多的人力、物力,而且会影响施工质量。

第二节　凌汛险情分类及抢护方法

凌汛期发生的堤防险情和抢护方法与洪水期堤防发生的漫溢、裂缝、渗水、管涌、漏洞等险情抢护方法基本相同,这里不再赘述。惟由于凌汛问题所引起的一些特殊险情则有明显不同,这里仅介绍一部分较常见的凌汛险情抢护方法。

一、冰坝

(一)定义

大量流冰在河道内受阻,产生堆积,横跨断面,形成的冰凌阻水体,称为冰坝。冰坝将显著壅高上游水位。我国是冰坝发生较多的国家。在我国高纬度地区的黑龙江、乌苏里江、松花江、黄河、玛纳斯河等较大的江河,以及由南向北汇入的中小河流,如汇入黑龙江的额尔古纳河、额木尔河、呼玛河、根河、海拉尔河、逊必拉河,汇入松花江的第二松花江、牡丹江等,常常在冬春季节产生冰坝。冰坝出现时,造成河道堵塞,壅高上游水位,河水漫槽,冰排上岸,给堤防构成严重威胁,有可能发生类似洪水期的险情。冰坝溃决时又在下游形成较大的凌汛,冰坝所形成的壅水位多数超过或相当于历史上的洪水位,常常造成决口的危险。因此,冰坝不仅是一种重要凌汛险情,也是凌汛灾害的祸源。

(二)冰坝的形成条件

冰坝形成的条件主要是河流的边界条件、水量条件和冰量条件,三者的关系是相互依赖和相互制约的,它是多因素综合作用的结果。

(1)河流的边界条件,指河流与河岸、河床的液—固界面,另外,也包括河流与大气进行热交换的液—气界面。

液—固界面包含:①河段的特性,如河流从山区峡谷进入平原开阔河段,水库的回水末端,河流入海处。②碍航浅滩或较大岛屿,如交错浅滩,上下深槽相互交错,横向水流较强烈河段;复式浅滩;散乱浅滩。③卡冰的河岸形态,如河岸多弯段、河岸的束狭段、丁字坝和桥墩等。④未解体的冰盖。⑤多种因素混合作用使河宽和平均流速减小。

液—气界面,主要是风压作用,使矢量冰流速值或方向改变。大气的冷暖,使冰的质量改变,也影响冰和水相的比例,使冰流速减小。

(2)河流的冰量条件。河流中上游来冰的数量和强度是形成冰坝的物质条件。上游来冰量的多少与下列因素有关:①上游河段冰盖刚破裂时流凌的冰块大、冰量多,密度也大;②有较大支流汇入,增加了干流的来冰量;③大块的岸边冰、底冰浮起;④气温的突然变冷,使流凌的厚度增加,冰质坚硬;⑤平原河流入海口由于风涌冰作用在海口附近形成冰坝。

(3)冰坝形成的水量条件是指水流的速度大小、水位高低,它是冰凌转移的能量和动量源。流凌期间河槽中水量的多少,由前期河槽蓄水量和解冻期槽蓄增量组成。槽蓄水量的计算在黄河下游曾有较好的相关关系,如图7-1所示。

但是在支流汇入较多的河流计算起来较繁且常常出现负值。

(三)冰坝的类型

1.国内的冰坝分类

一般按黄河冰坝产生的位置、形成条件和形态结构将冰坝分成若干类型。

按冰坝位置和河道特征可分为三种类型:①河口型冰坝,发生在黄河入海口门的宽、浅、乱河段;②宽河道型冰坝,发生在黄河断面较宽、河势较不稳定的宽河道内;③窄河冰坝,发生在河势较稳定、河道弯曲、河道工程对峙的窄弯河道内,见图7-2。

按冰坝产生的时期可分为两种类型:①冰凌在河口段或宽浅沙嘴河段搁浅形成的冰

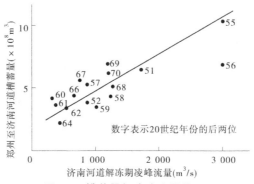

图7-1　槽蓄量与凌峰流量关系

图7-2　窄河冰坝(黄河山东段)

坝,称为封河型冰坝;②在开河条件不成熟的情况下,上游聚集而来的大量坚硬冰块受阻积成的冰堆形成的冰坝称为开河型冰坝。

按冰坝形态结构,可分为两种类型:一种叫冰堆型冰坝,由于上游来的冰块堆积成极不规则的密实冰堆,堵塞河道而形成(见图7-3);另一种叫冰塞型冰坝,在河身宽浅、河槽弯曲窄深或鸡心滩犬牙交错的河段,小冰块潜入河槽中聚集,大冰块卡塞主河道,河道堆冰绵亘数十千米,形成一个横跨河道断面的巨大冰岭(见图7-4)。

图7-3　冰堆型冰坝(松花江依兰江段)

2.国外常见的冰坝分类

国际上一般根据冰坝的形成条件、冰坝壅水幅度、冰坝结构、渗流情况等对冰坝进行

图7-4　松花江星火处河段冰塞型冰坝

分类。

　　按冰坝位置和河道特征可分为三种类型：①窄河冰坝，发生于冰盖边缘或者在河床束狭及水面坡降和流速急剧变化处；②河口冰坝，发生于三角洲的支汊及汇入湖泊的河口和开阔的河段；③宽河冰坝，发生于河道宽浅的河段。

　　俄罗斯学者鲁达涅夫在勒拿河观测时，按冰坝抬高水位的高低将其分为4类：

　　（1）密实性冰坝。这种冰坝高出冰盖，是在春季冰盖仍然很坚实的河段中形成的。沿河长的结构为，先是未破坏的冰盖区段；接着是冰盖上有裂缝，在这里，有长2～4 km的由小冰块组成的冰"舌"；再远一些是尾部，由单独的大块冰构成，冰的堆积长度可达40～100 km，较稳定，人工破坏难度很大。

　　（2）围堰型冰坝。这一类型冰坝很大，一般长10～30 km，可能造成灾害，但比上一种冰坝稳定性差，可以人工破坏。

　　（3）塞型冰坝，由河床被冰排卡塞而形成，发生于冰盖受热而破坏的河段。其中大冰排的长度有时超过河宽，往往发生在束狭、陡弯、岛屿处，历时很短。

　　（4）其他型冰坝。发生在河床型水库的末端，流速骤然减小，冰凌流受阻，形成冰坝。

（四）解决冰坝的方法

　　对于已经形成和正在形成的冰坝，一般采取以下措施：

　　（1）用上游水库放水增大动能冲击冰坝，可使冰坝破坏。这种方法对于在水深不足处，如浅滩、沙洲处形成的冰坝最为有效，因为只要稍增加流量即可使冰坝体和冰坝头部浸没而破坏。

　　（2）利用水位差可以在束狭段或人工束狭段破坏冰凌的尺寸，使 b（冰凌宽度）$< B$（河宽）。

　　（3）利用爆破技术破坏冰坝头部的"关键部位"。冰坝头部在沿横断面的分布由于水深和流速不均匀，使冰凌沿横断面堆积强度不一样。因此，在相对稳定的条件下，冰坝头部内部处于极限或超应力状态，在此处施加较小的力就能造成平衡状态的局部破坏；此种局部破坏可以转变成整个冰坝的破坏。此种关键河段称为"冰坝链"。寻找此种河段，采用正确的方法破坏，可以造成连锁反应，是最经济有效的办法。如赫日可湟斯曾在圣劳伦斯河上成功地运用了高热火药喷火构成一道流水通道，破坏了冰坝。

　　（4）利用爆破破除下游未解体的冰盖，使坝头部稳定性遭到破坏，冰坝体也随之溃陷。冰坝破除的具体方法详见本章第三节。

二、冰塞

(一)定义

大量冰花、碎冰,阻塞过水断面,上游水位显著壅高的现象,称为冰塞。

在流凌河道冰盖形成期,流冰花如遇到河中障碍物、水浅或束窄的河段,以及未破裂的冰盖,便可能堆积起来而形成冰塞。上游漂来的浮冰花可以下潜到固定冰盖下面,且无规则地排列起来,导致了很厚的冰凌堆积,抬高水位而发生凌洪灾害。在流凌期,薄冰盖破裂后而产生的大量浮冰也会造成堤岸损坏,使桥梁、房屋和其他建筑物被毁。

冰塞和冰坝不同之处是,冰塞多发生于封冻初期,冰坝多发生于解冻期;冰塞多由冰花、冰屑和碎冰组成,冰坝则由较大的冰块组成;冰塞稳定时间较长,可达数月,冰坝稳定时间较短,一般仅有几天,个别达几十天。

河道中有可能发生冰塞的河段是河道坡降迅速从陡变缓的地段;水库回水区内上大下小的喇叭形河段;河流入海或入湖的河口地区;挟带大量冰块或两个河流的汇流区;河流的急弯处(大于110°)。

(二)冰塞的型式

一般认为,有两个明显的现象支配着江河冰塞的最终厚度:一是流近冰盖前缘浮冰的下潜能力;二是冰塞对作用在其上荷载的承载力。如果由流近冰盖前缘的浮冰下潜所达到的厚度足够大,作用于冰盖上的法向内力小于冰塞的强度,这样的冰塞称为河型冰塞。

如果当浮冰下潜并堆积使冰塞加厚时,冰塞的内部强度以及冰塞与河岸交界面上的剪力为其他作用于冰塞的力所超过(如冰塞下面水流的剪力、冰塞顶面上风的剪力、沿水流方向的重力分力,以及冰塞前缘的动水压力),就会发生猛烈的推挤,这时冰塞由于内部坍塌而变厚,这种现象一直持续到各种力达到平衡为止,这样的冰塞称为宽河型冰塞。冰塞示意图见图7-5。

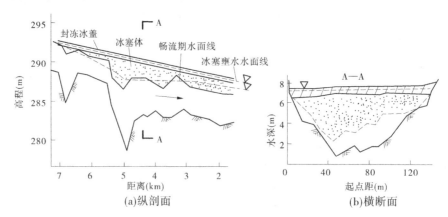

图7-5　冰塞示意图

(三)冰塞的破除方法

1. 防冰建筑和人工冰塞

为避免在关键河段形成冰塞,防止浮冰流到这个地点是一个较好的方法。为此目的,可以修建一些有效的永久建筑物,即类似于控制小洪水建筑物那样的防冰坝。如美国陆军工程兵团新英格兰分部修建的防冰坝。也可以修建拦冰栅临时结构,避免大量冰从湖河的交汇处流入河流,而让其在原地融化。河流中修建拦冰栅、拦冰坝除将整体冰盖固定于原地融化外,还会使由上游流来的可观的浮冰形成一个人工冰塞,以减轻下游容易出现冰塞河段的冰凌灾害。

2.破冰或割冰

为了打开封冻河流上主流区的冰塞或冰盖,可以使用破冰船或切割冰的工具,用破冰船破冰,多采用撞击的方式,但可能会提高运行的成本。

3.爆破法

爆破法是在封冻河流上加速形成一个开敞的流道,或将大块浮冰破碎成小块,以保证群冰向下游输送。应该了解到,一旦冰塞形成并稳定后,企图以机械的或其他的方法来摧毁它,就非常困难。因此,摧毁冰塞的尝试应在冰塞形成的初期进行。破除冰塞的目的在于驱逐浮冰,所以只有在下游河段是敞开的,同时能容纳所释放出来的冰的时候,才应该采用破除冰塞的方法。破除冰塞的程序应从下游开始,逐步向上游进行。破冰塞的理想位置是从冰塞的中心开始,这里的应力集中程度最高,破碎的效果最好,同时还可避免从塞尾部排出的浮冰增加冰塞的厚度和强度。

采用爆破法破碎冰塞,首先应从地面和空中对冰塞进行大范围的勘测,以确定冰塞中最弱部位的位置(最大应力集中区)。特别是一些冰塞的"锚固"点,如沙坎、局部浅滩,或由岸冰形成的局部收缩段等地方,都是能导致冰体运动的合适爆破位置。

三、冰盖、冰堆、悬空冰坝

(一)冰盖

河道中整个水面被冰覆盖,称为冰盖(见图 7-6)。从封冻开始,冰盖厚度的增长是由冰盖底面水的结晶、冰盖下冰花的冻结以及冰盖上面水浸积雪冻结所形成的。

图 7-6　冰盖(黄河包头河段)

河道中的冰盖虽是一般冰情现象,但它也会形成凌汛现象或加剧凌汛灾害的发展。

河道中的冰盖厚度与凌汛关系密切,冰盖较厚的河流形成冰坝的概率很大。黄河上游内蒙古河段冬季平均厚约 70 cm,几乎在开河期都要产生冰坝。黄河下游河口河段冰厚 30~40 cm,也常出现冰坝。

仅有一层厚的浮冰以连续的方式毗连在一起,然后这些浮冰冻结在一起,形成一个固体冰盖。这与在湖里边形成的静止冰盖稍有不同。大河流中由准静态形成的浮冰块一般比较薄,具有比较大的平面尺寸,并且形态比(h/L,h 为冰厚,L 为河长)、相对厚度比(h/Y,h 为冰厚,Y 为河宽)都很小。由多层浮冰在冰盖前缘堆积构成冰盖发展,称为前缘发展。这种情况经常由软冰或小冰盘形成一个多孔堆积冰团,它可以在距冰盖前缘不远处的顶部上冻结。

冰盖破坏过程的发展与其开始融化时的强度以及春季的天气和水文条件有关。在大、中河流上冰盖的破坏过程比较复杂,由于水位变化的影响和重力负荷的作用发生冰盖整体性的破坏和破裂,其破坏过程常按以下顺序:①冰盖与河岸连结关系破坏;②冰盖解体成冰排;③冰团瓦解成冰块。

（二）冰堆

在封冻过程中,流动冰块(或冰花团)在局部位置相互挤压、横竖交错冻结在一起,形成平面上突出的冰凌堆积,见图 7-7。

图 7-7　冰堆（黄河包头河段）

可以认为,由于冰的输送在冰盖发展过程中起着重大的作用,冰堆的形成像是一长段薄冰突然破碎并向下移动一长段距离,然后堆积形成一个厚的堆积冰团,在推力的作用下,达到平衡厚度,一旦它停下来并且加固,若想使它破裂须克服其需要的摩擦阻力和冰壳的阻力。

冰堆的存在将影响河道排洪排凌,直接造成河道水位的抬高。冰堆还可能破坏水工建筑物。

（三）悬空冰坝

在浅水或较大的流速等情况下,冰盖有一个异常的厚度,这个厚度通常都在 2 m 以上。它通常被称为“悬空冰坝”,见图 7-8。悬空冰坝是冰盖到达一个河流断面如急流底部时冰的传送结果。一般来说,悬空冰坝在河流位于紧接着高流速断面下游的低流速断面处形成。在结冰期,当低流速断面处形成冰盖时,高流速断面仍为明流,急流断面处形成的冰粒聚结成冰花和小块浮冰,它们在断面稳定的冰盖下流动,并在流速特别小的地方堆积起来,直至堆积到上游冰的供应中断,或者由于堆积而流速值增加到能冲走全部来冰时才停止。

图 7-8 悬空冰坝(黄河包头河段)

悬空冰坝的破裂对河流两岸堤防、城镇安全有较大影响。悬空冰坝破裂时冰凌所形成的撞击力、破坏力对水工建筑物将产生一定的影响。

悬空冰坝阻碍了春季解冻的过程,极易形成冰坝。

冰盖、冰堆和悬空冰坝之间有十分密切的关系。当冰盖发展到一定厚度且冰下有一定的过流条件时,则会发展成悬空冰坝;而悬空冰坝的破裂和冰盖的破坏均会产生冰堆和冰坝。这些冰情现象实质上是凌汛期堤防或水工建筑物发生险情的原因。

(四)上述 3 种凌汛险情的处理方法

破除冰盖、冰堆和悬空冰坝,主要是使河流内封冻状态变为明流,以扩大排冰断面,增大排泄冰凌的能力,防止冰块卡塞形成冰坝。破冰的方法除常用的爆破和破冰船外,也可以采取撒灰土破冰法,即在冰盖上撒吸热能力强的炉灰或深色土料,促使冰盖融化。撒土时最好把炉灰撒成方格形,这样既节省灰料,效果也好。

破除的原则是:①掌握"破窄(河段)不破宽(河段)"的原则,以免破了宽河道冰盖,可能在窄河段形成卡塞。②悬空冰坝是否破除应视坝下过流情况而定,如冰下过流能力大、条件好,保留它可能对下游较有利,对上游又不造成大的影响,可不予破除。③破冰的时机要选择恰当。特别对防止卡冰来说,一定要选在开河前较短时间内突击进行。这是决定破冰效果的关键。因为破冰过早会再次封冻,破冰太晚又会失去其作用。④对于冰堆一般不进行破除,但严重影响排冰泄流时,视情况进行破除。冰盖的破除方法详见第三节。

四、冰撞击破坏(冰毁)

流冰过程中个别巨大的冰块或冰堆,由于其动能较大,其冲击力或瞬间静压力虽然不能使桥梁或水工建筑物变形,但会造成桥墩及建筑物振动破坏。图 7-9 是冰凌摧毁水利工程的情形。

对于桥梁,在设计中应采取如下几个方面的工程措施:

(1)建造倾斜式破冰体或近乎垂直的并带有平面为 90°的尖端形桥墩,其破冰棱体外围由优质花岗岩砌筑。

图 7-9　冰凌摧毁沿岸水利工程

（2）在我国北方一些冰情较严重的河流上，如嫩江、松花江、黑龙江、黄河上游干流或较大支流上新建桥梁墩台迎冰面，可以采用钢板或角钢保护，以采用不锈钢板为宜。

（3）在城市附近或名胜区内的桥梁墩台，可以采用高强度少筋混凝土预制块和优质花岗岩块石混合砌筑桥墩外围，内部由普通混凝土填心，即迎冰面或背冰面的尖端部分为花岗岩块石，其余部分为混凝土预制块。

防止闸门受冰块冲击的最好办法，是造成闸门上游提前封冻结成冰盖，使上游流下的冰块被停阻在距闸门较远的河段。促使尽早封冻的办法，是加大水面糙率，减小水面流速，以加速形成冰盖。加大水面糙率的主要方法，最好是用漂浮木栅、梢料、树枝或其他漂浮水面易于结冰的料物固定于水中，以减小水面流速，促使水面结冰和全断面封冻。

对于堤坝、河道工程，主要是通过防护措施加大防护部位的块体，或使经常被撞击部位成为局部整体，辅以刚性保护层来抵抗冰的挤压、撞击和拖曳，保持坝体的完整与稳定。

根据松花江的经验，主要有 4 种类型防护措施，即石笼、水下不分散混凝土灌浆、模袋混凝土和混凝土预制板。

（1）石笼。石笼一般用铁丝网制作，设计成箱形，称为铁丝方石笼。石笼的防护效果较好，但由于铁丝长期置于水中，因生锈、腐蚀而折断，因与块石间摩擦及冰块作用，加剧了铁丝笼的破损。为了尽可能地延长石笼寿命，在制作时，与铁丝网接触的石块宜选用圆形；为防止铁丝锈蚀，可采用镀锌铁丝或采取其他保护措施；为增加铁丝石笼的耐久性，可采用沥青灌浆加以保护；采用新型的不易锈蚀的材料制作笼子。因此，可以根据实际需要制作成铁丝方石笼、铁丝圆石笼、高密度聚乙烯石笼。高密度聚乙烯材料耐酸耐碱、抗腐蚀，在 80 ℃ 和 +100 ℃ 温度条件下仍可长期使用。在高密度聚乙烯原料中加入一定抗老化稳定剂后，可大大提高其抗老化性能，此网网径 7 mm 左右，寿命可达 15 年。

（2）水下不分散混凝土灌浆。水下不分散混凝土是指掺有专用外加剂即絮凝剂的混凝土，根据天津石油研究所提供的资料，选用 UWB－1 絮凝剂掺入混凝土中的水下不分散混凝土具有较强的水下抗分散性、自流平性和良好的填充性。将混凝土灌入散抛石坝体之后，块石因混凝土而相互连接构成整体，从而取得整体防冰之目的。

水下不分散混凝土有三种基本的灌浆方法可供选择，即混凝土斜坡导槽法、混凝土泵送法及底开容器法。试验表明,水下不分散混凝土在粒径为 0.25~0.35 m 的抛石中自然灌入深度可达 0.5~0.8 m。

（3）模袋混凝土。模袋混凝土是一种在特别的织物袋内充灌流动性混凝土的新型水下施工技术,该技术可机械化施工,一般一台混凝土灌输泵和两台拌搅机,日充灌混凝土可达 105 m³。充填后的模袋混凝土块体面积大,与建筑物贴合紧密,故具有整体性强和抗滑、抗冲性好等优点;缺点是需专门的配套工具,坝体表面需整平,避免块石突起顶破模袋,影响充灌效果。在具体实施时一般采用 3 种方案:纤维模袋混凝土方案,纺织袋混凝土密排方案,纺织袋混凝土间隔排列方案。

（4）混凝土预制板。该方案是应用混凝土预制板,铺设于坝顶与迎水坡,使坝体成为具有光滑斜面的刚性保护层结构,避免流冰与散抛石直接接触,从而提高坝体的抗冰能力。

此方案与模袋混凝土方案相比,其优越之处在于可将预制的混凝土板提前送至现场存放,待有适宜的施工水位时,即可吊装就位。另外,由于预制板内配有钢筋,可提高混凝土本身抗冰强度,斜面上光滑的混凝土表面,可减小冰力且有利于冰块爬坡过坝,坝体抗冰能力得到了提高。

考虑到施工中,坝顶与坝坡不可能修整得非常平整,混凝土板与坝体为部分面接触,因而可动性较大。建议用 8 号铁丝连接混凝土板上吊环,使其形成一整体来增强抗冰稳定性。

此方案突出的优点在于迎水坡混凝土板连接成整体,构成侧"L"型钢筋混凝土板光滑平整的斜坡及其圆弧形拐角,更便于冰块顺利爬坡过顶,从而增强了坝体抗冰能力。"L"型钢筋混凝土板长、宽、厚分别为 5.2 m、1.0 m 和 0.3 m,其拐角处内半径为 1.7 m,夹角为 32.5°。

对于流冰撞击力较小的涵闸,可修做裹护工程,即在每个闸墩的上游迎水面设置防护罩,将墩头加以裹护,增强抗御冰凌撞击和磨损的能力。裹护时,根据水位变化幅度、流冰密度、壅水高度确定裹护范围。最好能做成活动的防护罩,使之根据水位变化上下移动,以保护可能被冰凌撞击的部位。裹护工程的用料和做法,可以就地取材,如将柳笆(厢)、竹笆(杆)、竹板等用钢筋插扎起来,护在墩头。经常运用的涵闸,也可以用铁板作为永久的防护罩排在墩头。另外还可根据不同河势,在引水渠口修做导凌排,以减少进闸冰凌。

五、冰冻破坏

在比较寒冷的地区,水工建筑物冬季运行时间长,因此冰冻控制措施的研究有着非常重要的意义。

（一）水工建筑物防冰冻系统的分类

根据从表面清除冰或防止表面结冰所用能的形式(机械式、加热式和物理－化学系统)或防冰冻系统的运行方式(连续式和周期式工作系统)对防冰冻系统进行分类。

全部防冻结控制系统可以划分成两大类:

（1）积极防护系统,防止结冰或周期性消冰。

（2）消极防护系统,包括早期预报和及时报警,必要的监测,以及对坐落在冻结危险区域内的电站和设施的运行方式加以限制。

根据消耗能的形式,积极防冰冻系统可分成加热式、机械式、物理式、物理化学式。在结冰过程中,随着水从液态向固态的异相转变,总要排放出热量,因而在考虑的所有防冰冻系统中,加热式系统是一种较为适用的防冰冻系统。

根据运行方式,加热式防冰冻系统可分为周期式和连续式两种。

周期式系统是在防冰冻系统未投入运行之前,在结构物表面产生一层薄冰的情况下,开动本系统,交接面上的冰开始融化,然后再用某些机械方法,把剩余的冰凌除掉。

连续式系统在整个结冰期内不允许在结构物表面结冰的情况下使用。

目前的加热式防冰冻系统归纳为4种类型,即辐射加热器、热力板、电阻丝加热系统和热传导体系统。加热式防冰冻系统实际上只能用于防护小面积的要害结构部件。

机械式防冰冻系统是通过对结冰结构物实施机械作用而达到消除冰的目的。人工破冰、弹性薄壳、电脉冲防冰冻器械都属于这一范畴。

苏联发明的电脉冲防冰冻系统,是通过所防护结构的变形而达到消冰目的的。在电子设备内,发出一个电脉冲,当它通过装在结冰结构物内的感应线圈时,产生一个脉冲磁场并感应出一个流入所防护结构物内的感应电流,感应电流与激起这一电流的脉冲磁场的相互作用引起结构物的变形,从而把冰解除掉。

物理–化学防冰冻系统包括减小冰对被保护表面附着力的固态憎水涂层、溶于水的固态(含盐的)涂层、液体防冻剂、矿脂。

(二)对水工建筑物防冰冻系统的选择

水工建筑物防冰冻系统的选择取决于建筑物本身的运行。

1. 拦污栅防冰冻系统

为防止拦污栅向周围空气散热而结冰,应把屏幕埋置起来,要把屏幕与防冰冻涂层同时加热,或者提供气动防冰冻系统。如果不使用能量防冰冻系统,则应将屏幕涂以防冻涂料。对于积冰的消除,另一个有利的措施就是采用弹性脉冲防冰冻系统。

2. 闸门止水防冰冻方法

闸门止水可用物理–化学防冰冻系统(液体防冻剂或矿脂)或用包括红外线加热在内的加热系统进行防冰。闸门面板(导电涂层、感应加热、热力帘)和机械(电脉冲、破冰)系统防护,其淹没部分应该使用感应加热或物理–化学防冰冻系统(矿脂或液体防冻剂),也可以采用混合热力式防冰冻系统。

渠道闸门止水的冻结控制,采取感应加热、热空气或液体热力混合防冰冻系统,或者采用矿脂涂层的方法均可见效。为了节省能量,闸室中的水位应与上游水位相适应。这样,便无须加热闸门的水平止水;对于垂直止水,只在上游水位变动的范围内进行防护就可以了。

易受冰冻的水闸机械装置,应该用树脂、感应加热、红外线辐射加热和热力帘实施防护,其防冰设施应该在施工阶段提供,机械的外面要布置防护罩,防护罩的外表不要太大,发动机要按设备能力配置。

受冻的堵式结构部件上冰的消除,可以采用机械方法,特别是在防护面设置低能量聚合物涂层的情况下,这种方法更为有效。此外,也可以使用感应加热器和电脉冲锤。

冰冻期挡水需要操作的表孔闸门和部分潜门,为防止门叶和埋件、门叶与门槽之间被冰冻结在一起,使闸门无法开启或关闭,其方法属于化冰工程技术。

六、冰膨胀力破坏

(一)冰膨胀力的危害及过程

高寒地区湖泊、水库,通常具有较为开阔的水面。冬季水面冻结为冰盖层。每当气温回升时,具有固态属性的冰盖层,遇热膨胀,当受到护坡约束时,冰盖层对护坡产生冰推力,护坡对冰盖层的作用以冻结力表示。这是一对大小相等、方向相反的作用力和反作用力。

冰盖层冰推力值的大小则取决于日晨冰温,升温持续时间,升温幅度,湖、库冰面长度等多种因素。现场观测表明,湖泊、水库封冻初期,沿湖、库的边缘由于双向冻结,致使这些边缘地带的冰盖层加厚,而向湖、库内方向冰盖层逐渐减薄。由此,护坡与冰盖层之间的冻结力大于冰盖层内部承压能力,有时产生冰盖层稳定失衡,这种失衡前将产生巨大的推力。随着气温下降,库内冰盖层加厚,对于表面比较光滑且能够整体受力的护坡,通常冰厚近 30 cm 时,开始出现冰盖层剪断冰盖层与护坡的冻结面(冰推力大于冻结力),冰盖层沿护坡上爬,有时发生冰盖前缘上翘现象。爬坡距离与气温变化有关。在黑龙江省水库护坡上,冰盖常爬坡几厘米、几十厘米。在华北平原,如天津市尔王庄水库,冰盖在连续气温回升过程中,沿护坡向上爬几米、十几米。

作用于护坡上的冰盖层冰推作用力,每当大于冻结力时,冻结面即被剪断。气温下降后,重新集结,滑动面上的冰屑、雪霜、空隙,使冻结面的冻结不紧密,因此重复冻结后的冻结力,比纯冰初次冻结的冻结力小。当冰盖层冰推力大于冻结力时,冰盖层与护坡的冻结面发生剪断,冰盖层相对于护坡处于自由状态。此时,冰推力即消失,只有等于或小于冻结力时,冰推力作用于护坡上。

(二)抗冰膨胀的工程措施

适用于高寒地区具有抗冻胀、抗冰推的护坡工程结构主要有以下几种形式。

1. 埋石混凝土护坡

在石料产地或取石方便时,可用石料修筑护坡,或用于原砌石护坡加固改造。护坡埋石混凝土平面尺寸可为 1.0 m×1.0 m 至 2.0 m×2.0 m,缝间设沥青油毡或沥青木板作为缝隔层,面层厚度值根据块石尺寸确定。通常为 0.3~0.35 m。面层下设置反滤层,根据反滤层要求,可以设置碎石、砂级配反滤层,也可用无纺布反滤,见图7-10。

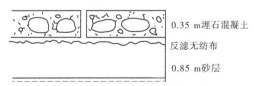

0.35 m埋石混凝土

反滤无纺布

0.85 m砂层

图 7-10　埋石混凝土护坡结构示意图

埋石混凝土护坡抗冻胀换填层,须采用非冻胀性材料。用作抗冻胀稳定,其厚度 t_3 按式(7-1)计算

$$t_3 = H_d - t_1 - t_2 \qquad\qquad (7\text{-}1)$$

式中　t_3——抗冻胀稳定厚度,m;

　　　H_d——综合影响的设计冻层,m;

　　　t_1——面层厚度,m;

　　　t_2——反滤层厚度,m。

埋石混凝土护坡,抗冰推和抗风浪效果好。分缝分块规则,传递力的条件好,能满足抗冻胀要求。它适用于石料价格低或旧坝改造。

2. 混凝土板结合稳固层护坡

这种护坡面层为混凝土板,板厚 10~15 cm,水泥土或土壤固化剂加固的土稳固层,厚为 30~50 cm。

此种护坡适用于砂石料较少的地区,可利用沙壤土、黏性土等当地材料修筑,有利于降低工程造价。

水泥土或土壤固化土,都需要斜面碾压,水泥土、土壤固化土自身强度较高,但压实后,往往结合面不牢,应注意结合面刨毛。此种护坡结构见图 7-11。

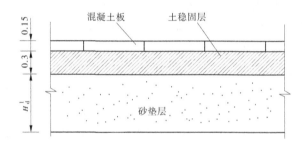

图 7-11　混凝土板结合稳固层护坡结构示意图　（单位:m）

3. 混凝土板砂垫层护坡

混凝土板厚为 12~15 cm,砂垫层厚度 $H_a = t_1$,在混凝土与砂垫层之间铺无纺布反滤层。这种型式护坡适用于石料、碎卵石材料比较少,砂料比较多且价格较低的地区,见图 7-12。

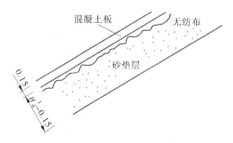

图 7-12　混凝土板砂垫层护坡结构示意图　（单位:m）

(三)热膨胀产生静压力计算

当冰盖的长度 L_n 为 50~100 m 时,按表 7-1 查出。表 7-1 中所列的冰压力值(P_T)是对最严重的温度情况给出的。

表 7-1　冰盖层热膨胀静压力值

冰盖层的厚度 δ	冰盖层因其热膨胀而产生的静压力 P_{T}（kN/m）			
（m）	$L_{\mathrm{n}} \geqslant 150$	$L_{\mathrm{n}} = 100$	$L_{\mathrm{n}} = 75$	$L_{\mathrm{n}} = 50$
1.5	280	390	470	550
1.2	200	250	300	360
1.0	150	190	230	270
0.7	100	130	170	200
0.5	70	80	100	130

注：作用于建筑物上的压力，其数值不应大于 $P = \sigma - \delta B_0$，σ 为冰的极限受压强度，B_0 为冰与建筑物直接接触的缘面宽度。

七、冰压力破坏

（一）冰压力种类

冰凌作用于水工建筑物上的力可分如下 4 种：①由于自由运动的冰的冲击、剪切而产生的"动冰压力"；②由于风或水流的影响，大面积的冰层作用于建筑物上的静冰压力；③冰沿着与它接触面运动的磨损作用力；④由于冻结在建筑物上冰体下面的水位变化所产生的铅垂（扬举、上翘）作用力。

（二）防静冰压力方法

《水利水电工程钢闸门设计规范》（SL 74—2013）规定：闸门不得承受冰的静压力。防止静冰压力方法，应根据气温及水位变化等条件，因地制宜选用。防止静冰压力多采用开槽法、保温法、吹泡法、射流法和加热法。

1. 开槽法

（1）人工开槽法。人工开槽法是当闸门前的冰层厚度达到可承受单人或群体重量时，利用人力使用一般或专用工具，如十字镐、铁锹、冰钎等，上冰作业，在闸墩前打通一条连续的冰槽，露出水面，并把碎冰捞出。

破开冰槽的宽度与开冰槽的作业频率有关；作业频率与水气交接面的热交换程度有关；水气交接面的热交换程度与水温、气温、风速、日照和冰槽走向等有关。破开冰槽的宽度，理论上经常保持有 50 mm 的水面已足够，但是由于采用人工破冰，一般冰槽宽度都在 300 mm 左右。

人工开槽法破冰劳动强度大，作业环境十分恶劣，应配备人身安全保护设施，否则可能会造成人身伤亡事故的发生。

（2）机械开槽法。最简单的机械破冰就是利用坝上门机的悬臂小车（如大化和克拉斯诺雅尔斯科的坝上门机）或回转吊（如安康和岩滩的坝上门机）吊以重锤。沿门前闸墩上游把冰层击穿，完成一条连续可见水面的开冰槽作业。也可利用设置的专门破冰机作业。作业频率一般每天早晚各一次。

2. 保温法

目前最简单、经济和有效的保温法，就是采用聚苯乙烯泡沫板保温法。将其铺设在闸门前或多孔闸门的闸墩前水库水温有一定梯度的冰面上。经过一定时间,在保温板宽度方向的中间,冰层即可化开,并不再结冰,使静冰压力不能传递到闸门上。

3. 吹泡法

国内外一般采用压缩空气吹泡法。从计算得知,吹气管(线源)或吹气嘴(点源)的淹没水深,应由具体工程的水情、冰情和运行条件决定。淹没水深大,在相应的气温、流量条件下,所提升的水量也多,提升的水温相对较高,因此防冰效果较好。但淹没水深加大,则会使空压机的压力增大。

4. 射流法

射流法是应用压力水射流,外国采用水泵,中国采用潜水电泵。

射流法和吹泡法是在水工钢闸门与水库冰层之间,以压力水射流冲击或压力空气吹泡冲开或吹开一条保持不结冰的水域,使水库的冰盖不与钢闸门连续地冻结在一起,用以防止静冰压力作用到闸门上。

压力水射流法防冰具有设备简单、投资少、不占场地、安装操作维护方便、运行效果良好等优点。

5. 加热法

门叶采用电加热法防冰,也可以达到防止静冰压力作用的目的,但是对保温法、吹泡法和射流法来说,在经济上得不偿失。

第三节　防凌的综合措施

江河中出现封冻等冰情以后,其水流形态与畅流期相比,会有明显的不同,尤其是当出现冰塞、冰坝等特殊冰情时,轻者会妨碍给排水工程和水电站的正常运用,迫使航运中断,破坏河道中的水工建筑物,重者会形成更为严重的决溢危害。例如,黄河、松花江、黑龙江等河流的某些河段,往往在封河(江)期产生冰塞,开河(江)期形成冰坝,壅高水位,形成凌洪,威胁堤防,甚至决溢成灾。因此,解决与防治冰凌危害是当前面临的一项重要的任务。

人们对防凌的认识是不断深入的。在20世纪50年代以前,人们认为冰害主要是由冰冻堵塞河道引起的,症结是冰,所以防治的措施是治冰。如撒砂土,因为砂土吸热快,冰盖上面铺上砂土能加速冰的融化,也就减少了解冻时的冰量。实践证明,冰面上撒砂土后,仅能使冰盖多消融4~5 cm,但由于平面坡度缓,冰盖消融的水量不能及时排走,有时气温变化复杂,往往形成消后复冻。因此,以撒砂土消融冰厚所起的作用不大,而撒土过量又阻碍了太阳辐射,反而减弱了冰的消融。

另外一项措施,就是用炮弹击毁冰坝。20世纪五六十年代几乎年年动用飞机、大炮。实践证明,飞机、大炮虽然在轰击冰坝、冰塞方面起到了一定作用,但是飞机投弹命中率不易掌握,大炮轰击较飞机方便,但也受交通条件等影响,不是所有有冰害的河流都适用。特别是炮轰破坏冰坝效果较差,因为冰坝很长,有的达几十千米,高度甚至达十几米,不易掌握冰坝的支撑点。如1951年、1955年黄河下游冰坝,1973年、1981年嫩江上游及松花江下游的冰坝,试用多种方法,甚至连击上百发炮弹效果都不明显。

"冰借水势、水助冰威",人们在与凌汛斗争过程中逐步认识到,冰量再多,如没有水流作用力,那么冰凌将只能处于分散的静止状态,形不成凌汛威胁。所以防凌的主要矛盾是水而不是冰。黄河下游自1960年三门峡水库冬季投入防凌运用后,凌汛危害明显减少,由历史上凌汛期频繁决口改变为连续40余年凌汛未决口,并且积累了一套利用水库调节水量促使凌汛期减少冰凌堵塞的一些运用经验和规律。

几十年的防凌实践说明,对冰凌危害的防治必须采取综合措施,根据河流的不同特点采用不同的方法,才能有效地遏制冰害的发展和防止冰害的发生。

一、水库调节泄流量

根据黄河三门峡、小浪底和西霞院水库多年的运用经验,利用上游的水库,按照水力因素和冰情形态演变的规律,调整河道冬季流量变化的过程,减少河槽槽蓄水增量,抑制水流的动力因素,可以控制下游冰凌的危害。

如三门峡水库在1960年11月至1961年2月蓄水达72.3亿 m^3,最高水位为332.58 m,使下游河道冰凌就地融化,免除了凌洪灾害。

(一)封冻前的泄水运用

其目的是充分发挥水流抵制封河的积极作用,使河道推迟封冻或封冻后冰盖下保持最佳过流能力。

这种运用方式要求在凌汛前预蓄足够水量,凌汛期内适当加大下泄量,抵制河道封冻。

此种运用方式需要分析:①本河段有多大流量冬季不封河,若封冻,冰下过流情况如何;②防凌库容是否能满足要求;③水库运用后库区末端冰塞问题以及库区淤积引起的后果如何。

就三门峡水库运用经验,在该时段内,下泄流量的大小可以根据两种不同的目的来分别确定。一是大幅度地提高下泄流量,以达到抵制河道封冻不致产生凌汛的目的;另一种是较小幅度地加大并调匀封冻前的流量,以避免小流量封冻或推迟封冻日期,从而达到减轻凌汛威胁的目的。

根据黄河下游历年的统计来看,将流量加大到800 m^3/s 以上时,就有可能不封冻,见图7-13。然而,鉴于凌汛的复杂性,目前尚难确定保证下游河道不封冻的临界流量值,如果流量偏大,封冻时将产生严重的冰塞。图7-14是1967~1968年凌汛期,黄河下游艾山以下河段,在流量750 m^3/s 左右封冻并产生冰塞后的水位上升情况,冰塞以上河段的水位壅高值达3 m以上。因此,加大流量不封冻的设想,在现有条件下尚难实观,对于每年冬季不论流量大小一定封冻的河流,此种运用方式不适用,以免出现大流量封河大面积淹没耕地和增大冰量的危险。

至于适当加大并调匀封冻前流量的问题,通过多年试验和计算分析,以封冻时不产生冰塞、不漫滩以及尽量减少水库预蓄水量为原则,将封冻流量调匀在500 m^3/s 左右(视河道形态、冬季来水和气温变化)。这样调节运用,不仅可以避免200~300 m^3/s 的小流量封冻,增加冰下过流能力,而且三门峡水库的预蓄水量不大,一般不超过4亿 m^3,库区淤积也很少。目前,黄河下游通过小浪底和西霞院水库调蓄泄水量防止凌汛灾害,已取得显

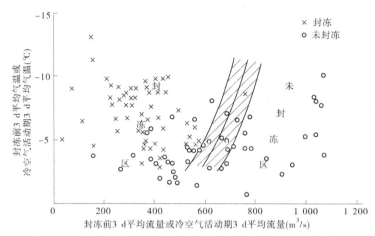

图 7-13　黄河下游济南以下河段历年凌汛期气温流量与封冻关系

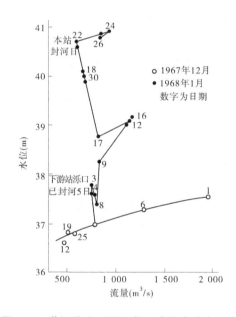

图 7-14　黄河艾山以下河段形成冰塞后水位变化

著效果。

（二）封冻后的蓄水运用

河流封冻以后，水流的边界条件明显地改变，湿周的加大，水力半径的减小，冰盖底面糙率的作用以及水内冰的堆积占去了一部分过水断面等，均会促使大河水位上升，河槽蓄水量大幅度增加。据统计，黄河下游河道封冻期产生的槽蓄增量，多年平均 3.2 亿 m³，最大的年份可达 7.4 亿 m³。槽蓄增量大，槽蓄总量也大。槽蓄量的大小与解冻时凌峰流量的大小直接有关。因此，槽蓄增量是形成凌峰流量的物质基础，而稳定封冻期上游来流的突然增大，又往往是导致槽蓄增量急剧释放的直接原因。所以，逐步降低河槽蓄水量，并避免河道流量大幅度的变化，应是河道封冻后水库调节运用的基本原则。

　　根据上述原则,并考虑三门峡、小浪底和西霞院水库的防凌库容,采取了稳定封冻期和解冻前期逐级降低水库下泄水量的蓄水运用方式。也就是在稳定封冻时段,水库下泄的流量以稍小于冰下过流能力为宜。从实践经验看,下游发生一般或较严重冰情,如封冻流量为 500 m^3/s,那么该时段下泄 400 m^3/s 左右是比较适宜的。待到解冻前期,再进一步降低下泄流量,这时水库下泄流量可减少到 200 m^3/s 左右,以期适时地、有效地减小河槽蓄水量,为安全解冻创造条件。

　　对于多级水库,且水库下游均有防凌任务的水库,应采取上下结合、分段考虑、兼顾重点的原则。如黄河流域有两段河道凌汛比较严重,一是上游内蒙古河段,二是黄河下游河段,见图 7-15。黄河下游河段凌情不稳定,河道上宽下窄,河道高仰,一旦决口,损失比较严重,作为重点防凌河段,由三门峡、小浪底和西霞院水库联合调度调节水流;上游内蒙古河段由刘家峡水库调节。内蒙古河段由于纬度偏高,冬季比下游河段封河早、开河晚,封、开河期水库流量控制原则上单独考虑,唯在黄河下游开河的关键时段应适当控制泄流,减轻三门峡、小浪底西霞院水库和下游防凌的负担。对黄河下游防凌问题,应认真分析内蒙古河段封冻后对下游的影响,充分发挥三门峡、小浪底和西霞院水库的防凌作用。

图 7-15　黄河防凌河段及控制工程位置

　　由于水库水深较大和地热作用水温较高,因此水库泄入下游的水流不会立即发生结冰,而是要经过一定时间和流经一段距离,水温逐渐降低到 0 ℃之后水体才开始结冰。这个水温为 0 ℃的断面,称为"零温断面"。

　　根据刘家峡水库运用的情况,水库下游冰情影响比较明显,"零温断面"距兰州站长达 400 余 km。兰州河段由以往 90% 的年份封河变为不再产生冰情(1 月、2 月冰温可达 2 ℃)。

二、分水减凌

(一)利用涵闸分水

　　在我国的一些主要江河上,均修建了大量的引水工程。在解冻初期如果遇上气候干旱,可适时地利用沿岸涵闸分水,既减轻了下游凌汛的威胁,又结合灌溉,除害兴利相结合,不失为一种比较好的减凌措施。但是,在一般渠道容积有限,排水无出路的情况下,只能作为严重凌汛的应急措施。

为防止流冰堵塞闸门影响引水和大量冰块堆积于闸门前,可采用导冰栅将流冰导向大河排走,使水冰分开。

利用渠道分水应考虑冰的运行方式。特别是由南向北走向的渠道,易出现渠道冰凌堵塞的问题。

在严寒的冬季引水一般有两种运行方式:一是冰盖下输水;二是带冰运行。

带冰运行的条件是:①冬季气温高,不易形成稳定冰盖;②流速较大(一般大于 1.0 m/s),形成不了冰盖。

冰盖下输水运行的条件是:①冬季气候寒冷,容易形成坚实冰盖;②流速需要控制在 1 m/s 以内。

这两种运行方式各有利弊。

冰盖下输水运行,可以有效地抑制水面继续大量释热,提高过水断面平均水温,大大减少水内冰,故冰盖形成后,冰情形势趋于稳定,为正常运行提供了保证。如苏联额尔齐斯河向卡拉干达输水工程冬季运行的情况,就是一个典型实例。这种运行方式应注意:一是需要保持水位稳定;二是设计渠道断面时,要考虑冰盖位置,否则就要减小过水断面面积。

带冰运行方式,流速需提高到 1 m/s 以上(尚需根据河道比降变化确定),流速大可使紊流作用加强,断面水温上、下能充分混合一致,全断面水温很快降到 0 ℃。当明渠较长时,使沿途流凌密度不断增加,当明渠很长时,流凌密度大,易于在明渠后段流速变缓处或急剧弯道处聚集,形成冰塞,致使正常输水得不到保证。为此,可在适当的位置设排冰道,弃部分水用于排冰。

(二)利用分洪(凌)闸、溢凌堰(道)分泄凌水

在沿河两岸若有洼地、湖泊或其他滞洪自然区或分洪道,利用这些有利地形条件,设置分凌闸,将部分冰凌洪水导入分洪区或分洪道,以减轻下游河道的冰凌威胁。在设置分凌闸(见图 7-16)时,应充分考虑冰花和冰块比重对分凌的影响。黄河下游建有山东齐河和垦利展宽工程,可解决窄河段的凌汛威胁。

图 7-16　黄河下游麻湾分凌分水闸

齐河展宽区面积 106 km²,有效库容约 3.9 亿 m³。在展宽区上段修建豆腐窝分洪闸,分凌流量 2 000 m³/s,中段建有李家岸分洪灌溉闸,亦可作分凌之用。在凌汛期,当这一

河段形成冰坝,堵塞河道,危及堤防安全时,分别运用豆腐窝闸和李家岸闸分洪。

垦利展宽区面积 123.3 km²,有效库容约 3.3 亿 m³。在展宽区上段建有麻湾、曹店两分凌闸,设计分凌流量分别为 1 640 m³/s 和 1 090 m³/s,下段建有章丘屋子退水闸。当冰坝壅水位接近设防水位时,利用麻湾闸、曹店闸分凌运用后水由章丘屋子闸泄入黄河。

设立分凌区应注意以下几点:

(1)分凌区(道)的容积或分流能力应考虑与河段凌期最大的河槽槽蓄量和下泄安全流量相配合。

(2)分凌口门的位置应设在宽窄河段的过渡点,开放分凌区(道)滞蓄(分泄)凌水,除靠闸门控制外,应有临时紧急破堤分凌的准备。

(3)运用时要当机立断,适时运用,充分发挥其效能,以免错失良机,造成虽运用了分凌区而没有起到减轻凌汛危害的作用。

三、破冰措施

破冰是防凌的主要措施之一,在历年的防凌斗争中发挥了很大作用。破冰的方法很多,主要有人工炸药爆破、炮轰、飞机投弹、人工打冰等。其作用是扩大断面,增大排冰能力,疏导冰凌下泄,减小冰凌堵塞的概率。目前,人工炸药爆破法用得最多,是比较有效的破冰方法。按其对象可分为 3 类,即破碎冰盖、破除冰坝、破碎冰排。

(一)破碎冰盖

1.破碎冰盖的原则

(1)河段的选择。根据冰坝形成条件,在河流易形成大型冰坝的弯段、束狭段、桥墩、闸前等处选主河槽或桥墩、闸前阻塞冰凌的障碍处,特别是冰厚解冻晚的河段,将冰盖打酥,或分段炸开,以免流凌时输冰能力弱而堆积。

(2)破冰的时机。在解冻前短时间内突击破冰,是破冰的有利时机。破冰过早,会破而复冻,造成浪费;破冰过晚,匆忙被动甚至有一定的危险,以在解冻前气温回升河水开始起涨、冰盖产生裂缝时为宜。

(3)破冰的面积。破碎冰的面积、长度一般可延伸至窄深弯道下一定距离,不少于河宽的 3 倍。宽度必须沿主槽横断面,一般不少于河宽的 1/4。

2.破碎冰盖的方法

(1)炸药破冰。爆破冰盖一般采用硝铵炸药,导爆索或电雷管引爆。电雷管引爆比导爆索引爆的优点:一是能做到多炮齐爆,增大爆破效果;二是能在离药包很远的地方进行爆破操作,减小爆破的危险性;三是能预估爆破效果,爆破前可以检查电雷管和电爆线路的完好性。

布孔:按爆破目的不同而异。为打开过冰冰道,可采用沿水流方向分两行成折线形或直线形布孔。爆破时自下而上。为打酥、打透冰盖,可采用打方格网的方法(见图 7-17)或其他方法。

布孔间距:因影响爆破效果的因素较多,如炸药的性能、质量、药量的大小、冰厚、水深、封冻形式(平封或立封)、冰花数量、流速、风向等,故布孔间距较难统一规定,必须因地、因时制宜,根据经验并通过试验决定。一般情况下,属于打开过冰冰道。当冰厚在

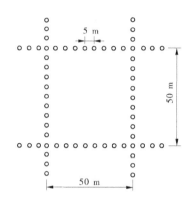

图 7-17 方格网布孔示意图

0.2 m 左右,药包重 1 kg,下药包深度 1 m 时,则布孔间距以 5 m 左右为宜;如水大流急,可放宽到 10 m 左右;当冰厚为 0.8 m,药包重 10 kg,下药包深度 2 m 时,则布孔距离可控制在 10 m 左右。在有冰花堵塞的河段,药包不易下水则应加密布孔距离。

下药包深度:为了充分发挥爆破威力,一般采用水下爆破。水下爆破效果比冰层中爆破为好,冰层中爆破又比冰面爆破为好。据试验。同一炸药量在水下爆破比在冰层中爆破效率提高 12%;在冰层中爆破比在冰面上爆破效率又提高 12%。但水下爆破所用时间较长。故水下爆破时下药包深度应因时、因地制宜,通过试验确定。下药包深度过浅效果差,但过深只会把冰盖鼓起来或使其产生裂缝,不能把碎冰抛开,再深则只会引起水的升起并由冰孔中喷出来。凡 1 kg 以上药包应置于冰面下 1 m。

装药量:经计算后,还需根据冰厚、冰花厚、水深和炸药性能经试验确定。当使用硝铵炸药,冰厚小于 0.5 m,冰花不多时,单个药包的重量可控制在 3 kg 左右,具体可参考表 7-2。

表 7-2 爆破盖面冰单个药包质量

冰厚(m)	距水面不同距离(m)药包质量(kg)		
	1.0	1.5	2.0
0.2 ~ 0.3	1.0	2.0	4.0
0.3 ~ 0.4	1.5	2.6	4.6
0.4 ~ 0.5	2.2	3.2	5.4
0.5 ~ 0.6	2.6	3.8	5.8
0.6 ~ 0.7	3.2	4.2	6.4
0.7 ~ 0.8	3.8	4.6	6.8
0.8 ~ 0.9	4.2	5.4	7.3
0.9 ~ 1.0	4.6	5.8	7.8
1.0 ~ 1.1	5.4	6.4	8.4
1.1 ~ 1.2	6.0	6.8	8.8

注:1. 本表按硝铵炸药计算,若用其他炸药仍需经试验确定;

2. 构成盖面冰的直径约为药包深度的 4 倍;

3. 药包间距应考虑爆炸的震荡作用和水力作用。

装药方法:采用水下悬吊药包方法时,先在冰盖面上布孔,用冰钻或风钻、钻开小孔,以少量炸药扩成为直径 40 cm 的孔,将药包用绳绑住,垂入水中,也可以将药包绑在木杆上,插入冰孔,如图 7-18 所示。

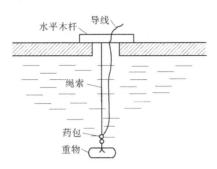

图 7-18　水下悬吊药包布置示意图

采用冰层埋药包方法时,不将冰盖上的冰孔打透,留冰厚 8～10 cm。凿一小孔,使水上升,再将药包放入冰孔,压以石块重物,见图 7-19。

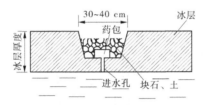

图 7-19　冰层埋药包布置示意图

爆破电路的联接线:电气引爆的联接线分 3 种,可根据爆破目的、要求和电源条件适当选用:①串联接线。因电流连续通过线路中的各个电雷管,故电流强度均相等并不小于电雷管起爆时所必需的电流。当药包位置分散或相互距离很远时,这种联接线极为方便。缺点是只要线路一处出故障,整个线路就被切断,可靠性较差。串联接线适用于爆破冰盖面等作业。②并联接线。并联接线中每个电雷管均用不同方式直接与干线相连,作业较费事,但线路较可靠,一处出问题不影响其余部分线路,故适用于有较强的电源、大型爆破或紧急情况时。③混联接线。常用串并联和并串联两种。该方法是将电雷管分成几组。并串联是将组内雷管并联,组与组之间再串联;串并联是将组内雷管串联,组与组之间再并联。串并联比起并串联和并联接线较为经济,可用能力较小的电源,且比串联线路可靠。并串联适用于比较紧急的情况和大型爆破,串并联适用于争取时间,尽快打酥、打透盖面冰的情况。

爆破队组织:一般每队由 30～35 人组成,分前方组和后方组。前方组负责布孔、下药包、接线和发电;后方组负责运输、安雷管和包装。另外,还应配备必要的其他人员,如安全保卫、统计、保管、事务、炊事等人员。

(2)防凌弹破冰。CBD - 1 型黄河防凌弹,由山东机械设计研究院有限公司与山东黄河河务局共同研制。防凌弹主要由穿孔弹、隔爆层、爆破弹 3 部分组成。其原理是:在起爆电流的作用下点燃(瞬发)电雷管,引爆穿孔弹内的炸药,在爆轰波的作用下压垮药型罩形成自锻破片,从中心管内喷射出去,击穿冰层形成 300 mm 左右的冰孔,随之把爆破弹送到冰下。由于爆破弹在隔爆层的保护下不会殉爆,所以爆破弹在设置的延时期内,由延时雷管点燃硝铵炸药使爆破弹爆炸,达到破冰的目的。

防凌弹的主要技术指标是:穿冰厚度 300 ~ 500 mm,最大 1 500 mm(增强型);破冰面积 50 ~ 100 m²;残片飞散距离不大于 50 m;适用温度 - 10 ~ 2 ℃;储存寿命 10 ~ 15 年;安全距离大于或等于 60 m。

(3)砂石破冰。砂石破冰方法是:在冰面上用砂石撒成一个长方形格子,使之连成网状。因砂石的比热较冰为小,且颜色深,因而能吸收大量的太阳辐射能,致使撒砂的冰层迅速融化;其次因砂石本身有一定的重力作用而使其迅速向冰层下沉,最后就会将完整的冰层破碎成小块,顺利下泄到下游。

试验表明,砂石破冰的融冰效果,以卵石为最好,粗砂次之,淤泥最差。

砂石破冰方法一般适用于冰厚较薄,有较长时间受到日照的情况。在时间上须注意撒砂石时间不能过早,应在日平均气温已转到零度以上,夜间最低气温亦不太低时开始应用。过早撒砂石反而会因为晚上已融之水结成冰层而影响效果。国外也有使用飞机在冰上撒煤灰和砂,比用炸药爆破造价便宜 90%,煤灰使用量为 0.2 ~ 0.4 kg/m²。使用煤灰可使雪的融化速度加快 6 ~ 10 倍,冰盖融化速度加快 2.5 ~ 4 倍。

(4)破冰船破冰。破冰船主要用于开河期破除重点河段的封冻,或在局部重点封冻河段连续作业,为顺利开河创造条件。黄委 1957 年曾在上海建造 2 艘破冰船(每艘 294 kW,船长 31 m,吃水深 1.5 m)。破冰船体重、吃水深,要求河道有足够的水深,在封河前驶入计划破冰河段的下首,于临近开河前抓住时机破碎封冰。1958 年 1 月,两船在利津义和庄以下河段破冰 58 km,打通了义和庄至前左河段封冰,开河顺利。1971 年在进行破冰试验时,由于封冰厚、冰质坚硬,试验效果不明显。1974 年在利津窄河段做人工爆破与破冰船破冰对比试验。用炸药 40 t 爆破冰面积占 40%,动用汽车 300 多辆和 2 000 多工日;2 只破冰船破冰面积占 60%,30 人工作 4 d,用油 6 t。破冰船试验效果较好,花钱少、安全。但在冰盖过厚或冰花碎冰较多的条件下,破冰船功率小,难以实施,在冰凌插塞严重河段更难发挥作用。由于河道水浅不能满足破冰船吃水深条件,同时破冰速度慢,破碎冰块不能排走,一遇寒潮又冻结,因此在 1974 以后未再使用。

(5)气垫破冰装置。这种气垫机动装置(ACV)可穿过冰盖连续运行,不像破冰船那样起破冰作用,其工作条件为:①该装置的气垫压力水头略大于冰盖厚度;②装置的重量应超过使冰盖产生极限破坏的重量。经高速整体气垫机动装置试验,表明了它在大面积河冰破冰中的实用性。气垫破冰装置阻力比普通装置减小 42%,使冰在受到气垫船气体挤压后破碎,而后变成水内冰。1976 年加拿大运输开发公司进行了破冰船 CCGS 亚历山大·亨利号的原型破冰试验,一艘是装有气垫机动装置的亨利 - ACV,另一艘是未装气垫装置的亨利号。结果表明,亨利 - ACV 的连续破冰厚度是亨利号的 2 倍,在冰厚相同时,亨利 - ACV 的速度比亨利号快 1 倍。此外,亨利 - ACV 的破冰宽度也比亨利号要大。

(6)切冰船。主要有两种方法:

第一种方法是用机械锯来切割冰。切割后的条形悬壁冰由船体前部举起,断裂分离后由装有防滑装置的传送带送往高处。试验表明,这种方法在冰冻天气,滑向两侧的冰块会使航道两侧边缘的冰加厚,以致较难破碎。

第二种方法则和第一种方法有点相反,它是下压冰盖使之断裂并从船底排往后面。破冰动力用高压水流。

这种装置可以切割 0.61~1.53 m 淡水湖冰,且航道内冰可以完全清除。与传统的破冰船相比所需功率可减少约30%。这种方法适用于湖泊平坦、静止的坚冰,不适宜江河的冰盖切割。

(7)人工打冰撒土。主要是开河前在容易卡冰的封冻河段将冰盖分割,缩小冰块的尺寸。减少冰块在下游段卡凌的机遇。一般的做法是:在封冻冰盖上纵横开挖 2 m 宽的冰沟,形成 100~200 m 方格网。打冰的工具有砍斧、立锛、铁镐、铁锤等。组织群众在封冻河段打冰撒土、撒灰和封打口,撒灰线宽 10~20 cm,要求打酥打透,打冰线路应成 30 m 见方的格子网,在打过的路线上撒灰撒土,灰土厚 2 cm 左右。在封河期内有计划地进行两三次,一律重复旧线路,以便灰土冰凌混合造成弱点。1958 年凌期曾在黄河齐河席道口至利津罗家屋子平顺河段组织群众打冰撒土 200 km。人工打冰撒土费时费工,1960 年后未再采用。

(二)破除冰坝

1. 破除冰坝的原则

冰坝的形成将大大减小河道排泄冰水的能力,使其上游的水位急剧地上涨,尤其是在窄河道,会严重威胁堤防安全,因此必须在冰坝插而未稳的时候,集中全力破除它。但是,如果冰坝是在宽河道形成的,亦可权衡利弊而不予破除,使其起到拦冰滞洪的作用,这样可以减弱凌洪势头,有利于下游河道安全开河。黄河下游 1970 年凌汛期在济南窄河段上首老徐庄卡冰结坝,权衡利弊后未予破除,利用其上游右岸的长平滩区滞蓄了 1.0 亿 m^3 左右的水和 0.2 亿 m^3 冰,使冰坝下游窄河道流量大为减小。此时期艾山站凌峰流量为 2 450 m^3/s,到泺口站的最大流量减至 1 120 m^3/s,既保证了济南市和京沪铁路大桥的安全,对下游河道安全开河也起了一定作用。

2. 破除冰坝的方法

破除冰坝可以采用人工炸药爆破及大炮轰、飞机炸等办法,针对要害部位(冰坝的支撑点)全力攻击,或利用冰坝下游的横向封口(清沟),由下而上,连续作业,结合抽沟引流,药炸溜刷,提高爆破效率(见图 7-20)。人工爆破最好用大药包联爆,震动力大,解决问题快,具体办法见爆破冰盖部分。试验结果表明,大炮轰击单发威力小,连续排轰有一定效力,但夜间受照明限制,且安设炮位等准备时间较长,容易贻误时机。为了发挥大炮轰击的作用,可以根据历年防凌经验,对可能卡冰结坝的河段预作估计,预先合理布设炮位,一旦卡凌,及时轰击。飞机轰炸不但夜间航行困难,而且受阴、雾、风、雪等恶劣天气的限制,不能随时起飞。由于下游河道是由堤防防护的,因此对大炮轰、飞机炸的准确度要求很高,应该确保在爆炸过程中不致危及大堤和滩区村庄的安全。过去黄河下游爆炸冰坝常以人工爆破为主,适当时机结合使用飞机、大炮轰炸。图 7-21 是黄河内蒙古河段人工爆破冰凌情景。

(三)破除冰排

当冰排(大块冰凌)尺寸长(或宽)大于河宽时,可能在束狭段、弯段前阻塞。为保证

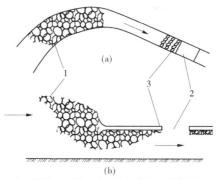

1—冰坝;2—封口;3—从此处向上游爆破

图7-20　爆破冰坝示意图

图7-21　人工爆破冰凌

顺利解冻,应在弯段及束狭段上游,选择有利地形,投掷手雷小药包;或用大炮轰击,炸碎冰排,防止阻塞。

另外,在下游已形成或正在形成冰坝时,为了防止冰坝规模扩大,也可以采取同样措施破除冰排。

四、改善河道

改善河道边界条件也是解决凌汛的主要措施。疏浚河道、裁弯取直和修建河工建筑物、清理河道障碍物等有利于排凌,减少冰凌堵塞的机会,有利于防凌。

(1)疏浚河道,主要是平原地区沙质河床的浅滩、沙洲。特别是堆积性河流,河槽淤积变浅,难辨滩槽,河汊多,主槽游荡,封冻时极易堵塞河道。凌前应选择易卡冰河段,采用挖泥设备疏浚河槽。

(2)裁弯取直。分内裁弯与外裁弯两种。外裁弯的引河进口、出口与上游弯道平顺连接,跑线较长;内裁弯系通过狭颈最窄处,跑线较短,可节约土方。

(3)河工建筑物。在整治河道中,根据水深、比降、流速的不同要求,可在河槽中修建各种河工建筑物,如丁坝、顺坝、锁坝、潜坝等稳定河槽,改善水流。

五、防凌非工程措施

(一)建立各级防凌指挥机构和组织

如黄河下游,在凌汛期按防大汛的要求建立黄河防总及省、地、县黄河防凌指挥机构,负责了解和掌握黄河水文、气象、冰情、工情的变化情况,发布冰情预报,制订防凌方案,进行实时防凌调度,指挥防凌斗争。

每年12月,由基层防凌部门负责组织发动沿河群众组成抢险队,备好工具、料物、防寒和照明设备。黄河业务部门组成冰情观测队和爆破队,冰水偎堤时上堤,巡堤查水,遇险抢护,保证堤防安全。必要时,调人民解放军支援黄河防凌工作。

(二)冰情观测和预报

冰情观测和预报是防凌斗争的耳目。黄委从20世纪50年代初相继制定了冰凌观测的制度和规范,各地(市)、县级河务局和水文站,逐年观测,为防凌提供了大量资料。

(1)冰情观测。观测项目主要有:①结冰流冰期,观测结冰面积、冰量、淌凌密度和冰块面积、厚度、流凌速度等。②封冻期,观测封冻地点、位置、长度、宽度、段数、封冻形式、平封、立封、冰厚等。③解冻开河期,观测冰色冰质变化,岸冰脱边滑动,解冻开河的位置、长度、冰速,冰凌插塞、堆积以及冰堆形成的位置、发展变化情况等。④封冻后冰上能行人作业时,以地(市)、县级河务局为单位划分观测责任段,统一时间普查冰情。主要普查封冻河段的冰厚、冰量、冰质、冰下过流面积、水流畅通情况,通过冰凌普查全面了解情况,分析凌情发展变化的趋势。

(2)水文、气象观测。水文、气象直接影响河道冰情变化,冬季布点进行观测。水文观测项目有水位、流量、冰速、冰厚、水内冰等,由水文站按规范要求进行。气象观测项目主要有气温、水温、风向、风力(速)、阴、晴、雨、雪等,由水文站、水位站和沿黄各市、县气象站按观测规范要求进行。

冰情预报是各级防凌机构指挥防凌的重要依据,做好这项工作可增加防凌的预见性和主动性。黄委上游水文水资源局及宁夏、内蒙古水文总站负责发布宁蒙河段冰情预报;黄委水文局及宁夏、内蒙古水文总站负责发布宁蒙河段冰情预报,黄委水文局及河南、山东两省河务局负责发布黄河下游的冰情预报。黄河气象、水文部门在历年凌汛的气象预报和冰情预报中做了大量工作,为防凌调度和决策起到了重要的作用。但气象变化复杂,目前中长期气温预报和冰情预报精度还不能满足防凌调度的要求,需要加强研究和提高预报精度。

(三)滩区、滞洪区群众迁安救护

黄河滩区、河口地区凌汛期经常上水,需要做好迁安救护工作,落实防护措施;胜利油田要做好油井防护和撤退计划。有关市、县要加强对河口地区从事生产和其他活动群众的管理,及时通报凌情,以免遭受冰凌围困。

(四)报汛通信工作

黄河中下游区域已建微波通信和有线通信网,并有专门机构管理,传递冰情和汛情。

第八章　堤防堵口

　　江河堤防一旦决口,将对社会造成极大危害,损失严重,同时堵复决口也十分艰巨,因此必须首先严防死守,防患于未然。决口分为自然决口与人为决口两种。自然决口又分为漫决、冲决和溃决。漫决是遇有超标准洪水,河水漫过堤顶,从而发生决口。冲决是由于风浪冲刷或水流流向变化冲击堤身,发生坍塌造成决口。溃决是由于堤身、堤基土质较差或存有隐患(如獾、鼠、蚁洞穴或裂缝、陷阱、松土层等),当洪水偎堤或凌汛冰坝壅水,水的压力增大,发生渗水、脱坡、管涌、流土、漏洞等严重险情,因抢护不及而造成的决口。人为决口多是以邻为壑或军事相争,采用以水代兵的方法,以达到防御或进攻目的而造成的决口。堤防决口有的全河夺流,有的分流一股。在多泥沙河流上,如黄河下游,河床高于两岸地面的"悬河"决口,多形成全河夺流。有的河流,河床低于两岸地面,决口时部分分流,洪水退后,水流回归原河道,口门断流。因此,堤防堵口有堵旱口和堵水口的区别。堵旱口,是当口门自然断流后,结合复堤选线堵复;堵水口,是在口门过流的情况下进行截堵,难度很大。本章所述堵口是指堵水口。

第一节　准备工作

一、裹头

　　堤防决口后,为防止水流冲刷扩大口门,对口门两端的断堤头,及时采取保护措施。如在汛末决口或决口只分流小部分水流的情况,因口门流量加大的机遇不多,可迅速对原堤头抢做裹头,防止口门扩大;如在汛初决口,流量正在加大,或预计口门过流增大的机遇还多时,为迅速堵口和防止口门过分扩大、刷深,必须就地抢做裹头。如计划汛末堵口,可等堤头不大量塌时再进行保护。或者是考虑流量可能加大的程度,估算口门达到的宽度,从口门向后退适当距离,挖断堤身,在新的堤头上预做裹头,称截头裹(见图8-1)。

截头裹开挖部位

图 8-1　截头裹开挖示意图

　　裹头工程应根据堤头处水深、流速、土质等情况进行设计。一般在水浅流缓、土质较好的条件下,可在堤头周围打桩,沿桩内侧贴笆、席、土工布或柳把、散柳、秸料等,然后在桩与堤头之间填土。如不打桩,亦可抛石或投编织袋装土裹护。在水深流急、土质较差的条件下,可在堤头前铺放土工布软体排或抛柳石枕、做柳石搂厢埽裹头(见图8-2)。如挖断堤身,在地面做截头裹时,应沿裹头部位向下挖基槽深1~2 m,然后按预计的流速,选择上述相应的方法做裹头。做裹头要备足抢护料物,准备在口门发生冲刷坍塌等险情时进行抢护。裹头的迎水面和背水面部分,根据口门水势情况,都要维护到适当长度。

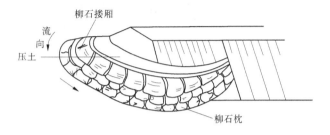

图 8-2　柳石枕和柳石搂厢埽裹头示意图

二、口门水文观测和河势勘查

(1)定期施测口门宽度、水位、水深、流速、含沙量和流量等,绘制口门纵、横断面图。

(2)定期施测口门及其附近水下地形,并勘探土质情况,绘制水下地形图及地质剖面图。

(3)建立口门处的水文预报方案,定期进行中、短期水位和流量等预报。

(4)定期勘查口门上下游河势变化情况,分析口门水流发展趋势。

三、制订堵口设计方案

根据上述水文、水下地形、地质及河势变化、筹集料物能力等资料,分析、研究堵口时间,确定堵口方案,进行堵口设计。对重大堵口工程,还应进行模型试验。

四、做好施工准备

(1)布置堵口施工场地,并制订具体实施计划。

(2)筹集堵口料物。堵口料物一般应就地取材。堵口工程耗用料物较多,又常会遇到一些预想不到的情况,为避免停工待料,一般应按计算需要料物数量,增加20%~30%的安全储备。

(3)组织施工队伍。

(4)准备施工机械、设备及所用工具。

第二节　堵口工程布局

一、堵口时间的选定

堤防一旦失于防守,造成决口,应采取一切必要的措施,减少灾害损失,缩小淹没范围,同时,要抓紧时机,大力组织人力、物力,利用上游水库和分洪工程削减洪水,采取一切必要的措施,尽快抢堵合龙,此为堵口首先采取的上策。如果黄河下游决口,目前堵口的条件与历史情况有根本性变化,上游有小浪底、西霞院、三门峡、陆浑、故县等水库,下游两岸有东平湖滞洪区、山东齐河、垦利展宽区、北金堤滞洪区以及引黄涵闸等工程可以进行调蓄和分泄洪水,以达到堵口要求,加之技术水平提高、物资设备充足等许多条件,即使决口,完全可以迅速进行堵复。万一因客观条件限制,不能当即堵口合龙,应考虑安排在洪水降落到下次洪水到来之前或在汛末枯水时期堵复。堵口是一项紧急而又繁重的任务,需要制订合理的方案,采取有效措施,做好充分的人力、物力准备,才能进行抢堵,争取一次堵复成功,防止堵而复决。

二、口门堵复先后次序

堤防多处决口,口门大小不一,堵口时一般应先堵下游口门,后堵上游口门,先堵小口,后堵大口。因为先堵上游口门,下游口门分流量势必增大,下游口门有被冲深扩宽的危险;先堵大口,则小口流量增多,口门容易扩大或刷深,先堵小口虽然也会增加大口门流量,但影响相对较小。如果小口在上游,大口在下游,一般先堵小口,后堵大口,但也应根据上下口门的距离及过流大小情况而定,如上游口门过流很少,首先堵上游口门,如上下口门过流相差不多,并且两口门相距很远,则宜先堵下游口门,然后集力量堵上游口门。

三、选定堵口坝基线

坝基线的选定,关系堵口的成败,所以必须慎重地调查研究比较。对部分分流的口门,因原河道仍走河,正坝宜建于两河的分汊附近(见图8-3)。这样两坝进堵、水位抬高之后,能将部分水流趋入正河,利于堵口施工。若决口是全河夺流,即原河道断流,应先选定引河的路线,为水流寻找出路,然后可根据河势、地形与河床土质选定坝基线。坝基线与引河河头的距离,既不能太远(远则不易起到配合作用),又不宜太近(近则对引河头下唇的兜水吸流不利),一般以350~500 m为宜。坝基线还应尽可能选在老崖头和深水的地方,有一岸靠老崖也可;如两岸均为新淤嫩滩,可以就原堤进堵,坝基线应选在口门跌塘的上游(见图8-4)。

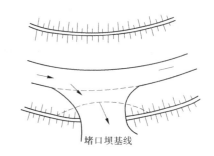

堵口坝基线

图8-3　分流口门堵口坝基线选定示意图

当河道滩面较宽时,若堵口坝坝基线仍选在靠近原堤跌塘上游,距引河分流的进口太远,则水位必须抬高到一定程度,才能分流下泄,这会使坝基承受较大水头,易出现危险,这种情况宜在滩地上另筑围堤堵口(见图8-5)。但在滩地筑堤堵口不易防守,只能作为临时措施,堵合后仍应修复原堤。

堵口的坝基线多选用如上所述向临河外绕的凸出坝型,这种坝型称作外堵。但也有由于口门较小,过水流量不大,口门土质较好,堵口的坝基线大体按原堤线堵复的,这种坝型称为中堵。还有由于水流靠近堤防,临河不易前进堵筑,则采取从原堤的背河绕过跌塘堵筑的,这种坝型称为内堵,此种坝型由于堤身内圈易于兜水,不易防守,一般不采用。

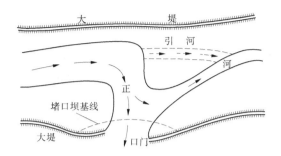

图8-4 全河夺流口门堵口坝基线选定示意图

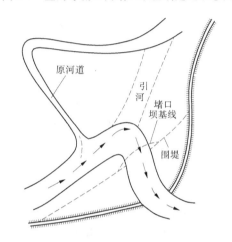

图8-5 滩面堵口坝基选定示意图

四、筑挑水坝

为缓和口门的溜势,根据口门河势情况,可在口门上游修筑挑水坝数道,挑溜外移。在全河夺流的口门,因挖有引河,挑水坝应安设在引河口对岸的上游,坝的方向应使最末一道坝恰能对着引河口的上唇,可将水流送入引河(见图8-6)。在口门出水不甚严重时,也可在口门上游适宜地点修筑桩柳坝或坠柳坝,以缓和口门流势,利于堵口。

五、挖引河

引河用以分泄口门入正河的流量,为顺利堵口合龙创造条件。对决口分流的口门,由于正河仍走水,一般只修挑水坝挑溜外移,不必再挖引河;而在决口后全河夺流时,必须用引河导流入正河,以减缓口门流势。选定引河的位置,要先选定引河口位置,一般选在口门对岸大河初转之处,距口门不可太远(因口门进堵时,要待水位抬高到一定程度才能开放引河,若相距太远,河口处水位抬高不显著,会影响引河分流),但也不宜太近,近则河口下唇兜水,吸溜不利。引河尾要选在老河道未受或少受淤积影响的凹岸深槽处,与河头相对,引河尽量取其顺直,使比降比原河道略大,以利引流下泄。

挑水坝的施工与引河的施工要配合好。引河位置确定后,先挖好河身,留下河口与河尾两段(引河口一般留宽200~300 m),待口门进堵到一定程度、水位抬高到预定要求时,再突

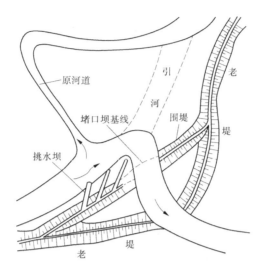

图 8-6　引河堵口坝线挑水坝配合示意图

击将引河的河头与河尾预留段挖去大部分,借水势将留下的部分冲开。挑水坝在修筑到已能控制主流的长度时,再向前修就要配合口门进堵的情况进行。若口门进占稳定,合龙有期,挑水坝可按计划长度修筑,以增加引河流量。若提前修够长度,引河口处滩岸受溜淘刷,可能造成引河提前开放,将形成不利影响。在口门过流仍很多时,可将挑水坝增长或增加坝数,以加大导流能力,缓和口门溜势,增加引河流量。总之,堵口时要相机行事。引河开放,一般掌握在口门即将合龙、引河口水位已抬高、挑水坝已起到作用时,并要先开放引河口,等河水到达河尾并壅高到一定程度后,再开放河尾,以期抽动溜势,使水顺利下泄。

第三节　堵口方法

堵口方法主要有立堵、平堵、混合堵和其他多种方法。究竟采用哪种方法,应根据口门过流多少、地形、土质、料物采集以及工人对堵口技术掌握的熟练程度等条件,综合考虑选定。现将通常采用的各种堵口方法简介如下。

一、立堵

从口门的两端或一端,沿拟定的堵口坝基线向水中进占,逐渐缩窄口门,最后将所留的缺口(龙门口)抢堵合龙。立堵多用捆厢埽,如果口门较宽,浅水部分流速不大,在浅水部分可采用水中倒土方法填筑,当填土受到水流冲刷难以稳定时,采用埽工进占抢堵。根据堵口的难易,有以下几种方法。

(一)埽工进占法

1. 堵口方式

对分流口门,当溜势缓和、土质较好时,可采用单坝堵合。一般是从口门两端向中间进堵(见图 8-7),也有从一端向另一端进堵的,俗称独龙过江(见图 8-8)。

当口门为全河夺流,口门溜势湍急,土质较差时,可采用双坝进堵,即在正坝之后再修

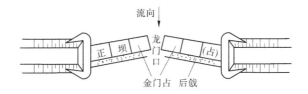

图 8-7　单坝进占堵口示意图

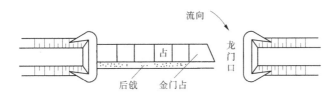

图 8-8　独龙过江堵口示意图

边坝,用以维护正坝(见图 8-9)。正坝的迎水面抛柳石枕、块石防护,正坝与边坝间相隔5~10 m,中间填土,称为土柜。土柜用以维护坝身,增加抗御力量,并起隔渗作用,以填黏土为宜。边坝顶宽为预估冲刷水深的 1.0~1.5 倍,最窄不小于 8 m。边坝后面修筑后戗,后戗顶宽 6~10 m,边坡 1:4~1:6,采用水中倒土方法筑戗,边坡 1:8~1:10。在进堵过程中,要掌握边坝比正坝后错半占,以免两坝埽缝正对,造成缝隙漏水。合龙时,先堵合正坝,再堵合边坝。

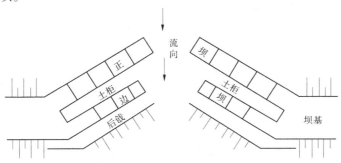

图 8-9　双坝进堵示意图

在堵复全河夺流口门的进占过程中,随着口门的缩窄,上下水头差加大。如预计水头差高达 4 m 以上,流速加大,正坝有被冲垮的可能时,要考虑在口门下游适当距离再修一道坝,称为二坝,使水头分为两级,以减小正坝上下游水头差,利于堵合。二坝与正坝的距离太近易受正坝口门跌水的冲刷,太远回水达不到正坝下游,不但不能缓和水势,且有上下冲撞生险的可能,一般为 200~500 m。二坝也可采用单坝或双坝进堵(见图 8-10)。

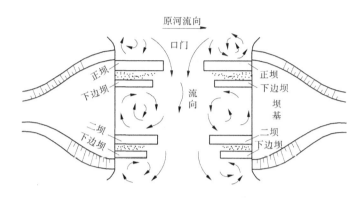

图 8-10　正坝、二坝进堵示意图

2.堵口步骤和方法

1)盘坝头

坝基线确定后,即开始盘筑坝头,以便进占,前称之为出马头,即进第一占子。要根据当时形势,上下两坝头对准盘筑,一般上坝微挑水流,下坝略迎上水,形成外越堵合形势。如就原堤堵筑,先将旧堤出坝处加土夯筑,务必坚实,以高出水面 4~5 m 为度。坝头上下两边,按可能淘刷情况,各退 20~30 m,挖槽入水 1~2 m,厢修防护工程,以免淘刷出险。在土料交接处,用软草、胶土盘筑,必须十分坚固,方可挂缆出占。如在滩上堵筑,应于老堤的适宜地点接修新堤,同时挖槽入水,厢做顺埽防护,然后在新堤头上盘筑坝头。

2)捆厢船及其定位

捆厢船用长 20~30 m 的普通木船,拆去中舱棚板和船舵,只留大桅(以备升旗挂灯要料用)。靠捆埽一边的船弦上,斜加木板(拦河板)。船上用柴枕(龙枕)架起一根木梁,直径 0.2~0.3 m,长度比船稍长,称为龙骨。用大绳绕过船底将船及龙枕、龙骨捆为一体。由大桅的顶部拴 4 条绳,绳下端拴在船的四角将军柱上,叫保桅缆。在前后保桅缆的中间,各拴木杆一根,称为太平桩,通过大桅连接两太平桩拴一条大绳,叫太平缆,为场地指挥者的扶手(见图 8-11)。

捆厢船的船头用大缆系在口门上游锚定的提脑船上,船尾用大缆系在下游锚定揪艄船上。为使绳缆不沉入水中,提脑船与揪艄船中间设几只托缆船。各船备足铁锚,设置绞关,以便拉船定位(见图 8-12)。

如用双坝进堵,边坝进占的捆厢船,上游可系在正坝捆厢船的横梁和正坝上,但正坝埽占未到底稳定之前,不准挂边坝捆厢船。

这样布置,捆厢船可以左右移动,不致在口门上下移动。为减少上下游提脑船和揪艄船移动,按 17 m 宽埽进占,提脑船与揪艄船距离捆厢船分别以 330 m 左右及 200 m 左右为宜,约可进 8 占。

3)铺绳

堵口绳缆主要有以下几种(见图 8-13):

(1)过肚绳。在坝面上分组打桩,将大绳一端系在桩上,另一端穿过捆厢船的底部,再拉出来,活扣于龙骨上,称为过肚绳。过肚绳每组用绳 5~7 根,多者 9 根,称为"一

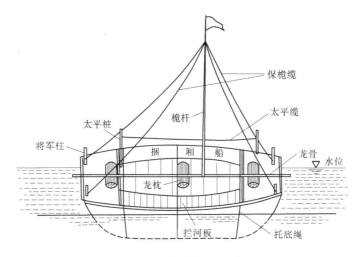

图 8-11 捆厢船示意图

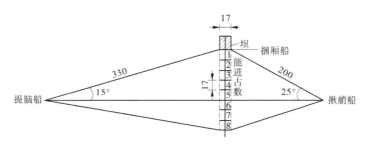

图 8-12 进占船只位置和移位图 （单位:m）

路"。用多少路,视水势大小而定,一般情况用 4 路,水深时可用 6 路。过肚绳随进堵的埽占前进,主要控制捆厢船的移位,绳长不足可连续接用,直至做完金门占,捆厢船拉出以前方可搂回。

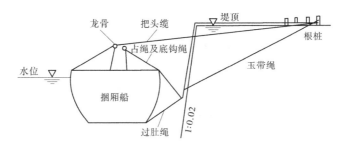

图 8-13 进占的过肚绳、占绳、底钩绳、玉带绳示意图

（2）占绳。在坝面上分组打桩,将大绳一端系于桩上,另一端不绕船身直接扣于捆厢船的龙骨上,完成一段埽占,即将占绳全部搂回,再从埽面上打桩继续接绳,占绳每路用绳数与过肚绳相同,一般比过肚绳多一路,主要用以承载料物。

（3）底钩绳。于坝面横打排桩,间距 0.3 ~ 0.5 m。绳一端系于桩上,一端活扣于龙骨上,主要用以横兜秸料,捆束埽体。

（4）练子绳。在将底钩绳铺设完成后，用细（小）麻绳将底钩绳逐条相连，其间隔1.0 m左右，形成大的网兜，主要作用是防止底钩绳间距扩大将柳秸料露出。

（5）把头缆。在捆厢船两端的船头或龙骨上，各拴大绳一条，另一端拴在坝顶桩上，主要用于控制捆厢船向外移动。

（6）玉带绳。各绳缆拴拉完毕，用一条大绳拴在坝的两侧顶桩上，横拦占前头坝腰，束住底钩绳、过肚绳、占绳等，使各种绳缆紧贴坝前，排列整齐，不致相互窜乱，形似腰带，因而叫玉带绳。

4）进厢

船上所有人员，按照分工就位。管绳的人，先将过肚绳、占绳放松，船略撑开，再将所有系于龙骨上的底钩绳、占绳的活扣一齐放松，以垂到水面为度。底钩绳条条排匀，并用绳横向编连数道。在上料之前捆厢船的边上每0.6 m用人扶札杆一根，作为拦阻料物之用。然后分上下两路在底钩绳上铺料。秸料皆按顺水流方向均匀铺垫，根部分向两侧，并用齐板将两侧的秸料打齐。每上料厚1.5 m左右，埽面两边各打十字交叉桩数排，以防料物分散。等秸料加到与坝头相平，便组织一部分人工，排列在埽面前部，后面人双手扶在前面人的双肩上，应号用力一齐跳跃，船上的人密切配合徐徐松绳，捆厢船相应外移，埽面即逐渐向前展开，这一步称为"活埽"，也叫"跳埽"。俟埽前将及水面，再行上料。填与坝面相平后，跳埽松绳如前，反复数次，到达一占长度（一般15～17 m）时，即停止松绳，船不再移动（见图8-14）。

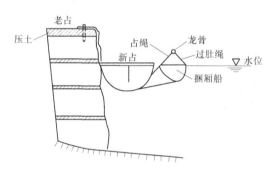

图8-14　捆厢船承载埽体下沉图

埽面上需拴打各种"家伙"，以固结埽体，并压土厚0.2～0.3 m。其中底钩绳每隔一根搂回埽面，未搂回的底钩绳接一小绳，并搂回系于埽前预打的小桩上，叫作练子绳。已搂回的底钩绳和小绳均应另接一绳，以备下埽捆束之用。同时在埽面前部下揪头绳及保占绳（见图8-15），前者用以揪住埽头，后者起拉力作用，使埽体平稳下沉，不致前爬。埽占的第一坯完成后，就在埽面上加修，不再用人工跳压。以后每加厢一层料，随加一层土，并在埽面上拴打不同的桩绳，一般称为家伙桩。家伙桩有暗家伙与明家伙之分。所谓暗家伙，即每坯埽面所拴打的桩绳，均埋在埽体之内，有鸡爪桩、棋盘桩、三星、五子等数十种（见图8-16），根据水的深浅、流速大小和坯次不同而定，用以盘结秸料成为紧密的整体。所谓明家伙，是在埽顶上打桩，用绳缆将埽的周围或两侧紧紧捆住，使埽体不前爬或侧向蛰动（见图8-17）。在埽尚未到底时，每上两坯料加一次揪头绳和保占绳，直到埽体到底。

为了防止埽体下移,每上一坯料,还用绳系十字形木桩两对,叫作"骑马"。绳的一端将十字木桩嵌在埽体下游迎水面,另一端系于上游船上抛锚固定。每坯压土厚度由下而上逐渐增加,俟埽体到底,即用大土追压(厚0.6~1.5 m)。压土在0.3 m以上时,埽面三边均

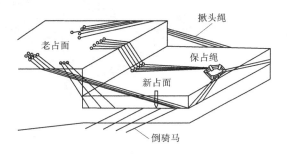

图8-15　揪头及保占示意图

用0.5 m长的带根秸料厢护,叫作包眉子,以防土胎被水冲掉(见图8-18)。直至厢到一占的计划长度和高度,即将占绳全部搂回。埽面出水需3 m左右,并在上游迎水面抛柳石枕护坡,以防淘刷。在下游面抛袋土或散土作为后戗。至此,即算完成一占。

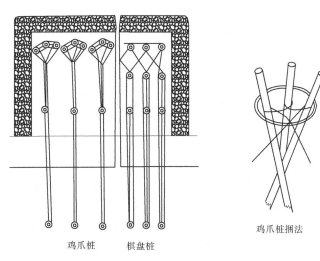

图8-16　暗家伙图

进占须两坝头同时相对进行,完成的时间也应大体相同,以求受力均匀。在进行下一占时,除前一占埽面上不用过肚绳外,其余打桩、铺绳、上料、活埽、捆厢船移位、打家伙桩、拴搂绳、压土等,一坯一坯地作业,与前一占相同。由于后一占依附于前一占,因此每进一占必须十分牢固。当两端进至相距10~25 m,并且上口比下口宽2~3 m时,即停止进占。两端的最后这一占叫作金门占,口门叫金门,它是合龙的基地,出水高度略高于其他占,并要修筑特别牢固。这时将所有过肚绳全部搂回到金门占上,把捆厢船从口门拉出,同时做好合龙和开放引河的准备工作。

1934年河南长垣县冯楼堵口,曾用柳石捆厢进占,是捆厢埽堵口的一种改进。主要把秸、土、麻绳改用柳枝、块石、铅丝,埽体进占时,先在坝头放捆厢船一只,定位方法与捆

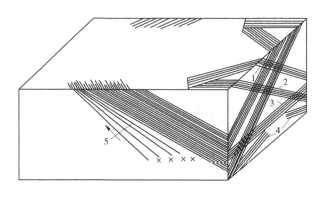

1—抄手;2—抱角;3—束腰;4—揪头;5—霸王骑马

图 8-17　明家伙图

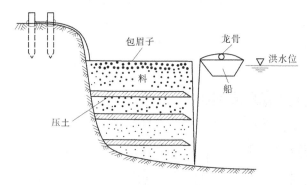

图 8-18　包眉子示意图

厢埽相同,然后在坝头上打桩,用铅丝绳一头系在桩上,一头活扣于捆厢船龙骨,每条绳相隔 0.5 m。另备大船两只,船上设备与捆厢船相同,用锚固定于坝头上下游两侧,谓之帮厢船。捆厢船离开坝头距离,不可大于帮厢船的长度。如此三船与坝头相围,成一方形空当(见图 8-19)。在此空当内横挂铅丝绳,两头活扣于帮厢船的龙骨上,于是船间的铅丝绳纵横相交成网,随即放置柳把,用铅丝捆扎于已挂在三船的铅丝绳网上,编制成帘,在帘上铺填柳枝厚 1 m,再用铅丝绳纵横笼罩,便于上游下锚,拉系中心,然后填压块石,使之下沉。船上铅丝绳随之放松,柳把亦随沉随编,俟块石与水面相平,仍铺柳枝,依法逐层厢做,直至河底,再加高与坝头相平,是为一占。一占完成,次第前进。此法比埽工进占抗冲性强,但在沙质河床中进行,透水性比较大。

5)合龙

堵口时,最后留下的缺口称为龙门口。在龙门口进行封口截流(黄河上龙门口水深可达 20~30 m)是截流过程中一个重要而困难的阶段,关系到堵口的成败。在合龙时,有合龙埽、抛枕等方法。

(1)合龙埽法。合龙口门一般宽 10~25 m,上口应比下口宽 2~3 m。在口门所筑的埽体,称为合龙埽。下埽之前先在两金门占上各打桩 4 排,称为合龙桩。在两端各捆一个柴枕,直径约 1 m,长与金门占宽度相同,叫合龙枕,供支托合龙缆使其顺利下放之用。在枕上加与龙枕一样长的木棍两根,叫龙腮棍。每条合龙缆间钉木桩两根叫龙牙,打入龙枕

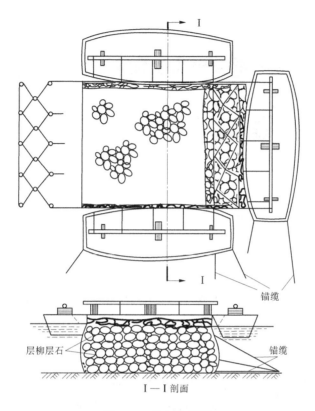

图 8-19　柳石捆厢图

的两龙腮棍之间。将合龙大缆拉过龙门口,均活扣于两金门占各排合龙桩上(见图 8-20)。合龙缆绳直径约 6 cm,长度视口宽与水深而定,一般长 60 m。桩后合龙缆剩余部分,每间隔 1.5 m 标一红印,以便合龙时两坝头按红印松绳。然后用麻绳结成长、宽与龙门大体相等的网片,网眼 0.15~0.2 m 见方,称为龙衣(见图 8-21)。网结成后,用杉杆或大竹竿做心,将龙衣卷成捆,并把龙衣的引绳头牵过对岸,这时数人横躺在龙衣上推卷前进,同时用小绳将龙衣与合龙缆扎紧,随滚随扎,直到对岸,并拴好龙须、玉带绳。

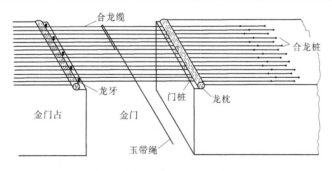

图 8-20　合龙桩缆示意图

　龙衣铺成后,即堆放一层秸料,以能上人走动为宜,愈向中间,以人与料的重量下压,使绳伸长下垂成弧形,然后上五花骑马桩,压土袋。如此层层相压,到一定高度,在统一指

图 8-21　在金门占之间放置龙衣

挥下,以鸣锣为号,两坝头同时按绳上的红印松合龙缆,使合龙占平衡下沉入水,并继续加料上土。合龙时要昼夜不停,直至压埽到底,把口门堵塞(见图 8-22)。在用双坝进堵时,应在正坝合龙后,再进行边坝合龙。在水大溜急的情况下,用合龙埽合龙,往往由于松绳不匀,会发生卡埽或扭埽现象;如埽压不到底,埽下流速加大,冲刷河底,金门占发生蛰动,有功败垂成的危险。

(2)抛枕法。当口门缩窄,用合龙埽不易堵合时,龙门口可适当放宽至 30~60 m,进行抛枕合龙,有护底抗冲的作用。捆柳石枕的方法;一为散柳枝包石(或淤泥)捆枕;二为柳把包石捆枕(见图 8-23)。枕中加串心绳,枕的直径 0.8~1.0 m,长 10~20 m。如在浮淤河底抛枕,可抵抗 5 m/s 的流速。如抛在枕上,可抵抗 8 m/s 的流速。抛枕时,要先推下首,后推上首入水。枕沉入预定位置,即将串心绳一端系在坝顶木桩上,待枕着水吃力后,随枕的下落,可将绳稍稍松动,直到枕落河底为止(见图 8-24)。根据情况,亦可采用竹笼装石或铅丝笼装石,按照上法抛投,石笼比柳石枕的容重大,易于下沉入水。抛枕合龙的主要优点是施工简单,进堵迅速,比较稳妥;缺点是枕与枕间的空隙大,漏水严重,在双坝合龙时,一般正坝用抛枕合龙,边坝用合龙埽合龙,以利闭气。

6)闭气

正坝合龙以后,坝身仍向外漏水,特别是用柳石枕堵合后,漏水更为严重,堵塞这种漏水的工作,称为闭气。闭气虽为堵口工程最后一道工序,但仍不能稍有忽视。因口门堵合后,正河泄流尚不十分通畅,必然抬高水位,增大水压力,如坝身有缝隙,水流乘虚而过,仍有造成前功尽弃的危险,所以闭气是堵口最后的紧要工作。闭气的方法一般有以下 4 种:

(1)边坝合龙法。双坝合龙时,用边坝合龙闭气,在正坝与边坝之间,用土袋及黏土填筑土柜,边坝之后再加后戗,阻止漏水。

(2)养水盆法。如堵口后上游水位较高,可在坝后一定距离范围内修筑月堤,以蓄正坝渗出之水,壅高水位,到临背河水位大致相平时即不漏水(见图 8-25)。

(3)门帘埽法。在合龙堵口的上游,以蒲包、麻袋、编织袋装土抛填,或做一段长埽抢护口门,使其闭气(见图 8-26)。

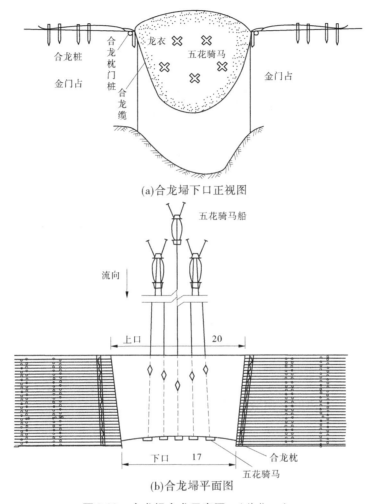

(a)合龙埽下口正视图

(b)合龙埽平面图

图8-22 合龙埽合龙示意图 （单位:m）

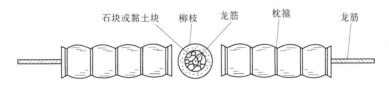

图8-23 柳石枕示意图

（4）临河修月堤法。堵合后,如透水不严重,且临河水浅流缓,可在临河筑一道月堤,包围住龙门口,再于月堤内填土,完成闭气工作(见图8-27)。

3.埽工堵口的优缺点

埽工堵口的优点主要有:①便于就地取材,使用工具及设备简单。②便于快速施工,不论河底土质好坏和河底形状如何,埽工都能自然与河底吻合,易于闭气。特别是在软基上施工,它更有独特的适应性。③能在深水情况(水深20 m左右)施工;堵口时均在坝面上和船上操作,施工方便。

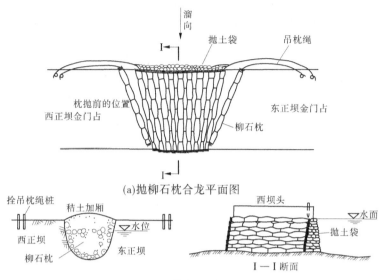

(a)抛柳石枕合龙平面图

(b)抛柳石枕合龙后下口正视图

图 8-24　抛柳石枕合龙示意图

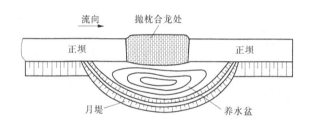

图 8-25　养水盆法平面图

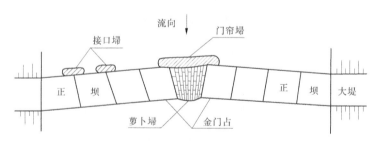

图 8-26　门帘埽法平面图

缺点主要有:①口门缩窄后,水头差加大,流速增加,河底冲刷严重,埽占容易折裂塌陷,造成工程失利,甚至功败垂成。②绳缆、船只布置和操作复杂,不易掌握。③用合龙埽合龙,往往由于压料不平衡或位置不当,松绳不匀,而发生卡埽或扭埽现象。④用抛枕合龙,成功率高,但漏水严重,不易闭气。

4.埽工堵口料物的估算

堵口料物估算要依据选定的坝基线长度和测得的口门断面、土质、流量、流速、水位

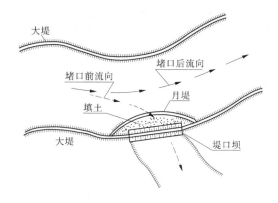

图 8-27　临河月堤闭气法平面图

等,预估进堵过程中可能发生的冲刷等情况,拟订单位长度埽体工程所需的料物,从而估算出厢修工程的体积。根据黄河堵口经验,估算料物的方法如下。

1)埽占体积计算

埽占的体积等于埽占工程长度、宽度与高度三者的乘积。

工程长度:按实际拟修坝基线长度计算。

工程宽度:埽占上下为等宽,计算宽度按预估冲刷后水深的 1.2~2.0 倍计算。口门流速小,河底土质好、冲刷浅,可按 1.2~1.5 倍计算,否则取 1.5~2.0 倍。

工程高度:埽占的高度为水上、水下、入泥三部分之和。水下深度,考虑进占口门河床冲刷,按实际测量水深的 1.5~2.0 倍计。河床土质不好,易于冲刷的取 2.0 倍,否则取 1.5 倍。入泥深度取 1.0~1.5 m,出水高度取 1.5~2.0 m。

2)正料计算

正料是指薪柴(秸、苇、柳等)及土、石等。薪柴一般用其中一种,不足时再用其他一种或两种。土或石也是如此。

秸料:平均每立方米埽体约需秸料 80 kg。

柳料:平均每立方米埽体约需柳料 180 kg。

苇料:平均每立方米埽体约需苇料 100 kg。

用埽体总体积乘以单位埽体所用的秸柳或苇料的重量即得埽体所需薪柴的总重量。

土料:平均每立方米埽体约需压土 0.5 m³,土料以黏土为好。

石料:平均每立方米埽体用石 0.3 m³,石块一般以 20~50 kg 为宜。

3)杂料计算

杂料是指木桩、绳缆、铅丝、编织袋、麻袋、蒲包等,木桩一般用柳木桩,要求圆直无伤痕。铅丝一般用 8 号、10 号、12 号、14 号、16 号,以 8 号及 12 号使用最多,用于捆枕和编笼。埽工所用木桩、绳缆规格及所需工料见表 8-1、表 8-2。

表 8-1　埽工所用木桩及绳缆规格

木桩			绳缆		
类别	梢径(cm)	长度(cm)	类别	长度(m)	重量(kg)
顶桩	13	1.5~1.7	练子绳	17	2.5~3.5
腰桩	17	1.7	六丈绳	20	7.5~9.0
家伙桩	5	1.0~1.5	八丈绳	27	10.0~12.5
揪头合龙桩	12	2.7	十丈绳	33	17.5~25.0

表 8-2　每立方米埽体所需工料数量

木桩(根)	麻料(kg)	压土(m³)	人工(个)
0.4~0.5	2.25	0.3~0.5	0.3
(其中长2.7 m的桩占60%,长1.5~1.7 m的桩占40%)	(其中八丈绳占55%,十丈绳占20%,余为六丈绳)		(其中技工与普通工之比为1:3~1:4)

4)柳石枕料物估算

在堵口工程中,如用柳石枕合龙,在按上述方法计算料物时,龙门口段的长度应除去,单独计算柳石枕的用料。另外,在进占过程中,在占的上游面为加固及闭气抛的柳石枕,所需料物也要单独计算。

枕的规格通常是直径1.0 m,每米枕用料为:柳料120 kg,石料0.3 m³,铅丝0.1 kg,人工0.3个。计算枕的数量时,要先计算推枕的断面面积,然后按每一枕占1 m²的面积计算枕的个数。最后按每个枕的长度,乘以所需枕的个数,即得枕的总长度。用总长度乘每米柳枕的柳、石、铅丝用量及人工数,即得所需各项工料数。

5)料物筹备数量的估算

堵口工程耗用料物较多,常会遇到一些预想不到的情况。为安全计,应按上述方法计算的用料数再增一倍备料。

(二)草土围堰堵口

草土围堰是埽工的一种,黄河上游的宁夏、内蒙古一带常采用此法。它是用麦草或稻草,层草层土,在水中堆筑进占。草土体底宽一般为水头的2倍,可抗御3 m/s的流速,草土体积之比约为1:1.5。其做法是:先将草料捆成长1.2~1.6 m、直径0.5~0.7 m的单个草捆,重8~10 kg,然后两草捆用草绳连为一束,束的长轴方向由坝头并排沉放。第一排草捆沉入水中1/3~1/2的草捆长,将草捆绳顺直拉放在后边,再放第二排草捆,两层横接长度为1/2~1/3草捆长。随着草捆逐层压放,先形成与水面成30°~45°的斜坡,直到满足所需层数为止。草捆压好后,铺一层30~40 cm散草垫塞间隙,再在其上铺土,厚度为25~35 cm,并踏实。这样层草层土堆筑至计划高度,称为一板,依此方法修筑第二板、第三板……逐步推进,草土体也随着前端向水中推进,其后部逐渐下沉直到河底(见图8-28)。

遇到水深流急的情况,一是将草捆改为直径2~2.5 m、长4~6 m的埽捆,编制成草

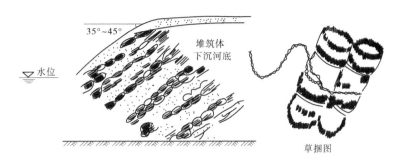

草捆图

图 8-28　进占过程中草土体漂浮情况

土沉排施工;二是在草土体后面可加筑土戗,并在迎水面抛石笼或柳石枕防冲,以增加坝体的稳定性。

围堰在进占过程逐渐下沉时,常发生裂缝现象,待坝体落到河底后,裂缝即不出现,但也有因草绳长度不足或强度不够,压土不均或夯打不适当,而造成裂缝滑动现象的。一般裂缝可用捆草或散草堵塞,遇有滑动(水平位移 1~5 m),可在滑动体的中部压捆草及土,使之与堰身连在一起,如前边一段已被水冲走,应拆去松动部分,做成 30°~45°的台阶,再逐层堆筑。

草土围堰的优点是:①就地取材,造价低廉;②施工技术简单,比捆厢埽易于掌握;③施工进度快;④防渗性能较好(据试验,一般渗透系数为 $1.19 \times 10^{-1} \sim 2.40 \times 10^{-2}$ m/d),易于闭气。但草土围堰适用于水深 3~5 m,允许流速为 3~3.5 m/s,在软基上施工,流速及水深过大,河底淘刷严重,会造成草土体的折裂滑动。

(三)填土进堵

从口门两端相对填土进堵,逐步缩窄口门,最后达到一定宽度时迅速合龙。具体实施时,可根据口门水深及流速大小采用不同方法。如在选定的堵口坝基线上的静水区或流速较小的地区直接填土进堵。如流速较大,土被冲走,可用席子或土工布缝成略大于水深的大筒,四周用杆子撑开,直立水中,再向筒中倒土(俗称做土囤)进占。如流速再大,则应用打桩、抛枕、抛笼等方法进堵。至于合龙,在龙口不太宽、水头差不太大时情况下可用下列简单方法合龙。

1. 关门合龙

如龙口宽 2~3 m,用比龙口宽度略长的粗圆木一根,在圆木上捆秸、柳,做成直径 1~2 m 的由子(柳秸、柳捆),放在龙门上游一侧,一端固定如同门扇,另一端拴上绳子,在门口对面用力拉,借水流使由子呈关门形式,横卡在龙口上,拦截绝大部分水流后,再急速抛土袋抢堵合龙。此法必须计划周密,由经验丰富的工人操作,否则容易将由子顺水流冲走,俗称"放箭"(见图 8-29)。

2. 沉排合龙

用梢料扎成方形或梯形的沉排,放在龙口的上游,沉排方格内填入少量土袋,以排补沉入水中为限,然后用人控制,或用船拉住,使沉排顺水流漂浮至龙口。梯形排应使小头在前,方形排要使一个角先入龙口,待沉排卡在龙口上稳定后,再往排上抛填土袋、秸草和石料等,使排沉到河底,直至超出水面,再以土填筑(见图 8-30)。

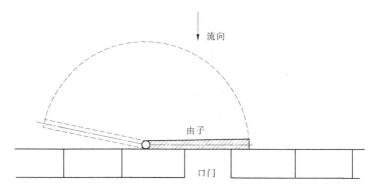

图 8-29　关门合龙平面示意图

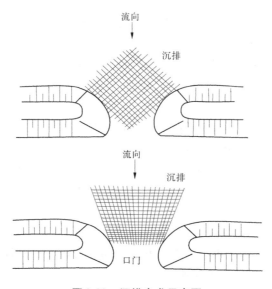

图 8-30　沉排合龙示意图

3.横梁法合龙

用两根直径 20~30 cm 以上的圆木或一根钢轨做横梁,架在龙口上,两端固定在已做好的龙门口上,横梁前插一排桩(直径 10 cm),桩前铺柳笆,柳笆前沉一梢捆,上压土袋,逐渐使水断流(见图 8-31)。

(四)打桩进堵

打桩进堵做法不一,举例如下。

(1)一般土质较好,水深 2~3 m 的口门,从两端裹头起,沿选定的堵口坝基线,打桩 2~4 排,排距 1.0~2.0 m,桩距 0.5~1.0 m,打桩深度为桩长的 1/3~1/2。桩顶用木杆纵横相连捆牢。在下游一排桩后,加打戗桩。然后从两端裹头起,在排桩之间,压入柳枝(或柴),水深时可用长杆叉子向下压柳,压一层柳,抛一层石(或袋土),这样层柳层石一直压到水面以上。随压柳随在排桩下游抛土袋、填土做后戗。排桩上游如冲刷严重,再抛柳石枕维护,直到合龙。如果合龙前口门流速太大,层柳层石前进困难,可采用抛柳石枕或抛铅丝石笼合龙,用土工布软体排或土袋堵漏,前后填土戗闭气(见图 8-32)。

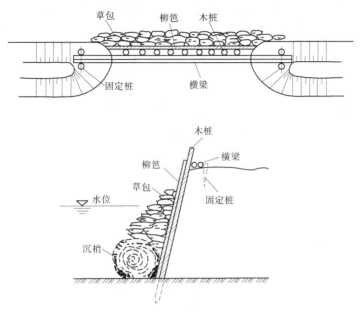

图 8-31　横梁法合龙示意图

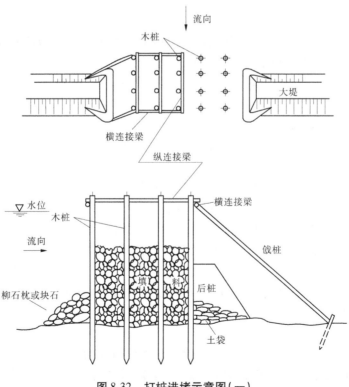

图 8-32　打桩进堵示意图(一)

(2)从两端裹头起,按预定堵口坝线打桩一排,桩距 0.5~1.0 m(视流速而定),桩与桩之间用横梁捆牢,并打戗桩支撑。然后从两端在排桩的迎水面,逐段下柳笆或埽帘,并在柳笆前压柴、填土（或土袋），层柴层土压出水面，同时填土做前后戗加固。如果进堵到一定程度，因水深流急，前法不能前进时，可打桩稳住填压的部分，再用抛枕和抛石笼抢堵合龙（见图8-33）。

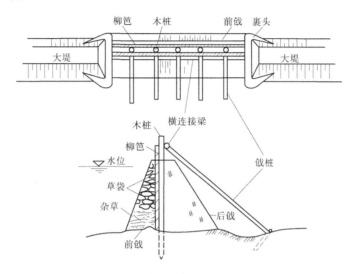

图8-33　打桩进堵示意图（二）

（五）钢木土石组合坝堵口

1996年8月7～14日，中国人民解放军51002部队，在河北省饶阳县滹沱河南大堤故城决口处研制出了钢木土石组合坝堵口方法，成功地堵住了宽146 m的决口口门。1998年8月9～15日在江西省九江市长江干堤上再次堵住了宽50 m的决口口门。兹将其施工方法分述如下。

1. 实施准备

（1）人员准备。为保证抢险有序地进行，在作业之前，要对参加堵口人员进行合理编组。

框架组：由6名作业手组成，负责设置钢管框架及支撑杆件。

木桩组：由16名作业手组成，负责木桩的植入。

连接固定组：由6名作业手组成，负责木桩与钢管框架的连接固定。

填塞砌墙组：根据场地大小，由若干名作业手组成，负责向钢木框内填塞石子袋和对上下游进行护坡。

防渗组：由若干名作业手组成，负责在新筑坝体上游的护坡上覆盖塑料布、土工布，然后用土石料袋覆盖固定。

各组均设一名指挥员。

（2）器材准备。该堵口技术需准备钢管（直径5 cm、长4～6 m）、木桩（直径0.2～0.3 m、长4～10 m）、石子、土、编织袋、铁锤、榔头、斧头、塑料布、土工布及铅丝等物料。其数量视决口大小和程度而定。

2. 实施步骤

1）护固坝头

首先从决口两端坝头上游一侧开始,围绕坝头顺水流密集打一排木桩,用8号铅丝连接固定,并在上游打好的木桩外侧加挂树枝理顺水流,减小洪水对坝头的冲击。然后,在打好的木桩框内填塞石子袋,使决口两端坝头各形成一个坚固的保护外壳,以防止决口进一步扩大,为封堵决口建立可靠的"桥头堡"。

2）框架进占

具体步骤为:

（1）设置钢框架。先设置框架基础,一般从原坝头4 m处开始设置。首先在决口两端纵向各设置两根标杆,确定坝体轴线方向。然后用榔头将直径5 cm的钢管前后间隔2 m、左右间隔2.5 m打入地下2 m以下深处,顶部露出0.15 m左右,再把纵向、横向分别用钢管连接。框架基础完成后,作业手将6根钢管植入河底中,前后间隔1 m,左右间隔2.5 m,入土深度1～1.5 m,水面余留部分作为护栏,形成框架轮廓。然后,用数根钢管作为连接杆件,分别用卡扣围绕6根钢管上下和前后等距离进行连接,形成第一个框架结构。当完成两个以上框架结构后,用钢管在下游每隔2 m与框架成45°角植入河底,作为斜撑桩,并与框架连接固定。最后在设置好的框架上铺设木板或竹排,形成上下作业平台,以便操作人员展开作业。

（2）植入木桩。木桩组下设一个作业准备小组和两个植桩小组。作业准备小组主要任务是将木桩一端加工成锥形后运至坝头。植桩小组则先沿钢框架上游边缘线植入第一排木桩,桩距0.2 m,再沿钢框架中心线紧贴钢框架植入第二排木桩,桩距0.5 m,最后沿钢框架下游植第三排木桩,桩距0.8 m。木桩植入土均为1～1.5 m。然后,根据钢框架的进展情况,依次完成木桩的设置。连接固定,即用铅丝将打筑好的木桩排连接固定在钢框架上,使之形成整体,以增强框架的综合抗力。

（3）堵塞护坡。预先将装好的土袋、石子袋运至坝头,并适时在设置好的钢木框架内由上游至下游进行错缝填塞。填塞高度到1 m左右时,下游和上游即同时展开护坡。当戗堤进占到3～6 m时,应在原坝体与新筑坝体结合部用袋装碎石进行加固,坡底宽不小于4 m,加固距离应延伸至原坝体一侧10～15 m。

3）导流合龙

合龙是堵口的关键环节。负责人员要严密组织,科学规划。

（1）设置导流排。当龙口宽15～20 m时,在上游距原坝头30 m处与原坝体约成36°,呈抛物线状向下游方向设置一道导流排,长度视口门宽度而定。先每隔5 m植入一根钢管,植入深度为1～1.5 m,再用铁丝连接,并加挂草帘和树枝等,分散冲向口门的流量,减轻龙口洪水的压力。

（2）加密支撑杆件。导流排设置完毕后,立即对钢框架结构进行支撑杆件加密,框架下游斜撑杆件间隔由2 m变为1 m,以稳固新筑坝体,增强钢框架的抗力。

（3）加大木桩间距。合龙时,为减小急流对钢木框架的冲力,加快合龙进度,须增大木桩间距。第一排桩距为0.6 m,第二排桩距为1 m,第三排桩距为1.2 m。

（4）理顺龙口水流。在钢木框架外侧加挂树枝和竹排,进一步理顺冲向口门的水流。

（5）加快填塞速度。合龙前，口门两端提前备足填料，合龙时，两端同时快速填料直至合龙。

4）防渗固坝

对新筑坝修筑上、下游护坡后，在其上游护坡上铺两层土工布，中间加一层塑料布，作为防渗层，其两端应延伸到决口外原坝体 8～10 cm 范围，并用袋装土石料压坡面和坡脚。压坡脚时，决口处厚度应不小于 4 m，其他不小于 2 m。

3. 应注意的问题

（1）要严密组织，科学分工。堵口作业时间紧、任务重、保障难、险情多、要求高。因此，在组织上要做到准备充分、合理编组、优化工序、平行作业，使作业迅速、准确、安全、协调。

（2）重视维护，适时加固。决口合龙后，应对新筑堤坝进行整体维护，并及时对堤坝的其他重点部位进行加固，防止新的险情发生。当水情变化时，应适时对新筑堤坝进行加固（见图 8-34）。

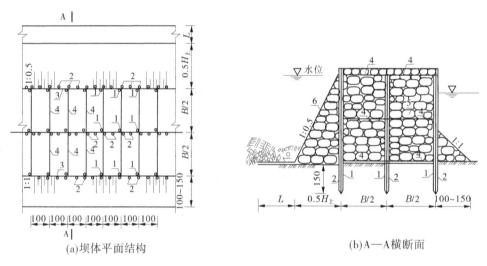

(a)坝体平面结构   (b)A—A横断面

1—直径 5 cm 钢管桩；2—直径 20～30 cm 木桩；3—直径 5 cm 的 x 向（坝轴向）钢管连接件；

4—直径 5 cm 的 y 向（顺水流方向）钢管连接件；5—袋装土或块石（直径不小于 30 cm）；

6—PVC 防渗土工织物和两层塑料布

B—坝基宽度；L—防渗长度；$H_上$—上游水深

图 8-34 钢木土石组合坝结构 （单位：cm）

二、平堵

平堵是沿口门选定的坝基线，自河底向上抛料物，逐层填高，直至高出水面，以截堵水流的堵口方法。平堵有架桥平堵及抛料船平堵两种方法。

（一）架桥平堵

1922 年黄河山东利津宫家堵口，首次采用架桥平堵法，施工程序分为三步。

1. 架桥

横跨口门每隔 3 m 打桩 1 排，每排 4 根，间距 2～3 m，木桩直径 0.25～0.45 m，桩长

11 ~ 21 m,打河底 4.5 ~ 12 m,桩顶纵横架梁,梁上铺板连接成桥,面上铺轻便铁轨,运石抛投(见图 8-35)。

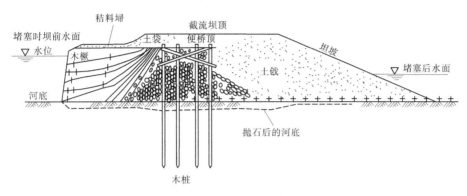

(a)截流坝横断面图

(b)打桩修筑抛石栈桥

图 8-35　1922 年山东宫家采用平堵法堵口

2. 铺底

在便桥下游面,用钢丝网片铺于河底,以防冲刷。网片每卷长 45.78 m,宽 16.5 m,网片一端系在桥桩上,一端在船上徐徐放松,尽其长度,顺流铺垫,并用块石填压,以防冲刷。

3. 填石

在桥上运石料,抛填出水面后,于坝前加筑埽工或土袋,阻断水流。

(二)抛料船平堵

1969 年长江田家口堵口,采用抛料船平堵法,适用于口门流速 2 m/s 左右的情况。先在口门坝线两端,各竖起两根标杆,然后将运石船开到口门,对准两端的 4 根标杆,使运石船停在坝线上,抛锚定位,进行抛石,所用船只有 30 ~ 50 t 的木船和 300 t 的驳船。抛石时,将机动船停在上游,抛锚固定;再将驳船缓缓放下,沿坝线先抛许多块石堆,俟高出水面后,再以大驳船横向靠于块石堆之间,集中抛石,使之连成一线,形成拦河坝,阻水断流。

抛石体顶宽 2 m,边坡 1:1.5(见图 8-36)。

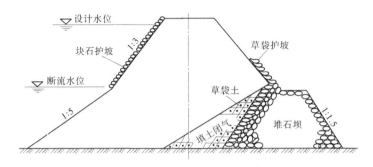

图 8-36　长江田家口堆石坝堵口横断面示意图

(三)平堵的优缺点

1.优点

(1)从口门底部逐层填高形成宽顶堰,随着堰顶加高,口门单宽流量及堰顶总流量减小,下游跌水长度随之缩短,冲刷力随之减小。

(2)所抛的坝体,比埽工坚实可靠。

(3)可采用机械化施工,速度较快。

2.缺点

(1)在河底土质松散、水深流急的情况下,河底刷深,容易冲垮桥桩。

(2)所抛的料物透水性大,截流后不易闭气。

三、混合堵

混合堵是立堵与平堵相结合的堵口方法。在软基上堵口,用捆厢埽立堵,合龙前水深在 20 m 左右,仍可进行。用平堵法,如软基承载力不足,抛石过多或架桥打桩深度不够,均易冲垮。水深超过 20 m,流速超过 5 m/s,抛投柳石枕和石笼进占比较稳妥。对较大的口门,可以正坝用平堵法,边坝用立堵法进行堵合。

1946 年黄河郑州花园口堵口,即采用混合堵法。堵口时,口门宽 1 460 m,口门东侧为主流深槽,最大水深 9 m,口门西侧为浅滩,$V_{CP} = 1.21$ m/s,$Q = 746$ m³/s。口门以下开挖了引河,分泄全河流量约一半(引河开放时大河流量 800 m³/s)。在两侧浅水区用土填筑新堤和用捆厢埽单坝进堵(见图 8-37、图 8-38)。口门缩至 400 m 宽时,采用架桥平堵,用打桩机从两坝头沿口门打桩 124 排,每排打桩 4 根,排距、桩距 3 m,桩长 12~20 m,打入河底 7~12 m。桩顶架桥,铺轻便铁路 5 条,中间一条行驶小型机车牵引铁斗列车,两旁 4 条铁路,分行手推平车,每 24 h 运石 3 000 m³。水深处改抛柳石枕或铅丝笼装石,坝身高度 6~15 m 不等,坝前水深 18 m 时,平堵不能前进,用埽工进行双坝进堵。把桥坝上游边层柳层石帮宽 10 m 作为正坝,桥的下游用捆厢埽进占作为边坝,每隔 20~40 m 做秸料格坝,连接正坝与边坝。桥与边坝之间,用运土机填筑土柜,边坝后加筑后戗,并在所留 32 m 的龙门口上架设悬桥两道,供两侧运料,最后推柳石枕和石笼将正坝合龙,边坝用合龙埽合龙。

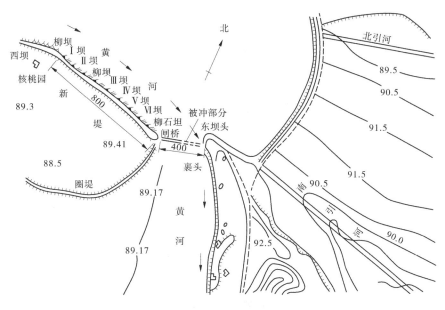

图 8-37　黄河花园口堵口示意图 　（单位:m）

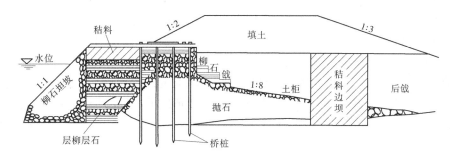

图 8-38　黄河花园口堵口正坝、边坝横断面图

汉江王家营堵口,先在口门两端沿坝址线的浅水区填沙筑坝进堵。当口门缩小,水流较急时,在坝线上下游各打桩一排,桩长 8 m,打入河底 4.5 m,桩内填泥埽及清埽以阻水流,埽后填沙,进至龙门口时,在口门上游打桩一排,名为分水桩,用以调整水流方向。并在口门打桩 5 排,成为 4 个巷道,桩长 11 m,打入河底 5 m,桩顶拴纵木,并铺板以备人工通行(见图 8-39)。合龙时,将备好的麻袋、草包,分 4 个巷道抛投,靠上游一巷道填埽及土,其余 3 巷道填抛沙袋,同时猛进。当上下游水位差加大,漏水严重时,随即在坝上下游抛沙袋、草包,并由两端填沙筑后戗,直至合龙。

堵口所用的泥埽,是在地上铺设绳缕数根,在绳缕上铺芦柴一层,在芦柴上铺土一层,卷成直径 45 cm、长 3 ~ 3.5 m 的圆捆,在深水区船运抛填。清埽与泥埽做法相同,唯不用土,可在浅水区抛填。

四、其他堵口方法

(一)沉柳落淤法堵口

如遇局部分流口门,且水浅流缓,可在口门上游打桩挂柳或以石头坠柳沉入河底,借

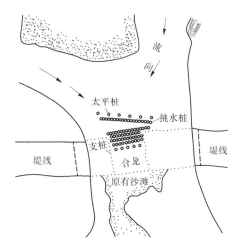

图 8-39 汉江王家营堵口合龙示意图

以缓流落淤将口门堵塞。1934 年,黄河下游河南省长垣冯楼堵口时,当时在滩岸上有 4 个口门进水,其中有 3 个口门就是用沉柳落淤法堵塞的。

1935 年山东省鄄城县董庄堵口时,在一串沟河槽里采用修筑沉柳坝的方法,取得了良好的效果。其做法是:在选定的坝址上游,抛锚或打桩,以铅丝绳拉系整棵柳树,连枝带叶,浮于水面,再在滩岸上打梅花桩系铅丝,横拉浮于水面的柳树,以免其左右摇动,叫作铺底。再用柳束或散柳枝顺压在柳树上面,用铅丝捆扎,以免冲失,叫作二层。水流经过树枝,流速变缓,所带泥沙随即沉积,枝叶着泥,逐渐下沉,继续添加柳枝使其高出水面。

黄河含沙量大,如柳坝做得适宜,落淤很快。在董庄的一处河槽内,采用该法,柳坝修成的第二天,即将原来水深 3 m 的河槽,淤垫到水深不到 1 m,而且河口处的流向也改变了(见图 8-40)。

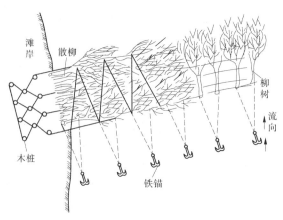

图 8-40 挑水柳坝图

(二)沉船法堵口

公元 1351 年(元至正十一年),当时的工部尚书总治河防使贾鲁,在黄河黄陵岗(今河南兰考县境)对岸白茅口(今山东曹县境内)堵筑决口时,曾采用了沉船法堵口。其方法是:将 27 艘大船流放于口门处,用大绳缀成方舟,以铁锚于上游固定住,又于两岸布大木橛,用七八百尺长的竹絙系于方舟上,使船不能顺流而下,在船腹略铺散草,满贮块石。每条船上选两名水性好的船工,手执斧凿,立船首尾,然后以岸上击鼓为号,鼓响后船工一起凿船,不一会儿,船漏进水沉入决口的地方。沉船以后,立即在船上加高埽段,"出水基趾渐高,复卷大埽以压之"。前船下水,后船继之,形成一道船堤,并在船堤之后加修草堤三道,最后,在口门处下 6 m 多(二丈)高的大埽四五个,进行堵合。大埽下后,还没有闭气,继续漏水,"势迫东河,流峻若自天降,势撼埽基,陷裂欹倾",这种突发的险情,使"观者股栗,众议沸腾"。在此功败垂成的紧急关头,贾鲁迅速组织官吏工徒十余万人奔赴现场,"日加奖谕,众皆感谢赴工"。在贾鲁的大力挽救下,终于化险为夷,于十一月十一日合龙告成,堵复了泛滥达 7 年之久的决口。

1998 年长江发生特大洪水时期,江西九江城区长江干堤 4 km 处一段防渗墙发生基础渗水,并突发大管涌,随之塌陷决口。各级防汛指挥人员当即赶到现场,进行查勘,迅速决定采用将装煤炭的船沉到口门的办法。一条长 75 m、重 1 700 t 的煤船沉入口门处,在煤船的两头和外侧又沉下 6 条小驳船和 1 条拖船。数千军民向沉船附近抛投石料,沉船部位上端流势有所减弱,但船下漏洞水流仍然很急,后由国家防总调集部队,采用钢木土石组合坝堵口技术进行抢堵,取得成功。

总之,在抢堵决口时,制订科学的抢堵方案关系堵口成败的关键之措,在当前机械化程度高、抢险物料及人员能够迅速组织到位今天,沉船沉车堵口方法不是科学之举。

第四节　黄河堤防堵口研讨

黄河下游历史上决口频繁,自 1946 年人民治黄以来,经过 70 多年的大力治理,取得伏秋大汛未发生决口的伟大胜利。但是,黄河是一条洪水暴涨暴跌、多泥沙的河流,洪水尚未得到有效控制,随时都有发生大洪水的可能;河床逐年淤积抬高,槽高于滩,滩地又高于两岸地面,形成悬河中的悬河,即"二级悬河"临背高差一般为 3 ~ 5 m,有的地方达到10 m 之多,特别是在东明滩和东坝头以上的高滩河段,是百年不靠河的堤段,一旦漫滩,险情必然很严重;两岸堤防仍存在"洞""缝""松"等隐患未除;河势游荡尚未得到有效控制。因此,黄河下游堤防仍有溃决、冲决和漫决的危险,特别是溃决,最难对付。万一大堤决口,河道的洪水可能出现分流,甚至发生全河夺流的严重情况,必将造成灾难性后果。而对决口的突发性和复杂性是难以预见的。

一旦堤防发生决口,堵口工作应该采取哪些措施和步骤,是需要认真研究的。根据历史上堵口的成功经验和失败教训,并根据当前社会经济条件和技术发展水平,决口和堵口的不确定因素甚多,如决口地点、流量、水位、流速、口门宽度、冲刷深度等动态因素,为论述堵口方法,现阶段只能作为研讨提出,分析如下。

一、堵口的原则与时机选择

根据我国国民经济发展情况,当前堵口要突出"快速、安全、经济"的原则。因此,黄河下游一旦决口:①洪水灾害损失大,对国家经济建设破坏严重;②对国家社会政治及文化具有重大影响;③对重要交通造成中断,破坏交通大动脉;④影响工业、农业生产,危及大面积生态环境等。因此,应不惜一切代价尽早堵复,尽最大努力减少损失,以保障社会安定和国民经济持续发展。黄河下游历史上出现的决口,汛期能够堵复者甚少,一般都在汛后小水时进堵,至次年汛前完成。有的因堵口困难,一次堵口持续1年或更长时间。因此,有人认为黄河堵口应充分考虑黄河水沙条件复杂、河道冲淤多变、二级悬河、临背高差大等特点,当口门已冲宽刷深,口门分流比大或夺流的情况下,在汛期堵复决口难以成功,应选择在一场洪水后或汛末再堵口。显然,如此长的堵复时间已不能适应现代社会的要求。现在讨论堵口时机有不同看法是正常的,但是必须看到现在国家经济实力是以往无法比拟的。科学技术的进步,工程措施的进一步完善,使决口可以尽快堵复。当然,堵口要根据当时水情预报、堵口准备条件来确定,以减少堵口的难度和损失。

二、积极进行堵口准备工作

黄河下游一旦决口,要迅速对决口上下河段河势加强观测和分析。对决口口门宽度、分流比、口门土质、冲刷深度、流速、比降等进行观测和洪水预报,全面做好人力、料物、机械设备、技术等各项准备,制订堵口实施方案和应急措施。只要开始堵复,就不要停工,一气呵成,绝不允许间断,停工待料。

三、快速修筑裹头

堤防一旦决口,应先将两断堤头加以裹护,以防断堤头不断坍塌,导致口门扩大。修筑裹头可采用秸柳埽工如柳石枕、柳石搂厢的方法或抛石笼、抛土袋等方法。为保护原河道不致淤塞,若决口尚未夺流,在堵合过程中可不挖引河,相机在口门上游修坝挑流,迫使溃水尽量回正河;若决口发生夺流,应相机开挖引河和修筑挑水坝,引导溃水回正河。

四、采取上拦和两岸分滞的措施

根据洪水预报、堵口时机、决口位置等,采取上拦和两岸分滞、河道排泄等措施,以削减洪水。

(1)利用三门峡、陆浑、故县、小浪底及西霞院水库调蓄,尽可能削减下游洪水。

(2)利用分滞洪区分洪。黄河下游现有东平湖分洪区,山东齐河、垦利展宽工程以及北金堤滞洪区(包括张庄倒灌区),这些分滞洪区都有巨大调蓄分洪能力,可根据决口位置、洪水大小,权衡利弊,为堵复决口分滞洪水。

(3)利用两岸涵闸分泄洪水。黄河下游两岸有引黄涵闸94座,设计引水流量达4 356 m³/s,涵闸都与灌区渠道、排水河相连,必要时可以分泄部分洪水,以减轻堵口压力。

采用水库拦洪、分滞洪区分洪削减洪水进行堵口,一定要配合堵口时机,合理运用,以减少洪灾损失,取得相应经济效益,防止负效益的发生。

五、堵口的方法

总结国内外堵口方法,不外立堵、平堵和混合堵三种方式。历史上黄河下游堵口中,以上三种方法都用过,有成功的经验,也有失败的教训。一般来说,立堵适用于深水堵复,易于闭气,但技术性强,用料多;平堵速度快,但桥桩易冲垮,闭气难;混合堵可因地制宜采用。现代堵口各种条件远比历史上好,有先进的工具设备和充足的料物,如柳枝、石料、编织袋、土工布、钢管桩等可供大量选用,运输工具有大型自卸汽车、推土机、装载机等,有统一领导下的专业防汛队伍、人防大军,特别是有无坚不摧的中国人民解放军、武警部队,以及现代堵口新技术,这是堵复决口的根本保障。

对黄河堵口,根据国内外已有的方法,结合黄河下游的实际情况,建议在采用传统堵口技术的同时,积极研究堵口新结构、新材料、新工艺、新设备,以保证堵口成功。现分析如下,以供研讨。

(一)黄河埽工堵口法

采用埽工堵口,在黄河下游已有上千年的历史,许多重大决口都是采用埽工堵复的。但是,从现实的情况来看,采用埽工堵口,施工期长,操作复杂,特别是黄河下游已有70年没有决口,堵口人员缺乏实践经验,该技术已濒于失传。另外,埽工堵口不要墨守成规。因为,材料由秸料变为柳料,土料变为石料。人工变为机械,交通道路由土路变为宽广柏油马路(高速),各种保障能力发生了质和量的变化,为现代化堵口提供了有力保障。但传统埽工技术是历代河工传下的宝贵财富,就是现代化抢险技术也离不开传统埽工的桩绳结构技术,因此,需要黄河人发扬光大,薪火相传。

(二)沉船堵口法

1998年长江九江城防堤决口的堵复也采用了沉船堵口方法。因此,黄河一旦决口,可调用挖泥船、运石船、渡口船等装满石料、土袋等进行沉船堵口。由于黄河是悬河,临背高差大,决口后流速相当大,冲刷深度很大并不断扩宽,即使临河有滩地亦将冲刷成深槽,采用沉船堵口法成败的关键在于排列定位抛锚牢固,并配合其他方法使用。

(三)钢木土石组合坝封堵技术

该项技术1992年在河北省饶阳县滹沱河和1998年在长江九江城防堤堵口都获得成功,黄河下游堵口可以改进使用,但对黄河决口后可能冲刷深度与稳定问题,要采取相应对策。

(四)舟桥抛料堵口

采用在堵口坝轴线上侧架设舟桥(请驻军承担)或打桩架桥、用船拼接浮桥、抛料船等方法,调用大批大型载重自卸汽车运输和抛投块石、土袋、铅丝石笼、混凝土多面体堆筑成石坝,然后在坝前填土闭气复堤。采用此法,操作定位要准确,施工强度要大。其优点是可就地取材,速度快,技术较简单。

(五)枢纽工程截流法

黄河下游常用秸料埽工堵口技术,施工期长。根据目前条件可研究采用防汛抢险机械,调集大型载重自卸汽车、推土机、装载机、铲运机、机船等进行联合作业,在堵口坝轴线两侧向中间抛投混凝土多面体、大块石、土等进占合龙闭气,如长江三峡、黄河小浪底工程截流,都是成功的,可以借鉴采用。对于现在黄河,下游机动抢险人力、机械设备要充实完善,提高水平,综合实力和技术确保抢险队"拉得出、上得去、战得胜"。

(六)新材料新工艺堵口技术

随着社会化生产力水平的不断提高,新材料(土工织物)等材料在黄河下游防汛抢险及施工中得到推广应用,取得了较好的成功技术和经验。如土工大布护岸及护底、大布进占(大布网绳结构水中进占施工方法获国家发明专利)、土工包进占、网袋进占等新技术均在黄河下游防汛抢险或基建工程施工中得到广泛应用,成效显著。这些新材料的应用不但改变了传统埽工抢险的作业方式,而且机械化程度高、结构稳定、堵口进占速度快、效率高。因此,新材料新工艺新方法将在未来堵口中将大显神威。

(七)现代(机械化)埽工堵口技术

20世纪90年代初黄河下游专业机动抢险队陆续配备了大型机械设备(挖掘机、装载机、推土机、自卸汽车等抢险设备),河南黄河人通过抢险实践总结了一套较完整的现代化水中进占筑埽施工技术,并研发了软料叉车、简易叉齿、辅爪、电动及手动封口器等辅助设备及工器具,这些辅助工器具的成功应用,使大型设备如虎添翼,不但扩大了大型机械设备的作业范围,而且使功效大大提高。如机械化层柳层石进占、机械化柳石混杂进占、厢枕进占、机械化柳石搂厢进占、机械化柳石埽枕进占等机械化堵口进占施工技术。速度快、效率高,是传统埽工堵口无法比拟的。

对以上堵口方法,可根据设备、人员、物料等不同情况,因地制宜,采用单一方法或组合方法进行。

第五节　复　堤

堵口所筑的截流坝,一般是临时抢修起来的,坝体较矮小,质量差,达不到防御洪水的标准,因此在堵口截流工程完成后,紧接着要进行复堤。现就复堤工程的设计标准、断面、施工方法及防护措施等简述如下:

(1)堤防高程要恢复原设计标准。由于堵口断面存在堤质薄弱、堤基易透水、背水有冲深潭坑等弱点,复堤轴线应离开堵口轴线,堵口的土体不能作为新复堤的有效断面,高度要有较富裕的超高,还要备足汛期临时抢险的料物。

(2)断面设计。一般应恢复原有断面尺寸,但为了防止堵口存在隐患,还应适当加大断面。断面布置常以截流坝为后戗,临河填筑土堤,堤坡加大,水上部分为1:3,水下部分为1:5。

(3)堤防施工。首先,对周围土场要进行合理安排。如因决口后土壤含水量大,可先在土场开沟滤水,以降低土壤含水量。其次,在取土时应注意先远后近,先低后高,先难后易。筑堤时,临水面用黏土,背水面用沙土。堤身填出水面后,要分层填土,分层碾压或夯实,严格按照设计要求施工,确保工程质量。

(4)护堤防冲。堵口复堤段是新修堤防,未经洪水考验,又多在迎流顶冲的地方,所以还应考虑在新堤上修筑护坡防冲工程。水下护坡以固脚防止坡脚滑动为主,水上护坡以防冲、防浪为主(见图8-41)。

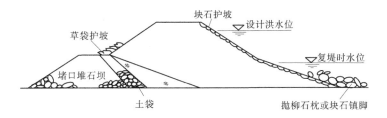

图 8-41　堵口复堤断面示意图

第二篇　黄河埽工技术

　　该篇内容重点阐述了黄河埽工概述、厢修方法、埽工应用、埽工生险及其抢护方法、对埽工的分析和改进意见、打桩等内容。本篇黄河埽工技术尽可能原汁原味地保留《黄河埽工》(1963年版)内容,因为其内容充分反映了当时条件(人力、物力、财力以及生产力水平)下,前人与黄河洪水搏斗的技术精华,部分内容对当前的防汛抢险还具有很强的针对性和指导意义。为更好地传承和弘扬黄河埽工技术,本篇增加了"扁七星""八卦""九连环"等家伙桩拴打方法以及"泥兜扣"、"包拳(绳)头"、大布对接等绳扣拴系方法,并对捆(搂)厢船固定(定位)及进占绳缆的应用进行了优化,如采用抛石笼(或岸边打桩)出绳缆替代提脑船、揪艄船等进行了说明。作者还结合传统埽工技术抢险实践经验,总结和概括了家伙桩拴打法则:"左前右后末封口、走绳须拴剪子扣、出绳莫忘上下扣"。意思是说:拴家伙先从左前方开始,依次向右、向后拴,使每根桩拴绳交叉成剪子扣,后排桩每对出绳应先上扣、后下扣,然后拴群绳或拴琵琶扣封口。这样拴绳的优点是:前排家伙桩绳和底钩绳可前后依次拴系,避免埽体前爬或下蛰失去家伙桩拴绳时机,导致跑埽或抽签等埽病。家伙桩绳缆使用及安全运行维护、船只定位、黄河号子应用等内容进行了优化(详见附录1黄河埽工技术要点、附录2黄河号子),为防汛抢险人员系统学习掌握黄河埽工技术提供了技术支撑。

第九章　黄河埽工概述

第一节　埽工简史

埽工是以薪柴（秸、苇、柳等）、土石为主体，以桩绳为联系的一种水工建筑物。它的作用是抗御水流对河岸的冲刷，防止堤岸坍塌；此外，埽工还用来堵复溃决的堤岸。在我国劳动人民与黄河及其他河流斗争的历史上，埽工曾发挥了很大的作用。

埽工创始于什么时候，现在还不知道，但把薪柴、土石用在河工方面，从史籍上看，至迟在汉代已经开始了。《史记·河渠书》在叙述堵塞一段决口工事时记载："令群臣从官自将军以下，皆负薪置决河"。

《汉书·沟洫志》载："汉建始四年，河决馆陶及东郡金堤，河堤使者王延世使塞，以竹落长四丈，大九围，盛以小石，两船夹载而下之，三十六日河堤成。"当时薪柴如何用，文中虽未详述，但可以看出是薪柴与土石杂用，和以后的卷埽的用料及作用有些相同。按照以上所述，可以认为在汉代虽无埽工这个名称，但埽工在那时就已经有了。

在《宋史·河渠志》中有这样一段记载："太宗淳化二年（公元991年），诏巡河主埽使臣，巡视河堤"。从这里可以看出当时河工上已设有"埽官"。埽工的做法，宋代以前没有详细记载。《宋史·河渠志》载："旧制岁虞河决，有司常以孟秋预调塞治之物，梢、芟、薪柴、楗、橛、竹、石、茭、索、竹索，凡千余万，谓之春料。……凡伐芦荻谓之芟，伐山木榆柳枝叶谓之梢，辫竹纠芟为索，以竹为巨索，长十尺至百尺有数等。先择宽平之所为埽场。埽之制，密布芟索铺梢，梢芟相重，压之以土，杂以碎石，以巨竹索横贯其中，谓之心索，卷而束之，复以大芟索系其两端，别以竹索自内旁出。其高至数丈，其长倍之，凡用丁夫数百或千人，杂唱齐挽，积置于卑薄之处，谓之埽岸。既下，以橛臬阁之，复以长木贯之，其竹索皆埋巨木于岸以维之。遇河之横决，则复增之，以补其缺。凡埽下非积数迭，亦不能遏其迅湍，又有马头、锯牙、木岸者，以蹙水势护堤焉。"元《至正河防记》载："……其法以竹络实以小石，每埽不等，以蒲苇绵腰索径寸许者从铺，广可一二十步，长可二三十步，又以拽埽索绚径三寸或四寸、长二百余尺者衡铺之相间，复以竹苇麻苘大繂长三百尺者为管心索，就系绵腰索之端，于其上以草数千束，多至万余，匀布厚铺于绵腰索之上，囊而纳之。丁夫数千，以足踏实，推卷稍高，即以水工二人立其上，而号于众，众声力举，用小大推梯推卷成埽，高下长短不等，大者高二丈，小者不下丈余。又用大索，或互为腰索，转致河滨，选健丁操管心索，顺埽台立踏，或挂之台中铁锚、大橛之上，以渐缒之下水。埽后掘地为渠，陷管心索渠中，以散草厚复，筑之以土，其上复以土牛、杂草、小埽、梢土，多寡、厚薄，先后随宜，修迭为埽台，务使牵制上下，缜密坚壮，互为犄角，埽不动摇。日力不足，夜以继之。积累既毕，复施前法卷埽。以压先下之埽。量水浅深，制埽厚薄，迭之多至四埽而止。"

自明至清乾隆年间（18世纪中叶），埽的做法、工具的应用、料物绳缆桩橛的估算等，比以往都有所改进。乾隆十八年(1753 年)大学士舒赫德在堵复铜山县漫决时,开始用兜缆软厢(顺厢)进占法,但合龙时仍用卷埽。至嘉庆、道光年间(19 世纪初叶),各项护岸堵口工程,开始从卷埽改为用顺厢埽,这是由于后者着底后没有虚悬偏重的缺点。此后,河工上为了节省材料、费用,在抢修中又将卷埽改为推枕丁厢。所以,自从采用顺厢埽、丁厢埽以后,卷埽即日渐不用了。但卷埽是自上向下地抛投,加压料、土之后,坡度平缓,可减缓环流淘底作用,而顺厢埽、丁厢埽的坡度很陡,埽前河底容易被淘深。为纠正这一缺点,曾一度改用逐层后退的方法。但这样使埽体重心后移,又产生了前滑的毛病,对厢修造成困难。直到采用抛石护根的方法后,顺厢、丁厢埽兜溜淘底的重人缺陷才得到补救。

清初以前,作埽的材料主要用柳。清康熙二十年(1681 年),民柳渐少,曾令官府种柳。康熙二十六年(1687 年)以后,河工用柳大半取自宫柳,柳少时就以芦苇代替。埽工改用秸料,是自清雍正二年(1724 年)河南布政使田文镜开始的。直到中华人民共和国成立以前,黄河埽工基本上全用秸料,但后期在堵口工程中也有用柳、石的。

人民治黄以来,为有效治理黄河水害,确保大堤及滩区人民群众安全,在黄河河道两岸修建了险工和控导工程。随着国家财力、物力和社会生产力水平的的不断提高,筑坝用料和结构及施工工艺等均发生了很大变化。20 世纪 60～70 年代以前抢修(或抢险)工程使用料物以柴(薪)秸、土为主,坝体结构为柴薪土结构,运输工具为木制独轮车等;20 世纪 70～80 年代抢修(或抢险)工程使用料物以柳秸料砖、土为主,坝体结构有柳秸料及砖、土结构,运输工具为胶质独轮车或平车(架子车);20 世纪 90 年代及后期修建(或抢险)工程使用料物以柳、石、土为主,坝体结构为柳石土结构,运输工具为翻斗车、汽车等;21 世纪至今修建(或抢险)工程使用的料物以石土为主,运输工具有大型自卸车、挖掘机、装载机、推土机等设备,施工和抢险全部实现机械化作业。

总之,自人民治黄以来,黄河下游工程建设方面,由被动抢修工程变为主动修建工程;料物方面由秸料、柴薪及柳枝变为石料(如柳石进占变为堆石进占);防汛抢险施工工艺方面,由人拉肩背(扛)变为全部机械化。但是,如防汛抢险机械化筑埽、捆枕以及大布进占等现代化抢险技术,同样离不开传统埽工技术(进占船只、家伙桩拴打等埽工技术)。因此,老祖宗留下来的黄河埽工技术是黄河治理的宝贵财富,是需要黄河人传承和发扬的,虽然这些年使用效率偏低,是因为人民治黄的成效(把工程根石加固加深,发生大险的概率小了)显著,但是,一旦发生超标准洪水顺堤行洪或畸型河势等防洪不利局面,工程发生大险、恶险在所难免,埽工技术在防汛抢险方面还会发挥较大作用。

由上述可见,汉代用于堵口工程的埽工,可算是卷埽的雏型。在长时期中,经过劳动人民改进,卷埽至宋代(10 世纪)已有较完整的做法。自 18 世纪中叶以后,又创造了顺厢埽与丁厢埽。埽工在历代河工上用于护岸与堵口,是起了很大的作用的。人民治黄以来,抢险及堵口技术不断创新发展,如机械化厢埽进占,大布进占等新技术,是黄河埽工技术的延续,是一脉相承的,需要薪火相传,发扬光大。

第二节　埽工的性能

由于埽工所用的秸料有一定的弹性,所以修成的整个埽体,也具有一定程度的弹性,因而比用石料修筑的水工建筑物更能缓和水流的冲击和阻塞水流。如用来护岸,由于其粗糙系数较大,可以减低水流的纵向流速。如用来堵复决口,因能阻塞水流,比用石料更易于闭气。秸料单位体积的重量较小,在水中漂浮,所以必须借土重增加重量,才能逐渐沉垫;而土又要靠秸料来防止水流的冲刷,因此两者是互为依附的,再加上桩绳的联系,就成为一个整体。

古人将料、桩、绳、土、水,比作人身上的皮、骨、筋、肉、血。料可抗御水流的冲刷,为埽之皮;桩可支撑埽体,为埽之骨;绳可拴系埽体,为埽之筋;土可充实埽体,为埽之肉;水可涵养埽体,为埽之血。经验证明,经常在水中的埽,其寿命可达七八年,而旱地上的等埽,二三年就会腐朽,尤其在水面附近的埽体,则更易于腐坏。

用丁厢埽或顺厢埽护岸,埽体上宽下窄,上边土多而重,下边料多而轻,所以重心靠近上部。在洪水时期,浮力增大,埽体稍有浮动,极易发生险情。其次,埽前虽有石料或柳石枕护根,不使前爬,但因秸料的压缩性大,仍不免下垫,故必须年年加厢,几年就要拆厢一次,因此不能用来作永久性工程。

其他水下工程的施工,一般以水浅溜缓时进行最为适宜,而且必须先修好基础,由下而上地进行。但埽工往往是在水深溜急的情况下施工,水浅时修成的反而并不牢固。其施工程序是从上向下地分坯进行,直到下压到河底。一般建筑物如基础沉陷,则必使整体遭受破坏。但对埽工来说,埽体愈下沉,桩绳的团结力愈大(只要不超过绳缆的允许抗拉强度),埽体就愈结实。此外,由于秸料轻软,故在短时间内能做成庞大体积的埽体。所以,埽工对于临时性的抢险,是及时而有效的措施。

如前所述,埽工虽具有体轻易浮、容易腐朽、修理勤而费用较多、不适用于永久性工程等缺点,但当河势突然发生变化,堤岸受到大溜顶冲,而其他防御工事不能立即生效时,用埽工来抢救,能在很短时间内发挥很大效能。同时,埽工还可用于截流、堵口及整治河道等临时性的工程中,因此埽工在今天仍是有一定的用途的。

第三节　埽工的种类和用途

黄河的埽工,一般按做法、形状、作用、地位和使用料物等的不同而命名。例如在旱地上用秸料修筑一座半圆形的埽,按做法叫作丁厢埽,按形状叫作磨盘埽,按地位叫作旱埽或等埽,按使用料物叫作秸埽。

兹将黄河上常用的埽工,按其做法、形状、作用、地位及使用料物的不同分述如下。

一、按做法分

(1)顺厢埽。料物的铺放与水流方向平行,用于堵口及护岸工程中(见图9-1)。

(2)丁厢埽。料物除底坯平行于水流方向铺放外,其余各坯皆与水流方向垂直(埽两端除外),用于护岸、护滩、抢险等工程中(见图9-2)。

二、按形状分

(1)磨盘埽。磨盘埽是成半圆形的丁厢埽,用于弯道正溜回溜交注之处,它上迎正

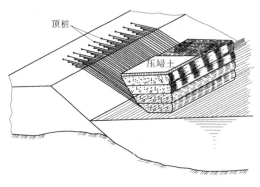

图 9-1　顺厢埽

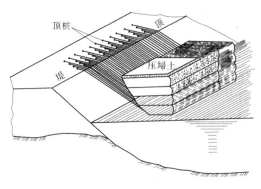

图 9-2　丁厢埽

溜,下抵回溜,常作为埽中的主埽(见图 9-3)。

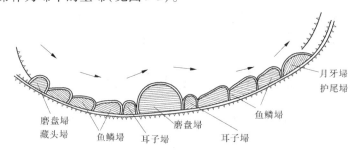

图 9-3　各种护岸埽

(2)月牙埽。形似月牙的丁厢埽,常用在险工的首尾,作为藏头埽或护尾埽,它比磨盘埽要小,也可抗御正溜及回溜(见图 9-3)。

(3)鱼鳞埽。鱼鳞埽是最常用的一种丁厢埽,多用于大溜顶冲或有兜湾、绞边溜的地段,常连续做数段或数十段。埽的形状是头窄尾宽,各段连接起来,形似鱼鳞(见图 9-3)。头窄易藏,生根稳固,尾宽便于托溜外移。还有倒鱼鳞埽,多用于大回溜之处,其做法是将鱼鳞埽的头尾颠倒过来。

(4)雁翅埽。形似雁翅的丁厢埽,它有抗御正溜、回溜的作用(见图 9-4)。

(5)扇面埽。扇面埽是外宽内窄形似扇面的丁厢埽,可抗御正溜、回溜,它比磨盘埽

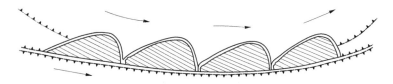

图9-4 雁翅埽

小,没有磨盘埽抗溜的能力大(见图9-5)。

（6）耳子埽。耳子埽是位于主埽两旁的比较小的丁厢埽,形似主埽的两耳,用以抗御上、下回溜(见图9-3和图9-9)。

（7）凤尾埽。即挂柳。为防止风浪拍击或边溜冲刷堤岸,将大柳树倒挂水中,并用绳将树干拴于堤顶桩上。如树头漂浮,可用重物压坠入水中。用时必数株或十数株为一排,使其起到缓溜落淤的作用,以保护岸坡(见图9-6)。

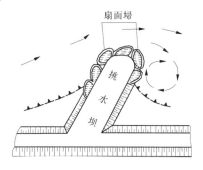

图9-5 扇面埽

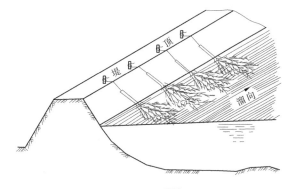

图9-6 凤尾埽

（8）金门占。金门占是截流、堵口时龙门口左右的两占,为合龙之根据地(见图9-7)。

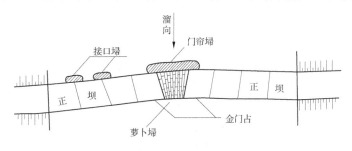

图9-7 金门占

（9）萝卜埽与合龙占。堵口或截流合龙时,做上口大、下口小的大埽个,叫萝卜埽(见图9-7)。在口门两端铺上绳缆,层料层土做大埽追压到底的叫作合龙占(见图9-8)。

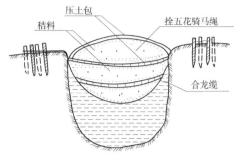

图 9-8　合龙占

三、按作用分

（1）藏头埽。藏头埽是在险工段的上首半水半旱之处，挖槽修做的埽，其作用是抢护下段埽的埽头，使不被水溜冲击。这种埽可做成磨盘埽、鱼鳞埽、月牙埽等形式（见图 9-3）。

（2）护尾埽。护尾埽是在险工段末端修做的埽，其作用是使水溜外移，以防止冲刷下游滩岸或堤坡。这种埽可做成月牙埽或鱼鳞埽的形式（见图 9-3）。

（3）裹头埽。裹头埽是裹护挑水坝坝头的埽，或者是决口后在两断堤头做的埽（防止口门扩大）。这种埽一般用丁厢埽做成一段整体，上下再接修鱼鳞埽、倒鱼鳞埽等，以防止水流的冲刷（见图 9-9）。

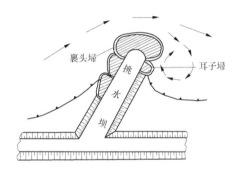

图 9-9　裹头埽

（4）护岸埽。在顺溜靠堤线甚长时，可沿堤岸打桩，铺放梢束做埽，以抗御顺溜的冲刷（见图 9-10）。这种埽为顺厢埽。

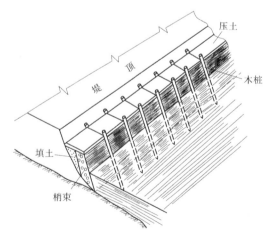

图 9-10　护岸埽

四、按地位分

（1）等埽。等埽是在河水到堤根之前，预先在旱地上做的埽，也叫作旱埽。

（2）面埽、肚埽。在险工处于原有埽段的外面靠水部分加修的埽段，叫作面埽。而原有的埽就叫肚埽（见图9-11）。

（3）套埽。原有埽段由于埽身低矮单薄，不足以抗御水流的冲击，因而将埽加高加大，所加部分叫作套埽（见图9-12）。

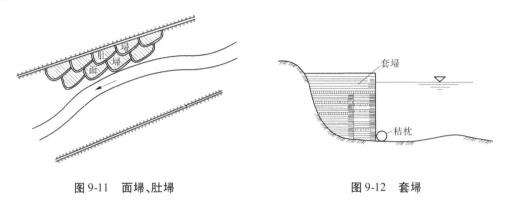

图9-11　面埽、肚埽　　　　　　　　　　图9-12　套埽

（4）门帘埽。截流、堵口合龙后，由于口门透水，在合龙占与上下两金门占的接口前，做一段长埽，以作掩盖，叫作门帘埽（见图9-7）。

（5）接口埽。在用顺厢埽堵口、截流时，为掩盖埽占接口所做的埽，叫作接口埽（见图9-7）。

五、按使用料物分

埽如用秸土修做，叫作秸埽，用柳土修做，叫作柳埽。如用柳石，再以铅丝代替麻绳，用顺厢法修做，叫作柳石搂厢埽（见图9-13）。

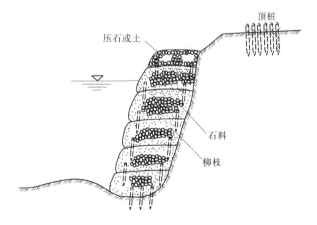

图9-13　柳石搂厢埽

第四节　埽工一般术语

一、埽体各部分名称

（1）埽、占。用绳缆、木桩联结秸料、柳枝或其他薪柴所做的护岸防水工程，叫作埽或占。埽和占的区别是，作堤岸防护工程的叫埽，截流、堵口或筑坝所用的较大埽个叫占。

（2）埽枕。用秸料捆束成枕，作拴底钩绳之用，称为埽枕，也叫秸枕。其直径在1.0 m左右，长度视需要而定。

（3）埽由。只用柴草、小绳捆成的直径0.3～1.5 m，长度无定的枕，称为埽由。在卷埽中作为埽心，并可用来防护大堤坡脚被水淘刷。

（4）埽身。埽的本体，称为埽身。其靠水部分称为前身，靠堤部分称为后身（见图9-14）。

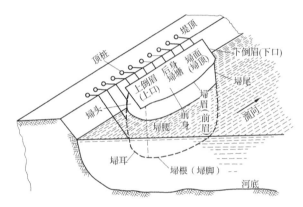

图9-14　埽体各部分名称

（5）埽面。埽的顶面称为埽面，也叫埽顶（见图9-14）。

（6）埽头。埽的上游端，称为埽头（见图9-14）。

（7）尾埽。埽的下游端，称为埽尾（见图9-14）。

（8）埽眉。埽体与水的接触面，称为埽眉；在前边的称为前眉，在上游的称为上倒眉，在下游的称为下倒眉（见图9-14）。

（9）埽口。埽面的周边线称为埽口；上游的称为上口，下游的称为下口（见图9-14）。

（10）埽腰。埽身的中部，称为埽腰（见图9-14）。

（11）跨角。埽的拐角称为跨角，在上游的称为上跨角，在下游的称为下跨角（见图9-15）。

（12）埽塘。埽身内部称为埽塘，亦称埽膛。

（13）埽底。埽与河底的接触面，称为埽底。

（14）埽根。埽底的周边线称为埽根，也叫埽脚（见图9-14）。

（15）埽耳。埽根的上水端和下水端，称为埽耳（见图9-14）。

（16）埽档。两段埽间的空处，称为埽档（见图9-15）。

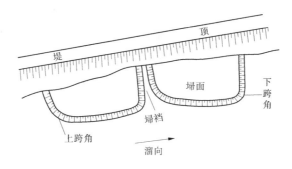

图 9-15 埽、跨角位置

（17）花土。厢埽时，头几坯压土很薄，微露秸料，叫作花土。

（18）马鞍。在卷埽最后一圈开始处附近，将料物加倍铺厚，使埽捆卷完成后成为圆形，这个铺料特高处，叫作马鞍（见图 9-16）。

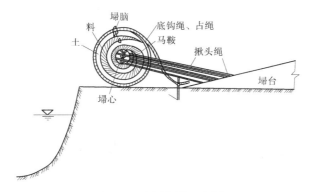

图 9-16 大型卷埽示意图

二、做埽术语

（1）捆厢。用绳缆捆束薪柴顺堤厢修，叫作捆厢，也叫软厢。这种做法，绳缆一端拴于顶桩，一端拴到船上。

（2）护搂厢。在堤根漫水深 1 m 左右，而且风浪刷堤时，自堤顶生根，托缆搂护，料根均向两端，将绳缆兜回，钉于堤顶。埽宽约 1.5 m，须盘压到底，以免冲淘。此种厢法，不能经久，仅可作临时抢修之用。

（3）跨篓厢。在水大溜急时，可用一只船，船头船尾均以绳缆牵住，然后将绳索在岸上生根，托在船上，在绳上层土层料地铺压到底，称为跨篓厢。这种方法与捆厢大致相同，但规模较小。

（4）硬厢。厢修时，先打大桩，在其中填料，叫作硬厢。

三、截流、堵口术语

（1）口门。决口断堤之处，叫作口门。

（2）正坝。截流、堵口时的主坝，叫作正坝，在上游的叫上正坝或上坝，在下游的叫下正坝或下坝(见图9-17)。

(3)边坝。在正坝上下游另做的坝,与正坝并进,以保护正坝,叫作边坝。在正坝上游的叫上边坝,在下游的叫下边坝(见图9-17)。

(4)土柜。在正坝与边坝之间,填土以阻止漏水,叫作土柜。在正坝上游的叫上戗土柜,在正坝下游的叫里戗土柜(见图9-17)。

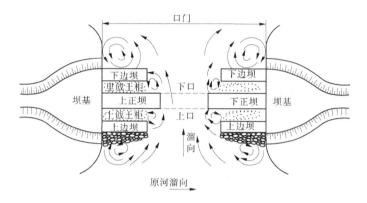

图9-17　正坝、边坝示意图

(5)二坝。在正坝下游另做一坝,以缓和正坝以下的水头差,叫作二坝。二坝的上游也可再做一上边坝(见图9-18)。

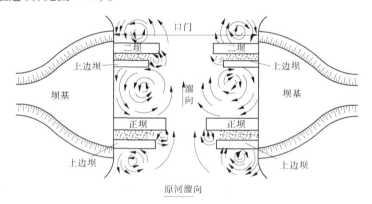

图9-18　二坝示意图

(6)金门。在截流、堵口合龙时,所留的缺口叫作金门,也叫龙门口。

(7)后戗。在下边坝或单坝堵口的正坝后边,用土筑一道土堤,出水后夯打坚实,以防止渗漏,叫作后戗(见图9-19)。

图9-19　后戗示意图

(8)闭气。正坝、边坝合龙后,即压土,填土柜,筑后戗,使其不漏水,叫作闭气。

第五节 做埽材料

如前所述,埽工是以薪柴、土石为主体,以桩、绳来联系的一种水工建筑物,其特点是就地取材。按照黄河上的习惯,一般把薪柴、土石称为正料,其余木桩、绳缆、麻、苘、麻袋、蒲包、铁器等称为杂料。至于正杂各料如何配合使用,并无具体规定,仅凭经验确定。为了弄清埽工所用各种料物的力学性质和物理性能,以便今后修埽时能够合理使用料物,曾由黄河水利科学研究院进行了初步试验。现在综合工程实践的经验及试验成果,将各种正杂料物的性能分述如下。

一、正料

(一)薪柴类

(1)秸料,即高粱秆。秸料的性质柔软,能缓和水流,其缺点是易于腐烂,不能耐久。秸料要选择新的、干的、长的、整齐且带根须的。估计工料时,每立方米按 75 ~ 80 kg 计算。

(2)苇料。苇料的性质基本上与秸料相同,但比秸料结实耐久,用来做埽,可经 5 年而不腐烂。选用标准以粗大直长者为佳。

估计工料时,每立方米压实后的苇料一般按 100 kg 计算。

(3)梢料,即树梢。以柳梢为最好,如柳梢缺少,也可用杨、榆、桑等杂树梢代替。梢料不如秸料与苇料柔软,但比较耐久,在水下易于抓底,特别是柳梢有缓溜落淤的效能。我国历史上宋、元、明三代做埽,都把苇料和梢料混合使用,也有以梢料与软草混合使用的。现在遇沙底或滑底(淤泥底)时,也多用柳梢铺于埽底。梢料须选用枝条长而鲜柔带叶者,以 2 ~ 3 年生柳为最好,短、粗、弯曲的不能使用。估计工料时,每立方米按 180 ~ 200 kg 计算。梢料以随取随用为佳,不宜长久堆存。如必须备存一部分,应捆成梢个,堆放成垛。如备用的梢料是为了抢险捆柳石枕时使用,则最好捆成直径 0.1 ~ 0.15 m 的梢把,这样较易保存。

(4)红荆条、白蜡条。红荆条和白蜡条可以编制篮筐,质韧耐用,入水之后也能经久。以前,黄河上用红荆条代替铅丝来编笼,装石后抛护坝根,很有成效。

(5)软草,也叫黄料,指禾黍和某些野生植物的秆。常用的软草中,以稻草、谷草、白茨、苦豆子为最好,豆秸、小芦苇次之,麦秸、蒲草又次之。不论哪种软草,经水以后都容易腐烂,但不透水性比秸、苇都强,所以塞埽眼、垫埽眉等都用软草。软草要选用干的、柔软的、涩的,而不要嫩的、硬的、疏松光滑的。这种料物收集后,也应堆成垛,以免雨湿后霉烂。

(6)杂柴。在缺少秸料、苇料及柳梢的地区做埽,也可配用玉米及高粱秆、棉花秆、河滩上生长的水红花秆、沙岗上的沙打旺(一种野草),以及夏季自河中打捞的河材(指从上游冲下来的滩岸上生长的杂草、树根等)。但这些材料比较散碎,做埽时绳缆应特别紧密,并且应该用顺长的秸柳正料加以严密包裹,以免这些碎料在重压后挤散。这些料物入水之后,极易腐烂,只能作一时应急之用。

兹将柳梢、秸料、苇料、麦秸等材料的荷重与体积压缩率、容重的关系,按试验结果绘制成曲线图(见图 9-20 ~ 图 9-23)。

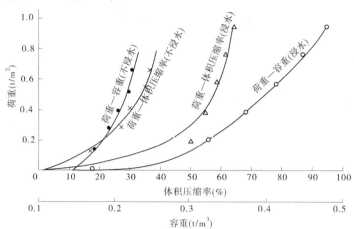

图 9-20　柳梢的荷重与体积压缩率、容重关系曲线

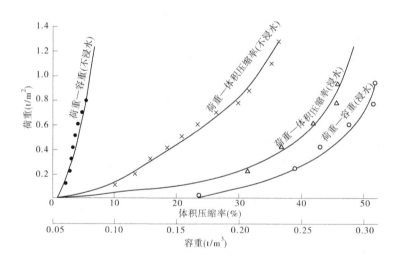

图 9-21　秸料的荷重与体积压缩率、容重关系曲线

(二)土石类

(1)土。做埽工的薪柴料都比较轻,而且浮于水,全靠土压才能下沉到水底。压埽土一般多用壤土。用各种粉土和砂土压埽极易下漏,又易被水流冲刷,非万不得已一般是不用的。最好用老淤土,即多年淤积的胶土,由于它经过风化,质地柔软,使用起来很方便。

(2)石料。抛护埽根、压埽和做柳石枕等皆用乱石,一般每块重 20 ~ 50 kg。石料抗冲能力强,但运输不便,价格也比较贵。

(3)砖料。黄河下游一般距采石场较远,所以砖比石料价格低廉。但由于砖有下述缺点:第一,砖比较轻,在冰流冲刷紧急处容易走失;第二,水面附近的砖容易被冻裂,或被

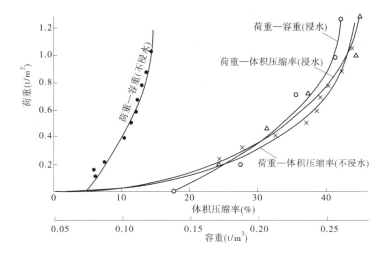

图 9-22　苇料的荷重与体积压缩率、容重关系曲线

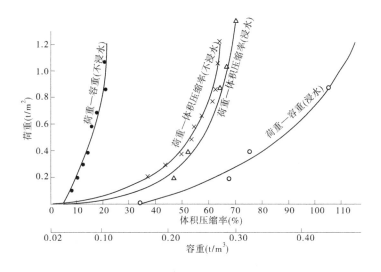

图 9-23　麦秸的荷重与体积压缩率、容重关系曲线

冰块冲撞而逐渐破碎脱落;第三,制造河砖的要求比一般砖高。所以,中华人民共和国成立后在河工上砖工已被淘汰。

二、杂料

(一)木材类

在埽工中所需木材主要用来做桩或签桩。桩有长桩与短桩之分。长度在 3 m 以下的叫作短桩或橛,3 m 以上的叫作长桩。

签桩的长度在 1.5 m 以下。短桩一般用柳木,但受力较大的以用榆木为佳。长桩以用杨、榆、松等木料为宜。如供应有困难,也可用其他如楝、椿、枣、槐、栗等杂木代替。桩须选用圆直无伤痕的。兹将各种常用桩木的规格、用途列于表9-1中。

表9-1　埽工常用桩木规格及用途

类别	名称	长度(m)	直径(cm)		用途
			梢径	顶径	
一般埽工	顶桩	1.5～1.7	13	15	底钩桩、占桩、过肚桩及各种明暗家伙顶桩
	腰桩	1.7	8	10	各种家伙的腰桩
	家伙桩	2.0	9	12	各种家伙桩及滑桩
	签桩	1.0～1.5	5	7	练子绳、包眉子及明家伙的齿牙
	揪头桩	2.7	12	16	揪头桩、合龙桩、五花骑马桩
	合龙桩	2.7	12	16	揪头桩、合龙桩、五花骑马桩
	长桩	3.5～5.0	14	18	提脑、揪艄、柳坝等桩
	长桩	5.0～15.0	14～26	20～35	柳坝、硬厢、签埽桩
卷埽	揪头桩	2.3～3.0		15～18	一般厢修用直径15 cm、长2.3 m,堵口用直径18 cm、长3.0 m
	底钩、占合尾抉等桩	1.7～2.3		13～15	一般厢修用直径13 cm、长1.7 m,堵口用直径15 cm、长2.3 m
	签桩	6、8、10、13		18～24	签定卷埽用,长短依水深而定

注:1.埽工原用桩木长度全按旧制,如顶桩长5尺,腰桩长5尺,家伙桩长6尺,签桩长3～4.5尺,揪头桩、合龙桩长8尺,现均折合为米。桩的直径系按常用的列入。

　　2.对木桩长度要求不超过±5%,对直径要求不超过±5%。

　　3.埽工每坯料上拴打不同组合形式的桩绳叫家伙,家伙桩即每坯料上拴绳缆的木桩。

经试验,选择不同长度的各种木桩打入地下,上露0.2 m,进行了剪力试验。所得出的成果如表9-2所示。

(二)绳缆类

(1)竹缆。以竹篾拧成或编成,也叫篾缆。有两种:一种是河南博爱的产品,用竹篾编制,每盘60 m,重60 kg,另一种以南方出产的苏缆为代表,用竹篾拧成,每盘100～120 m。编制的竹缆的伸缩性比拧成的大,但比麻缆的伸缩性小。竹缆的优点是入水后结实耐用,但在拴系或接头时没有麻绳柔和顺手。20世纪80年代以后,黄河下游防汛仓库不再储存竹缆,也不再使用竹缆。

表 9-2　各种木桩剪力试验成果

名称	长度(m)	直径(cm)	断面面积(cm²)	荷重(kg)	剪力(kg/cm²)	破坏情形
柏木桩	1.5	14.86	174.3	3 001.0	17.20	桩被拉出
柏木桩	1.5	13.31	139.4	2 297.2	16.45	桩被拉出
柏木桩	1.5	15.22	179.0	2 249.0	12.66	桩被拉出
榆木桩	1.5	15.02	178.0	2 096.3	14.80	桩被拉出
榆木桩	1.5	18.66	274.0	3 270.0	15.40	桩被拉出
榆木桩	1.5	18.82	278.0	2 864.1	10.30	桩被拉出
楝木桩	1.5	14.80	173.0	2 941.0	17.00	桩被拉出
楝木桩	1.5	17.29	236.0	3 256.0	13.80	桩被拉出
楝木桩	1.5	17.64	245.5	2 555.0	10.80	桩被拉出
柳木桩	1.5	12.51	122.5	2 490.6	20.30	桩被拉出
柳木桩	1.5	10.54	87.5	2 163.0	24.70	桩被拉断
柳木桩	1.5	10.80	91.7	2 702.0	29.50	桩被拉出
柏木桩	3.0	17.58	244.0	5 368.0	22.00	桩被拉断
柏木桩	3.0	16.46	213.0	3 772.0	17.70	桩被拉断
柏木桩	3.0	15.02	178.0	5 997.0	33.60	桩未拉断
榆木桩	3.0	20.57	332.0	6 202.0	18.70	桩被拉斜
榆木桩	3.0	20.95	345.0	6 197.0	17.95	桩未拉断
榆木桩	3.0	15.78	196.8	6 689.5	34.00	桩未拉断
楝木桩	3.0	16.62	218.0	5 669.0	26.00	桩被拉断
楝木桩	3.0	18.66	274.0	4 539.0	16.50	因桩有裂缝,加荷重后即在距桩顶1.03 m处折断
楝木桩	3.0	22.28	393.0	6 197.0	15.75	桩未拉断

（2）麻绳。黄河上习惯把用苎麻制作的绳叫作麻绳。苎麻一般比苘麻结实,抗拉力大,但入水后没有苘麻耐沤。由于苎麻的价格比苘麻贵,所以不轻易使用,一般都用苘麻绳。苎麻以颜色洁白而光亮,麻皮薄而长的为最好,色黄麻皮宽而厚者次之,皮厚色黑黄且硬,手握有响声的,则不适用。苘麻以色青不带根蒂的为最好,白色的次之,黄色的又次之,而带土且有根皮的(俗称浑麻)则不适用。拧绳时,应先根据绳缆的用途、水的深浅、埽的长宽和拧绳的最大可能长度,计算每条的长度,并确定以几根成绳连接。应使接头尽量减少,因少一接头可省苘麻十余斤。黄河上一般埽工常用的各种苘绳计有:经子,为最细的苘绳,作零星捆扎用;核桃绳,或叫练子绳,长 17 m,重 2.5～3.5 kg;六丈绳,长 20 m,重 7.5～9.0 kg;八丈绳,长 27 m,重 10～12.5 kg;十丈绳,长 33 m,重 17.5～25 kg;大缆,一般用苎麻拧成,但对不甚严重的堵口和截流工程,亦可用苘麻加重拧成,长 66.7 m（20丈）,重达 60～80 kg 以上。核桃绳、六丈绳、八丈绳均有一般与加重之分,而十丈绳又有行十丈(比规定重量轻的)、十丈、加重十丈之别,长度虽相同,但重量不同,应用时依受力大小而定。当前,黄河下游还在储存和使用。

（3）苇缆。黄河上所用的苇缆计有三种:第一种叫毛缆,用青苇连叶带皮卷成,体质轻,只可在水浅溜缓处或埽体中不重要处酌量使用。第二种叫光缆,用黄亮的大芦苇篾拧成,每条长 33 m、重 20～25 kg、直径 4.5～5 cm,或长 40 m、重 30～35 kg、直径 5～6 cm,也有长 13 m、重 4～5 kg、直径 3～4 cm 的。光缆一般比毛缆结实。第三种叫灰缆,用高大的芦苇篾放入灰池中浸泡 7 d 后再成的,性质柔软,入水后也耐久。做卷埽时,由于苇缆价格低廉且入水耐沤,多使用之。20 世纪 80 年代后,黄河下游不再储存和使用。

（4）草绳。常用的有四种:第一种为蒲绳,以用蒲茎拧成的为最好,入水耐沤。它又分大蒲绳和小蒲绳两种,大蒲绳直径约 4.4 cm,小蒲绳直径 1.6～1.8 cm。绳长按需要而定,一般大蒲绳长约 20 m、重约 10 kg,小蒲绳长约 9 m、重约 1 kg。第二种为稻草绳,用稻草拧打而成,极易腐朽,只能用来做临时性工程,其直径 1.2～1.5 cm,长可按需要而定。第三种为龙须草绳,用龙须草拧打而成,直径 1.3～1.5 cm,长度按需要而定,一般约为 10 m,其抗拉力很大,入水后又能经久;龙须草绳比蒲绳抗拉力大,但价格高于蒲绳而低于苘绳。第四种为毛柳绳,为内蒙古干寒地带产物,有长 13 m、直径 3～5 cm 的二股绳,又有长 13 m、直径 5～7 cm 的,还有将三条 3～5 cm 的二股绳拧在一起的,其长度可按需要而定。20 世纪 80 年代后,黄河下游不再储存和使用。

（5）棕绳。产于江南,有红白之分。白棕绳直径约 4 cm,一般比红棕绳结实。棕绳性质坚韧,干湿均宜,比一般绳缆抗拉力强大且耐用。棕绳价格较贵,在黄河上应用不多。

（6）铁丝缆。黄河上用柳梢做埽工时多用铁丝缆。铁丝缆系用 8、10、12、14、16 号铁丝做成,一般用单股、三股和六股三种,长度视需要而定。另外还有油丝缆,直径为 2.5～3.0 cm,其质地柔软,抗拉力最强。

各种绳缆采购后,应储存在料场内比较高的地区,下部垫高,以免潮湿,保持良好的通风,勿使绳缆发热变质;同时还应有遮蔽风雨的设施,以免风吹、日晒、雨淋,使绳缆强度受损失。兹将常用的各种绳缆的规格及用途列入表 9-3 中。

表9-3 埽工常用绳缆规格及用途

名称		每条长度 (m)	直径 (cm)	股数	每条质量 (kg)	适用范围	备注
竹缆	编成的	60	3.0~5.0	三股	60	堵口截流工程中的提脑、揪艄主缆或埽占的束腰绳	内有竹白心子
	拧成的	100~120		三股		堵口和截流工程中的提脑、揪艄主缆或埽占的束腰绳	
苎麻绳	盘绳	66.7	5.5	三股	60	堵口的截流工程中的过肚绳、占绳、底钩绳	
	锚顶绳	30	4.0	三股	30	把头缆、合龙缆和明家伙绳、提脑、揪艄的锚顶绳	
	引绳	40	1.1	三股	5	合龙缆过河的引绳	
苘麻绳	细绳		1.0	二股		编织合龙时的龙衣	
	经子		0.8~1.0	单股		零星捆扎及扎龙衣用	
	核桃绳	17	2.5~3.0	三股	2.5~3.5	练子绳及捆扎用	
	六丈绳	20	3~4	三股	7.5~9.0	做埽占时下对抓子及做不很重要的家伙绳	
	八丈绳	27	4~5	三股	10~12.5	厢埽时的各种暗家伙绳及做不很重要的底钩绳	
	十丈绳	33	5~6	三股	17.5~25	底钩绳及各种暗家伙绳	
	大缆	66.7	7~9	三股	60~80	各种明家伙绳及截流、堵口时的过肚绳、占绳、底钩绳、把头缆和合龙缆	
	拉埽绳	6~12	3~5	三股		捆卷埽身时拉埽	
	十二丈绳	40		三股	35~40	底钩绳、占绳、箍头绳、穿心绳、揪头绳等	
	十八丈绳	60		三股	70~75	底钩绳、占绳、箍头绳、穿心绳、揪头绳等	
苇缆	毛缆	33	4.5~5.0	四股	15~20	以往做卷埽需用甚多,多在不重要的埽工中用	
	灰缆	33	4.5~5.0	四股	20~25	以往做卷埽需用甚多,多在不重要的埽工中用	
	光缆	40	5~6	四股	30~35	卷埽的占绳、箍头绳、束腰绳等	
		13	3~4	二股	4~5	卷埽的腰绳	

续表9-3

名称		每条长度（m）	直径（cm）	股数	每条质量（kg）	适用范围	备注
草绳	大蒲绳	20	4.4	四股	10	带枕及捆枕、龙筋绳、底钩绳	
	小蒲绳	9	1.6～1.8	四股	1	捆柳石枕	
	稻草绳		1.2～1.5	二股		捆柳把，也可作卷埽的腰绳	
	小龙须草绳	10	1.3～1.5	三股	0.5	练子绳等	
	大龙须草绳		3.0	四股		一般埽段底钩绳	
	毛柳绳	13	3～5	二股	2～3	卷埽的腰绳	
		13	5～7	三股	4～5	卷埽时的揪头绳	
			8～9	二股		卷埽沉放的揪头绳	
棕绳	白棕绳	230	4～5	三股	200～350	锚缆及锚顶绳等	
	红棕绳	230	4～5	三股	200～350	锚缆及锚顶绳等	
铁丝缆	8号	435		单股	50	柳石搂厢中的底钩绳，捆柳石枕的龙筋绳、吊枕绳、束腰绳和卷埽揪头绳	
	12号	30～100		三股	5.0～15.5	柳石搂厢中的底钩绳，捆柳石枕的龙筋绳、吊枕绳、束腰绳和卷埽揪头绳	
	16号	70～100		六股	9.5～13.5	柳石搂厢中的底钩绳，捆柳石枕的龙筋绳、吊枕绳、束腰绳和卷埽揪头绳	
	油丝缆		2.5～3.0	六股	2～3 kg/m	堵口时的提脑、揪艄主缆	
	柳根绳		1.6	二股		捆柳石枕的龙筋绳	

（三）杂项

埽工中所用的杂项料物，有草袋、蒲包、麻袋、编织袋、集装袋（吨包）等。

第六节　埽工常用工具

一、做埽工具

（1）齐板，也叫大板。厢埽时用来拍打埽眉，使之平整，成一定的坡度，并搕花料，垛料，砸占前口，紧练子绳，帮助绳缆走动等。一般用坚实木材（如槐、桑）制作，其形状前端扁平，把为圆形，未带方头（见图9-24）。

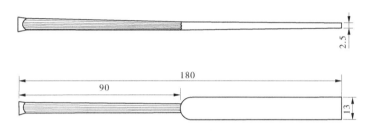

图9-24　齐板　（单位:cm）

（2）拦板，也叫撞板。在厢埽拿眉子时，专用来搕埽前眉头，使之整齐。拦板与齐板形式相同，唯较齐板略长、略薄，用比较轻的柳木制作，也可用齐板代替。

（3）小月斧。为极锋利之钢斧，斧刃为月牙形。斧重仅0.4 kg，把长0.4~0.5 m。拿眉子时用短把的，打花料时则用长把的。把为扁方形，用槐、桑、栗、檩木制成（见图9-25）。

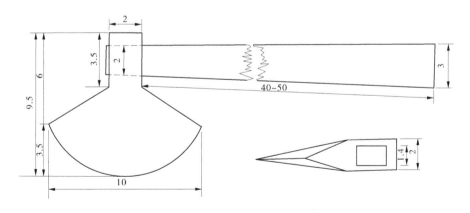

图9-25　小月斧　（单位:cm）

（4）手硪。为一铸铁圆柱，重40~50 kg，周围有8根立柱，另用小横木16根沿铁柱周围嵌入（叫作硪爪），用麻绳将立柱与横木缠牢，再用长1.5 m的猪尾形好麻辫8条，拴在硪爪上（见图9-26、图9-27）。硪爪一般用槐、榆、桑木较好。手硪用以打顶桩，或在比较坚硬的土地上打桩。

（5）压柳把叉。铁叉上安木柄，柄长视水深而定。当做透水工程在木桩上编柳把时，用此叉将柳把下压，使柳把互相密切接触（见图9-28）。

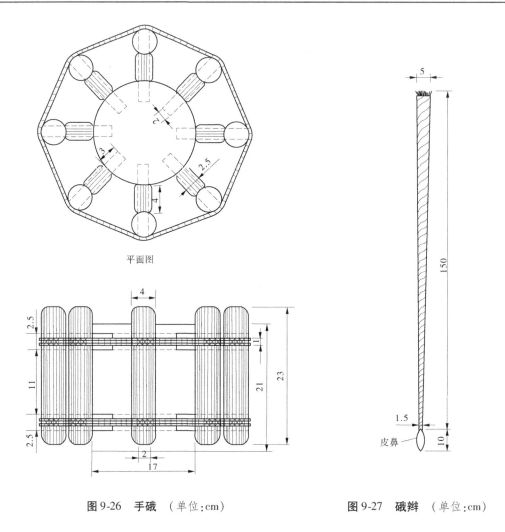

平面图

图 9-26　手硪　（单位:cm）　　　　图 9-27　硪鞯　（单位:cm）

（6）撑杆。为长 5～6 m 的杉木杆,在推枕下水后用以撑枕离岸,以便厢修底坯。

（7）木犁。为捆卷卷埽时必用之物,高约 2 m,形似农村中的耕犁。卷埽时,在埽后每隔约 3 m,将木犁随时填于埽下,以防换步时埽向后回弹（见图 9-29）。

（8）牮木。为长 6～7 m 的木棍,多用杨木或大杉木做成（见图 9-30）。在捆卷卷埽时,用木犁阻埽回弹,用牮木推埽前进,下埽时,埽至河边后,操作较困难,可用牮木推埽下河。

（9）云硪。基本上与上述手硪相同,但较重些。共有三种:大硪重 120 kg,用 16 人拉硪;中硪重 80 kg,用 12 人拉硪;小硪重 60 kg,用 8 人或 6 人拉硪。

（10）其他。木榔头、铁锤、三股叉、铁叉、铡刀、锯、锛、斧、铁锹、丈杆、打水杆、试水坠、云梯、高凳等。

二、截流和堵口常用工具

（1）捆厢船。截流和堵口时,所有做埽的绳缆,一端拴在坝基顶桩上,一端系在船的

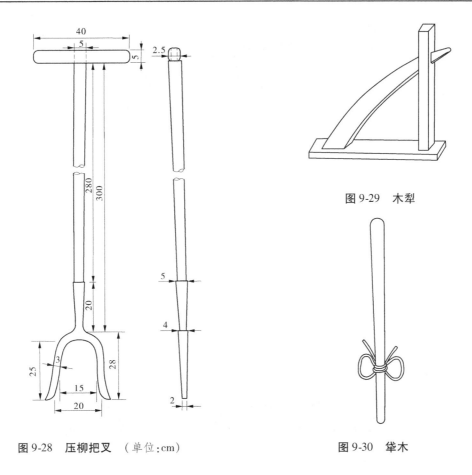

图 9-29　木犁

图 9-28　压柳把叉　（单位:cm）

图 9-30　筢木

龙骨上,此船叫作捆厢船。船长一般须大于或等于坝宽(见图 9-31)。

(2)帮厢船。在水深溜急之处截流和堵口,需用的绳缆较多,往往在捆厢船上摆布不开,因此在捆厢船旁再附一船,用以安放绳缆,叫作帮厢船。

(3)提脑船。在捆厢船的上游,用 3～4 口大锚固定一只船,从该船引绳缆将捆厢船拉住,使其不致随溜下移,此船叫作提脑船(见图 9-32)。20 世纪 80 年代后,提脑船用铅丝石笼代替,即在石笼上出绳缆固定捆厢船。

(4)揪艄船。在捆厢船的下游,用 2～3 口大锚固定一只船,从该船引绳缆将捆厢船拉住,此船叫作揪艄船。船的规格与提脑船相同,都应有绞关(见图 9-32)。

(5)托缆船。提脑、揪艄各船,距捆厢船一般比较远,为防绳缆下垂入水,在它们之间用几只船均匀排开,将绳缆托在船的横梁上,这种船叫作托缆船(见图 9-32)。

(6)倒骑马船。截流和堵口进占时,停在坝上游适宜地点,用来拉倒骑马防埽占被水溜冲动的船,称为倒骑马船(见图 9-32)。

(7)扎杆。也叫齐眉杠,长 5 m,直径 5～6 cm。用刨光的杉木制成,下端安有铁尖,以便插入埽眉中,用以拦料(见图 9-33)。

(8)羊角签子。长约 80 cm,直径约 5 cm,用柳木制成,下端有歪尖。在合龙时,活绳缆用。

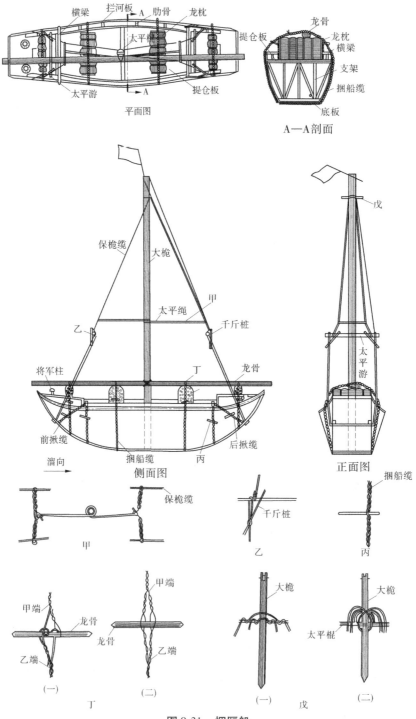

图 9-31　捆厢船

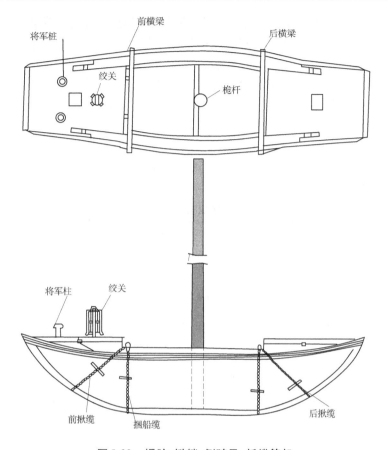

图 9-32　提脑、揪艄、倒骑马、托缆等船

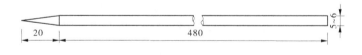

图 9-33　扎杆　（单位:cm）

第七节　工料估算

一、埽占工程

(一)工料定额

　　估算工料之前,须先观察拟修工程的地点、河势、水深、河底土质和滩岸被刷情况,拟定埽工修筑位置、形式及厢修方法。对于堵口工程,更须调查研究盘筑坝头的地点和方法,进占的坝基、引河和挑水坝的位置,正边坝行经的部位,并且最好对正边坝修筑地点的河底土质进行钻探,以预计堵筑过程中可能发生的冲刷情况,作为估计工料的依据。估计工料时首先依据所测断面和土质情况,拟定单位工程的长度、宽度、入水深度、出水高度,

从而估出厢修工程的总体积,再乘以所使用的梢和秸的容重,即可得所需料物的总重量。但埽工入水深度由于河底冲刷和河势变化的情况不易完全预见,很难提出肯定的数据,因而工料的估计也就很难精确。按以往经验,估计工料应根据口门溜势,分别按坝轴线上深水和浅水部分来估算埽占所需的料物。在河床土质不好易于冲刷的地方,水下部分可简单地按所需料物加倍计算;如河底土质较好或在背溜的地方,则可按 1.5 倍计算,此外再加上按埽占入泥 1.5 m 估计的料物。

除梢和秸外,还要估计所需的桩、绳、土及人工的数量。现根据以往经验,按加厢、新修的不同情况,将每立方米秸料所需的桩、麻、土和人工等用量列于表 9-4。对截流和堵口工程,如简单估计,可按新修埽工所估桩、绳、土和人工等的用量加倍计算。

表 9-4　单位体积秸埽所需工料估计

类别	每立方米秸料所需工料数量			
	木桩(根)	麻料(kg)	压土(m³)	人工(个)
加厢埽工	0.25 ~ 0.4(其中长 2 m 的桩占 60%,长 1.5 ~ 1.7 m 的桩占 40%)	1.5(其中八丈绳占 55%,十丈绳占 20%,余为六丈绳)	0.3 ~ 0.5	0.3(其中技工与普工之比为 1:3 ~ 1:4)
新修埽工	0.4 ~ 0.5(其中长 2 m 的桩占 60%,长 1.5 ~ 1.7 m 的桩占 40%)	2.25(其中八丈绳占 55%,十丈绳占 20%,余为六丈绳)	0.3 ~ 0.5	0.3(其中技工与普工之比为 1:3 ~ 1:4)

同时,为切合实际情况,应仍照前述方法,按浅水与深水不同情况,并考虑到溜势缓急和河底可能冲刷深度,分别按占按坯估计,而绳缆则按各坯不同做法和所用不同家伙,计算实需各种绳缆根数,再按绳缆根数估计桩木用量。大体说来,十、八、六丈绳每条可平均估桩 4 根,二十丈绳每条可估桩 3 根,核桃绳每条可估签桩 2 根,合龙缆每条可估合龙桩 4 根,揪头桩按下揪头的实需坯数,每坯估桩 7 根,合龙桩与揪头桩规格相同。十、八、六及二十丈绳所需桩的总数内,家伙桩可占一半,顶桩与腰桩各占 1/4,所用包眉子签桩,可在上述木桩中匀用,占工压土,大约每立方米秸料需土 0.5 ~ 0.7 m³,人工 0.85 个,其中技工与普工比例为 1:3 ~ 1:4。

(二)人工组合

抢险堵口做埽的人力组合,与埽体大小和险工的缓急程度有关,但灵活性很大,应按当时具体条件来决定。一般厢修埽段与堵筑决口的人工组合大致如表 9-5 ~ 表 9-7 所示。表 9-5 所估人员,均系技工,虽各有专责,但可视工作情况统筹调配,互相协助。再如打家伙桩、打顶桩、捆枕、拉骑马、拉家伙绳时,可一同动手,通力协作进行。唯对后方运土、运料、运桩绳等,需另外组织人力,不在估需力量以内。

表 9-5　厢修埽段人工组合

工种	估需人数	使用工具	主要任务
组长	1		筹划需用料物,策划厢修方法,并指挥工作
拨料	2~4		指挥运料
递料	4~6	小月斧 2 把	转运料物给拿眉、打花料的人
拿眉	2	拦板 2 块	接料后,摆好埽眉,并包眉子
拦板	2	小月斧 2 把	轻轻拍打埽眉,使大致齐整
拿二眉	0~2		接着眉头向后拿,并协助拿眉人推梢子
打花料	4	小月斧 4 把	负责串塘,搞花料
打齐板	2	齐板 2 块	打齐埽眉,使成需要坡度
活绳	1	活绳桩 1 根	负责松放绳缆,使埽蛰到底
压土	压土可由其他工种兼办,不估专人	铁锹 2 把	每坯厢成,应即均匀压土,使逐渐蛰实
合计	18~24		

表 9-6　截流或堵口工程每坝估需管理人员数目

工作项目		正坝(人)	边坝(人)	合计(人)	备注
掌坝		1	2	2	
埽面	埽占面上	2~4	2	4~6	1.按正坝顶宽 20 m、四路过肚五路占计,下边坝顶宽 15 m、三路过肚四路占计。
	埽占压土	1	1	2	2.捆厢船上四人:二人管船梢前后的一切工作,二人于活埽时管把头缆的松放,一般时间可到埽面帮助工作。
	土柜浇土	1		1	3.本表系按一边进占估计,如两边进堵,所有正边坝管理人员均需加倍
	后戗浇土		1	1	
船上	捆厢船	2~4	2	4~6	
	提脑船	1		1	
	揪艄船	1	1	2	
	倒骑马船	1		1	
后路		1	1	2	
石坦坡		1~2		1~2	
合计		12~17	9	21~26	

表 9-7 堵口每坝需人工数目

区域	工作项目	正坝 技工	普工	小计	边坝 技工	普工	小计	合计 技工	普工	小计	备注
埽面	上下口指挥	2		2	2		2	4		4	1. 扶扎杆(按每0.8 m一根计)正坝需25人,边坝需19人,表中只估一部分技工,余由船工办理。 2. 本表是按一边进占估计。如两边进堵,正、边坝所需技工、普工各加一倍。 3. 本表是按一班制估列,唯堵口期间,均昼夜赶进,如加上夜班,所需工作人员尚需增加一倍。 4. 表列估需人数,仅指在口门附近的工作人员,后方向坝运土、运料、运绳缆等须另行组织人力,不在表列范围内。 5. 表列技工除木工外,一般均指黄河工程队有厢埽技术者,普工及船工和土工是指一般民工
	拨料	4		4	4		4	8		8	
	递料	12~16		12~16	10~16		10~16	22~32		22~32	
	拿眉	4		4	4		4	8		8	
	拦板	4		4	4		4	8		8	
	拿二眉	4		4	4		4	8		8	
	打齐板	4		4	4		4	8		8	
	打花料	6		6	4		4	10		10	
	缕口	4		4	3		3	7		7	
	插对抓子及打顶桩	6~10		6~10	6~10		6~10	12~20		12~20	
	压土边锹	6~8		6~8	4~6		4~6	10~14		10~14	
	土柜边锹		2	2					2	2	
	后戗边锹					2	2		2	2	
	铡秸料	1	10	11	1	8	9	2	18	20	
	小计	57~67	12	69~79	50~62	10	60~72	107~129	22	129~151	
船上	看过肚、占绳	7		7	5		5	12		12	
	看把头缆	2		2	2		2	4		4	
	扶扎杆	7		7	6		6	13		13	
	帮厢船缕绳	1~2		1~2				1~2		1~2	
	船工		18	18		13	13		31	31	
	看提脑等船	5		5	1		1	6		6	
	小计	22~23	18	40~41	14	13	27	36~37	31	67~68	
后路	领材料	2	10	12	2	8	10	4	18	22	
	木工	10		10	8		8	18		18	
	小计	12	10	22	10	8	18	22	18	40	
修石坦坡		10~16	16	26~32				10~16	16	26~32	
共计		101~118	56	157~174	74~86	31	105~117	175~204	87	262~291	

二、卷埽工程

黄河下游卷埽工程,自18世纪改用顺厢、丁厢以来,已逐渐失传,唯黄河中游内蒙古自治区尚有这种工程。这里对古代卷埽所需工料的估计,是根据古河工书籍的记载,并参照了内蒙古的经验而提出的。卷埽工程在厢修之初,应先确定抛沉卷埽的长度,再依照拟修工程垂直于卷埽长的断面面积,估计卷埽适宜直径,从而计算出需要捆抛卷埽数目,以及共应厢修的工程体积,并据以算出应需各种工料。至于绳缆,由于卷埽大小简繁不一,所以估计方法也不相同。兹将工料估算方法分述如下,以供参考。

（一）内蒙古估算卷埽工料的定额

内蒙古估算卷埽工料的定额如表9-8、表9-9所示。

表9-8　工日定额表

工程种类	埽台土方	拧埽腰绳	铺埽工	卷埽工	压埽工	备注
定额	0.2 工/m³	0.05 工/条	0.057 工/m³	0.057 工/m³	0.147 工/m³	卷埽直径 1.5~2.5 m

表9-9　材料定额表

材料名称	硬柴	软柴	埽腰绳柴	揪头铅丝（8 号）	备注
定额	8.5 kg/m³	6.8 kg/m³	4.1 kg/m³	3 股×60 m/埽	卷埽直径 1.5~2.5 m

在计算的数字得出后,还要再加30%,以备河底发生冲刷及应付一切意外情况之需。卷埽长度,一般根据堵口宽度、水深、溜急情况或岸边的具体情形决定,有长达 10~50 m 的。卷埽直径为 1.5~2.5 m。

（二）古代卷埽估算工料的定额

古代卷埽,一般高 2~8 m,长 15~30 m,但亦有达 90 m 的。这种埽体积庞大,其工料的需求估算如下:

（1）绳缆。按一般厢修每个卷埽长 30 m 计算,绳缆需用定额如表9-10所示。

表9-10　绳缆用量估计

每个卷埽固定需用绳缆数			每 30 m 长卷埽需用绳缆数（长增短减）		
名称	数量（条）	备注	名称	数量（条）	备注
揪头苘绳	8~12		底钩苘绳	9	
穿心苘绳	2		捆埽苘绳	18	
箍头苘绳	2		戗缆苘绳	5	
箍头光缆	2		戗缆光绳	5	
脊筋光缆	4		束腰光缆	18	
扎埽心光缆	3		小草腰绳	120 盘	每长 1.0 m 四盘
提脑缆	3~4	水急时用			

如为堵塞决口,揪头绳要用长些、重些的,并增加到上游11~13条、下游9~11条,脊筋缆要多用1~2条,捆埽苘绳则应加倍。

(2)桩橛。按一般厢修情况,揪头绳、战缆每条需留橛一根,底钩绳每条需要前后勾橛各一根。另外在底钩绳、战缆后还需尾橛;如溜势紧急,每条估一根,如溜势不算太急,可每两条绳估一根。卷埽沉放之后,厢垫还需要用一定数量的骑马。在溜势突变,卷埽受冲击严重时,尚需加提脑绳3~4条,亦需钉留橛3~4根。在卷埽沉水之后,需签钉埽桩(俗名万年桩),在一般情况下,约为每3 m一根。对于堵筑决口的工程,一切桩橛均应加粗增长,以保安全。

(3)卷埽绳缆长短和应铺料厚度。埽高(卷埽直径)确定后,先要算出铺埽宽度,才能知道各种捆埽绳缆的长度、铺料的厚度、应修埽台的宽度和铺料时马鞍所在的位置。在计算时,先确定有无埽心,再确定埽由几周卷成。铺料比较高厚的埽,有埽心能卷得紧些;尤其高大之埽,埽心更为重要。有埽心虽多用些绳缆,但上下游揪头等绳,均可拴系于埽心上,与整个埽体相连,比较安全。关于卷埽周数,一般最少为两周(因卷一周的埽有些偏侧不圆),最多为三周。当然,卷的周数多,则同样埽高铺料可薄些,易于卷紧,但用绳缆多。所以,对卷埽周数,要掌握既不多费绳缆,又能卷紧,不使土料被水冲去,不必过于求其卷得好,致使增加不必要的投资。

兹按埽高自1.5~8.0 m,埽心自0~1 m,卷2~3周计算所需绳缆长度,列于表9-11。表中每绳另加束口绳3 m。所列每条绳长是每条绳缆的最少长度,可作为卷埽时定埽台宽度、布绳缆长度和安马鞍的参考。关于铺料厚度,在同样埽高时,二周卷成的为三周卷成的1.5倍。但这一厚度为卷紧的实高,对虚料与虚土应另加蛰耗量。根据内蒙古卷埽的经验,如铺硬柴和软柴虚料15 cm厚,卷捆实在后为5 cm厚,铺虚土20 cm厚,卷捆实在后为10 cm厚。但如铺料压土较厚,其蛰耗量应酌情减少些。

(4)人工估计。根据以往记载,卷埽所用人工与埽身高低关系密切。兹按米折算如表9-12所示。

卷埽所需人工的工种,与厢修一般埽段的10个工种大致相同,可按卷埽的长短来作变更。其不同之处,即卷埽沉放大致完成后的签桩工作,是一般厢埽所没有的。此项签桩,如用两班桩工轮流签打,则每架云梯就得12~32人;如堵口工程两坝相对进行,则每坝一架云梯,就得24~64人;如两架尚需加倍。这项桩工,如熟练技术人员缺乏,尚可移用上述十个工种人员中的一部分或大部分。

卷埽一般是在埽台上进行的,有稳定的立足地点,所以可按部就班地进行,并且由于是自上抛沉,比埽占工程易于掌握。因此,在厢修时,除组织一定数量的核心组负责整修埽台,布缆,卷埽心,捆穿心、揪头绳缆,铺料,打花料,压土,连绳,卷埽,拴结绳扣,打埽脑,下埽,看揪头、滚肚绳缆,填埽眼厢垫等项工作的技术指导,并须配备桩工外,其他一切具体工作,均可尽量组织群众进行。

表9-11　卷埽铺料厚度和绳缆长度计算表

埽高(m)	埽心直径(m)	铺料厚度 二周(m)	铺料厚度 三周(m)	二周捆成卷埽 第一周成径(m)	第二周成径(m)	第一周圈长(m)	第二周圈长(m)	三周捆成卷埽 第一周成径(m)	第二周成径(m)	第三周成径(m)	第一周圈长(m)	第二周圈长(m)	第三周圈长(m)	合计外周长 二周(m)	合计外周长 三周(m)	另加束口(m)	共计每条绳长 二周(m)	共计每条绳长 三周(m)	备注
1.5	0	0.375	0.250	0.75	1.50	2.355	4.71	0.500	1.000	1.50	1.570	3.140	4.71	7.07	9.42	3.0	10.0	12.5	最末一周即开始处为马鞍的峰顶
2.0	0	0.500	0.333	1.00	2.00	3.140	6.28	0.667	1.333	2.00	2.090	4.170	6.28	9.42	12.54	3.0	12.5	15.5	
2.5	0	0.625	0.417	1.25	2.50	3.925	7.85	0.833	1.667	2.50	2.620	5.230	7.85	11.78	15.70	3.0	15.0	19.0	
1.5	0.5	0.250	0.167	1.00	1.50	3.140	4.71	0.834	1.168	1.50	2.619	3.667	4.71	7.85	11.00	3.0	11.0	14.0	
2.0	0.5	0.375	0.250	1.25	2.00	3.925	6.28	1.000	1.500	2.00	3.142	4.710	6.28	10.21	14.13	3.0	13.0	17.0	
2.5	1.0	0.375	0.250	1.75	2.50	5.495	7.85	1.500	2.000	2.50	4.710	6.280	7.85	13.78	18.84	3.0	17.0	22.0	
3.0	1.0	0.500	0.333	2.00	3.00	6.280	9.42	1.667	2.333	3.00	5.234	7.326	9.42	15.70	21.98	3.0	19.0	25.0	
3.5	1.0	0.625	0.417	2.25	3.50	7.065	10.99	1.834	2.664	3.50	5.758	8.365	10.99	18.06	25.11	3.0	21.0	28.0	
4.0	1.0	0.750	0.500	2.50	4.00	7.850	12.56	2.000	3.000	4.00	6.280	9.420	12.56	20.41	28.26	3.0	23.5	31.0	
4.5	1.0	0.875	0.583	2.75	4.50	8.635	14.13	2.166	3.332	4.50	6.820	10.450	14.13	22.77	31.40	3.0	26.0	34.5	
5.0	1.0	1.000	0.667	3.00	5.00	9.420	15.70	2.334	3.668	5.00	7.320	11.520	15.70	25.12	34.54	3.0	28.0	37.5	
5.5	1.0	1.125	0.750	3.25	5.50	10.205	17.27	2.500	4.000	5.50	7.850	12.570	17.27	27.48	37.69	3.0	30.5	40.5	
6.0	1.0	1.250	0.833	3.50	6.00	10.990	18.84	2.667	4.334	6.00	8.380	13.600	18.84	29.83	40.82	3.0	33.0	44.0	
6.5	1.0	1.375	0.917	3.75	6.50	11.775	20.41	2.834	4.668	6.50	8.940	14.680	20.41	32.19	44.83	3.0	35.0	48.0	
7.0	1.0	1.500	1.000	4.00	7.00	12.560	21.98	3.000	5.000	7.00	9.420	15.700	21.98	34.54	47.10	3.0	37.5	50.0	
7.5	1.0	1.625	1.083	4.25	7.50	13.345	23.55	3.167	5.332	7.50	9.950	16.740	23.55	36.90	50.24	3.0	40.0	53.0	
8.0	1.0	1.750	1.170	4.50	8.00	14.130	25.12	3.340	5.680	8.00	10.480	17.820	25.12	39.25	53.42	3.0	42.0	56.5	

表 9-12　卷埽人工估计表

埽高(m)	每米长需捆埽人工(人)	埽高每增 0.5 m 每米长所增人数(人)
1.5	0.95	1.04
2.0	1.99	1.04
2.5	3.03	1.04
3.0	4.07	1.04
3.5	5.11	1.50
4.0	6.61	1.50
4.5	8.11	1.50
5.0	9.61	2.30
5.5	11.91	2.30
6.0	14.21	2.30
6.5	16.51	3.00
7.0	19.51	3.00
7.5	22.51	3.00
8.0	25.51	

第十章 厢埽方法

第一节 家伙的种类及用途

做埽所用的秸、梢料,必须用桩绳捆束,再分坯压土(或石),才能逐渐下沉入水。因此,按埽工的不同形式和作用,在每坯料上要拴打不同组合形式的桩绳(黄河上叫作家伙)。拴打桩绳是埽工中很重要的一项工作,技术性比较高。

一、家伙的种类

按性质来分,家伙有软家伙与硬家伙两种。软家伙是将绳缆在桩上多绕几圈,然后拉出拴在顶桩上。这样的拴法,绳缆伸展性大,受力慢,到埽身下沉后才发生后拉作用。硬家伙与此相反,是将绳缆拴在少数桩上,绕的圈也少,因而伸展性小,受力快。此外,还可分为重家伙与一般家伙。前者桩密绳多,团结力大,后者桩稀绳少,团结力小。在施工时如要使桩绳很快地受力,可用硬家伙,否则用软家伙,紧急工程(如堵口、抢修重要险工)可用重家伙。另外,按桩的位置,家伙又可分为暗家伙与明家伙。除顶桩、骑马桩外全部都在埽肚内的叫暗家伙,全部在埽身外部的叫明家伙。

明家伙需要的桩绳多,力量大,多用在截流、堵口工程中,暗家伙则在截流、堵口及抢险、护岸时均可采用。

二、家伙的拴打方法及其用途

埽工所用的家伙随做埽的方法不同而各异,兹将其种类及拴打方法分述如下。

(一)卷埽

(1)揪头。揪头为卷埽下水后维系卷埽的主要家伙,它有两种不同形式。

古代形式:揪头所用的绳缆,一般上游为5、7、9条,下游为3、5、7条,截流、堵口时有时上游用11、13条,下游用9、11条。所有的上下游揪头绳缆,都必须与卷埽的穿心绳密切联系,以免紧急关头时脱落出险。每条揪头绳缆应有1根木桩,分二或三排钉在埽台上,并使各排相互错开,以便绳缆伸展互不挂碍(见图10-1)。

内蒙古形式:因内蒙古所做的卷埽的直径比较小,所以每一个卷埽只用一条揪头绳。卷埽前先将揪头绳放在铺好的柴土上,在揪头绳的下端拴上一个柴捆、木棒或骑马,然后将上端拴在上游距埽30 m左右处预先埋好的绳环上(见图10-2)。如用阜绳,应根据卷埽沉到水底的距离拴死;如用铅丝缆则可拴成活扣,随着卷埽的沉落而逐渐松放。绳环的拴法是把粗绳两端拴在木桩上,留出绳鼻,然后将木桩埋入土内,使绳鼻留在地面上。

(2)底钩。底钩为捆卷埽身并搂系卷埽的主要绳缆,每3.2~3.4 m用一根。埽身捆卷完成后,先将绳扎系结实,然后将余绳由埽上拉回兜住卷埽。在河岸上钉底钩桩2根,

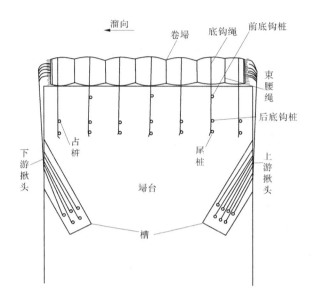

图 10-1　揪头拴系法示意图(古代方式)

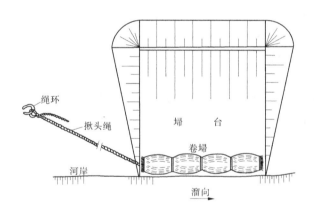

图 10-2　揪头拴系法示意图(内蒙古方式)

底钩绳先用活扣系在前桩上,等埽稳定后再用死扣拴在后桩上。在后底钩桩后约 1 m 处,还钉有尾桩 1 根,在水流紧急时作连环桩用。

(3)占绳。占绳为捆卷埽身和搂系卷埽的辅助绳缆,其作用与底钩绳相同,但没有底钩绳重要。一般可用苘绳、光缆相间均匀地分布在底钩绳的空当内作为占绳。其拴法是在埽身捆卷完成后,先将占绳扎系结实,然后将余绳由埽上拉回兜住埽身,用活扣拴于钉在后底钩桩档内的占桩上。如水势紧急,也可在占桩后约 1 m 处再钉一个尾桩,以备拴绳缆死扣之用;如水势不太急,可与底钩绳合用一个尾桩,这样能节约一部分木料。

(4)束腰绳。在卷埽中,束腰绳只用来辅助底钩绳、占绳捆卷埽身。束腰绳全用光缆。在使用时按 1.6~1.7 m 的间距,安排在底钩绳和占绳的空当内,到埽卷成后将绳头结紧,钉在埽内。

（5）腰绳。在较大的卷埽中，每隔 0.3 m 在底钩绳、占绳、束腰绳的空当中放 1 根腰绳作辅助，使埽身捆卷得更为紧密坚实。在一般卷埽中，有时不用底钩绳、占绳、束腰绳等，而只用腰绳作捆卷埽身的主要绳缆。这时腰绳应粗大些，直径在 3.5 cm 左右，间距约为 0.3 m。腰绳用芦苇或草拧成。埽身捆卷完成后，应将绳头挽结牢固。

（6）箍头绳。箍头绳是卷埽两端的两条绳缆，专用来捆束埽头。一般可全用光缆；如在水深流急的情况下，可用苘绳、光缆各 1 条，以期坚实。箍头绳也叫作边占绳。

（7）穿心绳，也叫充心绳。在卷埽的埽心捆好后，在埽心两侧各紧紧捆扎上 1 条粗大的苘绳，使埽心更加坚固。这两条绳应与上下游的揪头绳结牢，以便沉埽时拉上下游揪头绳可使埽稳妥下沉。穿心绳如捆扎不好，可能使全埽走失。

（8）提脑。卷埽入水时，全凭揪头绳及底钩绳、占绳等绳缆拉系，使它不致外爬、下败。但遇水势特别紧急，埽有下败的趋势时，可在上游揪头绳上再拴上 3~4 条绳，斜拉于打在上游适当地点的长桩上，这种绳叫作提脑绳。它与揪头绳的作用基本相同，是一种抢险的临时措施。

（9）骑马。将长 2.0 m 的木桩 2 根摆成十字形，用光缆拴系于埽外，光缆经过腰桩拴到顶桩上。它的作用是使埽下沉时不致外爬。

（二）顺厢埽和丁厢埽

顺厢埽与丁厢埽桩绳的拴打方法很多，但以羊角抓子、鸡爪抓子、单头人、三星及棋盘等为基本方法。这些方法根据不同情况也可联合使用。

1. 暗家伙

（1）羊角抓子。用两桩交叉钉在埽的前眉或占的左右两倒眉附近，距埽眉 50~60 cm 处，抓子间距 1.5~2.0 m，桩斜入埽肚 1.5 m。在使用这种家伙时，还要打腰桩和顶桩。腰桩一般为 1 根，如埽宽则可增多，这时最后 1 根须打在堤坡前的埽面上。顶桩钉在堤顶上距堤口 2~3 m 处，入土 1.2~1.3 m。羊角抓子的绳缆有四种不同的拴法，前三种拴法的羊角抓子都在埽肚内交叉，后一种在埽面上交叉。详细拴法如图 10-3 所示，这种桩绳受力快，属于硬家伙。如使用群绳还有团结埽体的作用。

（2）鸡爪抓子。羊角抓子再加钉 1 根直立桩，成为三桩交叉，叫作鸡爪抓子。直桩入埽肚 1.5~1.6 m，因入埽较深，故力量比羊角抓子大。绳有两种不同拴法，如图 10-4 所示。

（3）单头人与双头人。三桩成等边三角形直钉入埽中 1.2~1.3 m，桩的布置为前 1 后 2，桩之间相距 1~1.2 m。如前、后排按等距离各加一家伙桩，即可连环一次。绳有两种拴法：第一种为单头人，每一个单头人需双绳 1 副，群绳 1 条，家伙桩 3 根，腰、顶桩各 2 根，连环一次增加家伙桩 2 根，腰、顶桩各 1 根，双绳 1 副。第二种为双头人，每一个双头人需双绳 2 副，群绳 1 条，家伙桩 3 根，腰、顶桩各 3 根；连环一次增加家伙桩 2 根，腰、顶桩各 2 根，双绳 2 副。详细拴法如图 10-5 所示。双头人拴法用于七星占。

（4）三星。桩的布置与单头人相反，是前 2 后 1，桩距与单头人同。每个三星需家伙桩 3 根，腰、顶桩各 1 根，双绳 1 副。连环一次，增加前、后家伙桩及腰、顶桩各 1 根，双绳 1 副。详细拴法如图 10-6 甲所示。三星也是硬家伙，为埽工中所常用，且多连环使用。若连环三次叫九宫桩，拴法如图 10-6 乙所示，家伙桩布置为前 5 后 4，此桩钉于前眉附近，用

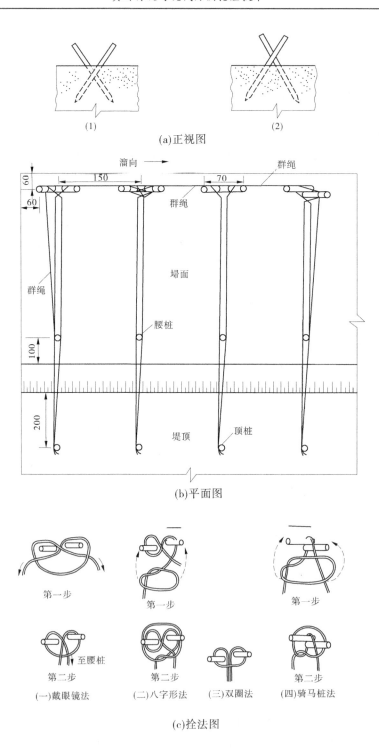

图 10-3　羊角抓子及其拴法示意图　（单位:cm）

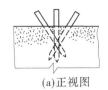

(a)正视图

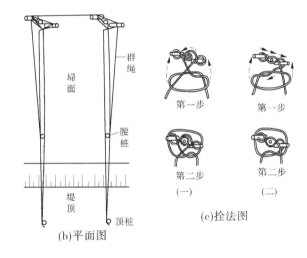

(b)平面图　　　　　(c)拴法图

图 10-4　鸡爪抓子及其拴法示意图

绳拴系直拉向后,为抢救占埽使用。

(5)棋盘。前后两排桩相对,排距横距一般均为 1～1.2 m,必要时横距可改为 0.8 m。每个棋盘需家伙桩 4 根,腰、顶桩各 4 根,单绳 4 条,双绳 1 副;每连环 1 次,增加家伙桩 2 根,腰、顶桩各 1 根,双绳 1 副。详细拴法如图 10-7 所示。这种桩绳在埽工中也常用,且多连环使用。因为绳在桩上左右拴绕,伸长性大,故属于软家伙,主要起团结料物和后拉埽身的作用。

(6)五子。桩的布置为前后排各 2 根,四桩中间加 1 根,形如梅花,桩距纵横均为 1～1.2 m。每个五子需家伙桩 5 根,腰、顶桩各 3 根。绳共有 4 种拴法,为正斜三星、单头人第一种方法和棋盘等拴法的变形组合。第一、二种拴法各需双绳 3 副,第三种拴法需单绳 2 条,双绳 2 副;第四种拴法需单绳 1 条,双绳 1 副,群绳 1 条。详细拴法如图 10-8 所示。由于桩、绳都比棋盘多,所以团结力和拉力均较大。

(7)连环五子。所需桩、绳均与五子第一种方法相同。每连环一次须增加家伙桩 3 根,腰、顶桩各 2 根,双绳 2 副,连环次数依埽长而定。详细拴法如图 10-9 所示。这种拴法绳软硬兼有,团结力很强,也有后拉力量。

(8)圆七星。家伙桩的布置为前后各 2,中间为 3,略成圆形。桩的排距、横距均为 0.7～1.0 m。桩钉在埽段前眉附近。绳有 6 种拴法,为三星、单头人、棋盘等拴法的变形组合,如图 10-10 所示。除家伙桩外,第一、二种拴法各需双绳 4 副,群绳 1 条,腰、顶桩各 5 根,第三种拴法需双绳 3 副,群绳 1 条,腰、顶桩各 4 根;第四种拴法需单绳 1 条,双绳 3 副,腰、顶桩各 5 根;第五种拴法需双绳 6 副(斜拉双绳 2 副在内),群绳 1 条,腰桩 9 根,顶

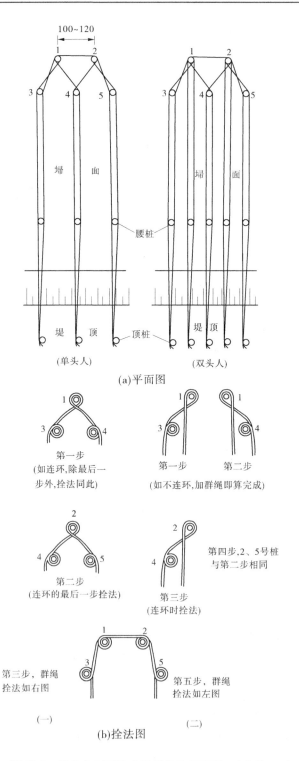

(a)平面图

(b)拴法图

图 10-5　单头人与双头人及其拴法示意图　（单位：cm）

桩 5 根;第六种拴法需双绳 6 副,群绳 1 条,腰、顶桩各 7 根。由于绳或直拉或左右拴绕,因此软硬兼有。尤其第五、六两种拴法,每桩有双绳 1 副,由于桩距不大,桩密绳多,因此团结力强,为重家伙。

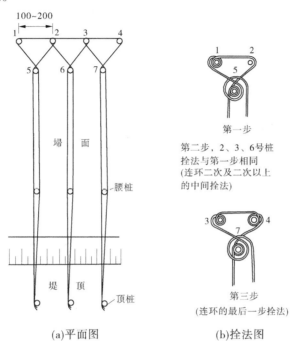

(a)平面图　　　(b)拴法图

图 10-6 甲　三星及其拴法示意图　（单位:cm）

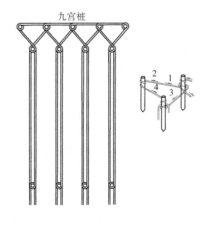

图 10-6 乙　九宫桩及其拴法示意图

（9）扁七星。家伙桩的布置为前 3 后 4,钉子埽的前眉附近,排距横距均为 1~1.2 m,腰、顶桩各需 4 根。绳有 2 种拴法,为正斜单头人与斜棋盘和群绳的组合,如图 10-11 所

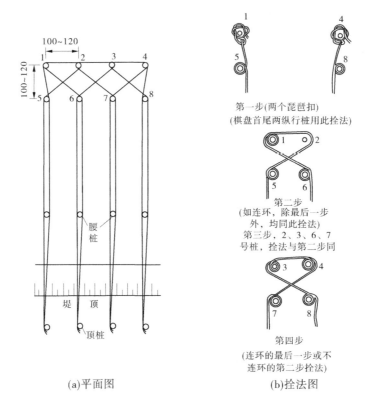

（a）平面图　　　　　　　　　　（b）拴法图

图 10-7　棋盘及其拴法示意图　（单位：cm）

示。第一种拴法需双绳 3 副，群绳 1 条，为硬家伙；第二种拴法需双绳 4 副，绳左右斜拴，为软家伙。另一种扁七星家伙桩布置为前 4 后 3，拴法见图 10-6 甲。

（10）连环七星（十三太保）。为七星的连环使用，所用桩、绳均与圆七星第一法相同。每连环一次，需增加家伙桩 3 根，腰、顶桩各 2 根，双绳 2 副。连环次数可依埽长和需要而定。其拴法也为单头人和三星组合而成（见图 10-12）。其拉力和团结力均甚强大。

（11）八卦。家伙桩的布置为前 2 后 2 中间 4，共 8 根桩，拴 8 对绳，传统称为"八卦"。但也有根据需要拴 6 对绳、4 对绳或 2 对绳的，这种家伙桩主要是治埽病，使用较少（见图 10-13）。

（12）九连环。家伙桩的布置为前、中、后各 3 根，共 9 根桩，如图 10-14 所示，九连环主要用于水中进占团结埽体及后拉作用。

（13）占。家伙桩的布置与单头人相似，但排距为 0.8 ~ 1.0 m，横距则为 0.2 m。绳的拴法与单头人的第二种方法相同，如图 10-15 所示。一般用 3、5、7、9 根家伙桩，如果需要，还可继续连环使用。如将横距放宽到 0.5 ~ 1.0 m，用前三后四共 7 根家伙桩，叫作七星占（见图 10-16）。这种家伙的绳缆密拴、直拉，而且横距甚小，因之有极强大的后拉力量，为家伙中之最硬最重者。

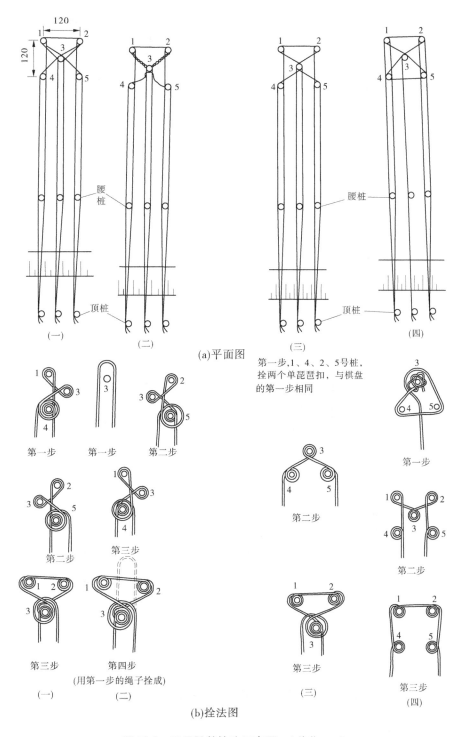

(a)平面图

第一步,1、4、2、5号桩,拴两个单琵琶扣,与棋盘的第一步相同

(b)拴法图

图 10-8　五子及其拴法示意图　（单位:cm）

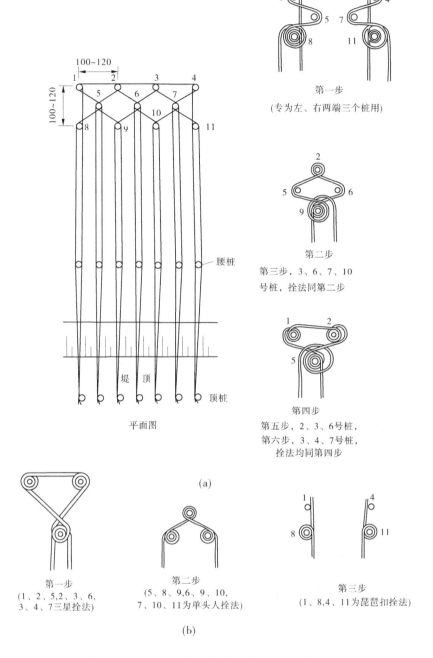

第一步
(专为左、右两端三个桩用)

第二步
第三步，3、6、7、10
号桩，拴法同第二步

第四步
第五步，2、3、6号桩，
第六步，3、4、7号桩，
拴法均同第四步

(a)

第一步
(1、2、5,2、3、6、
3、4、7三星拴法)

第二步
(5、8、9,6、9、10、
7、10、11为单头人拴法)

第三步
(1、8,4、11为琵琶扣拴法)

(b)

图 10-9　连环五子及其拴法示意图　（单位:cm）

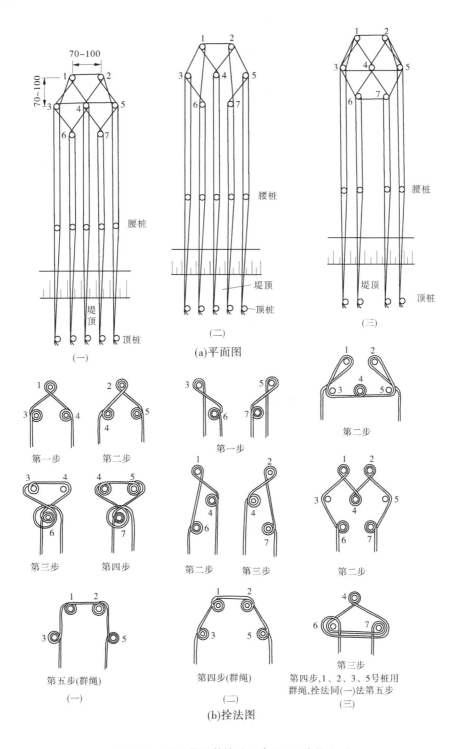

图 10-10 圆七星及其拴法示意图 （单位：cm）

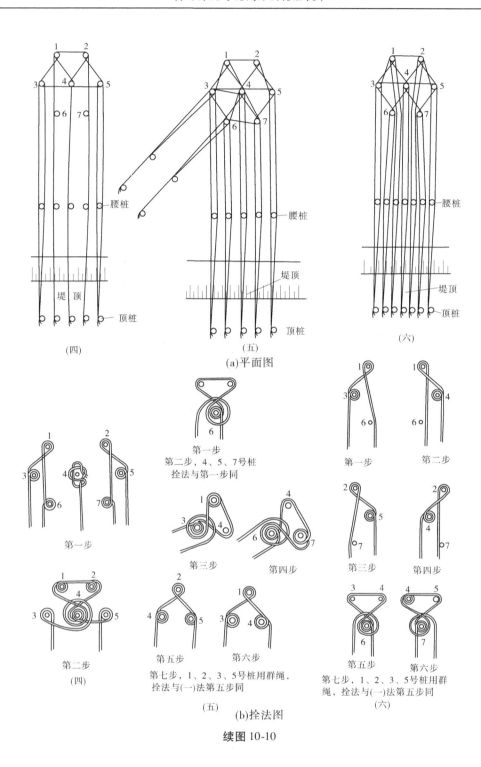

(a)平面图

(b)拴法图

续图 10-10

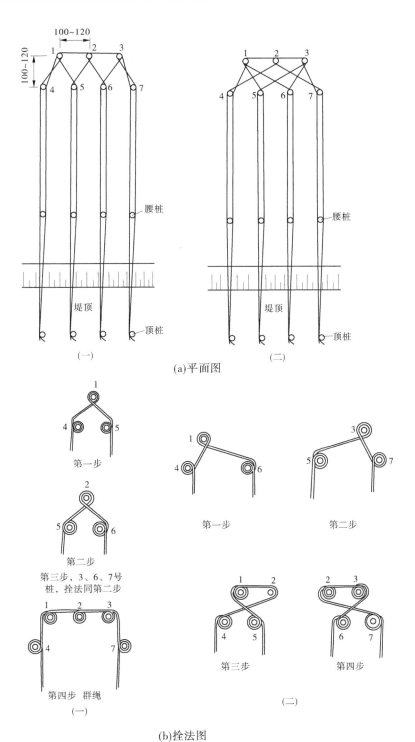

(a)平面图

(b)拴法图

图 10-11　扁七星及其拴法示意图　（单位:cm）

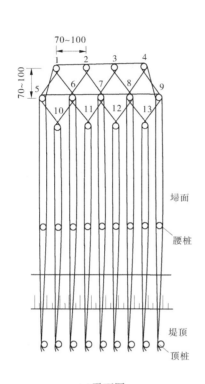

第三步，3、7、8号桩
第四步，4、8、9号桩
拴法同第二步

第七步，7、8、12号桩，拴法同第六步

第九步，1、2、3、4、5、9号桩
用群绳，拴法同扁七星(一)法第四步

(a)平面图　　　　　　　　(b)拴法图

图 10-12　连环七星及其拴法示意图　（单位:cm)

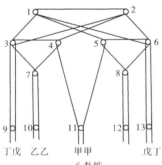

八卦桩
拴法:3、4、7桩及5、6、8桩同三星桩,
1、2、4、5同棋盘桩，3、2、6桩及6、
1、3桩同单头人桩
　甲—甲:11-4-2-1-5-11
　乙—乙:10-7-4-3-7-10
　丙—丙:12-8-6-5-8-12
　丁—丁:13-6-2-3-9
　戊—戊:9-3-1-6-13
　　　　(一)

拴法:第一步,1、3、4桩及2、5、6桩同单头人桩;
　　　第二步,1、2、4、5桩同棋盘桩;
　　　第三步,3、4、7桩及5、6、8桩同三星桩;
　　　第四步,3、6桩拴琵琶扣(水势缓也可不拴)

(二)

图 10-13　八卦及其拴法示意图

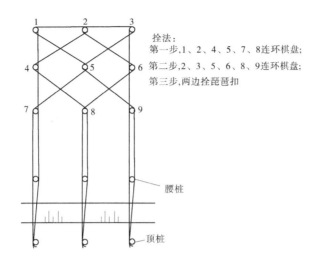

图 10-14　九连环及其拴法示意图

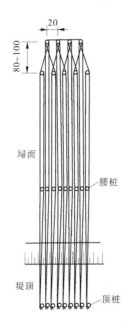

图 10-15　占平面图　（单位:cm）

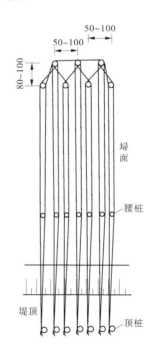

图 10-16　七星占平面图　（单位:cm）

（14）三排桩。家伙桩的布置为 3 排（见图 10-17），可根据需要向横向延伸。桩的排距横距均为 1～1.2 m，最少需桩 6 根，单绳 2 条，双绳 1 副，腰、顶桩各 2 根；连环 1 次，需增加家伙桩 3 根，双绳 1 副，腰、顶桩各 1 根。绳的拴法，为棋盘拴法连环套用，详细拴法见图 10-17。这种桩绳因桩多绳少，且左右拴绕，属于软家伙，主要起团结埽体的作用。

（15）满天星。家伙桩可布置在整个埽面上或在出险埽段内，因此桩的排数随埽面或出险埽段的宽度而定，还可根据需要向横向延长（见图 10-18）。桩的排距、横距均为 1～2

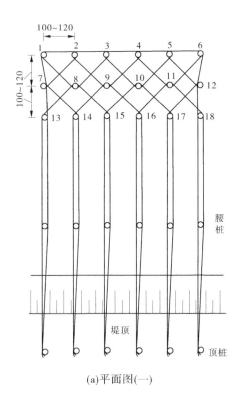

(a)平面图(一)

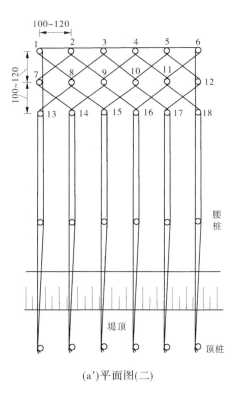

(a′)平面图(二)

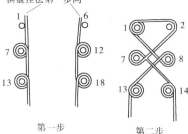

第三步,2、3、8、9、14、15号桩
第四步,3、4、9、10、15、16号桩
第五步,4、5、10、11、16、17号桩
第六步, 5、6、11、12、17、18号桩
拴法均同第二步

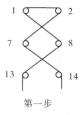

第二步,2、3、8、9、14、15号桩
第三步,3、4、9、10、15、16号桩
第四步,4、5、10、11、16、17号桩
第五步,5、6、11、12、17、18号桩
拴法与第一步同
第六步,两个琵琶扣

(b′)拴法图(二)

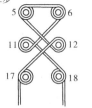

第六步(最右两行桩用)

(b)拴法图(一)

图 10-17　三排桩及其拴法示意图　（单位:cm）

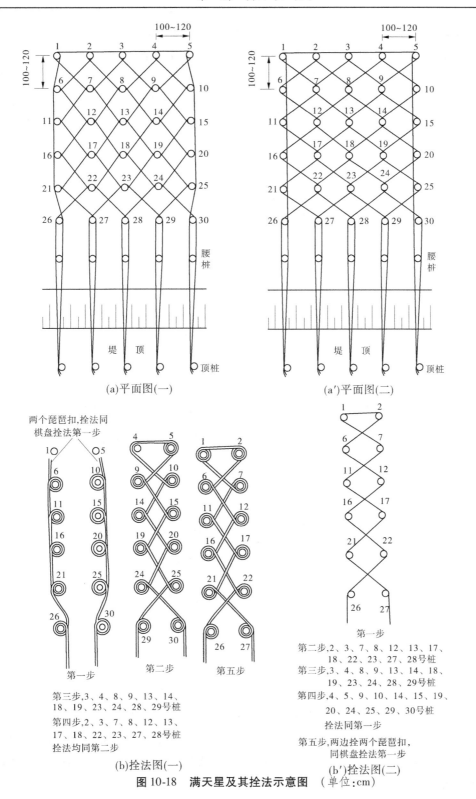

(a)平面图(一)　　　　　　　　　　　　(a′)平面图(二)

第一步

两个琵琶扣,拴法同棋盘拴法第一步

第一步　　　　　第二步　　　　　第五步

第三步,3、4、8、9、13、14、
18、19、23、24、28、29号桩
第四步,2、3、7、8、12、13、
17、18、22、23、27、28号桩
拴法均同第二步

(b)拴法图(一)

第二步,2、3、7、8、12、13、17、
18、22、23、27、28号桩
第三步,3、4、8、9、13、14、18、
19、23、24、28、29号桩
第四步,4、5、9、10、14、15、19、
20、24、25、29、30号桩
拴法同第一步

第五步,两边拴两个琵琶扣,
同棋盘拴法第一步

(b′)拴法图(二)

图 10-18　满天星及其拴法示意图　（单位:cm）

m。桩的最少根数为排数的 2 倍,这时共需单绳 2 条,双绳 1 副,顶桩 2 根(也可不用)。每连环一次,需增加的家伙桩数与排数相等,还要增加顶桩 1 根(也可不用),双绳 1 副。其拴系方法是棋盘拴法的连环套用,详细拴法如图 10-18 所示。因桩比三排桩多,而绳数相等,属于软家伙,它主要起团结埽体的作用。满天星绳缆的拴系程序为自右向左,如自左向右,则需将第二步的上下扣反过来,最后在最右二行用第五步。二种拴法的功用相同。

(16)蚰蜒抓子。家伙桩的排列大致为连环棋盘,两头各增一桩,排距、横距均为 1 ~ 1.2 m,可按需要向横向延长连环。所需绳数、拴法与棋盘全同(见图 10-19)。因绳在桩间左右拴绕,故属软家伙,它有团结物料和后拉的作用。

(17)腰抓子。腰桩用羊角抓子叫作腰抓子,绳通过腰抓子拴系于顶桩上,其拴法如图 10-20 所示。这种家伙每 1.5 ~ 2.0 m 用 1 副,因系直拉故属硬家伙。它主要起后拉和团结埽体的作用。

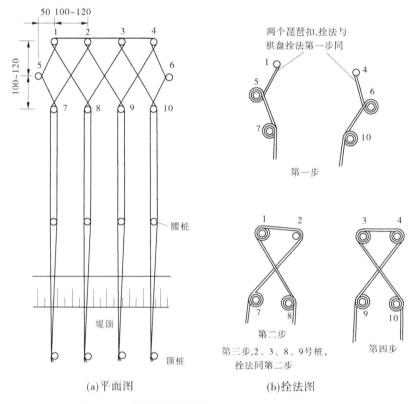

图 10-19　蚰蜒抓子及其拴法示意图 　(单位:cm)

(18)包头抓子。系在埽前眉打羊角抓子,绳缆通过羊角抓子与埽前秸枕上的底钩绳联系起来(见图 10-21)。其拴法与腰抓子相同,即用琵琶扣在枕的底钩绳上拴双绳 1 副,将绳拉至埽面,通过羊角抓子,经腰桩至顶桩。这种家伙主要用于丁厢埽头坏,用时应整坏都用,且每条绳都拴到枕的底钩绳上。它不但能防止因秸枕压入埽肚而发生危险,还可使顺厢坯与丁厢头坯密切衔接成一整体。

（19）枪里加铜。枪里加铜是羊角抓子与骑马联合使用的形式，即在 2 副羊角抓子间加 1 副骑马；为加强联系，也可在埽角加三星 1 副（见图 10-22）。羊角抓子、三星的拴法与前述相同。在一坯将完成时，如用群绳将三星、羊角抓子等联系起来，也可起到团结全坯的作用。群绳只拴到腰桩上为止，不必由坡到顶。因三星、羊角抓子与骑马均系直拉，力量极大。

2. 明家伙

（1）骑马。用家伙桩 2 根，先将桩中间约 0.2 m 一段削平，将两桩十字交叉，用麻绳拴紧，然后拴上大缆，拴法与羊角抓子的第四种方法相同。骑马每 1.5～2 m 用 1 副（见图 10-23），因系直拉，所以属于硬家伙。

在截流和堵口工程中，在底坯下游拴上骑马，将拴骑马的大缆经占的上游面向后拐拴在前一占的顶上，使

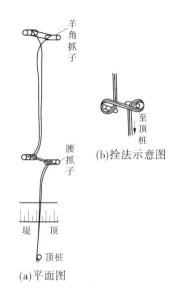

图 10-20　腰抓子图

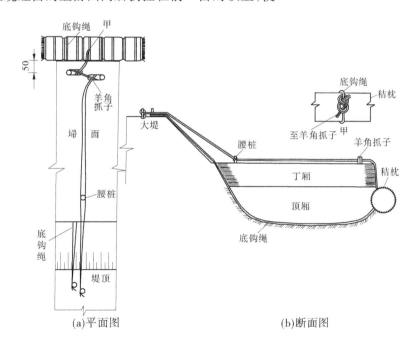

图 10-21　包头抓子图　（单位:cm）

前后两占密切结合，避免发生崩裆险象，这样的骑马叫作拐头骑马（见图 10-24）。

在占的下游面拴上骑马，将绳带到上游倒骑马船上或滩岸上的桩上，以防止新占被冲

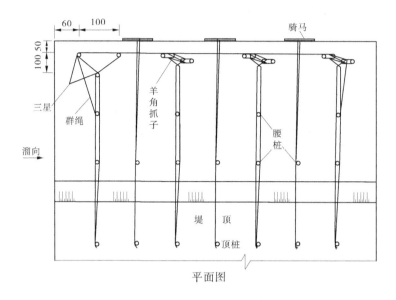

图 10-22　枪里加铜图　（单位:cm）

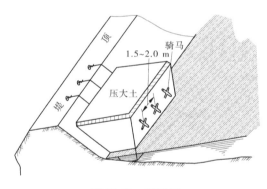

图 10-23　骑马图

刷下败,这种骑马叫作倒骑马(见图 10-24)。

后两种骑马,每 2 m 用 1 副。在合龙占下游拴上大骑马,将绳缆带到口门上游吊头锚船上,以防止合龙占下败,这种骑马叫作五花骑马(见图 10-24)。

(2)揪头与保占。揪头与保占的拴打方法如下。

钉桩:以占面正中距前眉 3.1~3.7 m 处为起点,向前打下 5 根桩(直径 0.12~0.16 m,长 2.7 m)成圆形,直径 2~2.5 m,桩头均略向外倾斜,叫作揪头桩。另外,在上述 5 根桩的最前部,距前眉 0.6~0.7 m 处,相对斜打 2 根长约 2.0 m 的桩,叫作关门桩(见图 10-25 甲)。各桩顶露出占面约 1 m。

布绳:按水深溜急情况,确定所需绳缆根数(一般为 5、7、9、11、13 根),将各绳缆分别自后部沿占边及跨角拉到前眉中间,并将两端的绳缆对接起来。然后将各缆从 3 号揪头桩开始,分别按图 10-25 乙隔桩错茬拴扣,再绕两关门桩外出。在跨角处兜一上扣或下扣

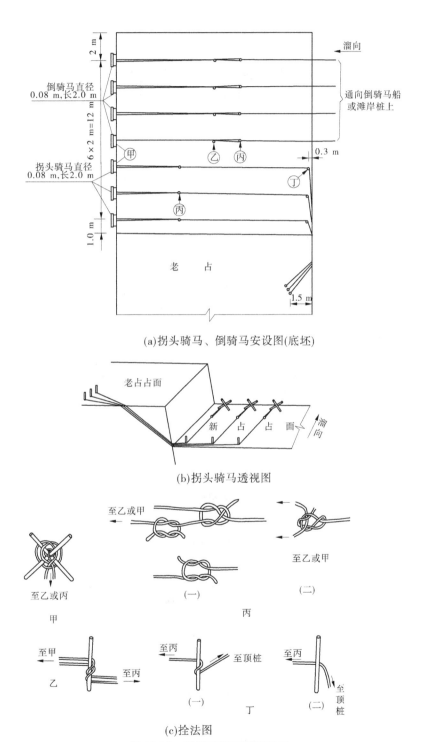

(a)拐头骑马、倒骑马安设图(底坯)

(b)拐头骑马透视图

(c)拴法图

图 10-24　拐头骑马及倒骑马图

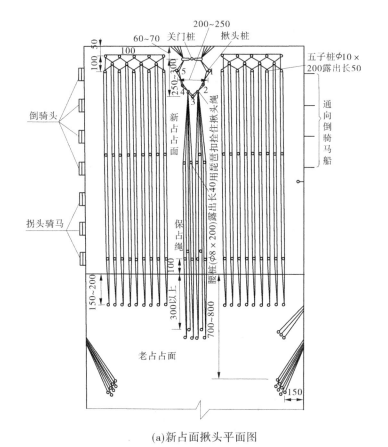

(a)新占面揪头平面图

(b)揪头透视图

图 10-25　揪头五子拴法示意图　（单位：cm）

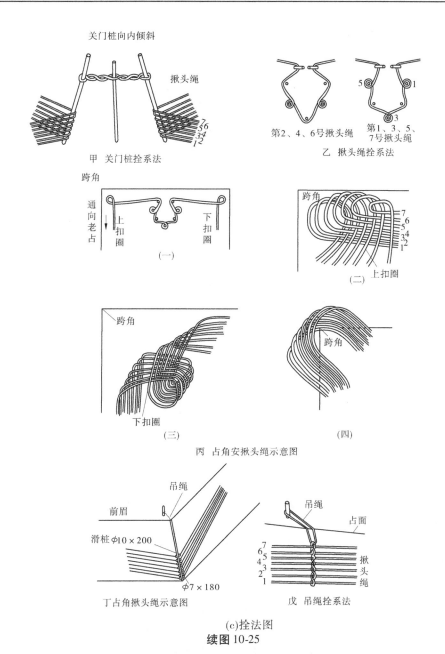

关门桩向内倾斜

揪头绳

甲 关门桩拴系法

第2、4、6号揪头绳

第1、3、5、7号揪头绳

乙 揪头绳拴系法

跨角

通向老占

上扣圈   下扣圈

（一）

跨角

上扣圈

（二）

跨角

下扣圈

（三）

跨角

（四）

丙 占角安揪头绳示意图

吊绳

前眉

滑桩φ10×200

φ7×180

丁占角揪头绳示意图

吊绳

占面

揪头绳

戊 吊绳拴系法

(c)拴法图

续图 10-25

圈,所有各绳缆的上扣或下扣圈,均将后绳压在前绳上,下缆之前先将所有绳圈翻转,然后提起各绳圈,并将绳圈还原,甩至跨角下(见图 10-25 丙)。

安绳:在上下跨角处水面上,各吊一根长约 2.0 m 的滑桩,以免绳缆受力后嵌入占内,再将甩下的绳缆由下向上排在滑桩上。在绳缆的转折受力处,用签桩打入埽内控制绳缆的滑动(见图 10-25 丁)。然后顺占的倒眉,将绳缆拉紧,用活扣拴在老占上的顶桩上。

拴保占绳:在揪头绳缆安妥后,用两排保占绳(每排 3、5、7、9 条不等,按水深溜势而定),一头用琵琶扣拴在最里一根揪头桩两旁的揪头绳上,另一头则通过 1~2 根腰桩拴

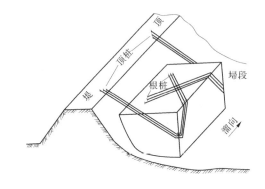

图 10-26　斜形双包角

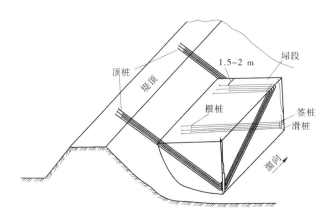

图 10-27　直形双包角

于老占上的顶桩上(见图 10-25 戊)。

拉揪头绳:保占绳缆拴好后,再将老占顶桩上的揪头绳的绳扣解开,把绳拉紧,然后正式拴于顶桩上。

吊绳:在占两侧用小绳将各揪头绳编住,吊于占面预先钉好的桩上,以防揪头绳紊乱和下垂(见图 10-25 戊)。

盖绳:压土前应在占面上绳缆与揪头桩处,用碎秸料或黄料压盖,这时揪头即算完成。

揪头的主要作用为揪住埽头,用保占绳后拉,使埽体只能下沉,不能前爬,因之可与老占紧密结合,而不发生危险,故当水深溜急时,埽占底坏厢好之后,即须跟着下揪头、保占,使埽占逐渐在老占前下蛰,所谓"埽占不到家,坏坏揪头拿",就是这个意思。下揪头时应避免偏斜,最初几坏揪头要稍松些,使埽占能缓缓下蛰,向上可逐渐将绳缆拉紧,以免前爬掰裆,发生险情。更重要的是应使所有绳缆配合得当,使受力均匀。

(3)单、双包角。包角也叫笼头,有单双之分。包角的主要作用,为兜住埽占或跨角,不使突然下蛰而发生危险。例如埽占左角下蛰,可用单包角,先在老占(或新占后部)的右角距倒眉 1.5~2 m 处扣打根桩(一般打 3、5、7、9 根,按当时水势情况而定),将绳缆拴在根桩上,分别斜向沉蛰处,按在跨角拴揪头绳的方法将绳沿埽占倒眉拉至在老占(或堤顶)上预先打好的顶桩上,占前眉绳缆转折处及跨角滑桩处,均打签桩控制,然后把绳拉紧,拴在顶桩上。

如埽体前部蛰动,可用双包角,其做法等于做两个单包角,有斜形及直形两种形式(见图10-26、图10-27)。双包角的根桩一般是钉在新占后的老占上,如沉蛰情况严重也可钉在新占的后部,使缓缓沉蛰,以免被绳缆吊住,不易沉蛰而发生危险。包角安装妥当后,可将各绳缆用碎料盖住,再压花土。

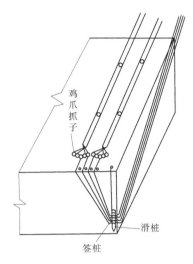

图 10-28　简易单包角

包角也可与埽面的鸡爪抓子联合使用,即将包角的绳缆与埽面的鸡爪抓子桩联系起来。这样也可起到防止埽角下蛰的作用(见图10-28)。这种做法简单,用于抢护埽角的一般沉蛰比较适宜。

下单、双包角时,如埽占面上压有厚土,应将拟下桩、绳处的厚土挖去,然后打桩和布置绳缆。

(4)束腰。在新占后的稳固老占面上左右两边,或埽后堤上打两排顶桩,然后沿埽占两倒眉安放绳缆(如揪头绳一样),所需绳缆根数视水深溜势而定。在两跨角处的水面上各吊滑桩一根,然后将绳缆自下而上排在滑桩上,并用签桩打入埽内控制,以防绳缆滑动。等各条绳缆安放妥当后,两处顶桩同时紧绳。在跨角处设看守人,随时调整绳缆的走动。绳缆拉紧后分别拴于顶桩上,即算完成(见图10-29)。这种家伙的主要作用为将埽占后拉,遇埽占缓缓前爬或栽头严重时常用之。同一埽占由于情况特殊,可下二三次束腰,但愈向上部束腰绳缆应愈拉得紧,以期能稳靠在老占或堤根上。

(三)其他桩、绳的拴打方法

(1)顶桩排列法。埽、占的根、顶桩,一般排成斜形,而明家伙可排成斜形、雁翅形与麦穗形。雁翅形应用时比较方便。根桩与顶桩的排列方式应使绳缆受力后可排放整齐,互不干扰。不得使顶、根桩前后相对(见图10-30)。

(2)顶桩拴绳法。计有5种不同拴法(见图10-31)。

第一种拴法是将自埽面拉至堤顶(或占顶)的双绳用下扣拴在顶桩上,绳头顺水流方向放在堤顶上。第二种拴法是将双绳用下扣拴在顶桩上,绳头从顶桩后折回,在绳上绕一

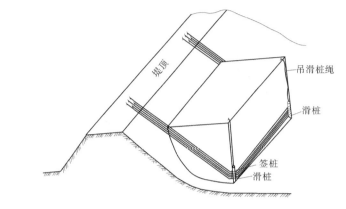

图 10-29　束腰图

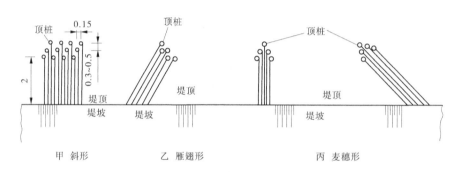

图 10-30　顶桩排列图　（单位:m）

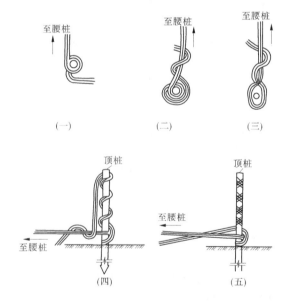

图 10-31　顶桩拴绳法示意图

二次。第三种拴法是把双绳挂在顶桩上,绳头在绳上绕一二次。第四种拴法是把双绳用
下扣挂在顶桩上,再沿桩向上盘绕几次,然后将绳头压在绳下。第五种拴法是把双绳用下

扣挂在顶桩上,再沿顶桩上下盘绕两次,绳头压在绳下。

前三种拴法在埽面尚未压土或压土后还需随时松、紧绳缆时采用。后两种拴法在埽已到底,盘压稳固,不再松绳时采用。

（3）腰桩拴绳法。有两种拴法（见图10-32）。第一种拴法是由家伙桩拉出的双绳不交叉,一条用上扣、另一条用下扣拴在腰桩上。第二种拴法是由家伙桩拉出的双绳合并起来,用下扣拴在腰桩上。

（4）签桩拴绳法。拴法如图10-33所示。

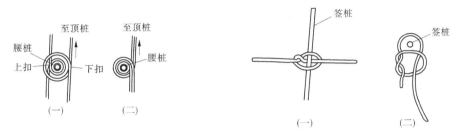

图10-32　腰桩拴绳法示意图　　　　图10-33　签桩拴绳法示意图

（5）琵琶扣。也叫死扣,拴法如图10-34所示。

（6）带笼头。枕的两头用龙筋绳捆拴时用这种拴法（见图10-35）。但必须注意留出的绳头应在同一方向,以便拉枕靠岸。

图10-34　琵琶扣拴法图　　　　图10-35　龙筋绳带笼头示意图

（7）死扣活鼻。这种拴法拴成后,上为死扣下为活鼻,可随埽占沉蛰而上提,使绳缆始终受力（见图10-36）。此法为搂厢埽和进占时接练子绳及底钩绳所用。

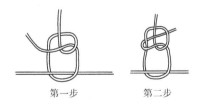

图10-36　死扣活鼻图

（8）接绳法。第一种为两绳套接的抄手扣,有两种不同拴法:一为外绕套法,二为串双圈法。后一种方法最简便,可接粗大的绳缆。拴时必须注意使两短绳头错开,分别用小绳拴在长绳上（见图10-37）。第二种为弓弦扣法,是分别将两绳的末端拴在另一绳上,拉紧后用小绳将短头扎好（见图10-38）。第三种为麦穗结绳法,是将两绳头各分为三股,各顺绳原扭劲将三绳头分别对叉起来,然后每股互相穿压,编成麦穗形(见图 10-39)。

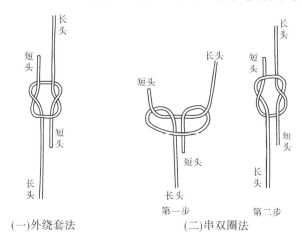

(一)外绕套法　　　　　　(二)串双圈法

图 10-37　外绕套及串双圈接绳法图

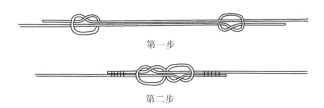

图 10-38　弓弦扣接绳法图

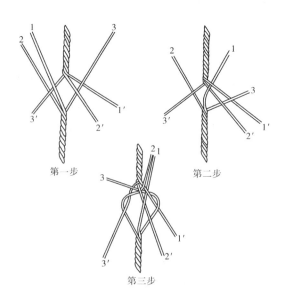

图 10-39　麦穗接绳法图

(9)单绳接双绳法。也是一种死扣,如图 10-40 所示。

图 10-40　单绳接双绳法

（10）绳缆关门法。用双绳拴桩时，各绳必须在桩前交叉绕过，称为关门。上绳用下扣，下绳用上扣。如一程拴绳甚多，可只最上二根绳用二个上下扣相对，其他就以单绳绕过（挂住），以降低桩上绳的高度，而利于料物的压实（见图 10-41、图 10-42）。

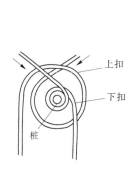

图 10-41　绳绕关门法图

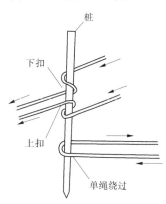

图 10-42　上下扣、单绳绕过图

（11）拴群绳法。为使整个埽占面上的桩互相联结，可用群绳贯连之。例如单头人必须用群绳。有时绳在最后桩上成单数时，也用群绳来平衡。一般群绳在左右拐角处都用下扣，在埽占前眉其他桩上大多用上扣。群绳拐弯后应在桩里或在桩外，须随时根据已拴绳情况来定，应使最后一副家伙所出的绳，一条在绳内，一条在绳外，以求平衡。群绳拴法见暗家伙拴系法。

（12）拴五子扣与内穿外绕扣法。捆枕时由单绳合（会）成双绳后甲，一般应在枕上拴成五子扣，以便拉紧。待绳拉紧后，再拴一扣，即可不致松动（见图 10-43 甲）。五子扣通常用于单绳会双绳捆枕法；另一种捆枕方法为内穿外绕扣法，也称双绳捆枕法（见图 10-43 乙）。该捆枕方法速度快效率高，不需要会绳。

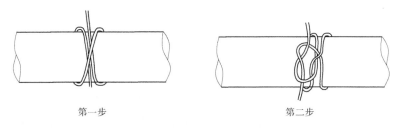

第一步　　　　　　　　　　　　　　　第二步

图 10-43 甲　拴五子扣图

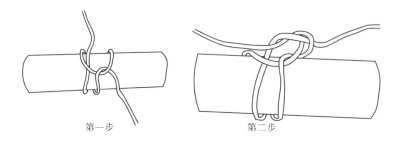

第一步　　　　　　　　　　　　　　第二步

图 10-43 乙　内穿外绕扣

（13）泥兜扣法。用大布头或大布边沿卷第一个扣，然后用第二个扣拴系大布卷的第一个绳扣（使布和绳拴系在一起）。在拴系土工大布时，用泥兜扣拴系和固定土工大布非常牢固，常常用于大布护岸、大布护底以及土工大布水中进占等土工织物新材料应用中，况且用泥兜扣拴系土工大布可以起到保护土工大布的作用，但泥兜扣法只适用于绳缆与土工大布布头和布边沿拴系（见图 10-44）。

图 10-44　泥兜扣法

（14）包拳头扣法。用绳缆的一端头自系疙瘩（细绳至少连系两扣），类似"拳头"，用土工大布包裹"拳头"，并在布的背（外）面用铅丝（12 号）将土工布包裹的"拳头"捆扎牢固或用绳缆绑扎牢固。主要用于绳缆拴系土工大布，适用于绳缆与土工大布布面的直接拴系连接，作用是用桩、绳缆固定土工大布抗击水流冲刷（见图 10-45）。

图 10-45　包拳头扣法

（15）大布对接法。在使用土工大布抢险或施工时，往往会遇到土工大布长度不足，需要接长土工布，这时可以用两块布头预先缝裹的绳缆（或用一条绳缆卷裹两个布头绑扎）进行对接，并用铅丝（12 号）将两个布头包裹的绳缆（大麻绳）绑扎牢固，铅丝绑扎的间距一般不超过 15 cm（见图 10-46）。布包裹大麻绳绑扎可以起到大布对接强度和护布的作用。

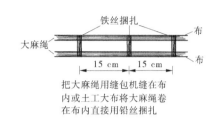

把大麻绳用缝包机缝在布
内或土工大布将大麻绳卷
在布内直接用铅丝捆扎

图 10-46　大布对接法

(四)几点说明

(1)所有以上各种家伙的桩绳,一般都是对称的,以求受力平衡。

(2)腰桩一般钉在埽后或者占坡脚前的埽面上,不能离坡脚过远(在前面各种桩绳拴法示意图中,腰桩的位置未准确地绘出)。如埽面宽大,家伙桩距腰桩较远,也可在其中加 1~2 排腰桩。

(3)凡能连环的各种家伙,其连环次数可视需要而定,图上所绘各连环次数,仅为说明拴法。

(4)满天星桩可根据埽、占面的大小和需要情况向纵横方向增减;其他家伙只能横向连环,纵向不能任意增减。

(5)在桩上拴绳,一般均系先拴上扣,再拴下扣。一个桩上有两个以上的绳扣时,为了不使绳缆叠压过高,常在拴其上下扣之前,以单绳绕桩而过不用绾扣。

(6)在拴家伙桩绳缆时,一般顺序和原则是,"先前后后、先左后右,先上后下";因为在实际险中,前排桩较后排桩蛰入水中,先左后右是能把左边险上扣压住。家伙桩最后一排桩出绳一般为先拴上扣,后下扣。

(7)各项常用桩木的施工规格列于表 10-1。

表 10-1　各种常用桩木施工规格

规格	斜入形			直立形		腰桩	顶桩
	一般	揪头桩	关门桩	一般	合龙桩		
桩长(m)	2.00	2.70	2.00	2.00	2.70	2.00	1.5
直径(m)	0.09~0.12	0.12~0.16	0.09~0.12	0.10	0.12~0.16	0.08~0.10	0.13~0.15
打入深度(m)	1.50	1.60~1.70	1.20	1.20~1.30	1.9~2.0	1.5~1.6	1.20~1.30
上露长度(m)	0.50	1.00~1.10	0.80	0.70~0.80	0.7~0.8	0.40~0.50	0.20~0.30

注:1. 斜入形的桩一般栏是指羊角抓子、鸡爪抓子等,鸡爪抓子的中间直立桩打入深度为 1.5~1.6 m;揪头桩栏和关门桩栏则专为揪头用。

2. 直立形一般栏是指其他明暗家伙;合龙桩则专为堵口和截流合龙时使用。

第二节　顺　厢

将薪柴顺水流方向厢修,叫作顺厢。现按卷埽、进占,合龙占、楼厢埽等分述如下。

一、卷埽

(一)垫埽台

埽台为捆卷埽体的场地。在垫台之前,应先按卷埽的计划高度和捆卷周数计算出绳缆的长度,再增加回转余地和前部停埽台的宽度,就可确定埽台宽度。埽台长度,应按卷埽长度加上卷埽的上下接头确定。如果堤顶窄狭,应架木平堤,叫作软埽台。

一般埽台都是前低后高,以便借物料向下滚动之力,顺利地向前捆卷,而节省人力。

埽台坡度,根据内蒙古自治区的经验,依卷埽的长度和直径而定,一般为 1:3 ~ 1:4,卷埽直径愈大,埽愈重,则坡度应愈陡。

新垫的土坡,一般不予夯实,将台面整理平整即可应用;但土质特别松软时,可在埽台垫成后,将表面夯实一次。

内蒙古自治区常用的卷埽,一般长 10 m,直径 1.5 m,按无埽心卷二周计算,所需埽台宽度约为 10 m,埽台长度 12 m。台顶高出 3 m,左右两侧和后面边坡均为 1:1。台前留3 ~ 5 m 宽的平台,做停埽台,以便停埽捆扎绳缆(见图 10-47)。

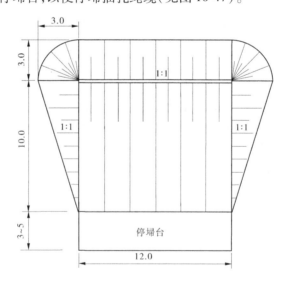

图 10-47　埽台平面图　(单位:m)

对于规模较大的工程,由于捆卷的埽较多,可每隔 1.5 m 在埽台上铺方垫木一条,以利捆卷工作(见图 10-48)。

卷埽抛至一定程度,并厢垫之后,需将埽台向前移动,以便继续捆抛。

(二)扎埽心、布绳缆

(1)直径 1.5 ~ 2.5 m 的卷埽。这种卷埽不用埽心。卷时将腰绳铺在埽台上,间距一

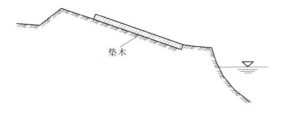

图 10-48　埽台垫木图

般为 0.3 m,上端伸出埽台 30～50 cm,下端伸出 1.5～2.0 m。在铺腰绳的同时,按 3 m 间距铺拉埽绳,上端伸出埽台 4～5 m,作捆卷时拉埽用(见图 10-49)。如用 12 号铅丝代替草腰绳,可在下端钉直径 4 cm、长 50 cm 的木橛一排,将铅丝拴上,上端扎紧在所铺的柴上,以免松劲。

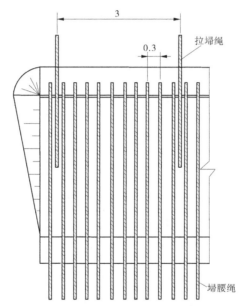

图 10-49　埽腰绳、拉埽绳布置示意图　(单位:m)

(2)直径 3～8 m 的卷埽。自埽头起,每 1.65 m 铺拉埽苘绳一条,然后把柳枝堆积在绳上,用小绳捆扎成直径 0.5～1.0 m 的埽心,再用光缆每 6～7 m 扎一道。待埽心扎成后,再用穿心苘绳 2 条和上、下水揪头绳 8～12 条,分别将埽心捆扎结实,尤其揪头绳不能有一点抽动。埽心两端,各铺箍头苘绳、光缆 1 条。

自埽头起每 3.2 m 左右用苘绳一条作为底钩绳,再在底钩绳空档中,加铺占绳,占绳以光缆、苘绳相间铺用;另外在底钩绳、占绳之间,各铺束腰光缆一条,并用光缆 3 条在马鞍处横连束腰光缆作为脊筋(见图 10-50),底钩绳、占绳均系两用,除铺在埽台上作卷埽用外,余绳应盘于停埽台附近,以便在推埽时搂束埽身。小腰绳可以密铺,一头系埽心上,在临河处可将数十条拴结一起钉入埽内。

(三)铺料、土

根据内蒙古自治区的经验,腰绳铺好后,为使卷埽成为整体,先在绳上铺一层长而坚

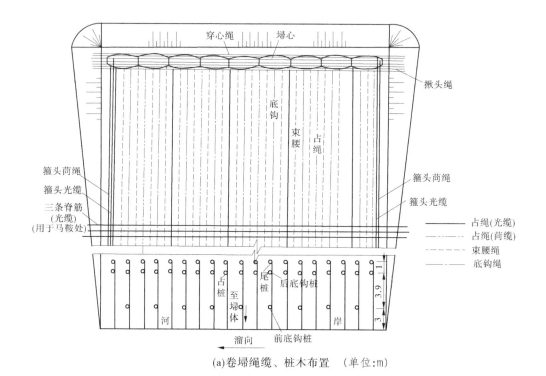

(a)卷埽绳缆、桩木布置　（单位:m）

(b)穿心绳、揪头绳与埽心的挽结

(c)绳缆桩木连系

图 10-50　卷埽桩绳布置图

韧的硬柴,如红柳、河柳、芦苇、梢料等,然后铺软柴,软柴要抖散铺匀,以防漏土。每层铺的程序是由上游开始一层压一层(重合部分要超过 0.3 m)地铺向下。硬柴、软柴共厚 15 cm(卷捆压实后为 5 cm)。柴上再铺土一层,厚 20 cm(卷实后为 10 cm),然后在上面加铺一半的柴与土。铺土时亦由上游向下游,均匀铺平(见图 10-51)。

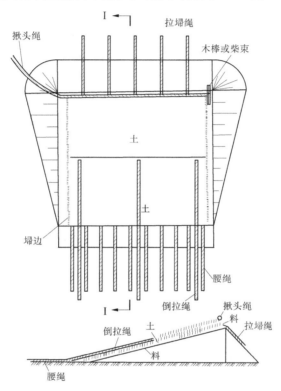

图 10-51　内蒙古卷埽铺料、土示意图

如工程较大,料从两头铺起,随时加花料,铺至中心,并用拦板、齐板随时拍打,以免参差不齐。在较大的卷埽中,铺土料的厚度可按实需增加 40% ~ 50% 计算。铺料加土时,应注意在马鞍处将料物逐渐加厚至 1 倍,使埽捆卷完成后成为圆形。

(四)捆卷埽身

捆卷埽身为卷埽工程中的主要工作之一,因埽入水后,不断受洪水急溜的冲击,如卷压不实,不但埽身有被冲刷破坏的可能,还可能因破坏处的空隙水流集中,使整个埽段破坏与走失。

卷埽只要求埽身捆卷完整,使柴草所包的土不致于被水流所冲走,并不要求非常坚硬。因为卷埽入水落实之后,要有一定的弹性才能将埽间的空隙填塞严密,以减少透水程度。

根据内蒙古自治区的经验,在卷埽前,应先将揪头绳放在铺好的柴土上,并在揪头绳的下游端拴上一个柴束或木棒,防止绳受力后被拉出。再在埽台下半部土上每隔 4 m 铺放 1 根直径 5 ~ 7 cm 的草绳,长约为腰绳的一半,以便在埽捆卷过半后从后面拉住,使埽徐徐下滚。此绳叫作倒拉绳(见图 10-51)。具体卷埽的方法如下:每米埽长配备 4 人,开始时1人在埽后卷埽前进,在卷至半圈时,将每2根腰绳结在一起(见图10-52),并将埽腰绳结头压住后,大部分人应到埽后边,上部用手推,下部用肩扛,另一部分人则在埽前用拉埽绳往前拉。当埽身捆卷到一半,倒拉绳已压入埽内时,为了安全起见,拉埽绳的人应全部转移到埽身后(背水一面)改拉倒拉绳,使埽徐徐下滚。埽滚至停埽台时,暂时停止,但拉倒拉绳的人仍需用力拉紧,以防埽身回弹松动。这时一部分人到埽前(靠水一面),将埽腰绳头翻起来,搭在埽身上,另一部分人再将绳头拴到原腰绳下,或用16号铅丝扎紧。捆卷好的卷埽如图10-53所示。

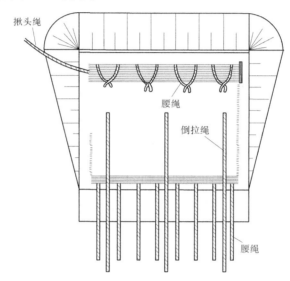

图 10-52　开始卷埽时结埽腰绳示意图

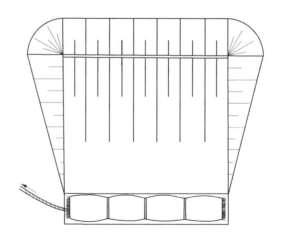

图 10-53　完成的卷埽示意图

如卷埽较大,在料铺放均匀后,将拉埽绳头分别翻在埽心上,逐条安置妥当,由熟练的工人将所有卷埽的绳缆均与埽心上的穿心绳缆连接起来,然后捆卷埽身。卷埽一般下游端应大些,所以在卷埽时,须从下游端开始,然后一齐捆卷。埽卷起一半后,由于埽面难容多人,应分一部分人到埽后,用牮木一头戗埽,一头缚长绳,前拉后推,又用木犁在埽后支顶,以免埽向后回弹(见图10-54)。同时在埽两头,用齐板跟卷打齐。在卷埽时,如有一头凹入,则可于此头稍停,而在另一头加力拉卷。揪头绳缆应由专人照看,随时整理,以免紊乱。埽卷完后,应将腰绳头结成束在埽上钉紧,再用埽脑将箍头、束腰等绳头钉入埽内,然后将埽前的底钩绳、占绳的余绳,由埽上拉回兜住扎紧,即算捆卷完成(见图10-16)。

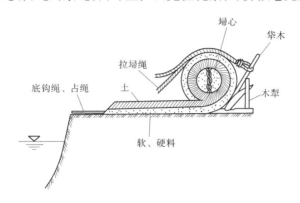

图 10-54　大型卷埽运用筟木、木犁示意图

(五)下埽

一般将腰绳扎好,揪头绳拴牢后,即可放开倒拉绳,将卷埽推入水中,由其本身重量与揪头绳的牵拉,而下沉河底。在堵决口或修筑码头时,有时需沉放立埽,这时需将揪头绳系埋于卷埽下游岸上,下埽时上游端先落水,便可成为立埽。

下放较大的卷埽时,应先钉上下游揪头桩以及底钩绳、占绳等所需的桩,其中底钩绳由于关系重要,需要有前、后底钩桩,然后将各绳缆分别用活扣拴在桩上。下埽时所有推埽、筟埽、扶木犁、守占绳和揪头绳的人,都要听专人指挥,将埽推入水中。在埽下放后而尚未着底时,应派人看守揪头绳和底钩绳、占绳,使其松紧得宜,因揪头绳过松则无力,易使埽下败,底钩绳、占绳过紧则易将桩拉向前歪或拔出,但亦不能太松,务使后埽紧紧挤靠前埽,以免透水过多,造成厢垫的困难。

(六)厢垫

卷埽下水后,在埽上、埽挡内铺放料物,加压花土,叫作厢垫。埽下水后,必须赶紧用软草填平埽身上、两埽间以及埽与堤间的洞隙,同时在新埽上压土,千万不要在洞隙内填土,以免新埽未落实,土多将使埽挤出。如埽大,可用柳或秸扎高0.3~0.4 m、长度与埽相同的埽枕一个,下放在离埽眉约1 m处,并每隔1.5~2.0 m向枕内打一根1 m长的木桩,然后压土0.3~0.4 m。等洞隙填平后,和埽一同加料0.6~0.7 m,压土0.3 m,并下一行骑马。如此层层厢压,下骑马时则根据需要而定,同时应掌握底钩、占和揪头等绳,使埽徐徐下沉到河底。

初下埽时,埽未着底,压土应稍薄(料七土三)。如已到底,压土可略厚些(料三土七),这样才能使埽落实,但又不能压土太多,恐土被水冲走,反使埽不能稳定。若溜势猛急,埽有走失危险时,应加打连环桩,再用绳拴住上游揪头绳并斜向上拉拴在长桩上,这样埽就可稳定了。

各埽的揪头、底钩、占等绳,在埽未到底前,必须挂牌记名,以免混淆。

埽是否到底,按绳缆的松紧来验证。绳紧表示埽未着底,各绳松紧不一,表示放绳长短不齐,如果绳缆全松,则表示埽已着地。埽到底稳定后,才可继续前进。

二、进占

以绳缆拴系薪柴,其上压土以沉入水中,节节前进,用以阻挡水流,叫作进占。进占为截流或堵口施工中的主要工程。

(一)进占前的准备工作

1. 捆船

截流或堵口施工中所用的船只,必须加工捆拴的有捆厢船、提脑船、揪艄船、倒骑马船、托缆船等五种。而运输、摆渡、帮厢等船,则不必特别捆拴。

捆厢船为截流或堵口施工所用船只中之最大者,必须坚固耐用,一般长度为 25 ~ 30 m(视占宽而定),应略大于占宽。船到工地后,应进行如下工作:

第一步,清除舵舱。即去前桅、后舵及中舱棚板,但留下大桅,以备进占时升旗之用。

第二步,加固船身。用木料在船舱内纵横架实钉牢,使船负载后不致损毁;并整补朽坏部分,勾抹油灰,不使漏水。

第三步,架提舱板。在船舱上面铺厚约 4.5 cm 的木板与围口平,叫提舱板。板下再用梁柱支架。

第四步,钉拦河板。在进占的一面,沿船走道外的弧形船边钉厚 4 ~ 5 cm 的板,使与船前后拦板相平,称为拦河板,在拦河板内侧每隔约 1 m 钉一根支撑肋骨,以防拦河板被挤坏,并将板缝用油灰堵塞,以防船身倾斜时进水。

第五步,捆横梁。在船前、后的面梁上,各捆或钉一根长约等于船宽、直径 20 ~ 30 cm 的榆木或槐木横梁。捆时每根横梁用两副双绳,一副兜住船底,一副兜住船前后之迎水面,两端分别于船面将横梁与面梁拴扎结实,并在船侧用绞棒绞紧,或用铁锯子将横梁与大面梁钉紧。

第六步,捆龙枕。龙枕为龙骨的支墩,是用秸料捆成的扁方形的枕。捆枕之前,应先衡量船长、舵楼高度,过肚绳与占绳在船上的位置,并考虑到不妨碍船上工作人员的通行来规定捆船道数,龙枕数目一般是与捆船道数相符的。先定中间过肚绳的位置,然后向两边分排过肚绳与占绳,在其档内确定枕的位置,并按规划的龙骨高度确定各个枕的高度。枕的长度以能把龙骨受到的最大压力均匀传布在船面上,且不妨碍工作人员来往通行为度。龙枕的宽度与高度比一般为 1:2 或 1:2.5。捆枕办法是:先在地面钉两排木桩,各 3 ~ 5 根,排距与枕宽略同,长比枕长略小,木桩入土约 0.5 m,上露高度须超过枕高的40%。然后放垫木与几道捆枕绳(20 ~ 30 cm 一道),在桩间顺铺与枕长相同的秸料,铺时将秸根分层放在两头,中填秸梢,打足花料,待铺料高过所需枕高 30% ~ 40% 时,即可用捆枕绳捆扎,同时用齐板将两端打齐,捆枕绳头可辫扭在一起,以免脱落。枕捆成后于两端各打比枕短的顺直签子数根,先在四个角打,再在中部打,以加强枕的紧密程度。1959年某工程截流中,正坝捆大小龙枕 6 个,边坝捆 3 个,其规格及实用工料列于表 10-2。

表 10-2 龙枕规格及实用工料

正边坝龙枕号数		规格						实用料物			实用人工	
		长(m)	宽(m)	高度(m)		体积(m³)		秸秆(kg)	1.5 m桩(根)	1.7 m桩(根)	人数	工日
				虚料	捆实	虚料	捆实					
正坝	1 号	1.6	0.85	1.55	1.10	2.11	1.50	158	10	7	13	5
	2 号	2.0	0.9	1.60	1.20	2.88	2.16	216	10	9	13	6
	3 号	2.0	0.9	1.70	1.25	3.06	2.25	330	14	9	13	6
	4 号	2.0	0.9	1.65	1.20	2.97	2.16	223	10	9	13	6
	5 号					0.53		40		6	13	2
	6 号					0.27		20				1
	小计							987	44	40		26
边坝	1 号	2.0	1.0	1.7	1.4	3.40	2.80	255	18	8	16	8
	2 号	2.0	1.0	1.7	1.4	3.40	2.80	255	10	9	17	8
	3 号	1.6	0.7	1.1		1.23		93	6	6	16	4
	小计							603	34	23		20
合计								1 590	78	63		46

第七步,安龙骨。龙骨是用比船身较长、直径 0.2~0.3 m 的杨木或松木刨削光滑做成。将枕放稳后,将龙骨自大椇后(对拦河板而言)穿过,架在龙枕上,并使成水平。龙骨如长度不够,可用同样直径的两根木桩接成,但需使接口周围光滑,以免妨碍绳缆的松放。龙骨架设的高度,既要使人在提舱板上工作方便(一般龙骨高于提舱板 1.5~2.3 m),又要使绳缆松动时能顺利缓缓下滑。如果龙骨高了,不但活绳不方便,而且绳缆下滑较猛,容易发生危险;如果龙骨低了,过肚绳、占绳容易啃拦河板,不易下滑。一般以龙骨上缆绳与船面约成 45°角比较适宜。

第八步,捆龙骨。即将龙枕和龙骨与船拴在一起,成为一体,使龙骨不致前后移动。先在船头尾开始,从船肚下掏一根引绳过来,用以牵拉捆绳缆。捆船一般都用双绳,将绳缆拉齐后在龙骨处拴捆。拴好后,各将余绳头夹在双绳中。然后两边均用绞棒绞紧,即算完成。其他各道捆船缆,均仿此进行。

第九步,捆保椇缆。为避免船局部受压发生事故,应用绳通过大椇绊系船的首尾两端,使前后吃力近于平衡。其捆法是,先甩绳穿过大椇滑车将人拉起到滑车下 0.4~0.5 m 处,拴一根长 0.6~1.0 m 的横棍,叫作太平棍或别棍,然后在大椇与太平棍交叉处拴十丈尚绳作保椇缆。再用两副十丈双绳各自对接起来,叫作提头绳,分别兜住船首船尾,用长 3~4 m(比船略窄些)的木棍 2 根(叫作太平游),分别穿过两提头绳的两端圈内,然后将保椇缆的四端分别拴成绳鼻,并串千斤桩,在两太平游四端绞紧,待椇竖直后,将千斤桩的下端各用小绳与提头绳拴扎在一起。

第十步,拴太平绳。太平绳用来作为人站在龙骨上时的扶手。有两种拴法:第一法是用核桃绳将两端的保梐缆在高出龙骨约13 m处拴连起来,另用绳将两核桃绳绕大梐连系起来。第二法是将太平游用核桃绳绕大梐连系起来。拴提头绳时,应使太平游恰好高出龙骨1.3 m上下,这样可节省拴连保梐缆的绳缆。

提脑船、揪艄船及倒骑马船应当用长度15~25 m的坚固的船只,并应备有绞关。托缆船不如以上各种船只重要,只要有15~20 m长,宽度够即可。托缆船所需的只数,按水溜缓急及提脑船、揪艄船绳缆的长短而定。如溜势平稳,一般约每50 m用一只。以上几种船只在施工之前,必须酌加修理,并分别捆扎横梁,以期巩固,横梁直径约为0.3 m,其长度除托缆船应比船宽0.8~1.0 m外,其他可只比船宽0.2~0.3 m即可。所用木料仍以榆木为最好。对托缆船如因榆木不易购买,亦可用其他杂木代替。

2. 捆锚

提脑及揪艄两船的作用为稳定捆厢船,不使因口门水流的冲击而上下移动;倒骑马船的作用为防止新进之占被水流冲击而下败。这些船只在急流汹涛中,要靠巨大铁锚的镇定,才能达到预期的效能。河工所用的铁锚皆系手工制造,其结构未必尽合规格,为慎重起见,都必须预先用绳拴捆加固,以防发生事故。捆锚的方法大体有如下三种:

第一法如图10-55所示,是先把吊锚缆搭在锚顶上,在锚齿2、3及1、4间穿下来,缆一端留短头,再把长头绕至锚顶,在锚齿3、4及1、2中间穿下来,然后用短头在锚挺中围束一圈,用长头在锚挺环上面围束一圈,最后把长短头分别自锚环及所留的绳鼻中相对穿过,将长短头缠绕一起,用小绳扎紧,即算完成。吊锚缆用单绳或双绳,可视情况临时确定。

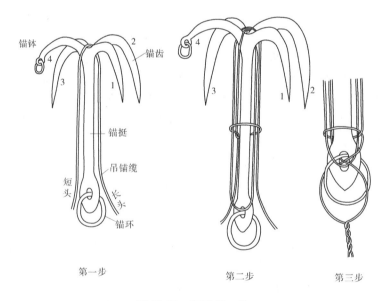

第一步　　　　　　　　第二步　　　　　第三步

图10-55　捆锚第一法

第二法如图10-56所示。第一步为加固锚钵,先用苧麻绳(六丈绳)在锚齿2下起头,顺锚钵拉到甲处成双鼻,再绕齿2回到锚钵一半处将绳剪断,然后用练了绳自甲处留出的穿锚浮绳的双鼻后面开始缠绕,一直缠到锚顶十字花处扎住。锚浮绳从甲处的双绳鼻穿过,再在上部拉紧。锚浮绳的长度视水深而定,一般应比水深大2~3倍,上拴2 m长的木桩一根,木桩漂浮水面,以便显示锚的位置。第二步为加固锚挺,用 12 号铅丝从锚挺中部开始向上绕过锚顶从对面两个锚齿间落下,到与锚挺的环眼齐平时,回到锚顶从另两对锚齿间落下,至锚挺环眼后再回到锚挺中部,并超过原起头一定长度(溜势特大时可多绕几道铅丝,如无铅丝也可用苎麻十丈绳),最后用铅丝在锚挺上横缠数道(一般为 3~5 道,视锚挺长短而定)。在锚挺环眼处,应留出预备串提脑船吊锚缆的双鼻。这种缠法中顺锚挺所缠的铅丝与锚挺同样吃力,因此铅丝的头尾搭接处更要注意缠好。如用麻绳加固锚挺,可用练子绳自锚环上留双鼻处起向锚十字花紧密缠绕。第三步为拴吊锚缆,用吊锚双绳自锚环及所留双鼻内穿过,绕过锚挺一匝,再从双鼻及锚环穿出,然后将吊锚缆缠绕在一起,用细绳扎紧,即算完成。

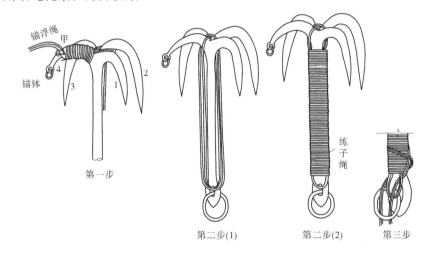

图 10-56　捆锚第二法

第三法如图 10-57 所示。第一步为加固锚钵,用六或八丈好麻绳,前留绳鼻,后挽一结,使结至绳鼻之长约与锚顶至锚钵转弯处的距离相等。将结放于齿根下,绳的长端绕过锚顶与锚钵对方的锚齿下,然后回到锚钵的另一边,从锚钵根处起将锚钵与绳短头一并缠紧,直到绳鼻处,即将绳头扎住。拴锚浮绳时,可先将绳从绳鼻中穿过,再以双绳从锚钵上绕下,自锚钵与绳鼻间拉出。绳长按水深确定,绳顶端拴系锚浮。第二步为加固锚挺,用吊锚绳穿过锚环,将绳比齐,留绳鼻与环眼大致齐平,将两绳头顺锚挺向上交叉绕过锚齿后折回,相对自绳鼻与锚环穿过,另用绳从锚齿下开始将锚挺与吊锚绳缠扎结实,直到锚挺的环眼为止。

以上三种方法,第一种最简单,第二种最稳固。运用时,可根据溜势缓急来选择。如溜势较缓,可用第一法,一般可用第三法。

3.拉绳上位

1)规划

在拉船上位之前,必须对进占做整个规划,即确定提脑船及揪艄船停于何处,对于进占才比较有利。因口门上下游水流很紧,安船定锚都有困难,故提脑船、揪艄船距坝愈远,对于进占愈为有利。但距离愈远,所需绳缆和托缆船只愈多,又增加了设备上的额外负

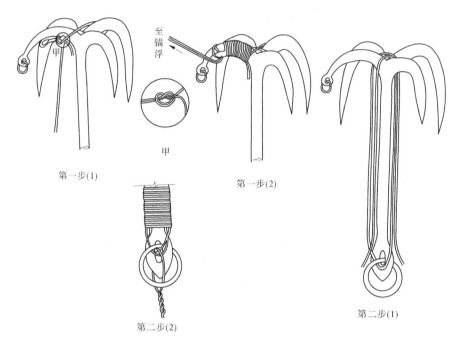

第一步(1)　　　　　　　甲　　　　　　第一步(2)

第二步(2)　　　　　　　　　　　　第二步(1)

图 10-57　捆锚第三法

担。因此,规划提脑、揪艄船只的部位时,必须全面考虑,既要利于进占,又不特别增多设备。根据经验,通常按能顺利出占三个安设船只,即第二占头与提脑船、揪艄船在一条直线上,如此拟修坝的起点与提脑船、揪艄船三点所成之夹角,在提脑船处约为 18°,在揪艄船处约为 30°(见图 10-58 甲)。据河南濮阳和贯台堵口的经验,按能顺利出占 6 ~ 7 个安置船只,即第四占头与提脑船、揪艄船在一条直线上,如此拟修坝的起点与提脑船、揪艄船三点所成之夹角,在提脑船处约为 20°,在揪艄船处约为 34°(见图 10-58 乙)。如欲顺利出占 8 个,则第 5 占头可与提脑船、揪艄船成一条直线,如此拟修坝的起点与提脑船、揪艄船所成之夹角约为 15°及 25°(见图 10-58 丙)。以上是按揪艄缆的长度约为提脑缆长度的 6/10,每占长 17 m 计算的。由此可见,欲多进占而少挪动提脑、揪艄船只时,必须用较长之缆,使两端成较小之夹角。在应用时要根据具体情况审慎确定。

2)具体操作

船位规划妥当后,第一步,将捆好的锚运载至口门上游规定位置,进行抛投。以往无论截流与堵口,抛锚多系目测方向与距离,常因估计不准而返工,所以抛锚时应用仪器瞄准指挥抛投。上游提脑锚承担着一系列船只及埽末到底前的力,所以必须重量大,方能胜任。最适用的为每口重 300 ~ 400 kg,每只提脑船需 3 ~ 4 口。如无此项重锚,至少必须有质量在 250 kg 以上的锚,并增足锚数,才能使船在水深溜急中保持稳定。吊锚缆以长 100 m、直径 3 cm 的白棕绳为最好,因这种绳干湿皆宜,经久耐用。过去截流也曾用直径 2 cm 的油丝缆,比白棕绳更为有力,但费用较高。至于吊锚缆的长度,要按水的深浅、船的高低和绳缆与河底所成角度的大小来确定。一般与河底成 5°左右的角,可不致影响锚的抓泥稳定。

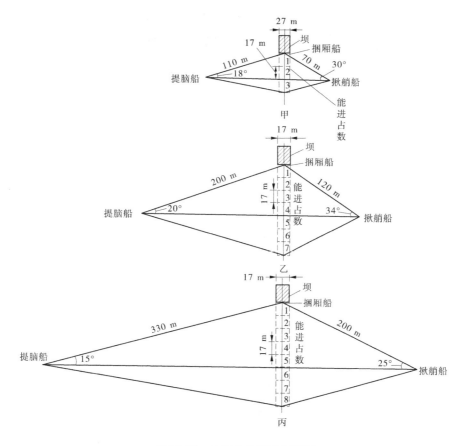

图 10-58 拉船上位布置示意图

第二步,锚抛好后,将吊锚缆分别通过提脑船前面梁及前后横梁各绕一匝,并在后面梁上下绕扣,然后与原绳缠在一起,另用小绳缠扎(见图 10-59)。

第三步,在提脑船前横梁上每边按规定长度拴直径 2.0 ~ 3.0 cm 的油丝缆一条,作为提拉捆厢船的正提脑缆,同时每边另拴竹缆一条,作为辅助提脑缆,因提脑缆关系全坝安危,必须加辅助绳缆以防意外。如无油丝缆、竹缆、白棕绳,可用芋麻好绳代替。但由于芋麻绳不耐沤,用时须时常检查其强度。提脑缆绳的拴法,系于提脑船后横梁上分别绕一扣,拉到船前横梁上,往下绕回,复经横梁下向上拉回与原绳缠绕,另用小绳扎紧(见图 10-59 第一法)。另一种拴法为自后横梁来绳,于前横梁上绕回,将绳头扭一绳鼻,把绳鼻向前绕于横梁上,再用别棍插入绳鼻中即成(见图 10-59 第二法)。后一种拴法比较简便,松紧绳缆均极迅速,比前一种拴法可减少解扎之烦。

第四步,提脑船上正、辅提脑绳缆拴好后,即安置托缆船(见图 10-62),托缆船间距按具体情况确定,以不使缆缆入水为度。所托各缆,均排于托缆船的前后横梁上,两端用绳搂住(见图 10-61),以免船身摆动时绳缆落水,并可稳定托缆船。拉船上位后,为使捆厢船能靠在坝基附近,必须于河岸附近或托缆船的里外适宜地点,下锚把拉托缆船只,以调整捆厢船位置,谓之下把锚(见图 10-60)。

第五步,托缆船定位后,即将坝基前捆厢船正好位置,把提脑各缆分别在捆厢船前横

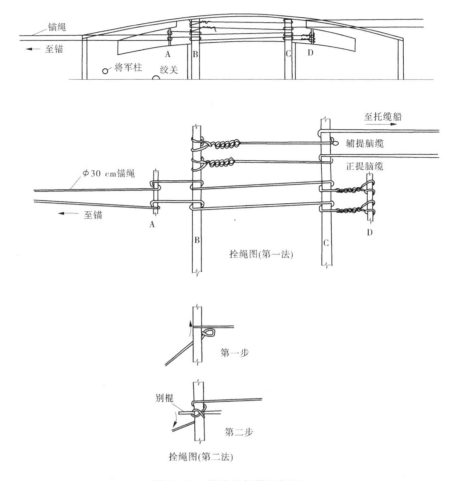

图 10-59　提脑船绳缆细部图

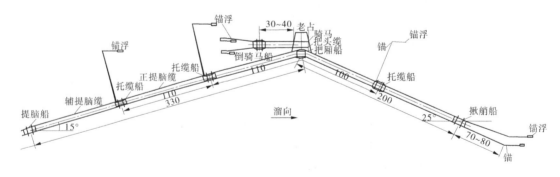

图 10-60　进占船只位置布置图　（单位:m）

梁上绕一匝,回压原绳,仍经前横梁下拴至后横梁上,其拴法与提脑船的前横梁上的扣相同(见图 10-62)。揪艄所用绳缆数目及种类与提脑相同,在捆厢船后横梁上的拴法如提脑缆在前横梁上的拴法,在前横梁上的拴法如提脑缆在后横梁上的拴法。

　　第六步,捆厢船上正、辅揪艄缆拴好后,在捆厢船及揪艄船间酌加托缆船,其距离及拴

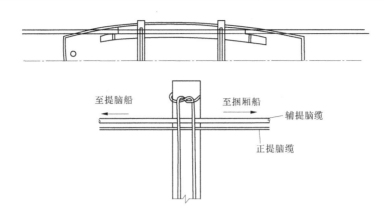

图 10-61　托缆船绳缆图

系方法与提脑缆上的完全相同。然后继续将各缆下运至规划中拟定的抛揪艄锚地点上 70 ~ 80 m 处,再安设揪艄船一只,各缆的捆绕方法与提脑船上基本相同,唯提脑船各缆系拴于前横梁上,而揪艄缆系拴于后横梁上。

　　第七步,揪艄船拴好后,须于下游抛锚,以镇定揪艄船只。这种后揪锚因居于一系列船只的下游,不如提脑锚吃力大,一般用 400 kg 重的铁锚 2 只即可,如无此项大锚亦可用重量较小的,但应增加数量。至于抛锚方法则与提脑锚同,唯方向相反。

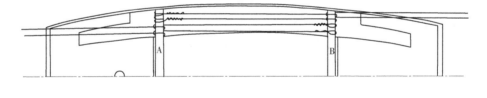

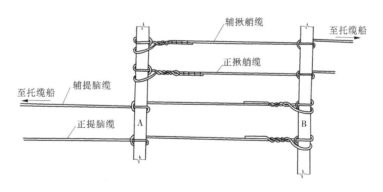

图 10-62　捆厢船绳缆图

　　第八步,一切船只锚缆均安设齐全后,即应调整各船,将捆厢船控制在初步进占位置上,然后调整正辅提脑、揪艄各缆,使松紧适宜,吃力均衡(见图 10-60)。调整系用提脑船和揪艄船上的绞关进行。先以芊麻打成的回头绳一条,一端挽一结子,另一端在绞关上缠一匝,将绳头用缠绳压住。紧绳时将带结子头在缆绳上挽二扣,然后以数人推绞关即可将缆绳逐渐拉紧(见图 10-63)。待缆梢超过需要的均衡程度后,将缆头解开,仍如前法拴系

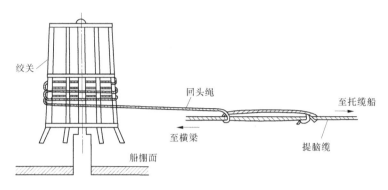

图 10-63　绞关紧缆图

紧牢,再松关解回头绳,即算调整完成。此项回头绳拴法甚简单,拉绳紧,松绳又快,工作很方便。

　　第九步,初出占的底坯,在长度超过 6 m 直至占头一段,在下水一面常用骑马带到上水倒骑马船上,以免新占下败。此项倒骑马船,应于开占前,预先按照规划位置将锚抛置妥当,并将锚缆经过倒骑马船前横梁向下绕一匝,拴于后横梁上。因此项铁锚关系新占安危,一船用 250 kg 重的铁锚两只,如无此种重锚,也可用较小的锚,但须增加数量。在新占上将倒骑马大绳拴好后,应立即用回头绳带缆用绞关绞紧,将缆在倒骑马船后横梁上绕一扣拴于前横梁上。各占倒骑马缆均同上法拴系于前横梁两边。

　　每占长 16 ~ 17 m,用倒骑马不过 4 ~ 6 副,一只倒骑马船即可敷用(见图 10-60 及图 10-64)。另外,有时因地势或溜势关系,亦可用长桩或连环桩打于滩岸上拉系倒骑马缆,应因地制宜地运用。

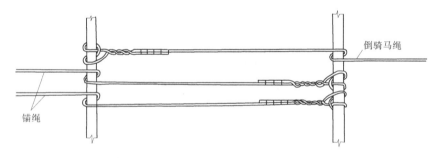

图 10-64　倒骑马船绳缆拴系图

　　第十步,如占面特宽,水深溜急,所需绳缆太多,尚应在捆厢船旁置船一只,连系在一起,以便放置多余绳缆,此船名为帮厢船。此项船只只要不破不漏,一般长 20 m 上下比较宽的船就可合用。上述拉船上位的规划,均系就正坝而言。至于边坝进占,一般均较正坝差一占半,才能开始进占。其原因有二:一是边坝各占,必须与正坝相差半占,以便掩盖正坝各占的接缝。一是边坝捆厢船没有提脑船,系自捆厢船后横梁上出绳 2 ~ 4 条,拴系于正坝各坯预留的绳鼻上,以提拉捆厢船,使靠于边坝坝基之前,而正坝埽占未到底稳定前,照例是不准边坝挂船的,至于捆厢船下游,则与正坝捆厢船下游基本相同,也用锚缆等揪捆厢船尾以资稳定。由于不如正坝吃力大,一般用苎麻大缆代替油丝缆,仍自捆厢船前横梁上生根,通过后横梁向下运送,于50 m上下处,安托缆船一只,其拴法与正坝托缆船相同,再向下运送到揪艄船,拴法仍同正坝揪艄船,然后于船下适宜地点,结合考虑到前进工作的方便,抛300 kg重锚二口,以稳定边坝捆厢船,其锚缆的拴系方法亦同于正坝。这是在一般正常情况下,边坝拉船上位的安置办法。1959年在某处截流时,为保证正坝的安全施工,于正坝每进一占稳定后,要求随时在坝上抛护块石保护坝身,跟着填下游土柜,以堵塞两占接缝。土柜跟填,则边坝必须较以往提前进一占(与正坝差半占),始能相辅而行,但边坝捆厢船系附挂于正坝各坯预留绳鼻上,在正坝尚未蛰实稳定前,为防止拉占下移,一般是不准附挂的,在此情况下,关键问题是如何附挂边坝捆厢船。经过多次研讨,最后以苎麻大缆一条,一端拴于正坝前一占最外预留绳鼻上,先将绳拉紧,另一端拴于正坝捆厢船的横梁上,然后在此大缆上拴系边坝捆厢船,如此可使边坝与正坝只差半占随同前进,而土柜就可于正坝压实后随时填筑,以巩固正坝坝身。在截流中,曾经过两占的试用,未发生问题。但在正坝埽占未压实稳定前,挂边坝捆厢船,仍带有危险性。

4. 钉桩

在钉桩之前应先确定过肚绳与占绳的路数、每路需绳缆条数,按以往堵口经验,有三路过肚四路占,或四路过肚五路占,甚至有七路过肚八路占的。每路需绳缆数有3、5、7、9条不等,视河水之深浅与溜势缓急而定。此外还有底钩绳,亦为进占所必需,一般为按占面宽窄每0.4~0.8 m一条,亦视水深溜急情况而定。每一条绳均须先钉长1.5 m的根桩一根,以便拴系。过肚绳一般应在距坝基前眉4~6 m处,分路打根桩1~2排,而占绳则在距坝基前眉5~7 m处,亦分路打根桩1~2排。将过肚绳及占绳分路匀排于坝面,可使吃力均衡(见图10-65)。

底钩绳根桩距坝基前眉4~6 m。除在占两边的底钩绳用双绳以便做占交替回搂外,其余均用单绳均匀布于坝面上,以便分别交替上搂作捆束料物之用(见图10-66)。另外于坝基上下首占绳根桩附近,各打根桩一根作拴玉带绳和把头缆之用,但亦有拴于边占根桩上的。根桩打好,布缆妥当,准备进占铺料时,即将根桩用土压埋,以便来往进料。

5. 布缆

进占所需的主要缆绳已叙述如上。于根桩打好后,先将过肚绳一端以死扣拴于顶桩上,然后通过捆厢船底串引绳4根,分别将各路过肚的另一端由船底拉到捆厢船的外边,分路排列,挽于龙骨上,用别棒交叉别住,另用小绳扎紧,绳缆即可保持不动。

各路占绳一端以死扣拴于顶桩上,将另一端(不经船底)分路排列挽于龙骨上,亦用别棒交叉别住,另用小绳扎紧。底钩绳亦如占绳办法,一端拴于根桩上,另一端顺序活绕于龙骨上,其两边的双绳在根桩上可一并拴扎,在龙骨上则须并排,以便坯坯交替搂用。玉带绳一端以死扣拴于坝基上首根桩上,另一端经过已完成的占前,在水面附近搂束过肚绳、占绳和底钩绳等,然后以死扣拴于坝下首顶桩上。两条把头缆一端各拴于坝基上、下首的根桩上,另一端分别拉于捆厢船头尾的龙骨上。

以上各缆的作用全不相同。过肚缆或叫过渡,亦名暗过肚,其主要的作用是承托新占料物的一部分重力,与占绳、底钩绳承受料物重力维持平衡,使捆厢船基本上保持稳定。同时还可控制捆厢船按下料的多少做有限制的移动。如果进占铺料多了,绳缆受压必大,轻则捆厢船倾侧并徐徐下沉,重则不但船有倾覆的可能,绳缆亦有崩断的危险。所以,进

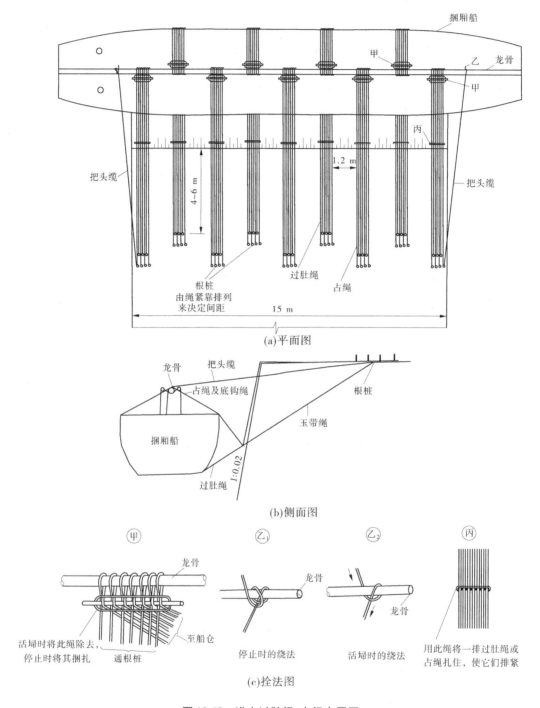

(a)平面图

(b)侧面图

(c)拴法图

图 10-65　进占过肚绳、占绳布置图

占活埽压土时,如捆厢船有倾斜下沉现象,可由管过肚绳、占绳的工人一齐用两手上下轻轻摇动龙骨旁的别棒,使绳缆伸展,以调整船之倾侧及船之外移。占绳主要用以承托料物,吃重甚大,它与过肚绳、倒骑马等配合使用,维持料物在紧急水流中的稳定。底钩绳一

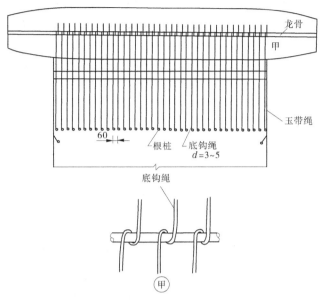

图 10-66　进占底钩绳布置图　（单位:cm）

面辅助占绳承托料物重量,一面辅助练子绳作坯坯搂束料物之用。玉带绳用来搂束过肚、占和底钩等绳,使之排列整齐,紧贴于已完成的占前,以免搅乱。除在坡上接占不用外,一般先出坝基后进占,或进第二占和以后各占时,均用玉带绳。各绳缆经玉带绳搂束后,可将各绳缆至龙骨的一段整理整齐,使松紧一致,以利铺料工作进行。把头缆与明过肚绳的作用相同。明过肚绳即用绳缆多条(视船之大小而定),一端拴于前一占顶桩上,一端横兜船的首尾部分。而把头缆,则船首尾各用一条。其作用是使船紧靠新占,不使松动。于活埽时,先将过肚绳、占绳成排地向下摇动,这时必须派人将把头缆解开一扣,将缆绳带紧,徐徐松放,俟活埽完毕仍须拴紧。

　　在截流和堵口工程中,过肚绳、占绳和把头缆一般均用二十丈盘绳,而底钩绳一般均用十丈绳,玉带绳用八、十丈绳。

(二)进占工作

1. 编底、上料

　　在各项缆绳拉齐后,即可进行厢修。在一般截流或堵口工程中,为配置口门的占数,常先进一短占,以作坝基,而后再按规划长度前进。按规划长度前进的占,叫长占。短占与长占的厢修方法是基本相同的。厢修开始时,施工人员应分别在坝头和船上各守岗位,先将过肚绳、把头缆稍为放松,将船略撑开,所有活扣于龙骨上的底钩绳和占绳,一齐放开,条条排匀,有时用绳编连几道,以垂水面为度。活占开始后,仍随活随编,以免绳缆排列不匀,有漏料毛病(此项编底工作在进占所用料物零散不整时更为要紧)。在捆厢船的拦河板边,顺进占的前部每 0.6 m 上下用人扶扎杆一根,以拦料外散,并使前眉壁立齐整。另在占与船帮鼓肚处插 2 长滑桩十余根,以免埽占啃船而利埽占下沉。然后,在大桅上升起红旗(夜间升起红灯),表示进占开始要料。由拨料人站立坝基前指挥,搬运大批秸料,分上下两路前进,由拿眉人将料先放于上下首两倒眉处的底钩绳上,等坝基与船间料物积有一定数量能上人时,坝上下首拿眉人及拦板人均上至料上,将两倒眉修理整齐,逐渐退后厢填,拿二眉人随时打花料,铺厢匀整,打齐板人则将上下两倒眉处拍打整齐。

2. 活埽

在新占铺料高 3~4 m 与坝基顶相平后,应将大桅红旗落下,表示料停,同时通知守把头缆及守过肚绳、占绳等人员,准备松缆,使占前滚。使占前滚的步骤如下:在占面工作的全部人员除有计划地在占上两倒眉坐几个人压住眉头外,其余均立于新厢料的前部,后边人双手扶着前边人的两肩,由站在龙骨上指挥的人摇旗喊号,站在占面上的人应号一齐跳跃。占面的松料,经过集体跳踩,秸料前眉一方面下蛰入水,一方面前滚。这一步骤黄河上叫作活埽。活埽时,看过肚绳、占绳和把头缆的工人应注意配合,缓缓松放绳缆,使捆厢船移位。尤其看把头缆的工人更要慎重掌握,切不可任缆松游,以免船身突然外移,使占发生掰裆,而将占面上跳跃之人坠于河中。同时,负责提脑船和揪艄船的人员,须注意与占面的配合,相机松紧缆绳,勿使捆厢船下败,以保持占的稳定。以上为第一次活埽。然后如前法上料活埽,进行二三次。到距预定占长约差 2 m 上下时,即在底钩绳上生练子绳(用整条核桃绳),另一端搭于龙骨上,然后加料,继续如前法活埽直达预定长度,使练子绳接头压于占底。活埽时,如遇水深溜急,或金门收窄后流势湍急,欲使捆厢船外移,必须多加人进行踩料。活埽至 2~3 次后,占后常由于松缆不够稳妥而发生掰裆现象。为预防掰裆起见,可于新占后部压盖一部分花土,使料下沉。另外负责指挥的工人,应随时进行检查。如发现掰裆,应一面通知踩埽人不许跑动,一面立即用预先准备的存料填平,以免危险。活埽人离占时,应循序缓缓退出,不得猛跑。人员退出时占头应由扶扎杆人坐上压住,以免活埽人员退出后松料回跃,发生卷帘事故。

3. 打抓子,安骑马

在活两次埽后,在第一次活好的占面上,下倒眉附近,如为短占,每 2 m 打对抓子一副,如为长占,每 2.5 m 打对抓子一副,并签腰桩拴系,使两倒眉料物不致松动,并防前部活埽时,使后部活好的秸料搅乱或鼓起(见图 10-67 及图 10-72 第一步)。如此逐渐前进。长占应在占上每长 2 m 左右上拐头骑马一副,使新旧占严密结合,以避免掰裆,在占长达 6 m 以上,直至占达到预计长度,均改用倒骑马,拉于上游倒骑马船上,防止新占下败(见图 10-72 第二步)。

4. 搂练子绳

无论短占或长占底坯活够长度后,均应将散乱的秸料略为平整,两边倒眉稍加拍打。埽约出水面 1 m 时,先搂练子绳于占上拉紧(见图 10-67 第二步及图 10-72 第三步),再将绳尾用签桩拴绳法拴于预先插好的签桩上,同时搂部分底钩绳。所有搂回的练子绳,需于水面附近随时用死扣活鼻还绳,以备次坯捆束之用,另一端则仍以活扣拴于龙骨上。如为短占,可于占前眉下三星桩,上拉到土基顶桩上,以防前爬(见图 10-67 第三步)。

5. 压土紧绳

待绳缆拴好后,即升绿旗要土,压土厚度为 0.1~0.2 m(视占出水高低而定)。压土时,必须用抬筐上土,切忌用小车推上,因占未到底,稍有冲击,即易出毛病。上土时,可在上下倒眉分两路进土,自占根起,各先垫小土路一条,到占头的上下跨角。土由前眉边压起,逐渐自前向后退压,以免占身前爬。如压土稍厚,在压土的同时,缕口人应在前边用秸

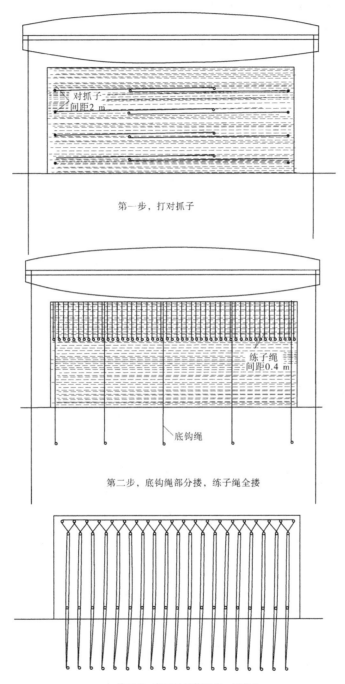

第一步，打对抓子

第二步，底钩绳部分搂，练子绳全搂

第三步，打三星桩第四步，压花土

图 10-67　短占底坯厢修图

料按压土厚度缕口,随时用核桃绳并打签桩搂紧。打齐板人则于两倒眉压过土后,随即将倒眉打齐。压土之后,料物见蛰,原拴练子绳必松,应以一人用齐板打占边的绳,五六人齐力将绳拉紧,等紧到一定程度,把签桩向前倾斜,插入占肚,一人拉绳尾,另一人打签桩,如此桩入占内愈深,绳拉愈紧。将练子绳紧完,底坯即算完成。

6. 续厢

紧绳以后,即升旗要料。将前眉的扎杆扶起,如前法加料续厢,待料物厢高约 2 m 许,即于两倒眉处每 2 m 上下插对抓子一副;待厢齐后,降旗停料,搂练子绳等,并另搂底钩绳 5～7 条,以辅助练子绳搂束料物。一般在占未抓泥前,因蛰头大,底钩绳拴在新占上,不致吊起。待压大土后,则必须上拉,短占将底钩绳拴至土基顶桩上,长占拴至前一占上,方能得力。所有搂回的练子绳、底钩绳,均如前法还绳,以备另坯捆束料物之用。

修短占可于前眉下棋盘家伙,以团结埽体(见图 10-68)。如修长占,为使新占下沉,需下揪头于占前眉中部,其做法已在本章第一节中说明。揪头两侧占面上,再打暗家伙(可用三星连环,如图 10-73 所示)。待家伙桩打齐,绳缆拴系妥当后,即升旗要碎料,将揪头及暗家伙的桩绳分别用碎料或软草压盖。然后升绿旗要土,土厚 0.2～0.3 m,压法如前,并拉紧各种绳缆。在压土时,要保证把头缆不能有丝毫松动,过肚绳、占绳也不能轻易松放,以免船位外移。到料被压实而下沉,船身已现倾斜不能承受时,才能稍行松放过肚绳与占绳,使占沉船升,保持平稳。这样即为头坯完成。

第一步、第二步同图10-67第一步和第二步

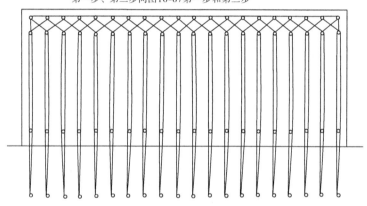

第三步,下棋盘家伙

第四步,压大花土

图 10-68　短占头坯厢修图

在头坯上再厢高 2 m 许,如前法打对抓子,搂练子绳、底钩绳,并随时还绳,短占前眉可打五子,长占前眉可下棋盘家伙,增加埽占团结力量,以免河底不平,使埽占分裂。同时要压土与紧绳,必要时可略松放过肚绳与占绳,使船稳定。此时如水不甚深,埽占即将抓泥时,长占可使用双包角,以防河底不平或溜势不正,发生上下跨角吊蛰的情况。然后盖料压花土。即为二坯完成(见图 10-69 及图 10-74)。再要料加厢一坯,高 2 m 许, 切过程大致如前,短占三坯厢修具体步骤,如图 10-70 所示。此时,短占即告完成(见图 10-71)。

第一步、第二步同图10-67第一步和第二步

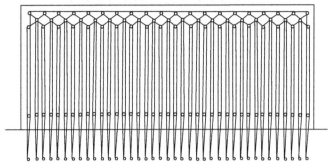

第三步,下五子家伙

第四步,压大土

第五步,包眉子、缕口均同长占

图10-69　短占二坯厢修图

第一步同图10-67第一步

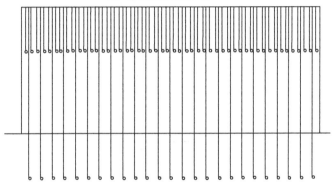

第二步,底钩绳及练子绳全部上搂

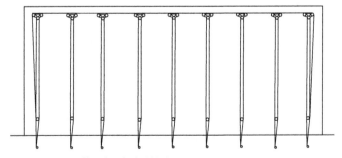

第三步,打鸡爪抓子

第四步,压顶土(因占短可不搂占绳)

图10-70　短占三坯厢修图

　　修长占时,如占距河底尚有2~3 m,可再下揪头一次,同时于前眉打单头人家伙,然后盖料压土。如水不甚深,占即将抓泥,可于前眉打单头人家伙,再进行压土。压土时,在占面分2~坯压,厚0.6~1.0 m。同时紧占面绳缆,相机松放过肚绳与占绳,使船稳定。即为三坯完成(见图10-75)。

　　无论长短占,如压土较厚,必须包眉子,方能继续加厢,否则料包不住土(谓之露白),

　　入水之后，土被水刷去，埽占即将吊蛰，发生险象，包眉子时，先将埽占前眉之土，挑去宽0.3～0.6 m，另用核桃绳将一端拴于占前练子绳上，用秸料缕口后，将练子绳搂上来，到占面用签桩钉住。再将上下两倒眉处压土挑去宽约 1 m 许，待露出秸料后，在料上打签桩，然后用铡好的长约 1 m 许的秸料根，铺在原倒眉上，夹于签桩内。在铺铡料时，要一正一倒，并将铡下的秸梢，夹于铡料内，将里外衬平，同时随铺料随撒土，长期追压坚实。根据一般经验，包眉处挑出的土，基本上可于包眉时用完。待铡料已与压土高度大致相符时，上部即用整料铺约 0.2 m 厚，再压十一层(见图 10-75)，包眉即告完成。

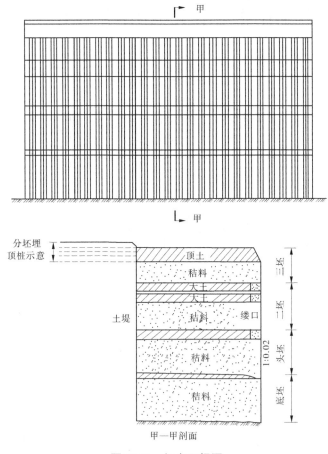

图 10-71　短占正视图

　　修长占时，如占距河底尚有 2～3 m，可再下揪头一次，同时于前眉打单头人家伙，然后盖料压土。如水不甚深，占即将抓泥，可于前眉打单头人家伙，再进行压土。压土时，在占面分 2～3 坯压，厚 0.6～1.0 m。同时紧占面绳缆，相机松放过肚绳与占绳，使船稳定。即为三坯完成(见图 10-75)。

　　无论长短占，如压土较厚，必须包眉子，始能继续加厢，否则料包不住土(谓之露白)，入水之后，土被水刷去，埽占即将吊蛰，发生险象，包眉子时，先将埽占前眉之土，挑去宽0.3～0.6 m，另用核桃绳将一端拴于占前练子绳上，用秸料缕口后，将练子绳搂上来，到占面用签桩钉住。再将上下两倒眉处压土挑去宽约 1 m 许，待露出秸料后，在料上打签桩，

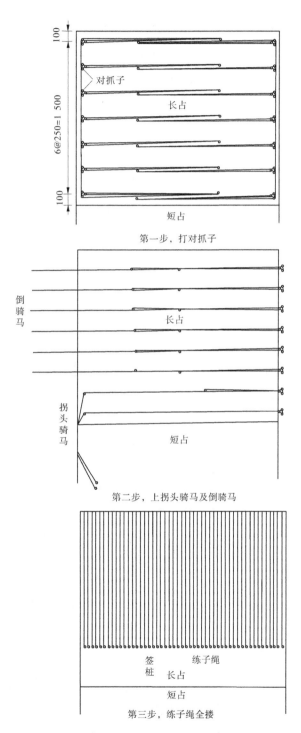

图 10-72　长古底坯厢修图　（单位:cm）

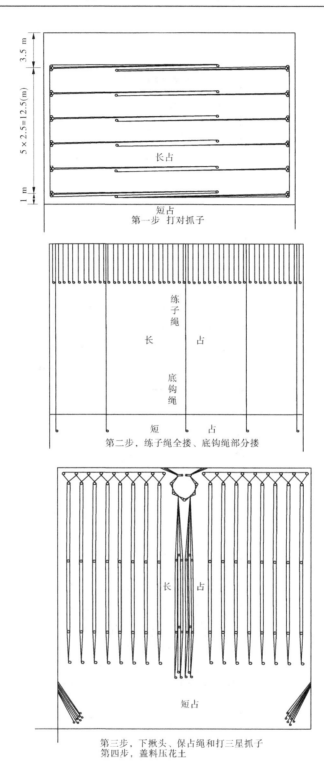

图 10-73　长占头坯厢修图

然后用铡好的长约 1 m 许的秸料根,铺在原倒眉上,夹于签桩内。在铺铡料时,要一正一倒,并将铡下的秸梢,夹于铡料内,将里外衬平,同时随铺料随撒土,长期追压坚实。根据一般经验,包眉处挑出的土,基本上可于包眉时用完。待铡料已与压土高度大致相符时,上部即用整料铺约 0.2 m 厚,再压土一层(见图 10-75),包眉即告完成。

第一步、第二步同图 10-73 头坯第一、第二步

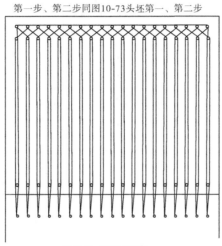

第三步,打棋盘家伙

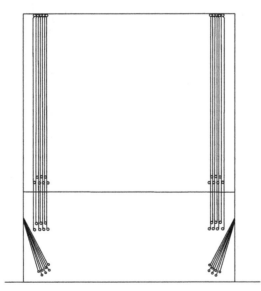

第四步,下双包角
第五步,盖料压花土

图 10-74　长占二坯厢修图

眉子包好,再要料加厢高约 2 m,一切如前法,打鸡爪抓子、三星、单头人或五子家伙。这时占如已抓泥,可再压厚 1~1.5 m 大土一坯,尽量下压,分 3~5 次压成,同时紧占面绳缆,相机松放过肚绳、占绳,使船稳定。同时应观察埽占情况,如长占仍欠稳固,可再下束

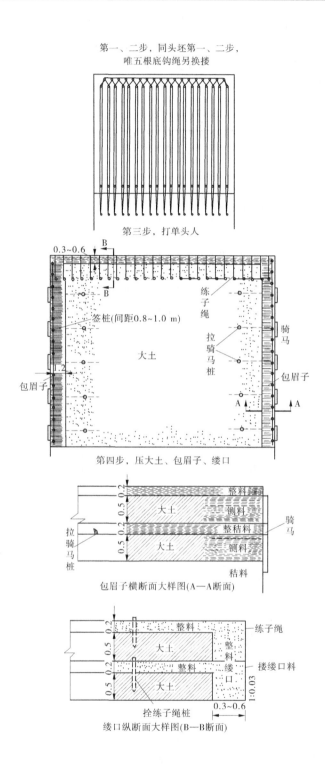

图 10-75　长占三坯厢修图　（单位:m）

腰,以搂束占身。如埽占出现一边蛰动,可下单包角;如跨角或占腰蛰动,可下双包角。埽占稳定后,若出水高度不足 5 m,应包眉子。此时,长占四坯即告完成(见图 10-76)。然后要料继续分坯加厢、压土,直到完成。最后打对抓子、搂练子绳,并将底钩绳全数搂于埽面,通过新占上的腰桩,拴系于前一占的顶桩上,然后打羊角抓子。压花土后将占绳全数搂起来,拴于前一占的顶桩上,接着加压顶土。此时,长占第五坯完成(见图 10-77),第一占亦告完成(见图 10-78、图 10-79)。

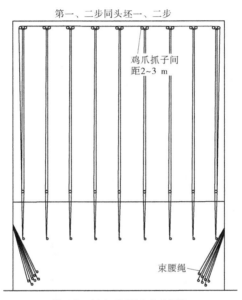

第三步,打鸡爪抓子和上束腰绳
第四步,压大土,包眉子,搂口

图 10-76 长占四坯厢修图

第二占除不打过肚绳根桩及拴过肚绳外,其他一切厢修方法均与第一占相同。

金门占前各占的厢修方法均与第二占相同。唯金门占为便于将来合龙,必须使两金门占间的龙门口成上口宽下口窄的形式,一般上下口宽可差到 2~3 m。为了巩固占体,应增加包角,其安置次序是,金门占厢修完成后,先搂练子绳,待压花土约 0.2 m 后,再搂底钩绳、占绳,并将捆厢船拉出,搂回过肚绳,再压花土 0.2 m,才下包角,接着压顶土。在下包角时,船已外出,这时可用舢板,或以绳吊木桩,人坐桩上,到水面打签桩、上缆。在溜势紧急的情况下,还有上束腰以搂护金门占的,可按具体情况确定。占身出水高度,自第一占至金门占,占面逐渐高起,主要是有了一定的高度,即可将合龙占做高些,松一二次绳即能将合龙占追压到底。

另外,在金门占追压坚实准备合龙时,即需将捆厢船拉出。出船之先,把过肚绳上搂,通过金门占上的腰桩,拴于老占顶桩上。在正坝用抛枕合龙时,过肚绳可不必搂回,而当出船时,将此绳截断,收作别用。

(三)进占工作中应注意的事项

(1)进占时头几坯应尽量上料,争取在三坯以内将料压到软抓泥。一般头坯上料 5 m

第一步同头坯第一步

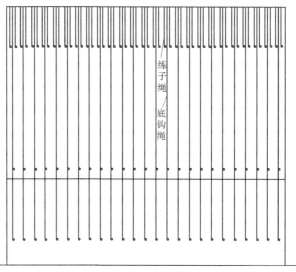

第二步，底钩绳、练子绳全搂
第三步，同四坯第三步，唯鸡爪抓子
改为羊角抓子，不用束腰绳

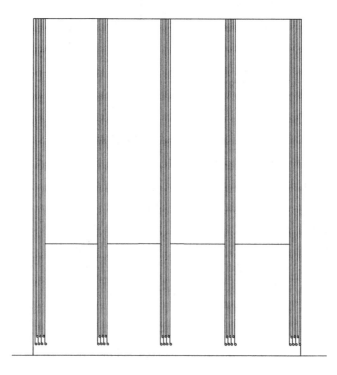

第四步，压花土后搂占绳
第五步，压顶土

图 10-77　长占五坯厢修图

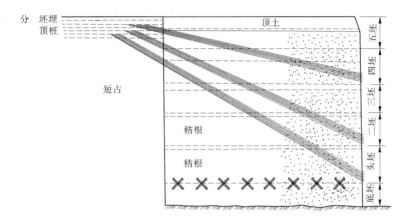

图 10-78 长占侧视图

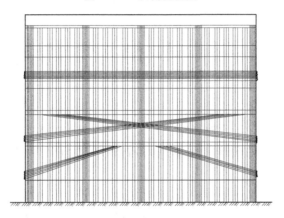

图 10-79 长占正视图

上下,前面要薄,后面要厚。如此既可免埽占悬于水中,引起河底冲刷,多费工料与绳缆,又可使埽体迅速厢压稳定,不致发生下败险情。

(2)在活占已完成的部分,待对抓子上好后,可在初出占的后部约 6 m 内上拐头骑马,6 m 以外直到占头上倒骑马,分别拉至老占及倒骑马船上。拐头骑马拴在老占上的绳,只稍微紧紧,将绳拉展即可。因占在下蛰,如拉绳过紧,容易虚悬,使占不易顺利下沉;但亦不能过松,致两占间发生缝隙,失掉拐头骑马的作用。而倒骑马绳必须用回头绳通过绞关绞紧并拴牢,以免因水流冲击,新占发生下败现象。这是两种骑马应用上不同之处。在此两种骑马只用于出占的底坯,一般是每 2 m 用一副。

(3)在截流、堵口或厢埽工作中,打花料亦很重要,每坯厢高约 2 m,可分 3~4 小坯进行。打花料时必须坯坯吞压,互相拉系,填垫密实,不使稍有棚架。埽占的中部,应比两边饱满一些。局部低洼之处,必须分坯逐渐衬平。

(4)进占底坯达到距预定占长差约 2 m 时,根据底钩绳的疏密程度,在每根底钩绳上用死扣法接练子绳 1 条或 2 条(用长约 17 m 的核桃绳),绳的另一端搭于龙骨上,再继续加料活埽,使达到占的预定长度后,练子绳头恰压于占底。底坯厢成后,将练子绳搂上,尽绳长拴于新占面的签桩上。搂练子绳时,必须各绳受力均匀,使占前眉坡度一致。如有凹入不整之处,应随时用软料填垫,修理完整,以免成为埽眼根源。然后于水面附近,接每条长 8~9 m 的练子绳,待头坯加厢后,搂练子绳仍拴于占面签桩上。如此继续还绳搂上,直到一占完成。

(5)每坯厢成后,主要工作为用练子绳搂束前眉料物。但由于练子绳比较细小,所以每坯另搂 5~7 条底钩绳,以辅助练子绳搂束料物。底钩绳不能全搂,因为新厢料物有练子绳搂系,再用底钩绳数条辅助,已敷应用,如全搂就有浪费。再者,若搂底钩绳多了,在埽占下蛰时,会发生虚悬,甚至发生出埽眼的不良情况。底钩绳搂上后,在埽占未到底时,可尽绳长钉桩拴于新占后部;如埽占已抓泥,必须拴于老占顶桩上,以发挥其搂束作用。

(6)秸料质轻,要使它沉蛰到河底,必须用土压,所以压土至关重要。无论厢埽或进占的压土,前几坯要料多土少,后几坯逐渐料少土多。一般在埽占未抓泥前,都是先压小花土,土盖不严埽面,还微露秸料,也叫柴土。其次压厚 0.2~0.4 m 的大花土。当埽占软抓泥后,才能压大土。一般厢埽,大土厚 0.4~1.0 m。截流和堵口进占时的大土,厚 0.6~1.5 m。根据以往经验,秸料 0.5 kg,约需压土 5 kg;如以体积计,则约为秸料 1 m³,压土 0.5 m³,这样才能稳定。尤其在水深溜急的情况下堵筑口门,必须尽可能多压土。1959 年某截流工程,总的压土曾达到秸土重量比为 1:14.7,土的体积为秸料的 60%~70%,因此使正边两坝异常稳固,从未发生任何轻微毛病。由此可以证明土对埽占关系是很大的。埽占未抓泥前,毛病不易显露。压大土后,由于河底不平或河底土质不佳,当急溜淘厢时,很可能使埽占的上下跨角或占身发生局部吊蛰的险象,故压大土前,需根据河底土质情况,运用强大的明暗家伙,预防埽占蛰裂。压土以后,还应随时注意进行适当的抢护,以免发生危险。

(7)调整过肚绳、占绳,一般是在压大土后,由于埽占体重增大,捆厢船吃力,船身倾斜较严重时,才能进行。调整绳时,应预先做好准备,即先将把头缆带紧,不使稍有活动,然后整理底钩、过肚、占等绳,需要接绳就接绳。接着由负责人指挥,管过肚绳及占绳的人用双手握别棒,齐力下摇,使缆绳成排缓缓下落。埽占下沉后,浮力增大了,船即上升,渐趋稳定。至于绳松多少,应根据船的负荷情况(船的吃水深浅、倾斜程度)和埽占的出水高低,由掌坝与管理占面和捆厢船等人员会商确定。绳缆调整完毕,或中途因情况变化不能再松时(如埽占突然下蛰出水不高,或绳缆已不大吃力等),应发号"打住",立即将别棒两端用小绳扎紧,再详细检查绳缆的松紧,根据情况进行调整,以期各绳吃力均匀一致。

(8)各种明家伙的根桩、顶桩,是打在新占上还是打在老占上,应根据埽占当时的情况确定。如占未抓底,其蛰动可能性很大,应打根桩于新占上,随占蛰动,以免吊占不能下沉,发生巨大险情。如占已抓底,且压过大土,只略现蛰动时,可尽量打于老占面上,以免埽占前爬。顶桩一般系打于老占后部,但也有打于隔一占的占面上的。按以往经验,在埽占的下部需用明家伙时,顶桩可尽量向后打,因绳缆愈长,占面与绳缆所成角度愈小,埽占的下沉就比较顺利而不致虚悬。在埽占的上部,因蛰动性不大,顶桩打于老占后部,不致有多大问题。

(9)埽占包眉子有三种不同做法:

第一法,用铡料包眉子。其具体做法已于上段叙述进占工作时加以说明,包眉后之情况见图 10-80。需要注意的是,如果原来压大土厚在 0.8 m 以上,应加骑马一路,以防埽占蛰动时包眉处的铡料鼓出,发生吊蛰险象。

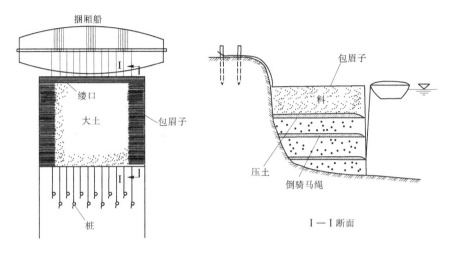

图 10-80　包眉子、缕口图

第二法,用整料铺眉子。压大土的同时,于上下两倒眉处各加整料高 0.3 m(根向外),加花土一层,再加料再压土,依次进行。如此则中间为大土,两边层料层土,较为稳实。或于压大土后,将眉土挖成三角形沟(锯齿状),顶高约 2.5 m,底宽 1.5 ~ 2.0 m,用整料厢铺,并随用挑出之土追压(见图 10-81)。最重要的是,各沟交接处前眉的料根,必须互相接触紧密,不留缝隙,以免水流冲去大土。三角沟顶部的料梢,应分层铺压,随时撒土,不能有棚架不实情形。此种厢法,大土厚度以在 0.3 ~ 0.5 m 为合适,既不用噙口签子,又不用骑马。最后普遍上料一整坯,打匀花料,再压大土,即可稳固。

第三法,小枕包眉。用黄料或苇子捆成小枕,其直径与大土厚相同(不能超过 0.5 m),置于占边用签桩管住,另用练子绳搂于占肚内签桩上(见图 10-82)。

以上三种方法,以第三法为最古老,第二法次之,第一法系现在厢修埽占所常用。三法各有其优缺点。第一法的优点为土、料不并行,工作方便,修做迅速,土、料配合的好,厢修坚实;其缺点为铡料较短,劲没有整料大,埽占蛰动后容易将铡料鼓出,致造成猫洞。第二法的优缺点与第一法恰相反,尤其当前眉铺料后,逐渐向后打花料,因前部压不上土,后部压土多,会形成跷起的现象。第三法厢修后的外表不够整齐,如小枕一出事故,比第一法还易发生危险;此外,埽占下的河底不一定平整,如蛰动不一致,小枕即将发生跷空,也易发生险情。三种方法,可根据不同工程情况与特点来运用。堵口进占时,如上倒眉前尚有护埽,而下倒眉后一般有土柜与后戗,为迅速厢修起见,可运用第一、三两法。一般厢修埽段,工程不大,情况不十分紧急者,用第二法薄坯加压,可矫正整料铺眉的缺点。

(10)一般埽占所用家伙,主要为团结与拉系轻浮的料物,通过压土,使埽占紧靠着堤岸或坝基逐渐下沉,达到河底,以抵御水流的冲淘。在运用家伙时,一般在埽占头几坯用硬家伙,如三星、羊角抓子之类,不使埽占被水流冲向前爬。埽占的中坯,即在软抓泥前将压大土的阶段,要用软家伙或软硬家伙兼有,如棋盘、五子之类,以团结埽体,使压土之后,也不致由于河底不平而分裂和涣散。埽占抓泥后,就得有硬家伙拿住,如羊角抓子、鸡爪抓子、骑马、七星占等,以免压大土后埽向前爬,而扩大埽占面积。在水流紧急情况下抢护

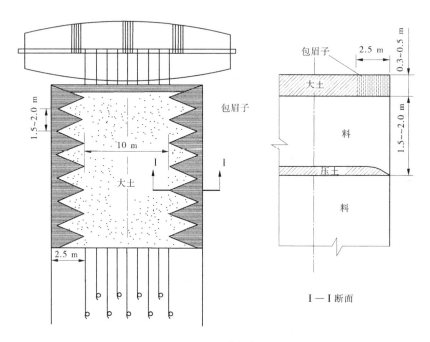

图 10-81　小枕包眉图

严重险情时,可用重家伙如连环七星、七星占和占等,作有力的拉系,以抵御水流冲淘。对所用的硬家伙,亦需要根据所处地点情况的不同,随时予以调整。如下部所用硬家伙,当埽体发生虚悬的情况时,亦可适当松绳,使其下沉。各项明家伙,一般是用于进占工程上的包角、束腰等,亦可用于厢埽工程中的抢护方面。

(11)深水的正坝抓泥后,应按照上下游拟做工程的需要,酌量从各坏家伙桩上留些绳鼻露于占外,以便应用。正坝上游的绳鼻,可为修护埽时接底钩绳作根桩用。下游的绳鼻,可为拴系边坝和二坝捆厢船作提脑船用。

(12)堵口进占时,必须一占厢修稳定后,才能另开新占前进。但口门水深溜急,探摸不易,即使能探摸亦未必能完全准确。一般以看捆厢船吃(受)力与否来衡量,但此法只能探知占体是否着底,而不能了解河底地形有无高低。如占体搁于高岗上,绳缆亦会放松,而实际上低洼之处尚属虚悬,假如认为稳妥,向前再进,势必逼流更紧,渐刷渐深,终成后患。所以,在占软抓泥之后,最主要的工作是用薄料大土尽量分坏追压。如有河底不够平整,或有局部阻流继续冲淘的情形,经过 1～2 m 大土追压之后,占面定会呈现局部高低不平现象,这就是埽占尚未完全着底的特征。此时必须根据占面的情况,上料追土,直至占面完全平整,才算一占完成,再者,占抓底后,在下游占边即出现部分澄清水,这说明占已不大过溜,起了过滤作用。如再继续追压,浑水即逐渐减弱,同时在水面秸根附近发出许多水泡。这是大力追压后,秸料被压扁,空气外排的缘故。这也是埽占已全贴底的明证。

(13)当一占完成出下一占之前,必须检查占前眉是否顺直。如练子绳松,可用小签子绞紧,打入占内。前眉有局部低洼不顺,或两坏接头处有注形,必须用黄料或其他适宜软料填垫顺直,随时用核桃绳拴系于练子绳或底钩绳上,名曰挂帘子。其作用主要为防止两占衔接处出现埽眼。此项工作,必须慎重从事,整修坚实,否则在下占时擦去,反而会成为出现埽眼的根源。

三、合龙

　　左右两坝逐占前进,到相距约余一占的长度时,叫作金门,亦叫龙门口。由于这时口门逐渐缩窄,使临河水位抬高,造成临背河的急剧坡降,因之冲淘严重。以往堵口中常在这时由于两坝急剧蛰陷,抢救不及,致功败垂成。所以,合龙为截流和堵口之关键。根据以往的经验,堵口合龙的方法有以下两种:第一,在龙口上架缆做埽,待埽做好后,松缆沉埽入水,以闭塞口门。这种埽占叫作合龙占。这种合龙法,是18世纪中叶以来使用最多的。但由于龙门口水大溜急,用松而轻的料物起断流的作用,如稍有疏虞,没有不失事的。所以这种方法,如在溜势汹涌,关系重大的堵口工程中采用,危险太大。第二,在两坝头用柳石枕抛填口门,以出水面为度。各枕均用龙筋绳吊于上游预抛的锚上,或用拐头拉系于坝顶或坝下护坡上,以免溜冲下败。这样逐渐前进,待衔接后,再于枕上铺料,压大土,打对抓子,跟着上料,厢至超过两坝面高为止。但口门堵塞后,枕缝隙仍能过水,必须另做养水盆,或在边坝用合龙占法进行闭气,才能完成全部堵合工程。

　　此法较前法稳妥。兹将以上两法分述如下。

(一)合龙占堵合法

1. 合龙前的准备工作

　　(1)彻底检查:正坝进至金门,全河水流集中奔注,口门愈刷愈深,原河道益形高亢。合龙后,水位势必抬高,水压增大。这时两坝工程如稍有漏洞,水流必定乘虚倾注,轻者发生蛰塌险情,重者可能前功尽弃。因此,在合龙前,必须将所有工程进行全面的彻底检查,随时加以整修,普遍追压大土。

　　(2)储备土料:在两坝接近龙门口的适宜地点,应储备相当数量的土料,以备合龙时紧急抢护的需要。

　　(3)调出船只:合龙之先,应将正边各坝进占所用的捆厢、揪艄等船只,全部调出(一部分调泊口门上游,作吊龙须绳及五花骑马之用),以免合龙后船留于背河。这时所有必需的船只,可用轻便小船代替。

　　(4)准备合龙的工具料物:合龙前应将金门占所用的一切工具料物准备就绪,以备临时应用,兹将厢合龙占应准备的主要工具料物列于表10-3。

表10-3　厢合龙占所需的主要工具料物表

名称	用途	数量	备注
铁锚	拉五花骑马及龙须绳等	按工程需要决定	可利用提脑锚及揪艄锚等
照明设备	夜间工作用	电灯或汽灯若干	
龙腮棍	捆合龙枕用	共需4根	长与占宽等,直径5~6 cm,须刨刮光滑,一般可用扎杆代替
龙牙	控制合龙缆	4倍于合龙缆	长0.8~1.0 m,直径5 cm,须光滑,一端削尖,另一端染红
羊角签子	挑松绳缆	4倍于合龙缆	为长0.8 m、直径5 cm的柳木棍,一端有歪尖

续表 10-3

名称	用途	数量	备注
铜锣	指挥松合龙缆用	一面	
五花骑马	拉合龙占以防下败	按水流缓急决定	用 2~3 m 长木桩捆成十字架,再于四端各拴长 0.5 m 的木棍,使成五个十字
打桩高凳	打合龙桩用	每坝头 4 个,计 8 个	高 1.5 m,顶面约 0.20 m²
广播筒	指挥工作用	按需要决定	
引绳	引绳过河	一般需用 4 条	用直径 1~2 cm 的苎麻绳,长按口门大小决定
龙衣	铺于合龙缆上兜料	一张	长同占宽,宽同龙门口宽,系用苎麻或茼绳结成的网兜
合龙桩	拴合龙缆	4 倍于合龙缆	为长 2.7 m、直径 12~18 cm 的榆木桩
合龙缆	兜合龙占	按口门大小、水深浅决定	用 67 m 苎麻大缆或 67 m 茼麻盘绳,须先一天运到工地
龙须绳	拉合龙占	2 条	用 67 m 茼麻盘绳
袋土	压合龙占及抛合龙占前埽眼	按工程大小决定	预先用麻袋、蒲包、草袋装土,准备临时急用
经子	捆扎龙衣及绑骑马用		一般均用茼麻经子
颜色	涂桩及号绳		用红色涂合龙桩、龙牙,号合龙缆,以便掌握松绳

(5)准备人力:两坝人力原有明确分工,但合龙时工种变更,必须紧密合作才能发挥效能。因此,合龙前应将人力作重新布置,明确责任。坝头工作人员与后方供应人员,应在统一的指挥下,围绕合龙进行工作,以保证合龙工程顺利进行。

(6)捆合龙枕:合龙枕安于金门占的前眉,作支托合龙缆使其顺利下放之用。枕长与金门占宽相等,直径与金门占所压顶土高度大致相等,一般为 0.6~0.7 m。捆枕方法大致与捆龙枕相同,即先打两排长 1.5 m 的木桩,纵距与枕直径(0.6~0.7 m)相同,横距约 1 m,入土 0.4~0.5 m;然后安放长 1.5 m 的垫木多根于桩间,并于垫木挡间安核桃绳作捆枕用,每道距离 0.1~0.2 m。取直而长的秸料分四坯铺于桩间,第一坯厚约 0.25 m,将秸根比齐,自两头铺起,错茬铺至中部。铺时将根向内收,稍向外扒,使捆成后,除枕两端外,其余均以秸梢抱根。第二坯仍同样铺料,高 0.25 m,然后安八或十丈龙筋绳于料中,安时用背扣套秸料 5~6 根。第三坯仍铺料厚 0.25 m,自中部将秸根向两端铺,使料根包于料内。第四坯同第三坯,待料铺至虚高 1 m(一般使中间高两边低),然后将核桃绳的单绳会成双绳,拴五子扣,稍紧绳将龙腮棍二根并排安于枕的中部外边,同时用齐板砸料,众人应号拉绳,必须将枕捆得紧而又紧,再挽一扣拴住,不使松动。将龙枕两端的龙筋绳分别带龙头,两端留出的绳头应在同一方向,以便将枕拉向一边。所有捆枕绳的余头应互相扭辫起来,这时捆枕即算完成。

（7）安合龙枕：先挑金门占上口门附近的顶土，以能安下合龙枕为度，然后用秸料缕金门占前口，随时用核桃绳搂好。在金门占前距前眉约 0.1 m 处，打长 2.0～2.5 m 的门桩一排，其间距为 1.0～2.0 m。另在各门桩后约 0.7 m 处打根桩，长与门桩同，各桩露出金门占料面约 0.5 m。然后由根桩上出八丈双绳于门桩前。另外在各根桩后 2～3 m 处，在大土上挖沟打连环桩一排，桩长同前。此时可将合龙枕安于门桩后。如枕在占上不够稳定，可用料垫稳。安枕时，必须保持龙腮棍居于枕的中心线上，以便应用。然后将所铺的八丈绳两头在门桩前分别交叉，自枕上搂回，用上下扣拴于根桩上，再向后拉，最后拴于连环桩上，以期稳实。龙枕两端的龙筋绳分别拴于距金门占前眉约 5 m 处的桩上。以上所有的桩绳都要安置坚固妥贴，不使跷空架虚。枕后绳缆牵拉之处，均应分别填料压土，使桩绳均埋于土料之内。最后压土，使龙门口附近高于原金门占面，向后逐渐成下坡形。合龙枕安好后即钉龙牙，每条合龙缆钉龙牙二根，打入龙枕上的两根龙腮棍中间，高出龙腮棍约 7 cm，以便控制合龙缆的松动（见图 10-83）。

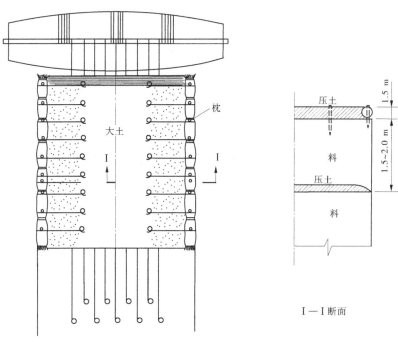

图 10-82　小枕包眉图

（8）钉合龙桩：每坝一般钉合龙桩四排（见图 10-84）。第一排距前眉 7～8 m，第二排距第一排与第四排距第三排均 1.5～2.0 m，而第二排距第三排 3～6 m；第一排与第三排及第二排与第四排的桩均分别对正。各桩横距 0.3～0.5 m，可按水深溜急的情况决定。需注意第三、四两排桩应尽可能安置于金门占以后的占上，以期稳妥。合龙桩长 2.7 m 左右。打桩时每坝用高 1.3～1.5 m、宽 0.4 m、长 0.5 m 的凳子 4 个，先用油锤引桩，待能得手后，再用手硪来打。还有一种钉合龙桩的方法，是每坝 3 排，后一排为听风桩，即准备前两排中的任一桩发生毛病时应用。这种方法用桩较多，后排桩不一定全能用上，一般不大使用。

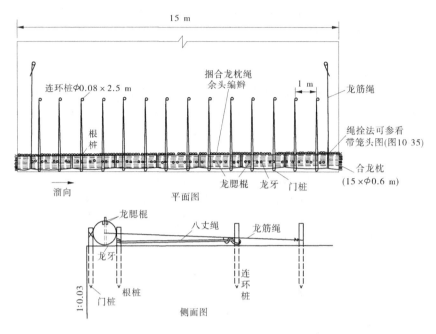

图 10-83　合龙枕平面图

（9）过合龙缆：先将引绳拴成绳圈，用小船将引绳圈运往对岸坝头，然后于引绳的一端绳圈拴上合龙缆，由一坝拉绳，另一坝放引绳，即可迅速将合龙缆送过河。合龙缆的长度，应根据两坝头所占的缆长、口门宽度、金门占出水高度和加倍水深来准备，同时要考虑临时淘深的情况。一般截流和堵口工程，均用 20 丈盘绳二条，用抄手扣对接起来。在安合龙缆时，各缆的接头要错开，不要排在一条直线上。待缆绳匀好后，可将各合龙缆一端拴于金门占的两排合龙桩上，前排桩用上扣，后排桩用下扣，然后另一坝用十余人齐力将合龙缆另一端尽量拉紧，拴于金门占相应的合龙桩上，其挽扣法与对岸同（见图 10-85）。上下口两边的合龙缆，需用双缆，一条不为料压，以便包料不使散失。待各缆上桩后，可检查一遍，如有松紧不匀，应另作调整，务使一律吃（受）力均匀。两金门占桩的余缆，按各缆在口门上中下的位置及下合龙占时每次应松绳的尺度，分别用红颜色标出，以备松绳时易于掌握使均匀下沉。

（10）滚龙衣：龙衣是用直径 1 cm 的苎麻或苘麻绳所结成的绳网，网眼为 0.15～0.2 m 见方，网的长、宽尺寸，应与龙门口大致相等。网结成后，用杉木杆或大竹竿做心，将龙衣一边拴上，然后卷起来；同时在杆或竹竿上，另拴引绳三四条（可按网的宽窄大小确定），卷龙衣时，连引绳一并卷在内。滚龙衣时，先将龙衣一边挂于各龙牙上，再将龙衣卷内的引绳头牵过对岸，以数人（顺溜的距离约 2 m）横躺在龙衣上，推卷前进，同时用小绳将龙衣与合龙缆扎紧，对岸亦应均匀地拉引绳，协助进行。滚龙衣工作随时都有危险，必须选用胆大而动作迅速的人。工作时头部、腰部及腿部均要展直，先扎边占，随滚随扎，直至对岸。

（11）安龙须绳和玉带绳：龙衣滚好，即应出龙须绳。此绳的作用为拉合龙占的底坯，不使为急溜冲击下败。一般用 20 丈盘绳两条，每条先经上口边占挽结，当中再与合龙缆

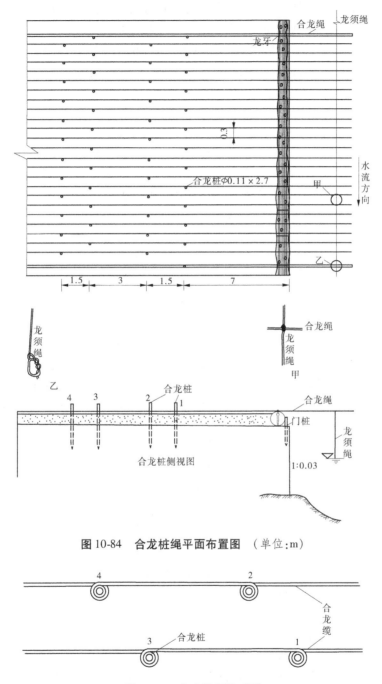

图 10-84　合龙桩绳平面布置图　（单位：m）

图 10-85　合龙桩绳拴系图

挽两三个结，最后与下口边占拴牢后拉向上游，拴于吊锚船或倒骑马船上。如因绳重而长挽结困难，亦可另用小绳将龙须绳、龙衣与合龙缆一并拴扎结实，代替绳缆的挽结。此两绳的安置，有与合龙缆垂直、并行上拉和成八字形（下口窄、上口宽）上拉的两种形式，应视溜势冲向口门的情况而定。如溜势直冲口门，自以垂直并行上拉为宜，如溜势侧注，则用斜形上拉比较有利。如情况紧急,可只将龙须绳与两边占挽结,或只拴下边占,径拉向上游,待料土压实之后,不致有重大的影响。另外,在合龙缆上,亦有用玉带绳一条的,其作用主要为连系合龙缆,不使紊乱,有时也拉向上游,起龙须绳的作用。一般在大的截流和堵口工程,有了龙须绳,即不用玉带绳。较小的堵口工程,溜势不十分紧急时,可用玉带绳代替龙须绳(见图10-84)。

2. 合龙工作

(1)做合龙占:这是堵口的主要工作之一,一般均于前一日准备就绪,次日黎明开工,以便于一日内厢压到底,一气呵成。施工时先拉红旗要料,从两坝向中间铺填,两边占应各露出一条合龙缆,以便包料不致掉下。铺料时随时用拦板磕齐,打花料与进占同。靠两坝处铺料不能太厚,以能上人走动为宜;愈向中间,则以人与料的重量下压,使绳伸长下垂成弧形。占上面在两坝附近不要多加料,仅中部增高成鼓形,即中高边低,到不能再上料时,停料上对抓子、五花骑马,压蒲包土。此项压土工作,关系合龙成败,极为重要,必须很好地掌握。要把土袋排列成中部凸起,向两坝渐薄的形式,如此可适应龙口河底的形状。铺压宽度,应以龙口内两金门占间的河底宽度为准,以免松缆后合龙占被卡,不能顺利下沉到底,以致发生危险。另外,对占的下口亦应多压一些,因龙门口一般是上宽下窄,如不重压,也容易卡住,所以压土主要应达到使合龙占均匀下沉,可根据与占有关的各方面情况,予以适当的控制,既不能压的太多,多则有使缆断桩拔的危险,更不能压的太少,少则有使占下败,甚至有为急溜冲翻的危险(见图10-86)。

(2)松缆:这是合龙最紧张最严肃的一步工序。料土加足后,把挂于龙牙上的龙衣松开,全部工作人员离开占面,到两坝上准备松合龙缆。每缆每端两人,专司缆的松动,一人在后排桩旁负责解扣拉绳尾,一人持羊角签子,站在前排桩后察看龙枕至前排桩间缆绳情况,遇到有碍缆绳走动时,随时用羊角签子挑拨使绳缆均匀松动。待人员分布妥当,由指挥一人,提锣站在合龙占最高处,发布命令。锣响一下,准备完成;锣响两下,解开缆绳;锣响三下,一齐放松。紧打就紧松,慢打就慢松,不打就不松;向左打则左松,向右打则右松。所有工作人员均应全神贯注,按照锣音行动。指挥者应以锐敏的眼力,洞察占沉情况,掌握下沉速度与深度。两坝龙枕与合龙缆后部,应各派得力干部,严格监察各缆绳松放长度与速度,务期快慢一致,吃力均匀,遇有特殊情况,应随时报告指挥,察看纠正。在大的截流和堵口工程中,第一次松绳预计不能抓底时,以使占底不入水为最好,免得加料重压后被口门的急溜将占推翻而造成危险。因此,在第一次松缆到达预定限度后,即通知两坝拴好缆尾。在松缆的同时,上游的龙须绳、五花骑马绳,均用绞关随时绞紧,以免占被冲击下败。即为第一次松缆完毕。

(3)续厢:继续要料,仍如前法加厢,至厢修高于水深为止,最后上对抓子和五花骑马,压薄包土,再如前法松缆沉占,同时用绞关分别紧龙须绳及五花骑马绳,纠正占的位置,而免下败。直到占入河底,上部露出水面,然后将各合龙缆拴住,再按一般做埽方法,继续厢料并以大土追压,到高于左右两金门占为止。

3. 做合龙占时应注意事项

(1)做合龙占使用的家伙极为简单,一般只用对抓子和五花骑马两种。对抓子用以连系占使成整体,五花骑马专为防止占的下败。五花骑马的具体做法是,将准备好的五花

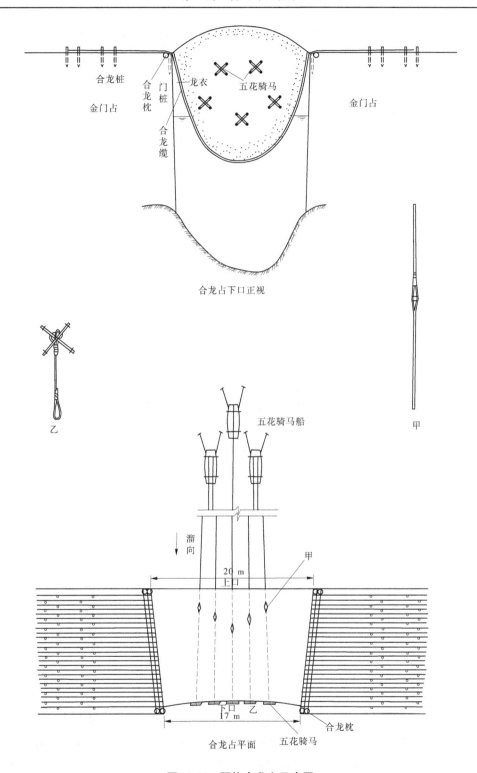

图 10-86　厢修合龙占示意图

骑马嵌于合龙占下首,上首与船上拉五花骑马的绳缆连接,连接好后,用绞关绞紧即可。骑马的拴系方法与倒骑马相同。占未松放时,拉骑马的绳缆大部悬于空中,到松合龙缆时,占必下沉,这时看船人应注意随时用绞关紧绳,调整占的位置,以免下败。

(2)下合龙占的关键问题,主要为使占平稳地下沉,所以在松缆时,要适应两金门占间河底情况,上首1/3合龙缆少松,下首略为多松,中部松缆最多(一般为上首缆松1 m,下首缆松1.3 m,中部缆松1.7 m)。这样可使口门的水溜顺利自合龙占通过。如占上首松绳多,下首松绳少,势必使水流壅高推占下败。

(3)如压土、上料、松绳等不够合适,使合龙占不能平衡下沉,应赶快卡塞部分,加重压土,使之下沉。如仍不能完全解决,则需用治埽眼的方法填堵,以免扩大险情。

(4)一般大的堵口工程,金门占出水很高,主要是为了作合龙占时松合龙缆一二次,即可将合龙占沉入河底,所以堵口时松缆的次数不能超过两次。在口门较小、水流不深的情况下,一次即可将土料加足,沉入河底。如口门大、水又深,一次不能到底,则第一次松缆后占底距水面需留一定距离(预计到再加料压土后绳缆的下垂),勿使占底入水。到第二坯即可尽量将料土加足。在第二次松缆时,必须使占沉到底。如占已入水而未到底,占前壅水抬高了水位,占下过水断面减小,则将增加河底冲刷,容易发生事故,甚至会造成整个堵口工程的失败。

(5)合龙占没有着底叫作不到家,一般是看占下首的翻花水大小远近来判断。根据以往经验,在合龙占刚入水后,背河近处远处都有很大的翻花水。占入水深时,由于下部过水断面缩小,水流汹涌而出,背河翻花就远些。占快到底时,下部溜势减少,就只能在背河附近出现翻花现象。因之背河翻花水远而急时,表明合龙占尚未到底,仍在紧要关头;如翻花水由远变近,由急转缓时,表明占将抓底,在此时如绳已松软无力,应赶快压大土,直到翻花水完全消失时,即为占已到家。

(6)黄河堵口大工程,一般均系双坝进占,边坝的合龙原则上应与正坝同时进行,因为正坝借边坝为擎托,边坝仗正坝为捍卫。但为减少边坝合龙的困难,多于正坝合龙占抓底后,边坝开始松缆,待边坝合龙占追压稳实后,再集中力量浇填土柜与后戗,即可一气完成闭气工程。

(二)柳石枕堵合法

用合龙占堵口,常因口门缩窄,大溜逼注,刷深河底达20~30 m,而使左右两坝蛰陷,进堵发生困难。在贯台堵口时,由于水深在30 m以上,使得用合龙占堵合已不可能。后来改用捆抛柳石枕法,使龙口溜势大为缓和,方得合龙。此种方法易于施工,在堵口中比较稳妥。

兹叙述于下。

1. 捆柳石枕

在黄河上常用的捆枕方法有二:一为用散柳包石捆扎,一为用柳把捆扎。枕捆成后,直径为0.8~1.0 m。所用柳把的直径为0.15~0.20 m,长度为10~16 m。捆柳把一般用18号铅丝、荷麻经子或细稻草绳。柳梢应选用顺直长条,直径不宜超过2~3 cm,遇有粗大不易压实的枝叉,必须劈开使用。柳把的捆扎是在地面木桩上进行的。捆扎时,一人集柳,先将柳梢粗头向外,另一人用一条长55~70 cm、两头各系一长20~30 cm小棍的套绳,裹扎柳把头,并用力绞棍,使柳把紧密后,即用铅丝或麻经将把扎住。然后错茬续加柳梢(不要把几根柳梢集中续进去),每25～30 cm捆扎一道,继续进行,直至预定长度。

　　用柳把或散柳捆枕的方法是:先以2 m长的垫桩放于抛枕处,使后高前低,约成1:10的坡度,垫桩间距0.4～0.7 m,中间安放捆枕绳(用核桃绳、小蒲绳或12号铅丝,或绳与铅丝间用),绳的长度按枕之直径而定。然后将柳把4～5条或将散柳一部分铺于垫桩上,再于柳上压石,中间填大石,两端放小石,成枣核形。枕中间放拉枕大麻缆或三股铅丝绳一条,叫龙筋绳。此缆在枕中应将块石背扣挽几次,以免拉枕时绳缆滑动。石填到预定高度后,周围放柳把或散柳裹护,然后分别将绳拉紧,拴成五子扣。枕两端的龙筋绳头应分别带龙头,再将捆枕绳的余头与龙头连系,然后扭编在一起。必要时可于枕两旁各用核桃绳一条,将各捆枕绳再顺枕予以连系。这时捆枕即算完成(见图10-87)。用散柳捆的枕比用柳把透水少,落淤也快些。但散柳必须用鲜柳,急用时供应不上,同时散柳捆枕也没有柳把捆得快。在堵塞口门时,由于时间紧张,所以一般都是预先将柳把捆好堆存备用。

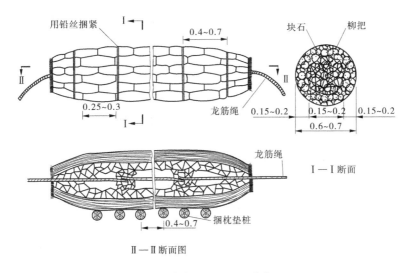

图10-87　捆柳石枕图　(单位:m)

　　捆枕的柳石以往无明确规定。根据经验,在水深溜急的口门接近河底三四坯处,应尽可能将石加足,以便迅速压沉到底,而接近水面的上部枕,可多用柳少用石,这样既能缓溜,又能节约。在捆枕时,如因石料价格特高,亦可用软块淤代替。如块淤也不多,则可用蒲包装红淤土代替。

　　2.抛柳石枕(见图10-88)

　　抛枕时,须注意以下几点:

　　(1)合龙时,龙门口水大溜急,柳石枕虽有上首的缆绳吊住,但在枕未落底前,由于急溜推拥,要向下败。从两坝金门占起,愈前进溜势愈急,下败愈多。因此,水下的枕群会形成上游凹入、下游凸出的现象。为矫正这一缺点,捆枕应安置于金门占上跨角附近,抛枕时,可先推下首,使下首先着水。入水后,因为水溜下冲,枕还要发生一段距离的下败,如能掌握适宜,就可与口门两坝大致相齐。但用这种抛法时,第一,捆枕的质量要好;第二,

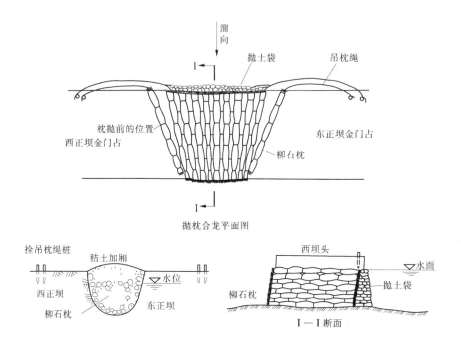

图 10-88　抛柳石枕合龙图

先推下首,后推上首,时间不能相距太长,否则不仅不能达到预计的目的,且有将枕折断扭裂的危险。

（2）如口门水深溜急,抛柳石枕时,应很好地掌握龙筋绳,使枕顺直并排前进。还有在枕的中部用底钩绳搂护使靠金门占的。根据以往的经验,枕尾与中部,除溜势不稳,或有特大漩涡回溜外,一般是不需要搂吊的。因枕头拉住后,只要绳缆不断,枕为溜所冲逼,是会自然靠岸的。

（3）抛枕之先,应在金门占后老占上打顶桩,将枕上的龙筋绳拴在桩上,留绳长应为枕到水面的长度。枕抛下后,管绳人应特别注意枕的动态。待枕头着水吃力后,应随着枕的下落,稍稍松动,使绳缆徐徐伸长,直至枕落于河底。切不可硬拉,以免将绳缆崩断,亦不可太松,致使枕下败甚远,增加合龙后闭气的困难。

（4）待枕全抛出龙门口水面上约 0.5 m 后,应即停抛,用秸料在枕上加厢。其具体做法与做合龙占略同,料仍是顺厢,每坯厢成后,跟着上对抓子、压大土、包眉,如此继续加厢直到高出两金门占。其与合龙占不同之处,为不顺再用五花骑马。在枕上加厢,最主要的是要用薄料大土,将枕压实,以减少枕的透水性。

（5）由于合龙时水深溜急,枕如有下败,龙口上游定必形成一大洼坑。又由于枕间与石隙透水严重,土柜不易浇筑。因此,在正坝抛枕堵合后,一般均先于上游洼坑处,尽量抛填蒲包土袋,借以补救。另外,做门帘埽一大段盖护龙门口,以减轻透水,而利于土柜的浇筑。

（6）口门未堵合前,上下游水位相差不大,两占接缝和枕间石隙虽有透漏,尚不甚显著。到堵合后,下游水位大落,上游水位抬高,凡有缝隙之处,下游就要出现翻花。此时应速详细查明是底漏,还是腰漏。腰漏病轻,如系底漏,很快就会刷成沟形,若不能迅速抢护制止,愈刷愈宽,将使坝蛰陷。这时宜速用麻袋、胶土填堵,或于进水处厢埽一段,追压到底,使之堵闭。

(7)抛柳石枕时,人必须站在垫桩之间,应号推抛,切忌骑在桩上,以免柳石枕抛下时,垫桩翘起,将人打入河中。

四、搂厢

搂厢仍属顺厢的一种,其具体做法与进占捆厢基本相同,但规模比较小。关于搂厢,古治河书上并无详细记载,推测可能是自进占捆厢法演变出来的。搂厢埽段的优点是修筑迅速。抢险时,只要工具物料齐备,很快就可抢护稳定。其缺点是搂厢埽段全凭绳缆捆束料物,绳缆露在外面,而绳缆入水后不能经久,一旦糟朽,埽段即将失去依附。所以,自埽工做法演变为丁厢后,这种搂厢方法即多用于临时性抢护工程,搂厢根据用料不同,有秸料搂厢、柳石搂厢、柳淤搂厢与柳土搂厢等,按照做法不同,又有用船搂厢、用支架搂厢与用枕搂厢等。现将其厢修方法及注意事项说明于下。

(一)搂厢方法

(1)整理拟厢修堤段的堤坡,使成1:0.5～1:1.0的平顺坡,以使铺料可与堤岸严密结合(见图10-89)。

(2)在堤顶距整修好的堤口2～3 m后面,按顶桩排列法打顶桩数排(排数按底钩绳数与拟厢修的坯数决定),桩距为0.8～1.0 m,排距为0.3～0.5 m,排与排间桩行一律向右错开0.15 m,使成斜行桩群(见图10-89)。

(3)在水深溜急之处厢修,必须安设捆厢船一只,捆厢船基本上与进占所用的相同。用龙骨一根,平架子2～3个龙枕上,然后用绳缆兜船底捆扎数道绞紧。将船驶于拟搂厢处,抛大铁锚数只,龙骨两端用绳缆或支杆拴于岸上,予以固定(见图10-89)。如无适当船只,可捆枕(用秸、苇或柳枝均可)一个,直径约1 m,长与拟搂厢埽段长度相等,以便在搂厢底坯时,抛浮水面代替捆厢船。如在水浅溜缓之处厢修,亦可以支架代替捆厢船。

(4)在前排顶桩上拴底钩绳,绳的另一端活扣于龙骨上,或自水中搂回活扣于支架上(在用支架法时),或拴于枕上(在用枕代替捆厢船时)。此项绳缆,根据河水深浅、溜势缓急,选用六至十丈绳或12号三股铅丝绳。在底钩绳安好后,可将在水面之部分用核桃绳或12号铅丝(以铅丝作底钩绳时)横连数道,使成均匀的网兜。如溜势较大,也可在每条底钩绳上另拴核桃绳一条,核桃绳另一端搭在龙骨上,作为练子绳用(见图10-89)。

(5)在连好的网兜上顺铺柳枝或秸料,同时人在料上跳跃,使料下沉,相机略松底钩绳,将船外移至底坯宽度,并随时把花料打匀,使埽体饱满。用柳枝顺铺一坯后,再用细软柳条横铺或斜铺一坯,以增强埽体纵横牵拉力量。待铺厚达1.5～2.0 m时,如用练子绳,应全数搂回,拴于埽面的签桩上,同时在水面附近各接核桃绳一条。再搂3～5条底钩绳,与靠堤边的原底钩绳拴在一起。如不用练子绳,除两边外,可隔一条搂一条底钩绳,通过后部的腰桩,拴于堤顶的桩上(与进占同),并在原底钩绳的靠水部分,各另接底钩绳一条,仍活扣于龙骨上。未搂回的底钩绳,各接核桃绳一条,将核桃绳搂起拴于埽面签桩上。根据河底土质情况,酌用适宜的家伙。如系沙底,埽前眉可打羊角抓子、鸡爪抓子等硬家

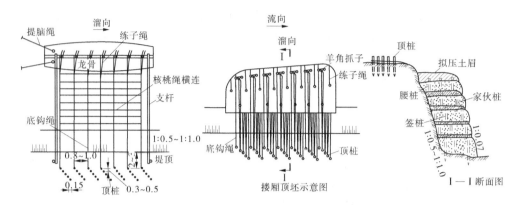

图 10-89　搂厢图　（单位：m）

伙，两倒眉打对抓子，以防前爬和吊塘。如系淤底，可用满天星长桩，使压入河底，以防前爬。然后按拟定的埽的形状和尺寸，在料之边缘，每米插一扎杆，在扎杆内进行厢修。如用秸料，即可压土；如用柳枝，可在扎杆内用柳枝缕口0.2～0.3 m，随时用核桃绳搂紧，然后压土。如压石，应先于绳缆上铺散柳一层，以防家伙绳被石碰断或磨损，然后薄压块石一层。务要掌握高处多压，低处少压或不压，还要保持埽出水高约在0.5 m以上。这样即为底坯完成。以上是用船搂厢，如用枕搂厢，铺料要与枕平，不得压枕，其余步骤均同上。

（6）在底坯上加厢，如用秸料，应注意先搂好前口，然后加厢，并随打花料；如用柳枝，还应随时用软柳横斜铺上一坯，以便牵拉。待厢高约1.5 m后，如前法搂练子绳、底钩绳，再斟酌情况，打羊角抓子、鸡爪抓子、棋盘、对抓子等家伙，然后进行追压，仍使埽体出水在0.5 m以上。同时应检查岸上与龙骨上的底钩绳和家伙绳，如有太紧者，应按次序酌为松放，使埽体适当下沉，以减轻船的负重和绳缆的拉力，避免绳缆崩断和船只被压沉。如此继续分坯加厢，直至发现埽体下首有小翻花水泡。这一现象说明埽已抓泥，此时可于埽前用柳枕抛护，然后压大土或石，使枕体尽量下沉入泥。

（7）压过大土或石之后，如用秸料加厢，应前面缕口、两端包眉，如用柳枝，应周围缕口，务使土、石为秸、柳等包裹严密，不使露白。然后上薄料厚土，随时酌松底钩绳与家伙绳，直至埽体不再下蛰、底钩绳见松。此时埽已到底，可将练子绳、底钩绳分别搂回拉紧，拴于埽面和顶桩上，再压顶土或排垒块石，到达计划高度。唯压土与排石，其坡度应尽量陡些，约在1:0.5，以免重力后移，推埽前爬（见图10-89）。

（8）为保护埽体不使向前爬动或被急溜顶冲淘刷因而蛰动，可于埽体厢修完成后，捆抛柳石、柳砖或柳淤枕，或抛石护坡，加以维护。

（二）搂厢工作应注意事项

（1）厢修之先，应先探测河底。如系淤泥滑底，或河床坡度较陡，则于铺完底坯时，应打满天星长桩，用绳拴系，以便压沉河底后，增加前爬阻力。对流沙底与格子底（层沙层淤）等，应下硬家伙向后拉，埽抓泥后，即抛枕戗护，这样既可减轻淘刷，又能抵御埽的墩蛰外爬。

（2）搂厢埽的坡度，一般比丁厢埽大些。秸料搂厢与进占的坡度大致相同。每坯埽的坡度，不宜大于1:0.04；埽总体的坡度，不宜大于1:0.07。柳石搂厢坡度一般又比秸料搂厢大些,唯亦不应超过1:0.1,否则重心偏后,埽即易于向前滑动。坡度的大小,还与河底情况有关。根据以往经验,如是淤泥滑底,厢修时坡度应陡些;沙底、格子底或台阶底,坡度应缓些。这样在埽体蛰动时,可不致发生或少发生前爬或栽头等毛病。

(3)埽未抓泥前,厢修时,要掌握厚料薄土的原则,切忌压埽入水。埽抓泥后,要薄料厚土,以期压入河底,使埽稳实。对于柳枝搂厢,一般以压石为多,也有压硬淤块的。如无石与淤块,也可用蒲包土。如柳梢比较顺直,且系枝叶茂盛的鲜柳,也可压两合土或碎红土。有人认为柳枝透水,土压不住。其实不然,因柳虽蓬松透水,但有缓溜作用,在含沙量大的水流中,柳枝内部容易落淤,所以柳埽上压的土,要比秸埽少得多。在有利的情况下,柳还有成活的可能。对于压埽,无论用土、石或淤块、蒲包土,均应遵照规定进行,即自两边倒眉垫路到前眉,逐渐向后退压。对于压土数量,一般为每立方米料压土0.3 m³以上,应结合河底土质、坡度大小与厢埽料物容重全面考虑。压土太少,易于走失,压土过多,又易于前爬。

(4)铺底的宽度,搂厢埽比丁厢埽要窄得多,一般是1.5 m上下。到厢成之后,顶面宽可达2~4 m。

(5)搂厢用秸料时,无论家伙绳或底钩绳,一般全用麻绳。但柳石搂厢,有用铅丝缆与8号粗铅丝的。按理说用铅丝缆应比绳缆好些,因搂厢埽的绳缆露在外面,容易朽烂,不能经久,如改用铅丝绳,即可矫正这一缺点。但铅丝伸展性比绳缆小得多,常有埽底淘空发生猛墩的险象,故在松绳时,应特加注意。还有把铅丝缆与麻绳混合使用的,在松绳时,铅丝缆应多松放,麻绳应少松放。

第三节 丁 厢

根据刘成忠的《河防刍议》所载,丁厢系仿前人于大溜顶冲处所做的丁头埽段演变而来的。但丁头埽由于绳缆露于埽外,难期经久。自改为丁厢后,绳缆可大部藏于埽内,并将秸料的铺法改横为直,对埽的耐久性来说,算是一种改进。所以,自18世纪以来,丁厢埽即大为盛行。唯丁厢埽因其峭壁陡立,遇溜回旋淘刷,坡前易被淘深。过去有坏坏留蹬之法,企图矫正丁厢由于坡陡引起淘深的缺陷。但这样由于压埽之后重心后移,在陡坡上易推拥埽体前爬。再遇前部坡底蛰动,抢厢更为不易,故此法流行不久,即告终止。近来厢埽多于埽段厢成或抓泥之后,在埽前抛柳石枕或抛乱石护根,这样既可缓和溜势,又可抗埽前爬。因此,丁厢埽的缺陷已可基本解除。黄河上常用的月牙、磨盘、鱼鳞、雁翅等埽,均属丁厢埽,仅是形式和名称不同。兹将丁厢埽修做方法叙述于下。

一、丁厢前的准备工作

(1)顺坦。为防止底钩绳及家伙绳和铺料发生担料悬空现象,可将厢埽地点坍塌的堤岸坦坡,切成1:0.5~1:1.0的平顺坡,以便厢修。

(2)定桩。在拟厢埽处,距整理好的堤口2~3 m,打顶桩数排(视底钩绳根数与厢修的坏数决定),桩距0.8~1.0 m,排距为0.3~0.5 m,排与排间桩行一律向右错开0.15 m,使成斜行桩群(见图10-90)。

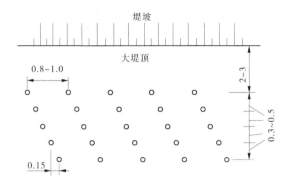

图 10-90　顶桩排列图 （单位:m）

（3）捆秸枕。开埽时须有捆厢船只以便托缆修铺顺厢埽底。但由于船只常有不便，而且捆船颇费时间，为应付紧急需用计，一般均用秸料捆枕代替捆厢船。枕的直径为 1.0 m，长度比所计划的新埽段略长些。其具体捆法与捆合龙枕大致相同，唯不用龙腮棍。枕两端带龙头和捆枕绳绕法见图 10-91。

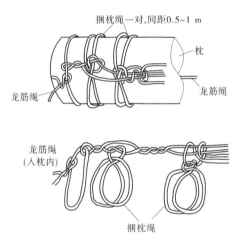

图 10-91　捆枕绳绕法图

（4）推秸枕。先将秸枕龙筋绳，活扣拴在拟厢埽堤段上下首的两根顶桩上，并由专人负责看守。以多人随喊号随将枕下的垫木掀起，推枕入水。这时切忌人骑垫木，以免发生危险。同时两个看龙筋绳的人员，要相机松放龙筋绳，使枕靠于拟厢埽段水面边缘。

（5）安底钩绳。枕推好后，应即出底钩绳，即在预先打好的前排顶桩上，分别用活扣拴上八至十丈绳各一条（这是一般所常用的单底钩，如溜势顶冲，淘刷紧急，亦可用双底钩）。然后人立枕上，用引绳（预先穿于枕下）将顶桩上的底钩绳的另一端分别引过枕外，搂回匀拴于枕上，其拴法见图 10-92，所拴底钩绳间距应与顶桩间距符合，也可在将底钩绳拴枕时，把绳端预留 3 m 长作提枕绳用。有时也可在未推枕之前，先在捆枕处将底钩绳分别拴在枕上，并用核桃绳连网，然后推枕。但以前法比较方便稳妥些。

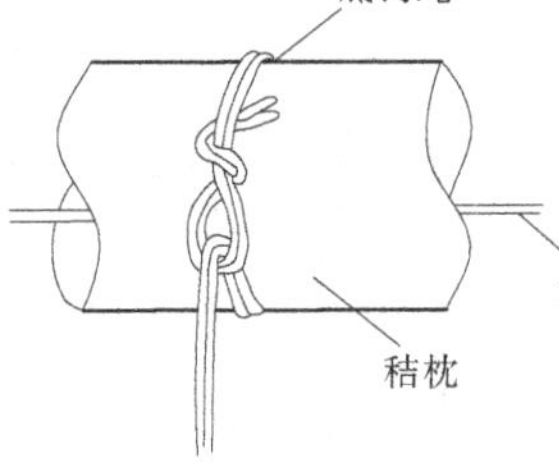

图 10-92　底钩绳拴法

二、厢修工作

(1)顺厢底坯。修埽之前,先将枕用撑杆撑离坡崖,其距离与拟厢之埽的宽度相同,然后用核桃绳将各底钩绳横连成网,再将龙筋绳两端带好,使吃力均匀,不偏不倚,形式大致如计划要求(见图 10-93 第一步)。对淤泥滑底,一般可用大股顺柳,先于底钩绳网上铺放一薄坯,厚 0.3 ~ 0.4 m,以便埽入底后,易于与淤泥结合,增加粗糙度,减缓埽的滑动。如遇沙底,可用柳梢铺一层,使能缓溜落淤。然后在柳上顺厢秸料,秸根向两端,枕后先铺一薄坯,再逐渐向内错茬打花料,使料层叠吞压,互相牵拉,中部饱满,前边与枕略平(见图 10-93 第二步)。接着用核桃绳在枕与堤根间的底钩绳上,来回交错连结,使成网状,叫作网面绳,将底坯料连成整体,以防止被水冲散失,即为底坯完成。这是不用家伙的做法(见图 10-93 第三步)。

在河底为淤泥滑底的情形,如不铺柳枝,亦可直接用秸料顺厢,待与枕平时,即在埽面上打满天星桩(为 2 ~ 3 m 长桩,又名定心桩),桩头向内倾斜,用绳缆花拴连起,绳可以不起坡。长桩压入河底泥中后,埽体前趋时,桩可直立,这样可防止埽的滑动。关于埽面宽度,因修埽时埽会逐渐前爬增宽,所以做新埽,都是尽量窄些。一般的埽,多为上首窄些,下首宽些,在定新埽的宽度时,都是按下首宽为一秫秸长,约 3 m;上首稍窄,宽约 2.5 m,可截去一部分秸梢。

(2)头坯丁厢。在丁厢开始前,可在捆枕绳上每隔 2 ~ 3 m 拴上一条核桃绳,作为提枕绳(也可用底钩绳预留的绳尾作为提枕绳)。然后在枕后的顺厢料上自中部上料丁厢(与水流垂直),分向两端进行,拿眉、拦板、拿二眉、打花料,都一齐动手。到上下跨角处,要特别注意将眉头拿齐、安顺。所用秸根一律向外,打花料时要分层进行,每层不超过 0.4 m,自前眉至埽根,有条不紊,并使互相吞压,随时用齐板拍打整齐,做成计划的埽形(见图 10-94 第一步)。

对于丁厢的前眉是否要将秸料枕压住,以往有两种不同意见:有主张大撇枕的,即前眉与枕要明显地分开,以免将枕压入埽肚,发生危险。也有主张丁厢前眉压住枕 0.1 ~ 0.2 m的,其理由是厢修时稍压一点,待加压之后底钩绳伸长则枕仍可在埽眉之外;如用大撇枕,待底钩绳伸长后枕与埽即离开了。以上两种做法,其共同点是都认为不应让枕压入埽肚。唯丁厢埽所用的秸枕,只在厢修底坯与丁厢头坯时有用。底钩绳的伸长,因上有根桩与绳缆的维系,只能使埽体下沉,不可能使底钩绳伸长到埽眉以外;即使有此种情况,亦无大关系。另外,埽眉压枕的一部分,如无提枕绳或包头抓子等牵拉,在底钩绳伸长、埽

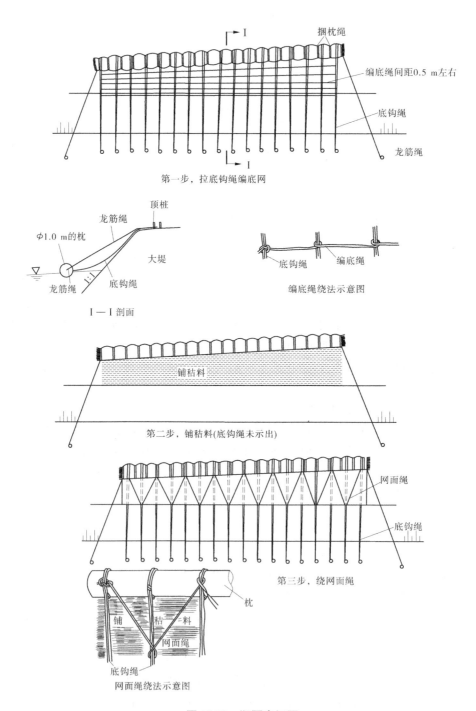

图 10-93　顺厢底坯图

体下蛰时,亦可能使枕变形拉入埽内。所以,在一般情况下,以离开枕比较妥善。头坯丁厢上料不可太厚,0.6~0.8 m 即可。

此坯为丁厢、顺厢接头之处,必须坚固。因此,这坯所用的家伙,应有贯串三坯料物的

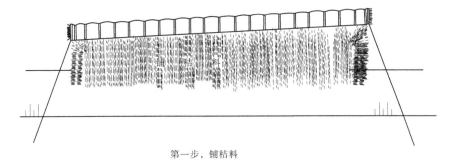

第一步，铺秸料

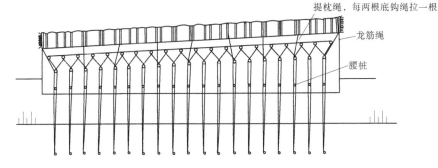

第二步，打三星桩

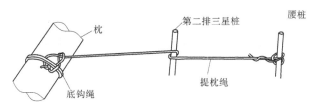

提枕绳拴系法

图 10-94　头坯丁厢图

作用,可打三星桩入埽内 1.5 m,上露 0.5 m,同时将提枕绳或预留的底钩绳尾紧拴于三星桩的后部桩与腰桩上,使丁厢、顺厢能很好地结合(见图 10-94 第二步)。如埽面较宽,两倒眉可打对抓子一二路。此时头坯即告完成。

(3)续厢。如上法坯坯加料,打家伙,压土,包眉子,进行加厢。根据每坯不同情况,用不同的家伙桩绳。上料压土要掌握在埽未抓泥前"厚料薄土"及埽抓泥后"厚土薄料"的原则,直厢至埽到底后顶部加压顶土,即算完成,其厢修步骤见图 10-95 ~ 图 10-99 各步过程。在厢埽过程中,应随时检查绳缆吃力情况,加以调整松放,使埽体均匀下蛰。秸料枕的龙筋绳,原拴于顶桩上,当松绳时,可与底钩绳相应松放,埽到底后,可将龙筋绳顺埽两边拴于家伙桩上。

三、护根

丁厢前坡壁陡,水流淘刷严重。为了矫正丁厢埽的缺点,在埽体厢成后,应捆抛柳石

第一步，铺秸料厚1.5 m以上(铺法与头坯丁厢同)

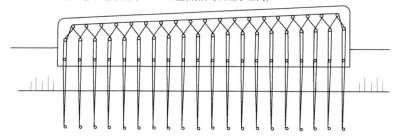

第二步，打单头人家伙

第三步，如埽仍未到家，继续厢修与前坯同，打棋盘家伙

图 10-95　续厢图

说明：1.厢埽时埽面要前低后高，从中间向两端厢，则进度快。

　　2.秸料不能将捆枕压住，最好是紧靠边，但如有吸腰等情况，可略压0.1~0.2 m，前眉可略带木梳背形。

　　3.顺厢上好家伙后不压土，只撒点土使能走人就行；头坯丁厢上好家伙后，

　　压小花土0.2~0.4 m，保证埽面出水0.6~0.7 m，如水过高可再压一点土。

　　4.头一坯家伙管三坯料，用三星桩。其他各坯用单头人或棋盘桩、羊角抓子、密三星桩，但上下两坯家伙要错开排列。

　　5.埽软抓泥后逐渐改为薄料厚土。

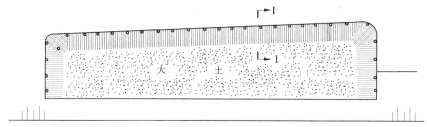

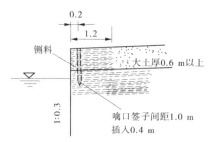

I—I剖面

1.当秸料上压土超过0.5~0.6 m(大土)时，就要包眉。将距边1.2 m内之土全部清出，插嗑口签子后铺锏料，随铺随撒土，锏料填好后，清出之土也用完。

2.压土0.5~0.6 m包眉子一次，如土再厚，在第一次包眉完后在埽面上铺整料一层，厚0.2~0.3 m，上骑马一路，再压土进行第二次包眉子。

图 10-96　包眉图　（单位:m）

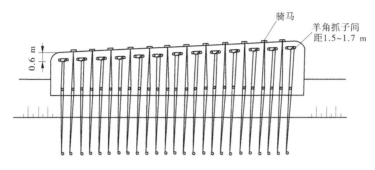

图 10-97　压大土后上枪里加铜图

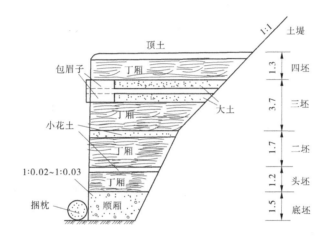

(各坯未考虑压缩)

图 10-98　厢埽横断面图　（单位:m）

枕、柳苇石枕,或于上下跨角及前眉投抛块石,接出坦坡,以缓和溜势,防止前爬。但埽在未到底前,切不可抛护,以免因埽底不平,石滚埽下,反而使埽追压不实,又出险情。当河底土质为淤泥滑底时,于埽软抓泥后,即抛护柳石枕,然后加压大土,可使埽不致前爬。护枕抛石不一定抛出水面,只要能达到缓和溜势、巩固埽根的目的就行。

四、做丁厢埽时应注意的事项

（1）注意藏头。抢修埽段后,埽的上首会发生或大或小的回溜,产生淘刷。如不预作藏头,所抢修的埽段是不可能稳固的;尤其丁厢埽,必须上下有所依附。所以,一般修埽,应先在上首做藏头,即在大溜边缘尚未靠岸之处,做半水半旱的埽,以便在正埽做成后,防护其免受回溜的冲刷（见图 10-98）。

（2）修埽应分主次。在顺溜工段厢修埽段,如不分主次,高度一样,平均使用力量,将使防守甚为被动,故所修埽段根据迎溜情况要高低相间、主次分明,在比较突出的迎溜埽段,应修做主埽,并要特别加强维护,重点防守;对次要埽段,因有主埽的托溜掩护,可仅作一般防护（见图 10-98）。

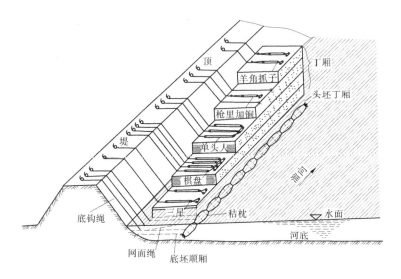

图 10-99　丁厢垛分坯家伙示意图

（3）修正垛的形式与方向。丁厢第一坯,应尽可能地按照计划的形式、方向修做,尤其拿眉、拦板与打齐板等人员要随时留意。但由于初进行丁厢时,垛尚漂浮水面,因溜势的冲淘与激荡,很难完全做成理想的式样。所以,丁厢第一坯一般上料不能太厚,只需0.6～0.8 m,以便在形式、方向不够合适时,可随时加以矫正。如厢的太厚,即不易矫正。在矫正时,对于垛眉凹陷部分,可少收或陡起,对突出部分可酌留2～3 cm,于厢齐后,再用榔头砸齐,使符合计划形式与方向。

（4）下骑马。厢垛所用的骑马,有软、硬、等之分。软骑马是先将骑马放在垛眉外,然后在前眉加厢。待垛眉拿过上下跨角,前眉打齐板后,再拉骑马绳,同时用榔头打骑马上下翅,使嵌入垛眉,最后将绳经腰桩拴至顶桩上。硬骑马是先将骑马放在垛的前眉,用榔头先打骑马两下翅,拉绳绕腰桩拴至顶桩上,然后加厢。待厢完再松顶桩绳,叫号拉骑马,用榔头打骑马两上翅,使嵌入垛眉,然后把绳拴在腰、顶桩上。等骑马是拉时不打榔头,等垛下蛰时才吃上劲。以上三种骑马中,软骑马同时拉,吃力均匀,硬骑马两次打,吃力不匀,等骑马可用于新开垛的前几坯,垛的上部仍以用软骑马为好。

（5）下家伙。丁厢垛在头两坯可用硬家伙,以免垛段前爬;中间几坯可用软家伙,将垛体捆结在一起,以防分裂;到垛软抓泥并追压大土后,须用重而硬的家伙,以防垛体受重压后向前滑动。各坯所用家伙,一般只用一种(特殊情况例外),以免吃力不匀,造成松绳困难;上下坯不能用同种家伙,以免上下桩尖顶头。各坯的家伙桩、绳和底钩绳,应分坯记清,以便相机松放。绳缆吃重后,可能根桩会被搬动,故须打连环桩以作防备。

（6）丁厢垛坡度。丁厢垛坡度陡立,是其缺点。但根据以往经验,坡度缓了,重心后移,上部重力压不住,易拥垛使发生仰脸、播簸箕的现象。在黄河上比较适宜的坡度,为1∶0.02～1∶0.03。待厢修完,随即捆抛柳石枕或抛乱石护坡等作维护。丁厢垛的两倒眉,可以垂直无坡,因上下首有藏头、护尾垛捍卫。

（7）压土。压土厚度,在同一垛面亦不完全一样,因靠岸的河底前低后高,所以修垛时,无论厢料与压土,都必须掌握前厚后薄的原则。一般压土时要掌握住前部土重约占

70%,后部土重约占30%,才比较稳定。压大土最紧要的时机,是在埽软抓泥时。这时要拿紧家伙,尽可能加压大土,并相机活绳,使埽下沉。如稍不慎重,即有跑埽的危险。

(8)埽面长、宽。埽的宽度,是上大下小。按以往经验,厢成的埽面宽以不超过水深为度。如在埽抓泥后,发现埽面宽大于水深,可于埽前撤出1~2 m,退后厢修,但必须随时在撤出部分边缘打桩拦绳,内用石块填压,使与加厢部分重力均衡。埽长一般为15~20 m。因埽前坡陡,河底易刷,在埽前无护坡设备时,以比较短些易于守护。

(9)埽后裂缝。厢修新埽时,常由于堤坡或滩岸土质不佳而发生埽后裂缝,这是厢埽的最大毛病,必须加以解决。一般可将裂缝处的土移作前部压埽之用。这时埽面过宽,可在埽段抓泥时,退后厢修,以保安全。

(10)活绳。厢埽时,压土、活绳等工作均甚重要,必须由有一定经验的人员来管理。在埽体压大土抓泥后,主要的是要相机活绳,使埽逐渐下沉。活绳时,先活底钩绳,然后逐渐向上坯松家伙绳。但底钩绳不能任其放松,以免埽面扩大,必须等底钩绳将达到其伸长极限时(此时绳有细微响声)再活绳,但亦要注意勿使崩断。修埽如遇格子底及滑底,活绳时更须注意埽体的猛墩和前爬现象。

第四节　各种不同河底的厢埽方法

黄河河底土质及河底地形非常复杂,一般有胶淤底、格子底、沙底、软淤底和偏底等不同情况。对于不同的河底,修埽时必须用不同的方法,才能保证埽体的稳定。兹分别说明如下。

(1)胶淤陡崖。其特点为耐刷易滑,埽修其上,易随坡下滑。为了预防滑动,在铺底坯料后,可打满天星家伙,将料团结在一起,埽沉到底后,桩尖可插入滑底内,阻止埽段继续下滑;或于底钩绳缆安好后,先用大股柳铺0.3~0.4 m厚,然后用秸料铺足底坯,将料网好,亦可起阻滑作用。丁厢时头坯可下鸡爪抓子带群绳,然后压花土。如底坯未用家伙时,此坯可用三星抓子。

再上料后,打棋盘家伙,将埽团结成整体。第三坯可上三星或五子等。继续厢修至埽抓泥后,可压大土,用较硬家伙,如羊角抓子、鸡爪抓子、骑马等,拉住埽头,以维护埽体的稳定(见图10-100)。在滑底上修埽,最重要的是坡度要陡,因埽体易于前滑,坡度缓了厢修不稳。另外对压土更要很好地掌握。根据以往经验,在埽未抓泥前,压土应只以能使埽体缓缓下沉为度,待软抓泥后,赶速于埽前用柳石枕、柳淤枕或块石等护根(见图10-98)。

然后薄料厚土,好好盘压,务使埽底压入河底软泥之内才能稳定。在追压大土期间,活绳是一件至关重要的工作。因用于滑底的各坯家伙,大多是硬的,大土追压之后,如活绳工作跟不上,会将绳缆崩断。如此厢修,对整个埽体而言,下部家伙压入河底,中部家伙维护埽体,上部家伙大力后拉,如埽坡再厢修适宜,护根、压土、活绳配合得当,全埽即可安稳下沉入泥,不致有较大的滑动现象。

(2)台阶、格子底。台阶和格子底,基本上是一样的,均系层沙层淤。唯台阶底往往于一段斜坡之下,还有一段更深的陡崖。所以,在此河底上厢埽至台阶边缘,稍一外爬,即会突然墩蛰。在厢修之前,应详细了解斜坡长度和台阶宽度,并研究是硬淤还是软淤,耐

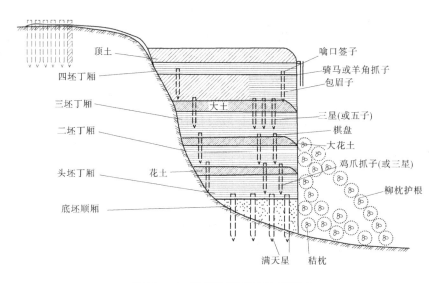

图 10-100　胶淤陡崖丁厢横断面图

冲程度如何及淤层厚度多大等。如斜坡长,台阶宽,硬淤层厚,则尽可能将埽厢于台阶上,用家伙拉紧,待埽抓泥后,先护根,然后以大土追压,与滑底上的厢修方向相同。也可骑着 1～2 层台阶来厢修,以免突然墩蛰。此种厢法虽较稳妥,但两台交接之处容易过水,故加压大土时,须特别留意,以免后溃。再厢修这各埽段,因前深后浅,上料、压土时,要防止发生栽头毛病。厢底坯可铺大股柳,以防前爬。丁厢头坯可用连环五子腰桩花拴(见图 10-101),以团结底坯;第二坯用鸡爪抓子带群绳,向后紧拉;第三坯下三星家伙带对抓子,使纵横连系;第四坯同第二坯;埽压大土前,用棋盘腰桩花拴,以免压大土后墩蛰出险。埽抓泥后,即赶快抛枕护根,然后薄料厚土,用羊角抓子、鸡爪抓子、骑马等项家伙厢修完成(见图 10-102)。上料厚度和压土掌握的原则,均与上同。如为软淤,底坡度可略大些,以防墩蛰后发生栽头的毛病。如为硬淤底,则仍可按一般坡度厢修,以免压不住头,发生前爬的险情。此种埽段厢修的关键,在于用家伙团结拉紧,适当压土,不使前爬而发生大墩大蛰。

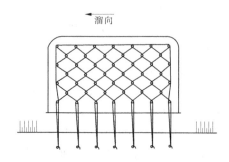

图 10-101　连环五子腰桩花拴图

　　(3)沙底。在黄河下游沙质河床比较普遍,沙粒极易为水流挟带而去,使埽体蛰陷。故在沙底上做埽,主要的是要使埽体团结,预防河床被淘后,埽体下蛰散裂。在沙底上做埽,当埽体软抓泥前,下部过水断面减小,局部冲刷情况将更为严重。另外,在黏沙软底上

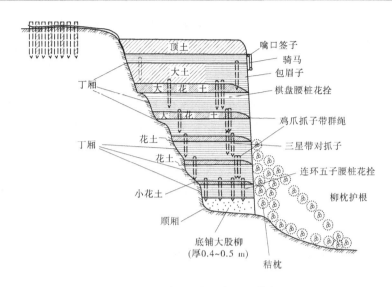

图 10-102 台阶、格子底丁厢横断面图

修埽,水急时因底部淘刷,将使埽体爬蛰,水缓时则因软底承载力不够,亦能使埽沉蛰。所以,在沙质河底上厢埽,一遇溜势变急,往往发生险情。一般在沙底上修埽,可先在秸枕的周围放一层软柳枝。其底坯可仿在滑底上厢修之法进行,先铺软柳枝 0.3 ~ 0.4 m 厚,使起缓溜作用;然后上秸料厢高约 1 m 许,将料网好,下满天星家伙,将底坯团结成一体。丁厢头坯用三星家伙,使与底坯很好地连系起来;第二坯用棋盘腰桩花拴;使下部整个连成一体;第三坯用鸡爪抓子带群绳,以避免埽前爬;第四坯用单头人家伙,以起后拉作用;第五坯可用连环五子腰桩花拴,以防加压大花土后,埽有吊蛰折裂的危险。如此继续厢压,待埽抓泥后,可逐渐薄料厚土厢压,用羊角抓子、鸡爪抓子、骑马等项家伙,以保埽体稳定。在下家伙时应随时察看河水深浅,按照上下跨角不同的水深,在深水处多用一些家伙桩,以资调整。在沙底上厢埽,要尽快厢做,一气追压到底,以免因水流继续淘深河底,增加困难。家伙一般用硬的,只要维持埽不外爬就行。埽的坡度可略缓些,因沙底极易冲淘,如修的陡,则蛰陷之后,易发生栽头险象。压土基本上与前述相同。不能尽量地压,要掌握分寸,因沙底的承载力弱,如压土过多,可能使埽大量下蛰,不仅浪费了工料,且可能造成险情。

(4)软淤或稀淤。厢修埽段处,如河底上有一层新淤,当厢修压土之后,新淤必被挤出,因此估工时,应将挤出新淤所占埽体之料物,一并估进去。在修埽时,底坯上料后,打三星家伙要密些,并绊结牢固。丁厢头坯用包头抓子,将枕与丁厢头坯连接在一起,另下对抓子使纵横连系,以期下部淤泥被挤出时,能平衡下陷。然后上花土加料,用棋盘家伙,团结埽身。再加一坯,用单头人家伙并下对抓子。如此坯坯加厢,待埽已入软淤不大下沉时,即需相机加压较大花土。以上各坯所用家伙,既有强大的后拉力量,又有团结埽体的作用,足以稳定埽体。接着加压较大的土,把下部新淤挤出,这一步工作至关重要,必须慎重地掌握。此项压土方法与一般修埽不同,应先压两边,后压中部,同时自后部向前赶,使下部淤泥均自中部外出。如压土能保持不偏,对埽身是不会有很大危险的。唯压土应薄坯匀上,使新淤缓缓外挤,以免埽体折裂。同时压土时绳缆亦应仔细掌握,使吃力均衡,平稳下沉。如此薄料厚土,逐坯厢压下去,直至将新淤挤出,然后加固埽体,才算完成。

（5）偏底。即修埽处的河底高低不平。在此种底上厢埽,应特别注意,否则有将埽体扭折的危险。故在厢修之前,应很好地加以测探。在厢修时,应针对偏底具体情况,有计划地将深水方面多加料少压土,而浅水方面少加料多压土,使逐渐将深浅不同之处衬平,然后均匀地向上加厢,以至完成,埽体的坡度,在深水方面要大些,而浅水方面则用倒坡度。压土时,先浅水,后深水。压土坡度在深水方面亦要大,浅水方面要尽量陡。如此厢修,最后可将埽体大致调整平衡。在用家伙时,前几坯要注意纵横方向的连系,起团结埽体、强力后拉的作用,以防前爬生险。待浅水抓泥后,应着重于深水方面,多加有力家伙拉系,以免蛰陷掰挡生险。因此,在顺厢底坯时,可用三排桩或满天星,以团结底坯;丁厢头坯用三星家伙,使与底坯很好地连系,外用提枕绳与三星桩接起,将丁、顺厢团结成一体;二坯用鸡爪抓子、对抓子,以群绳相连,将埽体纵横连系（见图10-103）,或用羊角抓子拉住深水方面之料,加强埽体团结力量（见图10-104）。待浅水抓泥后,应于深水方向打圆七星或连环七星等重家伙,浅水方面打单头人,用群绳连结,既防外爬,又防侧出（见图10-105）。此坯以上,可用棋盘腰桩花拴。再上料加厢后,如情况平稳,可上鸡爪抓子、羊角抓子等项家伙。若埽体仍未到底,或有发生险情的可能,可预先在深水方面的埽角下单包角或下双包角,以免生险。然后薄料厚土,用鸡爪抓子、羊角抓子、骑马等家伙笼住埽头,即算完成。

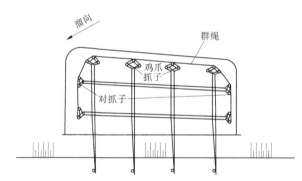

图 10-103　鸡爪抓子、对抓子纵横联系图

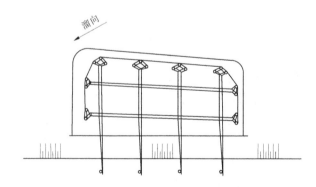

图 10-104　羊角抓子拉深水埽段图

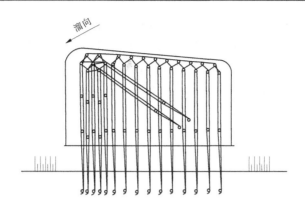

图 10-105　单头人、圆七星拉深水埽段图

第五节　厢埽的要点

在上面叙述各种厢埽方法时,对应注意的事项,已分别加以说明,兹再将各种厢埽方法应共同注意的事项,分述于下:

(1)厢埽之前应详细测探河底土质、河水深浅,研究溜势变化情况,据以确定厢修方法和尺寸,并估算工料。开始厢修后,要昼夜赶进,一气呵成,不能停工待料;否则河底持续淘刷,不但浪费工料,更重要的是会扩大险情。

(2)在新生险处修埽,第一段埽的上首,是为防大溜冲击,应嵌入堤坡或滩岸内,谓之藏头。险工尾部,常有回溜,末一段埽的尾端,应插入堤坡或滩岸内,谓之护尾。首尾两埽关系重大,应特别注意。同时修险工第一段埽和重点埽段时,因要求抗溜力大,上家伙时,要适当加密,一般埽段可酌量减少。

(3)厢埽时,不可用腐朽绳缆和秸料,否则会造成严重危险。

(4)厢修新埽所使用的家伙,在同一坯内最好用同一种(特殊情况例外),尤其是软、硬家伙不能用在同一坯上,因吃力不同,将为活绳造成困难。新埽上下部,要多用硬家伙,中部多用软家伙。重家伙只在情况紧急时才能使用,施工时可根据具体情况研究酌定。

(5)厢埽时加料、压土要有分寸。埽在未抓泥前,要多加料少压土。上料厚一般 1.5 m 上下,压土一般是点花土或压花土,最厚不能超过 0.3 m;待埽抓泥后,逐渐改为少加料多压土,上料的厚度减到 0.4 m 左右,而压土则由压大花土增至压厚 1 m 左右的大土。压土的程序,是自前向后追压;压土的厚度,应掌握前厚后薄。上料时要注意在埽与岸坡衔接处;腰桩后打足花料,或用软草塞实,以免发生后溃。

(6)压土之后,绳缆吃力,应根据顶桩上绳缆松紧情况加以调节,使各绳吃力均匀,埽体即可平稳下沉。

(7)厢修的埽体是否到底,有时可看埽的下角是否冒泡来确定,如冒水泡吐清水,是水下埽体内的空气被压出,证明埽已抓泥。也可站在埽面上跳动,如无颤动的征象,亦说明埽已到底。

　　(8)埽修成后,埽面应高出保证水位,以免洪水到来时漫溢出险。由于埽工是用轻浮料物修做的,上压大土后,极易沉蛰,所以新修埽段一般均应高出保证水位 1 m 以上。

　　(9)新修的埽段,应每日数次进行测探水深,测探埽前河底变化情况,在河势变化严重时,更须随时测探,如发现险情,应立即进行修护。

第十一章 埽工的应用

第一节 埽工做防护工程

一、凤尾埽护岸

大堤或滩岸常因风浪拍击或水流冲刷而坍塌。如工段较长,作护岸工程一时料物难以筹措,可于堤岸上沿打长 1.0 m 的桩二排(桩距 3～4 m),用铅丝或麻绳系挂枝叶稠密的大柳树头一株或许多株(如风大溜急可在柳头下坠石或淤土袋),然后使树干向上、树梢向下推于水中。树干与堤岸间的空隙地带可用散柳填护。

二、搂厢埽护岸

河水漫滩,堤根水深超过 2 m 后,流速增大,不仅冲刷堤岸坡脚,且有逐渐淘深的可能,在此紧急情况下,应赶快厢埽,以免险情扩大。由于岸脚坍塌大小不定,在抢护时,以搂厢埽比较适宜。具体厢修方法在前章详述。搂厢一般用于临时性工程,因绳缆一部分外露,难以经久。如条件许可,可改成丁厢。近年采用柳石搂厢时,多用铅丝缆作底钩绳。铅丝缆比绳缆耐久,可克服过去搂厢埽的缺点。在大溜顶冲,河床土质不佳,水深溜急之处,用柳石搂厢法抢护险工能收到满意的效果。

三、丁厢埽护岸

水深溜急时,可用丁厢埽来防护堤岸;或在即将塌到的处所,预修等埽或旱埽,以免临时措手不及。丁厢埽的形式,须按溜向以及所守护地段滩岸的位置来确定。如塌到堤脚,应做藏头埽,可根据河势、溜向做成月牙或磨盘形式。在一般护岸工程中,顺险做埽以鱼鳞、雁翅埽比较多,可连续修做数段或数十段。在护岸埽中,隔数段应修筑较大埽体一段(如磨盘埽),用以迎托正溜、抵御回流,以掩护以下埽段。对于顶冲工段,应修筑较大埽段或建坝挑溜。

四、护秸坝、护柳坝

黄河下游所用的坝均系不漫水的下挑式,它有两种不同的修筑方法:一种是在河水未靠岸前,预做土坝基,待河水到来后,随时以柳、秸厢修;另一种是不预先做土坝基,当由于河势坐弯,滩岸坍塌即将影响下游河势变化时,临时就滩岸先抢修坝头,然后接修土坝基。前者因事先经过调查研究,可使上下坝头联系成为缓和的曲线,但有时因黄河溜势变化,可能使原修土坝基方位不尽适用;后者是临时相机抢修,坝头方位可符合当时的情况,但在临时抢修时,因河势坐弯很严重,上下各坝头往往不能连成平缓的曲线,有时还需将坝头在深水中向前推进。总之两种方法各有优缺点,须看当时情况具体运用。坝的裹护次序,无论用秸用柳,都是先在坝头临溜处下手,然后随溜势的上提或下挫进行厢修。其具体做法是:在河水到临坝头以前,按河势趋向先做等埽,以免临时措手不及;如溜已到坝头,即应用捆枕方法进厢,此时溜势冲坝,比较紧张,所以厢埽时应在最先临河的坝头做裹头,同时为预防大溜顶冲裹头上首,一般在其上首加修鱼鳞埽或雁翅埽数段。在修做时,如坝前工情比较紧急,可于裹头埽做至二三坯后,即接着在它处捆枕厢埽掩护,以免发生危险。一般在坝上修裹头时,最好是修一大段拐过上下跨角;为防溜势上提,在裹头埽上首做鱼鳞埽。如下跨角处有回溜,可做跨搂或耳子埽防护。如此安排,在坝的上下跨角处,即可不做扇面埽了。

五、秸柳坝

上述护秸坝或护柳坝,一般只适用于险工中的主坝,用以挑溜外移,缓和下首埽段的溜势冲击。对于决口口门和引河对岸的挑水坝,即需用秸料或柳枝来修筑,因这些坝主要为挑动主溜外移,吃力强大,又兼河势变化不定,坝体吃力不会平衡,需用捆厢进占法厢修,才能达到预期的目的。

六、柳石堆(垛)

柳石堆(垛)为固定据点,不能后退,一般是建于规定治导线上的滩崖比较突出处,可以逼溜外移,使溜势在中小水位时不致顶入湾内(见图 11-1、图 11-2)。

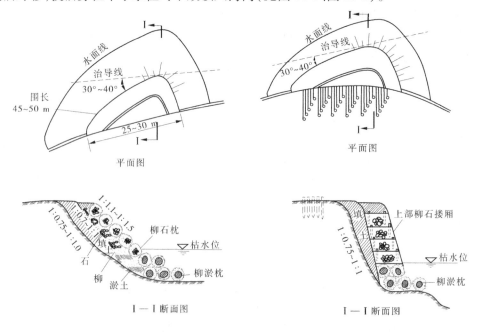

图 11-1　抛枕柳石堆图　　　　　　图 11-2　搂厢柳石垛图

(1)修筑方法。修筑柳石堆,一般在冬春期间着手,先定工程方位,后进行挖槽。此槽应尽可能挖深,一般挖至枯水位以下 0.5 m。根据拟修形式,就地捆柳石枕(对流沙底可用柳淤枕),将基槽填平,然后用土埋盖。洪水涨到滩沿后,先切后部土坡到 1:0.75～1:1,再就原铺底上,用柳石搂厢起来;或内部用层柳层石,外用柳石枕围起来;也可用块石抛护。外部用柳石枕维护,经过大水之后,柳隙石缝被淤土塞满,虽然外部干焦,内容还是完好的。柳石堆修成后,顶部可用土压,与修埽时之顶土相同。

(2)柳石堆(垛)坡度。所有护滩工程坡度,不能超过 1:1～1:1.5,尤其在用柳石搂厢时,更要小些。因坡度过大时一旦下部发生险情,上部仍压于平坦的岸坡上不能随下部的蛰动而下滑,待上部露出险象后,下部已被水流淘散,即令抢修亦接不上原槎。

(3)柳石堆(垛)的形式与方位。此项护滩工程主要被坚守据点,逼溜外移,并不硬挑,所以堆(垛)的形式一般用顺水坝头,即上口长下口短的雁翅形式。如顺滩岸修堆(垛),直长 25～30 m,围长 45～50 m,嵌于滩岸之内,以免后溃。堆的方位以其上口与治导线成 30°～40°角比较适宜。

(4)柳石堆(垛)的挡距。柳石堆(垛)的挡距应根据溜势缓急、着溜方向土质好坏来确定。一般挡距为 20～40 m,其溜势特顺而缓慢者,可以酌为增长。但挡距不宜过大,否则挡内易于淘湾,工程有后溃的危险。

(5)柳枕护底。在流沙底或沙底上修筑的工程,迎溜之后,极易为溜势冲淘,使基础蛰陷。为预防计,在修筑工程之前,可先抛柳石枕护底,最好抛柳淤枕,既可节省石料又易于与河底结合。然后,在此基础之上修筑工程,就比较稳固。在抛枕时,应注意将枕排列匀平。

(6)柳石堆(垛)出回流时的抢修法。一般柳石堆所出回流不大,但如溜势顶得紧,堆的上首还是会出现较大回溜的。这时可在上口后尾修成上挑形式 3～5 m 长的倒雁翅、倒鱼鳞等工程;或在滩岸打桩修桩柳护岸,以抵御回溜的冲刷。

第二节　埽工抢险

黄河在大汛时期,因河势多变,堤防常生险情。如险情不甚严重,可用工地原存料物,进行抢护。如险情重大,堤岸或坝身发生严重崩塌,来不及用石料抢护时,就必须就地取材,用秸埽或柳埽来临时应变,以防止险情扩大。但埽工只适于临时性的抢修,在工情稳定后,应逐渐改修为永久性工程。

埽工抢险,包括秸料丁厢、顺厢,柳枝搂厢,柳石和柳淤搂厢,以及柳石枕抛护等,可视当时何种料物应手而定。

(1)就堤下埽。河势顶冲大堤,水深溜急,堤身坍塌严重时,需临堤下埽,进行抢修。这时应先切坡整坦,于堤顶打桩布缆,然后在坍塌之处,由上而下地进行厢修。在紧急情况下,以搂厢比较迅速,搂厢时以柳枝为最好。对特大险工,须以进占法抢护,最后抛枕护根。险堤下埽工程,甚为紧急,因此抢修时必须一鼓作气厢修完成,才能保堤不出事故。

(2)抢厢坝身。当溜势顶冲,坝身坍塌严重时,在石料比较困难之处必须用秸、柳埽来抢护。待埽抓底后,再抛柳枕护埽根,随用大土追压稳实。这种方法比纯用石料抛护节省,又可抢护及时(见图 11-3)。

(3)加高坝身。洪水将漫溢,而用石料加高坝身缓不济急时,可用秸料在坝面周围丁厢加眉子高 0.7~0.8 m,埽后用土戗压。如这个高度不足,可于第一坯压土后,上骑马一路,然后按需要高度加足,再上土压实(见图11-4)。

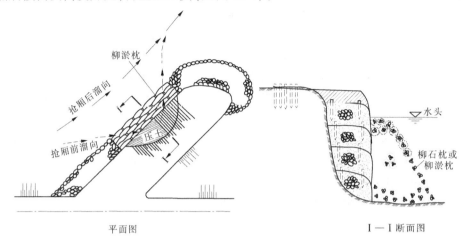

图 11-3 抢厢坝身图

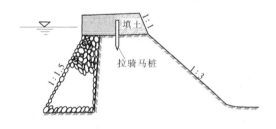

Ⅰ—Ⅰ断面图

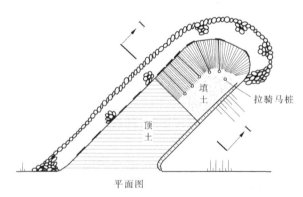

图 11-4 秸埽加高坝身图

(4)抛护坝根。溜势紧急时,坝根石料最易走失,除用铅丝笼或荆条笼装石抛护外,还可就地取柳,捆柳石枕或柳淤枕,用龙筋绳吊住,很根抛护。这一方法最为简便迅速。枕的人小可按临时的需要而定。如溜势顶冲特别严重,可抛护枕帘子,即先在枕上每 2~3 m 拴出双底钩绳一道,待底钩绳拴好后,将枕推至水面,把底钩绳拴于坝面顶桩上。然后继续捆枕。推枕之前,将双底钩绳如织帘子法错茬交叉编织,使前后枕连在一起。待第二枕织好后,可稍放松底钩绳,使枕下落。如此继续捆编,成为枕帘子,直到枕不再下落,全贴于坝坡上(见图11-5)。

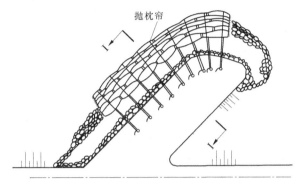

平面图

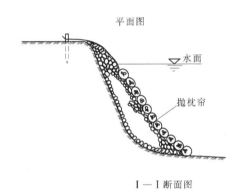

Ⅰ—Ⅰ断面图

图11-5 抛枕帘子防根石走失图

第三节 埽工截流与堵口

在黄河上,堵口多用埽工立堵。兹就立堵方面的主要具体工程,分述如下。

一、裹头

在决口的残堤头上,用埽段保护,防止残堤为水流冲刷继续扩大口门,叫作裹头。这一工程是否做,应察酌口门溜势情况而定。如口门无继续扩大的可能,亦可不做。

(1)做裹头时机。决口如在秋末,因以后流量渐小,可就冲断的原堤头,赶做裹头,以免口门继续冲宽;特别对分溜的溃决,更须连夜抢筑,以防吸溜过多变成大口。决口如在伏汛,则须斟酌情况来做,不能太急,因为大汛期间,发生洪水的机会比较多,如大水一到,裹头被冲垮,反将使口门扩大。此时必须预估大水到来的可能性,从断堤头后退适当距离,挖断好堤抽槽下去,然后下埽。在溜势顶冲的地段,要多退深挖;水缓背溜地段,可少退或不退,挖至与背河地面平。同时在上下水适宜地点,厢修护崖、鱼鳞等埽,以防正、回溜冲刷,对于全河夺溜的口门,因上下游水位相差悬殊,淘刷力量强大,必须俟坍塌稍为稳定后,根据可能过水情况,酌留口门宽度,再相机做裹头。总之,做裹头的时机,须根据具体时间、地点和不同溜势情况来决定,以不使口门扩大为宜。

(2)所留口门的宽度。裹护堤头时,口门须预留适当宽度。这一宽度须根据上下游水位差、河底和滩面土质好坏,时期早晚,分溜、夺溜等具体情况来决定,应使洪水通过后口门既不扩大,又不冲深,以利于堵合。

(3)裹护次序。裹护残堤头与厢埽同。第一必须先藏住头,然后向下接续厢修,才能稳妥。所以,残堤头无论上斜或下斜,在坝头上跨角以上都靠溜时,上坝应先做上跨角以上的埽段,然后接续下厢,接做裹头埽段;下坝一般是顶溜分水,比较吃重,应尽先厢修最紧要的顶溜分水堤段,并特别注意用家伙要重些,以防出险,然后向下游接修防护埽段,将溜势导引外趋;由于下坝受溜顶冲,淘刷严重;所以在做裹头时,如工料凑手,能上下坝同时进行当然最好,否则应先对下坝头严重地区修护,再修他处。

(4)裹护方法。在堤头正面,一般都是用一整段大埽来裹护,其上下首应加修护崖埽、鱼鳞埽或耳子埽等,以维护首尾。

在厢修时,应按照上面所述次序来进行。在做残堤正面的裹头时,应先将上跨的斜角打去,然后捆长枕,从上跨角到下跨角把残堤头整个护住。

裹头与上下首护埽,均为丁厢,一般埽宽7～10 m。但如修裹头与正坝进占相距时间不长,亦可将裹头埽段改为顺厢,以期将来进占时,易于密切结合,如系丁厢,在进占时还须将衔接处丁厢部分扒去,改为顺厢,然后才能向前进占。

如从残堤头退后至适宜地段做裹头,应先在老堤上挖槽,其深度最少在背河地面下1～2 m,边坡为1:1,槽底宽最少需有4 m。厢修旱埽裹头的次序与上面所述不一样,可先做正面裹头埽,然后做上下首的护埽。至于具体做法,则与一般抢厢埽段相同。但埽内所用家伙,应比一般埽段重些,以防水到埽根时,蛰动出险。同时须将工料准备齐全,如有蛰动,应即赶速加厢。

二、挑水坝

挑水坝在堵口中的主要作用为挑溜外移,或安于引河头对岸上游,将溜挑入引河,以利于堵口。在门口上游一般都修挑水坝。但在分溜口门,出水不甚严重时,也可在适宜地点修筑桩柳坝或坠柳坝等透水工程,以缓和口门的溜势。

(1)筑挑水坝之前,须察看口门上游及两岸河势情况。在夺溜口门挖引河时,应将坝建于引河头对岸的上游。至于建坝方向,以最下的坝恰能对着引河头上唇为比较适宜,不得过于靠上或下挫,因靠上可能把溜挑到引河头以上,发生塌崖坐弯,使引河头成为背溜;如果下挫,把溜顶到引河头之下,成为过门不入,起不到掣溜作用,反而对口门有害。其安置方法,一般先在引河头上唇崖顶插标杆,然后在对岸上游滩嘴适宜地点觅定坝基,另插一标杆,由此两标杆连成直线,这直线大致即为所定最下一道坝基的方位。若在口门上游修挑水坝,应将坝位选择于口门附近河湾上游适宜地点,使溜势被挑之后,可离开口门向正河分流,以减轻口门负担。另外,如在情况许可的条件下,能修一组挑水坝,兼顾口门与引河头,最为有利。图11-6为堵口挑水坝图。

(2)修筑道数。堵口时的挑水坝,无论修于口门,或修于引河对岸的上游,在一般情况下,一道坝不一定能解决问题,必须根据溜势情况,成组地修3～5道坝,接力外挑,才可达到预期的目的。以往最多有修4～6道的,但如能计划适宜,有三道即可解决问题(见图11-6)。

(3)修坝方法。挑水坝在浅水中修筑时,可用秸料或柳石、柳土、柳淤等搂厢,背后用土浇戗帮宽,以免透水过溜,厢成之后,再用柳石枕、柳砖枕、块石等护根。在深水中修筑时,应用进占办法,需要的捆厢、提脑、揪艄等船均不能少。所用料物,柳、秸均可。到进占长度约及大溜一半,挑溜于引河头后,即可将坝头部分改为丁厢裹头。

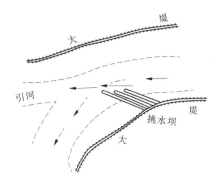

图11-6　堵口挑水坝图

埽内家伙,可多用棋盘、五子、单人等项,将埽联成整体,必要时在底坯使一副揪头。如遇坝头有蛰动征象,可用包角、束腰等明家伙。厢成之后,随时用柳石枕或柳砖枕等护根,必要时可于坝头迎溜之处,加抛铅丝笼固根,以免淘蛰生险。

关于修挑水坝的长度,原则上是修到主溜之半比较有利,具体应根据地形、河势以及主溜的变化情况来确定。根据以往经验,迎水面深水工的长度,约需100 m,即可顺利起到挑溜作用。对于坝组的修筑,无论多少道坝,应以末一道为主,前几道用以引导溜势,可略为顺些,使最后一道的挑溜力量大些,如此可逐渐调整溜势,将主溜送入引河头中。

三、引河

引河之作用,为分泄口门之溜,以缓和口门的溜势,而利进堵。引河之为用,必须河头、河尾适宜,开放及时,始能收到应有效果。在黄河的宽河道内,溜势变化不定,开挖引河,一般不易掌握,前人有"引河十开九不成"的说法,所以对临时改善河道和救险保堤,一般不轻易应用。对堵口中的分溜口门,由于正河仍然走水,一般只修坝挑溜即可,不必再挖引河。而在堵塞夺溜决口时,由于下游河道高仰,就必须用引河导溜归入旧道,以减缓口门溜势,而利于堵口工程的进行。

(1)选择引河位置。大河夺溜的口门,一般口门下游的正河发生淤塞,受淤的河段少者数千米,多达数十千米,只有挖引河,才能配合堵口引溜归故。选定引河,首重河头,次为河尾。

河头应选在口门对岸大河初转之处,一般为迎溜的凹岸;但引河头不可距口门太远,因口门进堵,将水位抬高到一定程度时,引河就要开放,如相距太远,引河头水位抬高不够显著,即会减少引河下泄的水流。引河尾应选在老河道未受或少受淤淀影响的凹岸深槽处,与河头遥遥相对。由于原河道是曲折的,引河是顺直的,比降较原河道增大,故能掣动主溜下泄,减轻口门的威胁。

引河的线路,应因势利导,如滩面上有老河形,亦可就其高下之形,尽量利用,以节省土方。再者引河头必须有下唇,始能托溜全入引河,如地势不具备,尚须加修接水埽坝,以助引河头吸溜之力。前人对挖引河有四不成之说:"无河头不成,无下唇不成,无河尾不成,头尾水势相平不成。"亦扼要说明了选择引河应注意之点。

(2)挑水坝和引河的配合。引河头确定后,如溜势稍有变迁,引河过水就可能不顺,所以必须于引河头对岸适宜地点,建筑挑水大坝数道,使溜直逼引河头一带,以利引河放水。引河必须预先挖好,只留引河头尾两部分到最后开放。挑水坝在完成长度的80%左右已能控制主溜时,其修筑应配合口门进堵情况进行。如口门进占稳定,合龙有期,可察酌河势、溜向按原计划长度修筑,以免影响引河开放;否则如预先修够长度,怕时间久了,引河头受溜淘刷生险,不易守护。另外,在口门进占情况严重时,亦可将引河对岸的主要挑水坝临时增长,使分泄口门的流量增大,以利堵口工程的顺利进行。总之,在施工时,要相机而行。

(3)开挖。前人总结出开挖引河有四不可:"不可太窄,窄则受水无多,遽难挽溜以入新河;不可太浅,浅则溜不全趋,窄势缓必垫;不可太短,短则水流不畅,易为正河所抑,而回旋淤垫,不易顺流下泄而成河;不可太直,直则平缓而无波澜湍激之势,久则渐淤。"

引河头应开挖成多首制,一般3~6道,既易于吸溜入河,又可预防河势提挫变迁;河尾亦应比河身宽些,使河水下泄顺敞;河身的宽深尺度,须根据正河流量、引水多少和土质沙淤、地势高低等情况而定。引河头的河底,以低于大河水面3 m为度,以此来考虑引河的比降,以及河身应挖的深度。引河边坡按土质好坏来确定。引河线路和具体尺度拟定后,进行测量定线和施工。开挖引河时,不可一律全挖,除引河头及河尾,留一部分滩土暂不开挖外(引河头一般留宽200~300 m),在开挖步骤上是先将引河分段,第一次先挖第一段的下半部,第二段的上半部,第三段的下半部及第四段的上半部,依次类推。到第二次再挖第一段的上半部,第二段的下半部,第三段的上半部,以及第四段的下半部等。在施工过程中,每段要留宽1.5 m的土埂,分两次将引河挖完后,再将土埂掘去,这是因为挖引河土方工程浩大,非马上可完,如有阴雨,先后开挖,可使雨水和地下水有所容蓄,不致淹没全部土塘,妨碍工程进行。但如时间紧迫,发动群众全部动工开挖,亦应预筹雨水和地下水的出路,用倒塘开挖法,一面抽水,一面开挖,以不误工程的进行。再如距河较近,地下水颇大,可用井点法,降低地下水位,以利工程进行。这些都是人工开挖方法。费力大,工效低,如能根据实地情况,酌用机械开挖,或采用定向爆破,辅助进行,更可加速工程的进行。

待口门进展到一定程度,引河行将放水时,可突击将引河头、引河尾预留之滩地,挖去大部,留顶宽5~6 m,以备临时开放。但在未开放前,必须慎重防守,不到时机,绝不能轻易开放。

(4)引河的开放。引河开放的时机,在含沙量大的河道里,对引河能否起到应有作用,关系甚大。在黄河上堵口,一般多在即将合龙,坝前水位抬高,上下两坝受到严重淘刷,同时引河头水位业已抬高,且由于挑水坝得力,主溜顶冲到引河口,此时才能开放引河。如再能乘涨水与顺风,则更能促使主溜从引河下泄。引河开放后,掣动一部主溜,则口门前的溜势必见缓和。这时,两坝头可加紧赶进,使口门水位继续抬高,促使引河头大部主溜进入引河,如此更会有利于口门的堵合。引河口的开放,一定要掌握好时机,以能掣动主溜为前提,早则过水不多,冲不开河道,反会淤闭;迟则对堵口起不到配合作用,甚至会造成困难。但在含沙量极少的河道中,则可不受此项严格的限制。

在开放的步骤上,是先开河头,等河水到达河尾并壅高一定程度后,再相机开放河尾,以期抽动溜势,使顺利下泄。在开放的方法上,一般是人工挑挖,使其逐渐冲刷而扩大过水流量。

（5）开龙须河。黄河溜势常有变迁，引河可放之后，如能掣动大部主溜更好，如只能引溜一部，口门将仍受河水威胁，因此应在口门以上的滩崖或堤岸处，另建挑水坝，用以掩护口门，挑溜逼入故道。但如修坝无适宜地点，亦可于口门以下的故道内，根据地势再开小引河一道，借以分杀水势，以利于堵口工程的进行。这条小引河，称为龙须河。

四、堵口坝工

坝是堵口的主要部分，不但需要十分坚固，并且需十分得势，才能起到应有的作用，因此坝基的选定非常重要。在出坝进堵时，依口门大小、溜势缓急来确定坝的形式。如堵闭小口，可以单坝自上坝头进占，随于坝后浇筑土戗，下坝头则进行裹护，加以防守，最后在一端合龙，谓之独龙过江。如口门较大，一坝进堵比较单薄时，为掩护正坝挑溜外移，可于正坝上游，加修上边坝一道；又有为巩固正坝坝身，加强抵御力量，在正坝下游，添修下边坝一道的。正边坝之间，分别用淤土填筑出水后，夯打坚实，高与坝平，叫作上戗与里戗土柜。这种用正坝与上下任一边坝配合堵口的，叫作双坝进堵；上下两边坝全用的叫三坝进堵。无论用双坝或三坝进堵，一般多系上下两坝相对进行，但如因人力不敷，或有其他如工、料、河势和河床土质等项条件限制，亦可在下坝头进行裹护，而自上坝头用正边坝进占，最后合龙，这种叫作单向进堵。无论用何种形式堵口，正坝均应沿预定坝基前进，一般是向上迎，以防水流冲击而下败。

如口门上下游水位悬殊，全河夺溜，在进堵时，口门上下水位相差有达 4 m 以上的。此时大溜奔腾下注，坝前淘刷不已，一道正坝很难抵御。在这种情况下，可在口门下游适当距离，再加修一道坝，叫作二坝（可稍小于正坝），把水头分成两级来减缓水势。唯正坝与二坝不能相距太远，否则二坝回水壅不到正坝，即不易得力；但亦必须躲开口门缩窄后正坝下的跌塘冲刷。

兹将有关工程，分述于下：

（1）选定坝基。选定坝基的好坏，关系堵口的成败，所以必须慎重地调查研究比较。选定的原则是：对于分溜口门，因主溜仍走正河，正坝宜建于两河的分岔附近（见图 11-7），这样两坝进堵，水位抬高之后，将有一部分水流趋入正河，如此对堵口工程更为有利；切忌坝基后退，造成入袖之势。

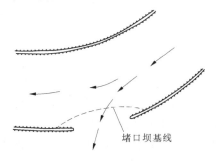

堵口坝基线

图 11-7　分溜口门选定坝基图

对全河夺溜口门，因正河下游干涸，应先选引河头，使水有出路，然后可根据河势、地形与河床土质来选定坝基。坝基与引河头的距离,既不能太远,远则不易起到配合作用,又不宜太近,近则对引河头下唇的兜水吸溜不利,一般以在350～500 m比较适宜。又坝基应选于老崖深水的地方,以两岸都有老崖依托为最好,否则应有一岸靠老崖;如两岸均系新淤嫩滩,可以就堤进堵(见图11-8)。

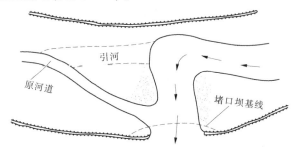

图11-8　夺溜口门就堤堵口坝基图

　　以上系就决口分溜与夺溜形势来定坝基,基本上是在滩上工作的,还有就堤进堵的,这主要看堵筑时抬高水位后,水的出路如何。如水位抬高后,一部分水流即可顺老河或支河顺利下泄,自易进堵;如堵筑地点距大河能分溜的地方很远,则水位必须抬高相当程度,才能分溜下泄,如此正坝受力太大,易生危险,在此情况下,以在滩面上堵筑为适宜(见图11-9)。

　　上述为外越堵合法。有时因口门不大,原堤进堵由于冲有跌塘,并距河较近,易造成险工,故有后退堵筑的,称为内堵法。此种堵

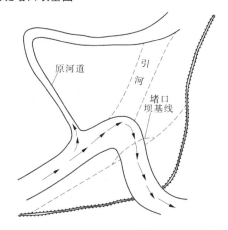

图11-9　滩面堵口选定坝基图

法,由于堤身内圈,易于兜水,对防守不利,一般均不采用。总之,对于坝基的选择,无论分溜或夺溜口门,在堤或滩上堵筑,首先要考虑为水找出路,其次应根据坝基存在的缺陷,予以克服。一般堵口无论在堤或滩上,坝基均属上迎,多用外越堵合法。在窄河槽中,就堤堵筑的多,在宽河槽中,有在滩上堵筑的,但因防守不易,所以滩上堵口,只作堵筑的一种手段,堵合后,仍以退守原堤比较恰当。

　　(2)盘坝头。坝基既定,应即盘筑坝头,以便进占,前人称之为出马头,即进第一占子,要根据当时形势,上下两坝头对准盘筑,一般上坝微挑水流,下坝略迎上水,形成外越墙合形势。如就原堤堵筑,先将旧堤出坝处,加土夯筑,务期坚实,以出水面4～5 m为度,坝头上下两边,按溜势可能淘刷情况,各退20～30 m,挖槽入水1～2 m,厢修防护工程,以免淘刷出险;在土料交接处,更宜用软草、胶土加以盘筑,必须十分坚固,方可挂缆出占。如在滩上堵筑,应于老堤的适宜地点接修土埝,亦以高出水面4～5 m为度,同时应挖槽入水,厢做顺埽防护,然后在土埝头上盘筑坝头。

　　盘坝头与溜势来向有一定关系,根据以往经验,如口门之水从中泓直下者,所出坝头,左右不妨相等,因水从当中来,两坝头所受水力相等,如此依次前进,如溜势不变,可始终

保持两坝力量平衡。如溜势偏一边,则在冲溜一边,应先出占,待出 1～2 占后,大溜会逐渐改变,然后两边一齐前进,待堵筑工程完成大部,口门缩窄,如冲溜一边工程强硬,溜势会顶向不冲溜的一边,此时必须让原来不冲溜的一边向前单进 1～2 占,待两坝受力基本均衡时,即将主溜束于中泓,直至合龙。

(3)正坝。决口之后,应视口门大小、溜势缓急强弱,酌定堵口方法。

如决口的口门较大,而溜势甚急,应采取进占法进堵。在进占中,必须两坝互相照应,等一占厢压稳实,再依次前进,并在正坝的上游、下游或上下游分别出边坝,以作维护。

正坝为堵口工程的骨干,必须有足够的御水能力。一般大工程,坝基长度在 500 m 上下;坝身宽度根据水的深浅、溜的缓急来确定,一般坝宽为水深的 1.2～2.0 倍,最窄不能小于水深的 1 倍。又因占宽不能超过船长,黄河上最长的船约为 25 m,因而进占最大的宽度不能超过 25 m。在堵口时,水深超过 20 m,捆厢船即担负不了埽占的重量,在此情况下,可用抛枕或其他方法来进行。

对于每占的长度,按以往经验,一般为 17 m 上下,但亦需根据具体情况来确定,因有时根据坝长来凑占的数目,可能于两坝各增一个小占;还有因河底有台阶,必须开几个大占的。但须注意,如开占过小,一经大土追压,是会前爬出险的。

埽占出水高度,在开始进占时,一般 5 m 上下即可应付埽占墩蛰及占前壅水之需。在进占时,抬头前进,预期到金门占出水面高可为口门水深的 60% 即可。但如用抛柳石枕合龙,进占可平头前进,到金门占略为提高即敷需用。

堵口进占之初,口宽水浅,进行较易,如贪快在占未稳实前,即往前赶进,虽一时不见毛病,然占愈前进,则水愈深而溜愈急,由于后下之占依附于前占,如前占不固,发生毛病,易造成翻占的危险。所以,每进一占,必须追压稳实,使占到底,然后依次前进。

(4)边坝。边坝用以维护正坝,增强正坝的御水力量。因修筑地点不同,有上下边坝之分。上边坝的作用主要是逼溜外移,它为正坝的外卫,可使正坝受溜势顶冲之力减小。如再于上戗土柜中浇土,使上边坝与正坝连成一体,则捍卫更为有力。上边坝居于正坝上游,直接受大溜顶冲淘刷,在厢修时,不亚于正坝。为了维护正坝坝身安全,上边坝距正坝不能过远。下边坝居于正坝下游,在厢修时,因有正坝的掩护,溜势比较缓和,唯在口门缩窄后,回溜冲淘比较严重。修筑了下边坝,土柜是易于浇筑的。土柜浇完后,与正坝连成整体,捍卫急溜力量较大,并易于闭气。堵口时一般是正坝居中,比较突出些,无论用上边坝、下边坝,或上下边坝一齐用,都要比正坝错后半占,以掩护正坝埽占的接口。在以往堵口时,有五坝进堵(正坝、上下边坝和二坝、二坝上边坝)及三坝进堵的(正坝及上、下边坝),但后来就只用两坝进堵了(正坝及上边坝,或正坝及下边坝)。用坝的多少,主要看口门宽窄、河水深浅、溜势缓急、出口流量大小、临背悬殊情况来决定。用两坝进堵,原来多系用正坝及上边坝,自 1910 年濮阳孟居堵口用上边坝失败后,一般均改为正坝及下边坝进堵,这主要是因为上边坝厢修困难。

上下边坝的顶宽,是按河水深浅、溜势缓急及河底土质的好坏来确定的,因上边坝居于上游,故应比下边坝为宽,不能少于 10 m,下边坝则不能小于 8 m,以利进土进料时通行。从经验来说,可按水深的 1.0～1.5 倍来估计。出水高度约为水深的 60% 即可。下边坝一般用合龙占堵口为多,因易于闭气,所以不能平头前进。

修筑上下边坝,所用厢修船只有所不同,上边坝必须用提脑船、倒骑马船,揪艄缆可拴于正坝预出的绳扣上。而下边坝则将提脑缆拴于正坝预出的绳扣上,另用揪艄船。捆厢船则都是相同的。

在两岸浅水处,如正坝后戗能顺利浇筑,可将土浇宽些,不必急于厢修边坝,以节省工料。待前进到深水地区,上边坝可自正坝生根,斜挑出去,下边坝可自后戗的坚稳地方,约距正坝如土柜的宽度外出。边坝的做法,亦系用船捆厢进占,其厢压方法与正坝同。

(5)二坝。堵筑口门,当口门收窄时,如临背水位悬殊,正坝有蛰塌生险可能,可于口门下游适宜距离处,加修二坝一道,将水头分为两级,以资擎托。唯两坝的距离极为重要,因太近则直接受到正坝口门跌水的冲刷,使坝不易稳定,太远则回水壅不到正坝下首,不但不能减缓水势,且有上下冲撞生险的可能,故一般相距以 200 ~ 250 m 为妥。二坝顶宽可略小于正坝。在特殊严重情况下,还有于二坝上首加修上边坝以护卫的,顶宽与正坝的下边坝略等。

(6)土柜与后戗。土柜有上戗与里戗土柜的不同,但都要与所护卫的坝结成整体,以加强抗御力量。土柜的作用是护卫坝身和隔绝透水。其宽度根据土质隔水的效能及施工的场面而定,不可太宽,宽则增加工作量,且浇土跟不上,又不能太窄,窄则达不到预期目的,且对工作人员来往行动亦有干扰。据以往经验,以 8 ~ 10 m 比较适宜。

在单坝独挑时,后戗修于正坝后边;如双坝进占,则后戗修于边坝后边。后戗的主要作用为加大堵筑断面,防止正边各坝滑动,并利于闭气。后戗顶宽,一般为 6 ~ 10 m,边坡 1:3 ~ 1:5,在水中浇筑,有达 1:8 ~ 1:10 的。

对于浇土柜与后戗的土,因土柜用以隔渗,以用淤土为最好,沙壤土亦可,唯不宜用沙土;而后戗因前有土柜隔渗,以用导渗的土质比较适宜,可用沙土或含沙多的沙壤土。

对于土柜、后戗的浇筑,由于口门水深,正边两坝刚刚修筑,土倒下后,将随水荡漾,尤其土柜内,因回溜淘刷,可能有些土被刷去,再以水中倒土,自然坡度极缓,根据以往经验,有到 1:8 ~ 1:10 的,因此浇筑不易见动。曾有抛柳枕于土柜内挡土的,但易于漏水,以不用为好。1959 年黄河某工程截流时,对土柜的浇筑,采用草袋装土抛格坝的办法,即于距正坝新占头 2/3 占长处抛填装土草袋,另从边坝新占头错后 3 ~ 5 m 处,同样抛填,使成草袋格坝,挡御水流冲刷;对于后戗的浇筑,因溜势比较缓和,曾用大平摆船两只,安放成 90°角,再沿船抛填草袋墙,使露出水面,然后在草袋围圈的水中浇土。这种做法成效很好,已起到拱卫正坝与合龙后迅速闭气的作用,基本上解决了土柜、后戗不易浇筑的困难(见图 11-10)。

土柜、后戗的浇筑,必须出坡前进,切忌自高处向下浇倒,因这样冲击力大,能将倒土送于水下远处,且由于水的激荡,会将水下饱和松软泥土冲刷而去。根据以往经验,浇土柜应分两步进行,第一步以浇出水面 0.5 ~ 0.6 m 为限,如此即可戗护正坝,保持稳定,又不致在后戗未浇出水前拥压边坝使其下滑;第二步加高至与边坝平,即可将正坝、边坝、土柜与后戗连成一体,完成整个工程。

在浇土柜时,常因埽占接头不严,有埽眼出现,使土柜发生陷坑,此时可速用蒲包土或麻袋土围起,用胶淤麦秸捣实填堵,同时用大土追压坚实,即可稳定。

在正、边坝进占期间,土柜、后戗均应跟着向前赶浇,一般比边坝错后约半占。但在正

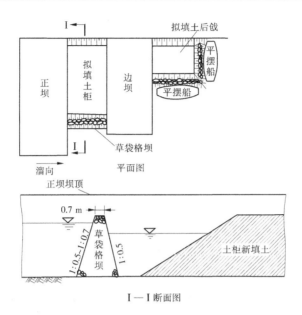

图 11-10　草袋格坝浇土柜、后戗图

边两坝先后合龙后,对于土工即应妥为调整,必须以追压正边两坝为主,同时浇筑土柜,大力赶浇后戗,使土柜、后戗相辅前进,以免发生危险。因正边两坝为基本工程,必须追压十分巩固,以免透水为患。切勿贪图合龙后土柜易浇而不顾正边两坝,否则可能会将边坝合龙占挤出去。但亦不能光浇后戗,不管土柜,因后戗水深,一时不易浇筑完成,如土柜内有埽眼发生,任其发展,对堵口工程也是不利的。所以,当合龙之后,对土柜、后戗的浇筑,应察酌轻重缓急,相辅而行,切忌畸轻畸重,而要统筹安排。再土柜、后戗浇土出水后,均须注意随时用夯打实,直至与正边坝相平后,才能用硪打,以期巩固。

五、合龙

合龙为堵口的关键,关系着堵口的成败,必须缜密地筹划,然后才能施工,一经着手之后,即须昼夜不息地赶进,务期一气呵成。因口门缩窄之后,水深溜急,淘刷严重,如稍有疏虞,就可能前功尽弃。关于合龙占和柳石枕合龙的详细厢修方法,已详述于第十章,现仅将有关口门合龙的其他事项简述于下:

(1)改正坝头。堵筑口门工程,有因溜势顶冲淘刷,水深溜急,不易上迎,致堵口将达到合龙时,两坝头不相遥对,形成一坝靠上,一坝偏下。为纠正坝位,可于偏下一边,在埽占上游面对好彼岸迎水出埽,改正坝头,以利于堵合(见图 11-11)。

(2)合龙口门宽度和形式。合龙口门宽度,如用合龙占来堵合,一般均小于 25 m,因口门大了,合龙缆的吃力太大,合龙占亦不易厢修;如用抛枕合龙,则可视进占中的溜势缓急、龙口淘刷情况而定。在进占顺利的情况下,可尽量前进,使口门缩窄些,闭气比较容易。如水深溜急,龙口淘刷严重,前进困难,口门亦可留宽些,如 30 ~ 60 m,先将正坝堵合,溜势缓和后,另在边坝上合龙,使正边两坝分担力量。关于口门形式,以上口宽、下口窄比较好,上下口宽之差,一般为 2 ~ 3 m。用柳石枕合龙,亦可同样留成如此形式,比较

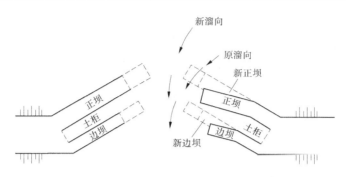

图 11-11　改正堵口正、边坝示意图

安全。

（3）正、边坝和二坝合龙次序。黄河上堵口，多用双坝进占，合龙时，一般正坝先行抛枕堵合，使水流逐渐减小，边坝于金门占完成后，做合龙占进堵的准备，待正坝柳石枕抛出水面后，趁此口门水势减缓机会，边坝应即时松绳沉占合龙，然后续厢加高，一气追压到底。如用正坝、二坝和边坝进堵，于正坝合龙之后，二坝应赶即合龙，然后赶闭上边坝或下边坝，并赶浇土柜和后戗，进行闭气工作。如上下边坝都有，堵了正坝和二坝后，上下边坝堵一道即可，不必全堵。

六、闭气

正坝合龙以后，坝身仍向外透水，特别是用柳石枕堵合后，透水更为严重，堵塞这种透水的工作，称为闭气。闭气虽为堵口工程最后一个工序，但仍不能稍有忽视，因口门堵合后，正河尚未开通，必致抬高水位，增大水压力，如坝身有缝隙，水流乘虚而过，还有造成前功尽弃的危险。所以，闭气是堵口最后的紧要工作。

闭气的方法大致有四种：

（1）边坝合龙法。正坝用合龙占或抛柳石枕合龙后，仍不断流时，可于边坝用合龙占或搂厢法进行堵合。如尚有透漏之处，则须视其严重程度，适当加以解决。在正坝用柳石枕合龙时，应于合龙处上首，以蒲包、麻袋或草袋装土，尽量抛填，同以大土追压坝身，一面浇筑土柜、后戗，阻止透水，自可闭气。

（2）养水盆法。单坝堵合后，如背河地势不甚低下，可在坝后从龙门口两端适宜地点的正坝生根，用土填筑月堤一道（见图 11-12），在有水处，可铺一部分柴草作底，上部仍用土修筑，如此两端相对进行，待口门束窄水流较急时，再用进占或搂厢法前进，最后合龙闭气。这样由正坝渗出之水就蓄于月堤之内，到临背河水位大致相平时，即不致透水。这种方法称为养水盆法。亦有双坝进堵时，正坝合龙后，不合边坝，改修养水盆的，应视当时情况来比较选定。月堤顶的高度，一般应高于堵筑时的临河最高水位 0.5 m 以上，堤顶宽和坡度可按蓄水高度、土质好坏和浸润线等来确定。

（3）门帘埽法。在正坝用合龙占堵合后，一般过水多是由于合龙占两端与金门占接头处不够严密，或因合龙占未完压实。在这种情况下，一方面应在合龙占上尽量用大土压迫，另一方面可在合龙占前，连上下接口做一段较长大的门帘埽，以盖护口门，使之闭气。

（4）临河月牙堤闭气法。正坝合龙后，如透水不算严重，且临河水浅溜缓，背河比较

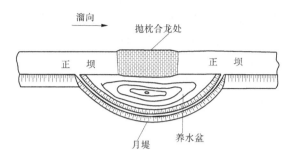

图 11-12　养水盆法

低洼,在此情况下,可在临河适宜地点修筑月牙堤一段,包围龙门口。月牙堤两端均自正坝生根,或用打桩硬厢,或用搂厢法围进,直至衔接;然后于围堤内浇土,完成闭气工作(见图 11-13)。

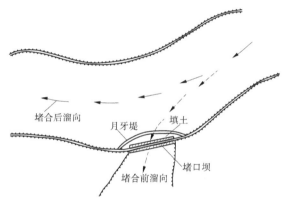

图 11-13　临河月牙堤闭气法

　　以上所述的几种闭气方法,第一种为在双坝进占时所常用,因正坝合龙后,再利用边坝合龙进行闭气,时间迅速,比用养水盆可节约不少土工。第二种方法,在单坝进堵时,或用边坝合龙出了毛病时,可以应用。因此法解决埽眼或缝隙透水比较彻底,故无论用合龙占或柳石枕堵合后,均可应用,唯所需土工比较大。第三种方法多配合前两种闭气法应用,并可兼作掩护龙门口的防御工程。第四种方法必须临河水浅溜缓时才能使用,在用抛石平堵合龙后,背河河底有石料,不易进行闭气时,亦有用此法闭气并掩护口门的。因在黄河上平堵不多,故此种方法应用亦少。

　　堵合口门闭气之后,口门一带系属新淤,定有低洼河形,水势见涨,仍必分流,新淤之滩,见溜易刷,容易伤及埽占。为预防计,应于龙门口上下,察酌河势地形,修筑坝工数道,以资挑托溜势,捍卫口门。

七、辅助工程

　　为了配合堵口工程的进展,在堵口时,可根据口门附近的溜势情况,相机在口门上游修筑透水工程,如桩柳坝、坠柳坝或挂柳等,以期逐渐改变溜势,缓溜落淤,有利于堵口施工。

　　堵口期间,常有凌汛,对堵口工程威胁甚大。一般于工程前打逼凌桩,或在埽占上绑架防凌木排,以抵御冰凌冲撞,并于开凌前组织打凌队及船只,携带打凌工具,巡回打冰,开通溜道,推凌下泄,以免拥聚为患。

　　堵口时,要随时注意溜势工情的变化,如溜势有变,刷及堵口工程的上下游堤段,应即赶修埽段维护。堵口正坝发生险情,可在坝前分段加厢埽段,坝后浇土,如占蛰较长,亦可按占长统为厢修。

第十二章 埽工生险及其抢护方法

第一节 一般险情

埽占做好后,由于溜势提挫时有变化,各埽段在不同急溜淘刷下,埽前河底往往发生冲淤变化,又由于绳缆入水后极易朽烂,因而往往产生各种不同程度的险情。发生险情后必须及时加以抢护,否则险情扩大,埽占即有走失的危险。兹将埽工各种生险情况和抢护有效方法、一般险情说明如下:

(1)墩蛰,亦名平蛰。其发生系由于埽下泥土松软,引起埽体平稳下蛰,或由于埽下为层沙层淤的格子底及沙底,因沙土被水流淘刷,致使全埽下蛰。此种蛰陷埽面无偏高偏低现象,严重者可蛰深 1~2 m,使埽体全部入水,如不及时抢厢,将造成崩裆后溃险象。一般下蛰如不超过 0.2~0.3 m,埽体出水尚高时,可不必加厢,只将埽面略为整理,使后部不致发生崩裆即可。

墩蛰的发生是由于河底变化,埽本身的结构还是完整无缺的。如埽体仍露出水面,可速挑去眉土宽1m许,打噙口签子,用铡料包眉子,然后上整料压土,并可打枪里加铜、羊角抓子、三星或单头人等项家伙,大力后拉,以免发生后溃险情,随后再层料层土地加厢起来。如险象严重,归已入水,应速探摸埽面是否平整,因在此种情况下,如被水流冲刷时间较长,或河底不够平整,会使埽体逐渐发生折裂的现象;再埽墩蛰后,埽面容易扩大,故必要时应在埽面后退 1~1.5 m,前部打桩压石,后部可打连环五子家伙,使起较大团结和后拉作用,以免后溃,然后用料抢厢出水,随时压土,逐坯加厢完成。当埽面入水甚深加厢困难时,可于埽上推枕编底抢厢起来,与做新埽同。

(2)前爬,就是埽体向前滑动。由于埽前水深,河岸陡峻,厢修时使用家伙的强度不足,眉土过重,又因埽体上大下小,故形成前爬;或因埽前为急溜淘刷,形成深沟,眉土过重,桩绳不固,致使埽前爬;再在沙质河底上进行柳石搂厢工程,如埽前无柳石枕偎护,因沙土不耐淘冲,亦易发生前爬。埽前爬后,有的前眉入水,顶土被冲去,自前而后,埽体也将被刷去,甚至可引起后溃、仰脸等项巨大险情。

抢护埽体前爬,在石料缺乏地段比较困难,故在陡坡滑底处厢埽,估计有前爬可能时,在厢修中要用较硬家伙,如羊角抓子、三星、单头人等,预为防范。压土时,应用薄土多压办法,将埽段盘筑坚实,然后相机缓缓松放家伙及底钩绳缆,使绳缆经常受力,必要时于埽抓泥后,可再加束腰 7~9 条,以免前爬。如埽已爬蛰,加厢时,可用枪里加铜的明暗家伙,大力后拉,这样对一般前爬即可治住。但如前爬严重,可于加厢时尽量靠前打单头人家伙,然后加料压土。如有砖石,待埽软抓泥后,即于埽前抛柳石枕、柳砖枕、柳淤枕等,维护埽根,对防止前爬最为有效(见图12-1)。如埽爬蛰较宽,可退后加厢,前部撒宽 1~2 m,钉群桩,用铅丝或绳缆网起,内填砖石,并另加束腰,以防继续爬动(见图12-2)。

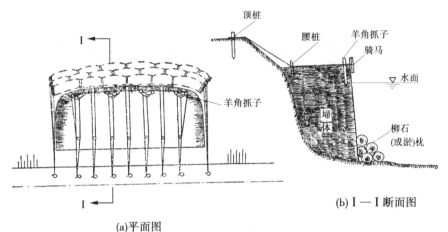

(a)平面图

(b)Ⅰ—Ⅰ断面图

图 12-1 治前爬家伙和护根

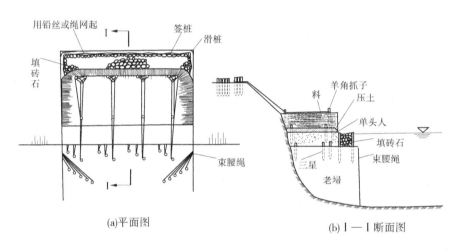

(a)平面图

(b)Ⅰ—Ⅰ断面图

图 12-2 治前爬方法

堵口时如埽占前爬,可用束腰搂束,上加较重的家伙,然后加料压土,即可稳定。

(3)栽头,亦称垂头。厢修时压土过多,前重后轻;在陡坡底或台阶底上厢修,前眉陡立;河床土质松软,埽前被急溜淘刷,使前蛰后不蛰,均易形成栽头。

栽头与前爬有连带关系。比较起来,栽头比前爬易治。但严重时也会引起后溃,甚至有翻埽的危险。

在险情严重时,可先上束腰,以防险情扩大,然后挑去眉土,打嗑口签子,薄包前眉,并上一薄坯整料,再尽量向前打羊角抓子或鸡爪抓子带骑马,使起后拉作用,然后压土。在厢料与压土中,都应慎重放大坡度,尤其压土更应特别注意,使前轻后重。如埽体有折裂现象,还应于埽面上打对抓子,再层料层土地加厢完整。用此项硬家伙时,还得相机予以带劲松放,使埽平衡向下蛰实,趋于稳定(见图 12-3)。

堵口占工,前部下蛰,即属栽头。抢护时,于栽头处厚料薄土,放大坡度衬平,再加打有团结力量和有后拉力量的家伙与后部密切联系,结成整体,以防扩大险情。

(4)下败。堵口进占,下败是常出之病,此项毛病,因口门水深溜急,多在占末到底时

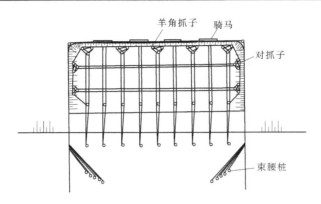

图 12-3　治栽头家伙图

发生,故进占一般均向上迎,并随时绞紧提脑缆,以防下败。一般占工下败 0.5 m 左右,尚无妨碍,若至 2 m,可将下口多出者弃去,加料放大坡度,与原定下口齐,迅速加压大土,并于上口加料缩小坡度,跟加花土,以互相配合。

(5)吊蛰。因埽底不平,或埽底为层沙层淤格子底,一部分被急溜冲刷,形成蛰动,叫吊蛰。一般吊蛰多在上下跨角,所以又称为吊角。上下跨角单独吊蛰时,称单吊角;两角同时蛰动时,称双吊角。两角不动中间蛰动时,则称吊腰或叫蟶腰。吊角易引起埽栽头、前爬及后溃,蟶腰可引起仰脸等项重大险情,所以必须及早抢护稳定,及免扩大险情。

抢护时,要根据蛰的快慢和多少来考虑措施。如蛰得快,应用简单而吃力快的家伙,如鸡爪抓子、羊角抓子、单头人、三星、五子、七星等;如蛰得慢,可用连环五子、扁七星、连环七星等家伙。当埽吊蛰不多时,可加料与未蛰部分衬平,用土压实即可,如吊蛰得多,应挑去顶土,分坯添加洼处,与附近的旧料要犬牙相错地结合好,压土可先压未蛰处,逐渐向蛰处压,同时相机松绳,以免空悬。当吊蛰入水时,可在前眉后退少许下家伙,同时将未蛰部分的边际,拆去柴土一部,然后新旧交错铺厢,分坯加压稳实。

对上跨角吊蛰,可用扁七星,另配羊角抓子、鸡爪抓子,亦有用五子、连环五子等家伙的(见图 12-4),吊蛰严重时,增加包角或抛护柳石枕。对下跨角吊蛰,可用圆七星,另配单头人,亦可用连环七星等家伙(见图 12-5)。严重时增加包角或抛柳石枕。对中间吊蛰,需用硬家伙,中部用第二种单头人,两边用第一种单头人(见图 12-6)。亦有中部用五子,两边用羊角抓子的。还有下蚰蜓抓子的。最好还是中部用七星占,两边用鸡爪抓子,比较快而有力(见图 12-6)。可根据实际情况相机用以抢护。

堵口进占的蛰动,须用双包角,以缩束其两角;如一角见蛰,可用单包角,随时挑去顶土或包眉子分坯加厢,迫压稳定对于蟶腰,可速用蚰蜓抓子、棋盘或七星占家伙,使之团结一致,以防分裂,并分坯层土层料进行厢压。

老埽吊蛰,尚有横竖吊腰之分,竖吊腰即前述的中间蛰,横吊腰主要是由于河底不平,打花料不够实在,或河底有较小洼沟和土质松,为急溜冲淘,刷去了一部分,当水大时,因水的浮托,尚不大显著,到水落埽蛰后,老埽面上即显出横向不平的吊蛰现象。抢护横吊腰,除前部用鸡爪抓子、羊角抓子等后拉外,还应增加对抓子数副,以免折裂埽体。

(6)侧棱膀。即埽占的上口或下口平排下蛰,形成一头高一头低的不平现象。

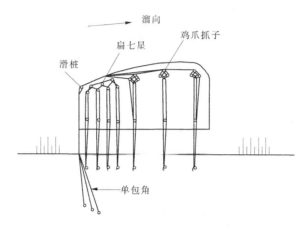

图 12-4　治上跨角吊蛰家伙图

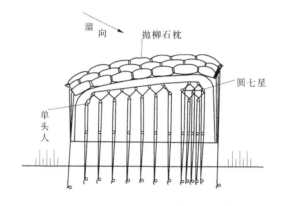

图 12-5　治下跨角吊蛰家伙图

抢护时,上口蛰,可于上口倒眉处打比较硬的家伙,顺着拉到下口未蛰处,再在前眉分别打家伙(上口要硬些)并后拉至堤顶上,然后赶速加料,以防入水;同时于下口未蛰处,多加土少加料;如此分坯厢压起来,即可衬平(见图 12-7)。下口蛰的做法则与以上相反。

(7)脱胎。埽工由柴草等物构成,在水面附近的料物容易腐朽。如溜势顶冲,会将糟朽部分料物逐渐淘刷而去。下部糟朽部分淘去之后,如上部的结构较好,团结力强,即平墩而下,不致出事;否则上部亦将逐渐为急溜所拆散,随水漂流,这种情况,谓之脱胎。脱胎可按以下不同情况,分别进行抢护:

第一,如脱胎不甚严重,上部还大致完好,埽面呈现高低不平现象,应赶即挑去顶土,进行填料,洼处厚些,高处薄些,随即追压大土,然后薄料厚土,厢衬平整。如脱胎比较严重,上部虽未被冲散,然即将入水,此时因旧埽尚存,捆枕重新厢修,不易进行,故只要埽上尚能上人,可速打带绳尾的骑马、三排桩或棋盘等项家伙,顺厢加料,再将预先准备的骑马绳尾搂回来,拴于后排家伙桩上,点花土改丁厢,上料约 1 m,然后打硬家伙,如三星、单头人等,再压土,层料层土厢修起来。

第二,如情况严重,埽已入水 1~2 m,可赶速捆枕,进行厢修。唯推枕不可靠外,以使厢修的新埽压住脱胎旧埽的埽底。对旧埽高低不平之处,上料压土时,要注意薄厚均匀。如此坯坯上厢,可以衬平,必要时,可将老埽前部撤去一部分,围桩压石,或加抛一部砖石

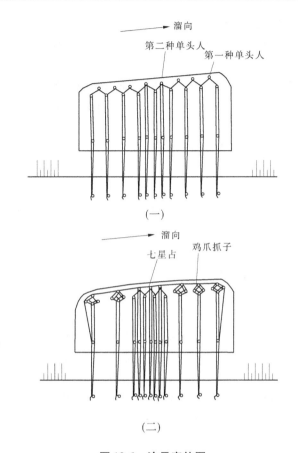

图 12-6　治吊家伙图

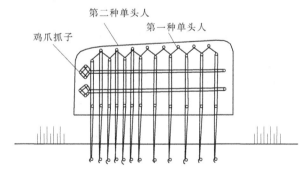

图 12-7　治侧棱膀家伙

维护。

第三,如全埽脱胎,危及堤身,应急速按抢修新埽方法办理,或改修其他防护工程,以免危险。

(8)卷帘子。有两种情况被叫作卷帘子。一为堵口出占后,如活埽人哄然而散,由于水流的翻花淘刷,使埽占猛然回弹,初出之占,并无绳缆在上维系,因回弹力猛而将占翻转,叫卷帘子。另外堵口进占,一坯完成,在压土时违反压土规定程序,自后向前倒土,因后重前轻,将占压翻,也叫卷帘子。

对于这种埽占毛病,要慎重地进行预防,在活埽停止后,应先叫各扶扎杆人压住占头,然后令活埽人循序外出。对于压土,要有专人负责指挥,按压土的程序来进行。在抢修时,如翻转的不太严重,可设法加大前部重量,使能达到前后的平衡。如溜势紧急,埽占业已翻转,除砍断绳缆,放之下流,再设法打捞料物外,别无其他补救办法。

(9)跑水。埽占墩蛰,或埽出水高度不够,大水漫过埽面,谓之跑水。跑水轻则刷去顶土,重则将逐渐掀去埽体。当发生此种险情时,如由于墩蛰,可按前述抢护墩蛰办法处理;如由于出水高度不够,应迅速将埽加高。在埽入水不及 1 m 而埽体尚完整时,可于埽前脸打嗑口签子,按包眉子法赶速加厢出水,打三星或单头人等项硬家伙,略压花土,再加厢一坯,即可稳定。如埽面水深为 1~2 m,水中不易施工,可按抢护埽脱胎法,另行捆枕厢修。

(10)猫洞。猫洞的发生,有以下一些原因:修埽时,包眉子所用铡料较短;包眉子过高,未用骑马,或用骑马较少,往来行船,船工在包眉处撑篙扯出了眉料,又加上急溜的淘刷,老埽年久,秸料朽坏,埽眉腐烂,料被溜淘出。

治理时,如秸料一般尚属完整,无腐烂糟朽情况,可用小船运去铡好的秸料根梢及小桩、签子与土等,先将猫洞处坏秸挖掘出来,长短与铡好的秸料大致相同,再用铡料填塞一二坯,随填随撒土,与包眉子同,必要时可打嗑口签子。如猫洞较大,可在洞内打斜桩(与水平面成 75°~80°角,桩顶外斜),带小骑马,然后逐渐填铡料压实。填塞完成后,再打入签桩数根,使更密实,以免再次抽出(见图 12-8)。如猫洞很大,且秸料多有腐朽,不堪御溜时,必须予以拆补。当病在上下跨角紧要着溜处,虽上有两三坯料尚完好,亦必须一并截去,将腐烂料物扒出来约一整料长,然后打棋盘、单头人等项家伙,层料层土地厢压起来,对两侧与原埽土料的结合,以及后部的打花料,必须特别注意使坯坯新旧接槎,连成一体,以免造成蛰裂和吊膛等毛病。

(11)掰裆,亦称溃裆。在堵口进占中,有两种情况容易发生掰裆:一为活埽时,由于前重后轻,沉蛰不匀,容易掰裆,尤以新占活出 3~10 m 阶段,因前后轻重悬殊,更容易发生掰裆,在 10 m 以后,因占体大而重,料填的厚了,稍有掰裆,亦不显著。再占如前爬生险,则占后即易掰裆。对于厢修埽段,在将抓泥时,由于河底不平,埽底不能同时着底,因而前爬,亦会发生掰裆险情。

在进占活埽之前,应预先准备秸料一部,堆存坝头附近,备紧急需用。活埽时应将把头缆带紧,随时配合占的活动,徐徐松放;对过肚绳与占绳,可多松一些,使料下沉入水,务使新占前面薄些,以利前进,后面厚些,增加重量,当埽活出 5 m 宽时,可于占面后部,加压些花土,以免前后轻重悬殊,发生掰裆险象。当发现掰裆时,必须首先阻止活埽人乱动,同时用准备的秸料填塞实在,以免活埽人跌入裆内。对于占的掰裆,可用黄草或软料填塞,前眉加压大土,同时用束腰捆束占前,然后打硬家伙,如圆七星、扁七星、鸡爪抓子等,裆内多加料,占上多加土,使逐渐填塞平整。切忌在裆内加压重土,否则将推占更向前爬。对于埽段,如预知有可能发生掰裆,可下拐头骑马,以资预防。如已发生掰裆,可用包角搂住,掰裆处用软草填塞,然后于掰裆前部打三星或羊角抓子等硬家伙,以免发生后溃,扩大险情(见图 12-9)。

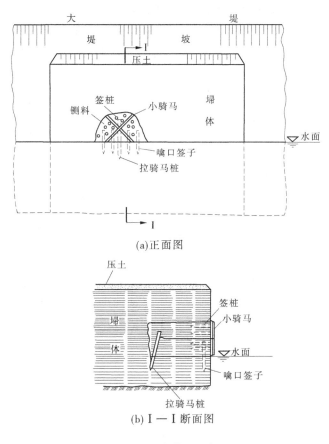

(a)正面图

(b)Ⅰ—Ⅰ断面图

图 12-8　补猫洞示意图

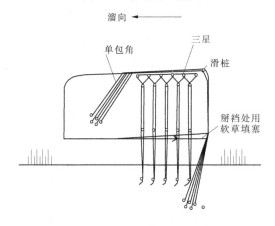

图 12-9　治掰裆家伙图

第二节　五大险情

后溃、吊膛、仰脸、抽签、播簸箕为埽工的五大险情。这五种险情，是由轻到重，由小到大,逐渐发展的,最后成为不可收拾的局面。但也不一定全发生在一段埽上;前三种险情如果能早发觉,尚易于抢护;一到抽签、播簸箕,抢护就感困难。所以,对于有埽的工段,如遇河水涨发或溜势变化,必须随时测探埽前水深,检查埽身周围变化情况,如有出险趋势,应及时抢护稳定,勿使扩大。

（1）后溃。埽后身与堤坦坡结合不够密切,或堤岸土质不佳,河水串入,堤土坍溃,叫作后溃。险情发生之初,水流先在上口打旋,下口水流浑浊,如抢护不及时,其他险情即接踵而来。所以,在厢埽时,对于铺料、拿眉、打花料,均应踏实进行。腰桩在前 3~4 坯,应距堤坡脚 1~1.5 m,不能太靠后,如尽向后打,则打花料均在家伙绳上,如遇埽段下蛰,因家伙绳缆担料腾空,极易导水串入;同时腰桩后的花料亦须注意打足,以免造成后溃机会。

抢护后溃时,应先堵截串水来源,同时厢修后膛,防止蛰陷。其法是用碎料或黄草软料等将后溃处填实,或用软柳梢捆立枕,直径 0.4~0.5 m,长约与水深等,插于后溃处的上口裆内。枕内包一部分砖,使其下坠以缓和溜势。根部仍以软草等分坯压实,当略高出原埽面后,将埽面普遍加一坯料,打鸡爪抓子、骑马之类硬家伙,使其后拉力量（见图 12-10）。压土时,可前部多压,后部少压,按住埽头,不使前张。打腰桩以用腰抓子为最适宜,因其力量比较大。在抢护此种险情时,要掌握少打桩,多拴绳,愈快愈好,以免其继续扩大坍塌,如抢修之埽上无藏头,可赶于上首抢厢小埽,以截水路。再在此种险情发生后,如能同时抛枕护根,更可增加安全性。

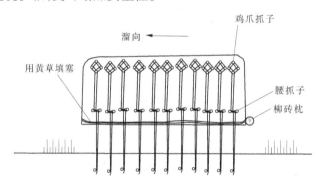

图 12-10　治后溃家伙图

（2）吊膛。亦称吊塘,即埽后过水,未能及时抢护,堤坡裂缝坍溃,埽体无所依附,因之埽膛进水,埽身下蛰。发生吊膛与厢修时的打花料充足与否有关,如花料空虚,一遇埽蛰,即将棚架之处蛰实,形成吊膛。在厢修中,对家伙使用不当,如用绳缆较多,压土之后,没相机活绳,绳缆吊住不下,水乘虚而入,亦会发生吊膛。吊膛一般都在埽抓泥后经过涨水落水才出现。

抢护时,首先应注意埽后部过水情况,赶速设法先用麻袋土包等填塞水源;如进水严重,可急速赶厢小耳埽截堵。如吊膛不甚严重,可翻去顶土,在距前眉 1/3 埽宽处,打羊角抓子、鸡爪抓子一类硬家伙后拉,后部分坯打花料填塘,使高出前部,如有后溃,亦应以软料分坯填塞实在,然后统坯厢料,前部眉头要陡,再打三星等家伙后拉,前用大土追压,按住埽头,不使前趋,后部略压花土,使料蛰实,如此继续厢压（见图 12-11）。如吊膛严重,可将埽前部撤去 1~2 m 宽,围桩抛石压着埽头,后部先挑去顶土,翻到前部,再进行填膛,填膛时要先深后浅,务使坯坯扯拉一致,然后普遍加厢,下腰占,压土时,应掌握前重后轻原则,如此层料层土地加厢完整(图 12-12)。

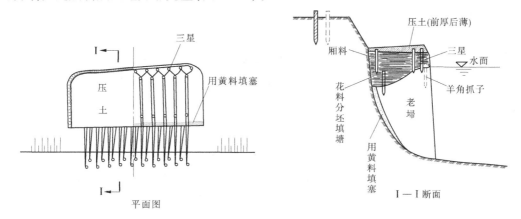

平面图

I—I断面

图 12-11 治一般吊膛示意图

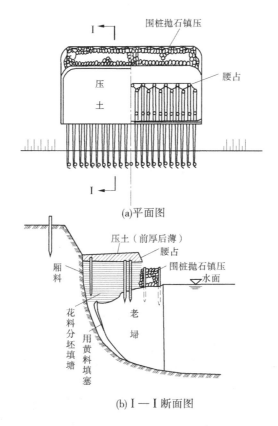

(a)平面图

(b)I—I断面图

图 12-12 治严重吊膛和仰脸示意图

(3)仰脸。埽体蛰动,形成前高后低的形式,谓之仰脸。其原因为吊膛之后,未能及时抢护稳定,后部不断溃蛰,下有河水顶托,上为绳缆牵扯,以致前眉上仰。另外,河底为流沙或滑底,被水流淘刷之后,使埽前蹬空,前部漂浮,而上部家伙过紧,吊起前眉,亦会发生仰脸现象,仰脸已为埽工生险不易抢护之症,如再继续发展下去,到抽签、播簸箕,就更难抢救。

　　抢护时,应在抢护后溃与吊膛的同时,打家伙于膛内,向后牵拉,前眉可围桩抛石镇压(见图 12-12),如石料困难,用砖和胶泥亦可,否则亦须用大土追压。厢修时,前眉要陡,以尽量压住前头,并于埽前捆抛柳石枕、柳砖枕或柳淤枕等维护,阻止继续前爬扩大险情。对于沙底、滑底,可于厢修时预加防范,即下家伙应稍靠后些,不使搬动眉头,于埽抓泥后,即抛枕护根,预防淘蛰生险(见图 12-13)。

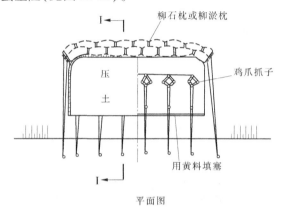

平面图

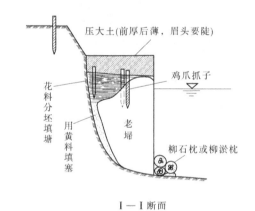

I—I 断面

图 12-13　治仰脸家伙示意图

　　(4)抽签。溜已钻入埽腹,埽土被刷,料被带出,谓之抽签。其发生有两种情况:一为吊膛、仰脸未及时抢护稳定,埽后愈淘愈空,前脸愈仰愈高,过水增大,土料散失,水流将料带出水面;另一为老埽年久腐朽,大溜淘入埽腹,将料带出。埽到此种情况,因内部已为水流冲刷,埽体结构已基本破坏,挽救已属困难。如根据具体情况,还有一些希望,可立即着手在前部围桩抛石压头,后部填膛,进行紧急厢修,下简单有力的家伙,追压大土,同时堵死进水道路。如仍有蛰动,可继续层料层土追压下去,或可挽救。如情况严重,须赶做抢厢新埽准备,即时厢修,以免冲淘堤岸,扩大险情。

　　(5)播簸箕。溜入埽腹冲击,而上有家伙绳缆牵扯,使埽体随波起伏,叫播簸箕。其发生的原因:一是由仰脸、抽签逐渐恶化而生;二是厢修新埽或新占时,在头几坯中未能加压大土,又由于河底土质不佳,大溜顶冲淘刷,埽占产生后溃与前爬,因下部空虚,料物浮在水面,而随波簸动。此种险情,表明埽体结构已几乎完全破坏,只余上部 2~3 坯料物未走,所以这样埽段,一般是不易抢护稳定的。唯可用土袋或石料在前部加压,以图挽救,如能稍为缓和,可赶即设法加厢,否则应立即着手重新抛枕编底厢修,使压于未走的料上。但对于进占,因占的体大面广,比埽易于抢护,如能进行快速的厢压,使重量增大,有可能得到挽救。

埽工由柴土所构成,在黄河溜势多变、河底松软的情况下,埽工生险是不可避免的。但做好了预防工作,争取主动,至少可以减少险情的扩大。所以,在修埽地段,平时要注意河势变化,建立摸水制度,随时检查埽段的强度,发现问题,及时抢修,自可减少险情发生。埽工抢险,尤贵迅速及时,否则一险抢护不及,其他一系列险情即接踵而至,故必须注意。

第十三章　对埽工的初步分析

第一节　埽的稳定计算

过去做埽堵口,多由老河工人员根据经验来进行,对于埽占的大小、用料多少,根据河底土质及水深的不同,有一定的成规。但稳定性究竟如何,有必要做进一步的研究和计算。下面根据过去的经验和一些粗略的试验数据,对埽体稳定性做一试算和分析。

由试验及计算得知:

秫料干容重 $\gamma_d = 0.054 \ t/m^3$;

秫料密实容重 $\gamma_s = 1.41 \ t/m^3$;

松散秫体空隙率 $n' = 1 - \gamma_d/\gamma_s = 96.2\%$;

秫体饱和容重 $\gamma = 0.168 \ t/m^3$;

水容重 $\gamma_\omega = 1.00 \ t/m^3$;

浸水受压秫体的空隙率 $n = n' - (\gamma - \gamma_d)/\gamma_\omega = (96.2 - 11.4) \times 100\% = 84.8\%$。

在计算中,土料采用沙壤土,其自然容重为 $1.57 \ t/m^3$,饱和容重为 $1.90 \ t/m^3$。

根据以上数据和由试验得出的秫料荷重与压缩率关系曲线,分项计算如下。

一、埽各坯的压缩与绳缆受力计算

按水深 4 m,埽长 20 m,顶宽 6.3 m,底宽 2.5 m,高 5.3 m,分六坯厢修,根据试验的秫料荷重与压缩率关系曲线,计算每坯埽体的压缩量(以平均高度计算),其成果列于表 13-1 中。

表 13-1　埽各坯的压缩计算成果

坯数	松散状态尺寸 (m)	干重 (t)	湿重 (t)	压缩后总高 (m)	埽体入水深 (m)	埽体出水高 (m)	绳缆吃力 (t)	备注
第一坯		秫 4.6 土 10.1	14.5 12.3	1.1	0.6	0.5		

续表 13-1

坯数	松散状态尺寸（m）	干重（t）	湿重（t）	压缩后总高（m）	埽体入水深（m）	埽体出水高（m）	绳缆吃力（t）	备注
第二坯	 3.8　0.2 3.7　1.0　3.2	秸 3.7 土 24.0	11.7 29.3	2.0	1.6	0.4		
第三坯	 4.6　0.2 4.5　1.5　3.8	秸 6.7 土 28.3	21.2 34.7	3.2	2.7	0.5		
第四坯	 5.5　0.5 5.3　1.5　4.6	秸 8.1 土 86.7	25.5 106.0	3.9	3.4	0.5	74.0	
第五坯	 6.0　0.5 5.8　0.6　5.5	秸 3.7 土 93.0	11.7 114.0	4.7	4.0	0.7		这一坯已经着底
第六坯	 6.3　0.3 6.2　1:0.03　0.5　1:0.5　6.0	秸 3.3 土 58.3	10.3 71.3	5.3	4.0	1.3		

埽体未压大土前,因河水浮托,下部各坯桩绳主要为团结埽体,兜揽秸土,防止水溜冲

失秸土和秸体倾覆。在压大土后,埽体重量超过水的浮力而下沉甚速,此时埽将要沉到底,估算绳受拉力约有 74 t。而二~三坯家伙绳约有绳缆 40 条(十丈、八丈及六丈绳),根据试验,每条绳缆平均许可荷重 2 t,足能负荷这一拉力。这时各坯绳缆都要吃力,如能缓缓松绳,可使埽体到底。到第五坯再压大土,埽体即达稳定。据以上粗算,在一般情况下,如不出大的毛病和水深不变,平时修埽所用的绳缆数量已可保证安全。

二、各坯秸体浮沉稳定性计算

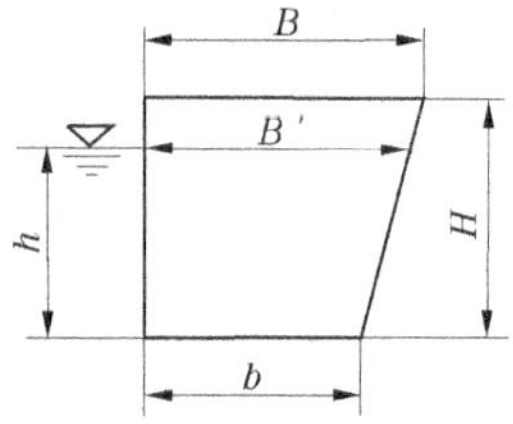

秸体作梯形计算(见图 13-1),重心距底边距离

$$h_G = \frac{H(2B+b)}{3(B+b)}$$

图 13-1

浮力重心距底边距离

$$h_C = \frac{h(2B'+b)}{3(B'+b)}$$

埽体水平面的转动惯量

$$J = \frac{LB'^3}{12}$$

式中:L 为埽长。

埽体所挤出的水量

$$V = \frac{hL(B'+b)}{2}$$

埽体定倾半径

$$\rho = \frac{J}{V} = \frac{B'^3}{6h(B'+b)}$$

按照上例数据进行计算,其结果列于表 13-2。

表 13-2　各坯秸体浮沉稳定性计算成果　（单位:m)

坯数	b	B	B'	H	h	h_G	h_C	$e = (h_G - h_C)$	ρ
1	2.5	3.02	2.8	1.1	0.6	0.57	0.31	0.26	1.16
2	2.5	3.44	3.3	2.0	1.6	1.05	0.84	0.21	0.65
3	2.5	4.00	3.8	3.2	2.7	1.72	1.44	0.28	0.54
4	2.5	4.33	4.1	3.9	3.4	2.12	1.84	0.28	0.51
5	2.5	4.71	4.4	4.7	4.0	2.59	2.18	0.41	0.51
6	2.5								

从表 13-2 可看出,$\rho > e$,属于稳定,且由于埽体靠岸修筑,到第四坯埽体下沉,绳桩均已吃力,更可以控制。如在厢修时能注意压土松绳,可使埽体逐渐平稳下沉到底。

三、整个埽体的稳定校核

埽体厢修完成后,可当作挡土墙来校核埽体的稳定性。

（一）抗倾覆

土剪力 $P = 1/2\gamma_0 H^2 K\Phi L$

按上例数据，埽高 $H = 5.3$ m；

土饱和容重 $\gamma_0 = 1.9$ t/m³；埽长 20 m。

图 13-2 中 $\theta = 63.4°$，$\Phi = 45°$，得 $K\Phi = 0.2$（参见杨文渊编《实用土木工程计算图表》第 353 页，代入上式，得：$P = 1/2 \times 1.9 \times 5.3^2 \times 0.2 \times 20 = 107$（t）。

P 的水平分力 $P_1 = P\cos\lambda_\Phi = 107 \times \cos\lambda_\Phi$；

P 的垂直分力 $P_2 = P\sin\lambda_\Phi = 107 \times \sin\lambda_\Phi$。

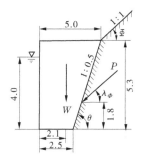

图 13-2 （单位：m）

摩擦力 λ_Φ，分别按软淤及沙质黏土对埽体的摩擦系数值 0.4 及 0.8 来反求，各得 λ_Φ 为 22°及 29°，本例所用摩擦系数值 0.4 及 0.8，是采用某闸对柴石枕的摩擦试验数值，在实际应用时，应根据当地情况做试验确定。

埽重与上浮力之差：

$$\sum N = W - W_\Phi$$

W（埽重）$= 413$ t，W_Φ（上浮力）$= 280$ t，故 $\sum N = 413 - 280 = 133$（t）

所以，抗倾覆安全系数

$$K_y = \frac{\sum N \times 2.1 + P_2 \times 3.4}{P_1 \times 1.8} \tag{13-1}$$

（二）抗滑

抗滑安全系数

$$K_c = \frac{\sum Nf}{P_1} \tag{13-2}$$

式中：f 为摩擦系数。

根据不同的摩擦系数，用式（13-1）和式（13-2）计算的结果，均列入表 13-3 中。

表 13-3 埽体稳定校核成果

稳定系数	所得数值		说明
	软淤 $f=0.4$，$\lambda_\Phi=22°$	砂质黏土 $f=0.8$，$\lambda_\Phi=39°$	
K_M	2.8	3.4	均稳定
K_G	0.56	1.3	软淤 $K_c=0.56<1$，不稳定

表 13-3 说明，无论在软淤或砂质黏土的河底上修埽，抗倾均属稳定。唯在软淤河底上修埽，抗滑甚不稳定，故遇此种情况，在底坯需要有防滑的措施（如打满天星桩），厢修中家伙要硬些，待埽软抓泥后，要在埽前抛柳枕护根，才能防止滑动。

第二节　堵口进占的稳定计算

一、占各坯的压缩与绳缆受力计算

按水深 8 m,占长 17 m,顶宽 20 m,底宽 20 m,高 10.2 m,分六坯厢修,进行计算,其结果列于表 13-4 中。

表 13-4　堵口进占各坯压缩计算成果

坯数	松散状态尺寸（m）	干重（t）	湿重（t）	压缩后总高（m）	占体入水深（m）	占体出水高（m）	绳缆吃力（t）	备注
第一坯		秸 37 土 54	114 55	0.4	0.7	0.7		
第二坯		秸 55 土 160	171 197	3.1	2.1	1.0		
第三坯		秸 46 土 160	143 197	4.6	3.6	1.0		
第四坯		秸 37 土 371	114 160	6.2	5.5	0.7	196	

续表 13-4

坯数	松散状态尺寸 （m）	干重 （t）	湿重 （t）	压缩后总高 （m）	占体入水深 （m）	占体出水高 （m）	绳缆吃力 （t）	备注
第五坯	17 / 0.8 / 17 / 2 / 17	秸37 土428	111 524	8.0	7.5	0.5	430	这五坯压土后应包眉子
第六坯	17 / 1.4 / 17 / 1.5 / 17	秸28 土749	86 920	10.2	8.0	2.2		已经着底，占也完成

从表 13-4 可以看出，占将着底时，绳缆吃力最大。根据材料试验结果，家伙绳（八丈绳）极限拉力为 3 t，过肚绳、占绳（二十丈绳）极限拉力为 4.5 t。绳的安全系数采用 1.5，则八丈绳的许可荷重为 2 t，二十丈绳的许可荷重为 3 t。上例中前四坯用家伙绳 118 条，第五坯用家伙绳 18 条，共计 136 条，连同底钩绳 30 条，总共用八丈绳 166 条，每条许可荷重 2 t，共可吃力 332 t，表 13-4 中计算出，在第五坯时，绳缆共吃力 430 t，则过肚绳、占绳应吃力 430 − 332 = 98（t）。每条过肚绳和占绳按许可负重 3 t 来考虑，则负担 98 t 的力量，有 33 条过肚绳和占绳即可敷用，故 8 m 水深的埽占用二路过肚绳、三路占绳（每路 7 条，共 35 条）已够安全。这里还没有考虑到明家伙绳和部分搂底钩绳的作用。

捆厢船的吃力，为全部过肚绳、占绳和底钩绳吃力的半数（另一半在顶桩上），即 $(98 + 2 \times 30) \div 2 = 79$（t）。捆厢船的垂直承重 W（见图 13-3）是过肚绳、占绳和底钩绳拉力的合力。假设龙骨两边绳缆吃力相等，则两力各为 $79 \div 2 = 39.5$（t），所以 $W = 2 \times 39.5\cos 45° = 56$（t）。

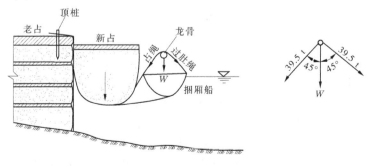

图 13-3　捆厢船承重示意图

在上例中,占前水深为 8 m。黄河大船一般可载重 100 余 t,故这种捆厢船仅能厢修水深 20 m 以下的埽占,再多即不能负荷。

二、各占体浮沉稳定性计算

只对较为危险的前四坯和前五坯进行计算。计算方法与前节同。

前四坯:占体重心高　$h_G = 3.6$ m;

浮心高　$h_C = 2.7$ m;

定倾半径　$\rho = 4.4$ m $> h_G - h_C = 0.9$ m(稳定)。

前五坯:占体重心高　$h_G = 5.0$ m;

浮心高　$h_C = 3.7$ m;

定倾半径　$\rho = 3.2$ m $> h_G - h_C = 1.3$ m(稳定)。

由于占的底面面积大,所以占的浮沉稳定性比埽高。

三、占整体稳定校核

取占长 1 m 计算,设堵合后上下游水位差为 5 m,上游水深 $H_1 = 8$ m,下游水深 $H_2 = 3$ m,占前平均流速 $v = 4$ m/s,占宽 $B = 20$ m,由表 13-4 的数据算得 $W = 170$ t。

上游水压力
$$P_1 = \gamma_\omega/2 \times H_1^2 = 32 \text{ t}$$

下游水压力
$$P_2 = \gamma_\omega/2 \times H_2^2 = 4.5 \text{ t}$$
$$W_{\Phi_1} = BH_2 = 60 \text{ t}$$
$$W_{\Phi_2} = B/2(H_1 - H_2) = 50 \text{ t}$$

水的冲击力
$$P' = v^2/(2g) \times H_1 = 4^2 \times 8/(2 \times 9.81) = 6.5(\text{t})$$

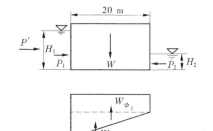

图 13-4

(1)抗滑安全系数:

$$K_c = \frac{f(W - W_{\Phi_1} - W_{\Phi_2})}{P_1 + P' - P_2}$$

如河底为沙质黏土,则 $f = 0.8$,将以上各值代入上式,得

$$K_c = \frac{0.8 \times (170 - 60 - 50)}{32 + 6.5 - 4.5} = 1.4 > 1$$

故是稳定的。

如河底为软淤,则 $f = 0.4$,将以上各值代入上式计算,得 $K_c = 0.7$,看来是不够稳定的。但在进占时不断加有倒骑马,这主要就是为了防止埽体下移;同时随进占随浇土柜和后戗,也对防止埽体下移有作用,把这些因素考虑进去,总的来说,埽体还是稳定的。

(2)抗倾覆安全系数:

$$K_m = \frac{W \times 10 + P_2 \times 1}{P' \times 4 + P_1 \times 2.7 + W_{\Phi_1} \times 10 + W_{\Phi_2} \times 13.3}$$

$$= \frac{170 \times 10 + 4.5 \times 1}{6.5 \times 4 + 32 \times 2.7 + 60 \times 10 + 50 \times 13.3} = 1.24 > 1$$

故是稳定的。

第三节　对埽工总的分析

一、埽体的结构

从以上各方面的分析计算结果可以看出,无论厢埽和进占,埽体一般单靠其本身的重量就能在水中稳定。埽内的家伙绳,主要是在厢埽过程中使埽占结成整体,控制其整体下沉,待到底后,绳缆即不再吃力,黄河河底土质多沙,由于埽体下沉后,埽下过水断面减少,流速加大,因而埽前、埽下河底随厢随淘,水深时有变化。厢埽时有时事前估计某一坏可以到底,而在进行中,有超过原计划数坏仍未到底的。埽占绳缆的吃力,不只是到底前最下一坏家伙绳吃力,而是上下各坏家伙绳都吃力。所以,厢修埽占时,下部的家伙绳,要考虑土质的沙淤情况,相应地增减,中部的家伙绳,要有团结埽体的内聚力量,上部的家伙绳,要起后拉防爬的作用,这样才能保持埽的整体平衡下沉。

在厢埽时,一般河势很急,因急溜的冲击,绳缆及埽体在受力方面均受到一定影响,这些复杂的因素在前面的计算中并未考虑在内,因此以上的计算是比较粗略的。

二、埽的坡度

埽的坡度都很陡,这是由埽的本身结构和埽的操作过程所决定的。埽体由秸料和土组成,秸轻而土重,必须借土的重压,才不致漂浮。修埽是由水面至河底向下厢修,必须上部加重,才能使埽体下沉,因此每坏上土时,愈到上层,压土愈厚,直到最后压足大土,才能稳定。这样,埽体就成为上重下轻、上宽下窄、边坡陡立的御水建筑物。如果坡度缓了,就易于前爬。这与一般水工建筑物先修基础,再接修上部,坡度愈平缓愈稳定的情况有所不同。所以,修埽的坡度,一般为1:0.02~1:0.05。但埽的坡度陡是其缺点,必须以柳石枕或柳淤枕抛根维护,才可避免生险。

三、埽工的优缺点

埽工是用薪柴等轻浮物料修筑而成的,用作御水工程,有其优点,亦有其缺点。兹分别分析如下。

(一)优点

(1)与石工相比较,埽的整体性好,而且具有柔韧性,能适应水流情况,有抗御水流的优良性能。秸埽修成以后,追压大土,透水性就逐渐减小。尤以黄河含沙多,秸体孔隙会逐渐淤塞,待完成后,基本上可达到不漏水。柳埽还有缓溜落淤的性能。

(2)埽工所用材料,一般可因地制宜,就地取材,无论抢险和新修工程,比较容易通过群众筹运物料,进行厢修。

(3)修筑埽工,所需工具及设备简单。

（4）埽工系用柴土修成，如工料凑手，在短时间内可做成庞大的体积，用以御水，极易见效。尤其做埽时，能在惊涛骇浪的情况下进行，亦不受风、雨、阴、晴等天气的限制。在物料运输方面，不像石料那样笨重难运，供应比较方便。所以，埽工用以抢护紧急险工，有较大的优越性。

（5）埽工性柔，对各种不同的河底，如胶泥底、沙底、软底、硬底、不平底，甚至河底有些石头，经追压大土后，均可适应河底情况，与之密切结合。同时在厢埽、堵口时，埽体能随河底淘刷而下沉，可以随淘随厢以达稳定。这是它的特点。

（二）缺点

（1）丁厢埽埽身前眉坡度极小，受水流冲击，易于淘深。同时埽体上宽下窄，重心靠上，而河水又涨落不定，如有浮动，即不稳定，故埽工常有后溃、吊膛、仰脸等险情发生。

（2）厢埽是由水面到河底逐坯厢压，当埽体未到底前，因埽下过水断面减小，流速增加，能加剧河底的淘刷。

（3）厢埽时，压土必须有一定的分寸，因压土少会发生后溃，压土多则绳缆易断。但当河水上涨时，埽体入水部分增多，浮力加大，此时如水下部分为急溜冲刷，将埽体内压土淘去，埽就要轻浮，一时抢护不及，就有跑埽的危险。

（4）厢埽之前，必须将材料大致集齐，才能施工，如停工待料，是会加速险象发展的。

（5）埽工所用料物，在干湿不定的情况下，极易发热霉烂，所以一般秸埽每年须加修一次，蛰陷甚者，有一年加修数次的，因而永久性工程用秸埽是不经济的。

（6）秸埽工程最怕凌块碰撞，如桩绳被碰折断，埽即有走失的危险；再凌块冲入埽内，亦能造成险情。

根据以上对埽工优缺点的分析，说明埽工用于临时性抢护截流工程甚为适宜，而用作永久性的防御工程则是不经济的，故临时抢险的埽工，等险工稳定后，应逐渐改为永久性的工程。

第十四章　对埽工的改进意见

第一节　对埽工用料的改进意见

（1）秸、柳。在黄河沿岸,所用的修埽材料,以秸、柳为最多。古时修埽有柳七草三之说,后来由于柳不足,代之以秸。根据埽工厢修经验,柳易与土结合,无论在埽后或埽底,均较秸为佳。如抢护秸埽后溃,有在埽的串水处用柳枕缓溜的;在胶泥滑底,有用大股柳枝铺底增加阻力的;于松沙河底,有用软柳梢铺修埽底缓溜的,皆为秸料所不及。用柳厢埽,一般都是搂厢,因所需设备简单,有船用船,无船搭架,只要料物到工地,即可进行,不须如丁厢埽那样先捆枕,然后才能进行厢修;对于抢修紧急险工,也比秸料丁厢埽要快些。柳枝虽比秸料价格略贵,但比秸料实在,蛰陷少,入水后的耐久性超过秸料多倍。用柳枝做搂厢埽时,每坯可先顺厢高约1m,然后将柳梢向外丁厢、斜厢各一坯,使柳梢纵横交叉,互相牵拉,经过重压之后,料物枝叉犬牙交错,结合紧密,再经过泥沙淤灌,可以结成整体,虽于相当时间后,牵拉埽体的绳缆朽断,但埽体本身的结合严密,尚可起到一定的抗洪作用。秸料在压扁以后,才能逐渐不透水,不及柳落淤的效力大。用柳厢修埽段,因柳重于秸约1倍以上（容重）,且因有缓溜落淤作用,所以在厢修时加压重量一般要比秸料减少1/3～1/2。以往常有一种感觉,即用柳搂厢,必须压块石,因恐柳枝空隙较大,压土易漏,或易为水刷去。但根据老河工的经验,在无秸无石之处,抢护紧急险工,亦曾用柳搂厢,上压较好的土（不能用粉土和沙土）,厢修以后,经过整个汛期,埽段还相当稳定。唯在头两坯厢修时,应慎重从事,先用淤土或蒲包土加压,甚至头两坯可光加料不压土,待三坯以后,再逐渐重压,可免漏土刷土的毛病。黄河上近来修埽,有用直径较小的柳枝打花料的,经过试用,情况良好,且压土数量亦可略为减少。由此说明,柳秸掺用,既可增加埽的容重,使埽体易于下沉,又可起缓溜落淤作用,使埽段及早稳定。

柳淤配用,比柳石配用经济,因淤块单价比石料便宜数倍。同时柳淤结合,遇适宜气候,还有发芽生长成为活树的可能。如淤块不易寻觅,也可用蒲包装红土代替。

在水深溜急的情况下厢修埽段,或合龙时抛合龙枕,可以柳石、柳淤配合使用,使其迅速沉于河底,待底部抛1～2层上部水深减小后,可减石或减淤加柳,或改柳淤、柳土（用时可将碎柳掺入）修筑,既可节约工费,又易于缓溜落淤。

但在河势汹涌、冲淘紧急的情况下抢护险工时,应仍以迅速将工程抢护稳定,以免扩大险情为最重要,有柳用柳,无柳时其他梢料亦可代替,如仍有困难,可用农村具有的秸、苇,或与其他农作物秆配合使用。但须特别注意的是,对绳缆家伙应根据料物整碎、滑涩情况,酌予增减。

（2）绳缆。黄河埽工,一般是在汹涌澎湃的急溜中厢修,必须用绳缆拉系,团结埽料使成整体,始能抵御水流的冲刷,继续厢修到底。此项绳缆,一般多用苘麻拧成,对于特别重要之处,如截流或堵口的占绳、过肚绳与明家伙等所用绳缆,则多为苎麻拧成。因此项绳缆价格昂贵,在埽占价值中,所占比重极大,所以应尽可能少用或改用代用品,以降低成本。我们得知,埽工中的核桃绳,无论厢埽进占与捆枕,由于需用甚多,可用蒲绳或棉秆皮绳代替。厢埽进占的对抓子,一般均用六丈苘绳,此项绳缆可用粗蒲绳与棉秆皮绳代替,因这些绳缆或用以搂束埽眉,或用以拉系埽身与捆枕,不使散乱,只要拧打合乎规格,湿润合宜,即可应用,并不降低工程质量。抛枕的龙筋绳,一般均用八丈或十丈苘绳,也有用三股 10 号铅丝缆的,此项绳缆,只在枕未着底和被急溜冲向下游时才有作用,一旦着底或为上部压实后,龙筋绳即无作用了。所以,在捆枕安龙筋绳时,应根据当时的溜势缓急与水流深浅情况酌定,如水深溜急,可用竹缆或抗拉力较强的粗蒲绳;如水浅溜缓,可用抗拉力较小的细蒲绳或其他草绳;如水深只有 1.5 m 上下,流速在 1.5 m/s 以下时,亦可少用或不用龙筋绳,以资节省。埽占的家伙绳缆,因关系重要,需根据当时具体情况酌定,在水深溜急的中、下部,以用麻绳比较安全;如在埽占的上部,或在水深 2 ~ 3 m,溜不甚急的情况下,可尽量改用或配合一部棉秆皮绳或苇缆。在条件具备的情况下,改用卷埽可将大多数绳缆改用苇缆和草绳,这样可以节约麻料,大大地降低埽的成本。

第二节　对埽工厢修方法的改进意见

一、埽工方面

(1)胶泥滑底或沙底可酌用柳铺底。

对于胶泥滑底,在铺底坯时,除签钉满天星或三星家伙,并使桩尖插入埽底以增加下滑阻力外,可在底坯用直径 4 cm 左右的柳股铺于底层(厚 40 ~ 50 cm),因柳枝互相牵拉,也可起到阻滑的作用。对于沙底,以往是增高坯厚,加速厢修速度,争取埽早抓泥,以减轻埽底淘刷机会,然后于埽前护根,用大土盘压坚固。经过试验证明,还可于铺底之前,先铺一层带枝叶的细柳(忌用大股,铺时要注意纵横联系),然后如常法厢修,这样就能在水下起到缓溜落淤、减少埽底淘刷的作用。

以上两种用柳铺底的方法,在黄河上已有多处试用,成效显著。

(2)厢埽以前应先护底。

黄河河床土质松软,在水深溜急时厢埽,河底常有激烈的淘刷,造成施工及防守上的困难。以往也试做过护底工程,有成功的,亦有失败的,经吸取长江沉排护底的经验,在河南试做了数处,业已成功。但均是在浅水中(水深 1 m 左右)或旱滩上施工,在深水中修筑尚无经验;沉排的做法是,在修坝的地点(浅水或旱滩上),用柳把捆扎上下十字格,中间铺料,上压石块,成一整体。上下十字格是用直径 0.15 m 的柳把捆成方格,长宽各为 1 m;在下十字格的交叉处,将捆扎所余的绳头两端,系于直径 2 ~ 3 cm 的小支架上(见图 14-1),其长度稍大于排的计划厚度,以免铺料时找不到绳头;然后在下十字格上铺梢料两层(黄河上多用 0.015 ~ 0.02 m 直径的柳杆),下层叫底梢,上层叫复梢,上层梢料与下层梢料垂直,复梢铺定后即将捆扎好的上十字格安置于上层梢料上,并与下十字格相对应,再将系在小支架上的绳头解开,把十字格交叉点用压杆压紧,将麻绳扎牢,打上死结,勿使排稍有回松(见图 14-2);最后在十字格中压石。

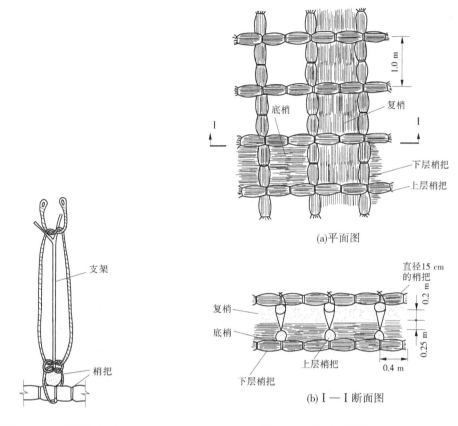

(a)平面图

(b) I — I 断面图

图 14-1　十字梢把拴系法　　　　　　　　图 14-2　扎制沉排图

　　如河底靠岸部分坡度较陡,可在排上打木橛(长 1.3 ~ 1.5 m,直径 3.5 ~ 4.5 cm),编柳篱,在柳篱内压石,以防石料滚出(见图 14-3)。排身厚度一般为 0.7 ~ 1.5 m。沉排按计划尺寸做好后,以它作基础,在其上修筑坝。沉排伸出坝前的宽度按当地水深确定,应使将来大水淘刷后,伸出坝前部分的沉排可随而下沉,成 1:1.5 ~ 1:2 的坡度,起维护坝根的作用。

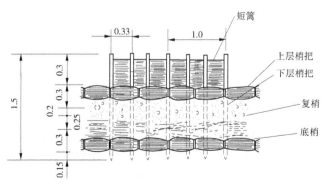

图 14-3　短篱图　　(单位:m)

如不具备做沉排的条件或不是滑底,亦可用抛枕法(柳石、柳砖或柳淤枕)及卷埽法铺底,待大致抛出水面,再改用丁厢埽。如此既可防止河底淘刷,又可解决丁厢埽坡度陡容易淘深河底的毛病。

(3)埽前护根不一定出水。

埽前护根主要用以防止埽前冲深,避免埽体前爬。因埽工于深水中修做,已入底很深,故护根不一定要抛出水面,一般护至当时水深的1/2处,即能保埽体安全。

(4)犁子桩厢埽法。

在胶淤滑底上厢修埽段,最大的毛病是埽容易前爬而生险。除上述防止滑底的办法外,用犁子桩也可起同样的作用,其具体做法是:用柳搂厢时,先将底钩绳分别拴牢在犁子桩尖附近。犁子桩用长约3 m的木桩削尖而制成。犁子桩拴底钩绳处距桩尖的距离,可依河底软硬程度来确定,底软时距离可略大些,底硬时可略小些,一般为0.4~0.5 m。桩安在拟厢埽处的坦坡下,入水约1 m,先将桩尖插入泥中,桩的间距与底钩绳同。然后用船来托底钩绳,先将底钩绳连起,再铺底坯料,将底钩绳自船上分别拉回,拴于堤根埽上另打的腰桩上。这样就算一坯完成。然后可略压重物,如土包或石料、淤块等。紧绳后,再将底钩绳拉到船上,或于水面附近用死扣活鼻另拴底钩绳拉到船上,并于埽面打羊角抓子后拉于堤上。然后于前眉插扎杆,继续厢料,搂底钩绳,加压土、石,上家伙后拉,如此逐坯厢修下去,直到厢修至需要高度。这种厢法,与一般厢法大致相同,只多犁子桩插入堤坡下土中,阻埽前滑(见图14-4)。这与底坯打满天星家伙和铺柳股,增加埽体滑动的阻力的方法基本上相同。应用这种方法,堤岸坡脚必须无较大石块和树根等物,以免发生局部阻碍。因这种桩好像农村耕地的犁子,故叫作犁子桩。

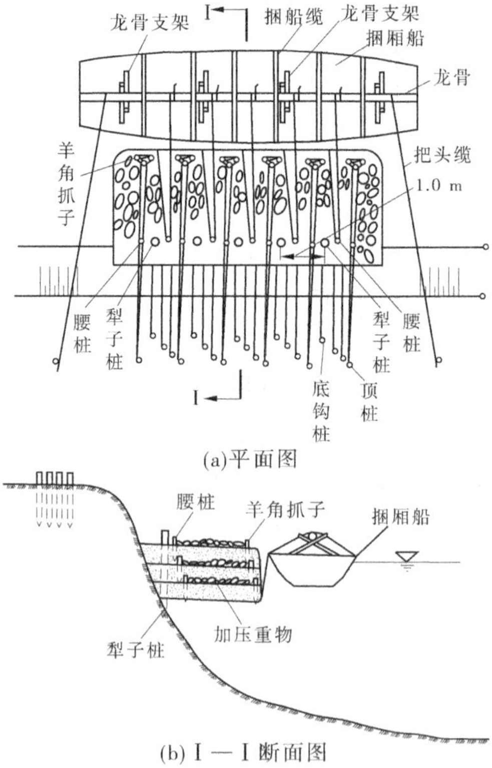

(5)拐子桩厢埽法。

(a)平面图

(b)Ⅰ—Ⅰ断面图

图14-4　犁子桩厢修图

拐子桩的做法是,用长5 m、直径0.12 m的顺直木杆,去皮修削至大致圆滑,将梢端削尖,尖上约0.5 m处,嵌横木一根,长约0.8 m,此木应嵌钉坚牢,使不致脱掉。因其形如拐子,故名拐子桩。这种桩木需要每条底钩绳一根。厢修时,须准备小船于拟厢修的埽段前,将各底钩绳分别拴系于拐子桩的拐子处,再将各底钩绳连接成网,然后将拐子桩插于埽前泥中,拐子头向内。埽宽可根据需要而定。各拐子桩位置确定后,每桩以一人站船上扶正,将底钩绳的另一端活扣于堤顶底钩桩上,即顺厢铺料,高度约能上人。在拐子桩外水面上拴顺桩,将各拐子桩连成一体。此项拴系要死扣,但不可太紧,以便顺桩沿拐子桩向下滑动。另用家伙绳一端拴顺桩,另一端则拉紧拴于埽后的腰桩上。于每拐子桩处垂直顺桩压横棍一条,长约0.8 m,一端用小绳紧扎于顺桩上。然后加压重物,如土包、石块、胶淤等,加压时可连横棍压住。加压之后再紧绳,即为第一坯完成。第二坯上料时,应注意包裹严密,勿使重物外露。待加高约1.5 m,再拴顺桩,拉家伙绳于腰桩上,及时扎横棍、压重物、紧绳,即为第二坯完成。如此分坯加厢,到最后完成时,可将家伙绳及底钩绳分别起坡,拉紧拴于堤顶桩上,再加压顶土(见图14-5)。

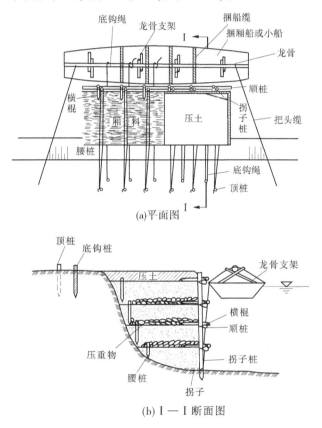

(a)平面图

(b)Ⅰ—Ⅰ断面图

图14-5　拐子桩厢修图

上述方法适用于在水深约4 m的水中厢修,如水深大于桩长,可用捆厢船,先将底钩绳拴于拐子桩上,然后一端扣紧于堤顶桩上,另一端扣紧于龙骨上,使桩直立浮于水上,如上法厢压,桩随料物加压而逐渐下沉,同时应相机松放底钩绳,以免崩断。待拐子桩将入水前,可另接拐子桩,仍如前法进行厢修,直到需要高度,将船上底钩绳一端搂回。这种厢埽法,因前眉有桩挡住,可防止栽头、仰脸等毛病。拐子桩直径不可过于粗大,否则扶桩感到困难。拐子桩头必须向内,这样可借料物重量,压桩入泥。在桩初入泥时,拐子受水流的冲击,很容易被冲成顺水方向,必须特别注意,必要时可用铅丝将拐子向上游牵拉,务使与河岸成垂直。

拐子桩的作用,实际上等于将全埽的家伙连系在一起,起团结整个埽体的作用。这种工程,在溜势不甚紧急的水流中,由于施工简单,只要有人指导,一般民工即可施工。尤其在水深5 m以下,能一桩到底的地方厢修更为方便。在水深大于一桩长的时候,就要用捆厢船接拐子桩。在厢修中,松放两端底钩绳需要有经验的人掌握,务使拐子桩能垂直下落,以免改变埽底宽度。

这种厢修方法为顺厢之一种,全埽仅凭上下绳缆与前部的拐子桩搂护。由于绳缆易于糟朽,所以只用于临时性工程。为防止埽前的溜势变化和绳缆失效时淘刷生险,可于厢铺料物时,分层分坯纵横斜向铺填,以期梢料的枝叉能嵌塞紧密,互相牵拉,经淤泥灌满以后,亦可起团结埽体的作用。

(6)如条件具备,可用卷埽厢修。

用卷埽厢修,在施工中有一定的优越性:第一,一般埽段的厢修都是自上而下地进行,因而在厢修过程中,常使河底因冲刷而发生激烈的变化,不但多费了工料,而且会增加不应有的险情。卷埽则是自下而上地层层加压,先护河底,不使险情扩大,而后逐渐加厢完成。第二,修筑卷埽最重要的工序为铺料、压土、捆卷、推沉等,这些工作均在埽台上完成,易于进行。另外家伙桩绳的拴系也比较简单,易于掌握。第三,一般埽工所用的绳缆,几乎全系苘绳,而卷埽用的苘绳不到总数的1/2,其余均为芦苇和草拧成的绳。内蒙古小规模卷埽的厢修,几乎全用草绳,苘绳与铅丝用量极少,因而可节约不少费用。第四,一般埽工,群众只能做搬料、运土工作,其他埽面上的工作必须由熟练技工来做。而卷埽则不必全是技工,并且人多可卷直径大的埽,人少可卷直径小的埽,可以灵活掌握。在险情紧急的时候,主要是与水流冲刷争时间,因而如能卷大埽,则效率高,能早将险情抢护稳定。第五,一般埽工厢修以后,前眉壁陡,易使河底被淘深。所以,厢成以后,必须接坦护根,才可免除继续发生险情。而卷埽则于抛沉以后,只要厢垫坚实,即成自然坦坡,不需要内外两道防线。但卷埽也有一定的缺点:第一,厢修的先决条件为要垫埽台,因无埽台就不能顺利地进行铺料、压土、捆卷和推沉。第二,所需埽台一般均比较长(约为埽直径的7倍),而埽个又有大小的不同,大埽需埽台更长,在堤岸坝坦为急溜顶冲而进行紧急抢护时,常因地势所限找不到合适的地点。第三,埽个一般为圆形,两埽相接处或与河岸河底相连处,易留空隙,为串水冲刷之源。第四,卷埽沉下后,必须紧跟着进行厢垫工作,如进行不当,就会发生溃刷而扩大险象。第五,卷埽比较零散,不像一般埽段为整体,能完全随地势高下沉蛰,而与河底密切结合。

二、截流和堵口方面

(1)放大正坝合龙口门堵合法。

黄河上正坝合龙口门,一般均在23 m上下。用立堵办法向前进占,口门逐渐缩窄后,水益深而溜益急,二占比一占更加困难,因此常有在前进中失事的。为使堵筑口门或截流工程安全进行,可将正坝合龙口门酌予放宽,其宽度应根据口门过流大小、溜势缓急、河床土质好坏和进占的顺利与否等项情况来确定。一般可留口门宽30~60 m,可通过500~1 000 m³/s的流量。这时,必须有边坝相辅进行,待正坝一切就绪进行推枕合龙时,两边坝应跟随向前推进,正坝抛出水面后应继续加料压土,减少口门透水量,边坝口门缩窄至10余m时,即可进行合龙。然后一面在正边两坝以大土追压,一面浇筑土柜、后戗,完成闭气工程。

这种施工方法的优点是:正坝进占可适可而止,不强与水争,以免发生意外和多费工料;在抛枕或卷埽出水后,口门流量可大为减少(1959 年黄河某工程截流,合龙后透水流量约为原流量的 1/20),再以边坝来堵合就比较容易。应用这一方法,可以将抬高水头后的水压力分由两坝来担负,能够减轻正坝所受的威胁。1959 年黄河某工程截流时,进行了预留正坝口门宽 42.8 m 的抛枕堵合的试验,结果证明较之过去合龙时勉强缩窄口门稳妥得多。

(2)柳淤、柳土进占法。

截流或堵口时,用秸料进占,如工料凑手,进度是很快的,又兼就地取材,价值亦较低廉。但埽占工程的技术性相当高,即使久于施工者,也不能保证必定成功。在 1933 ~ 1934 年堵筑冯楼截流坝时,曾用层柳层石进占法进行,效果很好。其优点是工程的进行非常稳妥。当时虽于口门只余约 10 m 时,上坝头曾告蛰陷,由 10 m 的狭口扩大为 22 m,但经实测口门最深不过 4 m,下蛰材料并没有被冲走,而尽下陷于坝基中,造成自然坦坡,为合龙奠定了初步基础。其缺点是柳、石均比秸、土为贵,铅丝缆价格也高;其次铅丝缆与柳、石等较重材料配合使用,不够安全;再则合龙以后,仍透水严重,经过月余时间,才完成了闭气工程。这种截流法,在含沙量较大的河道中,确有其一定的优点,如加以改进,仍不失为截流的有效方法之一。为了节约开支与减低截流后的水流透漏,可用淤土、蒲包土和红土代替石料,用麻绳、蒲绳、苇缆、竹缆代替铅丝;在方法上则用捆厢船进占法前进,每占长只出 10 m 上下,以减少危险。此外,可多用柳枝,铺柳时,须将柳梢多伸出上游约 1 m,使起缓溜落淤的作用;还应纵横交错,使相互牵拉,增加团结力量。在入水工段,尽可能用胶淤块加压,如胶淤确有困难,可用蒲包土加压。出水以后,于迎水工段,厢修柳梢宽 1 ~ 2 m,余可尽用土填。如此逐坯厢修,随时搂练子绳、底钩绳,打些简易有力的家伙,一如普通进占法,待一占到底,再继续前进,稳扎稳打,以至于最后合龙。在合龙时,先观察龙门口水溜情况,如溜不甚急,用这种厢修方法仍能完成时,自可照常进行,相机堵合。如溜势紧急,为一般方法所不易控制,亦可改用抛柳淤、柳土枕堵合,或于必要时,先抛一些柳石枕,再抛柳土枕堵合。

用此法堵合后,也不可能当时即闭气,但比柳石进占透水要小得多。因石硬,而胶淤和土见水均要变软,受重压以后,能减少空隙率。加以这种厢法着重用柳,柳多溜缓,溜缓淤停,因此坝体中空隙更要减少,透水性自然降低。

(3)挂草簿浇土柜、后戗法。

为免除土柜浇土被水流冲跑,可用些软料来挡水。具体做法如下:用 12 号铅丝与小蒲绳相间作底钩绳,将直径 0.1 ~ 0.15 m 的黄料把或稻草把编织成簿,宽较土柜略窄,长等于占长与一倍半水深之和。另用直径约 0.2 m、长 10 ~ 12 m 的直长木桩,将两端刨削圆滑,然后将簿拴卷于木桩上。待正坝每占厢压稳定,边坝新占已抓泥并压 1 ~ 2 坯大土后,即将此木桩连簿架于正边坝预先安置好的稳定架上,将底钩绳一端拴于浇土柜处的岸上,自后向前浇土,逐渐将底钩绳与草簿压于土柜底。前边的草簿既可挡土使不致外跑,可来回弹动以缓和回溜冲刷。如此继续浇土前进,底钩绳缆吃紧,可拉木桩上卷的草簿自动旋转下放,直至一占完成。下一占可如前法进行,并可将前后簿接连在一起,直至边坝

合龙(见图 14-6)。至于后戗的浇
筑,由于溜势比较缓和,可用大平
摆船两只,安置成 90°角,以代替坝
头,再悬草簿以挡土,可起到同样
效果。在黄河上旧有黄草垫底浇
土柜的方法,主要为增加河底糙
率,使所浇之土易于存在。上述方
法即系在此基础上改进出来的,可
与抛草袋格坝起同样作用,但费用
要比抛草袋节省许多倍。再则草
簿压于河底,由于体积不大,一经
重压即可入泥,而草袋格坝则始终
横亘于土柜中,虽草袋可以腐朽,
但袋与袋间多少总会有不够踏实
之处,对土柜的隔渗还是不利的。

(4)合龙口门护底法。

用立堵方法进行堵口时,当口
门缩窄后,在黄河下游细沙河床
上,一般水流均向纵深方向发展,
到将合龙时,在合龙口门会造成深

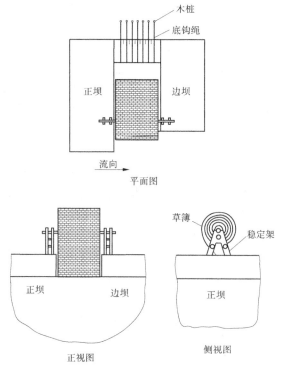

图 14-6　挂草簿浇土柜法

沟,过去曾有冲深达 30 m 左右的实例。因此,合龙时稍有不慎,不但合龙占会被冲掉,且
有带动两金门占使之蠢动歪斜,甚至有使堵口工程前功尽弃的可能。所以,在细沙质河床
上堵口,应于口门缩小到 80 m 上下时,即根据口门前的河势溜向,研究确定合龙地点、留
口门宽窄,然后设法在拟合龙处进行护底工作,以免口门缩窄后河底被淘深。此项护底工
作,可根据当时具体情况确定,如条件适宜,能用沉排护底,则不但比较安全,而且工料亦
可大为节约。如因流速较大,或无妥当的扎排地点与定位、运排、沉放等项设备,则根据
1958 年黄河某工程的抛枕护底与内蒙古堵口和修筑柴草码头采用柳笆护底等项经验,仿
照进行,亦可得良好的结果。护底宽度,建议最少应为预留口门宽度的 1. 5～2.0 倍,长
度应为正坝坝宽的 3 倍以上。用沉排护底时,可用重型沉排。如用柳枕护底,建议抛护上
下两层,使错搓压护,以免水经枕隙淘刷河底;如有条件能纵横抛压,则更可稳固。在捆枕
时,应尽可能地用胶淤块捆枕,以节约石料,降低工程造价。用柳笆护底,厚度应在 30 cm
以上,分两层沉压,以免冲动河床细沙。

但在土层较好(如黏土或粉质黏土)的河床上进行截流或堵口时,对于护底工作应慎
重考虑,因为:第一,这些土质的抗冲能力较粉沙土可大 1～3 倍;第二,口门冲刷深度,不
唯与水力大小、土质好坏有关,冲刷时间也是很重要的因素。在此种情况下截流或堵口,
如能人量抛投物料,昼夜不停地加快速度进行,根据以往经验,是能战胜水力减少冲刷的,
因此护底就成不必要了。所以,是否需要预先进行护底,主要取决于河床土质的好坏与施
工速度快慢。

（5）合龙抛枕，应按不同情况，抛不同长度、不同大小的枕。

一般截流或堵口合龙，常不管水的深浅、溜的缓急，始终抛直径1.0 m左右、长12～18 m的枕，这样就造成工料的浪费。枕在入水过程中，由于有上首绳缆拉系，不致有很大位移，因而主要目标是使枕落实后不再为急溜冲走。根据某工程的试验，枕与河床上浮淤、砂黏土间的摩擦系数为0.4及0.8，枕与枕间的摩擦系数为1.02。下面根据摩擦力等于水流推移力原理，按1.0 m、1.5 m及2.0 m三种不同直径的柳淤枕，绘出在不同起动流速、不同接触面的情况下，应抛的不同直径枕的最小长度关系曲线图（见图14-7）。从图14-7上可看出，在合龙初期，流速不太大，可抛长度较小的枕；到口门缩窄、流速增大时，应随河底土质的变化情况而增加枕的长度，以抵御水流的冲击。这样可避免在流速较小和河床土质摩擦系数较大时，还抛同样长度的枕，而造成工料的浪费。

以上的摩擦系数为引用某工程的试验数据。实际应用时，应根据当地具体情况作出曲线，以便确定抛枕长度。

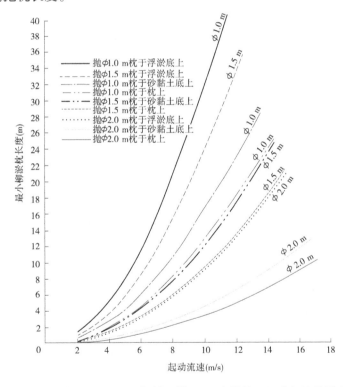

图14-7 在不同起动流速、不同接触面情况下，应抛的不同直径枕的最小长度

注：浮淤底摩擦系数为0.40，砂黏土底摩擦系数为0.80，枕间摩擦系数为1.02。φ1.0 m柳淤枕中淤泥部分直径为0.75 m，入水后重368 kg/m³；φ1.5 m柳淤枕中淤泥部分直径1.0 m，入水后重500 kg/m³；φ2.0 m柳淤枕中淤泥部分直径1.4 m；入水后重1 300 kg/m³。

第十五章 打 桩

在防汛抢险中,无论传统埽工抢险技术,还是土工布防浪、大布水中进占等现代抢险技术,都离不开打桩,用于拴系绳缆而固定抗冲休。传统打桩方法多采用人工打桩,现代打桩方法多采用机械打桩。人工打桩适用于埽面打桩和打顶桩工作量不大的情形;机械打桩适用于打顶桩且打桩工作量较大的情形,但不适用于埽面打桩(长臂挖掘机除外)。下面分别概述。

第一节 人工打桩

黄河埽工人工打桩,根据材质的不同打桩用的器具有石手碗、石油锤和铁手碗、铁油锤,目前黄河下游多采用铁手碗和铁油锤,很少使用石手碗和石油锤。无论采用哪种材质的锤,其打桩方法基本相同。因此,仅对铁手碗(简称"手碗")和铁油锤(简称"油锤")的打桩方法及技术要领进行叙述。

一、油锤打桩

(一)锤

锤是打桩的主要工具,分油锤和八磅锤两种。

油锤锤头呈腰鼓形,用铸铁制成,重5~6 kg,安装木把,抢险时用于打桩。

八磅锤呈长棱柱形,因重八磅,故称八磅锤,铁锤头木把,主要用于敲击石块或其他用途。

(1)锤把安装。

油锤安把时,一定要观察油锤安把孔的粗细度,把锤把细的一端从细的一端穿入(简称"细对细"),然后将锤把细的一端向上提起,向下猛爽或猛墩,直到将锤头安牢固。这样安锤一般情况下锤头和锤把不易分离。

(2)锤把木材一般为槐木,槐木木质坚硬,其余采用白蜡树、核桃木等有韧性的木质,且锤把一般为顺直原木。

(二)打锤方法

根据个人习惯的不同,打桩方法可分为左式抡锤打桩或右式抡锤打桩;按照桩的高低程度,打桩方法分为挂锤和掏裆锤。其操作步骤如下:

(1)左式抡锤打桩:左侧身,左脚在后,右脚在前,且右脚丁于左脚(称丁字步),右手握锤把,左手在锤把间滑动并掌握锤头方向,油锤从左侧下方向后上方抡起到最高点,随后打向木桩顶部。适应于桩顶距地面1.0 m以内。

(2)右式抡锤打桩:右侧身,右脚在后,左脚在前,且左脚丁于右脚(称丁字步),左手握锤把,右手在锤把间滑动并掌握锤头方向,油锤从右侧下方向后上方抡起到最高点,随后打向木桩顶部。适应于桩顶距地面1.0 m以内。

（3）挂锤：打桩时，两脚间距10 cm左右，且两腿并拢，双手握捶把举起锤头，楞（立）面打向桩的顶部。适应于桩顶距地面1.0 m以上。

（4）掏裆锤：两脚间距70 cm左右，弯腰屈膝，双手举锤打向桩的顶部。为节省人力，向后拉锤于裆部（两腿之间），然后借着惯性向上起锤打桩。适应于打桩技术不熟练人员和桩距地面1.0 m以内。

（三）操作步骤及要领

根据个人身体条件、习惯及打桩场地条件，油锤打桩方法大致有活把锤、死把锤，其要领也不相同；按照油锤与木桩顶部接触方式的不同，油锤打桩又分为平锤打桩和楞锤打桩；根据打桩高度的不同，打桩也可分为挂锤和掏裆锤；打一棵木桩，根据人数的多少，油锤打桩又可分为单人打桩（锤）、双人打桩（锤）和多人打锤（桩），但多人打桩一般不超过3人。

（1）活把锤：左手或右手紧握锤把，另一只手在锤把间（锤头与手砀锤把之间）根据油锤的运行情况上下滑动，掌握锤头方向及击中桩顶。

（2）死把锤：左手或右手一只手在前，另一只手在后，双手均紧握锤把，从左后侧或右后侧向上抡起，过头顶打向木桩顶部。

（3）平锤打桩：打桩时，锤的平面与桩顶平面接触，打桩技术要求较高。

（4）楞锤打桩：打桩时，锤的楞面与桩顶接触，相对于平锤打桩技术难度低。

（5）挂锤：桩的顶部较高，借助锤把的长度用锤头向下打桩的顶部，这种打桩方法只能用楞锤打桩。

（6）掏裆锤：桩的顶部较低，且打桩的次数不多，常采用这种方法，可采用平锤或楞锤两种方法打桩，打桩技术难度较低。

（7）单人打桩：一个人打桩，可选择有利的打桩位置。

（8）双人打桩：两人打桩，人站的位置一般在同一平面。

（9）多人打桩：一般不超过3人，3人打桩，人与人站的位置成60°角。

（四）注意事项及优缺点

（1）无论采用哪种打锤方法，切忌跑锤，即锤从双手中滑出，易击伤他人，特别是两人对打或三人打桩时更应该高度注意。

（2）平锤打桩技术难度高，打桩时锤面与桩顶面必须保持平行，否则，锤把震手且易劈桩。所以，打桩人应根据桩的高低下蹲，适时变换锤头平面高度。

（3）楞锤打桩相对于平锤打桩技术难度相对较低，但一旦桩顶出现开裂，可采用平锤打桩方法，否则会加速桩的开裂速度或将桩打废。平锤打桩有防止木桩顶开裂作用。

（4）无论采取什么样的打桩方法，开始打桩时，要轻、要慢，待找到感觉和准头（瞄准位置）再用力打桩，以免脱锤伤及自己或他人。

（5）为保障木桩能尽可能垂直入土，打桩时一般要有人员配合扶桩，一般有2人用小麻绳活拴桩顶，各拉绳一端掌握桩的前后、左右方向。

二、手硪打桩

人工手硪打桩时,一般都使用黄河号子(见附录2)。

(一)硪

硪有石硪和铁硪两种。石硪一般用于土方工程中夯实土体,铁硪为打桩工具。

石硪由石料修凿而成,其形状、名称较多,常见的有:①烧瓶硪,又称"片硪",厚度小,形似烧饼。②灯台硪,上下两头粗,中间细,形如旧式灯台。③墩子硪,也叫"墩硪",形似门墩,上装木把。④碌碡硪,也称"石碾硪",圆台形,高60 cm,顶部直径30 cm,底部直径20 cm,身装木把、硪辫,一般6个人拉打。⑤石碡硪,打麦用的小石碡,圆柱形,重约60 kg,四边对应凿槽,拴四根木杠成井字形,一般四人抬打。黄河下游从20世纪70年代起土方压实采用机械,石硪使用较少,仅用于临时抢险,主要用于压实机械不易到达的边角地方。

铁硪为夯打木桩工具,分手硪和云硪两种。①手硪(见图15-1)为一铸铁圆柱体,重40 kg左右,周围8根立柱。用16根小横木沿铁柱周围嵌入,叫硪爪。将立柱与横木用绳缠牢,再用长1.5 m的猪尾形麻辫子8条,拴于硪爪上。手硪夯打木桩速度较快,大约1 min打1根桩。②云硪形状、制作基本同手硪,但比手硪重。按质量划分共有3种:大硪重120 kg,用16人拉打;中硪重80 kg,用12人拉打;小硪重60 kg,用8人或6人拉打。行硪时,因桩高,工人在梯子上或木架上操作,硪自空而下,犹如云落,故称"云硪"。

目前,黄河采用的手硪硪爪有两种,一种是木质的,一种是细钢管焊制的。木质的硪爪有一定韧性,打桩时不太震手,钢质的硪爪无韧性,打桩时震手,但钢质硪爪比木质硪爪强度高。

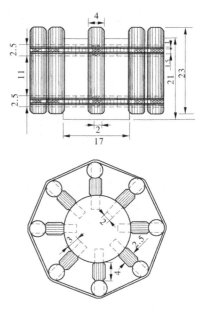

图15-1　手硪示意图　(单位:cm)

(二)打桩方法

打桩时,将手硪抬于木桩顶部,8人左侧身,双脚成"八字步",伸出右手握住硪爪,身体前倾并向上举起手硪至最高处,然后向下落(刹)锤于木桩顶部,使桩徐徐渐入土,至桩顶高度距地面0.35~0.45 cm即可。

手硪带硪辫打桩时,把8个硪辫分别套在硪爪上,左手握硪辫,8人向左侧身,伸出右手握硪爪,身体前倾并向上举起手硪至最高处,然后向下落(刹)锤于木桩顶部,待木桩顶面距地面1.2 m左右时,右手丢硪爪随时换握硪辫,且右手在前、左手在后,双手拉硪辫打桩,使桩徐徐渐入土。利用硪辫打桩能提高打桩速度,但有一定技术难度,需经过多次练习才能掌握打桩技术要领完成打桩任务。

（三）注意事项

（1）手硪打桩要求 8 名打桩人员尽可能身高一致。

（2）打桩时，应掌握硪面与桩顶面接触，一旦硪爪与桩顶面接触，将会损坏硪爪，特别是木质硪爪，更容易损坏。

（3）打手硪一定要有叫号人员，俗称"号头"，其他打桩人员也要共同应号，且声音要齐、洪亮。

三、起桩

抢险任务结束，抛投体（如柳石枕、搂厢体）已稳固，木桩及绳缆已失去拴系受力作用，应将木桩及绳缆回收。因此，需要将顶桩拔出，所以要进行起桩作业。

起桩就是把打进土体内部的木桩，用简捷传统的起桩方法拔出来。常用的操作步骤是：在被起木桩周围垫一根木桩（垫桩）或块石，然后用"五子扣"拴绳法拴系被起木桩且系紧，绳缆距地面 10 cm 左右，用另一根木桩（杠杆桩）对准绳扣处，木桩大头朝下、小头（或尖）朝上，用绳缆被起木桩和杠杆桩缠绕两圈，并把绳头或缠绕绳扣压在块石与杠杆木桩之间，而后向下压杠杆桩，通过杠杆原理将被起木桩拔出。起桩一般由 2 人操作。

第二节　机械打桩

随着社会化生产力水平的提高，黄河下游防洪工程抢险基本上实现了机械化，大型机械抢险不但能够完成装抛铅丝石笼、捆抛柳石枕、水中进占筑埽施工，而且能够利用大型机械进行打桩和起桩，速度快、效率高。在 20 世纪 80～90 年代，在黄河下游研制了不少打桩机械，如便携式打桩机（见图 15-2）、架扶与机载防汛抢险打桩机（见图 15-3）、内燃式打桩机（见图 15-4）等，有一定的局限性，进入 21 世纪，这些打桩器具已基本不用。随着大型机械在黄河下游投入抢险应用以来，广大抢险职工总结出了使用挖掘机、装载机进行打桩的新方法，现简要概述。

图 15-2　便携式打桩机　　　　　图 15-3　架扶与机载防汛抢险打桩机

一、挖掘机打桩

挖掘机打桩主要是采用挖掘机铲斗斗背摁压木桩桩顶完成打桩作业。挖掘机打桩时，首先应调整挖掘机的位置，即挖掘机底盘（链轨）长轴方向对应木桩，否则，当挖掘机

图 15-4　内燃式打桩机

打桩时,距木桩较近一侧的链轨容易离地撑起。挖掘机操作手正面对应木桩,用挖掘机铲斗斗背平面擫压桩顶,随着木桩入土的深入,铲斗擫压重心发生位移,挖掘机操作手要不停地调整铲斗重心位置。调整铲斗重心的方法基本上有不间断擫压和间断擫压两种。第一种是不间断擫压,随着木桩入土的不断进深,向前或向后、向左或向右微动大臂及铲斗,使铲斗重心垂直于木桩,直至擫压到满足要求。第二种是间断擫压,即挖掘机铲斗擫压木桩时,木桩入土每进桩 10 ~ 30 cm,抬起铲斗再重新反复擫压,直到木桩擫压达到标准。第一种打桩方法技术难度高,操作难度大,但打桩速度快、效率高。第二种打桩方法技术难度低,操作难度相对较小。

打桩时,要有 1 人指挥,1 人扶桩,操作手通过铲斗底平面与桩顶平面接触,并施加垂直作用力,促使木桩向下发生位移。

挖掘机打桩一般适用于坝顶或坝坡,不适用于水中进占埽面打桩(长臂挖掘机除外),挖掘机埽面打桩操作不当易发生断桩或劈桩见图 15-5,若采用长臂挖掘机实施埽面打桩作业,挖掘机要站在安全地带。坝面或堤顶平面上打顶桩因土质较硬,挖掘机打顶桩见图 15-6。

图 15-5　挖掘机埽体打家伙桩

图 15-6　挖掘机坝面打顶桩

二、装载机打桩

装载机打桩是利用装载机铲斗底平面擫压桩顶,并给予垂直作用力,促使木桩向坝体中发生位移而进桩(见图 15-7)。装载机打桩较挖掘机打桩难度相对大一些,因为装载机操作手看不到桩顶,只是凭感觉摁压。

图 15-7　装载机坝面打桩

打桩时,要 1 人指挥,1 人扶木桩于坝顶或堤顶,操作手将铲斗底平面与桩顶平面接触,向下摁压,直到将木桩压入土体而满足标准。

若需打桩数量较大或为保障机械打桩安全,最好先用油锤将木桩打入土体 0.2 ~ 0.3 m,然后用机械打桩,这样既能保障打桩安全,又能提高打桩效率。

装载机打桩只适用于装载机能够安全到达的坝顶或堤顶打桩,不适用于埽面打桩。

三、机械起桩

用麻绳或棕绳等绳缆,一端用活扣活拴于木桩的上部,另一端系一绳鼻,绳鼻的长度为 1 ~ 2 m,方便于向挖掘机或装载机铲斗的斗齿上钩挂,然后指挥挖掘机或装载机向上抬举铲斗而产生垂直拉力,将木桩起出。机械起桩速度快、效率高。起桩时需 1 人指挥,2 ~ 3 人拴系绳缆,并向铲斗斗齿上挂绳等,直至完成起桩任务。

第三篇　机械化抢险技术

河南黄河河务局在 20 世纪 90 年代末组建机械化专业机动抢险队伍之后,在 10 余年的抗洪抢险及工程建设实践中,紧密结合黄河险情特性,不断探索大型机械抢险、水中筑坝技术,研发了软料叉车、六角钢网编织机、挖掘机辅爪、铅丝石笼封口器等抢险新机具,研发了大型机械装抛大体积铅丝石笼技术、机械抢护柳石混杂和层柳层石技术、厢枕制作技术、机械筑埽技术以及柳石搂厢机械化进占技术,使现代大型机械与传统黄河埽工得以完美结合,全面实现了以机械抢险为主、与传统抢险技术相结合的抢险新格局,取得了巨大的社会效益和经济效益。

黄河下游各机动抢险队自 20 世纪 90 年代以来陆续配备了国内外较为先进的装载机、挖掘机、自卸车和推土机等大型抢险设备,河南黄河河务局把防汛抢险技术革新作为防汛工作的重中之重,在大型机械抢险技术方面取得了一个又一个突破。2005 年调水调沙期间,原阳马庄潜坝冲断 95 m,封丘顺河街潜坝冲断 200 m,两处工程同时出现重大险情;同年汛后开封王庵工程出现畸形河势,造成工程背河侧 430 m 联坝抢大险,河南黄河河务局没有动用大批民工参加抢险,仅用少量的亦工亦农抢险队作辅助,全部采用大型机械作业,叉车运柳、机械化做埽、机械化装抛石笼、封口器封口等一系列机械抢险新技术,密切配合各个抢险环节,大幅度地提高抢险速度;分解扩大机械化作业场面,解决了场地狭小的问题;大体积抛投提高抢险强度和减少料物损失;加强了人机配合,充分发挥了大型机械作用,全面提高了抢险效率,解决了传统抢险人海战术的问题和应急水中埽工筑坝速度慢的难题,使广大沿黄群众从高强度抢险中解脱出来,不再为抢险所累,充分体现了"科学发展观"和"以人为本"的思想理念,更好地促进健康和谐社会的发展。

大型机械在黄河防洪抢险技术中的应用研究 2006 年获得水利部科学进步大禹奖三等奖,其辅爪、软料叉车等配套设备也分别获得了黄委和河南黄河河务局科技进步奖、创新成果奖。

第十六章　抢险辅助设备的研制与应用

防汛抢险是一项高强度的劳动,常常需要付出大量的人力、物力。如何使抢险达到及时高效又节省劳动力就成了人们努力研究的方向。防汛抢险机具与设备是防汛抢险取得成功的物质条件之一。抢险工具设备完善且易于操作,才能使抢险达到事半功倍、化险为夷的目的。近年来,快速、高效的新型抢险设备备受人们青睐,为实现高效、快速抢险起到了巨大的推动作用,达到了提高效率、节省投资、减轻劳动强度的目的。

第一节　软料叉车

一、软料叉车的研制

(一)简易软料叉车

2000 年巩义河务局在续建神堤控导工程 24 坝、27 坝、28 坝施工时,恰逢雨季,施工道路难以通行,料物运送十分困难,特别是软料的运送能力差,严重影响了水中进占施工速度,甚至导致工程施工一度陷于停顿状态。为此,该局王相武同志提出改造装载机铲斗,安装叉齿的措施,实现机械化运送软料,保证了工程施工进度,第一次完成了简易软料叉车的研制与应用。

第一次叉车改造的具体做法为:在装载机铲斗底面中后位置钻三个距离相等的圆孔,将两根 140 mm×58 mm×6 mm、长 2 m 的槽钢对焊在一起作为一根叉齿,共加工三组叉齿,在每根叉齿的后端钻一个直径 12 mm 的圆孔,加工三个套环焊接在每个槽钢的中间,并将其套在铲斗的铲齿上。用三个 10 mm×30 mm 的螺栓将槽钢固定在事先钻好的圆孔上(见图 16-1、图 16-2),三组槽钢起到了延长装载机铲齿的作用,铲运软料一次可达1 000多 kg,铲卸料物迅速快捷,如需要使用装载机调运石料、土方,可卸下三条固定螺栓,将槽钢去掉即可。拆装非常方便,并且不受雨雪天气路况不好的影响。

使用改进后的软料叉车,软料进埽效率大大改观,由原来一道坝一个工作日需要 100人供应软料进埽,到只需一台加长叉齿的装载机就能够轻松承担、连续运转,并且克服了阴雨天气、泥泞道路等客观条件的限制,既提高了软料进埽效率,加快了抢险、施工进度,又减轻了人工劳动强度(见图 16-3、图 16-4)。

(二)改进型软料叉车

2004 年河南黄河河务局与孟津黄河河务局合作,进行了第二次叉车改造。在保证原装载机动力装置、车架、行走装置、传动系统、转向系统、制动系统、液压系统和工作装置等不变的情况下,将装载机的铲斗部分全部拆下,换成适合防汛抢险进埽用的叉具。叉具的宽度与装载机的两轮之间的宽度相同,重 1.4 t,叉具重心至前轮中心水平距离最大时为 2m,有 4 个齿,每个齿长 3 m,底部断面为 0.04 m×0.3 m,挡板长为 3 m、高 3 m,钢材采用

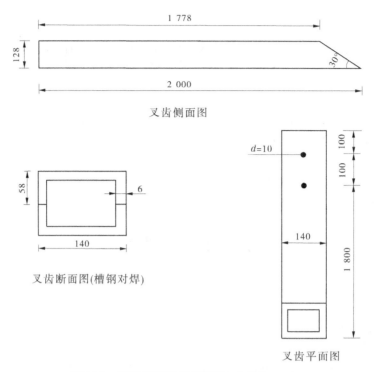

图 16-1　软料叉车叉齿构造图　（单位：mm）

图 16-2　软料叉车初步改进——安装铲齿

2 号钢（如图 16-5、图 16-6 所示）。解决了简易叉车容积较小的问题，同时由于叉齿强度有所提高、改进了叉齿形状，使得叉齿在进行叉装作业时更加轻松、流畅，叉车装载料物数量明显加大，叉齿及后挡板强度也有所提高，使用较为方便（见图 16-7）。

　　软料叉车的再改进，长垣河务局在装载机原有承载能力和操作功能的基础上研制出改进型叉车。对叉车从以下几个方面进行了改进：①叉齿拆卸方便，增加装载机的多用性；②在槽钢中焊接钢板，提高叉齿强度；③在铲斗后部安装高强度叉齿，防止软料掉落；④叉齿改进成扇形，增加叉托料物的幅面。

　　具体做法是：装载机铲斗底部内侧均匀安装三根或四根叉齿，叉齿长 1.5 m，槽钢厚

图 16-3　安装夹具、四个铲齿的叉车

图 16-4　2003 年 7 月软料叉车在防汛抢险中运料

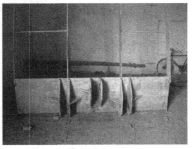

图 16-5　软料叉车的叉具侧面　　　　图 16-6　软料叉车的叉具背面

图 16-7　2004 年 5 月封丘顺河街工程中使用的软料叉车

15 mm,最外侧叉齿距铲斗侧壁距离为 20 mm;每根叉齿用三个螺栓固定,螺栓直径 30 mm,螺栓位置分别在距铲斗前沿 6 cm、17 cm、102 cm 处。铲斗上部两根叉齿长 1.5 m,槽钢厚 10 mm,分设在距铲斗侧壁 0.5 m 处,每根上叉齿设 2 个固定螺栓,螺栓位置分别在距铲斗前沿 30 cm、45 cm 处,螺栓直径 20 mm;固定螺栓时需加平垫和弹簧垫。

改进型叉车较简易叉车具有明显的优点:叉齿强度提高、长度加大,经久耐用,不变形;一次叉装量明显增加,受力更加科学,且能够叉装较大树干甚至整体树木,适用性更加广泛,见图 16-8 ~ 图 16-10。

图 16-8　改进型叉车

图 16-9　2004 年 5 月软料叉车在封丘顺河街工程中运送软料

图 16-10　2004 年 5 月软料叉车在封丘顺河街工程中筑埽运料

二、抢险专用软料叉车的研制

为提高叉车叉齿的强度和耐用性,扩大叉车的适用范围,通过对叉齿的受力进行理论计算,由河南黄河河务局和河南黄河机械厂研制成功了专用叉车,见图 16-11。

专用软料叉车的研发达到了以下机械性能和功能要求:第一,根据稳定性原则确定允许起重重量,即通过稳定性计算确定使用叉具后的最大允许起重重量;第二,根据构件承载原则确定允许起重重量,即通过计算装载机及构件在配置叉具前后承受载荷相等的原则来确定新的允许起重重量;第三,综合分析叉车作业时叉车和叉具承受的荷载情况;第四,校核叉具强度,经过校核计算,叉具的校核正应力和剪应力均满足所选材料的强度要求。

图 16-11　专用叉车

三、抢险专用软料叉车的推广应用情况

叉车运送软料技术首先在神堤工程施工中成功运用,此后,河南黄河河务局防汛办公室对该项技术提出改进意见,改进后的叉车在东坝头控导、蔡集、裴峪等多处工程的施工和抢险中加以推广。2003 年 7 月河南黄河河务局在郑州申庄险工举办防汛抢险技能竞赛时,要求每个参赛队将软料叉车作为搂厢项目的必用参赛工具,使河南黄河河务局范围内所有机动抢险队对该项技术进行了训练,能够熟练运用于实际抢险工作中,使得该机具在全局范围内得以全面推广。其主要应用情况如下:

(1)神堤控导工程 24 坝、27 坝和 28 坝进占。

在 2000 年续建的神堤控导工程 24 坝、27 坝和 28 坝进占施工中,运送柳料距离约 80 m,100 名人工,日送柳料 3.84 万 kg;采用一台叉车运送柳料时,一个工作日可送柳料 14.4 万 kg,其效率是 100 名人工的 3.75 倍。大大加快了施工进占速度,对实现工程如期完工发挥了决定性作用。

(2)东坝头控导工程 11 坝进占。

2003 年 4 月,东坝头控导工程 11 坝进占施工中,柳料场距进占位置约 250 m,在运用软料叉车之前,投入人工 200 名运送柳料,日送柳料 6.4 万 kg;而采用叉车之后,日送柳料 17.28 万 kg,其送柳效率为 200 名人工送柳的 2.7 倍。工程施工速度明显加快,对工程的如期完工发挥了重要作用。

(3)顺河街工程 13 坝进占。

直接采用叉车运送柳料,自 5 月 14 日起至 25 日止,共计运送柳料 78.98 万 kg。特别是在 21 日做厢埽时,仅一部叉车供应柳料,运距为 80~120 m,24.45 万 kg 柳料在 6 h 之内运送完毕,其效率相当惊人。

(4)禅房搂厢竞赛。

在 2003 年 6 月,新乡黄河河务局在禅房举行防汛抢险技能竞赛时,每个参赛队搂厢所用柳料 8 000 kg,从 250 m 之外全部运至搂厢现场,平均运送时间在 10 min 内,大大提高了搂厢效率。

(5)申庄搂厢竞赛。

在 2003 年 7 月,河南黄河河务局在郑州申庄险工举行防汛抢险技能竞赛,每个参赛队搂厢所用柳料 10 000 kg,从 200 m 之外全部运至搂厢现场,平均运送时间在 10 min 内,

为快速搂厢提供了保障。

从表 16-1、表 16-2 统计情况可以看出,神堤工程在利用改进后的软料叉车运送软料速度是 100 名人工运送软料速度的 3.75 倍,而人工投资是软料叉车的 1.43 倍;东坝头控导工程在利用改进后的软料叉车运送软料速度是 200 名人工运送软料速度的 2.7 倍,而人工投资是软料叉车的 1.43 倍。软料叉车的效率是明显的,同时叉车受天气、道路状况影响较小,可以连续作业,完全符合抢险实战时对机械设备的性能要求。

表 16-1　　神堤和东坝头控导两处工程人工、叉车运送柳料情况比较

地点	运送距离（m）	人工（工日）	叉车（台班）	叉车类型	时间（h）	运送量		投资		说明
						万 kg	叉车/人工	元	人工/叉车	
神堤	80	100			8.00	3.84	3.75	2 088.00	1.43	道路正常
			1.00	叉齿	8.00	14.40		1 457.92		道路泥泞
东坝头控导	250	200			8.00	6.40	2.70	2 088.00	1.43	道路正常
			1.00	叉齿	8.00	17.28		1 457.92		道路正常

注:人工单价 20.88 元/工日,装载机 182.24 元/台时。

表 16-2　　各工程人工、叉车运送柳料情况统计

地点	运送距离(m)	人工（工日）	叉车（台班）	叉车类型	时间（h）	运送量（万 kg）	投资（元）	说明
神堤	80	100			8.00	3.84	2 088.00	道路正常
			1.00	叉齿	8.00	14.40	1 457.92	道路泥泞
东坝头控导	250	200			8.00	6.40	2 088.00	道路正常
			1.00	叉齿	8.00	17.28	1 457.92	道路正常
顺河街	80 ~ 120	0.75		叉具	6.00	24.45	1 093.44	道路正常
禅房	250	0.03		叉具	0.20	0.80	36.45	道路正常
申庄	200	0.03		叉齿	0.20	1.00	36.45	道路正常

注:人工单价 20.88 元/工日,装载机 182.24 元/台时。

四、各种叉车的利弊及应用条件

(一)简易叉具

简易叉具装卸方便,投资小,且便于储藏,任何一部装载机急需时只需打几个孔,叉齿一装就可作软料叉车使用;缺点是效率相对较低。适宜储备,以应急需。

(二)改装叉斗

改装叉斗使用灵活,叉装料物效率较高;缺点是安装、储藏不方便。适用于较大险情抢护使用。

（三）专用软料叉车

专用软料叉车使用效率高,适应于重大险情时使用;缺点是安装、储藏不方便。

该成果荣获黄委创新成果二等奖。

第二节　铅丝石笼封口器具

一、铅丝石笼封口器研发与改进过程

在黄河防洪工程以及其他江河防汛抢险和根石加固中,抛投铅丝石笼最为常见。铅丝石笼最主要的材料就是石料和铅丝网片,要想快速有效地抢险护根,就必须用大量的铅丝网片,并进行封口。在以往的防汛抢险和根石加固过程中,铅丝石笼的封口为全手工作业,存在封口速度慢、劳动强度大、封口质量低、抛投时封口易开裂,以及长时间、高强度手工作业易对人手造成损伤等问题。

在实现铅丝石笼的机械化装、抛之后,手工封口的速度、质量明显影响了装填速度和抛投效果。特别是在重大险情的抢护过程中,在自卸汽车上人工封口,作业更不方便,为此研发机械封口器十分必要。

为解决此问题,长垣黄河河务局、孟州黄河河务局、博爱黄河河务局等单位通过不断摸索,使该项技术从设想到蓝图、从粗糙到精致、从试验到应用,经过近两年的不断改进和完善,先后研制出了三代铅丝石笼封口器。该机具多次在黄河防汛抢险实战中得以应用,取得了良好效果,为黄河防汛抢险工作发挥了重要作用。

（一）第一代封口器

第一代封口器为"对拧式封口器",是长垣黄河河务局职工杨志良同志在 2004 年 4 月研制而成的(见图 16-12)。

第一代封口器实现了铅丝石笼由人工封口向机械封口的转变,但是还存在卡口小、转速快、不易控制等问题,需要人工和辅助工具协助将铅丝收在一起才能进行封口。封口器电源采用装载机机载电源,装载机本身电源为 24 V,为了方便封口器的电源需要,在电路上配装逆变器,把电压升为 220 V。在封口时可插入电源插座,封好时拔出。

图 16-12　第一代封口器

（二）第二代封口器

第二代封口器是 QLFK 型铅丝石笼封口器,又叫"L"型封口器,由孟州黄河河务局与河南黄河河务局于2004年8月在第一代封口器的基础上合作研制而成。第二代封口器将前端卡口改为开口较大的"L"型,在没有辅助工具的情况下,就能将铅丝收在一起拧转封口(见图16-13),具有质量轻、体积小、结构合理、便于随身携带、维修方便、封口速度快等特点。QLFK型铅丝石笼封口器每打一个结需3~5 s,其效率是人工封口的30倍,曾在孟州黄河防汛抢险中应用。

图 16-13　第二代封口器

第二代封口器虽然卡丝性能提高了,但是由于转速较高,控制不好,易将$12^{#}$铅丝拧断,或者虽然不断,在抛投时易断丝,影响了铅丝石笼的抛投效果,同时拧$8^{#}$铅丝力量又不足,不适用于$8^{#}$铅丝网片。

(三)第三代封口器

第三代封口器是长垣黄河河务局与河南黄河河务局,在保持第二代封口器外观的情况下,对第二代封口器进行技术改进完成的(见图16-14)。研究改变了封口器本身电机性能,将1 100 kW功率的电机加大至2 000 kW,同时,将旋转速度降低50%~70%,拧转力量加大,而封口时间并不延长,便于进行操作控制,既不使$12^{#}$断裂,又能轻易将$8^{#}$铅丝拧转。第三代封口器具有低转速、大扭矩、封口效果易控制的优点。

图 16-14　第三代封口器应用

(四)手动快速封口器

手动快速封口器是长垣黄河河务局在研制第三代铅丝石笼封口器的同时,为解决阴雨天气使用电器设备存在安全隐患和缺乏电源等恶劣条件下铅丝石笼封口的问题,在原有铅丝石笼封口技术的基础上进一步研制成功的。

手动快速封口技术采用机具手柄长 20 cm,旋转半径 20 cm,拧封最小旋转角度 5°,最大旋转角度 360°,手柄收合角度 90°,主动轴适宜长度 25 cm。该机具结构合理,在狭小空间内可 360°任意旋转作业,且在铅丝封口拧死时,可顺利脱钩,在铅丝石笼网片装石饱和的情况下拧封效果显著,拧封节点牢固不易开口;安装的顺逆开关有效地解决了网丝绕缠意外脱钩难的问题;采用不锈钢材质,具有较高的强度和硬度;手柄有一定的长度,有效地增加了扭矩,增加了在拧封作业过程中作业人员的安全性(见图 16-15)。

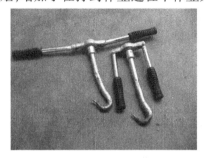

图 16-15 手动快速封口器

二、封口器具的推广应用

经过三代封口器的研发和改进,封口器的技术性能逐步完善,封口技术已趋成熟,形成了系列封口器产品,能够适应多种条件下的铅丝石笼封口作业,该机具已在河南黄河河务局范围内进行了推广和应用。

2004 年调水调沙期,长垣黄河河务局将封口器应用于防洪工程抢险中,发挥了很大的作用。在抢险中,2～3 人即可在短时间内完成整个铅丝石笼封口全部操作,具有操作方便,封口速度快,效率高,封口牢固等优点。

2004 年主汛期,孟州黄河河务局采用第二代封口器在开仪工程较大险情抢险期间,发挥了快速封口的作用。

2005 年,第三代封口器在河南黄河河务局全面推广,调水调沙期间,对工程险情抢护发挥了巨大作用。

该器具荣获 2005～2006 年河南黄河河务局创新成果一等奖、黄委创新成果三等奖。

三、铅丝石笼封口器具的使用范围

(一)铅丝笼封口器

它最后的定型产品为长垣黄河河务局研制的第三代成型机,该机已被水利部科技推广中心列入国家重点新产品推广应用项目,使用于各抢险现场。不足之处在于阴雨天气使用时应注意用电安全。

(二)手动新型封口器

它是电动封口器的辅助产品,在没有电源的情况下,或阴雨天抢险为保证安全作业,使用手动封口器。因此,手动新型封口器在防汛抢险中也是必备的工具。

第十七章　机械抛铅丝石笼抢险技术

第一节　机械抛铅丝石笼抢险技术研发过程

一、机械装抛铅丝石笼抢险技术研发背景

根据 2002～2004 年黄河小浪底水库调水调沙试验情况,黄河下游即使发生中小洪水,河道整治工程都可能出现非常危急的抗洪抢险局面。虽然抢险机械可以有效提高抛散石抢险的速度,但在大溜顶冲、工程基础较浅造成大体积出险时,单靠抛散石,极易形成根石严重冲失,抢不胜抢的险恶形势。如 2003 年受华西秋雨影响,黄河下游 2 500～3 000 m³/s 流量洪水历时 80 余 d,原阳大张庄 11 坝受大溜顶冲,出险长度 30 m,采取抛散石的抢险方法,即将完成约 1 700 m³ 的抛石量时,突然所抛根石瞬间不见踪影;同年封丘顺河街工程 14 坝、16 坝抢大险,14 坝单坝用石量 3 244 m³,16 坝用石量 6 430 m³;开封王庵工程 –11 坝抢险单坝用石 4 933 m³,–10 坝抢险单坝用石 3 842 m³。若加上各工程建设时的用石量,单坝用石量最多达到 1 万余 m³。再如,赵口下延控导工程 5～8 坝自工程建成至今,遭遇最大洪水仅为 4 610 m³/s,抢险用石量为 23 262 m³,工程建设和历年根石加固用石量分别为 13 770 m³ 和 19 371 m³,4 道坝总用石量为 56 403 m³,单坝平均用石量多达 14 100 m³。此类抢险实例,虽然工程平安脱险,但是抢险费用高。主要原因都是抢险方法单一,仅靠自卸车抛散石。由于工程出险部位往往承受较大流速,水流冲刷能力较强,单块石料抗冲能力相对薄弱。在抢险时,必须考虑防止根石走失的措施,采用大型机械设备快速、高效地抛投铅丝石笼,从而减少石料消耗、提高抢险效率。为此,河南黄河河务局防汛办公室拟定出人机配合装、封、抛铅丝石笼,机械化科学抢险的新途径,通过在封丘顺河街工程水中进占筑坝试验,取得圆满成功,既能保护根石,又能满足快速抢险要求。

二、机械抛铅丝石笼抢险技术研发过程

2003 年,王庵、蔡集等工程抢险初期采用抛散石的抢险方案,用完工程附近全部石料,造成抢险石料供应紧张的局面。此时,成功实践和运用大型机械抛石笼技术,减少了石料消耗,使有限石料发挥出最大效益,有效减少险情抢护费用,并使此项技术趋于成熟。装载机挂网装抛铅丝石笼技术主要研发人为长垣黄河河务局职工杨志良。

(一)水中进占筑坝施工自卸汽车装抛铅丝石笼试验

1.试验工艺

试验工艺流程主要包括网片加工、人工铺放车身网片、挖掘机装笼、封口器机械封口、自卸汽车运输并抛投石笼等环节。

网片规格:试验用两种网片,一种网片的网纲和网格采用同一规格铅丝,均为8#铅丝编织;另一种网片按现行规格,网纲为8#铅丝、网格为12#铅丝编织。网片尺寸根据自卸车车厢大小拟定。

将加工好的一张网片平铺于自卸车车厢底部,网片四翼展开在车厢外部。用挖掘机将块石装于车厢内网片上,当装石接近于车厢体积80%时,将四翼网片收起,用电动封口器进行封口,在石笼上拴一长约20 m的麻绳,以测网笼入水后的位置、状态。抛投时在紧靠大溜的位置进占,将装有石笼的自卸车停至预抛位置,自卸车车厢缓缓升起,石笼从车厢内滑出顺坝坡滚入水中(见图17-1)。

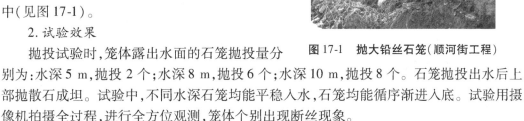

图17-1　抛大铅丝石笼(顺河街工程)

2.试验效果

抛投试验时,笼体露出水面的石笼抛投量分别为:水深5 m,抛投2个;水深8 m,抛投6个;水深10 m,抛投8个。石笼抛投出水后上部抛散石成坦。试验中,不同水深石笼均能平稳入水,石笼均能循序渐进入底。试验用摄像机拍摄全过程,进行全方位观测,笼体个别出现断丝现象。

3.试验结果分析

(1)该项试验在大溜顶冲的工程部位,采用人工与挖掘机和自卸车抛投大铅丝石笼安全可行,试验圆满成功。

(2)该工艺极大发挥了大型机械的高效性,在实际运用中操作简便易行。仅仅在石笼抛投不到位,需用推土机推进时,对其操作手有熟练技术要求。

(3)石笼体积可从5 m³增大到10 m³左右,具有大体积、速度快、抗冲能力强的优点,在实际抢险的关键位置抛投效果极佳。

(4)机械装抛大铅丝石笼解决了大溜顶冲时,抛散石根石容易走失的问题。与传统人工抛笼作业相比较,优势为工料造价低廉,将人工搬石、装推石笼的作业改变为人工铺放网片和捆扎封口,有效减轻员工的劳动强度。

(5)石笼采用机械封口,提高封口速度和笼体牢固程度,抛投质量更可靠。

(二)工程抢险中挖掘机装抛铅丝石笼试验

1.试验工艺

试验工艺流程主要包括网片加工、人工就地铺网片、挖掘机自装笼、封口器机械封口、挖掘机自抓抛笼等环节。

将8#、12#铅丝加工成为3 m×4 m、4 m×4 m两种尺寸的网片,分别用来装抛1 m³、2 m³的石料。将网片在装笼场地上拉展平铺,挖掘机就近将石料装于网片上,在装笼时,若有少量的石块位置不当,由人工将其搬至恰当位置,然后封口器封口。挖掘机将装好的铅丝石笼就地挖起,抛至指定位置(见图17-2)。

2.试验效果

挖掘机装抛铅丝石笼试验过程中,装笼速度非常迅速,可根据抛投位置调整挖掘机作业臂,抛投位置准确。整个试验过程紧凑、流畅,一气呵成,铅丝网片没有发生断丝现象。

3.试验效果分析

(1)该项工艺较简单,操作简便,只需培训挖掘机操作手。

(2)该项工艺改变作业方式,解决人工搬石和推笼的重体力劳动。减轻劳动强度之后,员工在安全的位置作业,也实现了"以人为本"的试验目的。

图 17-2　挖掘机抛铅丝石笼(中牟赵口)

(3)该项试验达到了提高工作效率,节省劳力、节约投资的目的。人工装推铅丝石笼,一般情况下每个笼需要 8 个人来完成,用时约为 60 min。试验中,挖掘机装抛铅丝石笼可以一步到位,4 个人配合,每个石笼只需 5.7 min。

(三)抢险中装载机装抛铅丝石笼试验

1.试验工艺

2003 年工程抢险过程中,应用装载机装抛铅丝石笼进行了试验。试验工艺流程主要包括加工网片、人工向铲斗内铺设网片或就地铺设、自装笼、封口器封口、抛投等环节。

网片规格:试验用网片尺寸为 3.6 m×4.2 m,装石体积 3 m³,采取同人工与挖掘机配合抛投相同的方式时,也可以加工成 3 m×4 m(装石 3 m³)、4 m×4 m(装石 3 m³)的网片。

2.试验效果

通过对两种抛投方法的全程试验观测,铲斗内铺网装笼法各个作业环节均在铲斗内进行,抛投铅丝笼可一步到位,抛投效果也较理想,但速度较慢;地面铺设网片法可以同时在 3~5 个位置铺放网片,2~3 人一组,装载机可以满负荷运转,装完一处再装另一处,然后各处装好后随时用封口器封口,装载机随时将其推入河中,依此循环作业,充分发挥机械的快速性能,抛投速度快。

3.试验效果分析

(1)装载机装抛铅丝石笼,工艺简单,操作简便,与挖掘机装抛铅丝石笼相比更具灵活性。

(2)自行装笼,省时、省工。

(3)以装卸机自行抛笼,代替人工推笼,笼体抛投位置较为准确、到位。

上述三种装抛石笼方法的试验效果充分表明,大型机械化抛投铅丝网笼的试验是成功的,达到了提高抢险效率、减小抢险投资的目的。2004 年黄河小浪底水库调水调沙运用期间,花园口最大流量 3 550 m³/s、最小流量 2 600 m³/s 持续 11 d,河势大溜顶冲顺河街工程 13 坝,经探摸,该坝所抛大铅丝石笼均安然无恙。充分证明大铅丝石笼的防冲能力和效果极佳。

三、机械抛铅丝石笼抢险技术在防汛抢险中的应用及其效益

(一)在 2003 年蔡集工程抢险中的应用情况

2003 年 9 月 18 日至 10 月 15 日蔡集工程上首生产堤决口抢险期间,抢险人员按照抢险方案,对受冲严重的 33 坝、34 坝、35 坝,采用大型机械设备抛铅丝石笼、柳石枕和散石相结合的方法,在迎水面至上跨角抛铅丝石笼形成稳定的石笼墩,以稳定坝垛,并不断推进;其余出险较轻的坝段采用抛散石、铅丝石笼的方法进行抢护加固,及时排除险情。同时,因为各坝段频繁出险,抢险工地出现了人少、料少、设备少的三难局面,加之天气连续降雨,道路泥泞难行,抢险运石只能靠着挖掘机、装载机、自卸车在泥泞中艰难地运到出险坝段,依靠人工与装载机、挖掘机配合抛笼、抛石,使有限的石料发挥最大效益,逐步稳固了坝基,险情初步得到控制,解除了"溃坝"的危险。截至 10 月 15 日,工程险情得到基本控制。在整个工程抢护过程中,共抢险 315 坝次,用石 31 600 m³,抢险次数之多,用石量之大,在黄河抢险史上实属罕见,同时也充分展示了现代大型机械设备在危、难、险、重任务面前的巨大作用。

(二)在 2006 年桃花峪、枣树沟工程抢险中的应用情况

2006 年桃花峪 4 坝、15 坝和枣树沟 10 坝分别发生较大险情。险情发生后,指挥部迅速制订出抢险方案,充分利用挖掘机、装载机、自卸车等大型机械设备,采用抛大铅丝石笼固根、抛散石护坡、土工格栅装编织袋或柳石枕护土胎等抢护方法,遏制险情发展。在险情抢护过程中,大型机械设备充分展示了其高强、高效的作业特性,使险情迅速得到控制。

此外,机械抛铅丝石笼技术还在 2007 年马庄工程、裴峪工程 15 坝、桃花峪工程 16 坝、桃花峪工程 17 坝等重大、较大险情抢护时得以广泛应用,对于快速扼制险情、控制险情发展起到了重要作用,发挥了巨大的社会效益。

(三)效益分析

根据抢险现场观测记录,在不计材料费用的情况下,将人机配合装抛大铅丝石笼与完全人工装推铅丝石笼相比较(见表 17-1):

抢险耗时,人工与装载机、自卸车配合装抛大铅丝石笼速度最快,是人工作业效率的 320 倍;其次为人工与装载机配合,效率是人工作业的 244 倍;人工与挖掘机配合是人工作业的 69 倍。

人工、机械直接费耗资,人工与装载机配合最省,人工耗资是其 3.24 倍,是人工、装载机、自卸车配合的 2.56 倍,是人工、挖掘机配合的 1.22 倍。

封口器封口速度是人工封口速度的 30 倍以上。

由此可见,无论是在抢险现场人机配合装抛大铅丝石笼,还是装抛分别在不同地点,只要尽可能地投入机械,铅丝石笼装抛效率就会大大增加,减少人工费的消耗,降低人工劳动强度。

经比较,险情或抢险条件相同时,不同抛投方式在装抛速度、装抛效果、安全角度以及适应程度方面的表现各有特点(见表 17-2),在实际抢险中可以根据现场实际情况予以选择,以获得最佳的抢险效果。

表 17-1　人工装推铅丝石笼与人机配合装、封、抛大铅丝石笼耗时与耗资比较情况

项目	投入人工	投入机械（台时）			时间（h）	体积（m³）	耗资（元）	单位体积（1m³）			
		挖掘机	装载机	自卸车				耗时		耗资	
								min	人工/机械	元	人工/机械
人工装推铅丝石笼	8				8	16	167	240	1	10.44	1
人工、挖掘机配合装抛大铅丝石笼	5	0.29			0.29	5	42.73	3.46	69	8.55	1.22
人工、装载机配合装抛大铅丝石笼	3		0.05		0.05	3	9.66	0.98	244	3.22	3.24
人工、装载机、自卸车配合装抛大铅丝石笼	5		0.1	0.1	0.10	8	32.69	0.75	320	4.09	2.56

表 17-2　各种抛投铅丝石笼方式比较

项目	速度	安全角度	装抛地点	抛投效果	其他要求
人工装推铅丝石笼	慢	不安全	就地装抛	难以到位，可能走失	块石距离较近、坡长较短较陡、道路较好
人工、挖掘机配合装抛大铅丝石笼	快	较安全	就地装抛	准确到位	块石距离较近
人工、装载机配合装抛大铅丝石笼	较快	安全	异地装抛	抛投较到位；抛投体积较大，不易走失	块石距离较远
人工、装载机、自卸车配合装抛铅丝石笼	最快	安全	异地装抛	抛投较为到位；能够抛投更大体积的铅丝石笼，对坡度稳定最好	块石距离更远、道路较好

第二节　挖掘机配合自卸车装抛铅丝石笼抢险技术

适用范围：主要用于河道整治工程根石、坦石坍塌、墩蛰、滑动等险情，铅丝石笼起到固根抗击水流冲刷的作用。

一、挖掘机配合自卸车装抛铅丝石笼作业过程

（一）加工网片

网片尺寸根据自卸车车厢大小而定，一般体积为 8 m³，最多不超过 10 m³，见图 17-3。

网片规格:由于抛投大体积石笼时铅丝的承重能力不够,易造成断丝。一般险情的抢护,网纲由8#铅丝、网格由12#铅丝编织;若遇险工抢险或堵口截流,网纲由8#铅丝、网格由10#铅丝编织。

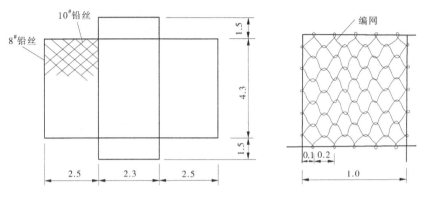

图 17-3 网片编制示意图 (单位:m)

(二)机械装笼、封口器封口

停车至料场,将一张加工好的网片平铺于自卸车车厢底部,网片四翼展开在车厢外部。用挖掘机将石料装于网片内,当装石接近车厢体积80%时,将四翼网片收起,用电动封口器进行封口。基本步骤见图17-4～图17-7。

图 17-4 将加工成型的网片上车

图 17-5 铺放网片

图 17-6 挖掘机装石

图 17-7 封口器封口

(三)抛投石笼

将装有石笼的自卸车停至预抛位置,根据指令缓缓升起车厢,石笼顺坝坡滚入水中,见图17-8。

图 17-8　抛投石笼

二、挖掘机配合自卸车抛铅丝石笼机械操作手作业过程

(一)挖掘机手操作要点

挖掘机配合自卸车抛铅丝石笼的操作过程中,挖掘机主要任务是向铺好铅丝网片的车厢内装石,同时将自卸车抛投不到位的石笼推、拨到位。因此,装石过程中应注意以下几点:①为便于操作,挖掘机应尽量站在石垛上方装石;②挖掘机在向车厢内放石时应尽量轻放,并使铲斗和车厢的距离保持适中,距离太大会使石块砸断铅丝,距离太小则会使铲斗与网片接触,造成网片破坏;③挖掘机装石及铲斗回撤时应特别注意避免接触铅丝网片;④装石时的旋转半径应保持最小,以提高装石效率;⑤装石时应使石料稍低于车厢顶面,不致造成铅丝挂住车厢;⑥装完石料后,为方便封口,挖掘机还应用铲斗将石料大致找平;⑦挖掘机推、拨石笼时应轻轻推、拨,逐渐加力,且应注意不要使斗齿挂扯铅丝。

(二)机械封口器操作要点

封口器封口操作一般需 4 人配合,车厢上 3 人进行封口操作,车下 1 人负责机具的传递及电源的管理。具体操作要点为:①网片铺到车厢上后,在装石之前,应对位于车厢前部的两个竖边进行封口;②装石作业完成后,3 名工人上车开展封口作业,一般两侧各 1 人,后部 1 人;③为保证安全,在各项准备工作完成后再将封口器连接电源;④在封口时应首先对铅丝网片的四角进行封口,然后封直边;⑤封口时应将铅丝拧紧,以保证其有足够的连接强度,同时还不应过度拧丝,防止将铅丝拧断。

(三)自卸车驾驶员抛投铅丝石笼操作要点

自卸车驾驶员应具备相应从业资格,品德高尚,服从指挥,具备一定的心理素质,沉着稳练,遇事不慌。

自卸车抛笼时的作业要点为:①要经常对自卸车的各项性能进行检查,及时维修,严禁车辆带病作业,给安全生产留下隐患;②自卸车装笼后应快速到达抢险现场,根据场地情况,选择最小转弯半径,在最短时间内倒车停在预抛笼位置;③抛石时车厢应缓缓升起,避免铅丝挂车,同时应时刻注意指挥人员口令、手势。

(四)指挥人员科学指挥

挖掘机配合自卸车装抛铅丝石笼技术需要多工种的相互配合,抢险现场指挥人员的指挥直接影响抢险效率的高低,对险情的抢护速度至关重要。现场指挥应把握要点:①指挥时应把握作业关键点,即出险现场一定要井然有序,根据现场实际情况迅速制订车辆进场、回程方案,保持交通畅通,严禁抢险现场发生交通堵塞、拥挤现象;②指挥时口令、手势简单明了,指挥抛笼位置准确;③及时清理抢险现场无关人员、车辆;④指挥员的水平高低,要看现场是否有多车排队等待,高明的指挥员会根据车辆的多少随时开辟多处抛投点。

第三节　挖掘机装抛铅丝石笼抢险技术

一、挖掘机装抛铅丝石笼作业过程

挖掘机装抛铅丝石笼抢险技术是利用挖掘机在铺好的铅丝网片内装石料,然后挖起抛投至出险地点。施工作业工艺如下。

(一)网片加工

考虑到机械挖、吊、投放石笼时对铅丝强度的要求,特加工两种规格的网片。一种是网纲和网格采用8#同一型号的铅丝,另一种是网纲为8#铅丝、网格为12#铅丝。铅丝网片的尺寸为 3 m×4 m、4 m×4 m 两种,分别用来装抛 1 m³、2 m³ 的石料。网片编织机加工网片见图17-9、图17-10。

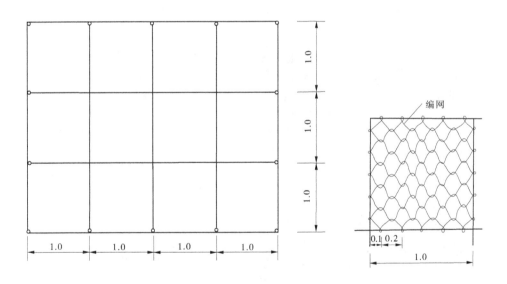

图 17-9　3 m×4 m(1 m³)网片加工尺寸示意图　(单位:m)

(二)挖掘机装笼、封口

在装笼场地上,由 4 名工人各自拉住网片一个角,将网片拉展平铺,挖掘机就近将石料装于网片上。装笼时,若有少量石块的位置不当,由人工将其搬至恰当位置,然后封口器封口(见图 17-11 ~ 图 17-13)。

在实际操作中,可以根据抢险场地情况,事先挖成一个面积 2 ~ 3 m²、深度 20 ~ 30 cm的土坑,将网片铺在坑内,挖掘机再装石料。这种方式既便于封口,又便于挖掘机挖笼(见图 17-14)。

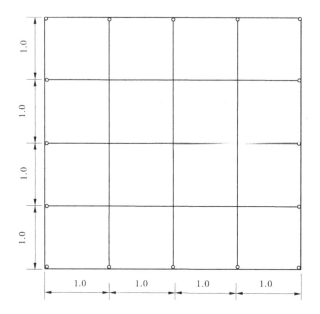
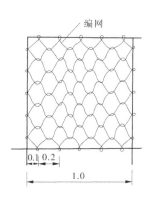

图 17-10　4 m×4 m(2 m³)网片加工尺寸示意图　(单位:m)

图 17-11　铅丝网片铺放

图 17-12　挖掘机装笼(中牟赵口)

图 17-13　封口器封口

图 17-14　挖掘机挖笼

(三)挖掘机抛笼

挖掘机将装好的铅丝石笼就地挖起,抛至指定位置(见图 17-15、图 17-16)。在将石笼挖起、抛投时,挖掘机驾驶员操作机械要缓慢、均匀,挖斗既不能挖走坑内土体,又不能将挖齿翘起,使斗齿插入石笼内。若操作不当,前者会因为每次挖去坑内土体使土坑不断扩大,造成下次抛笼困难,直至无法实施;后者虽然解决了不挖坑内土体的问题,但是它会插断铅丝,使笼体散开,失去铅丝网片包裹石料的作用。

图 17-15　挖掘机推笼　　　　　　　图 17-16　挖掘机抛笼

二、挖掘机抛铅丝石笼机械手操作要点

(一)挖掘机手装笼操作要点

挖掘机装石时,应将网片铺放在挖掘机作业半径以内,同时使挖掘机在最小回转角度情况下装石,应避免挖掘机铲斗接触铅丝网片,同时铲斗与网片的距离不宜太大,避免石块四处翻滚。在装石作业完成后,挖掘机要对网片上的石料进行大致整理,使之保持相对紧密、稳定的状态。

(二)机械封口器操作要点

封口器封口时一般 3 人组合,两人相对作业,1 人传递工具及辅助作业。具体操作要点如下:①装石作业完成后,3 名工人开始封口作业,首先将网片折叠,折叠后 1 人按住网片,另外 2 人开始封口作业;②为保证安全,在各项准备工作完成后再将封口器连接电源;③在封口时应首先对铅丝网片的四角进行封口,然后封直边;④封口时应将铅丝拧紧,以保证其有足够的连接强度,避免石块松散,同时还不应过度拧丝,防止将铅丝拧断。

(三)挖掘机抓抛作业要点

挖掘机抓抛铅丝石笼分为两种作业方式:带辅爪抓抛、不带辅爪抓抛。下面对两种作业方式的作业要点分别进行介绍。

1.带辅爪挖掘机抓抛铅丝石笼作业要点:①挖掘机类型应选用挖斗宽、抓力大的;②挖掘机与石笼的距离要适当,一般以挖掘机斗齿朝地面方向靠近石笼的位置为好;③抓起时斗齿方向始终保持向下,同时操作辅爪收紧,与铲斗共同作用将笼体抓起;④抛投时,笼体应在出险部位上方,距坝坡面 0.3~0.4 m,轻轻放斗,同时铲斗稍向前移动,辅爪向后移动,尽量做到同时松放,避免挂破石笼,石块散出;⑤当一次抛投不到位时,还应利用铲斗和辅爪推笼或拨笼,在推、拨时均应逐渐施力,避免辅爪损坏;⑥作业过程中主要克服两点,一是笼体受力滑动,二是抓笼导致笼体破裂。

2.不带辅爪挖掘机抓抛铅丝石笼作业要点:①挖掘机与石笼的距离要适当,一般以挖掘机铲斗平行于地面靠近笼体的位置为好;②抓起笼体时斗齿以 10°~20°倾斜下挖,可带少许土,以免笼体受力滑动,当笼体进入抓斗 2/3 以上时,收斗并抓起;③抛投时,笼体应在出险部位上方,距坝坡面 0.3~0.4 m,轻轻放斗,同时铲斗稍向前移动,避免挂破石笼,石块散出;④当一次抛投不到位时,还应利用铲斗推笼或拨笼,在推、拨时均应逐渐施力,不可用力过猛。

两种作业方式的区别:带辅爪挖掘机在抓挖石块时挖掘二臂是垂直角度,调整好挖掘机停滞位置,大于垂直角度时,辅爪易碰石块,辅爪受力过大会变形扭曲,影响抛石效果。当不带辅爪挖掘机挖抛石笼时,二臂角度应在120°角,铲斗张开平行于二臂。辅爪紧贴铅丝石笼边缘。用铲斗挖抛笼体时,不宜用力过猛,以免辅爪损坏。成功对准抛投位置后,调整二臂呈垂直角度,避免辅爪接地受力损坏。

(四)指挥人员科学指挥

挖掘机抓抛铅丝石笼时现场指挥的关键是现场人员的安全,主要应注意以下几点:①作业场地应满足装笼、抛投需要;②网片铺放地点应选择在石垛附近,并应尽量靠近出险部位;③应避免人、机同时作业,即挖掘机装石时封口工人应远离,人工封口时机械应停止工作;④指挥人员口令、手势应力求做到清晰、明了。

第四节　装载机装抛铅丝石笼抢险技术

装载机装抛铅丝石笼抢险技术,是利用装载机装运石料,抛投至出险地点。该技术可在装载机铲斗内铺设铅丝网片,自行装石料成笼,然后抛投;也可将铅丝网片铺设在地面上,装满石料后,由装载机运至出险地点抛投。其施工作业工艺如下。

一、加工网片

根据装载机铲斗的大小,网片尺寸定为 3.6 m×4.2 m,装石体积 3 m³,采取同人工与挖掘机配合抛投相同的方式时,也可以加工成 3 m×4 m(装石 2 m³)、4 m×4 m(装石 2.5 m³)的网片。

二、铺网片

网片铺设有两种方式:一种是由 2~3 名工人将网片直接铺放在装载机铲斗内,并尽可能使其紧贴铲斗内壁,并将部分网眼挂于铲斗铲齿上,以免在起自行装石块时发生褶皱,无法封口;另一种是将网片直接铺设在出险地点,装载机将石料装在网片上。见图 17-17、图 17-18。

图 17-17　铲斗内铺装铅丝网片　　　　图 17-18　人工地面铺放铅丝网片

三、装笼

第一种装笼方法是在石垛距抢险现场有一定距离的位置,将铺好网片的装载机贴着石垛将石料装入铲斗,尽可能地装平铲斗,然后将铲斗放平(见图17-19)。

第二种装笼方法是在抢险现场,装载机装块石于铺设好的网片上(见图17-20)。

两种装笼方法比较,前者适用于出险地点场面狭小、险情较小时,尤其是根石加固时。优点是在铲斗内直接铺网片,铲石、封口、抛投一步到位;缺点是石笼不宜装满。后者适用于出险战线长、险情较大的情况,可以同时在3~5个预抛笼位置铺放网片,2~3人一组,装载机可以满负荷运转,装完一处再装另一处,各处装好后随时用封口器封口,装载机依次将其推入河中,循环作业。其优点是人机流水作业,充分发挥机械的快速性能,抛投速度块;缺点是装载机操作手推笼时铲斗宜损坏坝肩土体。

图17-19 装载机装石   图17-20 装载机装石

四、封口

第一种封口方式是由2~3名工人手提封口器将装满石料的网片收起、封口,封口间距尽量保持规范,以免在抛投时开裂、漏石。在电源不便时,采用人工封口(见图17-21)。

第二种封口方法与挖掘机装抛铅丝石笼方法相同。

五、抛投

第一种抛投方法是装载机将封口完好的石笼运至指定的抛投地点,尽可能贴近坦坡将其抛投,以免石笼在较高位置跌落重摔,致使网笼开裂、漏石(见图17-22)。

图17-21 铅丝石笼封口作业   图17-22 装载机抛投网笼

　　第二种抛投方法是装载机铲斗紧贴地面,在铲齿接触到铅丝石笼时,进入坝面土体3~5 cm,再向前用力将已封口的石笼推入河中。在抛投时为避免铅丝与铲斗缠挂造成铅丝断裂、块石外漏,在坝面推进时应使装载机仅对石笼施加水平推力,使笼体紧贴工程坝面向前推进(见图17-23);装载机在坦石口处下翻铲斗,使笼体紧贴工程坦坡翻滚,滚落河中(见图17-24)。

　　　　图17-23　装载机推投网笼　　　　　　图17-24　装载机推投网笼

第十八章　机械化厢枕技术

厢枕是利用大型机械在自卸车车厢内装柳秸料和石料,并用绳子捆扎而成的具有抗冲刷功能的长方体柳石枕,因其制作后的形状与车厢形状相似,故名厢枕。

埽工厢枕技术是运用少量人工与软料叉车、挖掘机、自卸车等大型机械设备配合,结合传统埽工制作工艺,快速、高效地制作、抛投大体积厢枕的筑埽新技术,适用于抢险场地比较开阔、石料和软料充足的场合。该项技术首先应设立一处或多处厢枕加工区,然后将其源源不断地送到险情发生地,以解决重大险情因场地、道路等因素制约,抢护速度难以满足抢险需要的难题。

厢枕与传统埽工取材相同,保持了传统埽工的优越特性,其体积较大,在一般的水深或水流速度条件下易于施工,能够较好地适应河底条件的变化,具有较好的阻水护胎作用;其工艺简单,机械化程度高,打破了在险情现场制作的传统模式,使枕体制作场地与抛投场地分离,实现了厢枕制作的快速流水作业,为厢枕的快速抛投创造了条件,减少了人力投入,提高了抢险效率,减少了投资。

使用范围:防汛抢险,尤其是水深流急时能起到很好的抗冲护胎作用。

第一节　研发背景及应用情况

一、研发背景

黄河下游防洪工程抢险,离不开黄河埽工的运用,尤其是在较大、重大险情的处理上,宜采用推柳石枕、做柳石搂厢等传统方法抢护。由于柳秸料有一定的弹性,所以修成的整个埽体也具有一定程度的弹性,比用散抛石、铅丝石笼更能缓和水流的冲击,加之黄河洪水含沙量大,还会起到缓溜落淤的效果。用来护岸,由于其粗糙系数较大,可以减低水流的纵向流速,用来堵复决口,比用石料更容易闭气。但是,传统筑埽方式受人工、场地、料物运送等条件的限制,施工速度缓慢,往往成为现代工程施工或者抢险诸多环节中的制约因素。随着社会经济发展,黄河下游防洪工程抢险形势较过去发生了很大变化,特别是机械化专业抢险队组建以来,装载机、挖掘机、自卸车、推土机等大型机械在抢险中的应用越来越广泛,已经具备了彻底改变过去采用人海战术抢险、人员超强体力消耗、抢险效率低下等落后局面。面对沿黄地区绝大部分青壮年外出打工的社会现状,工程出险后及时组织大批青壮年劳力直接参加抢险已十分困难,迫切需要应用现代化抢险技术。

二、研究路线

研究过程中,为了掌握厢枕沉降的运动特点,依据埽体作用建立数学模型,进行了力学特性分析和数值模拟计算,同时进行了厢枕抛掷沉降的水槽概化模拟试验研究。

根据模型试验成果,结合黄河工程抢修,分别在封丘顺河街控导工程和开封王庵工程,进行了厢枕原型应用试验。2004 年在顺河街工程水中进占施工时,尝试应用的厢枕进占方案未获成功;2005 年在王庵工程施工时,进占后采用厢枕护进占方案获得圆满成功,进占速度非常之快。

三、厢枕技术在王庵工程应用情况

2004 年黄河调水调沙期间,受大溜坐弯顶冲,开封王庵工程以上滩地出现畸形河势,形成抄工程后路的危险。经过当年汛期水流的持续淘刷,工程上首畸形河势继续发展,河湾越坐越深,王庵工程及滩区群众的安全形势极其严峻(见图 18-1)。

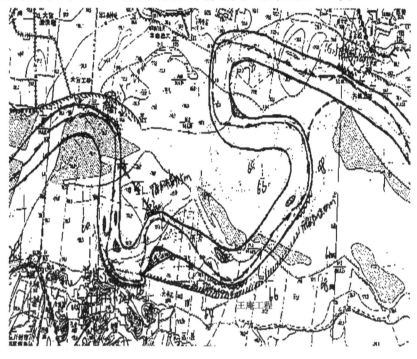

图 18-1　王庵工程河势

2005 年 5 月,国家防总、黄河防总提出了为确保调水调沙及当年度汛安全,迅速在王庵工程上首抢修应急护岸工程的要求。

河南黄河河务局根据要求,迅速制订了抢修王庵控导工程 -30 ~ -25 垛的防护方案。其中,-27 ~ -25 垛为水中进占结构(见图 18-2)。整个工程施工从 5 月 25 日下午开始,到 6 月 5 日全部竣工,共完成柳石厢枕工程量 12 491 m³,柳石搂厢进占断面图见图 18-3。

该工程由 10 余部大型机械、15 名高级技师或技师参加施工,全部实现了机械化操作,成功地实践了叉车运送柳秸料、机械制作厢枕、机械修筑传统结构埽工等多项新技术,极大地提高了施工效率。

据试验现场统计,1 台挖掘机、1 台叉车、5 台自卸车和 15 名人工以流水作业方式配合可在 15 min 内完成 18 m³(4.5 m×2 m×2 m)厢枕制作,在 8 h 内可完成 572 m³ 埽体,若人工捆抛柳石枕,300 名人工(其中 260 人拉柳运石)在 8 h 内仅能完成 100 m³ 埽体,而

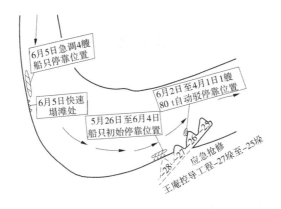

图 18-2　 −27 ～ −25 垛布置图

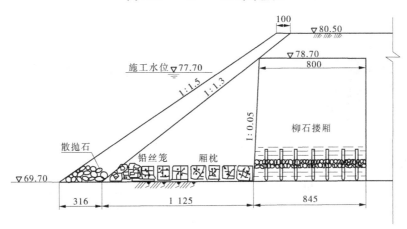

图 18-3　柳石搂厢进占断面图

人工捆抛枕的人工费是厢枕技术操作中人工和机械费用的 3.7 倍,见表 18-1。

表 18-1　厢枕制作与人工捆抛柳石枕费用及工效比较

项目	种类	单位	数量	单价	单位	合计	效率
一、人工捆抛柳石枕						5 362.24	100 m³/8 h
1. 捆抛枕人工费	工长	个	2	39.28	元/工日	78.56	
	技工	个	18	30.96	元/工日	557.28	
	民工	个	20	16.88	元/工日	337.6	
2. 运柳运石费用			260	16.88	元/工日	4 388.8	
二、厢枕制作和抛投						61 662.8	572 m³/8 h
1. 机械费用	挖掘机	台	1	1 134.8	元/台班	9 078.4	
	叉车	台	1	1 457.9	元/台班	11 663.2	
	自卸车	台	5	1 008.0	元/台班	40 332.0	
2. 人工费用	人工		15	39.28	元/工日	589.2	

注:不计材料费。

第二节　厢枕制作与抛投

一、厢枕制作基本步骤

(一)铺绳

制作厢枕首先在自卸车箱内铺绳,纵向 2 根、横向 3 根,共铺放足够长度的 5 根大绳。根据需要,还往往顺车厢四周连一圈小练子绳,一是用来防厢枕漏石,二是厢枕结构需要,使厢枕埽体更紧密,闭气效果更佳,见图18-4。

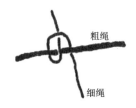

图 18-4　纵横绳连接

(二)填料并捆绳

一般是用带辅爪挖掘机上底坯软料,挖斗将中间部位摁压、拨开成凹状,填腹石 3 ~ 4 斗,上顶坯软料,用挖斗摁压顶坯软料并扫边,人工用小斧粗修边,将纵横铺底绳收回并捆紧,见图18-5 ~ 图18-7。

图 18-5　填料

图 18-6　摁压整理

图 18-7 捆绳

（三）出留绳

每个厢枕出留绳 2～3 根，一般情况下留绳多直接拴系在厢枕上面捆枕绳交结处。在水深溜急等情况下，根据实际需要，也可在厢枕内设鸡爪或羊角桩出留绳，见图 18-8。

图 18-8 出留绳

（四）设置根桩

厢枕制作完成后，自卸车运至抛放部位，在抛放位置适当设置根桩（见图 18-9）。厢枕用于一般固根时，上下游各设一棵根桩（见图 18-9）。用于护埽时，埽体上口设两棵根桩，下口设一棵根桩，将厢枕留绳分别拴系在根桩上，然后自卸车卸放厢枕，见图 18-10。

（五）厢枕入水

自卸车在大溜顶冲河段抛厢枕时，由于厢枕体积较大，一般不宜直接将厢枕卸放在急溜中，主要是防止厢枕入溜在还没有贴到坡面时，因受到水流较大冲击力而将留绳拉断。最好是将厢枕卸放在水面之上岸边部位，再用挖掘机将厢枕推拨到准确位置入水（见图 18-11～图 18-13）。

图 18-9 根桩设置

（六）整理厢枕

厢枕入水半漂浮，用挖掘机将其搂回岸边，拍打、摁压、整形，使其紧贴坡面，停放在准确位置（见图 18-14）。自卸车卸放厢枕、挖掘机整理厢枕位置的整个现场作业快速、协调。

（七）松放、拴系留绳

自卸车卸放、挖掘机整理厢枕位置时，要根据厢枕的入水情况松放、拴系留绳，使留绳

图 18-10　自卸车放料

图 18-11　料物岸边堆放　　　　　　图 18-12　挖掘机推拨厢枕

图 18-13　厢枕入水　　　　　　图 18-14　整理厢枕

起到牵系厢枕不被水流冲走、固定在准确位置不偏离的作用,见图 18-15。

（八）逐个厢枕叠压固根

同一部位第二个厢枕压在第一个厢枕上,同样用挖掘机推拨摁压厢枕,同时松放、拴系留绳。受到第二个厢枕重压而完全入水下沉的第一个厢枕,其留绳需不断松放。根据水深情况依次投压第三、第四个厢枕,直至最下边也就是第一个厢枕着河底,最后一个厢枕露出水面,则厢枕

图 18-15　送放、拴系留绳

到家,留绳系牢,一个部位的厢枕固根即告完成,见图 18-16。

一般水深 3 m 推放一个厢枕即可,水深 3～5 m 需要推放 2 个厢枕,水深 6～8 m 需要

推放 3~4 个厢枕,水深达到 10 m 时需要推放 5 个厢枕。

图 18-16　厢枕叠压

(九)软柳散填盖顶

厢枕固根完成后,需在最上部厢枕的顶面及其与相邻厢枕之间的间隙部位用叉车散填软料,然后用挖掘机、装载机抛石或者自卸车直接卸石压软料,在厢枕体外实施抛石、抛

笼墩固根(见图 18-17)。散填软料起到保护厢枕捆枕绳和留绳在抛石固根时不被砸坏的作用。

二、厢枕抛投注意事项

(1)厢枕漏石问题。如果厢枕制作、捆绑的质量不够好,在自卸车卸放厢枕、挖掘机整理厢枕位置时,会有漏石现象。

(2)一般漏石及枕体不能捆紧现象对厢枕固根作用的发挥影响不大。如果是较严重的

图 18-17　散石压料

漏石,将造成厢枕漂浮。此时,采用挖掘机抓抛 1~3 铲斗散石或 1 个铅丝石笼,放至厢枕上边压重即可。

厢枕体积主要取决于自卸车车厢的大小,利用一般大型自卸车制作单个厢枕体积约为 18 m³(4.5 m×2.3 m×1.8 m)。厢枕体积大,有一定的柔性,可变形,护胎固根作用极佳。

三、改进措施

用挖掘机装软料制作厢枕时,软料折断、缠绞比较严重,且很难满斗。底坯料至少需要 5 满斗才能装够,一般需要装 6~8 斗。挖掘机装软料制作厢枕远不如装载机装软料快捷便利,但挖掘机能很方便地摊拨、摁压、整埋软料,装载机等其他机械则做不到,见图 18-18。挖掘机给厢枕填块石,每个仅需要装 3 满斗,一般装 3~4 斗即可,较方便快捷。

图 18-18 厢枕运、卸

为了充分发挥挖掘机的作业优势和效率,弥补挖掘机装软料时抓料难、抓料少的不足之处,孟津河务局职工武铁生提出了研发配套辅爪设备,并最终研发成功,彻底解决了该问题,应用效果良好(见图 18-19)。原来单靠挖掘机挖斗需 6~8 斗才能完成的底坯软料装车作业,使用辅爪后仅需 2~3 斗即可完成,在竞赛时熟练机械手一斗就可完成底坯软料装车作业,见图 18-19。

图 18-19 装厢枕

制作厢枕也可用铅丝替代麻绳,用铅丝制作厢枕更为密实,采用铅丝网片制作的厢枕也称为"龙埽"。

第三节 机械化厢枕操作要领

机械化厢枕操作要领如下:

(1)铺绳要领:铺绳应均匀,绳子长度应足够,如长度不够应及时接绳,根据需要,顺车厢四周在车厢中部捆练子绳,一是用来防厢枕漏石,二是结构需要。

(2)装柳秸料要领:装料前应首先将柳秸料理顺,以便于装厢,装厢时应遵循先两端、后中间的原则,并搋压密实,防止漏石。

(3)装块石要领:底坯软料装完后,用挖斗将中间部位搋压、拨开成凹状,拨开柳料时轻轻拨开即可,同时还应保证装石部位下面有足够厚度的柳料,随后填腹石 3~4 斗。

(4)封顶要领:上顶坯软料时一定要将石料盖严,上完顶坯软料后用挖斗搋压密实并扫边,人工用小斧修边。

（5）捆厢枕要领：将纵横铺底绳收回并捆紧，同时应采取措施防止捆枕绳挂车，影响卸车效果。

（6）抛投要领：抛投厢枕时应指挥到位，一般自卸车先将厢枕卸至岸边，再由挖掘机整理厢枕位置，自卸车卸车时应保持车厢匀速缓慢升起，挖掘机整理厢枕时用力应均匀，逐步施力，且不可用力过猛导致块石外漏。

（7）松紧留绳固根要领：松留绳时应使厢枕缓慢、均匀下沉，直至厢枕到家，厢枕到家后拴紧留绳，使留绳起到牵系厢枕不被水流冲走、固定在准确位置不偏离的作用。

（8）厢枕外观及各结点拴系如下图所示：厢枕外观示意图见图 18-20，厢枕布绳及各节点连接拴系方法见图 18-21 至图 18-26。

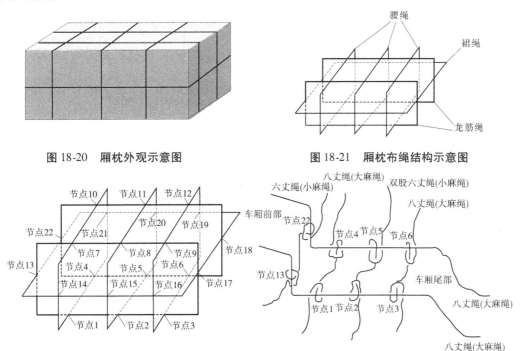

图 18-20　厢枕外观示意图　　　　　图 18-21　厢枕布绳结构示意图

图 18-22　节点分布示意图　　　　图 18-23　节点 6、13、22 连接方法示意图

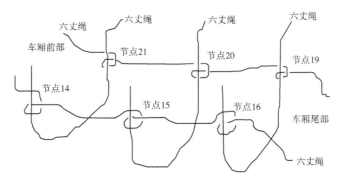

图 18-24　节点 14 ~ 16、19 ~ 21 连接方法示意图

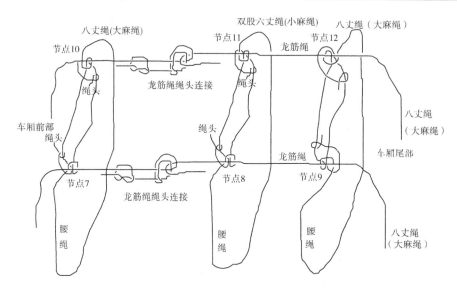

图 18-25　节点 7～12 连接及龙筋绳绳头连接方法示意图

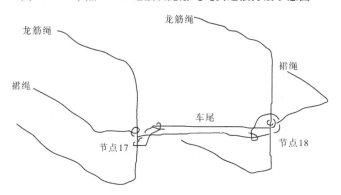

图 18-26　节点 17、18 连接方法示意图

第四节　机械化埽枕（柳石枕）制作方法

近年来,河南黄河河务局防办人员利用大型机械设备和传统人工捆抛柳石枕制作工艺,经过抢险实践,完成了机械化捆抛柳石枕(体积大、单个柳石枕内用有家伙、抛投于出险部位可以独立成埽,故也称"埽枕")的技术研究,并在封丘工程抢险及郑州中牟韦滩、濮阳焦集、武陟嘉应观滩岸防护中得到很好的推广应用。机械化制作埽枕(柳石枕)的主要设备有辅爪挖掘机或软料叉车及装载机等,下面介绍几种使用不同机械设备捆抛柳石枕的方法。

一、辅爪挖掘机捆抛埽枕（柳石枕）

在工程险情或滩岸防护险情不大,抛投柳石枕不多的情况下,可采用辅爪装抛柳石枕。首先在出险现场备足柳秸料、石料或土袋(编织袋装土替代石料)、麻绳(或铅丝)、木桩等捆枕用材料及工器具。操作人员 3～5 人,主要辅爪铺设捆枕绳、拴系留绳等作业。

机械化捆抛柳石枕的长度一般为3~6 m,直径1.0~1.5 m,如果枕再长了、直径再粗了,辅爪挖掘机抛投柳石枕就困难多了,但也可完成捆抛柳石枕作业,即利用挖掘机用铲斗斗背先推柳石枕两端至岸边沿,再推中间使柳石枕滚落入水,这样操作会影响机械捆抛柳石枕效率,一般不建议采用。其操作步骤操作方法如下:

(1)场地整理及削坡。按照出险长度或要抛投柳石枕的长度,大致整平,并对陡坎进行削坡,便于柳石枕滚落入水。

(2)铺捆枕绳、束腰绳。按照柳石枕长度铺放捆枕绳,柳石枕两端各留0.5 m铺放捆枕绳,同时铺放束腰绳(也可用别棍代替,其作用主要是固定穿心绳,即留绳),其余各捆枕绳间距1.0 m左右,束腰绳每隔2根捆枕绳。

(3)铺底坯柳秸料。利用辅爪挖掘机抓柳秸料铺放于捆枕绳中间(便于捆枕),底坯柳秸料的铺设厚度为0.5~0.8 m(压实厚度),一般按照柳石枕的直径铺设一半的厚度及宽度。

(4)铺放穿心绳(留绳)、系束腰绳或别棍。穿心绳根据流速情况、柳石枕的大小、柳石体积比的多少等确定穿心绳用单根大麻绳或双根大麻绳,一般在水深溜急、柳石枕体积大重量足的情况下,用双根大麻绳。穿心绳铺设完成后,拴系束腰绳(或用十字别棍代替,枕的两端、中间系十字别棍,若枕体积较大,也可用鸡爪或羊角代替)。

(5)打顶桩。用辅爪挖掘机在柳石枕的两端分别打1.5 m木桩2根,用于拴系柳石枕留绳。

(6)填块石。用辅爪挖掘机向底坯柳秸料中间填放石料(土袋),底宽及高按0.5~0.8 m圆柱体掌握,一般柳石体积比为1:0.25,但也可根据柳石枕的用途确定柳石体积比的大小,如浮枕搂厢或防风浪用,枕内也可不填石料(空枕),如水中进占大溜顶冲或工程抢险固根抗冲,应加大柳石枕用石料数量。

(7)铺顶坯柳秸料。辅爪挖掘机抓柳秸料盖压石料,厚度掌握0.5~0.8 m,如局部漏石可用人工协助盖压,但注意人机配合及安全。

(8)捆枕。将捆枕绳收起,枕外侧人员(打柳秸料人员)上到柳石枕顶部系绳(枕大、人在下边够不到),柳石枕内侧人员用力并叫号将捆枕绳刹紧用五子扣系牢。

(9)抛投及拴系留绳。在抛投柳石枕时,用辅爪挖掘机抓柳石枕的中间部位将枕抓(殴)起,抛投于出险部位。若柳石枕较长,可用挖掘机铲斗斗背向前拨滚柳石枕至边沿,然后拨枕中间向前将柳石枕(两端可用人工协助)推抛于出险部位。

在机械推抛柳石枕的同时,2人负责拴系留绳。留绳的拴系方法是:先将绳缆预留一定长度,并绕柳石枕外侧(防止柳石枕卷压留绳)活拴于顶桩上,一边看柳石枕滚落入水状况,一边松放留绳,待柳石枕入水缓慢蛰实后,将留绳用琵琶扣拴系于顶桩上。

辅爪挖掘机装抛柳石枕只适用于本坝抛投,且柳秸料、石料均在工程出险部位附近30 m范围内备料的情况下进行。

二、软料叉车配合装载机捆抛柳石枕

软料叉车配合装载机捆抛柳石枕操作步骤及方法同辅爪挖掘机,但在捆抛柳石枕过程中,底坯和顶坯铺柳秸料采用软料叉车铺料(见图18-27),较辅爪挖掘机速度快、效率高,且能够远距离调匀柳秸料。装载机往柳石枕内填石料(见图18-28)时也比辅爪挖掘机填石料速度快、效率高。在抛投柳石枕方面,软料叉车可以直接端着柳石枕远距离运至工程出险部位抛投,速度快、效率高。软料叉车配合装载机捆抛柳石枕,既适用于出险现场捆抛柳石枕,也适用于出险场地外制作(如其他坝垛)柳石枕,而后软料叉车运柳石枕至出险部位抛投(见图18-29)。

图18-27　软料叉车铺放底坯柳秸料　　　图18-28　柳石枕内填石料

软料叉车配合装载机捆抛柳石枕因速度快、效率高,一般应安排8～10人用于铺绳、捆枕(见图18-30)、拴系留绳等作业。

软料叉车配合装载机捆抛柳石枕适用于工程较大以上险情,捆抛柳石枕较多,且需要调匀柳秸料等情况下进行,较辅爪挖掘机捆抛柳石枕速度快、效率高。

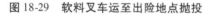

图18-29　软料叉车运至出险地点抛投　　　图18-30　技术人员捆枕作业

三、辅爪挖掘机、软料叉车及装载机联合作业捆抛柳石枕

辅爪挖掘机、软料叉车及装载机联合作业捆抛柳石枕操作步骤和方法同辅爪挖掘机捆抛柳石枕,但在捆抛柳石枕过程中,底坯和顶坯铺柳秸料采用软料叉车或辅爪挖掘机铺料,铺柳秸料速度快、效率高,况且软料叉车能够远距离调匀柳秸料。装载机只负责向柳石枕内填石料,速度快、效率高。在抛投柳石枕方面,软料叉车可现场制作、现场抛投,同时也可以直接端起柳石枕运至工程出险部位抛投,速度快、效率高。

辅爪挖掘机、软料叉车及装载机联合捆抛柳石枕适合重大险情的抢护,捆抛柳石枕较多,适合于军团作战。该方法捆抛柳石枕较软料叉车配合装载机捆抛柳石枕的速度还要快、效率还要高,一般应安排10～15名技术工人用于铺绳、捆枕(见图18-30)、拴系留绳等作业。

第十九章　机械化柳石搂厢筑埽技术

机械化柳石搂厢筑埽技术是利用软料叉车、挖掘机、装载机、自卸车、推土机实现传统结构筑埽的机械化作业,除去布桩拴绳工序外全部实现机械化操作。柳石搂厢进占常常与厢枕配合,由厢枕护埽逐步推进。

适用范围:防汛抢险堵口、应急工程施工及河道整治工程水中进占施工。

第一节　研发背景及应用情况

一、研发背景

传统柳石搂厢进占,是黄河河道工程水中筑坝一直沿用的较为有效的进占方法,但是其单靠人工作业的方式速度慢、效率低,常会贻误进占最佳时机,已经不能适应快速、高效的抢险需要。因此,在传统黄河埽工进占工艺基础上,大力推进机械化作业程度,提高抢险效率、降低抢险费用成为当务之急。在此背景下,河南黄河河务局结合多年抢险实战创造性地提出了利用大型机械设备并结合传统搂厢工艺研发了“机械化柳石搂厢”新技术,解决了防汛抢险和河道工程应急施工仅用大量人工运料、进埽,速度慢、强度低的问题,充分发挥机械化快速搂厢进占性能,争取了抢险或筑坝时间。

该技术在河南局顺河街、王庵等工程进行试验和成功运用,并逐步进行了推广。

二、应用情况

机械修筑传统结构埽体的实践,于 2005 年 5 月在应急抢修王庵 -27 ～ -25 垛时实施。大型机械迎顶大溜采用柳石搂厢进行水中进占,采用厢枕护埽,施工圆满成功。

2005 年 5 月,为保证调水调沙工作的顺利开展,保证滩区人民群众生命财产安全,按照黄河防总要求在汛前完成了王庵工程上首的抢修任务。当时时间紧、任务重,采用传统人工进料搂厢进占难以完成工程抢修任务,给调水调沙和防汛工作造成重大影响。河南黄河河务局防办工程抢修技术负责人高兴利同志提出了充分利用大型机械的高强度、高效率特点进行搂厢进占、抛厢枕护埽的作业方案。

柳石搂厢埽面有技术工人 14 名(包括 2 名指挥),叉车 3 部、挖掘机 1 部用于做埽,另有装载机、自卸车、推土机各 1 部协助。机械修筑传统结构埽体仍然使用传统人工做埽使用的搂厢船以及桩绳,保持传统埽工结构不变。运用机械修筑传统结构埽体,技工布桩拴绳,运送柳秸料、摊拨摁压柳秸料、埽面整理、埽内填石、打桩等工序全部实现机械化操作,极大地提高了筑埽速度和施工效率,整个工程施工从 5 月 25 日下午开始,至 6 月 5 日全部竣工,共完成工程量 12 491 m³,这是传统人工作业所不可比拟的,见图 19-1。

图 19-1　机械修埽

三、应用效益

王庵 -27 ~ -25 垛采用机械化作业的筑坝方式,整个工程从 5 月 25 日下午开始,至 6 月 5 日结束,仅 10 d 时间完成了水中进占的筑坝任务。三个垛平均水深 8.0 m,最大水深 11.9 m,抢筑埽体 27 000 m³,使用软料 486 万 kg,仅此一项靠人工完成筑坝任务至少需要 50 d 时间。若全部用人工拉柳、搂厢完成同体积埽体,按照每天 16 h 工作时间折算,300 人工(分三个作业面,180 人工拉柳、120 人搂厢)需要 55 d 才能完成。从两种进占方式费用(不计材料费)比较可以看出,搂厢相同体积的埽体,人工搂厢 27 000 m³ 需 53.6 万元,而采用机械搂厢仅为 19.3 万元,为人工筑埽进占的近 1/3,同时,采用机械搂厢省去大量桩绳的材料费用。由此看出,采用机械搂厢较人工搂厢工效是显而易见的。

表 19-1　机械筑埽进占与人工搂厢费用比较

项目	种类	单位	数量	单价	单位	合价	说明
一、人工搂厢						536 284.8	
(1)搂厢费用						262 828.8	进占 27 000 m³
	工长	个	16	4.91	元/工时	78.56	每 100 m³ 耗人工费
	技工	个	144	3.87	元/工时	557.28	同上
	民工	个	160	2.11	元/工时	337.6	同上
(2)拉柳运石						273 456	按照 180 人工 45 d 完成
二、机械搂厢						192 888	10 d 进占 27 000 m³

续表 19-1

项目	种类	单位	数量	单价	单位	合价	说明
(1)人工费						18 189.6	
	工长	工时	2	4.91	元/工时	1 178.4	10 d×12 工时/d
	技工	工时	23	3.87	元/工时	10 681.2	同上
	民工	工时	25	2.11	元/工时	6 330	同上
(2)机械台班费						174 698.4	
	挖掘机	台	2	141.85	元/台时	34 044	10 d×12 台时/d
	装载机	台	2	182.24	元/台时	43 737.6	同上
	自卸车	台	5	126.04	元/台时	75 624	同上
	推土机	台	1	152.44	元/台时	18 292.8	同上
	搂厢船	只	1	300	元/d	3 000	10 d

注:不计材料费。

　　机械修筑传统结构埽体实现了快速进占施工,在水流淘刷河底之前抢占了先机。水流将河底刷深是需要时间的,机械修筑传统结构埽体不等河底刷深就搂厢到家(底),使得水流来不及冲刷。用机械修筑传统结构埽体搂厢做工程时要一鼓作气,不能停顿,一停顿即河底刷深,增加施工难度、延长工期、增加工程造价。机械修筑传统结构埽体为快速进占提供了有力的施工技术支持,其社会和经济效益是巨大的。

第二节　机械化柳石搂厢筑埽施工步骤

　　(1)铺设底钩绳、练子绳,见图 19-2。

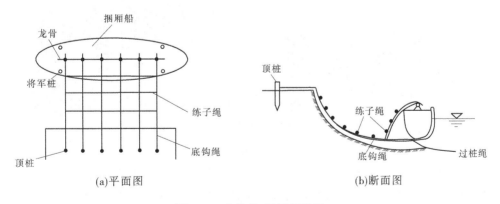

　　　　　(a)平面图　　　　　　　　　　　　　　　(b)断面图

图 19-2　底钩绳、练子绳铺设

　　(2)叉车运送柳秸料。每坯柳秸料由叉车运送,利用叉车的高工效,每坯柳秸料都较人工筑埽多 2~4 倍,大量柳秸料堆积,并整体推移向前,向下搂压,见图 19-3。叉车改变了传统人工抱柳的局面,3 部叉车效率高于 600 名民工抱柳的作用。

　　(3)挖掘机整理埽面。挖掘机摊拨、搂压叉车运来的柳秸料,整理埽面,见图 19-4。

图 19-3　叉车运送柳秸料

图 19-4　埽面整理

（4）自卸车、挖掘机、装载机埽内填石。埽内填石作业方式一般分为两种：一是自卸车运石至埽根，挖掘机勾填；二是装载机运石填埽，见图 19-5。

图 19-5　埽内填石

（5）挖掘机打桩。埽面家伙桩人工布桩（见图 19-6），用挖掘机打桩（见图 19-7）。挖掘机打桩轻便、快捷，运用自如，极大地提高了打桩速度，将人工从打桩的重体力劳动中解放出来。挖掘机的运用使压桩效率大大提高，过去埽面人工打桩需要 80 min 左右，现在挖掘机只要 5～10 min 即可完成。

（6）拴绳。根据埽面家伙桩布局，一般情况下埽面家伙桩常用连环棋盘、连环五子或扁七星等，按照黄河埽工拴绳方法进行作业。

（7）挖掘机、自卸车、推土机、装载机完成埽面压土。挖掘机挖抛盖压、自卸车卸放、

图 19-6　人工布设家伙桩

图 19-7　挖掘机打桩

推土机或装载机推土盖压。挖掘机将土均匀摊平、填补缺土的空白处，并快速、全面、密实夯打，装载机也可以摁压埽面虚土，使其平坦而又密实，见图 19-8、图 19-9。

图 19-8　埽面压土

图 19-9　埽面整平压实

第三节　机械化柳石搂厢操作要领

现场指挥人员及机械操作手应具备的基本素质:品德高尚,具备指挥和机械操作的基本技能,心理素质较好,遇事沉着冷静。

(1)现场指挥:指挥科学,根据搂厢施工工艺合理安排抢险现场,机械停放位置尽可能与抢险人员分开布置,现场无闲杂车辆,保证运料机械畅通,机械停放位置以不影响抢险作业为宜,指挥口令、手势简单、明了;在搂厢进占时应安排适当的厢枕待命,保证进占过程中做到随时抛枕护底;如遇较大险情,所需人员、机械、料物较多,一般料场与抢险现场相距较远,此时,为保证抢险工作的统一指挥协调,应设两级指挥,即进占作业面和料场由各自指挥员分别指挥,同时进占作业面和料场均接受统一指挥员的统一指挥;抢险现场科学指挥的衡量标准为:人机分开,秩序井然,无怠工机械和怠工人员。

(2)挖掘机手操作要点:熟悉挖掘机的各项性能指标,能够充分利用机械性能熟练地在埽面上进行抓、拨、搨压柳、石等施工作业,在最短的时间内将埽面整理平整、密实,使石料在埽面上均匀分布;作业时施力应均匀、逐步施压,抓石压柳时应根据柳料下沉情况压盖,尽可能做到铺料均匀,同时应注意作业安全;打桩技术过硬,打桩时应保证挖掘机铲斗底部水平,在竖直方向均匀施加压力,以保证木桩稳步、竖直下沉,木桩无法打入时,说明下面有坚硬物体,应及时变更打桩位置。

(3)软料叉车手操作要点:能熟练掌握叉车性能,做到迅速收集、叉装、运送柳秸料,叉装时为保证柳秸料的整齐,叉齿应尽量贴近地面进行叉装作业,尽量一次性叉装满斗,进而使铲斗逐渐上翻,待铲斗内柳秸料稳定后操作铲斗臂逐渐抬高,并尽量使柳秸料保持理顺;在运送过程中应特别注意运输安全,卸料时应保持作业稳定,应按照指挥员要求一次性卸料到位,卸料高度不宜过高,卸料后应迅速撤离,保证后续车辆通行。

(4)推土机手操作要点:熟练运用推土机的各种操作技术,要时刻注视现场指挥,不误工时,在推土过程中应保持一定的土坯厚度,稳步向前推进,并应自垛面中部推起,逐步向搂厢两侧及前部推进,推土的同时还应注重对已铺土料的碾压,保持土料密实,作业时要注意安全。

第二十章 机械化柳石筑埽进占技术

第一节 机械化柳石混杂筑埽进占技术

机械化柳石混杂筑埽进占技术是利用大型机械将柳秸料、块石直接混杂掺交入水,避免了传统埽工打桩、拴绳等烦琐环节以及搂厢船,节约了大量的人力、物力,速度快、效果好,是一项成功的机械化筑埽进占技术。

使用范围:防汛抢险、水流流速在小于 1 m/s 或溯流条件下水中进占等情况。

一、研发背景及应用效益

(一)研发背景

传统筑埽技术在黄河防洪抢险过程中发挥了巨大作用。近年来,随着黄河小浪底水库的运用,在"控制流量"长时间下泄情况下,下游局部河段常出现畸形河势,很容易酿成重大险情。例如:2003 年秋汛期间,河南黄(沁)河河道工程共出险 3 763 次,其中 253 次险情运用黄河埽工抢险,抢险、抢修消耗柳秸料总计 2 626.6 万 kg,人工 9.79 万个工日,占总工日的 40.5%,成为抢险工日消耗的主要部分。因此,在新形势下如何减小人工筑埽劳动强度、提高抢险效率,已成为迫切需要解决的问题。为解决这一问题,满足黄河工程抢险高强度、高效率的需要,在保持传统"黄河埽工"主要工艺的基础上,河南黄河河务局防办技术人员结合多处工程抢修、抢险实践,与现代大型机械相结合,提出了这一新技术。

"机械化柳石混杂进占筑埽"技术最早于 2003 年在封丘顺河街工程抢险中使用,起到了很好的效果;2005 年黄河调水调沙期间,应用于原阳马庄潜坝、封丘顺河街潜坝重大险情抢护。

(二)应用效益

2005 年 6 月 24 日,原阳马庄潜坝中段 0+078~0+170 全部墩蛰入水(坝体总长 200 m),出险长度达 92 m。在出险范围内,潜坝坝身全部墩蛰入水,并在潜坝背水侧滩地内形成一个长 95 m、宽 40 m 的回溜区。坝前水深 8 m,出险体积达 10 440 m³,见图 20-1。

该险情的抢护是在出险部位两端相向筑埽进占。此种机械筑埽方式为柳石直接混杂掺交入水即可,省去了传统埽工打桩、拴绳等烦琐环节以及搂厢船。柳石混杂掺交筑埽进占是大型机械应用于传统埽工带来的新技

图 20-1 2005 年 6 月原阳马庄工程险情现场

术,节约了大量的人力、物力,速度快、效果好,是一项成功的技术。但该技术有一定的局限性,水深流急情况下谨慎使用。

据现场统计,2 台推土机、2 台叉车、15 台自卸车、1 台装载机和 15 名人工配合,利用柳石混杂技术在 24 h 内完成埽体抢护体积 5 440 m^3,是 300 名人工搂厢技术速度的 18 倍以上,其投资仅为其 1/5~1/4,详见表 20-1。

表 20-1 柳石混杂技术与人工柳石搂厢费用及工效比较

项目	种类	单位	数量	单价	单位	合计	体积(m^3)	耗时
一、人工柳石搂厢						5 662.24	100	8 h
(1)人工捆枕	工长	个	2	39.28	元/工日	78.56		
	技工	个	18	30.96	元/工日	557.28		
	民工	个	20	16.88	元/工日	337.6		
	搂厢船	只		300	元/台班	300		
(2)人工运柳运石	民工	个	260	16.88	元/工日	4 388.8		
二、柳石混杂技术						67 580.4	5 440	24 h
(1)机械费用	推土机	台	2	1 219.5	元/台班	7 317.12		
	叉车	台	2	1 457.9	元/台班	8 747.52		
	自卸车	台	15	1 008.3	元/台班	45 374.4		
	装载机	台	1	1 457.9	元/台班	4 373.76		
(2)人工费用	人工	个	15	39.28	元/工日	1 767.6		

注:不计材料费。

二、机械化柳石混杂筑埽进占施工流程

(1)用装载机改装的叉车运送软料至占体前端铺放,散柳稍后部位用自卸车卸放散石盖压,叉车再运散柳盖压散石,自卸车再卸放散石盖压散柳,一车软料一车散石相互叠压堆放施做(见图 20-2~图 20-5)。

图 20-2 柳石混杂总体效果

图 20-3 柳秸料铺设

图 20-4　自卸车运石　　　　　　　　　图 20-5　装载机运石

（2）每 2～3 车软料、散石堆放完毕后，已在占体前端形成较高且柳石斜向分层的柳石混合体（见图 20-6）。

（3）此时推土机自柳石混合体半高处逐步前推，使混合体上半部柳石得到较好掺交，并翻滚堆放至占体前端（见图 20-7）。

图 20-6　占体前端柳石混合体　　　　图 20-7　推土机推运、掺交混合体

（4）然后推土机再返回将柳石混合体下半部逐步前推，使下半部柳石较好掺交，并在占体前端与掺交后的上半部柳石相叠加。

（5）推土机继续前推得到掺交相互积压的柳石混合体，先从上部推起，然后下部，使柳石相互缠交，连为一体的柳石混合体滚落入水，占体向前进展（见图 20-8）。

图 20-8　柳石混合体入水

（6）最后在新进展的占体表面覆土盖压，形成进一步进占的平整路面（见图 20-9）。

柳石混杂掺交筑埽进占要注意柳石搭配的比例。一般情况柳石比为 5∶2，若柳多石少，柳石混合体不密实，入水不下沉，难以及早、较好地滚落河底，容易在水流冲击下整体

图 20-9　覆土压盖占体

流失。石多柳少,柳石混合体不能较好地缠交连系,整体性差,入水后易出现柳石分离,造成石块沉没河底、柳料随水流失的局面,起不到应有的作用。

　　柳石混杂掺交是很合理的搭配,柳石有机结合为一体。柳连系、缠交、缓流,散乱的石块通过柳缠交在一起,不被冲失。柳裹石、石压柳,相互交织、互为利用。柳闭气,石给柳配重,使柳石混合体更密实、缠交更紧密、入水不漂浮并抓河底。

三、机械化柳石混杂筑埽进占操作要领

　　(1)机械指挥手要有组织指挥能力,根据现场实际,合理指挥各种料物机械;机械停放位置尽可能与抢险人员分开布置,现场无闲杂车辆,保证运料机械畅通,机械停放位置以不影响抢险作业为宜,指挥口令、手势简单、明了;如遇较大险情,所需人员、机械、料物较多,一般料场与抢险现场相距较远,此时,为保证抢险工作的统一指挥协调,应设两级指挥,即进占作业面和料场由各自指挥员分别指挥,同时进占作业面和料场均接受统一指挥员的统一指挥;抢险现场科学指挥的衡量标准为:人机分开,秩序井然,无怠工机械、人员。

　　(2)软料叉车手能熟练掌握叉车性能,严格听从现场指挥,做到迅速收集、叉装、运送柳秸料;叉装时为保证柳秸料的整齐,叉齿应尽量贴近地面进行叉装作业,尽量一次性叉装满斗,进而使铲斗逐渐上翻,待铲斗内柳秸料稳定后操作铲斗臂逐渐抬高,并尽量使柳秸料保持理顺;在运送过程中应特别注意运输安全,卸料时应保持作业稳定,应按照指挥员要求一次性卸料到位,卸料高度不宜过高,卸料后应迅速撤离,保证后续车辆通行。

　　(3)推土机手要掌握推土机性能,掌握水中进占时推土机作业进退及危险尺度,在推土过程中应保持一定的土坯厚度,稳步向前推进,并应自占体中部推起,逐步向两侧及前部推进。

　　(4)装载机手时刻把握运送石料时机、位置,按照指挥员指挥一次性将石料抛投到位,尽可能使柳石自然搅合成规定比例。

第二节　机械化层柳层石筑埽进占技术

　　机械化层柳层石筑埽进占技术是在布置护埽船、设置搂底绳的基础上,利用机械铺放软料、块石,逐坯加厢施作,直至到底向前推进。

　　使用范围:防汛抢险和水中筑坝施工,一般顺溜方向进占或水流小于 1 m/s ~ 2.0 m/s

的状况。

一、研发背景及应用效益

(一)研发背景

近年来,随着黄河小浪底水库运用,在"控制流量"长时间下泄的情况下,下游局部河段常出现险恶河势,很容易酿成重大险情。为减轻人工筑埽劳动强度,满足高强度、高效率的黄河工程抢险需要,在保持传统"黄河埽工技术"主要工艺的基础上,河南黄河河务局结合多处工程施工、抢险实践,与现代大型机械效率相结合,研发出人机配合"层柳层石机械化筑埽进占"这一新技术。该项技术主要是在比较开阔、石料和软料充足的场地,辅助少量人工与软料叉车、挖掘机配合,运送至抢险现场将其抛投。

该项技术主要解决了抢险现场需要大量埽体维护险情,而现场场地狭小难以发挥大型机械作用,以及人工做埽慢,不能满足埽体进占需要的难题。

(二)应用效益

机械化层柳层石筑埽进占抢险技术最早于 2003 年在封丘顺河街工程抢险中应用,起到了很好的效果;2005 年黄河调水调沙期间,应用于马庄潜坝重大险情抢护。

据现场统计,采用层柳层石技术,利用 2 台推土机、2 台叉车、10 台自卸车、1 台装卸机、1 只搂厢船和 15 名技工配合下,在 48 h 内完成抢护体积 5 000 m³,而在之前利用每班600 名人工连续抢护 3 昼夜进占难以完成,即使按照定额计算也需要 300 名人工近 17 d才能完成(见表 20-2),机械化层柳层石筑埽进占技术是 300 名人工做埽速度的 8 倍左右,其投资仅为人工做埽的 1/3 ~ 1/2。

表 20-2　层柳层石技术与人工捆抛柳石枕费用及工效比较

项目	种类	单位	数量	单价	单位	合计	体积(m³)	耗时
一、人工柳石搂厢						5 662.24	100	8 h
1. 人工捆枕	工长	个	2	39.28	元/工日	78.56		
	技工	个	18	30.96	元/工日	557.28		
	民工	个	20	16.88	元/工日	337.6		
	搂厢船	只	1	300	元/台班	300		
2. 人工运柳运石	民工	个	260	16.88	元/工日	4 388.8		
二、机械化层柳层石						106 711	5 000	48 h
1. 机械费用	推土机	台	2	1 219.5	元/台班	14 634.2		
	叉车	台	2	1 457.9	元/台班	17 495		
	自卸车	台	10	1 008.3	元/台班	60 499.2		
	装载机	台	1	1 457.9	元/台班	8 747.52		
	搂厢船	只	1	300	元/台班	1 800		
2. 人工费用	人工	个	15	39.28	元/工日	3 535.2		

二、机械化层柳层石筑埽进占施工流程

（1）生根。占后生根出搂底绳,视坝的结构形式,选择打桩与否,如无法打桩,则在坝体挖坑生根,坑内设骑马桩出搂底绳,桩绳以上用块石填坑(见图20-10)。

图20-10　埽体生根

（2）布船。占体前同传统人工筑埽放置搂(捆)厢船一样放置护埽船,搂底绳前端拴系在护埽船上。

（3）铺柳。叉车运送大量软料置于搂底绳上,挖掘机或装载机前推、摊拨软料,如同传统埽工的底坯软料。

（4）压石。自卸车在软料后部坝体卸石,装载机前推、铲放石料或挖掘机挖抛、推拨石料压沉软料入水,随着软料的压沉入水松放搂底绳。

（5）层柳层石。上第二坯软料,再运石压沉入水,层柳层石,逐坯压沉施做,直至压到底(家)(见图20-11)。

图20-11　层柳层石进占作业现场

（6）顶面覆土。自卸车运土卸放到到底后的埽体顶面,装载机摊平、摁拉、碾压,形成良好进料通道。

（7）向前进展。松放搂底绳,向外撑船,新开一占,整体向前进展。

此层柳层石筑埽进占技术虽然设置了捆厢船和铺设了底钩绳,但其作用仅在于有效保护柳石不被水流冲失。层柳层石筑埽进占时不需要频繁将搂底绳逐坯搂回,不需要布设太多的家伙桩,只需要随着占体的下沉松放底钩绳,随着占体的前进撑船外移、接长搂底绳即可,较传统的人工筑埽进占有着极大的改进和提高。

三、机械化层柳层石进占操作技术要领

(1)机械指挥手要有组织指挥能力,根据现场实际,合理指挥各种料物机械,现场机械停放位置应与工人待命位置分开布置,互不影响,根据作业流程进行指挥,还要做到指挥口令、手势简洁、明了;如遇较大险情,所需人员、机械、料物较多,一般料场与抢险现场相距较远,此时,为保证抢险工作的统一指挥协调,应设两级指挥,即进占作业面和料场由各自指挥员分别指挥,同时进占作业面和料场均接受统一指挥员的统一指挥;抢险现场科学指挥的衡量标准为:人机分开,秩序井然,无怠工机械、人员。

(2)软料叉车手熟练掌握叉车性能,严格听从现场指挥,做到迅速收集、叉装、运送柳秸料;叉装时为保证柳秸料的整齐,叉齿应尽量贴近地面进行叉装作业,尽量一次性叉装满斗,进而使铲斗逐渐上翻,待铲斗内柳秸料稳定后操作铲斗臂逐渐抬高,并尽量使柳秸料保持理顺;在运送过程中应特别注意运输安全,卸料时应保持作业稳定,应按照指挥员要求一次性卸料到位,卸料高度不宜过高,卸料后应迅速撤离,保证后续车辆通行。

(3)推土机手要掌握推土机性能,掌握水中进占时推土机作业进退及危险尺度,在推土过程中应保持一定的土坯厚度,稳步向前推进,并应自占体中部推起,逐步向两侧及前部推进。

(4)装载机手应时刻把握运送石料时机、位置,应待柳料铺放整理完毕后开始运送石料,每层运石量应以将柳料压沉为宜,卸石位置应尽量使石料在柳料上平整铺放,一次卸料到位,以减小后续平整工作量,在运石过程中要严格服从现场指挥,并注意施工安全。

(5)挖掘机手应根据柳秸料卸料情况适时拨、摁、压柳秸料,保持每层柳料厚度适中、均匀,并视石料卸料情况均匀拨放石料,保持石层均匀分布,同时应注意船上人员安全及挖掘机自身安全。

第四篇　黄河抢险新材料新工艺新方法应用技术

　　随着土工织物品种的增多,各种规格、各种材料的编织布、机织布达上百种,加之质量的提高,600 g/m² 高强度土工丙纶机织布的径向、纬向抗拉强度已经分别达到 160 kN/m、112 ~ 160 kN/m。如何利用土工织物的特性,解决黄河防洪抢险、水中筑坝及堵口中的技术难题,河南黄河河务局为此作了不懈努力,进行了大胆的试验,从实践中总结经验教训,再进行试验,直至成功。有些经过多次试验,不宜于作永久性工程;有些是可以在特定条件下应用;有些新技术是需要进一步进行试验研究。一项新的工艺、新的技术必须经过长时间应用,在应用中不断完善。比如长管袋筑坝技术,在黄河河道工程建设中已大量推广应用,但是经过实践的考验,原来工程设计的目标是不抢险或少抢险,坝体修建后经过十多年的洪水冲刷,凡是经过大溜冲刷的工程均出现较大险情,分析计算总投资远远大于传统筑坝投资。该结构没有达到设计目标的主要原因,是黄河洪水河势不断变化,黄河河道工程在修建时,大多是在浅滩上,修建时不靠溜,随着河势的变化,修建不久之后靠上大河,大河冲刷河底下切,由于冲刷各部位深度不同,所以长管袋的适应变形能力就满足不了实际洪水冲刷的需要,今天造成这块排体下蛰,明天造成那块排体下蛰,使原来排体与排体之间的搭接出现空当,洪水入裆淘刷坝基,直至出现坝体根石全部入水,土坝基坍塌,这种险情防不胜防。

　　根据长管袋筑坝的经验教训,在研究土工织物在防汛抢险、水中快速筑坝及堵口技术时,首先要明确它的应用目标、应用范围。本章重点介绍的土工材料应用于防汛抢险,都是临时性工程,如长管袋护岸技术,它就是临时性工程建设,在南水北调工程建设中用于河汊堵复,灌注桩制作平台应用长管袋护岸,临时性抢堵、临时抢护,工程结束已完成了它的历史使命。水中快速筑坝与堵口解决的关键问题是进占体,传统进占体采用的是柳石进占技术,而现代进占采用的是大块石进占,占体的作用就是为水中筑坝或堵口创造进占条件,而后的抗冲还要靠抛投占体外边的块石来解决。现在块石进占虽然占体的块石可以作抗冲用,但是占体不闭气,不能起到隔离和保土的作用,浪费很大。

作为高强度土工织物进占体临时性应用,实践证明它还具有耐久性,因为土工织物放在水下寿命达 60 年以上。占体外部是块石,假定进占水深 8.0 m,土工织物从河底一直包到水上 1.0 m,进占采用的土工布一般为 230 g/m²,强度很高,尤其是在水下块石摩擦不会造成土工布破裂,这是在施工现场经过多次破坏性试验证明了的。所以,当大河水深冲深 12 m 时,土工布会顺着往下滑,起到防冲河底的作用。因此,工程不可能出现一下子根坦石全部入水的较大险情。

第二十一章　土工包进占技术

第一节　研发背景及试验情况

土工包应用于黄河防汛抢险,最初是解决水中进占或抢险护岸抗冲等问题,其基本思路是利用土工包装土,流速小时直接装土进占,流速增大,在土工包内增加块石,使其比重增大防止冲失。经实际试验,由于没有考虑到土工包与包之间的摩擦力很小,即使没有水流的冲力,包与包的滑动稳定就难以解决,解决办法是在抛包时使其相互联系,或另用绳缆将包串连在一起。

2004 年 4 月在封丘顺河街抢修 13 坝时,水深达 8 m 左右。按照传统筑坝形式,需采用柳石水中进占施工,但柳料受季节限制征集极其困难。此时,河南黄河河务局防办组织人员、设备和材料,在黄河河南段首次使用土工包进占。起初,按照车厢尺寸缝制土工包铺放于自卸车上,然后利用挖掘机向自卸车土工包内装土、封口,并运至 13 坝抢修进占位置进行抛投,每天平均进占长度约 15 m,既节省投资,又加快了工程进度。随着土工包水中进占,水深和流速的不断加大,当水深超过 8 m,流速超过 2.0 m/s 时,在一个进占位置连续抛投 10 多个土工包不见出水,后在土工包上拴系一条长绳,观察土工包走失情况,结果土工包不抓底(抛不到底)随水流而去。既然土工包被水流冲走,土工包进占被迫停止。究其原因主要是抛投到水中的土工包来不及排出包内气体,土工包成悬浮状、未蛰实,很容易被水流冲走。

2004 年 5 月在兰考蔡集 54 坝工程续建中,也是柳料征集困难,采用土工包水中进占筑坝。在总结封丘顺河街土工包水中进占施工经验的基础上,根据水深、流速的不同,加大了土工包的自重,即在土工包内填土石混合料,采用土石各半,在大溜顶冲时,土石比例达到了 1:4,以增大土工包重量,增加土工包在水中的沉降速度,减少或避免了土工包的流失。

2006 年 11 月在武陟老田庵工程续建 26 丁坝,采用编织彩条布缝制彩条包进行水中进占施工。首先把彩条包人工架设在抛投位置,利用装载机铲土,按照装载机铲斗的尺寸(4.5 m×2.67 m×1.2 m)加工土工包,待彩条包装满后封口,再利用装载机或推土机推彩条包。在彩条包推抛过程中,采用循环渐进的方法分几次推抛入水,使彩条包入水后有足够的时间蛰实、排气,以达到彩条包体稳定。这项工艺的缺点是彩条布自身强度低,不易在自卸车上抛投,一次推抛入水蛰实、排气较慢。

通过封丘顺河街、武陟老田庵、兰考蔡集 3 处工程土工包进占试验与实践,既有成功的经验,也有失败的教训,由土工包与彩条包水中进占施工受流速和水深影响很大,土工包水中进占抢险技术基本趋于成熟。

第二节　土工包水中进占施工流程

一、土工包的分类及用途

根据土工包的形状和容积将土工包划分为特大型、大型、中小型,以满足不同机械的使用和抢险要求。土工包的分类及用途见表21-1。

表21-1　土工包的分类及用途

规格	分类	形状	容积（m³）	用途
A 型	特大型	管袋形	800～1 000 80～200	用于开船水上抢险
B 型	大型	长方体形	9.5～16	用于自卸车抛投
C 型	中小型	圆形或方形	0.5～2.3	用于挖掘机或吊车抛投

中小型土工包也称防汛集装袋。

二、土工包选材与制作

土工包制作材料的选用主要考虑土工包在抢险过程中所需要满足的强度、变形率、透水性、排气性和保土性等技术指标要求。

在抢险过程中土工包材料的变形率、排气性和保土性指标非常重要,要求变形率、排气性越大越好,透水性、排气性和保土性主要与土工合成材料的等效孔径有关;按照2000年国家防办"堤防堵口关键技术研究"专题项目土工合成材料在黄河防汛抢险中的应用研究,得出适用于黄河下游防汛抢险的土工合成材料的等效孔径 O_{95} 在 0.10～0.50 mm 范围内。

根据以上几个方面的分析研究,制作土工包的材料可以采用编织布、机织布、复合土工布、无纺布等,具体技术指标见表21-2、表21-3。但机织布与复合土工布渗透系数、等效孔径 O_{95} 较小,对排气不利。

表21-2　土工织物选择参考指标

物资名称	单位面积质量（g/m²）	厚度（mm）	抗拉强度（kN/m）		延伸率（%）		垂直渗透系数（cm/s）	等效孔径（mm）	开孔率（%）
			纵向	横向	纵向	横向			
编织布	200～250	>0.3	>50	>40	<30	<25	>10⁻²	0.20～0.35	>30
机织布	200～250	>0.3	>60	>50	<30	<25	>10⁻³	0.10～0.20	>30
复合土工布	200～250	>0.6	>60	>50	<30	<25	>10⁻³	0.10～0.20	>30
无纺布	300～350	>3.0	>12	>12	<80	<80	>10⁻²	0.1～0.50	>30

表 21-3　防汛集装袋主要技术参数

物理性能			装载质量（kg）		
			1 000	2 000	3 000
袋体基布	抗拉强度（N/50mm）	纵向	≥1 470	≥1 646	≥1 960
		横向	≥1 470	≥1 646	≥1 960
	延伸率（%）	纵向	≤40	≤40	≤40
		横向			
	垂直渗透系数（cm/s）		>10^{-2}	>10^{-2}	>10^{-2}
吊带	抗拉强度（N）		≥15 000	≥30 000	≥45 000
	延伸率（%）		≤25	≤25	≤25
缝合处抗拉强度（N）			≥618	≥962	≥824

防汛集装袋主要是以聚丙烯（PP）、聚乙烯（PE）等高聚合物为原料，经挤出拉伸成扁丝后，再经过编织、切割、缝制等工序制作而成的。它是一种易折叠的柔性包装，袋体形状有圆形和方形两种，容积为 0.5~2.3 m³，装载量为 500~3 000 kg。为了能适合于各种起吊设备及运输工具操作，需设计相应的起吊结构，以便于快速集装运输各种散装货物（如散土、沙石、矿产品等）。

三、大土工包加工设计

（一）结构和尺寸

为满足自卸汽车运输抛投的需要，土工包规格尺寸按自卸汽车车斗尺寸确定。依据黄河机动抢险队配备的 15 t"解放"牌自卸汽车和 20 t、31 t"太脱拉"牌自卸汽车考虑，根据自卸汽车车厢长、宽尺寸各加大到 1.2 倍，高度上均增加 30 cm 的原则来确定土工包尺寸，制作尺寸分别为 4.2 m×2.4 m×1.3 m、5.0 m×2.9 m×1.3 m、5.4 m×3.0 m×1.3 m，即有效尺寸分别为 4.2 m×2.25 m×0.95 m、5.0 m×2.41 m×1.0 m、5.4 m×2.50 m×1.0 m，见图 21-1~图 21-4。

在使用编织布、复合土工布制作土工包时，原则上间隔 1.0 m 缝制一条 5 cm 宽的加筋带，这种结构可以解决编织布、复合土工布制作的土工包强度不够的问题，见图 21-2。在使用无纺布制作土工包时，原则上间隔 1.0 m 用粗麻绳或化纤绳捆绑，解决无纺布材料强度不够的问题，见图 21-4。

（二）大土工包加工

制作大土工包有工厂加工和现场加工两种方式。工厂加工是厂方按客户提供的设计或技术要求加工；现场加工过程的工序为：材料采购—裁剪—缝合—存放，见图 21-5。

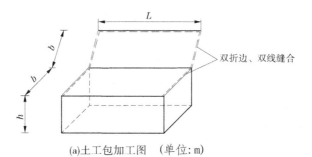

(a)土工包加工图 （单位：m）

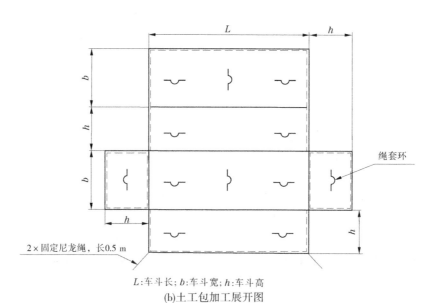

L:车斗长；b:车斗宽；h:车斗高
(b)土工包加工展开图

图 21-1　机织布土工包结构及加工图

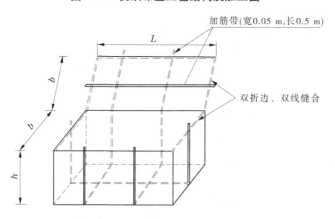

(a)编织布土工包结构及加工图

图 21-2　编织布土工包结构及加工图

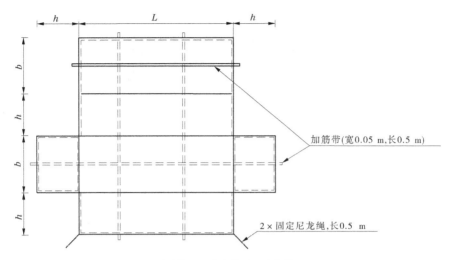

加筋带(宽0.05 m,长0.5 m)

2×固定尼龙绳,长0.5 m

L: 车斗长；b: 车斗宽；h: 车斗高
(b)编织布土工包加工展开图

续图 21-2

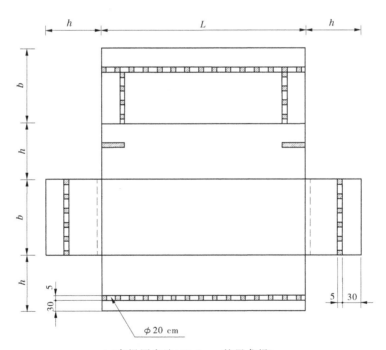

(a)套绳固定法(φ0.8 mm的尼龙绳)

图 21-3　编织布土工包封口方式示意图　(单位:mm)

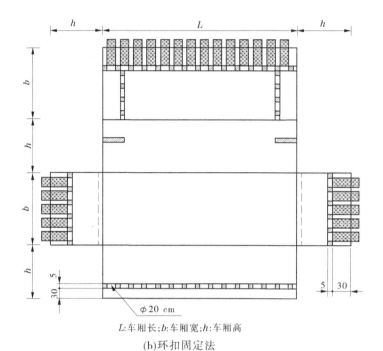

L:车厢长;b:车厢宽;h:车厢高

(b)环扣固定法

续图 21-3

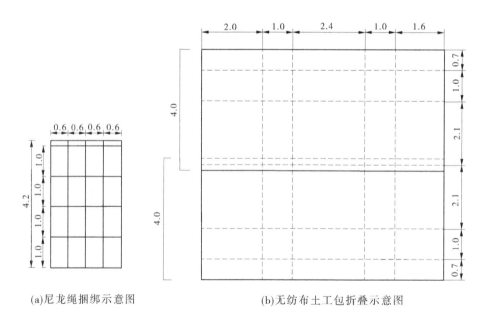

(a)尼龙绳捆绑示意图　　　　　(b)无纺布土工包折叠示意图

图 21-4　无纺布土工包结构及加工图　（单位:m）

图 21-5　无纺布土工包现场制作

（三）大土工包现场封口

大土工包现场封口有以下几种方法：

（1）手工或缝包机封口，见图 21-6、图 21-7。

（2）系带固定法封口，见图 21-8。

（3）环扣固定法封口，见图 21-9。

（4）缝包机封口外加绳捆，见图 21-10。

（5）折叠绳捆法，见图 21-11。

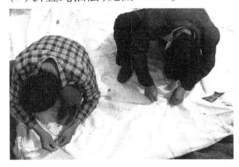

图 21-6　手工封口　　　　　　　　图 21-7　缝包机封口

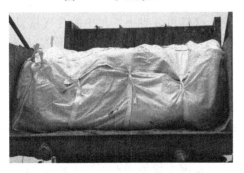

图 21-8　系带固定法封口　　　　　图 21-9　环扣固定法封口

图 21-10　缝包机封口外加绳捆

图 21-11　折叠绳捆法

四、大土工包装料方式

大土工包宜采用装载机或挖掘机装料,大土工包装料方式可分为以下几类:装散土、装砂石料、装砖块、土石料混装(见图 21-12)。

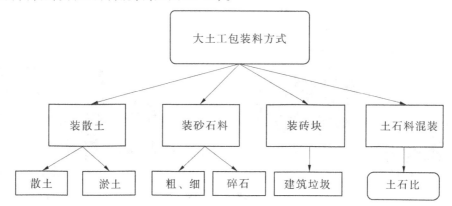

图 21-12　大土工包装料方式示意图

大土工包装料可就地取材,在各种装料方式中以装散土最为经济实用。在装散土时可将散土压实或直接装含水量较大的饱和淤积土,这样可减少土工包中的含气量,尽可能增加散土的有效重量。在有条件的情况下可装砂石料或建筑用的碎石,这样的大土工包抗冲能力更好。根据抢险经常所用材料,重点介绍土工包装散土及土石料混装。

(一)装散土(彩条布包进占)

老田庵控导工程 26~30 坝续建工程为送溜段,设计丁坝间距为 100 m,丁坝长 100 m,顶宽 15 m,丁坝设计进占水深为 3 m,丁坝进占方案为散抛石,设计连坝顶宽 10 m,为旱地施工。工程于 2006 年 9 月开工,受不利河势影响,26 坝连坝施工至 0 + 046.5 桩号时,即需水中进占,水深达 3.10 m,经进占前实测,26 坝连坝平均水深为 4.8 m,26 坝丁坝平均水深为 12 m,超出设计水深 9 m,并且流速在 2 m/s 左右。针对老田庵 26 坝连坝及丁坝非裹护段在水深溜急,无法按照设计进行水中倒土施工的情况,施工单位先后拟订了散抛石进占、柳石进占、长管袋进占、化纤网片装编织袋进占等方案。

诸方案中,采用散抛石进占价格高,工程建成后连坝及丁坝非裹护段不靠溜,用散抛石修建过于浪费。传统的柳石进占,由于当地柳料奇缺,软料征集难以满足项目要求,对环保有一定影响,且用人工较多,价格较高,不宜采用;长管袋施工工艺复杂,价格高;化纤网片装编织袋价格较高,劳动强度大。

经过论证,确定采用土工包进占施工。该方案取材便利,经济合理,有利于使用大型机械设备施工。具体方案内容为:用土工布缝制成上不封口的长方体包,施工时人工撑开包,用装载机或挖掘机将土装入包内,盖上顶面盖子,用手提缝纫机缝合,成为土工包。利用推土机推包入水。如此循环往复,成为占体,进行进占施工。

1. 方案拟订

土工布选择的原则:首选具有一定强度,价格较低,市场上料源丰富的聚乙烯双复合彩条编织布为原材料,价格为 1.2 ~ 2.5 元/m²。

进占中发现双复合彩条土工包(彩条包)入水后,包中气体无法迅速排出,在入水压力作用下,造成包的缝合处撕裂,不能有效地发挥包裹土体作用。后将不透气的薄膜去掉,成单层透气聚乙烯纺织布,解决了彩条土工包接缝入水开裂问题。

确定彩条包尺寸的原则是,在满足施工要求的情况下,尽可能降低单位体积土方的用布量,并兼顾布幅,降低材料损耗量。满足施工要求主要考虑装载机铲斗和推土机铲的宽度,以达到装土及推包方便的目的,在满足施工要求的情况下,包越大,单位体积土方用布越少越经济。

根据装载机斗宽 3 m、大型推土机铲宽 3 m 的情况,确定聚乙烯编织布土工包的长度应大于 3 m,否则装载机不宜装土,同时土工包长度不宜超过 3.5 m,经试验,如果超过 3.5 m,宽度超过 2.5 m,推土机推彩条包时容易把彩条包推裂,并考虑厂家一般生产的布幅为 3.7 ~ 4 m,确定彩条包长度为 3.5 m,宽 2.5 m,高 1.2 m。

2. 进占断面确定

选择 26 坝连坝为彩条包进占实施地点。根据大型机械施工要求及水深情况,进占断面宽度拟定为 8 ~ 10 m,彩条包按两排布设在占体上下游侧,彩条包中间填土 1 ~ 3 m,增加占体宽度及稳定性。

3. 装包

进占现场装土工包试验:缝制长 3.5 m、宽 2.5 m、高 1.2 m 的彩条包。经过现场装土工包试验,淘汰了原来用钢管焊接成长 4 m、宽 2.5 m、高 1.2 m 的活动框架装土工包作业方式。因为在抢险现场作业程序越简化越有利于提高抢险效率。所以,装载机装土时只需 4 个人拉着彩条包的 4 个角,装载机就可直接装土(见图 21-13)。一般装载机装 2 斗土约 6 m³,拉彩条包的人随时随地将彩条包折叠,然后用手提缝包机缝合(见图 21-14)。再用装载机装两铲土至彩条包(约 6 m³ 虚土)。然后,用推土机将包推入水中,整个过程用时 8 min。生产效率高,效果好。

4. 推包

推土工包入水。彩条包装满封口后,用推土机推抛彩条包入水时,推包要点是铲刀不能直接推彩条包,否则极易使彩条包破裂。推土机铲刀应推彩条包底部垫土,土体厚约 30 cm,使彩条包侧面不会直接受推土机铲刀挤压而破裂。推土机推彩条包应使其缓慢入水,且不能一次全部推入水中(见图 21-15)。

同一位置的彩条包要一个个排垒(上一个压下一个),以达到缓慢入水,充分排气、垫实、稳定的目的。

图 21-13　装土

图 21-14　缝合

图 21-15　推包

5. 注意事项

（1）当水深、流速较大时，为防止彩条包飘移，可以把多个彩条包用麻绳连接在一起推入指定部位，这样不易被水流冲离抛投位置，起到稳固的作用。

（2）连接方法是用大绳将每个包用织簸法连接。

6. 应用情况

在取得各工序实践成功及相关数据后，按建设管理程序报有关部门批准，老田庵26 ~ 30 坝连坝及丁坝非裹护段采用彩条土工包进占方案进行施工。由于施工期小浪底水库下泄流量控制在 500 m³/s 以下，因此水流不漫滩，河势未因工程续建而发生根本变化。自 26 坝连坝 0 + 046.5 开始所续建部分均为水中进占，有时丁坝前水面仅有 60 m 宽，整个工程处于截流施工状况。在河势极其不利的情况，采取彩条土工包进占，顺利完成连坝及丁坝非裹护段施工任务。

（二）土石混装（土石混合土工包进占）

1. 缝包

土石混装土工包采用机织土工布制作。土工包按照图 21-16、图 21-17 所示加工，加工土工包以自卸车车厢平面尺寸为准（平面尺寸为 2.8 m × 4 m），尺寸要与自卸车车厢相吻合或土工包的长、宽、高略大于车厢尺寸，以利装料与封口。加工土工包时纵向间隔0.7 m、横向间隔 0.8 m 固定麻绳（缝在布内），两底角位置再固定长 15 ~ 20 m 的麻绳，以备土工包被抛下时在岸上固定所用（或在车厢内铺设底钩绳和练子绳，如同厢枕绳缆拴系方法）。

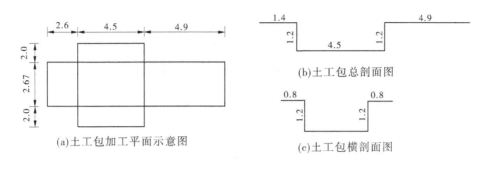

(a)土工包加工平面示意图　　　　　　(b)土工包总剖面图

(c)土工包横剖面图

图 21-16　土工包尺寸　（单位:m）

(a)土工包加工示意图　　　　(b)布缝缝制方法 1　　　　(c)布缝缝制方法 2

图 21-17　土工包缝制

以北方奔驰车自卸为例,加工土工包示意图如图 21-18、图 21-19 所示。

图 21-18　土工包加工　　　　　　图 21-19　车厢内铺设

　　为了达到土工包强度要求,缝包时采用双线缝制,切记要使第一次缝线与第二次缝线重合。否则,接缝的强度会降低。

　　2.装包

　　将固定绳子的土工布包铺于自卸车车厢底部,所固定绳子在其相应方向拉直、伸展,用装载机将土料和石料按一定比例装于土工包内(见图 21-20)。装料的顺序是:先装土,后装石块,最后再装土。始终让石块居于土体中间,以免在抛投时土工包与石块直接接触,把包划烂或砸烂。在不同水流条件下包内所装土料与石料比例要有所不同,当流速在 1 m/s 以下时,土与石比例为不用石或 5:1;当流速为 1~2 m/s 时,土与石比例为 4:1;当流速在 2 m/s 以上时,土与石比例为 3:1。然后将四周土工布收起包裹土方,用缝包机将布缝缝制封口,并将四周绳子拉直捆紧,预留底钩绳拉上坝岸,以备与岸上木桩相连固定。优点:可在现场装料抛投,也可异地(抢险现场以外)装料,用自卸车运至出险地点抛投,扩大了施工作业面,提高抢险作业强度。

图 21-20　装包

3. 抛(推)包

采用自卸车抛土工包时,将装有土工包的自卸车停在坝的预抛位置,并将土工布抛下(见图 21-21),然后将预留留绳拴系于岸上固定的顶桩上,让土工包缓慢入水,防止土工包入水后流失。切记不能让土工包瞬时全部入水,否则,土工包会被水流冲走。

图 21-21　抛包

4. 注意事项

(1)无论是自卸车抛袋还是推土机推抛,都要有人现场指挥。

(2)在抛投土工包时,为便于土工包下沉,应在土工包上刺 3~5 个或更多排气孔,以利排除包内气体,但排气孔尺寸不宜过大,否则,会造成包内土料流失。

(3)当大溜顶冲或水深溜急时,土工包应拴系留绳,以防走失。当留绳绷紧时,要适当松绳,确保土工包入水蛰实。

五、大土工包运输及抛投方式

大土工包宜采用自卸车装运、抛投,D85 推土机推运的方式作业,见图 21-22~图 21-25。

在大土工包机械化抢险或进占时,要特别注意机械车辆的安全。在机械化抢险过程中,尽可能利用推土机在坝前作业,先将坝头推成斜坡,如果是砌石坝或坝面有乱石,先将

图 21-22　装载机或挖掘机装料

图 21-23　自卸汽车运输

图 21-24　自卸汽车抛投

图 21-25　挖掘机推入水中

散土推到坝面,再用自卸汽车抛投,这样既可以保证大土工包不易破损,又可以保证自卸汽车的安全。在土工包水中进占过程中,如果自卸汽车抛投不到位,可用推土机或挖掘机将土工包推入水中。

大土工包机械化抢险或进占工艺流程见图 21-26。

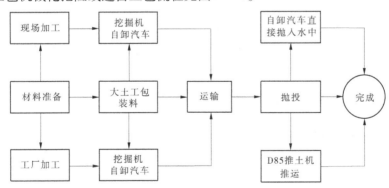

图 21-26　大土工包机械化抢险或进占工艺流程

因此大土工包具有以下特点:①运输方便,操作简单,抢险速度快;②船抛、岸抛、人工抛、机械抛均可,适用范围广;③对土质没有特殊要求,一定条件下用其代替抛石,投资省;④用其替代柳石枕,有利于保护生态环境。

第三节　土工包进占作业要领

土工合成材料水中快速筑坝技术作业规范分别按照土工包制作、自卸车卸车、土工包连接、土石比例、推土机推进和参考研究报告等项目编写。

一、土工包制作技术要领

(一)土工包尺寸的确定

为满足自卸车装抛土工包及运输抛投的需要,土工包规格尺寸按自卸车车斗尺寸确定。土工包的尺寸原则上应略大于车厢尺寸,以便在自卸车上装料及封口,一般应掌握在自卸车车斗长、宽尺寸的 1.2 倍,高度上均增加 30 cm。

(二)土工包缝制

土工包的缝制方法有搭接、缝接和粘接。

(1)搭接是将相邻织物重叠一部分,重叠宽度为 20~40 cm,不要使搭接处集中受力,以防止织物移动和错位。这种搭接方法不宜采用手提式缝包机缝制,同时也不宜在施工现场操作。宜采用台式缝包机缝制和在厂房作业。

(2)缝接是指应用尼龙线或涤纶线将两块织物缝合在一起,缝合方法有对面缝和折叠缝。在现场缝合时,可用移动式缝合机进行,十分方便,如一道线强度不够,可缝合两道线,以增加接缝处的强度。

(3)粘接是在两块土工织物之间的接缝处用化学粘接剂或热粘法将两块织物结合在一起。这种方法工艺比较复杂,强度低,且粘接处影响排水,故在排水工程中不宜用粘接法缝包。

在使用编织布材料、复合土工材料制作土工包时,原则上间隔 1.0 m 缝制一条 5 cm 宽的加筋带,以满足编织布材料、复合土工材料制作的土工包强度不够的要求。在使用无纺布材料制作土工包时,原则上间隔 1.0 m 用粗麻绳或化纤绳捆绑,解决无纺布材料强度不够的要求。

二、自卸车抛投土工包技术要领

(一)自卸车车厢及抛投场地要求

(1)自卸车车厢内壁要求不变形且光滑,否则,将会对土工包造成破坏,影响土工包质量。

(2)在土工包抛投现场,场地要平整,并具有一定的密实度,以免自卸车抛投时翻车或陷车,造成安全事故。

(二)自卸车装抛土工包技术要领

(1)自卸车抛包时,在必须安全的条件下,应尽可能抛卸到位。

(2)抛包时,无论是自卸车抛包或是现场装包,土工包都应进行叠抛,即自上向下让土工包排叠压缓慢入水,让土工包有足够时间吸水、排气、垫实。

(3)当水深溜急时,土工包易滑失,应在土工包上加筋或拴系网兜及留绳,避免土工包走失。

（4）土工包在抛投过程中，如占体外侧有进占船只，可以缓慢抛投，以免土工包砸向船体造成安全事故。

（三）推土机推抛土工包技术要领

（1）推土机推抛时，推土机应推包的底部，必要时可在土工包的底部垫土，便于土工包缓慢下滑入水，切忌推土机铲刀直接与土工包接触而推烂土工包。

（2）推抛土工包时，须在现场装包、现场抛投，应时刻注意人机配合及设备、人员安全。

（3）推土工包或彩条包时，应避免把土工包一次推入水。

三、土工包填土石料比例及适用范围

土工包填料的比例要根据水流流速、水深等条件和河床边界条件等具体情况进行具体分析，既要考虑土工包在抛投过程中的稳定，又要考虑节省开支。一般情况下，当水深小于 5 m，流速小于 1 m/s 时，宜采用土工包内填纯土料进占；当水深 5～8 m，流速 1～1.5 m/s 时，土工包填料土石比应为 1.0∶1.0；当水深大于 8 m，流速大于 1.5 m/s 时，土工包进占应拴系留绳、防止土工包冲失。

土工包经现场多次试验和应用，当使用土工包抢险流速在 1.5 m/s 左右、水深在 5.0 m 左右时，应用效果较佳。因为土工包与土工包之间抗滑动摩擦系数很小，倘若靠其进占，占体极易滑动。应将土工包与土工包通过绳缆相互攀连成为整体，提高其抗冲能力。

实践证明，土工包适于在非裹护段坝岸出险或迎水面根、坦石坍塌入水土基外露时应用。流速小于 1.0 m/s 时，应用效果最佳；水深流急的险情，使用土工包要增加留绳等措施防止冲失。

第二十二章　土工大布及长管袋护岸技术

第一节　土工大布护岸技术

黄河出现顺堤行洪时,抢险常备料物往往很难及时到位,即使到位,抢护速度也难以适应大面积顺堤行洪堤段的抢护要求。为此,研究临时性的土工大布护岸技术,成为河南黄河防汛抢险工作中的重要任务。

一、土工布护坡技术方案

(一)选择合适地点

封丘顺河街控导工程14坝上首滩地土质属于两合土,受"2003.8"洪水长时间冲刷,不断坍塌后退,在10月8日已坍塌至连坝延长线位置(见图22-1),如果不采取措施,14坝上首滩岸会继续坍塌,河势将更加不利,工程防守将更加困难。为此,选择此处采用土工布保护土胎很快奏效,对保护工程安全发挥很大作用。

试验时段大河流量2 800 m³/s左右,水深8 m,流速2 m/s左右。

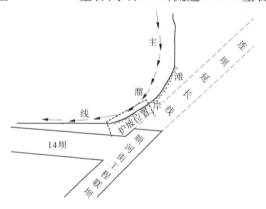

图22-1　施工河段河势图

(二)需要人员及船只

临河侧两只船,每只船15人,加工土工大布人员16人。

(三)料物与设备

该方案准备幅宽3.7 m的土工布,11个1.5 m³石笼,60捆麻绳,棕绳10捆,木桩50根,7 m探水杆4根(每只船上2根),缝包机4台,缝包线20绳,碎石2 m³。

二、土工布护坡操作步骤

(一)加工大土工布

(1)先用缝包机将幅宽 3.7 m 的土工布缝制成一块 30 m×30 m 的大土工布。土工布相邻两端应重叠 50 cm,间隔 1 m 纵向缝制,再间隔 30 cm 缝制,内侧开口,然后每间隔 20 cm 缝一开口口袋。

(2)将大土工布在纵向每间隔 5 m 处,放置一根 40 m 长的棕绳(每端留置 5 m),并用土工布将其包裹,外缘用缝包机缝上两条线(见图 22-2)。在缝制时,每间隔 5 m,线缝应留有间断,以便横向麻绳能够与棕绳连接。在横向布的两端也缝上相同长度的棕绳。

(3)将缝上棕绳的大土工布在一开阔场地展开,用 40 m 长的麻绳横向与棕绳连接(短绳相接,每端预留长度 5 m)。棕绳与麻绳连接方法见图 22-3。

图 22-2　穿绳　　　　　　　　　　图 22-3　棕绳与麻绳节点

(4)由 15 人从一端沿着棕绳方向将大布卷起,麻绳绳头留在布卷外,卷好后,运至坝岸坍塌现场。

(二)固定船只

在 14 坝临河侧坦坡水面以上坡根处,间隔 35 m 抛两个 1.5 m³ 铅丝石笼(事先在铅丝石笼内埋置拴一麻绳的木桩),即图 22-6 中笼墩 1、笼墩 2,并用船只抛水下笼墩,位置见图 22-4,再在岸上打 2 个船只固定木桩,即固定木桩 1、固定木桩 2。将船体按照图 22-5、图 22-6 所示与笼墩、木桩相互连接,确保铺设大土工布时方便、安全。

图 22-4　抛笼墩　　　　　　　　　　图 22-5　固定船只

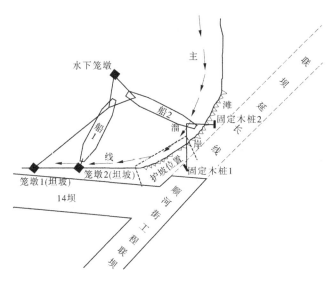

图 22-6　船只固定示意图

（三）铺布前准备

将大土工布从岸上至船 2 一端由 15 人抬着上船，并沿船体平躺在船上（见图 22-7），然后将事先装在船上的碎石装入大布一端口袋内，并用缝包机或人工封口（在没有电源情况时可用人工缝包大针进行缝制）。

图 22-7　将土工布运到船上

（四）展开大布

将每根棕绳绳头连接一长细麻绳，每人一根拉至岸上，大布随棕绳拉出渐渐展开，大布另一侧则展开在船上（有口袋一端），当大布充分展开后，在船 1 上人工装碎石，并将口袋缝上，将船 2 上大布展开后的另一端绳头与船上的 3 个石笼连接，船 1 上的绳头也与三个船上石笼连接，见图 22-8。

（五）抛展大布

在大布各个方向的绳子连接好并检查无误后，两只船上工人统一听号令，同时将石笼推抛入水，再将碎石袋抛入水，随着大布渐渐入水，岸上人员将绳子拉紧，并固定在岸上事先打好的顶桩上，见图 22-9。

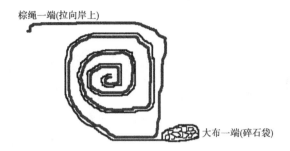

图 22-8　土工布卷示意图

图 22-9　土工布两侧装石

（六）加固措施

将船上剩余的块石或碎石袋等全部抛在入水的大土工布上,同时岸上的土工布除将与其连接绳子加固好外,在土工布上也可均匀抛掷一定数量的块石(见图 22-10、图 22-11),水下土工布压重应超过 200 kg/m²。

（七）定期观测

固定 1 人每天间隔 6 h 观测一次,并做好记录,观测时发现岸上绳子有较紧的情况,可将岸上的绳子稍微放松,以免土工布下端受力较大,将绳子拉断。

三、土工布护坡观测结果

在护坡土工布铺设完成后,要安排专人观测附近河势、滩岸前水深并日测流速,并对土工布布面、固定绳子(缝在布内)的松紧、滩岸坍塌情况进行观测。通过观测,发现护岸处土胎开始有少许坍塌,宽度达到 1.9 m 后,直至汛期结束没有再坍塌后退,布面和固定

图 22-10　土工布铺设后进行加固

图 22-11　抛石加固

的绳子有松紧的调整,后渐渐趋于稳定。

四、技术分析

从以上观测结果可以看出,坍塌土体由于有大土工布保护,基本没有坍塌后退,护胎效果很好。其主要原因如下:

(1)土工布具有反滤抗冲防渗性能,所以水流很难直接透过土工布对土胎形成直接冲刷。

(2)采取了尺布前端下坠重物等措施,使得大土工布在滩岸受冲刷时,水下冲刷坑加深,土工布就随着下蛰,笼墩及石袋下蛰更深,越冲刷,大土工布越紧贴土胎。

(3)在两侧也采取了碎石袋加固,在碎石袋重力作用下,土工布与土胎之间的缝隙随着冲刷不断下蛰,相互间贴得更紧密,更为有效防冲。

该技术主要适用于防汛抢险堵口时裹头防护、滩岸坍塌或坝岸未裹护段防护等。

第二节　移动造浆设备充填长管袋技术

一、研发背景

为响应水利部"由传统水利向现代水利、可持续发展水利转变"治水新思路的要求，结合多年的抢险经验和抢险作业实际情况，积极转变思想，大胆提出新构想，开发研制和应用新的抢险工艺、抢险设备和材料，以满足防汛抢险机动灵活、快捷高效的要求。

因此，寻找科学合理的新工艺、新方法，开发研制新设备以满足新形势下黄河防汛抢险的新要求，成为当前防汛抢险工作的重中之重。

长管袋护岸技术由惠金河务局职工顾小天同志提出并对相关设备、工艺进行了研制、探索。其研发过程及应用情况如下：

（1）2004年7月，提出了通过改进材料、开发新设备从而提高土工模袋应用能力的设想。

（2）2004年9月，改进土工模袋管袋的布局结构。

（3）2004年10月，自主开发研制移动式机械化造浆设备。

（4）2004年11月，完成移动式机械化造浆设备与土工模袋的有机结合及应用试验。

（5）2004年11月，进一步开拓和完善移动式造浆设备与土工模袋的应用范围。

（6）2009年水利部科技推广中心推广7套移动造浆设备，配发给郑州、开封、新乡、焦作河务局的7支专业机动抢险队。

（7）2011年、2015年、2016年分别应用于中牟韦滩、武陟嘉应观和濮阳焦集黄河滩岸坍塌防护中，取得较好的应用效果。

二、作业流程

（一）设备

移动式造浆设备由供水系统、供料系统、造浆系统和输送系统四部分组成。

供水系统：由洒水车（或水泵）组成，负责为造浆池提供压力水源，也可用雅马哈水泵一体机提供有压水源。

供料系统：由挖掘机、自卸车和装载机组成。挖掘机、自卸车负责向抢险场地运输充填用砂料，也可参照备防石模式提前在丁坝背坡储备填充用砂料，便于抢险充填急用。装载机负责向造浆设备装填砂料。

造浆系统：由车厢改装过的自卸车后挡板（门）和输水管道组成。

输送系统：由直径6 in的橡胶软管组成，长度4~7 m。软管的优点是改变方向比较容易，方便向长管袋内填充泥浆。

（二）具体操作步骤

通过密闭自卸车厢，使之成为一个盒形容器，用以盛装造浆用砂性土料，并在车厢后挡板及底板加装了多支高压水枪头，水枪头通过输水管道与供水系统相连。在自卸车斗后挡板底部还安装了30 cm长排浆钢管，管径为6 in，用于输送泥浆。

造浆时,先将自卸车装满造浆用的砂性土料,然后打开两只水枪头,高速水流击打散体砂性土料很快形成高浓度泥浆。正常充填时斗内泥浆面高出地面 2 m 左右,高出排浆钢管 1 m 以上,且泥浆在倾斜的车斗上形成过程中本身就具有较高的速度,这样泥浆在重力作用下继续加速,得以快速从排浆管道进入泥浆输送系统(见图 22-12)。

图 22-12 长管袋技术作业现场

三、技术要领

(1)土料选择。土料应选择黄河泥沙或粉沙,土料内应避免淤土块,以免堵塞自流出泥管带。

(2)严格控制水沙比。在充填泥浆袋护岸过程中,当泥浆浓度大时,泥浆不易流动,不易充填到泥浆袋的另一端,但泥浆袋渗水快,充填快;若泥浆浓度小,流动性大,泥浆易充填到泥浆袋的另一端,但泥浆袋内水分多,渗水慢。利用移动式造浆设备充填泥浆袋水沙比一般为 2∶1 ~ 3∶1。

(3)在充填泥浆袋时,泥浆袋的坡度应尽量陡,车位应高,以增加泥浆的流动速度。

四、注意事项

(1)自卸车在升车斗时,应缓慢进行,应与造浆、出浆相匹配,升车斗快了泥土来不及液化,易堵塞出浆口;升车斗慢了,水多沙少,泥浆浓度小,充填效果不好。

(2)泥浆袋两端应扎牢,特别是下端。一旦泥浆袋下端未扎牢,使扎绳滑失,易造成跑浆,浪费工料。

(3)泥浆袋应与大布缝制在一体,护岸闭气效果更好。

第三节 移动式充填土料机充填袋类抢险技术

移动式充填土料机由料斗、动力输出、输送管、输送架、牵引架、行走等部分组成,是按照制砖机原理,通过螺旋刀、螺旋轴输送管将土料输送到管口,对长管袋、土袋、吨袋等袋类进行充填土料作业,并利用大型机械设备将长管袋、编织袋或吨袋运至出险地点,并按照不同的作业方式,抛投于出险部位,实现对坝岸或滩岸等塌滩险情实施快速抢险作业,达到迅速遏制险情,确保滩区群众安全和工程度汛安全。

一、研发过程

(一)基本设计思路

多年来,在抗洪抢险实践中,无论是机械装土料还是充填泥浆,河南黄河河务局都进行了试验和研究,加工制造了相应的机械设备。如焦作黄河河务局研制的装袋机(只能装编织袋),并在河南黄河河务局范围内推广,因机器本身质量重,每次使用都要吊装,使用起来极不方便,且该设备只能装编制袋;惠金黄河河务局研制的移动造浆设备充填长管袋技术只能为长管袋充填泥浆;封丘禅房控导工程 34 试验坝,曾采用混凝土输送泵向长管袋内充填泥浆,因泥浆离析沉淀快,在充填时多把长管袋给憋崩或堵塞输送泵管道,因此被迫停止使用,后改用制砖机搅拌泥浆靠自流泥浆充填长管袋作业,再后来采用泥浆泵充填长管袋,但因泥浆浓度低,管袋内水分很难排出,影响了长管袋的充填效果。鉴于上述袋类应用实践经验,本次研究设计的基本思路为:设备机动灵活,能向各种抢险袋类直接充填土料,特别是向长管袋内直接充填土料。因此,借鉴了粮食装袋机工作原理,设计了抗洪抢险用移动式充填土料机。该设备由装料斗、动力部分(电机、减速机)、输送管(螺旋轴输送管)、辊轴排架、移动底盘(含牵引架)构成,设计的主要特点是结构简单,拆装及移动方便,生产运行平稳,装袋速度快,降低了劳动强度,提高了装袋效率。该设备需用挖掘机或装载机向料斗供土料,土料通过旋转轴刀将土料直接送入输送管,通过输送管向长管袋等袋类充填土料,由辊轴排架把装满土料的长管袋等袋类运送到出险部位或运输长管袋等袋类的载体上实施抢险作业。

(二)技术参数

1. 结构尺寸

(1)主机尺寸:3 640 mm,总高 2 230 mm,宽 1 385 mm。

(2)料斗尺寸:锥形体结构,上口长、宽均为 1 500 mm,下口长、宽均为 500 mm,高 1 022 mm,体积 1.5 m³。

(3)输送装置:长 2 500 mm,宽 1 120 mm,宽 600 mm。

2. 性能指标

(1)摆线针轮减速机型号:BWD - B6 - 1∶32。

(2)螺旋输送管电机:功率 30 kW,4 极。

(3)螺旋输送管直径:外径 425 mm,内径 403 mm。

(4)螺旋输送管搅叶导程:350 mm。

(5)每分钟产量 50 m³。

(6)输送排架 5 000 mm × 1 180 mm × 670 mm。

(7)调运排架 3 000 mm × 650 mm × 285 mm。

二、设备加工制造

(一)加工制造

按照上述设计思路和技术参数,河南黄河河务局防办与巩义黄河河务局委托巩义泰华机械厂严格按照设计标准加工制造,加工制造期间,防办多次派技术人员进行技术指导,对机身的整体进行了安全检查,尤其对钢焊接处进行了严格的牢固性检查,对各项技术参数认真校核,确保了设备的安全、完整、适应性。

该设备初次设计主要由电机、减速机、料斗、输送管、螺旋输送管、支架、钢制滑板等组成,设备总长 4.4 m,高约 80 cm,传动装置与地面的夹角约 10°,可以利用物料本身的自重而落进长管袋或吨袋内,充填土料机的基架用方钢焊接而成,结实稳固,输送滑板由铁皮钢架焊制而成,见图 22-13。

(a)主机　　　　　　　　　　(b)料斗　　　　　　　　　(c)钢制滑板

图 22-13　移动式充填土料机

(二)长管袋缝制

目前,按照当前土工织物生产工艺可直接加工成品袋,直径有 0.5 ~ 3.0 m 不等,长度一般为 50 m 或 100 m,成卷包装。每年根据防汛抢险需求可少量采购不同直径的管袋卷进行储备,或储备一定量的土工布,一旦发生险情可随时缝制长管袋或吨包使用。当储备的长管袋直径或长度不能适应抢险需求时,可在现场直接加工,管袋长度和直径根据抢险需求确定加工,长度一般为 5 ~ 8 m(过长体积重不易抛投),直径一般为 0.6 ~ 0.8 m(过粗不易装抛)。

1. 准备工作

土工布:布幅宽度 4 ~ 8 m,长度(或平米)根据用料确定;

技术指标:180 ~ 220 g/m²;

缝包机:手提式缝包机 2 台;

封包线:高强度呢绒封包线 5 卷或根据用量确定;

雅马哈发电机 1 台,剪刀 2 把,手钳 2 把,螺丝刀 2 把,缝纫机油 1 壶,专用工具 1 套。

2. 缝合

1 人在前边用双手把长管袋布边对齐,1 人左手捋布缝前行、右手握缝包机向前缝合,同时 1 人提电线及插座与其配合,并拉紧布缝(见图 22-14)。为提高缝合强度,一般采用双线缝合,缝线最好为完全重合。缝线方式为两种:第一种为 1 台缝包机前行,第二台缝包机随行,可提高缝线速度,节省人工;第二种为当第一道缝线完成后,重缝合第二道缝线。

图 22-14　缝合

3. 成品交验

长管袋缝制完成后,按照不同的规格、整理、分类、存放,抢险用什么规格的交验什么规格的,避免因长管袋规格混淆影响抢险速度及效果。

三、安装调试及存在问题

(一)安装调试及生产运行试验

2014 年汛前,在巩义金沟控导工程 26 坝进行安装调试,准备工作包括移动电源、备土料(黄河粗沙)、挖掘机、装载机、5 ~ 8 m 长管袋、大麻绳等设备及物料。安装程序为:安装主机→装配料斗→安装滑板。操作程序为:在输送管出料口套上长管袋,并贯穿一条大麻绳(留绳)→挖掘机向料斗内卸土料→启动电源→开动电机→输送管内环刀转动→土料通过输送管送料→充填长管袋。

安装调试现场,厂家工作人员、防办技术人员进行技术指导,工人首先将土料充填机(主机)组装至 26 坝合适位置,把料斗出口对准主机进料口安装到位,并用螺栓将主机与料斗固定,然后把钢制滑板放于出料口,并重叠 0.1 m(防止充填土料的长管袋受卡)。安装完成后,将规格为 6 m×1.5 m(暂无 1.0 m 直径管袋)的长管袋(黑色聚乙烯)套在输送管出口前端,并把长管袋末端绑扎后剩余长 1.0 m 左右的管袋铺放于滑板上即可。

随后,供电人员启动发电机发电,推上闸刀接通电源供电,发电机正常运转指示灯常亮,并调试动力电机正、反转后,设备处于待工作状态。

移动式充填土料机开始运转后,挖掘机首先将土料装入料斗,土料进入输送管,螺旋刀将土料匀速往前推进,并从输送管的末端出口处将土料送入长管袋,长管袋随着充填土料而鼓起,民工分别站在钢制滑(垫)板两侧向后拉拽长管袋留绳,迫使长管袋通过钢制滑板向后移动,以利土料充填机将土料继续向长管袋充填,直到土料充填机长管袋充满(长管袋容积的 70% ~ 80%)。民工将已装好土的长管袋进行绑扎封口,并把麻绳钩挂在挖掘机或装载机铲斗上进行抛投,见图 22-15 ~ 图 22-18。

为检查充填土料机是否能正常运转,采用人工用铁锨向料斗内铲卸土料(黄河粗沙),充填土料机能够正常工作,输送管道出料口土料充填有力,后改用挖掘机向料斗内供土料(黄河粗沙),电机、减速机均能正常运转,输送管内的螺旋刀运转正常,充填土料机整体工作状态良好。但当充填到第三个长管袋时,发现输送管不能正常工作,时而卡轴、时而运转,输送管道内发出"咔嚓""咔嚓"的声响,输送管并有轻微抖动,不能正常运转对长管袋进行充填土料作业。经停机检查,主要问题在于输送管道内有碎砖块,旋转刀转动受阻。

图 22-15　安装完成的充填土料机

图 22-16　挖掘机向料斗内装卸土料

(二)存在问题

(1)主机、料斗等设备部件较重,安装、托运不方便。

(2)钢制滑板难以承担长管袋滑离及充填土料时缓慢移动长管袋的作用。

(3)土料中碎砖石及杂草等杂质影响充填土料效果。

(4)输沙管长增加了充填长管袋的摩阻力。

(5)动力小,在充填长管袋过程中时而有卡轴现象。

(6)挖掘机在装料过程中向电机上散落土料,影响电机散热及不利于保养。

图 22-17　技术人员为长管袋绑扎留绳

图 22-18　挖掘机向出险部位抛投长管袋

四、技术改进

针对充填土料机试验中发现的一些问题,技术人员经过细心观察、研究,拟订了设备改进方案,并得到实施,设备技术改进设计图如图 22-19 所示。

(一)增加行走部分及牵引

鉴于实际抢险设备安装快、机动灵活等要求,在主机下方安装了 2 个承重车轮,在出料管口约 1.0 m 处安装了导向轮和牵引架,可在不同的道路上行进(见图 22-20)。使用时,只需用小四轮、奔马车等小型动力车拉运到抢险现场或料场直接进行装袋作业,不需要再进行吊装、拆卸、托运和组装等作业。以便设备能快速有效地移动到各个出险地点,适应多种地形条件下的抢险作业。在实际抢险中,由于险情紧迫,抢险时间显得尤为关键,错失最佳抢护时间有可能造成不可估计的损失,如果只凭借运输车来运送移动式充填土料机必然导致时间的大量损耗及人力、财力的浪费。大大提高了设备的机动性和灵活性,争取了高效的抢护时间。

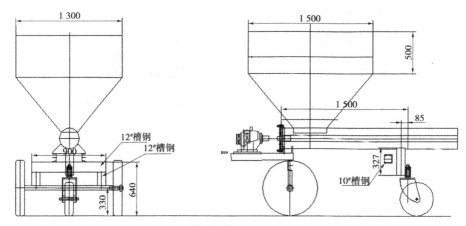

(a)改型后装配图1

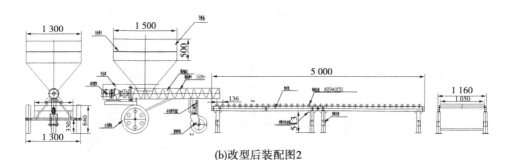

(b)改型后装配图2

(c)辊轮输送架

图 22-19　设备技术改进设计图

(二)电机护罩

为保护电机机体,加装了电机护罩,有效地解决了电机裸漏在外的问题,护罩采用钢制材料,厚度适中,长度约 40 cm,宽度约 30 cm。

图 22-20　移动式土料充填机

（三）料斗内加装了拦物栅

料斗尺寸为 1.15 m × 1.5 m × 1.3 m（长、宽、高），距料斗上延约 0.6 m 处加装了拦物栅，当杂质随土料进入料斗时，拦物栅的间隙只能容纳土料进入，把杂质屏蔽在外，再由人工将其碎砖石或杂草移除，确保了充填土料设备正常运行，见图 22-21。

图 22-21　改造后加装拦物栅料头

（四）送料管

送料管的长度由原来的 3.6 m 缩短至 2.1 m，长度缩短后，减少了土料在管道内的运送距离，减少了管内土料摩阻力，其出土时间较原来相比减少 1/3，出土效率大大提高。

（五）辊轮输送排架

辊轮输送排架长 5.0 m（2 个 2.5 m 拼装而成）、宽 1.0 m，排架上安装了若干钢轴滚动轮，当设备运行后，长管袋充填土料时需在输送排架上辊轮缓缓向后滑行，可由 1 人或 2 人拉拽长管袋拴系留绳，长管袋就能轻便地被移动（改造前 7 ~ 8 人拉不动的现象），不仅节省了人工，还缩短了装长管袋时间。

原来钢制垫（滑）板由整体结构长 1.5 m、宽 1.0 m，断面呈三角形，改为两个长 2.5 m、宽 1.0 m 滚轮输送排架，装吨袋、编织袋时用一个辊轮输送排架，充填长管袋时将两个辊轮输送排架拼装既可，拆卸方便。其拼装结构是：在输送架两头中间部位打两个螺栓孔，用螺丝连接即可。同时，辊轮输送排架支腿安置可调节支架，支架高度可根据装不同袋类的需求将输送排架及地面高度进行高低调节，见图 22-22。

图 22-22　辊轮输送排架

（六）加大机械动力

移动式充填土料机原动力设计原理参考常规一般上料机原理,运送的原料主要有大豆、小麦、玉米等粮食作物,摩擦力小,一般采用 5.5 kW 电机。开始,移动式土料充填机采用的也是 7.5 kW 电机,通过安装、运行试验,土料摩阻力大,时常有不能正常运转的现象,经研究,装配了 30 kW 电机,动力加大,运行效果较好,见图 22-23。

图 22-23　一代机巩义金沟抢险充填长管袋作业

五、推广应用情况

该移动式充填土料机在一代机的基础上,又进行了优化,加工制造了二代机。二代机动力源由原来的 7.5 kW 提高至 30 kW;料斗加装了平板振动机;动力源分为电动机和柴油机(柴油机更适合抢险需求)两种机型,防汛抢险时可根据不同的工况选择不同的移动式充填土料机。

该设备 2017 年被水利部科技推广中心列入"2017 年水利部科技成果重点推广目录",并颁发了水利先进实用技术推广证书,见图 22-24。

该设备 2016 年度由河南华禹水利水电工程有限公司,利用移动式充填土料机(二代机)推广应用于黄河内蒙古段二期防洪工程巴彦淖尔市段工程施工第六标段施工,装长管袋,速度快、效率高,为保障工程的顺利实施奠定了基础,见图 22-25 ~ 图 22-28。

水利先进实用技术
推广证书

黄河水利委员会河南黄河河务局：

　　你单位**移动式充填土料机**（技术）列入《2017年度水利先进实用技术重点推广指导目录》，认定为水利先进实用技术，特发此证。

　　自发证之日起，证书有效期三年。

（完成人：王松鹤、曹克军、楚景记、刘景涛、刘铁锤、毛国庆、张晓玲、杨岚、张瑞峰。）

二〇一七年七月一日

图 22-24　移动式充填土料机推广证书

图 22-25　移动式充填土料机装袋　　　　　图 22-26　挖掘机调运长管袋

图 22-27　挖掘机抛投长管袋　　　　　图 22-28　长管袋水中进占护岸效果

　　2017年汛前,河南河务局防办、巩义黄河河务局、焦作河务局、武陟第一河务局结合武陟嘉应观河段滩岸坍塌7~9垛应急抢护工程施工,开展了"移动式充填土料机"抢险新技术、新材料、新工艺推广应用。

　　此次应用,分别对袋长4 m,直径0.6 m、0.8 m、1 m的长管袋进行了充填实践,对装袋、封口、吊装、抛投等环节进行优化,解决了影响充填土料效率及抛投抢险等相关技术问题,并对抢险护岸效果进行了分析。从装袋到抛投仅需3~5 min,抢险速度快、效果好,取得了较好的经济效益和社会效益,见图22-29~图22-31。

图22-29　移动式充填土料机装袋作业

图22-30　装袋机抛袋作业　　　　　图22-31　长管袋及吨袋护岸效果

　　该设备设计合理、结构简单、移动便捷、充填土料速度快、效率高,能够与大型机械相互配合,机械化程度高、抢险效果好,提高了滩岸或坝岸抢护的工作效率,降低了劳动强度,操作简单、便于学习掌握,使长管袋替代柳石枕成为现实,便于就地取材(土料在黄河岸边取之不尽、用之不完),抢险时可以迅速组织到位,为抢险赢得宝贵时间,且不需砍伐林木,保护生态环境。该设备的主要贡献是充填长管袋、吨袋等袋类用于工程抢险或滩岸坍塌应急防护,可替代传统人工捆抛柳石枕、柳石搂厢等传统抢险方法,具有很好的推广应用价值,社会效益和经济效益十分显著,对于黄河下游防洪抢险具有划时代的意义。

第二十三章　土工大布护底技术

第一节　研发背景

土工布护岸技术是将土工布铺设于工程底部,堵口时将大布事先铺放于口门处,用于口门堵复时防止水流刷深河底,可大大减少工程量,降低堵口难度,提高抢险堵口效率。该技术主要适用于防汛抢险堵口时护底防冲、水中筑坝进行护底,可防止河底冲刷等。

在人类长期与洪水斗争实践中得知,堤防堵口成败的关键主要是口门的合龙是否成功。合龙的关键主要是随着口门的逐渐缩小,流速加大导致河床淘刷,也就是说,在堤防堵口中,如何避免河床淘刷下切已成堵口成败的关键。因此,通过总结历史堵口成败的经验与教训,以及近年来对新材料、新工艺在黄河上的应用,土工织物在黄河工程施工、抢险中得到广泛应用。既有成功的经验,也有失败的教训。如2002年在濮阳万寨堵口过程中,采用土工织物缝制成大布铺放于口门处,由于当时受流速、船只和技术等方面的影响,大布铺放未能展开,没有达到护底效果,导致堵口难度加大。随着口门的逐渐缩小,流速加大,河床淘刷下切,给口门合龙造成很大的难度,不但浪费了人力、物力,而且还延长了口门合龙时间。2006年在开封东控导工程续建11坝工程水中施工中,采用了大布护底试验,铺放大布取得圆满成功,在后续的传统水中进占施工中,避免了河床的进一步淘刷下切,占体稳定,节省了大量人力、物力,提高了工程进度,水中进占得以顺利实施。

第二节　土工大布护底作业流程

一、土工大布选择及缝制

根据大布护底实践经验,土工大布选用 230 g/m^2 的丙纶机织有纺布。根据工程实际计算出需要防护的面积,结合河势、水深、流速等条件,应使大布面积稍大于防护面积。施工前应与生产厂家联系,并提供大布加工具体尺寸和各项指标。待加工好的成品大布运到工地现场,应在现场展开。或利用土工布现场缝制。大布内布绳,最后在大布上缝制小口袋,袋内装满小石子,便于大布与土体紧密结合。若是护底工程,在大布上端缝制小口袋即可。

二、卷布

将大布以下端为卷心卷起,卷布前下端各绳头接续足够长的绳,接长部分卷入布内,用于铺放大布时将已经卷起的大布从下端拉开,见图23-1。

图 23-1　卷大布

大布卷起后,要能明确区分两端每一根留绳的不同用途,如果混淆,将给铺布造成很大的困难,见图 23-2。

图 23-2　布卷两端绳子按顺序摆放

三、船只准备

根据防护位置不同,使用船只数量也不同,护底工程需 4 条船固定。各船只在水中利用向河底抛投铅丝石笼和岸上打桩牵系固定,抛投的铅丝石笼在铺布时还起到牵系土工大布的作用。

事先在各船上摆设铅丝石笼,各个铅丝石笼内设骑马桩,每笼从桩上拉出 3 根绳,分别用来牵系船只、牵系大布和备用,每个铅丝石笼体积 1.5 m³ 左右,抛到河底起到地锚的作用。每条船上各放置定量散石用于土工大布沉底后的散压。

四、固定船只

护底工程船只固定:各船逆水上行至适当位置,向河底逐个抛投用于定船的铅丝石笼,通过铅丝石笼的牵系并松放或拉紧绳索使各船只准确定位,见图 23-3。

图 23-4 是迎溜面第一个船的固定平面示意图。

船逆水上行定位抛笼,船速慢,易掌控,定位更准确;船顺水下行速度快,难以掌控,尤其是迎溜面铺布船(以下简称主船)准确定位相对困难,当主船定位后,左侧船相应较好定位,它可以借助主船上铅丝石笼和主船联结在一起,它的主要作用是侧向拉紧土工大

图23-3　船只抛笼定位现场

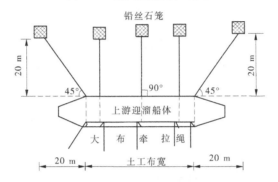

图23-4　上游迎溜船体固定平面示意图

布,免受水流扰动大布平面,准确定位相对困难一些(见图23-5)。

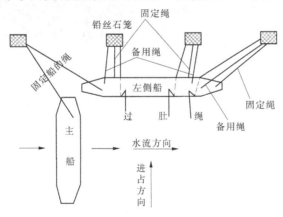

图23-5　主船与左侧船固定示意图

　　下游船定位:主船与侧向船定位后,再将下游船定位,下游船的主要任务是将布拉展后进行拉紧固定,使整个大布展开平整,在各种水流条件下不变形(见图23-6)。

五、填石、放布、接绳

　　将卷成长条筒状的大布用人工扛抬至船上一字摆放。拉开上端小口袋,向每个小口袋内均匀填满小石子。小石子事先用编织袋装好,向大布上端袋内装小石子时,每袋可以

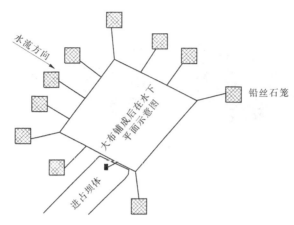

图 23-6　大布铺至河底位置示意图

将一个装了小石子的编织袋整个装入,也可以将小石子倒入,以整个编织袋装入为好。装石子的作用在于使布上端沉重,促成大布上端在铺布时能首先下沉入水并均匀密实地贴压在河底上,进而对整块大布的平稳、下沉、密实护底起到关键作用。

将船上铅丝石笼里出来的大麻绳(用来牵拉大布的绳头)接长,并过船底回到船的另一侧船杆(帮)上,然后与大布上端绳头连接,绳长留适当长度(见图 23-7)。

图 23-7　布过肚绳

六、铺布

利用小船或冲锋舟将大布左、右侧及下端的绳头分别送达左侧船、右侧船、下游船上。将上游船上专用来牵系大布的铅丝石笼抛入河中,牵系大布的绳长调整至恰当位置。

上游船上人工在指挥员令下将下边缘受铅丝石笼牵系的土工大布(大布卷)全线同步抱起,同时下抛,下游船上人工同时均匀拉绳使大布在水面上均匀逐步平展,直至大布完全展开(见图 23-8),左右侧根据大布展开情况,适时拉绳。

七、加固措施

大布在水面完全展开后,上游船人工将装有碎石袋的大布上端全线同步放入水中。装有碎石袋的大布上端在河底铅丝石笼的牵系和碎石袋重力的作用下,逐渐均匀下沉到河底,和河底密实接触。大布在水流作用下自上而下逐渐下沉,适时斩断左右两侧及下游船的各根拉布绳,整块大布即平展铺放入水,并在水流作用下逐渐下沉铺放在河底上。

大布沉入河底后,将各船只上的散石均匀抛向大布表面散压,以使大布与河底结合得更紧密(见图 23-9)。

图 23-8 布卷完全展开   图 23-9 抛石加固

第三节 各项作业规范要领

一、技术要领

(一)土工大布选择与缝制

土工大布应选用 $200 \sim 230 \ \text{g/m}^2$ 的丙纶机织布。在缝制时应根据设计尺寸缝制,在大布尺寸确定上应考虑略大于实际尺寸的 1.1 倍,且在大布内布绳,最后缝制小口袋,袋内装满小石子,便于护底大布与河床紧密结合。

(二)卷布

大布缝制好后,为便于铺放操作,应先卷成大布卷。卷布时,前后左右应缓慢进行,特别是左右应相互照应,卷布进度相同,应把大布卷卷实,应避免卷斜、卷偏。

(三)船只准备

应根据大布护底位置及水流条件的不同,使用船只的条数也不同。当在大布护底位置有一侧可依附的,用 2 条船即可;当两侧有依附的,用 1 条船即可;当两侧都没有依附的,至少要用 3 条船,甚至 4 条船。并在每条船上准备好足够绳缆和土石袋,以便大布铺设完成后及时压护大布护底。

(四)船只固定

大布护底成功的关键与船只固定密切相关。一是根据护底位置确定船只固定位置,在船只固定位置上游抛投铅丝石笼;二是船只应通过绳缆牢固地固定在铅丝石笼上,并掌握绳缆与船的角度;三要考虑绳缆的强度,应根据船只大小、受力情况确定绳缆是采用麻绳或棕绳。

(五)接绳、填石、放布

布卷抬到船上后,大布应与船上绳缆连接,且应考虑绳缆与大布连接的长度及是否拴系牢固。再把大布头碎石袋打开，装满碎石。或另用碎石袋拴系于大布头，在大布放展后，一声令下共同抛投入水。

（六）展布及加固措施

在展布时，首先不能让布的上游侧及布的左右两侧入水，在布的周围拉紧绳缆，以免大布入水冲卷大布，影响展布效果。当一声令下把大布铺放到河底后，应及时采用船上装的碎石袋或块石抛入水中，进行压护。

二、注意事项

（1）船只及固定：根据大布护底铺设位置，应按要求确定船只的条数，不能为了省事而凑合；在固定船只时，应根据流速和船只大小，确定使用固定船只麻绳或棕绳的条数及强度，确保固定船只安全。

（2）风力及风向：在大布护底过程中，应特别注意风力与风向，若风力超过3级不利于大布铺设，应另选择风力小时铺设。

（3）整齐划一、协调一致：在大布铺设过程中，要政令统一、令出一人，不能乱指挥，避免各项操作步骤、方法不一致。

（4）安全生产：大布护底工作，由于是水上作业，操作人员应身着救生衣，时刻注意人身安全。

第四节　土工大布护底技术操作规程

一、概述

（1）为了适应黄河下游防洪工程建设和抢险、堵口的需要，推广河南黄河河务局试验研究的"土工布进占护底技术"科研成果，保证工程质量和人员安全，特制定本操作规程。

（2）本规程适用于修筑河道整治工程水中筑坝，对于工程抢险、口门堵复也可采用。

（3）施工单位应加强施工管理，保证施工质量，注意施工安全。

（4）土工布护底施工操作除应符合本规程的规定外，还应符合国家现行有关标准的规定。

二、施工准备工作

（1）在施工前必须对普工进行现场培训，应有明确的分工，岗位一旦确定就不宜更换。

（2）上游主船长度应不小于30 m，宽度应不小于5 m；主船下方侧船长度应不小于20 m，宽度应不小于4 m；下游船长度应不小于15 m，宽度应不小于4 m。在施工现场应专门设置冲锋舟，用来传送拉展土工布的接绳，同时在出现紧急事故时应急使用。

土工布进占护底施工应调配船只4艘，冲锋舟1艘，挖掘机1台。

（3）在修筑工程之前，技术人员应检查船只、机械设备是否正常，船体各部位有无渗漏现象，全船消防、救生设备及其他安全设施应保持完整无缺，并应设专人保管，不准乱动和挪用。

（4）机织土工布的规格宜不低于 230 g/m²，可让厂家加工成施工时需要的尺寸，进占土工布需要的大麻绳长度应按该块土工布周长的 2 倍再加上 200 m 准备。幅面大小为 30 m×40 m（垂直水流方向 30 m，顺水流方向 40 m）。在厂家进行大布加工前，应要求厂家在大布上直接加筋，外留绳头，以便在施工场地接绳。

施工前应准备缝包机 3 台，每个船上不少于 1 把菜刀或电工刀。救生衣应按船上人数每人 1 件准备，还应准备 3~4 m 探水杆 8 根。

（5）大幅土工布纵横向应各加 4 根棕绳，两边各 1 根，中间 2 根，绳距应相等。棕绳应缝制在大布上，与大布成为一个整体，四边留头，用于铺布时将布从四边拉展。大布上端应翻折 1 m，缝制成 1 m×1 m 的方形口袋，不封口。大布缝制一般应投入 10 名普工。

（6）大布应以下端为卷心将其卷起，卷布前下端各绳头应接续足够长的绳，接长部分卷入布内，用于铺放大布时将已经卷起的大布从下端拉开。大布卷起后，应该用标记明确区分两端每一根留绳的不同用途，以免给铺布带来很大的困难。

（7）卷成长条筒状的大布应当用人工扛抬到上游船的下边缘一字摆放。卷布、抬布使用普工 40 人。拉开上端方形口袋，应向每个口袋内填充约 30 kg 的小石子。向大布上端袋内装小石子，可以将一个装了小石子的编织袋整个装入，也可以将小石子倒入，但以整个编织袋装入为好。船上铅丝石笼里拉出来的、用来牵拉大布的绳头应接长，并过船底，与大布上端绳头连接，绳长应留适当长度。

三、施工操作

（1）进占护底施工通常应安排总指挥 1 人，高级技师或技师 4 人，普工 80 人，船工 4 人。其中，主船上的人员应安排 30 人：总指挥 1 人，高级技师 1 人，船工 3 人，普工 25 人；其他三条船各应安排高级技师或技师 1 人，普工 15 人，船工 1 人；岸上应安排普工 10 人。

（2）船上指挥和操作人员必须穿好救生衣。

（3）船只定位应按上游主船、两侧船、下游船的顺序进行。上游主船定位主要靠铅丝石笼和岸上木桩定位，离岸近的一侧用大麻绳拴系于岸边木桩上，主船另一侧用抛入水中的铅丝石笼固定。主船定位后，应及时固定下游两侧船和主船正下方船，两侧船船头应与主船用大麻绳进行连接。固定两侧船之间距离应为土工布宽度。船尾拴系于铅丝石笼上。随着进占的进行应及时放松牵引绳长度，以便进占顺利进行。下游船与两侧船应以大麻绳相连，同时在水中抛铅丝石笼并系于船上。

（4）急流中的大船必须在河中抛铅丝石笼来固定主船位置，原则上是先抛两端成 45°夹角的两个铅丝石笼（1、2），见图 23-10。

铅丝石笼 1、2 抛下后，船只可以基本定位。若水流较急，船只不容易固定，应另外加抛铅丝石笼 3、4、5。若用 15~20 m 的两只小船，可先固定一只船，再用同样的方法固定第二只船，第二只船可以只抛一个铅丝石笼（见图 23-11）。

主船定位后，侧向船应按照预定的位置抛铅丝石笼，同时与主船相连接。

实施大布展开这一关键任务的下游船，在接上固定大布的绳时，应向下游移动船的位置直到大布的绳拉紧，再抛铅丝石笼（见图 B-3）。

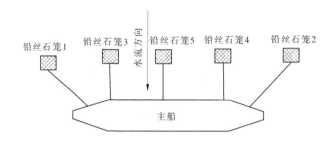

图 23-10　笼墩抛投位置及与船体连接

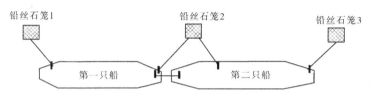

图 23-11　船体之间连接

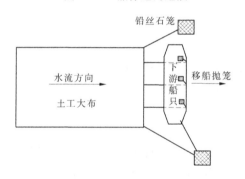

图 23-12　下游船只定位示意图

（5）在铺布前应将土工大布上引出的麻绳绳头递送到相应船只上，通过冲锋舟将大布中间的两根绳子及尾端的两根绳子引送至主船下方相应的船只上，在递送过程中应注意各个绳之间不要相互影响或缠绕在一起。

（6）大布护底的理想部位应在进占体正下方的位置，大布外边超出占体最前端 10~15 m，大布中线与占体中线平行，偏上 5~10 m。

大布护底铺布最佳时间应在进占前进行，最好在水深较小和流速较小时一次铺到位。

（7）专用来牵系大布的铅丝石笼在上游船上抛入河中时，牵系大布的绳长应调整至恰当位置。

上游船的下边缘受着铅丝石笼牵系的、卷起的土工大布在指挥员的指挥下，全线人员应同步抱起、同时下抛。下游船上人员应同时均匀拉绳，使大布在水面上均匀逐步平展，直至大布完全展开，左右侧船上人员应根据大布展开情况，适时拉绳。

大布在水面完全平展后，上游船人员应将装有碎石袋的大布上端全线同步放入水中。大布在水流作用下逐渐下沉，应适时斩断左右两侧及下游船上的各根拉绳，使整块大布即平展铺放入水，在水流作用下逐渐下沉铺放在河底上。静水时应用人工拉平。

（8）大布入底后，应将各船只上的散石均匀抛向大布表面散压，使大布与河底结合更紧密。

(9)抛下土工布前,应将固定船位的麻绳放松相当于一块土工布的长度。底面两块土工布的重叠长度宜为 5～10 m。当所有船只在新的位置固定好后,应按前述步骤进行下一块土工布的铺设作业。

四、岗位职责

(1)总指挥负责整个进占的协调与指挥,应检查督促各船指挥管理人员是否严格履行各船职责,把握整体进占有无重大问题,提前消灭隐患;并重点考虑各个环节是否正常,如各船只是否有专人负责、进占长度与大布是否相符等。

(2)主船指挥应明确主船人员各自的工作任务,重点盯好船头的大布的铺放工作,同时应注意进占方向是否偏离预定方向。

(3)其他船指挥应明确该船人员各自的职责,注意相互之间的连接是否正常。在大布展开过程中,应注意适时拉紧绳头,根据情况及时将固定大布的铅丝石笼推入水中,并适时斩断展布时所用绳头。

(4)主船 2 名船工应负责上游缆绳放松及接绳,20 人应负责大布填石、系连结绳、放布、推铅丝石笼。普工 25 名,最好是亦工亦农抢险队的成员。

(5)其他船上的人员应作以下安排:1 人负责船只定位连系绳的连接工作,10 人负责大布展布时的拉展工作等事宜,1 名船工负责与其相连的其他两个船只之间的相互定位工作,并负责掌握船体稳定和安全,4 人专门推铅丝石笼,2 人负责料物供应及斩绳等工作。

(6)参加施工的人员虽各有分工,但应视工作情况统筹调配,互相协助。展布、推笼、放绳时,应一同动手,通力协作进行。

五、施工管理

(1)在施工过程中应加强对普工的管理,确保普工在土工大布运送及船上土工大布展开铺设等工作中,按技术要求进行各种操作。

(2)水中进占筑坝,宜连续进占,尽可能减少间断次数。

(3)交接班时,各船负责人应安排民工、技术员的本班工作,并应就本班工作中存在的问题提出改进意见。施工前应编制预案,遇到问题仍应各负其责,安全高效地开展工作。

第二十四章　土工大布及网绳结构水中进占技术

土工大布及网绳结构水中进占技术是利用3条船只固定进占位置,使其围成"U"型,在3条船上铺放底钩绳,并根据水深、流速大小间隔一定距离(1.0 m左右),用练子绳将底钩绳连在一起,形成一个网状整体,均匀受力,并在网状绳上面铺设土工大布,然后用自卸车卸土、推土机向大布网兜内推土进占。该技术适用范围:水中进占施工、防汛抢险堵口等领域。

土工大布及网绳结构水中进占技术,主要解决河道工程水中筑坝时,以土工织物大布包裹土料为抗冲体,以传统埽工技术桩绳连接成网状为承载体,以黄河沙土资源代替传统抢险或筑坝用的柳秸料和石料,实现利用新材料、新工艺、新技术完成水中快速进占筑坝施工。

第一节　研发背景

黄河堤防、河道整治工程抢险、堵口及筑坝施工,之前一直沿用传统人工施工的埽工技术,已延续了数千年。在科技不发达的年代,这种传统技术有其顽强的生命力,并发挥着重要作用。但是由于使用的主要料物是柳秸料和块石,这些料物一是破坏环境,二是投资大。

近年来,有单纯用大量块石进占的方法,但在大溜顶冲进占时容易造成占体进溜,背河土体易被冲失。2007年在抢护老田庵下延26～30坝和蔡集上延工程53～49坝时,均出现了水深超过10 m、流速达1.5～2.0 m/s的情况。白天土方进占10 m,一个晚上会全被冲失。根据工程实际计算,老田庵下延工程26坝、27坝两道坝没有采用土工大布进占,实际使用土方24万 m³,而按照设计断面计算仅需土方11.9万 m³,实际使用土方是设计进占土方的2.02倍。加之块石进占倒三角体作土体使用,浪费也是不可忽视的。

鉴于以上情况,开展试验研究土工大布网绳结构水中进占筑坝技术应运而生。

2007年老田庵工程施工,在遇到进占十分困难的情况下,河南黄河河务局防汛办公室组织有关抢险专家,结合工程建设实际情况,进行了土工大布网绳结构水中进占试验。试验方案采用3只船,组成"U型",在"U型"内拴系底钩绳和练子绳形成网兜,并在网兜内铺设土工大布。而后利用自卸车,推土机向大布网兜内推土,实现快速进占,经过7个昼夜的连续作业,完成1道连坝长100 m的施工任务,施工水深7～12 m,最大流速2 m/s,试验初步获得成功。

第二节　作业流程

以蔡集上延工程为例,土工大布及网绳结构水中进占技术作业流程如下。

一、场地平整

布置施工场地,确定(施工放样)进占位置,平整场地,整修施工道路。对进占岸边,进行清障削坡(坡度1∶0.5~1∶1.0),以便施工操作和占体与岸边紧密结合。

二、固定进占船只

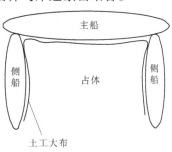

图 24-1　进占平面示意图

船是水中进占的依托,既决定占体的位置,又是土工大布进占在水中的工作平台,对进占成败至关重要。主船、侧船通过头缆、尾缆、横缆、过肚绳等绳缆连接固定。船上铺好船板以便放置大布和操作,在船上捆龙骨(钢管或木杆),便于进占拴系底钩绳和展拉大布,见图24-1。

(一)主船定位

首先要在"进占"位置固定主船。主船固定由5条绳拴系,即船头有头缆、横缆,船后有牵尾缆和横缆,中有过肚绳,但在水深流急的情况下,前后应增设过肚绳,见图24-2。

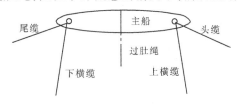

图 24-2　主船固定示意图

(二)侧船定位

上、下游侧船首先与主船通过绳缆固定,越紧密越好,而后根据占体宽度,利用绳缆固定两船头之间的距离,一般净宽6 m左右(占体宽度)。船尾拴系尾缆和横缆,见图24-3。

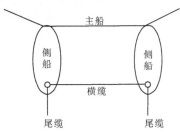

图 24-3　侧船固定示意图

(三)架设龙骨

在三条船上架设龙骨,龙骨位置应在船只临占体一侧的2/5处,以便铺设底钩绳、过肚绳。龙骨的高度一般距船面0.3~0.5 m,不宜过高,否则,龙骨受力后易倾斜,影响船只稳定。为使龙骨受力均匀,防止龙骨受力后发生变形或损坏,应在龙骨两端和中间增设着力点,固定龙骨,见图24-4。

图 24-4　"龙骨"架设

三、打桩伸底钩绳、练子绳

为固定土工大布,在大布下面铺设底钩绳,为牵拉底钩绳,在进占位置上方垂直进占方向打一排顶桩,桩长 1.5～2.0 m,间距约 1.0 m,桩顶部高程应低于占面 0.3 m。底钩绳一头拴系在顶桩上,一头适当拉紧缠绕在主船上的龙骨上面,间距同桩距,每隔 1.0 m 底钩绳之间以练子绳相联系,见图 24-5。

四、铺布

绳拴好后,把卷好的土工大布卷抬至进占作业面,在绳上铺布,布的一端通过系绳缆拴打在顶桩上,另一端(布卷)放于 3 只船龙骨的外侧。布和底钩绳用 12 号铅丝绑扎固定,见图 24-6。

图 24-5　打桩伸底钩绳、练子绳

图 24-6　铺布现场作业

五、推土进占

土工大布铺好后,用自卸汽车运土至大布前,用推土机向大布内推土,随着土量的逐渐增多,对大布的压力也逐渐增大,放布、松绳,土船靠侧向压力向前推进,继续推土向前,完成进占作业,见图 24-7。在进占的同时,应对底钩绳、过肚绳、横缆等绳缆设专人负责,适时掌握松紧,不得使进占船只位移过快,并保证主船受力平衡,确保安全、顺利实施进占作业。

图 24-7　推土进占作业

六、松底钩绳、展布

在推土进占过程中,进占土体压着大布、底钩绳、练子绳缓慢而下,通过下蛰进入河中并蛰实成为占体。应一边放松绳缆使船体外移,一边松底钩绳、连练子绳,一边适时展布。在展布过程中,让底钩绳、布始终受力并紧贴进占土体下蛰,见图 24-8。展布时不能任意松底钩绳和布,一旦有多余的大布入水,船与土体形成空当,导致动水冲卷大布,轻者使土体迅速下蛰,重者动水冲卷大布,大布入水,底钩绳、大布被冲,整体(布、底钩绳)失去控制,给推土进占带来很大的被动局面。

图 24-8　松底钩绳、展布作业

七、侧搂占

随着推土进占的进行,占体一节一节向前进修,主船和两侧船也同时向河中心方向移动,两侧船上的布头也要适时沿垂直坝轴线方向向上裹护土体,保持占体稳定。

八、大布对接

在每块大布即将展到头时,当有缝制的大麻绳出现时,按照布幅宽度与要对接的布幅宽度相应对齐后,随时将幅对幅、缝对缝进行对接,然后用 12 号铁丝每隔 15 cm 绑扎预先缝制好的大麻绳。大布对接好后再将多余的 2 m 布头展开,以便护缝闭气,避免占体土料从接缝处流失,继续推土进占,见图 24-9。

图 24-9　大布对接作业

九、设置群绳

水深超过 5 m 时,使用群绳,并根据水深和水流急缓情况,加密或减少群绳的条数。群绳可以走大布外侧,也可以走大布内侧,均于底钩绳绑扎相连,并将绳的两端从侧船上的大布群起来,在岸上打顶桩拴群绳,黄河埽工称为玉带绳。要求群绳必须是活扣,它可以随着大布的下沉,受力要保持紧而不能断绳,所以要明确专人松绳,一般情况下一个顶桩上最多拴两条绳,如果大布到底,此绳也就完成了使命,此时,群绳可以拴死扣。检验的标准主要视绳的受力而定,如果绳不紧了,说明此时已蛰到底了。因顶桩受力较大,要求用 1.5 m 木桩。

十、设置滑桩

在船体上、下两跨角稍偏向侧船位置用小麻绳拴系大布,并用铅丝绑扎牢固,然后打桩固定于占体两侧斜坡软土位置(有利于大布随土体沉落入底),起到滑桩保护土工大布的目的,不但减轻了船只、底钩绳的受力,而且有助于进占体的稳定,特别是对上、下游两侧船与主船夹角处的大布起到了很好的保护作用。由于临河侧水流冲力较大,滑绳长度设计为 3~5 m,背河侧水流冲力相对较小,滑绳长度设计为 2~3 m。

十一、加设底钩绳

随着占体的推进,水越来越深,流速越来越大,当水深达到 7 m 以上时,为保持占体稳定,底钩绳增加至 12 根,垂直于占体轴线方向设有 8 根,间距约 1 m,全部搭在主船的龙骨上,上、下两跨角处各 2 根,搭在连接主船龙骨与侧船龙骨的沙木杆上面(见图 24-10)。

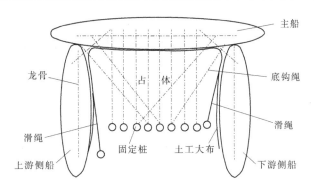

图 24-10　底沟绳平面布置示意图

十二、延伸底钩绳至侧船

在土工大布推土进占或堵口进占过程中，如果水深超过 10 m，甚至水深达到 15 m 以上，再使用群绳、滑桩还不能确保大布、底钩绳、船只稳定，应考虑延伸底钩绳至侧船拴系（活拴）龙骨上，然后在大绳和小绳间连练子绳，形成网兜。这样主船、两侧船形成大的网兜后，网兜整体包布进占，不但解决了主船与两侧船夹角大布易被冲卷的弊端，还减轻了布的受力，而且整体性好，还能减小占体两侧边坡系数。况且在进行侧搂占时，可直接拉侧船底钩绳，并带布一同垂直坝轴线拴打顶桩上。

十三、帮宽占体

随着占体的向前推进，占体宽一般要求 6 ~ 8 m，伸向河中（水中），占体出水面高度 1 m，如推土机、自卸车等设备联合作业，则占体宽度不足。为保证占体稳定和扩大施工作业面，应帮宽占体，扩大施工作业面，增加占体稳定性，保证工程顺利实施。进占体长度完成后加高加宽至设计要求，并按照设计方案完成其他项目。

十四、搂占

当占体进占到达设计长度或 1 块土工大布进占到头，需进行搂占时，应提前做好以下工作：

（1）提前停止松放底钩绳和固定船只的各种缆绳，提前停止松放土工大布。

（2）将"U"形内的土工大布兜填土至饱满。

（3）将主船和上、下游两侧船上的土工大布拉上岸，大布的长度至少超过 1 m，包裹土料防止水流直接冲刷土体。

（4）拉底钩绳上岸，并拉紧拴系于顶桩上。主船上的底钩绳沿坝轴线方向回带，上、下游两侧船上的底钩绳垂直坝轴线方向回带，均拴系于顶桩上。

（5）备土。在占体上部备些土料，以便用于上游侧布与土结合部装土袋进行压护，防止进水发生险情。

第三节　关键技术和故障处理

一、关键技术

(一)大布加工技术

通常从厂家购置的成批大布,每块大布长度为 100 m,宽度一般为 4~8 m,然后长度一分为二裁割缝制成大布,大布的缝制方法一般有搭接、缝接和粘接三种,两次试验均采用缝接,缝接是用尼龙线将两块布缝合在一起。在现场缝合时,可将手提缝包机现场缝合,十分方便,为增加接缝强度,可重复缝合 2~3 道线,以免接缝开裂。

另一种形式,在厂家直接订做,厂家订做时可订做 15 m×50 m、30 m×50 m、40 m×50 m 三种规格,各种规格所占比例分别为 20%、30%、50%。

(二)停占要求

在大布推土进占过程中,如果因大布缝制不及时、车辆损坏、群众干扰等不能进土,进占被迫停止。对固定船只的所有绳缆(头缆、尾缆、横缆、过肚绳)、底钩绳、布要保持一定张力,确保土胎与船只紧密。

1. 船只及绳缆、布的要求

在大布推土进占过程停止前,应严禁松船上的各种缆绳,如头缆、横缆、尾缆、过肚绳,底钩绳和布,还有群绳。

2. 备土要求

在停占前,进占体前端应备些土料。因为在实际推土进占过程中,每到停占 30 min 左右,都会从占体两侧布土结合处进水并逐渐加大过流量,前头占体土料也随之下蛰入水。因此,应采用人力和机械及时填土,尽可能避免主船、侧船围成的"U 型槽"过水或过溜。

(三)纵横底钩绳布设

在水深超过 5 m 时,为确保占体和大布稳定,尤其是上、下两跨角大布的安全,不仅占体正前方设置 8 根底钩绳,上、下两跨角处也应各设 2 根底钩绳,避免两角处大布迅速下滑,在水下形成一个大土包,被水流冲刷越来越大,最终可能将布卷带下水。实践证明,两角处底钩绳很好地控制住了大布的下滑及皱褶,效果良好。

(四)练子绳与群绳配合使用

随着占体的前进,水深增加,流速加大,大布越来越不好控制,针对这一情况,设置了群绳,也就是将原来的练子绳每隔一道将绳的两端从侧船上把大布群起来,在岸上打桩拴群绳。安排专人看守放松,直到占体蛰实到底。

群绳使用后,效果明显:一是占体稳定性大大加强了,原来在三条船上的每个人,在推土的时候,死死地抱着布卷,小心翼翼地不敢放,使用群绳后,这种紧张情绪打消了,尤其是主船上的人,在进行练子绳作业时只要把底钩绳固定好,大布可以松放到前面作业;二是减轻船只受力,群绳将底钩绳联系在一起,起到了整体受力作用,不但减轻了船只、底钩绳的受力,而且有助于进占体的稳定;三是起到护布作用,特别是对上、下游两侧船与主船交角的大布起到了很好的保护作用,自从使用群绳后,上下游两角再也没有出现过大布撕裂情况,因此建议在今后大布进占中,水深超过 5 m,就采用群绳,并根据水深和水流急缓情况,加密或减少群绳的条数。

(五)滑桩技术

在两角稍偏向侧船位置用小麻绳拴系大布,并用铅丝绑扎牢固,然后打桩固定于占体两侧斜坡软土位置(有利于大布随土体沉落入底),达到滑桩的目的,不但减轻了船只、底钩绳的受力,而且有助于进占体的稳定,特别是对上、下游两侧船与主船夹角处的大布起到了很好的保护作用。由于临河侧水流冲力较大,滑绳长度设计为 4~6 m,背河侧水流冲力相对较小,滑绳长度设计为 3~5 m。

(六)缆绳的相互作用及其地位

大布进占绳缆按其作用主要分为两种绳缆,一是固定船只绳缆,二是稳定大布绳缆。固定船只绳缆主要有头缆、尾缆、横缆、把头缆、过肚绳等。其主要作用是放头缆船只前部外移和船只整体下败;放尾缆船只尾部外移和整船上提;放横缆船只外移;放把头缆两侧船外移,占体增宽,一般情况下把头缆不宜放松。过肚绳(主要用于主船)有双重作用,既有平衡船体倾斜的作用,又有向外放船的作用。稳定大布绳缆主要有底钩绳、练子绳、群绳等。其主要作用是底钩绳受力托附大布;练子绳依托底钩绳编制网兜,防止底钩绳分离;群绳保护占体及大布稳定。在进占过程中,各种绳缆既有各自的作用,又都相互依赖,共同受力,因此应严加控制。

(七)大布对接与侧向接布技术

1. 大布对接

通过实际试验操作,当进占到大布还有一定剩余量(最佳时期是当缝制的大麻绳快要出现时),就要固定各种绳缆,首先是船上的各种缆绳打紧,其次是底钩绳、群绳打紧,使土体和大布贴紧,方可安排人员下船抬布。大布在船上从一头对齐,向另一头逐一对齐后,三个船上同时将幅对幅、缝对缝进行对接,并用 12 号铁丝每隔 15 cm 进行绑扎,并用手钳进行加固,避免脱扣和开缝。大布对接好后再把多余的 2 m 布头拉展,以便护缝闭气,避免占体土料从接缝处流失。

2. 侧向接布

由于占体上游侧受水流冲力较大,容易发生险情,所以铺布时,上游侧船的大布卷应比下游大布卷长 3~5 m,尽量保证上游大布够用。当水深时,事先在两侧船上备好对接大布,迎水面侧船及早备好和大布一样质量的土工布,规格有两种,一种单幅宽 10 m 长,一种双幅宽 10 m 长。当大布需对接时,先把泥兜绳系好(布接到大布的外侧),再将两布卷上大麻绳,用铅丝绑扎,按技术要求同大布对接。大布接好后,泥兜绳上顶桩受力,而新接布上顶桩基本不受力。背水侧船上备透水彩条编织布,单幅即可,接布及其他要求同上。

(八)推土技术

推土机推土时铲要平,速度要慢,弃土要稳,应掌握"先上,后下,再中间",即先推土至上跨角,再推土至下跨角,然后推土到中间。但应始终保持大布内侧无水,一旦有水出现,一定要先推土于有水部位。并适时掌握好大布,注意拉伸时避免皱折。同时大布应紧贴土体,否则大布在水中受水冲力很大,不易控制。

（九）进占船只的基本要求及船只定位技术

1.船只要求

进占船只是大布进占不可缺少的重要工作平台,是保证进占顺利进行和安全的重要保证。通过武陟老田庵和兰考蔡集工程大布进占试验,主船和侧船均是平板船,主船应大于上下游两只侧船,以便两只侧船随主船进占前行。其主要尺寸为:主船长18~20 m、宽5~6 m;两侧船长14~16 m、宽4~5 m。但进占船只(主船、侧船)还要满足其他一些技术要求,如船头与船尾要尽可能在同一平面,以便铺放大布和展布操作,两侧船船头要平、齐,以便两侧船与主船衔接严密,不留空档。另备一只长15 m、宽5 m的平板船,主要用于抛锚缆定主船和侧船。

2.船只定位

1)主船定位

主船定位主要靠头缆、尾缆、横缆和过肚绳固定(见图24-11)。尾缆和头缆都是靠在河中抛锚固定,尾缆方向开始应使主船向外牵引,起着进占外移的辅着力,随着进占体方向也逐渐调整,一旦调整到90°之后,就需要重新抛锚更换尾缆。

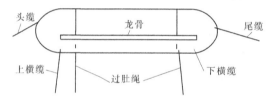

图24-11　主船定位示意图

2)侧船定位

主船定位后,还要及时固定上、下游两侧船,两侧船船头与主船进行铰接,非铰接时也可用把头缆固定两侧船船头,以免进占时船头移位岔口,导致占体过宽,把头缆能够有效控制占体宽度。船尾拴系有横缆和尾缆,避免两侧船船尾远离占体和前移,但在进占过程中,随着进占的进行,主船和两侧船不断前移,两只侧船船尾横缆逐渐变为尾缆,要及时更替横缆和尾缆位置,以便进占顺利进行,见图24-12。

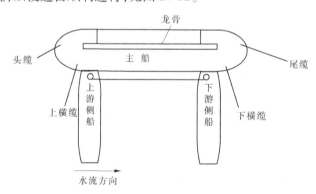

图24-12　侧船定位示意图

3)龙骨定位

为便于大布进占作业,主船和上、下游两只侧船均应安设龙骨,龙骨长度一般与船前、后将军柱齐,或龙骨两端略短于将军柱0.5 m,龙骨高度一般距船只平面0.5 m,龙骨过高会影响进占船只稳定,安设位置距进占船内侧船总宽度的2/5处。

二、占病处理

占病也称埽病,传统埽工经常出现的埽病有抽签,仰脸、拨簸箕,后溃、吊膛五种,大布进占经常出现的埽病有布缝开裂、布端进水,大布卷入水等占病。

(一)开缝处理

1. 大布开裂查找

在大布推土进占过程中,因推土过快、缝包线强度低、占体局部受力过大,均有可能使大布接缝开裂。接缝开裂后,推土不见占体前进,并始终有水出现。这时要用探水杆探摸大布是否开裂,并观察大布随水流的走向,若大布随水流摆动,证明没有开裂,若布随水流方向冲动,说明布已开裂。再者观察气泡、水沫走向,如果气泡、水沫随水流冲向船和大布的外侧,证明大布已开裂,见图24-13。

图24-13　大布开裂

2. 开缝处理措施

发现大布开裂后,应首先停止向此处推土进占,安排人员展布,把开裂处的布展放后,向占体前沿带回打桩固定,用铁丝捆绑大布于桩顶,并用土袋压护桩顶。而后,再把大布返回于船上龙骨的外侧(见图24-14)。处理完毕,继续推土进占。

(二)占体两侧进水处理

上下游两侧占体布端处易进水形成串流,淘刷布内土体,使土体液化流失、坍塌或后溃,发现进出水口时,首先用麻绳拴系两侧大布,垂直上拉并打桩固定于占体内,裹护占体,然后采用编织袋装土压实,封严进出水口,或用彩条布缝制成土工包装满土抛向进出水口处,继续推土进占,船体后面的占体可推土加宽,增强其稳定性,见图24-15。

(三)大布卷入水处理

在大布进占实施过程中,由于水深溜急,进占、放船或松布过快,布缝开裂等,均有可能出现大布卷失控入水现象(见图24-16)。不管什么原因造成的大布卷入水,水流冲卷

图 24-14　开缝处理

图 24-15　占体两侧进水处理

大布,如果在船上未能把布拉上船,就要把主船上的布卷投放水中,但要稳固两侧船布卷确保不能全部入水。然后,安排人员从上游侧到下游侧依次把布卷拉上岸,并把大布向岸边拉紧,打顶桩固定,用铁丝捆扎大布于桩顶固定大布,且用土袋压护桩顶。而后,把布卷适当展开并抬放于主船龙骨外侧(见图 24-17)。处理完毕后,继续推土进占。

图 24-16　大布卷入水

图 24-17　大布卷入水处理

第四节　土工大布及网绳结构水中进占技术操作规程

一、概述

(1)为了适应黄河下游防洪工程建设和抢险、堵口的需要,推广河南黄河河务局防办试验研究的"无秸料、块石水中快速筑坝技术"科研成果,确保工程的施工质量和人员安全,特制定本操作规程。

(2)本规程适用于河道整治工程施工的水中筑坝,工程抢险和口门堵复也可采用。

(3)施工单位应加强施工管理,保证施工质量,注意施工安全。

(4)大布进占施工操作除应符合本规程的规定外,还应符合国家现行有关标准的规定。

二、施工准备

(1)在施工前必须对普工进行现场培训,人员应有明确分工,岗位一旦确定就不宜更换。

(2)施工机械设备应根据工程强度和进度合理安排调配。每一大布进占工程应配备 D85 推土机一台、挖掘机和装载机各一台、船上专用发电机一台,自卸车以保障施工需要为限,在 2~3 km 运距的条件下,宜准备 8 辆自卸车。主船长度不小于 18 m,宽度不小于 5 m;迎水面侧船长度不小于 15 m,宽度不小于 4 m;背水面侧船长度不小于 13 m,宽度不小于 4 m;抛缆绳船长度不小于 15 m,宽度不小于 5 m。施工现场还应设置用于紧急安全事故的冲锋舟。

(3)开工前,技术人员应检查船只、机械设备是否正常,船体各部位有无渗漏现象。全船消防、救生设备及其他安全设施应保持完整,并应由专人保管,不准乱动和挪用。

(4)大麻绳、小麻绳、12 号铅丝、透水彩条布施工工地应有足够的储备。1 m 木桩应占木桩总使用量的 50%;1.5 m 木桩应占总使用量的 35%;2.0 m 木桩应占总使用量的 15%。施工前应准备连接主船和侧船用的头缆 $\phi 4$ mm 棕绳 200 m、手钳 40 把(每班 20 把)、手砵一盘、救生衣 40 件、缝包机 3~5 台、8~12 m 探水杆 8 根,每个船上应有不少于一把菜刀或电工刀,两侧船应准备油锤各一个。

(5)机织土工布的规格应为 230 g/m²,宜在工厂加工成施工需要尺寸的大布。从厂家购置的土工布,每块长度宜截为 100 m。施工时应将土工布按进占大布布幅宽度进行裁割、缝制。进占大布布幅宽度应由水深和占体顶宽确定,其计算公式为(见图 24-18):

$$B = b + 2mh + \sqrt{2}\sqrt{h^2 + (mh)^2}$$

式中:b 为进占体顶宽(一般为 6~8 m);1:m 为边坡系数(一般为 1:1);h 为进占体高度(水深加占面超高,占面超高一般为 1.0 m);B 为大布布幅宽度(一般用 B = b + 5h 来估算)。根据进占试验,大布长度一般宜为 30~50 m,宽度 30~40 m,经常使用的大布尺寸宜为 30 m×40 m 和 40 m×60 m。

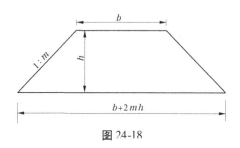

图 24-18

三、施工操作

（1）进占筑坝应安排总指挥 1 人，高级技师或技师 3 人，普工 40 人，船工 3 人。其中，主船上的人员安排 18 人：总指挥 1 人，高级技师 1 人，指挥推土机 1 人，船工 1 人，普工 14 人；两侧向船各应安排高级技师或技师 1 人，普工 8 人，船工 1 人；岸上应安排普工 10 人。

（2）船上指挥和操作人员必须穿好救生衣。

（3）主船应靠头缆、尾缆、横缆和过肚绳固定。主船定位后，应及时固定上、下游两侧船，两侧船船头应与主船进行铰接。两侧船之间距离应为占体宽度。船尾拴系横缆和尾缆，随着进占的进行，应及时更替横缆和尾缆位置，以便进占顺利进行。主船和上、下游两只侧船均应安设龙骨。龙骨长度宜与船前、后将军柱齐，或龙骨两端略短于将军柱。龙骨高度宜距船只平面 0.3~0.6 m，龙骨过高影响进占船只稳定，过低不利于操作。安设位置应距进占船内侧边沿的船总宽度的 2/5。

（4）打桩之前，应平整场地，使打桩地面低于原地平面约 0.5 cm，以便在推土进占过程中推土机不易把顶桩推出或破坏。

（5）顶桩和底钩绳应一一对应进行拴系，再用练子绳拴系底钩绳，以便形成网兜，铺放进占大布，顶桩、底钩绳和练子绳间距宜根据水深进行调整，通常顶桩和底钩绳间距为 1.0 m 左右，练子绳间距在水深低于 7 m 时约为 1.5 m，水深大于 7 m 时为 1 m 左右。

（6）铺放大布时，上游侧船上的大布长度应比下游侧船上的大布长度长 3~5 m，避免上游大布长度不够占体入水。若大布不够，应及早接布，防止上游进占土体进水影响占体稳定。大布上船后，在正对主船的大布与侧船前部的大布每隔 2 m 应用绳缆系泥兜扣拴住布头，并应把绳拴系于顶桩上，使大布包住占头避免推土进占时漏土，然后应用土袋压护桩顶。大布铺好后，应用铅丝每隔 50 cm 把大布与底钩绳捆扎在一起，以便使大布紧靠底钩绳，避免水流冲卷大布。

（7）施工期间随时掌握气象、水文资料。遇狂风大雨，应事前将船只各个绳缆打紧固定，大布全部搂回，底钩绳全部搂回打桩固定。

（8）推土机推土进占必须使推土机平铲推土，严禁推土机斜铲向下推土。避免进占大布与土体分离造成大布开裂或其他各种绳缆（底钩绳、过肚绳、横缆等）被推土机推断；应优先向进占"U槽"内有水出现的地方推土，使进占土体紧靠大布，始终与大布结合严密、不留空隙，避免水流冲卷大布；应适时均匀展布，保持大布卷展放一致，避免因大布过紧而导致布烂或大布开缝；应注意底钩绳松紧度，始终使底钩绳带劲，不能使大布过分受力；还应时刻注意连练子绳，避免大布从底钩绳网兜内脱出，导致大布局部受力而造成破坏。

(9)当大布进占到剩余约 5 m 时,应把事先将准备好的新大布卷抬上进占船,并展放出大布,找出对接大绳(为接缝预先缝制的大绳),做好接缝准备,原大布随着进占的进行不断展放,当漏出大绳时,与新抬大布幅与幅对齐,用铅丝每隔 15 cm 进行绑扎,并用手钳进行加固,避免脱扣和开缝。若对接的布头没有事先缝制大绳,应将两布头幅与幅对齐后,共卷 1 根大绳,并各留 1 m 长的布头,以便保护对接缝隙,再用 12 号铁丝进行绑扎、加固。

(10)大布进占应按固定船只或稳定大布分别使用绳缆。固定船只应分别使用头缆、尾缆、横缆、把头缆、过肚绳等。船只前部外移和船只整体下败时应放头缆;船只尾部外移和整船上提时应放尾缆;船只外移时应放横缆;两侧船外移,占体增宽时应放把头缆(一般情况下把头缆不宜放松);需要平衡船体,又要向外放船时则放过肚绳。稳定大布应分别使用底钩绳、练子绳、群绳等。托附大布应采用底钩绳使之受力;依托底钩绳编制网兜,防止底钩绳分离应使用练子绳;保护占体及大布稳定应使用群绳。

(11)在大布进占过程中,必须竭力控制大布,应时刻注意以下几方面的问题:一是大布应随底钩绳一起松放,但不应让大布过分受力,特别是大布发出"咯吱咯吱"响声时,应缓慢松布,避免大布过分受力后烂布或开缝;二是应时刻注意主船与上、下游两侧船交角处大布的松紧,避免大布过松被水流冲卷造成大布开缝;三是占体两侧大布随着进占船前行,大布应垂直坝轴线方向向上拉紧,并打桩固定,若大布过短不能拉向占体顶部,应及时接布(布幅宽度和长度视情况而定),避免侧向大布入水,特别是上游侧大布一旦入水后,会发生占体蛰陷险情。

四、岗位职责

(1)总指挥应负责整个进占的协调与指挥,应检查督促各船指挥管理人员是否严格履行各船职责,把握整体进占有无重大问题,防止产生隐患;并应重点考虑各个环节是否正常,如大布加工是否满足需求、各绳缆是否有专人负责、进占水深与大布是否相符、两侧船是否按规定将大布上顶桩等。

(2)主船应安排 1 名船工负责上游头缆和横缆放松及接绳,1 人专门负责尾缆和横缆绳的放松及接绳,1 人负责剪铅丝,10 人负责松、紧底钩绳(其中纵向 8 根、侧向各 1 根)和练子绳的连接,并将练子绳送到两侧船大布之外,松紧大布及对接大布等事宜,共需普(技)工 15 人(最好是亦工亦农抢险队),船工 1 人。

主船指挥应明确主船人员各自的工作任务,重点盯好船头的头缆和横缆、船尾的尾缆和横缆,不断检查底钩绳、过肚绳是否正常,同时应注意进占方向是否正常。主船指挥应责成推土机手时刻注意进占体的状态,正常情况下指挥推土机手先上游推土,非常情况下(如出现布与土体分离、布缝开裂等),根据情况应指挥推土机手必须快速准确无误作业,同时应注意进占方向。

(3)每条侧船上应安排 1 人负责系泥兜绳,1 人负责放松侧向底钩绳,5 人负责大布展布及对接大布等事宜,1 船工负责横缆和尾缆松紧及接绳,并负责掌握船体稳定和安全;明确 4 人专门打桩,6 人负责木桩和麻绳等料物的供应。船上人员虽各有分工,但应根据工作情况统筹调配,互相协助。如抬布、卷布时,可一同动手,通力协作进行。

临背侧船指挥应明确侧船上各人职责,尤其是找一名会系泥兜绳的普工专门将大布顶端系绳上岸,指定船工松尾缆和横缆,注意与主船的连接是否正常,负责岸上打桩人员的指挥调度,及早备好两种和大布一样质量的土工布,一种单幅宽 10 m 长,一种双幅宽 10 m 长。大布对接应先把泥兜绳系好(布接到大布的外侧),再将两布卷上大麻绳,用铅丝绑扎。大布接好后,泥兜绳上顶桩受力,而新接布上顶桩基本不受力。背水侧船上备透水彩条编织布,单幅即可,接布及其他要求同上。迎水面侧船还应注意,如果大溜流势很大,使船体冲挤压到大布时,必须停止进占,应在船头上另加一条头缆,使船体离开大布,否则极有可能造成上跨角大布撕裂。

(4)推土机手必须熟练操作推土技术,遇到险情应能准确无误推土到位,在土料供应不太及时的情况下,应整修碾压进占道路,使运土车辆尽可能运送到位;在推土进行中还应注意各桩绳的位置,避免将桩绳推出来。

(5)挖掘机手在开始进占时应负责打桩,桩绳完成后负责压土;土工大布进占到一定程度,需要抛填块石时,挖掘机和装载机均可作业,宜用挖掘机先抛石料出水面,装载机再作业,避免块石将桩绳砸断。遇到险情,装载机需要装大袋子时,应准确无误地将土体装入大袋子内。当袋子捆扎好后,应轻轻地将大土袋子推到预定位置,不得将袋子推烂。

五、施工管理

(1)施工单位应对普工实行奖惩制度。对表现好,不仅顺利完成本职岗位任务,还帮助其他队友、及早发现险情者应进行奖励,在每班 40 名普工中由各船负责指挥的技师评选出 10 名优秀人员,换班时当场兑现,每人 10 元;对于懈怠、敷衍,经说服教育无效者,应予解雇。

(2)水中进占筑坝宜昼夜不停连续进占,一气呵成,避免占体发生坍塌和溃膛现象。因大布缝制不及时、车辆损坏、群众干扰等原因不能进土时,应停止进占。

(3)对固定船只的所有绳缆(头缆、尾缆、横缆、过肚绳)、底钩绳、布应保持一定张力,确保土胎与船只紧密。在大布推土进占过程停止前,应严禁松船上的各种缆绳,如头缆、横缆、尾缆、过肚绳,底钩绳和布,还有群绳。

(4)在占体前端应备土料。推土进占过程中,停占 30 min 左右,占体进水浸泡,造成前头占体土料下蛰入水,应采用人力和机械及时填土,始终保持占体和土体紧贴状态,避免主船、侧船围成的"U"形槽过水或过溜。除应达到以上要求外,还必须满足下列条件:一是准备好推土机、装载机;二是备好 100 m³ 土;三是 20 名精干普工留守;四是需要松绳时必须稳妥松紧,以适应占体下蛰的速度。一般情况下,占体稳定着底大约需要 12 h,占体一旦着底,应有一台装载机和 3~5 人留守。

(5)交接班时,普工、技术员和各船负责人应安排本班工作,就本班工作中存在的问题提出改进意见,使工作有安排,遇到问题有预案,各自明确其岗位职责,安全高效地工作。如下班正赶上关键步骤操作(如大布对接),两班人员应共同完成操作后,再交接班。

六、险情故障处理

（1）大布进占过程中一旦发生开缝险情，应立刻停止推土进占，要视开缝情况，采取相应措施。若开缝较小，可采取补救措施，即将已备好的彩条编织布卷或布块，一头用绳系好，在土基上打桩拴绳，一头放到船上，然后快速推土，方可将大布开缝处堵上；若开缝较大，应快速将开缝大布拉向进占体顶部，直接在大布上打桩或拴绳固定，然后重新放布，推土进占，在整个大布用完以前，局部应提前接小块布。

（2）大布进占过程中，一旦占体两侧从大布两端进水，特别是上游侧占体进水，应快速推土即可快速解决土胎内部虚土吸水。若险情较大，应在占体上游侧进水处，另用土工布铺盖进水口闭气，有条件接布时，可向上接布，以免大布在上游侧入水；若无条件，可在占体进水部位直接抛土袋压护到占体顶部，避免向占体内部流水。

（3）大布进占过程中因违规操作或其他意外出现部分大布入水或水流冲卷大布的险情，在紧急时刻可将大布卷抛向龙骨外侧，促使大布入水，确保船只稳定和人员安全。然后从大布入水的上游侧，再一点一点地把大布拉上占体，并打桩固定大布，并把大布抬回到主船和侧船上，继续推土进占。

（4）进占过程中有时作业不慎（该松绳时没有及时松），造成底钩绳断绳，应在断绳处，将大布割个小口，把大麻绳从布口处穿出，然后在土基上打桩拴绳，绳的另一头放到船上。应注意此绳必须等人底后方可受力，否则会拉开大布。

（5）进占过程中有时夜间因看不清方向，造成占体方向向上或向下偏离。若向上偏离，可少松头缆，打紧后横缆，慢慢地进占，渐渐下挫，到适中方向时，正常放绳；若向下游偏离，应打紧头缆和上游横缆，适时送尾缆和后横缆，循序渐进，到达适中方向时正常放绳。

第二十五章　大布护底进占堵口技术

第一节　河汊堵复概况

黄河堵口的关键技术在于防止河床冲刷。如果没有河底冲刷,进占速度和强度可以加大,就可以顺利堵复口门。如果河底冲刷较快,将会为堵口增加很大难度,大幅降低进占速度、减弱进占强度。为此,在2002年濮阳万寨和2005年南水北调中线穿黄的荥阳孤柏嘴两次串沟口门堵复中,均进行了护底试验研究。2002年濮阳万寨串沟口门堵复中,护底大布全部展开,在入水后因连接的绳子被拉断而失败;而孤柏嘴串沟堵复中,改进了护底技术,堵口取得圆满成功,大布护底技术在口门堵复中发挥了关键作用。

南水北调中线穿黄工程位于郑州以西30 km处,从孤柏山嘴穿过黄河,南岸为荥阳,北岸为温县,各类渠道与隧洞总长19.3 km,其中穿黄隧洞段长3.45 km,内径7 m,工程设计流量265 m³/s,加大流量320m³/s,是南水北调中线关键性的控制工程。其中穿黄第四标段是南岸穿黄的护岸工程,结构为灌注桩透水桩坝(见图25-1),在透水桩坝施工前,需要铺设施工平台。由于该位置有一河心滩,将大河分为两股,南岸的一股河紧贴邙山山脚,占大河流量的30%,而施工平台设计路线恰恰处于该股河流过的位置,因此在灌注桩施工前需要对南岸的河汊进行堵复。

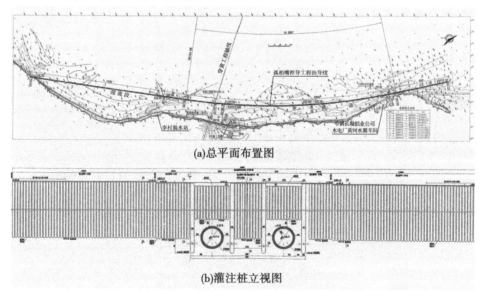

(a)总平面布置图

(b)灌注桩立视图

图25-1　南水北调中线穿黄总平面布置和灌注桩立视图

　　堵口时机选在 2005 年 12 月 14 日,大河流量 487 m³/s。堵口方案为:北岸是将土工长管袋进行充填,防护滩岸冲刷,南岸用自卸车运土直接进行水中进占作业(见图 25-2、图 25-3)。

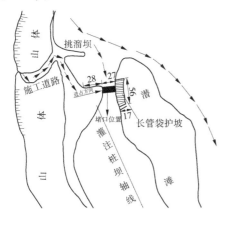

图 25-2　口门堵复方案

图 25-3　口门堵复现场

　　北岸因没有麻绳和木桩,长管袋无法固定,加上人员太少,又是夜间作业,当南岸进占口门不断缩窄至近 15 m 时,流速加大,北岸长管袋因压重不够,被大水淘刷冲走。北岸随即采取土袋压重措施,但终因人员少、速度慢,接连 3 块大布管袋被冲走,抢到夜里 3 时堵口被迫停止,第一次堵口失败。失败原因之一是北岸固守措施不到位,造成南岸进、北岸退;二是河床没有采取护底措施,致使在口门缩窄后水的流速加大,河底冲刷深度增加,堵复难度增大。

　　二次堵口后重新制订堵口方案:北岸继续采用冲填长管袋护滩,并备足土袋以加固长管袋,固守滩头。南岸采用土袋铅丝石笼(土袋碎石)进占,进占前采用土工大布护底,将整个口门全部护底成功。当流速过大难以进占时,采用块石铅丝石笼(见图 25-4)。投入施工的机械设备有推土机 3 台和自卸车 40 部,备散石 1 000 m³,土袋铅丝石笼、块石铅丝石笼各 500 m³(见图 25-5),抢险队员 50 人。进占作业于 2006 年 12 月 17 日 6 时开始。

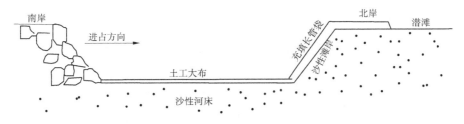

图 25-4　口门断面示意图(第二次堵口方案)

图 25-5 南岸串沟第二次堵复前的进占土方准备

第二节 河汊堵复过程

一、大布护底

(一)固定船只

组织两艘长约 18 m 的民船,先将两只船拦河定位在距口门上游侧 15～20 m,并在船上捆 4 个铅丝石笼,笼内放 2 根骑马桩,桩上拉出 3 条绳,作为定船和连系土工布用。

(二)土工布连系绳

将一块 40 m×40 m 的机织丙纶土工大布(厂家加工成品时,吸取王庵大布加工不足的教训,每 10 m 一条棕绳接贯串大布作为加强筋,宽 5 cm,该筋长于大布两端,各预备长度 5 m,以便与外牵引绳直接连接(见图 25-6),这样大大节约时间,同时增强了大布在水

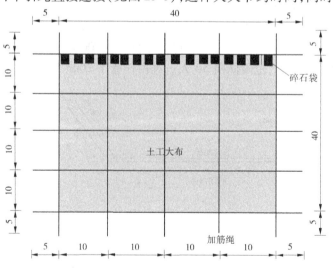

图 25-6 加筋绳布设 (单位:m)

中受水流冲击的强度,大布展开拴绳,因工地场地所限,展布宽度不够,只好分两次展开、拴绳,然后再按照其展开的次序将土工布卷起。

(三)土工布布置

将卷好的土工布卷抬至船上,两端麻绳按照对应位置与岸上木桩连接固定,北岸由多名人工牵拉(见图25-7)。

(四)铺设前准备

每个船上的两个石袋笼分别由6名人工准备抛投,同时由30名人工等距散开抱起土工布卷准备抛投,另外有事先备好的碎石袋以在土工布卷抛投后压重(见图25-8)。

图25-7　将土工布运至船上　　　　　　　图25-8　土工布铺设前

(五)抛投

先将4个石袋笼抛投,紧接着将土工布卷抛投入水,然后将船上碎石袋抛投至大土工布上进行压重,在土工布南北两岸分别抛土袋压重,使土工布渐渐着底,见图25-9 ~ 图25-11。

图25-9　将土工布抛投入水　　　　　　图25-10　土工布顺水流自然展开

图 25-11　土工布在水中顺水流全部展开

（六）压重

在土工布入水后,在船上将准备好的碎石袋抛投在土工布上游侧位置(见图 25-12、图 25-13),在抛投时要考虑水深和流速,在土工布边界以上按漂距 2 ~ 3 m 位置抛投。当土工布上游侧被压中后,会很好地与河床紧贴在一起,如果在土工布与河床之间仍有空隙,河床仍会受到冲刷,不能很好地起到护底作用。

图 25-12　抛石袋压重

图 25-13　在水中土工布上压土

二、堵口进占

南岸堵口进占从 9:50 正式开始,采用挖掘机装土袋铅丝笼,自卸车运送(见图 25-14),同时一部分自卸车运散土,开始 3 车散土配 1 车土袋铅丝笼,到大溜时 1 车散土配 1 车土袋铅丝笼,过大溜区恢复到 3:1。堵口工程一气呵成,至下午 15 时合龙成功,见图 25-15、图 25-16。

图 25-14　抛土袋笼进占　　　　　　　图 25-15　口门即将合龙

图 25-16　口门合龙后鸟瞰图

整个堵口历时 5 h,比原计划的 24 h 提前了 19 h,速度之快是预先没有料到的。2002年濮阳万寨堵口至龙门口剩最后 20 m 时,两岸进占,流速远小于此处流速,而完成堵口就用了 20 多 h。所以,这次堵口成功,不能不说是一个经典。但是,任何一次堵口都不是一个固定不变的模式,因为堵口的地理环境、现场条件、地质条件以及设备、人员、料物都是变数,科学的堵口则要因地制宜,大力推行新技术、新材料,科学制订方案,科学决策,科学指挥,才能保证堵口的成功。

三、堵口效果观测情况

为了解决土工布在水下展开情况,组织观测人员进行了探摸(见图 25-17 ~ 图 25-19)。根据需要,确定了 A_1、B_1、C_1、A_2、B_2、C_2、A_3、B_3、C_3 九个测点(测点位置见图 25-20),土工布在水下距水面尺寸见表 25-1。根据观测结果来着,经过土工人布护底,河床距水面的深度基本与铺布之前的观测值一致,河床基本没有受到冲刷,护底效果明显。

图 25-17　探摸土工布入底情况（口门轴线）

图 25-18　合龙后探摸土工布位置

图 25-19　锥探土工布情况（口门轴线）

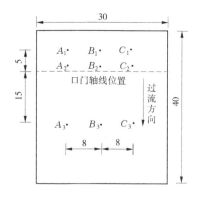

图 25-20　探摸位置设置　（单位：m）

表 25-1　探摸土工布深度

位置	距水面深度（m）	A、B、C 三点间距
口门上游 5 m A_1	3.0	A_1—B_1 = 8 m
口门上游 5 m B_1	3.2	B_1—C_1 = 8 m
口门上游 5 m C_1	2.2	
口门轴线 A_2	4.2	A_2—B_2 = 8 m
口门轴线 B_2	4.6	B_2—C_2 = 8 m
口门轴线 C_2	3.8	
口门下游 15 m A_3	2.2	A_3—B_3 = 8 m
口门下游 15 m B_3	2.5	B_3 – C_3 = 8 m
口门下游 15 m C_3	2.0	

第三节　技术分析

一、大布护底在堵口中的作用

本次大布护底铺放到位,左右岸、上下游将口门全部覆盖,在进占时不管口门缩窄到什么程度,流速多大,口门始终没有刷底。口门下面是沙基,根据经验,如不采取大布护底,口门进占水深最少要达到 8~10 m。仅此一项足可以减少一半以上的堵口工程量;口门不刷深,即使缩窄口门也形不成过大流速,所以没有用铅丝块石笼进占,一般情况下冲刷坑达到 8 m 以上时,流速要超过 3 m/s,土袋铅丝笼就经不住冲刷,必须用铅丝石笼,甚至要用 8 m³ 的大铅丝石笼。而本次护底使整个大布与北岸长管袋形成一个整体,使河底保持在原始状态,因此大大加快了进占速度。

二、大布护底应注意事项

大布铺放现场场面较大,铺放环节较多,如船的固定、绳的连接固定和展放大布的位置、展布的同一性等多个环节中稍有差错就易出现铺布不良的效果。为避免此类问题,必须做到以下几点:①铺布、展布的各个环节和人员操作要非常衔接,对参加铺布、展布的人员要事前培训,使施工技术人员和铺布工人对铺布、展布等全过程非常清楚,熟悉操作要领;②应先将大布抬到船上,然后根据大布上绳头位置装铅丝笼,使铅丝笼和大布绳头在一个位置;③注意现场清理,在拉开大布前,凡是影响大布铺设的任何设备和工具等必须及时清理到操作范围以外,避免造成事故;④特别要注意船只定位,船只的定位是否准确将直接影响铺布的位置及护底效果,在固定船只时,要根据水的流速和水深而定,还应考虑一定的下败量,做到大布铺放位置准确。

三、单岸进占

本次堵口因对岸不具备进占条件,所以采取北岸长管袋充填的防守措施,口门上下铺放长度 56 m,宽度 25 m,平均入水宽度 8 m。此种办法作为固守对岸的基本手段,如果大溜淘刷长管袋受冲下滑出险,采用土袋铅丝笼抢护。由于本次大布与长管袋形成一个整体,长管袋始终保持进占前的状态,因此没有发生险情。

从本次长管袋防护的效果看,浅水堵口进占时长管袋单岸防护是一种切实可行的防守措施。在水头差不超过 1 m 时,冲刷水深不超过 7 m,经过抢险加固是可以固守的。若超过 8 m,就很难保证它的稳定,因为水深达 8 m 时,流速增大,长管袋很可能会局部揭底,被急流冲垮。长管袋结构坝出险情况也证明了这一点,原阳马庄工程和封丘顺河街工程潜坝出险,坝前冲刷坑在 8 m 左右。

四、土袋铅丝笼进占发挥的作用

本次堵口进占,自始至终采用土袋铅丝笼和散土混合体进占,在临河侧靠急流部位,全部推土袋铅丝笼防冲,而为了便于土袋铅丝笼向前滚动,土袋铅丝笼必须与散土混杂,这是堵口实践中摸索的经验,同时在本次堵口中使用的都是山体黏性土质,该土质抗冲能力较强,在流速较大的情况下,冲失的散土较慢,若是黄河滩地沙土,冲失量是黏土的5倍以上,因此从此次堵口经验得出,今后堵口尽可能选用黏土。

此次堵口得出一个宝贵的经验,大部分堵口都没有现成或更多的石料,采用就地取材以土袋铅丝笼代替块石铅丝笼是可行的。如流速加大,可采用大网片装土袋增加抗冲力。土袋铅丝笼不仅节约投资,而且在闭气方面比块石铅丝笼效果更好,因为土袋与土袋之间接触是柔性的,挤压密实,而块石之间缝隙大,透水性强。

附　录

附录1　黄河埽工技术要点

黄河埽工技术是数千来人们与黄河洪水搏斗中总结出来的一套完善的抗击黄河洪水善淤、善决、善徙等具有黄河特性的抢险技术,为治理黄河、保家卫国发挥了不可磨灭的历史功绩,具有顽强的生命力,被一代又一代黄河优秀儿女所传承。但随着时间的推移,历史的变迁,社会的发展,生产力水平的提高,一些传统埽工技术需要优化完善,如搂厢进占所使用的船只——木船已经基本绝迹,所使用的秸料——麦秸、稻草等秸料也退出了历史舞台(秸秆、稻草等秸秆还田),现行使用的料物多为树枝(柳杨树居多)和块石(或土袋替代进占使用的土料)等。为此,黄河埽工技术也需要进行辩证的抛弃,以利于更好地传承和弘扬。

作者根据几十年的黄河埽工技术实践,对当前黄河埽工技术的应用谈几点意见,盼能起到抛砖引玉的效果。

一、家伙桩绳缆安全运行维护

在黄河工程抢险中,根据险情往往会采取抛投柳石枕、搂厢(浮枕楼厢或捆厢船搂厢)抢修的埽体,都会使用大量绳缆。如1983年武陟北围堤大抢险、2003年封丘大宫大抢险,所使用的绳缆叠加厚度0.3~0.5 m(人走在绳缆上不用看路就不会陷脚),抢险期间绳缆的安全运行维护决定着抢险的成败,所以至关重要。如武陟北围堤应急抢修的3垛3护岸、封丘大宫应急抢修的6垛6护岸都是抢修的埽体瞬间塌入河中,坝基土体塌失的只剩下围堤的背河坡,满河道跑的都是柳秸料,黄河瞬间成了"黑河"。关于家伙桩绳缆的安全运行维护,老河工(中华人民共和国成立前后出生的一代河工)也持两种态度,一种是底钩绳不能松,一种是底钩绳能松。在抢险大会战时往往为此吵得面红耳赤,作者的观点是支持底钩绳能松放的观点。因为,在抢险过程中,无论是捆抛柳石枕的留绳,或是搂厢进占使用的底钩绳、家伙桩绳缆都是起后拉和阻止埽体或占体滑失的作用,随着水流的淘刷,埽体缓慢下蛰,留绳或底钩绳最终都会被拉紧受力(有的绳缆会被拉细,如弦绳)绳被拉断或顶桩被拉出,如不及时松放留绳或底钩绳,埽体下方的土体将被淘空,导致整个埽体滑失、土体坍塌。做埽体也如放风筝一样,风筝是一根线,断线而风筝飞;做埽虽然绳多,但能断一根就会接着断第二根、第三根……,最终导致绳断埽跑。松放埽体绳缆也具有科学性,也不是一蹴而就的,在松放埽体绳缆时,应注意以下几点:

(1)松放绳缆时,始终要让绳缆带劲松,不可解开绳缆重拴,如人站在悬(弦)绳上踩一踩或用木桩别一别顶桩上所叠压绳缆,或松绳让已经被拉弯的顶桩直立,起到松绳日的即可。

(2)松放绳缆时,要挑绳缆受力最重、最靠后的绳缆先松。

（3）松放绳缆时,应沿水流方向自下游向上游松放或根据绳缆松紧程度缓慢松放,一面松放,一面观察埽体变化情况,不能成片或打堆松放绳缆,这样松绳容易导致埽体前爬。

（4）因绳、桩受力致使绳断、桩折的,应及时接绳或重新打桩拴系绳缆补救。

（5）捆抛柳石枕或搂厢进占时,因使用的抢险料物(树枝替代麦秸、稻秸等软料)的变化,在铺设捆枕绳或底钩绳时,间距应相应增大。目前,捆枕布设捆枕绳的间距一般为 1.0 m,搂厢进占布设底钩绳缆的间距一般为 1.0 m 左右(视水深溜急而定增大或缩小间距)。

（6）工程抢险结束,打扫战场时,剁绳、起桩(好桩与岸上多余的绳缆(绳头)入库以备再用),应将相邻的多条绳缆(枕的留绳、埽体的底钩绳或家伙桩绳)打成死结(一起绕成死扣),压护在埽体内或土体内,防止埽体后续埽体下蛰入水后散开。

二、捆厢船定位及进占绳缆使用与维护

（一）进占船只定位

目前,在黄河抢险搂厢或水中进占施工中,固定船只的绳缆一般有提脑缆(也称头缆、或提头缆、或带头缆)、揪艄缆(也称尾缆)、横缆(分上横缆和下横缆)、过肚绳等,如本书图 24-2 所示。提脑缆、揪艄缆由提脑船和揪艄船演变而得名。这样固定船只较传统用提脑船、揪艄船以及托缆船固定船只更为牢固、安全。

移动捆厢船应掌握松放绳缆的技巧:

（1）平行水流方向外移船只。捆厢船沿水平方向平行外移(或垂直进占体轴线方向外移),同时松放提脑绳、揪艄缆和上下横缆、底钩绳。

（2）船头外移或船尾外移。捆厢船船头外移时,松放头缆和上横缆;船尾外移时,松放尾缆和下横缆,观察过肚绳和龙骨(龙骨安设如图 24-11 所示)上拴系的底钩绳松紧度,并适时调整松紧度。

（3）船只上移或下败。捆厢船迎溜上移时,松尾缆、不松头缆,少松上横缆和下横缆;捆厢船顺溜下败时,松头缆、不松尾缆,少松上横缆和下横缆。

（4）捆厢船无论外移或上提下挫哪种放船形式,切记! 切记! 一定要等埽体到家后(埽体蛰实到河底)才能进行,否则埽体将会发生猛墩猛蛰现象,威胁埽体、船只以及人身安全。

（二）进占绳缆使用与维护

进占绳缆主要有底钩绳、练子绳、拴家伙桩绳缆等绳缆,进占绳缆使用与维护是顺利实施水中进占的关键技术之一,包括固定船只的绳缆应设专人负责管理。分述如下:

（1）底钩绳。在水中进占时,底钩绳一般不少于 4 根,一般是按水深有几米,底坯铺设时就铺设几根底钩绳,其间距一般为 1.0 m。若使用麦秸或稻秸等秸料,应加密使用底钩绳。一端拴系于顶桩上,另一端拴系于龙骨上。

（2）练子绳。练子绳拴系于底钩绳上,与底钩绳形成网兜,其间距一般为 1.0 m,若使用麦秸或稻秸等秸料,应加密使用练子绳。千万注意练子绳不得使用得过高(龙骨方向),以免埽体突然下蛰入水时带人下水发生安全事故。

（3）家伙桩拴打与维护。根据埽体占面或工况需要,可拴打羊角、鸡爪、棋盘、五子、七星、九连环以及十三太保等不同的家伙桩。桩入埽体的高度一般为桩度的三分之二或

一半(因为每批家伙管两坯料,若只拴桩顶附近,一旦绳缆受力将木桩拉歪,导致绳缆就会脱桩)。前排家伙桩距埽体前眉一般不少于0.5 m、距两边埽体边沿1.0 m,前、后、左、右之间距一般为1.0 m左右。

前排家伙桩拴绳后,跟进将底钩绳拴系在前排家伙桩上,否则,下坯埽体将与上坯埽体分家,然后还回带到龙骨上;家伙桩拴打完成后,家伙桩绳缆上一定要打花料(盖绳扣),否则,埽体一旦压块石或土袋等重物,埽体下蛰、家伙桩绳上提。因此,无论是埽体与埽体分家,还是家伙与埽体分家,都会影响到埽体的安全,所以,细节决定成败,在厢埽时一定要注意。

三、厢埽应注意的事项

无论是搂厢护岸(顺厢埽),还是搂厢水中进占(丁厢埽)以及厢埽结束后埽体的稳定是至关重要的环节。厢埽应掌握的原则是:"轻埽重枕、笼压脚"。为保障埽体安全,应注意以下几点:

(1)在捆抛柳石枕(适应于小体积体积抢险)抢险时,根据柳石枕留绳的松紧程度,或用竹竿探摸柳石枕是否到家(蛰实到河底),一旦最外层一排柳石枕蛰到家,要迅速组织人力装抛铅丝石笼墩出水。

(2)捆抛柳石枕做埽时,若柳石枕较长或大溜顶冲,柳石枕中间应增加留绳,以编篱笆的形式留护,不但增加柳石枕的抗冲能力,而且还能达到柳石枕重叠使用的护岸效果。

(3)厢埽(适应于大体积抢险)抢险或水中进占时,若顺厢埽,一旦埽体到家,应立即装抛铅丝石笼固脚出水,埽体只能下蛰,既省工省料,又可达到埽体稳定;若丁厢埽,进占一段长度(一个枕位长、水深溜急可短些)后,埽体迎水面捆抛柳石枕护脚抗冲,防止埽体前倾或翻埽等埽病的发生。

(4)厢埽体时,若水深溜急,厢埽面较宽,一般使用重家伙,上下两层或多层不能使用同一种家伙,否则,埽体容易在某一端形成空当(无家伙),埽体导致大抽签险情。如1986年禅房控导工程续建26坝,水中进占施工,水深15 m,上下3层均使用同一种家伙——十三太保,家伙桩与腰桩之间形成空当,导致2~3 m宽的埽体被大溜冲失。

(5)厢埽时,用块石或土袋压埽下沉,切忌将埽面压入水中,否则,一旦埽面过流,将给水中进占施工增加难度,或危及埽体安全。

(6)人机配合厢埽时,应切忌用自卸车直接向埽体或埽面倾卸石料。如2003年大宫上延2垛应急抢修中,2垛周围已裹护两排柳石枕,且每隔8~10 m推抛铅丝石笼墩已出水,按说2垛埽体已经足够稳定,可就在自卸车抛石料还坦时,整车石料(40 t左右)直接倾卸到埽体上,将两排柳石枕和石笼墩全部兑入水中。

大宫上延3垛应急抢修中,3垛前头至下跨角底坯埽已做成、家伙桩已拴打,利用自卸车直接向埽面卸石料,对应自卸车车位的绳缆被砸断,埽体外移,且整个埽体翻盘,桩尖朝上。

(7)人机配合厢埽时,切忌用装载机将柳石混杂物料(不捆枕、不系留绳)直接推抛入水,这样的结果是:柳石混杂物料入水后,柳石混合物料已被压牢,一旦柳石混杂物料(埽体)下蛰,石料将从埽体内脱离下沉,柳料就会被水流冲失。

附录2　黄河号子

　　黄河号子是一种古老的中国民歌。远古时代,人们在与大自然搏斗时发出的呼喊声;收获时,愉快地敲击石块、木棒,发出的欢呼声和歌唱声,形成了最早的中国民歌——劳动号子的雏型。号子产生于劳动又服务于劳动,既是劳动的工具,又是劳动的颂歌,其文化内涵和社会功能明显。有的号子抒发了劳动者复杂的情感,有的反映了地理环境的特点,有的则描述了民俗风貌。号子的形成与当地民俗关系密切,既是劳动者能力的表现,也是本地区或行业悠久历史文化的深厚积淀。

一、历史渊源

　　独具魅力的号子,在中国近现代音乐史上曾有过辉煌的一页。如在抗日战争时期诞生的《黄河大合唱》,第一乐章《黄河船夫曲》就采用了劳工号子的形式。其鲜明的民族风格、强烈的生活气息和艺术感染力,极大地激发了民族精神。近年来,"川江号子"和"黄河号子"相继被国务院列入国家级非物质文化遗产名录,加以保护和传承。

　　黄河号子属于劳动号子的一种,先民们在与洪水的抗争中,共同协作,逐渐形成有一定节奏、一定规律、一定起伏的声音(号子)。黄河号子,在我们祖先"嗨哟嗨哟"声中横空出世。

　　黄河治理过程中出现了不同的工种,黄河号子也相应分成许多类别,诸如抢险号子、夯硪号子、船工号子、运土号子、捆枕和推枕号子等,各地区出现不同的流派,各种号子异彩纷呈,争奇斗艳。

　　据《宋史·河渠志》记载:"凡用丁夫数百或千人,杂唱齐挽,积置于卑薄之处,谓之埽岸",这种"杂唱"就是号子。

二、艺术特点

　　黄河号子属民歌的一个主要载体,具有协调与指挥劳动的实际功用,是人们参与集体协作性较强的劳动时,为了统一劳动节奏、协调劳动动作、调节劳动情绪而唱。

　　黄河号子的双重功用,即实际功用和艺术表现功用。劳动号子的双重功用表现在:一方面,它可以鼓舞精神,调节情绪,组织和指挥集体劳动;另一方面,它具有一定的艺术表现价值。这二者的关系是相互制约、相互排斥的,劳动的强度越大,对黄河号子音乐表现的制约也就越大;反之,劳动强度较小,黄河号子的歌唱者就可以有较大的余力去斟酌和发挥其音乐的艺术表现。

　　律动性是黄河号子的主要特点之一。劳动动作的不断重复及其节奏感,赋予黄河号子节奏的律动性。

　　一领众和是劳动号子音乐的另一主要特点。黄河号子最常见、最典型的歌唱方式是一领众和,领唱者往往就是集体劳动的指挥者。领唱部分常常是唱词的主要陈述部分,音乐形式灵活、自由,曲调和唱词常有即兴变化,旋律常上扬,高亢嘹亮,有呼唤、号召的特点。和唱的部分大多是衬词或重复领唱中的片段唱词,音乐较固定,变化少,节奏感强,常使用同一乐汇或同一节奏重复进行。

三、号子种类

黄河号子主要包括黄河抢险号子、土硪号子和船工号子。

黄河自古多洪泛。远在人类社会出现之前,黄土高原早已是千沟万壑。周期性的泛滥,裹泥带沙,造成广阔而肥沃的冲积平原。河南处于黄河冲出峡谷的特殊位置,处在中游和下游的结合部,我们的先民在与洪水的抗争中,一起劳动、共同协作,渐渐形成有一定节奏、一定规律、一定起伏的声音(号子)。

(一)黄河抢险号子

目前,黄河抢险号子在黄河下游抢险中应用较为广泛,该号子分骑马号(快号)、绵羊号(慢号)、小官号(慢号头、快号)和花号四种。主要用于打桩、拉骑马、拉捆枕绳、推枕等。骑马号节奏明快,声调高亢激昂,催人上进。绵羊号节奏缓慢,可使人们的紧张情绪得到调整,常在人们疲倦困乏时使用。小官号节奏先慢后快,柔中有刚,融紧张气氛于娱乐之中。花号曲调优美,常与骑马号配合使用,使人们的疲倦之意顿时消失。其内容大多取自于历史故事,还有一些佳词名句。还有一些题材是"触景生情"之作,随编随喊。

手硪打桩号头常用号词:

(1)啊喔,啊喔嗨,高高举、重重甩,抬头、看硪、低头、看橛、打稳、打准,不用慌、不用忙,慌了忙了、力不长。

(2)啊喔,啊喔嗨,这个桩、像条龙,摇头、摆尾、向下行,打南口(或东口、或打北、或打西口)、向北带(或向西带、或向南带、或向东带,主要是在打桩过程中,将歪桩打直)。

(3)啊喔,啊喔嗨,叫同志(或伙计)、要应号,号不应、不中听,号声齐、泰山移。

(4)啊喔,啊喔嗨,丢硪扎、握硪鲜,各人拉着、各人的鲜,抬头、看硪,低头、看橛,打稳、打准,不用慌、不用忙,慌了忙了、力不长。

(5)啊喔,啊喔嗨,叫伙计、你是听,我是一个黄河兵,工程抢险献技能,不怕苦、不怕累,保家卫国、战洪魔,敢战天、敢斗地,战天斗地化险夷。

(二)土硪号子

劳动号子是人们参与集体劳动时,为了统一劳动节奏、协调劳动动作、调整劳动情绪而唱的一种民歌。建筑工地打工、打硪等劳动几乎都有不同的劳动号子相伴,黄河中下游每年春秋两季筑堤劳动中流传的"工号"最为壮观。

土硪号子主要有以下几类:①老号,也叫慢号,其特点为"一掂一打"。即众人随着节奏用少许力气将硪提(掂)离地面一尺余,然后落下,打第二硪时将硪拉离地面2.5 m以上后落下,交替进行。②新号预备号,也叫新号过门或三声冲,无号词,一般四句,用于号头,亦称四句号头。新号开始时的动作与老号基本相同,也是"一掂一打",但节奏有所区别。③缺把号,也叫裁尾巴或挡山号,分慢缺把和快缺把两种。④紧急风,比缺把号更快的一种号,也叫快二八。硪头(领号之人)喊号口述硪词,每句最后以"呀"结束,应号者则以"嗨呀"相对。⑤板号,也叫沾地起。顾名思义,石硪沾地后随即拉起,是速度最快的号。硪头喊号仅叫硪词,应号者快速接号。⑥大定刚号,节奏缓慢,常在硪工疲乏时使用,用于调节紧张的情绪。⑦打丁号,也叫扒坑号,打地基时,在墙柱等部位或需加强强度的部位,连打多碾,用于增强压实度。⑧重叠号,号子喊到高兴时,碾头将号词两句并一句,应号者根据碾头意思连打两碾或多碾。⑨二人对号,为调节现场气氛,喊号时常以两碾头互相提问、交替应答的形式,以减轻碾头喊号强度。⑩综合号,实际使用时,常将前述多种号子串在一起,使其有张有弛,快慢相间。打碾者表情随之变化,将紧张的劳动气氛融于娱乐之中,神清气爽,斗志昂扬。唱到高兴时,常以二人交替对唱,使气氛达到高潮,在激励自身的同时,给旁观者以美的享受。土碾号子号词根据生活中的一些笑料及历史故事或经典经验等编排而成,熟练时可即兴创作。下面列举五段土碾号子:

1. 十贪财

兄弟姐妹听我言,今天不把别的道;
单把贪财表一表,人人都说金钱好;
金钱人人离不了,父母贪财子不孝;
邻居贪财常争吵,女子贪财分身体;
男子贪财坐监牢,妯娌贪财家不圆;
兄弟贪财难和好,亲戚贪财断来往;
朋友贪财两不交,做官贪财官难保;
皇帝贪财乱了朝,贪财就是祸根苗。

2. 尿床王

一个大姐本姓黄,嫁个女婿尿床王;
头更尿湿红锦被,二更尿湿奴衣裳;
三更尿湿鸳鸯枕,四更尿湿象牙床;
五更打鼓天明亮,床下尿的赛黄河;
从南来个打鱼汉,照准床下撒一网;
打个鲤鱼八斤半,还有黄鳝丈二长;
有个老鳖没抓住,跑到台湾来躲藏。

3. 短命鬼

高高山上一庙堂,姑嫂二人去烧香;
嫂嫂烧香为儿女,小姑烧香为夫郎;
和尚爱她金莲小,她爱和尚好经堂;
正月定亲二月嫁,三月得个胖娃娃;
四月南学把书念,五月就会做文章;
六月进京去赶考,七月得中状元郎;
八月领兵去打仗,九月得胜回朝房;
十月告老回家乡,冬月得下伤寒病;
腊月小命见阎王,人人说他短命鬼;
一辈没吃祭灶糖,恁说窝囊不窝囊。

4. 名人名事

一女贤良数孟姜,二郎担山赶太阳;
三人哭活紫荆树,投唐四马小秦王;

五里月下抱太子,镇守三关杨六郎;

七郎屈死芭蕉旁,八仙弟子数张良;

九里山前活埋母,十面埋伏楚霸王;

十一云南花关镇,十二征西杨满堂;

十三太子李存孝,十四水手王彦章;

十五白马高思继,十六磨房李三娘。

5.十二月花开

一月水仙清水养,二月杏花伸出墙;

三月桃花红艳艳,四月杜鹃满山冈;

五月牡丹笑盈盈,六月栀子戴头上;

七月荷花浮水面,八月桂花甜又香;

九月菊花迎秋风,十月芙蓉迎寒霜;

冬月山茶初开放,腊月梅花雪里香。

(三)黄河船工号子

黄河船工号子分"拨船号子"、"行船号子"、"拉篷号子"、"爬山虎号子"和"推船号子"等。船工们祖祖辈辈生活在黄河上,漂泊在木船上。他们对黄河了如指掌,视船如命,在与黄河风浪搏斗的实践中,创作出了丰富多彩、独具特色的船工号子。声声号子,抒发了船工们复杂的感情,反映了他们的喜、怒、哀、乐、忧、怨、悲、欢。如"艄公号子声声雷,船工拉纤步步沉。运载好布千万匹,船工破衣不遮身。运载粮食千万担,船工只把糠馍啃。军阀老板发大财,黄河船工辈辈穷",深刻反映了黑暗岁月中船工的悲惨生活;而"一条飞龙出昆仑,摇头摆尾过三门。吼声震裂邙山头,惊涛骇浪把船行",则体现了船工们对大自然以及美好生活的向往和热爱。

另外,河段不同,黄河船工号子的形式也有所不同。黄河中上游是黄土高原和豫、晋山地,谷深峡险、水流湍急。黄河船工们逆流而上,步步艰难;顺流而下,提心吊胆。船工们在这些河段穿行,必须有同舟共济之心、力挽狂澜之胆。这时候,使用的号子几乎不用歌词,全是"嗨、嗨"之声。黄河进入华北平原后,水流平缓,号子也多缓慢悠扬,颇具情趣。船工们往往唱一些历史传说故事,以解除疲劳,活跃气氛。

四、独特作用

黄河号子在黄河治理与开发的实践中,发挥着独特的、不可替代的作用。在繁重的体力劳动中,劳动者运用全身力气挥舞劳动工具,劳动工具作用于受力点上的刹那间,劳动者腹内憋足的气必须随着喊号声释放出来,才不致损伤内脏。这种"嗨!""哈!"的简单号子,是劳动者自我保护的一种本能现象,所以经久不衰。在集体劳动中,靠号子传递信息,规范动作,行止一致,有利于安全生产。

五、协调动作

治理黄河是造福自然的伟大事业,需要很多人集体劳动,必须统一行动,这就要靠号子指挥。如北宋时做埽,数百人"杂唱",其目的在于"齐挽",步调一致才能胜利。现在搂厢时,领号人指挥拉绳,常常喊:"丢这根、拉那根、拿凿子、拴绳……"众人接喊:"嗨!嗨!"动作整齐协调,劳动效果非常好。推枕或推笼时,在"嗨来来"的虚词号子声中,领号人眼观六路,耳听八方,不失时机地插入实词,如"南头,用劲!北头,慢点!"这样协调运作,就能使枕或笼平衡入水,达到预期目的。抬重物时,也靠号子统一步调,使艰巨的任务顺利完成。硪工号子随时指导硪工掌握起落"火候",行动一致,用力均衡,保持石硪拉得高、落得平、打得狠,确保工程质量。

六、鼓舞士气

治黄施工多属重体力劳动,极易疲劳。号子就像戏剧中的锣鼓,催人奋进,甚至乐此不疲。如硪工号子《十道黑》,节奏明快,朗朗上口,适宜轻型硪。领号人喊完一句,众人齐接:"嗨呀!嗨呀嗨!"此起彼伏,工地一片歌声,用音乐统率行动,人人心情振奋,个个干劲倍增。重型硪用慢调号子,领号人喊:"同志们齐努力啊!"众接:"嗨呀嗨呀嗨!"领:"拉起咱们的夯哟!"众:"嗨呀嗨呀嗨!"夯硪有节奏地进行,有劳有逸,有张有弛,干劲自然就能持久。用手硪打桩遇到硬土层,桩打不下去,领号人马上大声喊号,众人一齐加大力度,很快就可攻难克艰,鼓舞士气的作用十分显著。

七、文化内涵

一首好的黄河号子,内容健康,格调清新,词句优雅,代代相传,深受群众喜爱。特别是中华人民共和国成立以来,黄河号子的内容更加丰富、健康。它不仅仅是唱歌、顺口溜,也颇富文学色彩。它更可贵的是把治黄工作意义,如何保证工程质量、标准,主人翁应抱的态度,以及施工状况,都融合于黄河号子之中。成为群众自编、自喊、自乐、自我教育的良好教材和施工的真实记录。如一首硪工号子中有这样的句子:"太阳滚滚落西山,鸟投树林虎归山。行路客人都住店,千家万户把门关。"在日出而作、日落而息的时代,千家万户都关门休息,只有治黄工地上万马犹酣,客观上反映了治黄工作的无比艰苦。黄河号子音韵优美,工地上热火朝天,歌声震天,局外人也乐于欣赏。工地附近的村头路上,不时传来孩子们奶声奶气的歌声:"嗨呀嗨呀",可见其感染力之强。

参 考 文 献

[1] 水利部黄河水利委员会,黄河防汛总指挥办公室.防汛抢险技术[M].郑州:黄河水利出版社,2000.
[2] 水利电力部黄河水利委员会.黄河埽工[M].北京:中国工业出版社,1963.
[3] 水利部黄河水利委员会.黄河河防词典[M].郑州:黄河水利出版社,1995.
[4] 高兴利,刘红卫,曹克军,等.现代防洪抢险技术[M].郑州:黄河水利出版社,2010.

后　记

　　《黄河传统与现代防洪抢险技术》是人民治黄70年以来黄河防洪工程抢险技术的概况和总结,主要内容包括黄河防洪抢险基本知识、黄河埽工技术、机械化抢险技术和新材料新工艺新方法抢险技术,共4篇25章107节。第一篇重点阐述了洪水灾害及成因,防汛组织与工作制度,堤防、河道整治和穿堤建筑物工程险情巡查及抢护,防凌抢险与堤防堵口;第二篇重点阐述了黄河埽工性能、种类及术语,厢修方法、埽工应用及埽工生险和抢护,埽工的稳定分析及改进意见等;第三篇重点阐述了机械化抢险辅助设备,机械化装抛铅丝石笼、捆抛厢枕与柳石枕,柳石搂厢进占及筑埽等新技术;第四篇重点阐述了土工包进占、土工大布及长管袋护岸、土工大布护岸护底、土工大布与网绳结构水中进占(大布进占)及大布护底进占堵口等新技术。

　　该书重点阐述了黄河传统与现代防洪抢险技术、方法和实践操作技能。传统抢险技术(黄河埽工技术)是千百年来我国劳动人民与黄河洪水长期斗争的产物,具有很强的生命力和科学性、实用性,虽然随着时间的推移,由于抢险物料及工器具等均发生了很大的变化,但与现代防洪抢险技术的原理是相通的、一脉相承的。如抢险使用船只(捆厢船、帮(托)厢船等船只)由现行的铁船代替了原来用的木船,起固定船只作用的提脑船、揪艄船均可用抛投于河中的铅丝石笼替代,但固定捆厢船只的绳缆(头缆、横缆、尾缆、过肚缆、底钩绳、占绳等)和作用没有发生任何改变;再如捆抛柳石枕作业由现代机械作业替代了传统人工作业,但其捆枕的步骤、作业方法和柳石枕的作用均没有发生变化;再如传统抢险技术使用的主要料物麦(稻)秸、稻秸、玉米秆等秸料(重量轻、易漂浮)、土料(作用压重,比重小、易被水流冲失)被柳枝(重量足、自然下沉)和块石(作用压重,比重大、不易被水流冲失)所替代,所以在使用传统埽工技术桩绳结构时一定不能照本宣科、生搬硬套;再如土工织物新材料新工艺新方法在黄河防洪抢险中的推广应用,大布进占技术、大布护岸以及大布护底技术,机械化充填(造浆充填、土料充填)长管袋技术,从抢险材料、机械、作业方法等方面均发生了很大变化,但在进占船只定位、桩绳结构及各种绳缆的使用等关键技术方面还离不开传统埽工技术。因此,现代防洪抢险技术是在抢险物料、机械设备以及新材料新工艺新技术等现行作业条件下对传统抢险技术的传承和发扬。

　　总之,无论何时、何地采取传统抢险技术,或是现代抢险技术,在工程抢险中没有一成不变的技术,其主要原因是险情在不断发展、瞬息万变,再加上险情发生地(区)域、施工环境、物料筹备以及施工作业条件等工况的不同,抢险方法也不尽相同。因此,在防洪抢险时不能拿某一处工程抢险的成功经验照搬(套)到另一处的工程抢险中,应根据不同的险情、工况、河势、河床边界条件以及当地所备抢险物料等,制订科学的抢护方案。

编　者

2017 年 10 月